ERPÉTOLOGIE

GÉNÉRALE

OU

HISTOIRE NATURELLE

COMPLÈTE

DES REPTILES,

PAR A.-M.-C. DUMÉRIL,

MEMBRE DE L'INSTITUT, PROFESSEUR A LA FACULTÉ DE MÉDECINE,
PROFESSEUR ET ADMINISTRATEUR DU MUSÉUM D'HISTOIRE NATURELLE, ETC

ET PAR G. BIBRON,

MEMBRE DE LA SOCIÉTÉ PHILOMATHIQUE ;

AIDE-NATURALISTE AU MUSÉUM D'HISTOIRE NATURELLE,

PROFESSEUR D'HISTOIRE NATURELLE A L'ÉCOLE PRIMAIRE SUPÉRIEURE

DE LA VILLE DE PARIS.

TOME SIXIÈME,

COMPRENANT L'HISTOIRE GÉNÉRALE DES OPHIDIENS,

LA DESCRIPTION DES GENRES ET DES ESPÈCES DE SERPENTS NON VENIMEUX,

SAVOIR : LA TOTALITÉ DES VERMIFORMES OU DES SCOLÉCOPHIDES,

ET PARTIE DES CICURIFORMES OU AZÉMIOPHIDES ;

EN TOUT VINGT-CINQ GENRES ET SOIXANTE-CINQ ESPÈCES.

OUVRAGE ACCOMPAGNÉ DE PLANCHES.

PARIS.

LIBRAIRIE ENCYCLOPÉDIQUE DE RORET,

RUE HAUTEFEUILLE, 10 BIS.

———

1844.

AVANT-PROPOS.

Ce volume de l'Histoire générale des Reptiles est consacré à l'étude de l'ordre très-nombreux des Serpents, et quoiqu'il soit composé de plus de 600 pages, il comprend à peine la cinquième partie des espèces que la science doit reconnaître aujourd'hui.

Afin de remplir les engagements que nous avons contractés en donnant à cet ouvrage le titre d'ERPÉTOLOGIE GÉNÉRALE ET COMPLÈTE, et d'après le nombre prodigieux d'espèces que notre position nous a donné la facilité de pouvoir étudier et comparer sur une immense quantité d'individus, nous nous trouvons dans la nécessité de partager le volume suivant, en deux tomes, que leur pagination permettra de faire relier ensemble.

Aussitôt que nous aurons publié ce septième volume et presqu'en même temps que paraîtra sa deuxième partie, nous pourrons livrer à l'impression le neuvième et dernier, car il est complétement rédigé. Il comprendra, ainsi que nous l'avons déjà annoncé, la fin de l'histoire des Batraciens, c'est-à-dire l'ordre entier des Urodèles; plus, le répertoire général qui donnera l'indication et facilitera la recherche des genres et des espèces, sorte de catalogue raisonné et méthodique, présentant un court résumé des caractères naturels. Nous y joindrons les suppléments et les tables générales qui ne peuvent paraître que lorsque nous serons parvenus à terminer ce grand ouvrage, qui aura demandé, pour sa rédaction définitive, plus de douze années de nos constantes études sur la plus nombreuse collection des Reptiles qui existe maintenant dans le monde entier.

Lorsqu'il y a quatre ans, nous avons rassemblé les matériaux nécessaires à l'étude et à la description des Reptiles de l'ordre des Serpents, nous en avions réuni environ quatre cents espèces. Ce nombre pouvait dès lors paraître très-considérable, car dans le bel ouvrage publié en 1837, sous le titre d'*Essai sur la physionomie des Serpents*, M. SCHLEGEL, de Leyde, n'avait compris dans ses descriptions et reconnu que 263 espèces. Aujourd'hui, que notre travail est plus avancé, nous en connaissons au moins le double en nombre, car nous avons pu étudier sur nature au moins 500 espèces, d'après un ou plusieurs individus conservés dans l'alcool, ou vivants dans nos collections.

L'administration du Muséum a bien voulu coopérer à nos efforts, en faisant consacrer une partie des fonds destinés à la Ménagerie, pour l'établissement et l'entretien d'un local disposé convenablement, dans lequel nous avons pu réunir un très-grand nombre de Reptiles, afin d'observer leurs mœurs et leurs habitudes. Nous devons à cette heureuse circonstance la facilité que nous avons eue de vérifier et de poursuivre nos études sur certains faits physiologiques, pour distinguer les unes des autres plusieurs espèces très-voisines et pour reconnaître les différences que déterminent souvent chez elles, l'âge, le sexe et les climats divers (1).

---

(1) Pour donner une idée de la richesse de cette ménagerie, qui ne date cependant que de quelques années, nous citerons ici les noms des Serpents que nous avons pu y observer vivants : Pithon molurus, Python Sebæ, Eryx Johnii, Boa constrictor, Boa diviniloqua ; Coluber hippocrepis, Esculapii, elaphis, quadrivittatus (de la Caroline), guttatus, florulentus ; Coronella lævis, Zamenis viridi-flavus ; Tropidonotus natrix, viperinus (de France, d'Italie et d'Algérie), bipunctatus, saurita, fasciatus ; Psammophis moniliger ; Cœlopeltis lacertina ; Naja haje ; Vipera berus, aspis, cerastes ; Trigonocephalus ater, contortrix ; Crotalus durissus, horridus, rhombifer, miliaris.

La collection de Serpents que possède le Muséum s'est considérablement accrue pendant ces dernières années, par suite des nombreux envois et des dons qui ont été faits à cet établissement par les diverses personnes dont nous nous faisons un devoir de rappeler les noms, en témoignage de notre vive reconnaissance.

Le savant médecin-chirurgien en chef de l'armée d'Afrique, M. GUYON, a continué de nous adresser les Reptiles de l'*Algérie* qu'il a pensé devoir nous intéresser, et plusieurs de ces serpents nous sont parvenus vivants.

M. DESHAYES nous a gracieusement offert tous ceux qu'il avait recueillis en ce même pays, durant les trois années qu'il y a demeuré en qualité de membre de la Commission scientifique, et l'un de nos employés au Muséum, M. Alphonse GUICHENOT, qui avait fait partie de la même commission pour s'occuper exclusivement de la recherche des Poissons et des Reptiles, en a formé et rapporté une belle collection qui renferme plusieurs espèces entièrement nouvelles.

M. TEILLEUX, médecin, naturaliste distingué, auquel nous étions déjà redevables de plusieurs espèces fort rares du *midi de l'Espagne*, nous en a fait parvenir d'autres non moins intéressantes, trouvées par lui-même dans la régence de *Tunis*.

Pendant que les naturalistes que nous venons de nommer mettaient tous leurs soins à réunir des échantillons de la faune du nord de l'*Afrique*, deux autres voyageurs, plus aventureux, MM. PETIT et QUARTIN-DILLON, qui ont payé de leur vie leur amour pour la science, pénétraient en *Abyssinie*, d'où leurs laborieuses et très-importantes récoltes ne sont parvenues au Muséum que pour y recevoir, comme inscription tumulaire, une marque de notre gratitude, malheureusement trop tardive.

A peu près à la même époque, notre Musée recevait, avec beaucoup d'autres animaux, un certain nombre de Reptiles rassemblés dans la *Haute-Égypte*, la *Nubie* et le *Sennaar*, par les soins de l'un de nos compatriotes, M. D'ARNAUD, auquel le pacha d'Égypte avait confié le commandement d'une expédition qui avait pour objet la recherche des sources du Nil blanc.

M. Louis ROUSSEAU, aide naturaliste du Muséum, s'était rendu à Bourbon pour passer de là à Madagascar; mais des circonstances indépendantes de sa volonté l'ayant empêché d'effectuer ce dernier voyage, il sollicita et obtint de M. l'amiral baron de Hell, gouverneur de Bourbon, la faveur d'être admis comme passager à bord de la corvette la Prévoyante, qui venait de recevoir l'ordre de visiter successivement *Sainte-Marie de Madagascar*, l'île de *Nosse-be*, *Zanzibar*, puis *Aden*, *Mascate*, *Bombay*, et en dernier lieu les îles *Seychelles*. Pendant ces diverses relâches, M. Rousseau se livrant à ses recherches, comme un naturaliste instruit et bon observateur, obtint les plus heureux résultats. L'expétologie lui devra la connaissance de plus de 20 espèces dont l'existence était tout à fait ignorée.

Les Reptiles recueillis en *Perse* par M. AUCHER-ÉLOY, sont venus augmenter le petit nombre de ceux que nous possédions déjà comme provenant de cette vaste contrée de l'Asie, sur les productions de laquelle il nous reste beaucoup à désirer.

Le voyage au *pôle sud*, entrepris sur les corvettes l'Astrolabe et la Zélée, sous les ordres du célèbre et trop infortuné Dumont d'Urville, a procuré au Muséum un certain nombre de Reptiles d'un très-grand intérêt, grâce au zèle de MM. HOMBRON, LE

GUILLOU et JACQUINOT, médecins de l'expédition, qui ont pu les recueillir pendant les diverses relâches de cette longue et fatigante campagne.

Nous avons eu également à enregistrer, sur les catalogues des collections confiées à nos soins, un grand nombre d'individus fort rares, ou encore inédits, qui sont dus à la générosité de MM. les officiers de marine, JAURÈS et HÉRAIL. Les dons faits par ce dernier ne pouvaient être que très-précieux, provenant de *Madagascar* et de la *Nouvelle-Zélande*, pays dont les productions zoologiques sont à peine connues. Les Reptiles qui ont été donnés par M. Jaurès, offrent également un grand intérêt. Nous devons même dire que depuis longtemps le Muséum n'avait reçu une collection de Reptiles aussi remarquable, tant par la rareté ou la nouveauté des espèces, que par le grand nombre et la belle conservation des individus qui la composaient. Cette collection, particulièrement très-riche en Serpents de mer, a été formée pendant la croisière qu'a faite, dans les *mers de la Chine* et dans l'*Archipel des Philippines*, la frégate la Danaé, à bord de laquelle se trouvait M. Jaurès, en qualité de commandant en second et pendant l'interruption des relations qui eut lieu entre les Anglais et les Chinois.

Des Reptiles du *cap Vert*, de *Buénos-Ayres*, du *Chili* et du *Bengale*, ont aussi été donnés au Muséum, par M. LIAUTAUD, chirurgien-major de la frégate la Danaïde; M. NÉBOU, autre médecin de la marine royale, a également déposé dans notre collections les Reptiles qu'il avait recueillis en *Californie* et à la *Nouvelle-Zélande;* des présents du même genre nous ont été faits par MM. CHALLAYE, ADOLPHE BARROT et FONTANIER, consuls ou agents consulaires en *Chine*, dans l'*Indo-Chine* et dans *l'Hin-*

doustan. M. Adolphe Delessert et M. Perrotet,
directeur du jardin botanique, à Pondichéry,
nous ont donné, chacun de leur côté, des espèces
intéressantes provenant des monts Nilgherries.
Nous en avons aussi reçu quelques-unes, provenant de *Java*, par M. Laroche-Lucas, d'autres de
Sumatra, par M. Méder, armateur du Hàvre.

Notre habile et zélé naturaliste, M. Verreau,
voyageur du Muséum, nous a déjà adressé une
magnifique collection erpétologique qu'il a recueillie en *Tasmanie*, et nous attendons beaucoup de
lui par suite des recherches auxquelles il se livre
maintenant dans la Nouvelle-Hollande.

Les collecteurs ne nous ont point manqué en
Amérique : par les soins de MM. Harpert et De-
sormeaux, nous avons reçu de l'état de *Savannah*
un certain nombre d'espèces qui manquaient au
Muséum français. Divers voyageurs ont bien voulu
nous céder aussi des collections qu'ils avaient formées au *Mexique*, d'où M. Ghuisbrecht nous a
adressé directement quelques petits envois.

Grâce à M. Riefer et à M. Goudot aîné, nous
connaissons beaucoup mieux les Reptiles de la
Nouvelle-Grenade et du *Venezuela*, M. Bauperthuis
nous ayant adressé beaucoup d'espèces de cette région de la Colombie. D'une autre part les récoltes
que M. Alexandre Rousseau avait faites à *la Martinique* nous avaient appris qu'il restait beaucoup à
découvrir dans cette île.

La *Guyane Française*, qui avait déjà fourni
tant d'espèces curieuses à notre musée, nous a
encore enrichis de plusieurs Reptiles intéressants
dont nous sommes redevables à MM. Le Prieur et
Mélinon. Nous en avons reçu d'autres du *Brésil*,
par l'entremise de M. Claussen, auquel le Muséum
en a fait l'acquisition.

Les nouvelles et riches collections que M. Gay a formées au *Chili*, et dont il a fait don à notre cabinet, renfermaient, comme les premières, un grand nombre d'espèces très-rares et encore inédites, dont nous aurons soin de lui rapporter la découverte.

Un magnifique boa vivant, de l'espèce *Diviniloqua*, nous a été donné par M. Arthus-Fleury qui l'avait rapporté de l'*île de Sainte-Lucie*. Le docteur Clot-Bey nous a plusieurs fois envoyé d'Egypte des Reptiles vivants, et entre autres la vipère céraste et le naja haje. Grâce aussi à la générosité de MM. William Michel, Porte et Normandin, notre ménagerie renferme aujourd'hui des individus vivants, de quatre espèces bien distinctes du genre crotale ou serpent à sonnettes; le *durissus*, l'*horridus*, le *rhombifer* et le *miliaris*, ainsi que deux espèces de Trigonocéphales, le *niger* et le *contortrix*. M. Émile Blanchard y a déposé plusieurs individus vivants de la variété noire d'une couleuvre verte et jaune du genre Zaménis, provenant de la Sicile.

Ces nombreux matériaux nouvellement parvenus au Muséum, ne sont pas les seuls dont nous ayons pu disposer; car divers naturalistes français et étrangers nous en ont procuré d'autres en nous permettant d'étudier, dans leurs collections particulières, ou dans celles qui sont confiées à leurs soins, tous les serpents qui pouvaient nous intéresser. Quelques-uns même ont, comme par le passé, porté l'obligeance jusqu'à nous remettre et à nous envoyer tous les échantillons qui, pour être déterminés avec plus de certitude, demandaient à être comparés avec les individus de notre Musée national. C'est ainsi que M. Lereboullet a bien voulu, sur la demande qui lui a été faite de notre part, nous faire parvenir presque tous les Ophidiens du musée de la Faculté des sciences de Strasbourg, sur la détermination desquels il lui restait quelques incertitudes. MM. Temminck et Schlegel ont eu également la bonté de nous confier les espèces de Serpents du cabinet de Leyde que nous leur avions désignées.

La même bienveillance nous a été montrée de la part de MM. les docteurs anglais Bell et Smith, pour certaines espèces de leurs propres collections, et par Sir James Mac-Grégor, baronet, pour un assez grand nombre d'Ophidiens appartenant au musée de Fort-Pitt, à Chatam, musée qui se compose des récoltes faites par MM. les médecins militaires qui résident dans les colonies anglaises.

Enfin, nous devons de récents et d'anciens remercîments à MM. Owen et Gray pour nous avoir mis à même d'étudier, avec toutes les facilités possibles, le premier, les Reptiles du musée du collége des chirurgiens de Londres, le second, ceux du British Museum.

Au Muséum d'histoire naturelle,
le 10 novembre 1844.

HISTOIRE NATURELLE

DES

REPTILES.

LIVRE CINQUIÈME.

DE L'ORDRE DES SERPENTS OU DES OPHIDIENS.

CHAPITRE PREMIER.

Caractères des serpents. Historique de leur distribution en familles naturelles et en genres.

Jusque dans ces derniers temps, les naturalistes avaient considéré les Serpents comme les seuls et véritables Reptiles ; ils en formaient même une classe tout à fait séparée de celle qu'ils désignaient sous la dénomination de Quadrupèdes ovipares. Alors tous les animaux vertébrés ovipares à poumons, de forme allongée, arrondie et sans pattes, qui rampent sur le ventre, étaient regardés comme des Serpents. Cette classification, si naturelle en apparence, était cependant arbitraire ; elle rapprochait et faisait confondre sous un même nom des animaux analogues, il est vrai, par la conformation apparente, mais dont les habitudes, les mœurs, et surtout l'organisation, sont tout à fait distinctes. Il devenait pour lors impossible de faire connaître la structure des Ophidiens d'une manière générale, d'indiquer les vrais rapports qu'ils ont réellement et constamment entre eux, et d'établir en quoi ils diffèrent de tous les êtres animés.

Aujourd'hui, grâce aux progrès des sciences naturelles, les limites qui séparent les ordres sont mieux établies. On ne comprend, parmi les Serpents, ou sous la dénomination d'Ophidiens, qu'un certain nombre de Reptiles formant une division bien tranchée.

Ces animaux sont caractérisés et rapprochés entre eux par un assemblage de particularités qui doivent faire reconnaître et distinguer à l'instant comme un Serpent, l'animal qu'on peut avoir sous les yeux. C'est le but que l'on désire réellement atteindre dans tous les arrangements proposés par nos méthodes, ou à l'aide des divers systèmes de classification.

Nous allons exposer d'abord rapidement, d'une manière abrégée et succincte, les caractères de ces animaux, tels que les démontre la seule observation; car ils sont fournis par l'examen successif et comparé des formes extérieures, de la structure évidente, et souvent par la plus grande analogie dans les mœurs. Quoique ces caractères ne soient pas constamment réunis et existants tous à la fois dans chacun des individus de l'ordre des Serpents, on les y observe au moins en très-grand nombre.

De crainte que la concision à laquelle nous avons cru devoir nous astreindre, dans l'énoncé de ces particularités notables, ne fasse pas apprécier, de prime abord, l'importance de ces caractères par leur simple énumération, nous aurons soin de développer ensuite le sens que nous attachons à nos expressions. Pour en faire mieux saisir les termes, nous rapprocherons les faits qu'ils indiquent et dénotent comme propres aux Serpents, de ceux qu'on peut observer dans les animaux dont ils se rapprochent le plus. En comparant ainsi la conformation, les fonctions et les habitudes dans les trois autres ordres de la même classe des Reptiles, cette mise en parallèle établira d'une manière nette, et démontrera au naturaliste la nécessité de placer séparément les Ophidiens dans une classification méthodique, et de faire connaître en même temps le rang qu'ils doivent y occuper.

A. *Caractères naturels tirés de la conformation des Serpents.*

1° Corps très-flexible, allongé, étroit, plus ou moins arrondi, consistant seulement en un tronc qui est de 40 à 100 fois plus long que large, sans cou distinct, sans pattes ni nageoires paires.

2° Tête généralement plus courte que la mâchoire inférieure; toutes les régions de la face mobiles (excepté chez les Typhlops), pouvant s'élargir en se raccourcissant, et s'allonger en se portant en avant. Branches de la mâchoire inférieure non réunies, non soudées par une symphyse médiane, pouvant ainsi permettre à la bouche de se dilater considérablement. Dents aiguës, distinctes ou séparées entre elles, et ordinairement courbées en crochets, fixées sur les deux mâchoires (1) et presque toujours sur les os du palais et les ptérigoïdes. Point de paupières ni de tympans ou de conduits auditifs externes apparents.

3° Queue le plus souvent conique, n'étant distincte

_____

(1) Les Typhlops font seuls exception : ils n'ont de dents qu'à l'une ou à l'autre mâchoire.

du reste du tronc que par sa position au-dessus et au delà de l'orifice transversal du cloaque.

4° Peau presque nue, d'un tissu extensible, adhérente aux muscles, protégée quelquefois par des tubercules, presque toujours par des écailles minces de formes variables, plus ou moins enchatonnées, au moins à leur base, et recouvertes en totalité par un épiderme caduc d'une seule pièce. Scutelles de la région inférieure du corps généralement plus grandes, servant à la progression. Le plus souvent, un sillon ou pli longitudinal sous la gorge, entre les deux branches de la mâchoire.

5° Mâles ayant des organes copulateurs ou génitaux cachés, mais doubles, et pouvant faire saillie au dehors; femelles ovipares ou ovovivipares. Point de métamorphoses au dehors de l'œuf.

B. *Caractères anatomiques ou internes d'après leur organisation.*

6° Échine composée dans toute sa longueur de pièces toujours très-nombreuses et constamment mobiles. Vertèbres presque généralement semblables entre elles, ayant une concavité au devant du corps, et en arrière un condyle unique, hémisphérique, enduit de cartilages et d'une membrane synoviale; toutes ces vertèbres ne pouvant être distinguées qu'en costales et en caudales.

7° Tête articulée sur le tronc par un seul condyle occipital convexe, comme celui de toutes les autres vertèbres. Un os intrà-articulaire libre, très-mobile, qui suit les mouvements des deux branches des mâchoires supérieure et inférieure, et déterminant leurs rapports réciproques.

8° Côtes très-nombreuses, constamment libres entre elles et à leur extrémité inférieure ; parce qu'il n'y a jamais d'os pectoral intermédiaire ou de véritable sternum, ce qui fait qu'elles sont toutes beaucoup plus mobiles que celles de tous les autres animaux vertébrés.

9° Langue molle, entièrement charnue, protractile, rentrant dans une gaîne ou fourreau sous la gorge, fendue profondément à son extrémité libre et formant deux pointes flexibles qui peuvent s'écarter et vibrer lorsque cette langue est en dehors de la bouche.

10° Viscères très-allongés, resserrés, moulés dans une longue cavité abdominale cylindrique. Le plus souvent un seul poumon bien développé, formant une sorte de sac celluleux ou de vessie à parois spongieuses. Une glotte s'ouvrant dans la bouche, au-dessus de l'étui de la langue, et pouvant se porter en avant quand la bouche est ouverte et dilatée. Ouverture du cloaque en fente transversale.

C. *Caractères physiques ou habituels tirés des particularités des mœurs pendant la vie.*

11° Avec des organes de la motilité très-simples, à peu près identiques pour chacune des pièces nombreuses de leur échine et pour les faisceaux charnus qui s'y fixent ; les Serpents peuvent exécuter ou produire tous les mouvements qui étaient nécessaires à leur genre de vie, dont les actes sont étonnamment variés.

Placés en embuscade sur la terre, dans l'eau ou sur les branches, on les voit rester immobiles pendant des heures et des journées entières. Tantôt ayant leur corps simplement étendu sur le sol dans toute sa lon-

gueur, ou conservant encore quelques flexuosités latérales ; tantôt le tronc , roulé en cercle sur lui-même,
formant un disque au centre duquel se trouvent les
deux extrémités superposées, la tête au-dessus de la
queue. Là , plongeant sous les eaux de la mer, des torrents, des rivières et des petits ruisseaux, les Serpents
épient les poissons et les autres animaux qu'ils saisissent au passage. Ici , d'autres espèces , qui vivent habituellement sur les arbres , enveloppent et serrent
fortement dans leurs replis tortueux les branches sous
le feuillage desquelles elles trouvent un abri et une
retraite cachée qui devient un piége perfide par la con-
fiance de leurs victimes trompées ainsi par leur constante et permanente immobilité.

Enfin , pour indiquer les divers modes de locomotion dont sont doués les Ophidiens , nous dirons que
la plupart rampent, glissent , s'enroulent , s'entortil-
lent en tous sens , s'accrochent , se suspendent , se balancent , grimpent , se dressent en partie sur eux-
mêmes , s'élèvent presque verticalement , s'élancent ,
sautent , bondissent , se débandent comme un ressort;
que quelques-uns nagent à la surface , au milieu et au
fond des eaux ; que d'autres s'enfouissent sous le sable
et pénètrent vivement et sans bruit par les plus petits
orifices , en diminuant ou en rétrécissant à volonté le
diamètre des diverses parties de leur corps.

12° Généralement peu sensibles , mais surtout im-
pressionnables par le froid et la chaleur, les Serpents
manifestent la plus grande irritabilité musculaire. Avec
un encéphale peu volumineux et des nerfs cérébraux
fort exigus ; leur moelle épinière , énorme par sa longueur, fournit des nerfs vertébraux excessivement
nombreux. Quoique leurs quatre sens, qui ont leur

siége à la tête, l'odorat, la vue, l'ouïe et le goût soient peu développés, ces Reptiles semblent cependant exercer une sorte de charme ou de fascination sur les animaux dont ils veulent se saisir, en leur inspirant une stupeur, une terreur instinctive.

13° Comme les Serpents ne peuvent ni diviser, ni mâcher leur proie, ils sont obligés de la saisir et de la retenir accrochée sur leurs dents aiguës et courbées pour l'empêcher de rétrograder, et finissent par l'avaler ainsi d'une seule pièce, en faisant élargir ou dilater successivement toutes les régions de la tête, de la gorge et du ventre, dont les diamètres intérieurs ne sont pas calibrés. Quelques genres sont armés de dents perforées, creusées ou canaliculées, au moyen desquelles ils inoculent une humeur venimeuse, et cependant leur victime blessée et empoisonnée peut impunément servir à leur nourriture.

14° La respiration des Ophidiens s'opère par une sorte d'inspiration passive, lente et prolongée, due mécaniquement à la mobilité de leurs côtes, qui peuvent se mouvoir de devant en arrière, et transversalement pour s'éloigner les unes des autres, sur la ligne médiane inférieure. Leur expiration est également lente, mais active; produite par la contraction successive des muscles de toutes les régions du ventre qui compriment un long et vaste poumon dont l'air, expulsé en sortant par la glotte, produit un souffle plus ou moins rapide ou bruyant, souvent très-faible, rarement sonore et aigu comme le son du sifflet ou de la flûte. En général, l'activité de la vie et des mouvements du Serpent est en rapport avec la lenteur ou la rapidité de la respiration que l'animal peut ralentir ou accélérer à volonté.

15° Quoique les sexes soient toujours distincts et séparés, et qu'il y ait entre les deux individus une conjonction réelle et de longue durée, les organes extérieurs du mâle sont plutôt destinés à maintenir les parties sexuelles externes rapprochées, qu'à la transmission directe de l'humeur spermatique. Comme ces organes sont doubles et érectiles, qu'ils peuvent rentrer par le cloaque sous les régions latérales de la queue, cette partie dans les mâles est toujours plus grosse, plus développée. Les femelles sont ovipares ou ovovivipares. Seules, elles sont occupées de la conservation de leur progéniture, suivant les circonstances variées de leur ponte et les soins qu'exigent leurs petits dans le premier âge. Les Serpents ne paraissent reproduire leur race qu'une seule fois chaque année.

D. *Caractères essentiels ou systématiques.*

16° *Reptiles à corps allongé, arrondi, très-étroit, sans pattes, ni nageoires paires.*

Point de paupières mobiles, ni de tympans distincts.

Mâchoires dilatables garnies de dents pointues en crochets, séparées entre elles ou non contiguës.

Peau coriace, extensible, écailleuse ou granueuse, recouverte d'un épiderme d'une seule pièce, qui se détache et se reproduit plusieurs fois dans l'année.

En développant les détails fournis par ces caractères, il sera maintenant facile de démontrer que les Serpents ou Ophidiens sont véritablement distincts de tous les animaux connus.

Comme Reptiles, on ne peut les confondre avec les animaux sans vertèbres, malgré l'apparence de la con-

figuration de quelques grands Annélides , comme les
Lombrics , les Néréides , les Amphinomes ou les Am-
phitrites; et la forme allongée de quelques insectes ou
de leurs larves , comme les Iules , les Scolopendres ou
les Forbicines , ou même de quelques Mollusques , tels
que certaines longues Limaces , etc. Les autres classes
de vertébrés à poumons , comme les Mammifères et
les Oiseaux qui ont des membres articulés et tant d'autres particularités spéciales dans leur organisation ,
ne peuvent être rapprochés des Serpents. Restent donc
quelques Poissons et plusieurs Reptiles des autres ordres , avec lesquels on peut comparer les Ophidiens.

Les Poissons serpentiformes , ou à corps cylindrique
et allongé , ont constamment des branchies et une
tout autre structure appropriée à ce mode de respiration , soit à la nécessité de vivre constamment et uniquement dans l'eau , puisqu'ils n'ont pas de poumons
aériens. Tels sont cependant les Cyclostomes, les Syngnathes , les Aptérichthes , les Ophichthes , les Muré-
nophides , etc.

Parmi les Reptiles , il est évident que les espèces
qui ont des pattes s'en servent pour changer de lieu ,
et qu'elles se distinguent par cela même des Serpents.
Tels sont les Chéloniens, qui en ont constamment quatre ; puis , parmi les Sauriens , le plus grand nombre
des familles et tous les Batraciens anoures.

Nous nous bornerons à examiner , dans cette même
classe des Reptiles , les seules espèces qui , comme les
Serpents , sont privées de pattes , ou qui n'en ont que
de faibles rudiments. D'abord , les Glyptodermes , puis
les derniers genres des deux familles des Scincoïdiens
et des Chalcidiens ; enfin , quelques espèces de Batraciens urodèles qui ressemblent aux Anguilles ou aux

Serpents par la forme et par les mouvements du corps.

Les Glyptodermes, tels que les Amphisbènes et les autres genres voisins, privés de paupières et de tympans, ont tout à fait la forme des Serpents ; mais chez eux, tous les os de la face sont réunis et solidement articulés avec ceux du crâne ; leur mâchoire inférieure courte, ne dépassant pas l'occiput, a ses deux branches soudées entre elles par une symphyse, leur langue n'est pas engaînée ou rentrant dans un fourreau. D'ailleurs, ils n'ont pas le palais denté, circonstance dont on ne connaît qu'un seul exemple parmi les Ophidiens.

Parmi les Scincoïdiens, dont le corps est aussi cylindrique et la queue peu distincte du reste du tronc, les genres privés de membres sont les Orvets, les Acontias, les Typhlines et même les Hystéropes. Les espèces des deux premiers genres ont des paupières mobiles ; toutes ont les mâchoires courtes, non dilatables, le corps entièrement couvert d'écailles entuilées ou placées en recouvrement les unes sur les autres ; leur langue est libre, plate, sans fourreau ; ils n'ont point de dents au palais.

Dans la famille des Chalcidiens, dont le corps cylindrique, avec une queue très-allongée, ressemble à celui des Serpents, nous ne trouvons que le genre Ophisaure, tout à fait privé de pattes ; mais il a des paupières et un tympan : nous y comprenons aussi celui des Pseudopes, qui offrent sur les bords du cloaque les rudiments des pattes postérieures. Mais ces deux genres diffèrent des Serpents par leur langue, qui est courte, plate et non engaînée, par la disposition des os des mâchoires qui ne permettent pas la dilatation de la bouche, et par la présence d'un conduit auditif externe.

Parmi les Batraciens, un groupe entier a été long-temps rangé dans l'ordre des Ophidiens, c'est celui des Ophiosomes ou Péromèles. Mais d'abord ces Reptiles n'ont pas de queue, c'est-à-dire, que leur échine ne se prolonge pas au delà de l'orifice de leur cloaque, qui est arrondi et non transversal. Cet axe central, auquel aboutissent tous les mouvements du corps, est, il est vrai, composé également d'un très-grand nombre de vertèbres dans les Cécilies et dans les autres genres voisins; mais elles ont sur leur corps, ou portion anté-rieure, des cavités concaves devant et derrière, comme on les observe dans les Poissons. Leur tête s'articule sur l'échine par deux condyles; leurs mâchoires sont très-courtes; les os de l'une et de l'autre sont immo-biles entre eux, ils ne sont pas dilatables en travers, ni protractiles en avant; car il n'y a pas de pièce carrée ou intrà-articulaire distincte entre les os maxillaires. Viendraient ensuite les Sirènes, les Amphiumes et les Protées; mais toutes ces espèces à corps allongé et cylindroïde ont des pattes courtes, informes, ou des ru-diments de membres; leur cou est percé de trous par lesquels sort l'eau qui a servi à leur mode de respira-tion aquatique; d'ailleurs, toute leur organisation participe complétement de celle des autres Batra-ciens.

D'après ces considérations générales, il est évident que les Serpents appartiennent à la classe des Reptiles, puisqu'ils ont une colonne vertébrale, des poumons; qu'ils proviennent de germes primitivement contenus dans une coque avec un vitellus; qu'ils n'ont pas de pattes; que leur température est variable et inconstante, et qu'enfin, ils n'ont ni poils, ni plumes, ni mamelles.

Les Ophidiens sont, on peut le dire, les animaux de leur classe auxquels le nom de Reptiles convient le mieux, de même aussi que la désignation de la partie de la science qui s'en occupe ou de l'Erpétologie ; car les Chéloniens, la plupart des Sauriens et des Batraciens ont des membres ou des appendices latéraux articulés qui servent à leur progression, de sorte qu'on ne peut pas toujours dire qu'ils rampent.

Enfin, il résulte de cet examen que, dans la série naturelle, les Serpents forment un groupe principal d'animaux qui se lie à plusieurs autres ordres et familles des Reptiles, et même à la classe des Poissons, dont quelques-uns ont aussi la forme et la manière de ramper des Serpents, mais avec des branchies constantes ou des organes à la surface desquels l'eau produit sur le sang les phénomènes de la respiration.

HISTORIQUE DES CLASSIFICATIONS PRINCIPALES PROPOSÉES POUR L'ORDRE DES SERPENTS.

Après avoir établi, comme nous venons de le faire, que les Serpents constituent véritablement un ordre bien distinct, et avant de nous livrer à l'étude plus particulière de l'organisation de ces Reptiles, nous croyons devoir faire connaître les travaux dont ils ont été l'objet. Mais comme, par la suite, nous aurons occasion de citer les auteurs qui nous ont appris les particularités de mœurs, d'habitudes, d'organisation et de fonctions de certaines espèces, nous n'indiquerons ici que les ouvrages généraux, et principalement ceux qui sont relatifs à la classification. Nous proposerons bientôt, d'après nos vues particulières, une distribution en familles naturelles et en genres, telle que nous l'exposons dans cette partie de notre travail. Cette marche nous donnera la facilité d'indiquer au moins les noms des genres, et nous permettra de les citer quand nous traiterons de l'organisation des Serpents dans le chapitre suivant.

En exposant l'histoire littéraire, ou en indiquant les ouvrages généraux relatifs aux Reptiles, dans le livre second de cette Erpétologie (1), nous avons déjà eu occasion de citer l'immortel naturaliste dont les écrits renferment les premières notions exactes sur les Serpents; nous voulons parler d'ARISTOTE. Voici les principaux faits qui ont été introduits par lui dans la science, et qui sont consignés dans son admirable ouvrage sur l'*Histoire des Animaux*.

Il range les Serpents parmi les animaux qui ont des œufs, des poumons, du sang; qui vivent sur la terre; qui n'ont pas de pieds, et dont la peau est écailleuse. Il les compare aux Lézards, en supposant, dit-il, à ceux-ci moins de longueur et en leur retranchant les pattes (2). En traitant de leur mouvement, il énonce qu'ils marchent en rampant ou en s'enroulant (3). Les Serpents, dit-il, ont comme les Poissons une échine qui répond à celle des Quadrupèdes; mais ils n'ont pas entre les chairs de petites arêtes minces et isolées (4). Il parle de leur engourdissement et de leur abstinence

---

(1) Tome Ier, page 226.

(2) (Περὶ Ζώων Ἱστορίας. Τὸ Β.). Τὸ δὲ τῶν Οφεων γενος ὅμοιόν εστι, καὶ ἔχει παραπλήσια χεδὸν παντα τῶν πεζῶν καὶ ωοτόκων τοῖς σαύροις, εἴ τις μῆκος ἀποδιδους αὐτοῖς, ἀφέλοι τοὺς πόδας.

(3) Τὰ δὲ ἐρπυστικά, τὰ δὴ εἰλητικά.

(4) Ἴδιον δὲ ἐν τοῖς ἰχθύσιν, ὅτι ἐν ἐνίοις εἰσὶ κατὰ τασάρκα κεχωρισμένα ἀκάνθια λέπτα. Ὁμοίος δὲ καὶ ὀφις ἔχει τοῖς Ἰχθύσιν, ἀκανθώδης γὰρ ἡ ῥάχις αὐτοῦ ἐστί.

pendant les quatre mois les plus froids de l'année. Il décrit parfaitement les phénomènes qui se passent à l'époque, ou aux différents temps de la mue, et comment l'épiderme se détache en entier, en commençant par la tête, et en se retournant de manière à présenter en creux toutes les saillies et les formes des écailles. Le Serpent, dit-il, sort de sa peau comme le fœtus de ses enveloppes (1). Il avait observé parfaitement la forme allongée des viscères, et en particulier du poumon, qu'il décrit comme un sac aérien d'une seule pièce, très-étendu et composé de vésicules aréolaires, fibreuses, spongieuses. Il fait remarquer la position de la trachée artère qui occupe la partie supérieure du lieu où est située la langue, laquelle est fourchue, et peut rentrer et se cacher dans un fourreau (2).

Enfin, parmi un grand nombre de faits et d'observations sur la conformation et sur la structure, qui sont à la vérité disséminées, suivant les circonstances dans lesquelles il a occasion d'en parler, on trouve encore l'indication de diverses particularités sur la fécondation et les organes génitaux mâles, sur la ponte des œufs qui, le plus ordinairement, sont liés entre eux par une matière qui les réunit comme les perles d'un collier, et sur la génération de la Vipère qui produit, dit-il, un animal vivant, après avoir eu un œuf à l'intérieur (3).

---

(1) Μετὰ δὲ τοῦτο, ἀπὸ τῆς κεφαλῆς, κελυφὴ γὰρ φαίνεται πάντων. Ἐν νυκτὶ δὲ καὶ ἡμέρα παν ἀποδύεται γεδὸν τὸ γῆρας, ἀπὸ τῆς κεφαλῆς ἀρξάμενον μέχρι τῆς κερκου. Γίνεται ἐκδυομενου, τὸ ἐντὸς ἐκτὸς, ἐκδύεται γὰρ ὥσπερ τὰ ἐμβρυα ἐκ τῶν χορίων·

(2) Προέχειν δὲ δοκεῖ τῆς γλωττῆς ἡ ἀρτηρία. διὰ τὸ συσπᾶσθαι τὴν γλωτταν, καὶ μὴ μένειν ὥσπερ τοῖς ἄλλοις. Ἐστὶ δὲ ἡ γλῶττα λεπτὴ, καὶ μακρα, καὶ ἐξέρχεται μεχρι πόρρω.

(3) Ἀλλ' οἱ μὲν ἄλλοι ὠοτοκουσιν ὄφεις, ἡ δὲ ἔχιδνα μονον ζωοτοκεῖ.

Tous ces faits bien observés, ainsi que la plupart de ceux qui sont relatifs aux mœurs, sont d'une parfaite exactitude. Malheureusement les Serpents sont considérés d'une manière trop générale; ils ne sont distingués entre eux que comme étant terrestres ou aquatiques. Cependant, quand Aristote est entraîné par l'indication de quelques particularités de structure, de mœurs ou d'habitudes, il nomme et distingue certaines espèces, comme le Céraste, la Vipère, le Dipsas, l'Aspic.

Nous n'avons aucuns détails à ajouter à la courte analyse que nous avons présentée (1) de l'ouvrage de PLINE sur l'histoire naturelle, il n'a fait que commenter, après les avoir empruntés de toutes parts, les fables nombreuses ou les préjugés auxquels les Serpents ont donné lieu. Il n'avait rien observé par lui-même, et nous nous conformons au jugement sévère que Georges Cuvier a porté dans l'article qu'il a consacré à cet auteur, dans le 35ᵉ volume de la *Biographie universelle*.

Dans le chapitre que nous avons consacré à l'histoire littéraire de l'Erpétologie, que nous venons de citer, nous avons fait connaître les auteurs généraux; mais comme plusieurs ont traité spécialement des Serpents, il sera utile de rappeler les travaux de ces derniers.

Ainsi, nous revenons sur le grand et principal ouvrage de Conrad GESNER, qui forme le livre V de son Histoire des Animaux, et a pour titre : *De la na ture des Serpents* (2). C'est un livre très-savant, comme

_____

(1) Voyez dans le premier volume de cette Erpétologie, page 229.
(2) *Ibid.* page 232. *Conradi* Gesneri *Tigurini, etc., Historiæ animalium lib.* V, *qui est de Serpentium naturâ ex variis sehedis et col-*

toutes ses œuvres ; on y trouve, ainsi que l'exprime
Boerhaave, un homme si profond dans la connaissance
de toutes les langues et de presque toutes les sciences,
qu'aucun ne lui est comparable (*ità ut videatur natura
constituisse prodigium in eo homine*). Aussi, ajoute-
t-il, partout où vous trouverez ses ouvrages à acquérir,
faites-en l'emplette, vous en tirerez un grand profit
pour vos études (*Gesneri opera ubique possunt ac-
quiri, emantur avidè ; habebitur certè ex iis undè
lucrum fiat in studiis*).

Son discours préliminaire sur l'histoire générale des
Serpents est divisé méthodiquement, comme dans la
plupart de ses autres livres, de manière à présenter la
synonymie des animaux, qu'on nomme les Serpents,
la plus complète, et dans toutes les langues ; puis par
ses recherches érudites, il donne une idée de leur distribution géographique, pour l'époque à laquelle il
écrit, en citant les passages qu'il a empruntés aux auteurs. Vient ensuite la description des formes et des
usages des parties, tant intérieures qu'extérieures dans
les Serpents en général ; il traite de leurs habitudes,
d'après les relations plus ou moins véridiques des auteurs ; des moyens de saisir les Serpents employés par
les différents peuples qui se nourrissent de leur chair ;
suit une longue énumération des remèdes médicaux
qu'on a cru trouver dans les diverses parties de ces
animaux ; l'indication des moyens à employer pour se
soustraire à leurs morsures, et l'énumération des remèdes ou médicaments proposés contre le venin des
Serpents ; enfin, on trouve de savantes dissertations

---

lectaneis ejusdem compositus per Jacobum CANONUM, etc., in-*f°* cum
figuris ligno incisis, dont il y a plusieurs éditions.

philologiques sur les allégories, les hiéroglyphes, les proverbes, les emblèmes, auxquels les Serpents ont donné lieu chez les différents peuples.

Tout ce travail prouve la plus grande érudition; les faits y sont malheureusement rapportés sans critique; mais ils n'en sont pas moins précieux, surtout pour les savants, qui s'occupent de l'étude des langues. Si les naturalistes y trouvent peu d'observations nouvelles, ils sont mis cependant sur la voie de celles qu'avaient faites les anciens auteurs, et ils sont appelés, par cela même, à les apprécier quand ils en trouvent l'occasion.

Après ce traité général, vient l'histoire de chacun des Serpents, dont les noms se succèdent, suivant l'ordre alphabétique, et d'après une méthode constante. Ainsi, pour chaque espèce, on trouve d'abord tout ce qui est relatif à la nomenclature ou à la synonymie, aux formes, aux habitudes, aux habitations, aux usages; enfin, tout ce qui a rapport à l'existence de l'animal. Comme les noms des espèces sont indiqués dans la plupart des langues : latine, grecque, italienne, espagnole, française, anglaise, allemande, danoise, hébraïque, arabe, turque, polonaise, etc., cette nomenclature devient très-précieuse.

Les noms qui sont en titre de chacun des articles de Gesner sont donc très-importants pour l'histoire de la science; quoiqu'ils n'aient pas été toujours conservés pour désigner par la suite les mêmes espèces de Serpents, il sera curieux de les citer dans le cours de notre ouvrage : c'est pourquoi nous avons cru devoir en présenter en note la liste alphabétique (1), parce que nous aurons souvent occasion de les indiquer.

---

(1) *Acontias vel jaculus. Ammodytes seu Ammoatis. Amphisbæna.*

REPTILES, TOME VI.   2

Nous n'avons rien à ajouter sur les compilations d'ALDROVANDI et de JONSTON : ce sont des extraits mal coordonnés de tous les ouvrages qui étaient parvenus à leur connaissance ; il en est de même de quelques traités spéciaux sur les Serpents, dont les détails ont été empruntés à Aristote, à Pline, à Gesner, et ne sont pour ainsi dire que des commentaires informes, tels que ceux de LEONICENO, de LINOCIER et d'OWEN, cités dans le troisième chapitre du présent volume.

Il y aurait aussi à indiquer, avant les ouvrages véritablement systématiques, dont nous avons l'intention de faire connaître la disposition, un assez grand nombre de livres dans lesquels on trouve surtout des représentations assez exactes de beaucoup de Serpents ; telle est la physique sacrée de SCHEUZER, que nous avons indiquée à la page 337 du tome I de cette erpétologie. On y trouve les figures fort bien gravées d'un assez grand nombre d'espèces tirées de la collection de Link. Tel est surtout le grand ouvrage de SÉBA, ainsi que celui de CATESBY, qui contient les figures et les descriptions de quelques Serpents de la Floride, que nous avons également cité parmi les auteurs généraux.

John RAI est, ainsi que nous l'avons dit (tome I, page 234), le premier naturaliste qui ait essayé d'introduire une méthode de classification pour distinguer les Serpents les uns des autres ; mais à cette époque la

---

Anguis. Arges. Aspis. Berus. Boa. Cœcilia seu Typhlops. Cenchris. Cenchrinus. Cerastes. Ceristalis. Cristalis et Sirtalis et Triscalis. Chersydrus. Coluber. Dipsas. Dryinus. Elaps seu Elops. Hemorrhous. Hydrus et Chersydrus et Natrix. Hydra. Miliaris. Myagrus. Orophias. Parea. Pelias. Porphyrus. Præster. Scitale. Situla. Sepedon. Seps. Serpens sacer et Libyæ et rubescens. Spondylis. Taranta. Tyrus. Vipera.

science était trop peu avancée pour que l'auteur ait eu des notions exactes sur leur organisation et sur leurs mœurs. Il a été forcé de chercher des moyens de classification dans la couleur des espèces, dans la forme et le volume des œufs, etc., méthode insuffisante et peu naturelle.

C'est à LINNÉ véritablement que l'on doit un commencement de système qu'il perfectionna successivement dans les diverses éditions de ses œuvres, jusqu'à la douzième, qui parut de son vivant. On y trouve l'ordre des Serpents distingué de ceux de la même classe des Reptiles ou Amphibies, comme il les nommait; ces Serpents sont divisés et caractérisés comme genres et dénombrés avec des noms d'espèces.

Nous n'indiquerons pas les modifications successives que l'auteur avait apportées à sa classification, qu'il a perfectionnée autant qu'il a pu. C'est d'après la dernière édition de son *Système de la Nature*, publié par Gmelin, en 1788, que nous présenterons l'analyse qui suit :

Les AMPHIBIES sont ou des REPTILES ayant des pieds, ou des SERPENTS qui sont apodes. Voici la traduction des considérations générales et laconiques que l'auteur a présentées dans ses préliminaires.

« Ce qui distingue les Serpents sans pattes des Pois-
» sons, ce sont les poumons, les œufs réunis comme
» les perles d'un collier, les organes génitaux doubles,
» hérissés. Leur affinité avec les Lézards est aussi mar-
» quée que celle qui lie les Lézards par les Salamandres
» aux Grenouilles, et les limites sont à peine indi-
» quées. La nature, conservatrice de ses œuvres, les
» ayant jetés nus sur la terre, et privés du secours
» des pattes, exposés aux injures de tous, leur a donné

» des armes particulières et horribles ; c'est un poison
» exécrable, variable suivant les espèces, et le plus
» venimeux parmi tous les poisons (*pessimorum pes-*
» *simo*). Ce sont des dards semblables à des dents,
» placés au devant de la mâchoire supérieure, que
» l'animal peut, à volonté, redresser et cacher ; ils
» sont situés sur une vésicule remplie d'une humeur
» qui s'introduit dans le sang de la victime par la pi-
» qûre ; c'est seulement alors qu'elle produit ses terri-
» bles effets, car autrement elle n'a pas d'action. C'est
» ainsi que Rédi a prouvé la justesse de ce dire de Ca-
» ton : le venin du Serpent est dans sa morsure ; c'est
» par sa dent qu'il menace de la mort, qui n'arrive pas
» lorsque l'humeur est avalée (1). Les Serpents ayant
» leurs mâchoires très-dilatables, libres dans leurs ar-
» ticulations, et l'œsophage très-large, peuvent avaler,
» sans la mâcher, une proie deux ou trois fois plus
» grosse que leur cou. Leurs couleurs varient suivant
» les saisons, l'âge, le genre de vie ; elles viennent
» aussi à changer par l'action des liqueurs conserva-
» trices, et le plus souvent elles disparaissent et sont
» tout autres après la mort. Ces Reptiles rampent par
» ondulations, à l'aide des plaques ventrales ; ils ont
» des glandes fétides ; au premier printemps, au
» moins chez nous, ils changent de peau ; ils s'en-
» gourdissent pendant l'hiver, leur croissance indé·
» finie a lieu pendant l'été : ils ont une langue étroite,
» fourchue, filiforme, etc., etc. »

Voici les caractères que Linné assigne aux Serpents.

La respiration pulmonaire, commençant par la

---

(1) *Hæc sunt catonia verba : Hæc morsu virus habent et fatum
dente minantur-pocula morte carent.*

bouche. Corps arrondi, sans cou, se mouvant par ondulations ; mâchoires dilatables, non articulées, c'est-à-dire non soudées par symphyse ; point de pattes, ni nageoires, ni oreilles externes.

Les genres indiqués sont au nombre de six ; mais pour nous aujourd'hui il n'en reste que trois dans cet ordre, car l'auteur y rangeait les Orvets (*Anguis*), les Amphisbènes et les Cécilies. Les trois autres sont les Crotales, les Boas et les Couleuvres.

1. CROTALE. Plaques abdominales, des plaques et des écailles sous la queue ; des grelots terminant la queue.

2. BOA. Des plaques entières sous le ventre et sous la queue ; pas de grelots.

3. COULEUVRE. Plaques sous le ventre, écailles sous la queue.

Ce système a malheureusement servi trop long-temps de guide à la plupart des naturalistes qui ont écrit depuis sur les Serpents ; il était établi sur des considérations de parties extérieures peu impor-tantes, ainsi qu'on l'a reconnu par les erreurs qu'il a produites ou fait commettre ; c'est ce que nous aurons occasion de prouver en continuant nos études. Le nombre et la forme des plaques du ventre et de la queue ne peuvent pas servir à la détermination des espèces, parce qu'il y a trop de variations dans ces parties.

Déjà en 1755, KLEIN, qui semblait s'être attaché à combattre les vues de Linné et à les critiquer (1), a présenté, dans son livre intitulé : *Tentamen herpe-tologiæ*, une autre classification d'après la configura-

(1) **Voyez** tome I de cette Erpétologie, page 238.

tion de la tête et de la queue, et surtout d'après la disposition et la forme des dents. C'était une très-heureuse conception, mais malheureusement, à cette époque, on ne pouvait l'appliquer qu'à un très-petit nombre d'espèces.

Ire Classe. Serpents qui ont la tête distincte du corps et la queue amincie.

1er Genre. VIPÈRE (*Kynodon*), dents antérieures ou canines très-longues et très-mobiles.

Trois sections :

1. Vipères proprement dites. 2 Vipères à sonnettes. 3 Vipères à lunettes.

2e Genre. VIPÈRE D'EAU (*Ichthyodon*), dents pecti-nées ou espacées et pointues, coniques comme celles du Crocodile.

3e Genre. COULEUVRE (*Lytaiodon*), dents aiguës, courtes et cachées.

4e Genre. ANODON (*Anodon*), pas de dents aux mâ-choires. (*Nota*. On ne connaît pas de serpent qui soit dans ce cas.)

IIe Classe. Serpents qui ont la tête confondue avec le reste du corps et dont la queue est obtuse.

5e Genre. SCYTALE. Ce sont les Orvets.

6e Genre. AMPHISBÈNE.

En 1768, LAURENTI, qui n'avait pas eu occasion de voir, ni d'étudier par lui-même les Reptiles étran-gers à l'Autriche, a été obligé, dans son *Synopsis rep-tilium*, de citer seulement les figures des espèces de Serpents, en renvoyant aux descriptions qu'en avaient faites les naturalistes chez lesquels il avait trouvé quelques renseignements.

Il comprenait, ainsi que nous l'avons dit (tome I,

page 241), les Serpents dans son ordre troisième ; mais comme il les caractérisait par la forme arrondie du corps, dont le cou et la queue restaient confondus dans le tronc, conformation à laquelle il ajoutait la manière de se mouvoir, il y avait rapporté les Chalcides qui ont des pattes trop courtes pour servir à leur translation ; les Cécilies qui ont le corps nu et pas de queue, ainsi que les Amphisbènes et les Orvets ; puis ensuite venaient les Genres :

NATRIX. A tête aplatie, déprimée, triangulaire, couverte de plaques larges, à tronc lisse ; luisant, plus étroit près de la tête, et plus épais dans son milieu, dont la queue conique, allongée, est amincie à l'extrémité.

CÉRASTE. Tête globuleuse, ovale, amincie sur les côtés, couverte de larges plaques ; bouche obtuse, arrondie, non prolongée en bas ; tronc des Natrix, mais plus robuste et plus ramassé ; queue épaisse, courte, un peu obtuse.

CORONELLE. Dessus de la tête entièrement couvert de grandes plaques, dont une plus large sur le front entre les yeux ; côtés de la tête et de l'occiput couverts d'écailles imbriquées ; corps comme aux Natrix et au Céraste.

BOA. Front convexe, imbriqué ; museau déprimé, arrondi, aplati, couvert de plaques en avant ; yeux situés sur les côtés de la base du museau, et entourés de plaques disposées en rayons ; lèvre supérieure tronquée, échancrée, marquée d'une sorte de ligne excavée comme par degrés d'escalier. Des à lignes transversales ondulées, comme interrompues, ainsi que les veines d'un marbre ; des points alternes à la partie antérieure ; flancs sans taches. Habitation sur les arbres.

Dipsade. Tête large, grande, aplatie, en cœur, couverte de plaques ; cou étroit ; tronc beaucoup plus étroit que la tête, comprimé, très-long et couvert partout en dessous, de plaques transversales entières ; queue cylindrique et imbriquée de toutes parts.

Naja. Tête couverte de plaques, bouche tronquée ; partie antérieure du corps entre la 6ᵉ et la 12ᶜ plaque du ventre considérablement gonflée, et en forme de disque avec une grande tache blanche diaphane en dessus, bordée de noir, et imitant en quelque sorte une paire de lunettes ou une portelette d'agrafe.

Crotale (*Caudisona*). Des enveloppes de corne mobiles, articulées à l'extrémité de la queue, gonflées, arides, sonores et ondulées, dures et creuses à l'intérieur, produisant lorsqu'elles sont agitées, un bruit particulier ; ces anneaux augmentent en nombre chaque année, et indiquent ainsi l'âge du Serpent, dont la tête se rapproche de celle des Couleuvres, mais plus voûtée.

Couleuvre (*Coluber*). Tête aplatie, triangulaire, plus large, et postérieurement déprimée, comprimée sur les bords, faisant paraître ainsi la mâchoire supérieure anguleuse ; partie antérieure du front entre les narines et les yeux, couverte de plaques, dont trois plus larges entre les yeux, tout le reste de la tête couvert d'écailles imbriquées ; yeux situés sur les côtés sous un sourcil saillant. (Ce sont des Vipères et des Trigonocéphales.)

Vipère. Tête, tronc et aspect des Couleuvres ; dessus de la tête garni de petites écailles imbriquées ; yeux situés sur les côtés sous un sourcil saillant.

Cobra. Tête couverte d'écailles imbriquées ; yeux situés sur la région supérieure du front ; écailles du dos carénées, lâches, mobiles et caduques.

Aspic. Tête convexe, comme bossue, couverte de petites écailles imbriquées ; yeux situés en dessus ; corps lisse revêtu d'écailles planes, non carénées.

Constricteur. Tête très-lisse, couverte de petites écailles serrées ; front saillant divisé au milieu par un sillon. Yeux grands à orbites saillantes et voûtées ; museau rétréci ; narines rapprochées, prolongées, ovales, semblables au museau d'un chien de chasse. Queue obtuse, très-courte.

Large queue (*Laticauda*). Queue comprimée, à deux faces, allant en augmentant de hauteur, avec trois sillons de chaque côté.

Ainsi Laurenti a partagé les vrais Serpents en treize genres ; mais, nous le répétons, il est à regretter que ce naturaliste ait été obligé de recourir aux ouvrages à figures, et qu'il n'ait pu observer par lui-même, car il avait saisi, avec un véritable bonheur, beaucoup de traits caractéristiques, mais qui n'appartiennent qu'à quelques espèces en particulier, et non à toutes celles du même genre.

SCOPOLI qui a publié en 1779 son introduction à l'histoire naturelle, ouvrage écrit en latin et remarquable pour l'ordre, la concision et la simplicité de sa rédaction, n'a pas eu non plus occasion d'étudier par lui-même l'ordre des Serpents : quoiqu'il en ait présenté les caractères d'une manière assez originale, et avec des expressions très-pittoresques, cependant, par le fait, il n'a admis que les genres établis par Linné.

En 1790 parurent les deux volumes de LACÉPÈDE, sur l'histoire naturelle des Serpents. A cette époque, la science était peu avancée, il a donc fallu que l'auteur se soit livré à beaucoup de recherches pour produire le travail dont nous allons indiquer la distribution. L'ouvrage commence par un discours préliminaire sur la nature des Serpents, extrêmement remarquable par la pureté de la diction et le brillant du style, par des détails exacts et savants exprimés avec élégance. Sans s'astreindre à une méthode didactique, l'historien de ces animaux les a décrits de la manière la plus propre à inspirer un grand intérêt. Les observations les plus curieuses s'y trouvent insérées, de telle sorte que toutes les particularités de l'existence de ces reptiles sont passées successivement en revue. Il peint la nature et la diversité de leurs mouvements, il les compare aux Lézards et aux Poissons, puis il les examine au dehors, en étudiant la nature de leurs téguments, si variés par la forme des écailles, suivant leurs diverses régions, et si différentes par les teintes de leurs couleurs; il fait connaître la structure intérieure de leurs organes du mouvement, d'après la forme des vertèbres et des côtes, la disposition de leurs viscères et des organes destinés à la circulation, à la respiration, et aux divers actes de la vie qu'ils exercent. Il termine par l'examen de leur mode de propagation.

Ce premier discours est suivi d'un autre dans lequel l'auteur traite de la nomenclature, et expose l'arrangement méthodique qu'il a suivi dans l'étude particulière de cet ordre de Serpents, qu'il distribue en huit genres, mais dont il faut supprimer, comme nous l'avons vu, ceux des *Anguis* ou Orvets et ceux des Amphisbènes et des Cécilies.

L'auteur a présenté dans une table méthodique les caractères des genres et des espèces. C'est un très-grand tableau à plusieurs colonnes, où l'on trouve successivement: 1° le nom français et latin de chaque espèce; 2° le nombre des plaques du ventre et de la queue;

3° la longueur totale du corps et de ses régions ; 4° l'absence ou la présence des crochets à venin ; 5° la forme des écailles de la tête et du dos ; 6° enfin les caractères tirés de la couleur et des traits particuliers de la conformation extérieure.

Les gravures sont médiocres et malheureusement, depuis cette époque, elles ont été trop souvent copiées ou reproduites sous tous les formats.

Les Serpents, d'après la définition de Lacépède, sont des reptiles ovipares sans pieds et sans nageoires ; ce qui les distingue des quadrupèdes ovipares avec ou sans queue, et des Bipèdes ovipares.

Le premier genre est celui des Couleuvres qui ont de grandes plaques sous le corps et deux rangées de petites plaques sous la queue ; il y inscrit 154 espèces, mais il y a beaucoup de confusion et de doubles emplois.

Le second genre est celui des Boas caractérisé par la présence de grandes plaques sous le tronc et sous la queue. 11 espèces y sont inscrites.

Le troisième genre comprend les Serpents a sonnettes (*Crotalus*), qui ont le ventre couvert de grandes plaques, et la queue terminée par une grande gaîne écailleuse, ou par de grandes pièces articulées les unes dans les autres, mobiles et bruyantes. 5 espèces.

Le quatrième genre, sous le nom d'Anguis, comprend des Serpents fort différents les uns des autres, mais ainsi réunis parce que les écailles du dessous du corps et de la queue sont semblables à celles du dos. 15 espèces.

Le cinquième genre comprend les Amphisbènes, dont le corps et la queue sont entourés d'anneaux écailleux 2 espèces.

Le sixième genre est celui des Cécilies, dont le

corps présente une rangée longitudinale de plis. Deux espèces.

Le septième genre ne comprend qu'une seule espèce, c'est le Langaha, dont le dessous du corps présente vers la tête de grandes plaques, et vers l'anus des anneaux écailleux; l'extrémité de la queue est garnie par-dessous de très-petites écailles.

Le huitième genre est l'Acrochorde de Java, espèce unique aussi, dont tout le dessus du corps et de la queue est couvert de petits tubercules.

Lacépède a fait connaître depuis plusieurs Serpents qui ne peuvent se rapporter à aucun de ces genres. Ils ont été décrits par lui successivement sous les noms d'Erpéton, Léiosélame, Disteire et Trimérésure, principalement dans les mémoires du Muséum d'histoire naturelle de Paris.

Dans l'essai sur la classification naturelle des Reptiles, publié en 1805 par M. Alex. BRONGNIART, avec le 1er volume des Mémoires des savants étrangers de l'Institut, le troisième ordre, ou celui des Ophidiens, se trouve ainsi caractérisé : point de pattes, corps allongé, cylindrique. Presque tous ont une peau couverte d'écailles; leur col n'est pas distinct; leur tête est petite, en comparaison du corps; leurs os sont moins solides que ceux des Chéloniens; leurs vertèbres nombreuses portent des côtes également nombreuses, longues, arquées qui se recourbent sur la poitrine. Il n'y a pas de sternum. Les deux mâchoires ont leurs branches mobiles, mais l'inférieure, plus mobile, est fréquemment composée de deux tiges qui ne sont pas soudées antérieurement. Ces mâchoires sont armées de dents nombreuses, aiguës, assez longues, dont la pointe est ordinairement dirigée en arrière. Il n'y a pas de vessie urinaire. La trachée artère est composée d'anneaux cartilagineux. Le cœur n'a qu'une seule oreillette. Ils s'accouplent, la verge du mâle est double ; la femelle pond à terre des œufs composés d'un jaune enveloppé dans une coque calcaire et molle. Ils vivent à terre dans les lieux exposés au soleil.

M. Brongniart n'établit pas de genres nouveaux dans cet ordre ; il y comprend les *Orvets* et les *Amphisbènes*, par lesquels il commence cette énumération, qu'il termine par le genre *Cécilie*. Les quatre autres genres sont les *Crotales*, les *Vipères*, les *Couleuvres* et les *Devins* ou *Boas*.

Nous ne parlons pas ici du premier travail de LATREILLE, sur les Serpents, qui a été inséré dans la petite édition du Buffon, publiée sous format in-18, par Déterville. Dans cet ouvrage, l'auteur avait suivi à peu près les divisions de Lacépède. Nous aurons bientôt occasion de faire connaître celles qu'il a proposées en 1825, dans le livre auquel il a donné pour titre : *Familles naturelles du règne animal.*

DAUDIN, qui publiait en 1803 l'histoire des Reptiles dans l'édition in-8°, dite de Dufart, consacra les 5ᵉ, 6ᵉ et 7ᵉ volumes à l'ordre des Serpents ou Ophidiens : c'est l'ouvrage qui a le plus contribué à l'avancement de cette branche de la zoologie ; malheureusement l'auteur n'a pas eu à cette époque les facilités qui lui avaient été accordées, pour les autres parties de l'erpétologie ; il n'a pu étudier sur nature les Serpents conservés au muséum de Paris. Lacépède se proposait alors un travail que, plus tard, ses nombreuses occupations ne lui ont pas permis de rédiger. Les ouvrages de Merrem, de Russel et de Schneider ont été très-utiles à Daudin, comme il se fait un devoir de le reconnaître. Voici l'analyse de la partie méthodique ou systématique de son livre.

Les Ophidiens (*Serpentes*) ont pour caractères : peau couverte d'écailles ou de plaques, ou nue terminée par une queue et anguilliforme ; des gencives recouvrant des mâchoires munies de dents pointues et enchâssées ; pas de pieds, ni de sternum ; petits ne subissant aucune métamorphose.

L'auteur y range 21 genres, et en outre il y comprend les Orvets, les Ophisaures, les Amphisbènes, les Cécilies. Voici comment il désigne et caractérise les autres dans le tableau qu'il nomme synoptique, mais qui n'est point analytique, ni dichotomique. Le voici tel qu'on le trouve à la tête du cinquième volume de son histoire des Reptiles.

1. *Boa*. Plaques entières sous le corps et la queue, qui est cylindrique ; anus simple, muni de chaque côté d'un ergot ; langue longue, extensible et fourchue ; pas de crochets venimeux. 18 espèces décrites.

2. *Python*. Plaques entières sous le ventre et la queue ; celle-ci est munie quelquefois de doubles plaques et cylindrique ; anus bordé d'écailles, et muni d'un double ergot ; pas de crochets venimeux. 5 espèces.

3. *Coralle*. Plaques entières sous le corps et la queue, qui est cylindrique ; des doubles plaques sous le cou ; anus simple muni de chaque côté d'un ergot ; pas de crochets venimeux. 1 espèce.

4. *Bongare*. Plaques entières sous le corps et la queue, qui est cylindrique et munie vers son milieu de doubles plaques ; anus simple, sans ergots, une rangée longitudinale de grandes écailles sur le dos ; des crochets venimeux. 2 espèces.

5. *Hurriah.* Des plaques entières sous le corps et la queue, qui est cylindrique et garnie à son extrémité de doubles plaques ; anus simple, sans ergots, pas de crochets venimeux. 3 espèces.

6. *Acanthophis.* Plaques entières sous le corps et le devant de la queue, des doubles plaques sous son extrémité, qui est cylindrique et terminée par un er-got; anus simple, sans ergots, pas de crochets veni-meux. Une seule espèce.

7. *Crotale.* Des plaques entières sous le corps et la queue, qui est cylindrique et terminée par des grelots mobiles et sonores. Anus simple, sans ergots. Des cro-chets venimeux. 7 espèces.

8. *Scytale.* Plaques entières sous le corps et la queue, qui est cylindrique. Anus simple et sans ergots. Des crochets venimeux. 5 espèces.

9. *Lachésis.* Plaques entières sous le corps et la queue, qui est cylindrique et terminée par plusieurs rangs d'écailles pointues. Anus simple et sans ergots. Des crochets venimeux. 2 espèces.

10. *Cenchris.* Plaques entières sous le corps et la queue, qui est munie de doubles plaques en avant et qui est ronde. Anus simple et sans ergots. Des cro-chets venimeux. Une seule espèce.

11. *Vipère.* Des plaques entières sous le corps ; des doubles plaques sous la queue, qui est cylindrique. Anus simple et sans ergots. Des crochets venimeux. 54 espèces.

12. *Couleuvre.* Plaques entières sous le ventre. Des doubles plaques sous une queue arrondie, conique. Anus simple et sans ergots. Pas de crochets venimeux. 168 espèces.

13. *Plature.* Plaques entières sous le corps; des

doubles plaques sous la queue, qui est très-déprimée. Anus simple, sans ergots. Des crochets venimeux. 2 espèces.

14. *Enhydre*. Plaques entières sous le ventre, des doubles plaques sous la queue, qui est très-comprimée. Anus simple, sans ergots. Pas de crochets venimeux. 5 espèces.

15. *Langaha*. Plaques entières sous la partie antérieure du corps et des anneaux écailleux vers l'anus, qui est simple et sans ergots. Des écailles sous la queue, qui est cylindrique. Des crochets venimeux. Une seule espèce.

16. *Erpéton*. Une rangée longitudinale d'écailles plus larges sous le corps ; de petites écailles sous la queue, qui est cylindrique. Anus simple, sans ergots. *Langue épaisse, adhérente* (1). Pas de crochets venimeux. 1 espèce.

17. *Eryx*. Écailles sur toute la peau, une rangée de plus larges sous le corps, et la queue ronde. Anus simple, sans ergots. *Langue courte, épaisse, échancrée.* Pas de crochets venimeux. 11 espèces.

18. *Clothonie*. Écailles sur toute la peau ; une rangée longitudinale d'écailles plus larges sous le corps et la queue, qui est cylindrique. Anus simple et sans ergots. *Langue courte, épaisse, échancrée.* Crochets venimeux. 2 espèces.

19. *Pélamide*. Écailles sur le corps et la queue, qui est déprimée ; anus simple et sans ergots. *Langue*

_____

(1) Nous avons laissé en caractères italiques cette indication de la langue, qui est tout à fait fautive de la part de l'auteur ; car aucun de ces Serpents n'a la langue semblable à celle des Sauriens des dernières familles.

courte, épaisse, échancrée. Pas de crochets venimeux, 3 espèces.

20. *Acrochorde.* Tubercules écailleux, écartés, couvrant tout le corps et la queue qui est cylindrique. Anus simple et sans ergots. *Langue courte, épaisse, échancrée.* Pas de crochets venimeux. 1 espèce.

21. *Hydrophide.* Écailles recouvrant le corps et la queue, qui est très-déprimée. Anus simple et sans ergots. *Langue courte, épaisse, échancrée.* Des crochets venimeux. 6 espèces.

DUMÉRIL. Lorsque nous avons publié, en 1805, l'ouvrage qui a pour titre Zoologie analytique, nous avions proposé, pour la classification des genres de Serpents qui nous étaient connus, une méthode qui nous paraissait alors fort naturelle, parce que ces animaux n'avaient pas encore été le sujet d'un grand nombre de recherches. Nous les avions partagés en deux familles, d'après la forme et la disposition des écailles. C'était un essai qui satisfaisait alors à l'état de la science ; mais il s'en faut de beaucoup qu'il lui convienne aujourd'hui , et si nous introduisons ainsi nos premiers travaux , c'est sous le point de vue historique. En 1819 , Hip. Cloquet a introduit, dans le tome XV, page 238 du Dictionnaire des sciences naturelles, ce mode d'arrangement dans l'article Erpétologie, qu'il a rédigé d'après les notes que nous lui avions remises. Nous rapportons ici ces dates parce que depuis nous avons abandonné dans nos leçons publiques ce moyen d'abord employé pour la classification , tiré de la forme des écailles, et qu'on n'a probablement pas été instruit de cette circonstance, puisqu'on ne l'a pas indiquée, dans les ouvrages qui ont paru depuis. Nous laissions alors dans le premier tableau analytique les deux genres *Cécilie* et *Amphisbène*, ainsi que ceux des *Orvets* et des *Ophisaures ;* nous les en avons successivement retirés, puisque ce ne sont pas des Serpents.

Maintenant nous avons tout à fait abandonné cet arrangement systématique, qui n'est plus en rapport avec les connaissances acquises. Nous avons procédé, dans la méthode que nous suivons dans le présent ouvrage, d'après des considérations bien plus importantes, et qui sont mieux d'accord avec les mœurs et les habitudes de ces animaux, puisqu'elles indiquent, d'après l'examen de la structure, des circonstances importantes qui influent sur le genre de vie et sur le choix des lieux dans lesquels les espèces doivent faire leur séjour le plus ordinaire.

Cependant, en nous faisant les historiens de la science, nous avons cru devoir reproduire, sous une forme abrégée et analytique, la distribution que nous avions adoptée. Ainsi, nous partagions les Ophidiens en *Homodermes* qui ont la peau également écailleuse sous le ventre et sous la queue : ces Serpents sont en général de petite taille, et les animaux vivants dont ils se nourrissent doivent être, pour ainsi dire, calibrés sur la capacité de leur bouche étroite, dont les dents ne sont pas conformées de manière à diviser la proie. Les *Hétérodermes*, au contraire, ont toujours de très-grandes plaques sous le ventre et sous la queue, et leur bouche est très-large, ou du moins très-dilatable en travers.

Voici la copie des deux tableaux que nous avions insérés aux pages 87 et 89 de la Zoologie analytique.

I. HOMODERMES.

A écailles
- presque égales : queue
  - ronde : écailles
    - lisses. . . . . . TYPHLOPS.
    - tuberculeuses, ACROCHORDE.
  - comprimée en rame. . . . . . HYDROPHIS.
- hexagonales : un peu plus grandes sous le ventre. . . ROULEAU.

II. HÉTÉRODERMES.

A plaques du ventre
- larges, et à la queue
  - simples : queue
    - à grelots : crochets à venin. . . CROTALE.
    - sans grelots, ni dents à venin. . BOA.
  - doubles : dents
    - venimeuses : narines
      - doubles. . . . . TRIGONOCÉPHALE.
      - simples. . . . . VIPÈRE.
    - non venimeuses : écailles dorsales
      - hexagonales. . . . . BONGARE.
      - égales : queue
        - comprimée. PLATURE.
        - conique. . . COULEUVRE.
- aussi hautes que larges : museau
  - à deux tentacules. . . . . ERPÉTON.
  - arrondi, simple. . . . . . ÉRYX.

Quoique les premiers ouvrages de Merrem, de Latreille et de Cuvier aient paru avant celui d'Oppel, nous allons d'abord faire connaître la classification proposée par ce dernier auteur, parce que d'autres travaux des trois premiers auteurs nommés, sont venus ultérieurement remplacer ceux qu'ils avaient publiés précédemment et qu'ils ont à leur tour profité de l'ouvrage que nous allons analyser pour la portion qui concerne l'ordre des Ophidiens.

En 1811, Michel OPPEL publia à Munich, comme

nous l'avons déjà dit tome 1er, page 259, le grand Mémoire qui a pour titre en allemand, sur les Ordres,
les Familles et les Genres de Reptiles. Il place dans un
même ordre sous le nom de Reptiles écailleux, les Lézards et les Serpents comme formant deux sous-ordres,
les Sauriens et les Ophidiens, et tous les deux sont divisés par Familles. Il y en a sept parmi les derniers.
Voici le tableau synoptique qu'il en donne en latin :

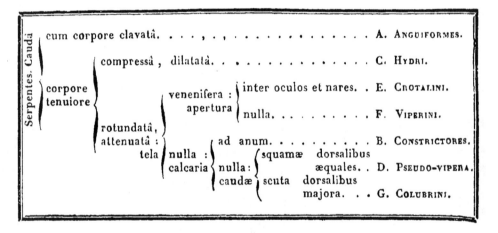

Viennent ensuite autant de petits tableaux synopti-
ques qui indiquent les caractères essentiels de chacune des Familles et des Genres qu'ils comprennent.
Ces caractères sont principalement empruntés aux
formes et à la disposition des écailles et des plaques
dorsales, abdominales et caudales.

A. Parmi les Anguiformes, sont rangés les genres
Amphisbène, *Typhlops* et *Tortrix*. B. Les Constric-
teurs comprennent les *Eryx*, *Boa*. C. Les Hydres;
les genres *Hydrophide* et *Plature*. D. Les Pseudo-Vi-
pères réunissent les genres *Acrochorde*, *Erpéton*. E.
Les *Crotalins* sont les *Crotales*, *Trigonocéphales*. F.
Les Vipérins. Le genre *Vipère* est celui des *Pseudo-*

Boas. G. Les Colubrins. Les genres *Bongare, Couleuvre*. En tout, 15 genres.

MERREM, en 1820, publia la seconde édition de son Essai sur un système des Amphibies. C'est le premier auteur qui ait eu véritablement l'idée de séparer les Orvets, ainsi que les genres voisins, des véritables Serpents, et voici les caractères qu'il assigne à ces derniers. Corps privé de pattes, de sternum, de bassin et d'épaules. Un seul condyle occipital à trois facettes. Pas de vertèbres au cou, de 50 à 300 au dos, ni lombaires, ni sacrées. Un seul poumon, mais le plus souvent avec les rudiments d'un second. Langue fendue, allongeable. Oreilles cachées sans tympan. Canaux semi-circulaires membraneux. Yeux couverts par la peau, sans paupières ni membrane nyctitante. Nous allons indiquer les noms des genres qu'il a adoptés en reproduisant les courts caractères essentiels qu'il leur assigne.

1. *Tortrix*. Éperons au cloaque. Tête peu distincte.

2. *Eryx*. Des éperons. Tête distincte. Queue obtuse.

3. *Boa*. Des éperons. Tête distincte. Queue pointue, garnie en-dessous de plaques entières.

4. *Python*. Des éperons. Queue garnie de plaques toutes doubles ou en partie.

5. *Scytale*. Pas d'éperons. Écailles du dos semblables. Plaques entières sous la queue.

6. *Bongare*. Des Écussons sur la carène du dos et sous la queue.

7. *Vipère*. Pas d'éperons. Tête écailleuse. Point d'enfoncement au devant des yeux. Plaques sous le ventre.

Echis. Écussons entiers sous la queue.

Echidna. Des demi-écussons sous la queue.

8. *Cophias*. Un enfoncement au devant de l'œil. Queue pointue.

9. *Crotale*. Queue terminée par des grelots de corne.

10. *Pelias*. Un Écusson sur le vertex entouré de plaques. Front écussonné.

11. *Langaha*. Queue en partie écailleuse, en partie écussonnée.

12. *Acrochorde*. Tête et corps tuberculeux. Queue ronde.

13. *Rhinopire*. Pas d'éperons. Abdomen couvert de plaques. Queue ronde, écailleuse en dessous.

14. *Couleuvre*. Pas d'éperons. Tête à plaques. Ouverture de la bouche large, descendante aux commissures. Cou non extensible. Queue garnie en dessous de demi-plaques en tout ou en partie, droite et conique; point de dents venimeuses.

15. *Hurria*. Plaques entières en grande partie sous la queue.

16. *Natrix*. Tout le dessous de la queue à demi-plaques. Une plaque rostrale convexe, solide.

17. *Dryinus*. Bec pointu, mobile. Deux plaques rostrales, une fléchie, l'autre dressée.

18. *Sepedon*. Point d'éperons. Tête à écussons. Commissures de la bouche relevées. Cou non extensible. Queue pointue, conique, garnie de demi-plaques en dessous. Des dents venimeuses.

19. *Ophryas*. Plaques surciliaires, saillantes. Bout de la queue en crochet.

20. *Naja*. Région du cou expansible.

21. *Elaps*. Ouverture de la bouche petite, étroite. Des demi-plaques sous toute la queue.

22. *Trimérésure*. Les écailles du sommet du dos plus étroites que toutes les autres.

23. *Plature*. Queue comprimée. Plaques du ventre larges.

24. *Hydre*. Queue comprimée. Abdomen couvert d'écailles ou de petites plaques étroites.

25. *Enydre*. Abdomen à grandes plaques.

26. *Pelamys*. Abdomen écailleux. Tête écussonnée.

27. *Chersydre*. Abdomen et Tête couverts d'écailles.

28. *Typhlops*. Corps à écailles imbriquées.

29. *Amphisbène*. Corps à anneaux.

Ces deux derniers genres forment une division particulière parmi les Serpents , parce qu'ils ont les os de la mâchoire supérieure non mobiles. Ils constituent le sous-ordre des *Typhlini* , par opposition aux autres qui ont les mâchoires supérieure et inférieure très-dilatables , chez lesquels par conséquent la bouche est assez large pour avaler des proies de grandes dimensions et que Merrem appelle *Goulus , Glutones.*

Il est à regretter que l'auteur n'ait pu faire ses classifications et établir ses caractères que d'après les livres ; il n'a pas eu les animaux sous les yeux : c'est ce qui lui a fait commettre beaucoup d'erreurs , telles que celles de placer parmi les Serpents non venimeux des espèces qui ont des crochets , et d'adopter trop facilement les genres établis par d'autres , ainsi que nous le verrons par la suite.

En 1825, LATREILLE (1) , dans l'ouvrage auquel il a donné pour titre : Familles naturelles du règne animal, range les Serpents , ainsi que tous les autres Reptiles, dans la division qu'il nomme la Seconde race des animaux vertébrés à sang froid, les HÉMACRYMES,

---

(1) Voyez ce que nous avons dit des premières publications de cet auteur, tome 1er du présent ouvrage, page 247.

dont fait partie la section des pulmonés écailleux,
qu'il partage en cinq familles : — 1. Les *Idiophides*
amphisbéniens, tels que les Amphisbènes et les Typhlops. — 2. Les *Cylindriques*, comme le genre Rouleau — 3. Les *Colubériens* ; il y rapporte les Acrochordes, les Boas, Éryx, Erpéton ; les Pythons, Hurria,
Couleuvre et Dipsas.—4. Les *Anguivipères* ; c'est là que
se trouvent indiqués les Bongares, les Trimésérures,
Hydrophis, Pélamides, Chersydres. — 5. Les *Vipérides*. comme les Crotales, Scytales, Acanthophis,
Langaha, Trigonocéphale, Cobra, Vipère, Plature,
Naja, Élaps. Il est évident que Latreille ne connaissait
pas ces animaux dont il a pris quelques indications
dans les livres.

En 1826, lorsque M. FITZINGER fit connaître à
Vienne sa nouvelle classification des Reptiles en allemand, celle dont nous avons présenté l'analyse générale,
tome Ier, pag. 276 et suivantes, il avait déjà été publié
beaucoup d'ouvrages importants ou de mémoires curieux dont l'auteur avait pu profiter. Nous citerons
en particulier ceux de Boïé, de Kuhl, du prince de
Neuwied, de Spix ou plutôt de Wagler. Aussi retrou-
vons-nous de grandes améliorations dans la classification proposée par l'auteur que nous cherchons à faire
connaître pour cet ordre des Ophidiens.

Il les range, d'après le professeur Leuckart, dans
le premier ordre des Monopnés, et, comme Oppel,
dans la troisième tribu, celle des écailleux, avec tous
les Sauriens ; mais ils forment six familles, qui toutes
ont la mâchoire inférieure composée de deux branches
distinctes, séparables et la langue longue, exertile.
Les uns n'ont pas de dents venimeuses à la mâchoire
supérieure, tandis qu'il en existe chez les autres.

Dans la première division , celle qui comprend les Serpents qui n'ont pas de dents à venin , est inscrite d'abord la famille des ILYSIOÏDES, qui diffère de presque tous par la soudure entre elles et avec les os du crâne de toutes les pièces de la mâchoire supérieure, comme dans les Orvets ; mais dont les branches maxillaires inférieures sont séparables, et chez lesquels la région inférieure du ventre est garnie de petits écussons. Elle ne comprend que le genre des Rouleaux ou *Tortrix* que l'auteur nomme *Ilysia*, d'après Hemprich.

La seconde famille est celle des PYTHONOÏDES , caractérisée en outre par la présence d'éperons (*Calcaria*) sur les bords du cloaque et par la mobilité des deux mâchoires comme toutes les familles qui suivent. Là sont inscrits les genres *Érix, Boa, Xiphosoma* et *Python*.

La troisième famille , celle des COLUBROÏDES , est des plus nombreuses ; car elle comprend trente genres. Ce sont ceux dont les espèces ont les deux mâchoires également mobiles , la langue longue, exertile , pas de dents venimeuses , ni d'éperons à l'anus. Un tableau synoptique sert à la détermination des genres : en voici une analyse. Quatre premiers genres se distinguent de tous les autres, parce que leur abdomen n'est pas garni en dessous de très-grandes plaques. Les uns ont simplement des tubercules et la queue non comprimée, comme les *Acrochordes* (1), ou avec la queue comprimée , les *Pélamides* (2) ; les deux autres genres ont de petites plaques ventrales ; ce sont les *Erpétons* (3), qui n'ont pas la queue comprimée , tandis qu'elle l'est chez les *Disteires* (4) de Lacépède.

L'autre grande division comprend tous les genres dont le ventre est garni de grandes plaques. Le seul

genre *Aipysure* (5) aurait la queue comprimée; ensuite deux genres ont les yeux placés au-dessus de la
tête; ce sont : les *Homalopsis* (6), qui ont le museau
comme tronqué, et les *Pseudo-Eryx* (7), chez lesquels il est arrondi.

Toutes les autres espèces, et par conséquent les
genres auxquels ces espèces se rapportent, ont les yeux
situés latéralement. Mais le corps est cylindrique régulièrement chez un grand nombre, tandis qu'il est
plus gros dans la région moyenne chez les autres.

Parmi les genres à corps régulièrement cylindrique,
un seul a la queue garnie en dessous de grandes plaques entières; c'est celui des *Scytales* (8). Chez les autres, on trouve sous la queue des demi-plaques; mais
un seul a le sommet de la tête couvert de véritables
écailles, c'est le *Xenopeltis* (9) de Java. Toutes les
autres Couleuvres ont des plaques sur la tête. La plupart ont le bout du museau obtus, les unes avec les
écailles du dos inégales, tantôt avec l'abdomen arqué
comme le genre *Clélie* (10), et tantôt l'abdomen est anguleux comme le genre *Nympha* (11). Lorsque les
écailles du dos sont égales entre elles, que l'abdomen
est arqué, et que le palais est denté, c'est le genre
Duberria (12), ou *Oligodon* (13) quand il n'y a pas de
dents au palais. Le genre *Pseudo-Elaps* (14) a le ventre
rétréci. Parmi les espèces dont le museau est pointu, les
Hétérodon (15) et les *Rhinostomes* (16) ont le ventre
anguleux.

Viennent enfin les espèces ou les genres dont le
ventre, ou la partie du tronc qui contient les viscères,
est comme renflé naturellement. Les uns ont le corps
très-gros et le museau obtus comme tronqué; tels sont
les *Xénodons* (17) et les *Lycodons* (18). Les premiers

ont le ventre arqué, tandis qu'il est anguleux chez les autres. Puis ceux qui ont le museau arrondi et qui sont dans le cas d'être de même distingués de ceux dont le ventre est arqué, comme les *Couleuvres* (19) et les *Coronelles* (20), qui l'ont anguleux. Les grosses espèces à museau aminci ont tantôt les écailles du dos de différentes grosseurs, comme les *Psammophis* (21), ou inégales, comme les *Malpolons* (22).

Les espèces à corps très-grêle ont aussi tantôt le museau obtus, comme tronqué, avec les écailles du dos inégales et le ventre arqué comme les *Dipsas* (23), ou anguleux comme les *Boigas* (24); car les *Sibons* (25) ont toutes les écailles du dos semblables entre elles. Les genres à museau arrondi, avec les écailles du dos égales, ou ont l'abdomen arqué, et ils forment alors le genre *Chironius* (27), ou leur ventre est anguleux, c'est le cas des *Tyries* (28). Enfin, deux derniers genres de cette famille ont, en sus de tous les caractères des six qui précèdent, la particularité d'offrir un museau pointu; mais les plaques de la queue diffèrent. Chez les *Dryophis* (29), ce sont des demi-plaques, tandis qu'elles sont entières dans le *Langaha* (30) de Madagascar.

La quatrième famille, celle des Bongaroïdes, ne comprend que cinq genres. Tous sont supposés avoir des dents venimeuses à la mâchoire supérieure, en même temps que d'autres dents solides. Les uns n'ont pas de grandes plaques sous le ventre, qui est tantôt écailleux, c'est le genre *Chersydre* (1); tantôt à petits écussons, comme chez les *Léioselasmes* (2) de Lacépède. Les genres qui ont le ventre couvert de grandes plaques sont au nombre de trois. Chez les *Bongares* (3), la queue n'a pas de demi-plaques en dessous. Il y en a chez les *Trimérésures* (4) , dont le cou ne peut pas se dilater, et chez les *Najas* (5) ou Serpents à coiffe , dont la région du cou peut s'étaler.

La famille suivante, celle des VIPÉROÏDES, qui ont des crochets venimeux et pas d'autres dents solides à la mâchoire supérieure, se distingue principalement de la suivante, parce qu'il n'y a pas d'enfoncements sur les côtés du museau. Les unes ont le tronc de même grosseur dans toute son étendue, mais la queue est comprimée dans les *Platures* (1), tandis qu'elle est arrondie dans les *Elaps* (2). Les genres dont le tronc est plus épais dans la partie moyenne, tantôt n'ont pas de plaques entières sous la queue, mais ils peuvent en avoir sur le sommet de la tête, tels que les *Sépédons* (3); tantôt leur vertex n'a pas de véritables plaques; elles sont très-petites dans les *Vipères* (4); il y a là de vraies écailles avec le ventre arrondi dans le *Cobra* (5), et avec le ventre anguleux dans l'*Aspis* (6). Les genres à ventre plus gros au milieu, qui ont des plaques entières sous la queue, sont les *Acanthophis* (7), chez lesquels on voit de petites plaques sur le sommet de la tête, et les *Echis* (8), qui n'ont là que de petites écailles.

La dernière ou cinquième famille est celle des CROTALOÏDES, semblables aux Vipéroïdes, mais ayant des enfoncements ou des cavités creusées sur les côtés de la tête. Six genres y sont inscrits. Les uns n'ont pas de sonnettes ou de grelots à la queue, dont le dessous chez plusieurs n'est pas garni de plaques entières; tantôt ils ont le vertex couvert de plaques, comme les *Trigonocéphales* (1); tantôt ils ont cette région garnies d'écailles : tel est le *Craspédocéphale* (2). Dans deux genres, il y a de grandes plaques sous la queue, et le sommet de la tête est ou à plaques, *Tisiphone* (4), ou à écailles, *Lachésis* (5). Enfin, deux genres ont la queue terminée par des grelots de corne; tantôt avec le sommet de la tête à grandes plaques, comme le *Caudisone*(5); ou de petites plaques, comme le *Crotale* (6).

Pour ne pas interrompre l'ordre chronologique, nous donnerons à la fin du présent chapitre un extrait d'un nouveau travail du même M. Fitzinger, qui est encore inédit, et dont il a eu l'obligeance de nous communiquer un extrait manuscrit.

M. Schlegel a publié, en 1826 (1), une notice sur l'Erpétologie de l'île de Java, d'après le manuscrit de BOÏÉ. En communiquant aux naturalistes ce travail incomplet, l'éditeur voulait seulement revendiquer, en faveur du célèbre et malheureux voyageur hollandais, la priorité d'un travail dont avait profité, sans le citer, M. Kaüp de Darmstad, qui avait eu occasion d'observer les Reptiles du Musée de Leyde, où les espèces nouvelles étaient rapprochées par genres. Malheureusement les caractères de ces genres ne sont pas exprimés dans la notice, qui est une sorte de catalogue, d'ailleurs très-intéressant, surtout pour les nombreuses espèces d'Ophidiens qui y sont inscrites et rapprochées. Au reste, tous ces faits ont été par la suite relevés dans le grand ouvrage de Schlegel, sur la physionomie des Serpents, dont nous donnerons plus bas un extrait détaillé.

M. Frédéric BOÏÉ de Kiel, a donné avec plus de détails et avec l'indication des espèces, une analyse fort détaillée du travail de son frère; il l'a fait insérer, en 1827, dans l'Isis, page 508. Nous allons présenter ici

---

(1) Bulletin des Sciences naturelles de Férussac, tome IX, n° 203.

les principales divisions établies par l'auteur, en neuf familles principales, avec l'énumération des genres. Les espèces inscrites dans ces derniers groupes se trouvent relatées dans le travail original. Nous aurons soin de les faire connaître quand nous aurons à traiter de chacune d'elles.

Division de l'ordre des Ophidiens en familles et en genres,
Par HENRY BOÏÉ.

(*Isis* , tome XX (1827), page 510.)

FAMILIÆ.	Genera.	FAMILIÆ.	Genera.
I. TYPHLINI. . . .	AMPHISBÆNA. Linn. LEPOSTERNON. Wagl. CÆCILIA. Linn.	VI. COLUBRINI. . .	TROPIDONOTUS. Kuhl. COLUBER. Linn. HÆMORRHOIS. SCYTALE. Gronov. HETERODON. Latr. ERPETON. Lacép. ERYX. Daud. BOA. Linn. PYTHON. Daud. DIPSAS. Oppel
II. IMBRICATÆ. . .	TORTRIX. Oppel. TYPHLOPS. Schn. XENOPELTIS. Reinw. ANGUIS. Linn. OPHISAURUS. Daud. ACONTIAS. Cuv.		
III. CORONELLÆ. . .	CORONELLA. Laur. ERYTHROLAMPRUS. CALAMARIA. H. Boïé. BRACHYORRHUS. Kuhl. LYCODON. H. Boïé. AMBLYCEPHALUS. Kuhl. ELAPOIDIS. H. Boïé.	VII. DENDROPHIDÆ.	HERPETODRYAS. H. Boïé. DRYOPHIS. Dalm. DENDROPHIS. H. Boïé. PSAMMOPHIS. H. Boïé. CHRYSOPELEA. H. Boïé.
IV. ELAPIDÆ. . . .	ELAPS. Cuv. NAJA. Laur. ACANTHOPHIS. Daud. BUNGARUS. Daud.	VIII. COPHIADÆ. . .	CROTALUS. Linn. CENCHRIS. Daud. TRIGONOCEPHALUS. Oppe LACHESIS. Daud. COPHIAS. Merr.
V. HYDROPHIDÆ.	PELAMIS. Daud. HYDRUS. Schn. PLATURUS. Latr. HOMALOPSIS. Kuhl. XENODON. H. Boïé. ACROCHORDUS. Hornsted.	IX. VIPERIDÆ. . . .	PELIAS. Merr. VIPERA. Daud. ECHIS. Merr. TRIMERESURUS. Lacép. LANGAHA. Brug.

Nous avons déjà présenté (1) l'analyse d'un système

(1) Tome Ier de cette Erpétologie générale, page 283.

proposé pour la classification des Serpents, par RIT-
GEN, travail qui a été inséré, en 1828, dans les
Nouveaux actes des curieux de la nature. Nous renver-
rons donc le lecteur à notre premier volume, en lui
rappelant la bizarrerie des noms forgés par l'auteur, à
l'aide desquels il espérait indiquer les principaux caractères des familles et des genres qu'il établissait.
Cette prétention a produit des dénominations tellement longues, qu'il était difficile de les prononcer, et
à plus forte raison, de les confier à la mémoire ; tels
sont les suivants : les *Atryptodontopholidophides ;* les
Chalinopholidophides ; les *Hydropholidophides,* etc.
En traduisant chacun de ces trois mots à l'inverse de la
manière dont ils sont énoncés, le premier signifiait
Serpents écailleux à dents non percées ; le second, Serpents écailleux portant venin, et le troisième, Serpents
écailleux vivant dans l'eau, etc. Cette distribution
est d'ailleurs assez naturelle et fondée sur de très-bons
caractères.

C'est en 1829 que M. G. CUVIER publia la seconde
édition du *Règne animal* ; nous avions déjà présenté,
en 1800, à la fin du premier volume de ses Leçons d'a-
natomie comparée, un tableau de classification pour
les Ophidiens, en adoptant la dénomination proposée
par M. Brongniart ; et en 1817, Cuvier, dans la première
édition du Règne animal, avait beaucoup ajouté à ce
travail, en profitant des observations faites dans cet
intervalle. Nous avons fait connaître cette Erpétologie,
tome 1, pages 255 et 256, sous le n° 9, les divisions
établies parmi les vrais Serpents et les noms des genres
adoptés ; comme il n'y en a aucun de nouveau, nous
nous contenterons de cette indication.

Nous avons également indiqué (tome Ier, pages 286-

293) la classification publiée en 1830 par WAGLER. Les Serpents composent son ordre quatrième, caractérisé par la jonction mobile, au moyen d'un ligament, des deux branches de la mâchoire inférieure. Il y a inscrit 96 genres dont nous avons donné les noms. Nous ne les répéterons pas ici. Il serait nécessaire d'en reproduire les caractères, mais quand nous les adoptons, nous avons soin de les faire connaître, et nous disons également pourquoi, en citant quelques espèces, nous n'avons pas cru devoir les considérer comme devant former un genre séparé. C'est donc pour éviter les répétitions et les doubles emplois que nous ne reproduisons pas ici une analyse plus complète des ouvrages de ces deux derniers auteurs, auxquels nous devons beaucoup de reconnaissance pour les renseignements et les observations utiles qu'ils nous ont fournis.

C'est à Wagler qu'il faut également rapporter les recherches scientifiques et les descriptions des Serpents du Brésil recueillis par SPIX. Malheureusement il s'est glissé beaucoup d'erreurs sur les habitations attribuées à un grand nombre de Serpents dont les originaux, d'ailleurs assez bien représentés, n'ont pas été trouvés dans l'Amérique méridionale, mais en Espagne, comme nous aurons souvent occasion de le faire observer dans les descriptions qui les concernent.

Avant de faire connaître la classification que nous avons adoptée, il ne nous reste plus à analyser que celle qui a été proposée en 1837 par M. Henry SCHLEGEL (1); c'est l'ouvrage le plus détaillé et le

(1) Essai sur la physionomie des Serpents. 2 volumes in-8°, avec un atlas petit in-fol., contenant 21 planches et 3 cartes. La Haye.

plus complet qui ait paru jusqu'ici, et auquel nous serons sans cesse obligé d'avoir recours, quoique nous
soyons bien éloigné d'adopter sa classification qui a
été uniquement établie, ainsi que le titre l'indique,
sur la *physionomie*, qui, suivant l'auteur, « est l'im-
» pression totale que fait sur nous l'ensemble d'un
» être quelconque, impression que l'on peut sentir,
» mais qu'il est impossible de rendre au moyen des
» paroles : elle est, dit-il, le résultat de l'harmonie de
» toutes les parties isolées, dont on embrasse la con-
» formation d'un coup d'œil, et dans leurs rapports
» mutuels. On la retient dans son ensemble, sans ce-
» pendant pouvoir se rendre compte des propriétés de
» chacune d'elles, prise isolément. »

L'ouvrage, écrit en langue française, se compose de
trois parties : deux volumes de texte et un de planches lithographiées et exécutées de la manière la plus
propre à faire connaître les espèces qu'elles représentent. Des deux volumes, le premier est consacré à l'histoire générale des Ophidiens, et le second, à la partie
descriptive des genres et des espèces.

Nous donnerons seulement les titres des sujets dont
traite le premier volume. Ce sera une table des matières
que nous n'analyserons pas. Nous dirons cependant
que l'auteur y donne des preuves d'une solide instruc-
tion ; mais la série des matières qui y sont présentées
montrera que la marche d'exposition qu'il a suivie n'est
pas tout à fait celle que les zoologistes sont habi-
tués à trouver dans les ouvrages généraux. Voici cette
table.

Des Ophidiens en général. Des os du tronc. Des os
de la tête. Des muscles. Des vestiges d'extrémités postérieures. Des mouvements. Des dents. Des glandes.

Du venin. De la langue. Des intestins et des autres
viscères, tels que le pancréas, la rate, le foie, les
reins. Des organes de la génération. De la déglutition.
De la digestion. Des organes de la circulation. De la
respiration. Du cerveau et des nerfs. Des organes de
l'odorat, de la vue, de l'ouïe, des téguments. Formes.
Teintes. Variétés. Serpents monstrueux. Ennemis des
Serpents. Propagation. Développement. Habitudes.
Fables et préjugés. Histoire de l'Ophiologie. Revue
synoptique. Ces trois derniers chapitres sont traités
avec plus de détails que les sujets précédemment indiqués, et l'auteur a terminé ce volume par un mémoire
fort étendu, auquel il a donné pour titre : Essai sur la
distribution géographique des Ophidiens ou de la répartition des Serpents sur les différents points du
globe.

Le second volume est uniquement consacré à la description des genres et des espèces déjà indiqués, sous
le titre de Revue synoptique, dans le chapitre qui précède. Nous le répétons, l'auteur, se laissant guider
par ce qu'il nomme la Physionomie des Serpents, ou
d'après leur manière d'être générale, n'a pas assigné
de caractères véritablement essentiels : il suppose que
leur port, leurs conformations, leurs habitudes, doivent faire distinguer et rapprocher les espèces. Aussi
les genres, ainsi qu'on va le voir par l'analyse que
nous allons en présenter, laissent-ils un certain vague
et une hésitation qui devient encore plus sensible
lorsque l'on rapproche les unes des autres les espèces
qui y sont comprises, quoique plusieurs, même d'a-
près l'avis de l'auteur, ne semblent pas réunir les notes
qui ont servi à les y faire inscrire. Il avoue, dans
beaucoup de cas, qu'on ne peut souvent appliquer ces

notes distinctives que très-vaguement, quand on cherche à reconnaître les espèces plutôt au moyen des caractères isolés, qu'à leur port et à leur physionomie.
Enfin, on peut dire de cette classification qu'elle est
le résultat des facultés instinctives de l'auteur, qu'il
n'a pu transmettre au lecteur, ce qui est fâcheux en
histoire naturelle.

Le corps de tous les Serpents est très-allongé,
pourvu d'une queue, revêtu d'écailles dures; il se
meut au moyen d'ondulations latérales : leurs côtes
sont libres; ils sont susceptibles d'un élargissement
extraordinaire dans la région du tronc, ainsi que la
charpente osseuse de la tête et la mâchoire inférieure.

Ils sont distingués en *non venimeux* et en *venimeux*.
Ces derniers sont caractérisés : 1° par la présence de
glandes qui sécrètent une humeur délétère lorsqu'elle
est inoculée ou introduite par des dents creuses ou
crochets osseux canaliculés plus longs que les autres
dents; 2° par un museau gros, arrondi, et 3° par une
queue courte, grosse et conique.

M. Schlegel distribue en six familles LES SERPENTS
NON VENIMEUX. D'après leur manière de vivre, il
les désigne sous les noms qui suivent : 1° Les Serpents fouisseurs. 2°. Les Serpents lombrics. 3° Les
Serpents terrestres. 4° Les Serpents d'arbres. 5° Les
Serpents d'eau douce. 6° Les Boas. Il serait difficile
de dire en quoi ces familles diffèrent, excepté par
leurs habitudes et une sorte d'analogie de formes et
de manière d'être pour tous les genres ainsi rapprochés sous ces titres. Nous allons cependant essayer
de les faire connaître, en empruntant à l'auteur
les phrases dont il s'est servi pour les réunir en
genres.

« PREMIÈRE FAMILLE, LES SERPENTS FOUISSEURS. Corps arrondi, partout de même grosseur ; queue courte conique ; tête petite confondue avec le tronc, couverte de plaques imparfaites ; yeux petits, narines étroites, bouche peu fendue, dents courtes coniques ; semblables aux Amphisbènes et aux Typhlops.

Il n'y a qu'un genre, c'est celui des Rouleaux ou *Tortrix*, qui ont souvent des crochets à l'anus, qui se creusent des boyaux ou galeries souterraines dans les contrées chaudes des deux mondes. 7 espèces y sont inscrites.

« SECONDE FAMILLE, LES SERPENTS LOMBRICS, qui ne comprend aussi qu'un genre unique, celui des *Calamaria*, dont le corps est partout de même grosseur, et ressemble à un bout de ficelle ; dont la queue est le plus souvent courte et conique, et la tête confondue avec le tronc, couverte de plaques moins nombreuses sur le museau que dans les genres suivants ; leur teinte est irisée et la couleur rouge y domine. Ils habitent les climats chauds ou voisins des tropiques. L'auteur y rapporte 18 espèces.

« TROISIÈME FAMILLE, LES SERPENTS TERRESTRES. Semblables aux Couleuvres, mais d'une taille moindre, à tronc moins comprimé, ordinairement pentagone et à écailles lisses, de moyenne grandeur ; queue conique et peu longue. Habitent les climats chauds et tempérés des deux mondes dans les plaines et les lieux humides. Sept genres appartiennent à cette division.

1. *Coronella.* Corps pentagone, un peu plus gros au milieu ; plaques ventrales moins larges que l'abdomen qui est convexe ; tête déprimée à museau court. Écailles lisses distribuées sur 17 ou 19 rangées. 14 espèces.

« 2. *Xénodon.* Grandes espèces à tronc gros et ventre large déprimé. Queue courte. Écailles lisses irrégulières, disposées en séries très-obliques. Tête conique déprimée, distincte du tronc, à lèvres souvent saillantes. Une ou deux dents longues, comprimées en arrière, à la mâchoire supérieure. Les premières côtes plus droites et plus mobiles. 8 espèces.

« 3. *Hétérodon.* Une grande plaque retroussée en forme de grouin, au bout du museau. 3 espèces du nouveau Monde. Mœurs inconnues.

« 4. *Lycodon.* Plusieurs dents longues au-devant des deux mâchoires. Tête déprimée, étroite et peu distincte du tronc ; à museau large, obtus ; narines rapprochées au bout du museau. Yeux petits à pupille verticale, oblongue. Des contrées intertropicales, Indes Orientales, Amérique méridionale, Afrique. 13 espèces.

« 5. *Couleuvre.* Serpents terrestres de grande taille. tenant le milieu entre tous les Ophidiens ; sans aucune particularité notable de l'organisation. A plaques ventrales nombreuses. A écailles du dos le plus souvent carénées, des climats chauds et tempérés. 27 espèces sont inscrites dans ce genre.

« 6. *Erpétodryas.* Port et physionomie des Couleuvres avec les formes élancées, les habitudes des Serpents d'arbres. Habitent les pays chauds des deux Mondes. 19 espèces.

« 7. *Psammophis.* Dents postérieures et celles du milieu plus grandes, plus longues que les autres et sillonnées. Habitent les broussailles et les lieux incultes et sablonneux des contrées chaudes et tempérées. Sont en général de petite taille. 8 espèces.

« QUATRIÈME FAMILLE, LES SERPENTS D'ARBRE. De forme

très-allongée, élancée et délicate. Abdomen recouvert de grandes lames au nombre de 180, formant sur les flancs un angle aigu quelquefois échancré. Écailles par rangées obliques. Queue très-effilée. Yeux grands, à pupille arrondie. Couleurs vives; pas en Europe. Habitent les contrées chaudes des deux Mondes. Trois genres.

« 1. *Dendrophis*. Petites dents nombreuses aux mâchoires et au palais, les dernières de la mâchoire supérieure souvent très-longues et sillonnées. Dessus du corps à teintes variées, mais de couleur chatoyante ou à reflets métalliques. Des régions intertropicales; très-vifs et très-lestes dans leurs mouvements. 10 espèces.

« 2. *Dryophis*. Museau extrêmement effilé, souvent allongé en pointe saillante Très-élancés, à abdomen convexe en dessous, comprimé latéralement. Teintes vertes ou bronzées. Quelques dents plus longues et sillonnées à la mâchoire supérieure. Écailles souvent linéaires; de l'Asie et de l'Amérique du Sud. 6 espèces.

« 3. *Dipsas*. Tête ramassée et très-obtuse. Yeux à pupilles verticales. Corps comprimé. Queue souvent très-effilée. (*Nota*. L'auteur répète encore ici qu'aucun caractère générique ne peut être appliqué avec précision, même sur une espèce de ce genre qui est très-nombreux.) Leur corps est plus gros que chez les autres Serpents d'arbre; la coupe du tronc serait un ovale alongé du double et du triple en hauteur qu'en largeur. Habitent les Indes Orientales et l'Amérique méridionale. Une espèce en Égypte et en Dalmatie. 25 espèces sont inscrites dans ce genre.

« CINQUIÈME FAMILLE, LES SERPENTS D'EAU DOUCE, se trouvent dans les eaux ou dans le voisinage des rivières et des lacs. Analogues entre eux plutôt par leur organisation et leur physionomie, ils composent, dit l'auteur, une coupe naturelle, mais nullement séparée des autres subdivisions, elle comprend deux genres :

« 1ᵉʳ Genre. *Tropidonote.* Formes plus ramassées que celles des couleuvres. Ventre très-large et convexe. Tête large, conique, à sommet étroit et à museau court. Dix-neuf rangées d'écailles lozangiques, carénées. Ils vivent en société. 19 espèces.

« 2ᵉ Genre. *Homalopsis.* Corps lourd et ramassé. tête grosse, à museau court et arrondi, couvert de nombreuses lames écailleuses irrégulières. Dents maxillaires postérieures plus longues et souvent sillonnées. Des contrées chaudes de l'Asie et de l'Amérique. Font la chasse aux poissons et aux animaux aquatiques. 14 espèces.

« SIXIÈME FAMILLE, LES BOAS. Corps volubile à queue prenante, à écailles nombreuses et plaques ventrales peu développées. A tête grosse ; yeux petits, narines plus ou moins verticales. Plaques labiales souvent creusées de fossettes. Cloaque garni d'un crochet de chaque côté. Très-grande dimension, habitent les contrées chaudes des deux Mondes, écrasent leur proie avant de l'avaler. 9 espèces. Appartiennent au 1ᵉʳ genre qui conserve le nom de *Boa.*

« 2ᵉ Genre. Les *Pythons.* Boas de très-grande taille de l'ancien Monde. Des dents sur des os incisifs semblables à celles des os sus-maxillaires. Un os surorbitaire particulier. Dessous de la queue garni de plaques divisées ; lèvres creusées de fossettes. 4 espèces.

« 3ᵉ Genre. *Acrochorde.* Boas destinés à vivre dans l'eau. Queue prenante, mais un peu applatie. Bouche se fermant hermétiquement. Tronc comprimé présen-

tant une carène sous le ventre. Pas de crochets à l'a-
nus. 2 espèces.

« LES SERPENTS VENIMEUX. Ils sont tous pourvus d'une
dent meurtrière fixée sur les os sus-maxillaires dont le
volume est plus ou moins réduit, de sorte que ceux-ci
portent rarement d'autres dents. M. Schlegel les divise
en trois groupes ou familles. 1° Les Colubriformes;
2° les Serpents de mer; 3° les Serpents venimeux proprement dits.

« I. Serpents venimeux COLUBRIFORMES. Ils ressemblent aux Couleuvres, mais leur museau est plus gros,
les narines sont ouvertes et latérales. Leurs écailles en
losange presque toujours lisses. Il y a le plus souvent
quelques dents courtes derrière les crochets venimeux.
Se trouvent dans les contrées chaudes des deux Mondes; pas en Europe. Ils forment trois genres.

« 1ᵉʳ Genre. *Elaps.* Corps cylindrique, très-effilé,
de même calibre; à quinze rangées d'écailles larges et
lisses. Habitent les terrains boisés des deux Mondes.
Comme leur bouche est peu fendue, ils ne peuvent
avaler que de petits animaux. 9 espèces.

« 2ₑ Genre. *Bongare.* Dos garni d'une rangée d'é-
cailles à 6 pans, plus grandes que les autres, et des
plaques simples sous-caudales. Leur dos est en carène
émoussée. 2 espèces.

3ᵉ Genre. *Naja*, ou Serpents à Lunettes. Cou dilatable. Port des Couleuvres; plus gros au milieu, aminci
vers les deux bouts, sommet de la tête protégé par
neuf plaques. Narines sur les bords du museau. Habitent les régions chaudes des deux Mondes, dans les
contrées sèches et sablonneuses. 10 espèces.

« II. Famille. SERPENTS DE MER venimeux. Genre
unique *Hydrophis*. Tronc comprimé, aminci vers les

deux extrémités, surtout vers la queue ; très-étroit vers l'abdomen, souvent en carène tranchante. Queue courte, amincie, très-haute, lancéolée, faisant fonction de rame et de gouvernail. Tête petite, confondue avec le tronc. Narines garnies d'une valvule charnue. Lèvres fermant exactement la bouche. Vertex couvert de plaques. Ils se trouvent dans les eaux de la mer des pays chauds, souvent à trois ou quatre cents milles de toute terre. 6 espèces.

IIIᵉ Famille. Les Serpents venimeux proprement dits. L'ensemble des formes de ces reptiles est, selon l'auteur, le résultat de plusieurs marques distinctives, plus faciles à saisir dans leur ensemble, qu'à détailler par des descriptions. Formes lourdes et trapues; queue grosse et très-courte; tête 'large, déprimée et en forme de cœur; yeux petits, à pupille verticale, sous des plaques surciliaires saillantes; lèvre supérieure renflée pour cacher les crochets venimeux; écailles carénées; lenteur des mouvements; lancent la tête, la gueule entr'ouverte et les crochets en avant; le tronc se déroule à l'instar d'un ressort. Trois genres.

« 1ᵉʳ Genre. *Trigonocéphale.* Une fossette auprès du trou des narines; bout de la queue muni d'une écaille plus ou moins conique. Acquièrent de grandes dimensions. 13 espèces.

◄ 2ᵉ Genre. *Crotale.* Queue terminée par des étuis cornés, retenus les uns par les autres et mobiles, moulés sur la dernière vertèbre de la queue que l'animal agite comme un instrument, pour produire un bruit semblable à celui que feraient des pois mûrs secoués dans leur gousse desséchée. Ils habitent le nouveau Monde dans les lieux secs et incultes. Quatre espèces sont rapportées à ce genre.

« 3$_e$ Genre. *Vipère.* Ce sont des Serpents venimeux qui n'ont pas, comme ceux des deux genres précédents, des fossettes ou enfoncements auprès des narines. Ils n'atteignent pas, de grandes dimensions, et semblent appartenir exclusivement à l'ancien Monde. 10 espèces sont inscrites dans ce genre. »

Telle est l'analyse de l'ouvrage de M. Schlegel, sous le rapport de la classification et de l'exposition ; mais il comprend beaucoup de faits et d'observations intéressantes qui nous ont été fort utiles et qui doivent lui faire bien mériter de la science et des naturalistes.

Nous ne mentionnerons que pour mémoire, la classification des Serpents proposée par M. CH. BONAPARTE, dans le volume publié par l'Académie royale des Sciences de Turin pour l'année 1840, à la page 385. Dans l'énumération systématique des Amphibies d'Europe, l'auteur partage l'ordre des Ophidiens en sept groupes, et ceux-ci en familles, au nombre de quinze. Quelques genres nouveaux sont indiqués au moyen de subdivisions opérées pour séparer une ou deux espèces. Voici, au reste, cette énumération : 1° les ERYCIDÆ, qui comprennent les familles des *Erycina* et des *Calamaria* ; 2° les BOIDÆ, famille des *Boina* et des *Pythonia* ; 3° les ACROCHORDIDÆ, famille des *Acrochordina* ; 4° les COLUBRIDÆ, familles nombreuses subdivisées en genres, telles que les *Colubrina* (ici onze genres). Ailurophis, Cœlopeltis, Periops, Zacholus, Zamenis, Callopeltis, Rhinechis, Hemorrhois, Coluber, Tyria. Les *Dipsadina*, les *Dendrophilina*, les *Natricina* ; 5° les HYDRIDÆ, famille des *Hydrina* ; 6° les NAIIDÆ, famille des *Bungarina* et des *Naiina* ; Enfin, 7° groupe, les VIPERIDÆ, famille des *Crotalina* et des *Viperina*. On voit que dans cette nomenclature latine, les groupes

ont des dénominations féminines et les familles des
noms neutres , afin de les faire distinguer de suite par
la désinence. Le travail a été fait dans le but de mettre une sorte de méthode artificielle à la disposition
des Erpétologistes. Malheureusement , dans le plus
grand nombre des cas, l'auteur n'a pu avoir recours à
la nature ou à l'observation des objets mêmes, et il a été
obligé de rechercher les faits chez des auteurs dans lesquels il n'a pu trouver les remarques dont il aurait eu
besoin pour établir ses divisions et leur assigner des
caractères certains ; mais les sujets lui ont manqué et
il a dû se contenter des remarques faites par d'autres
Erpétologistes. Déjà l'auteur, dans son *Essai* d'une distribution méthodique des animaux vertébrés, publié
en italien à Rome en 1831, avait donné un tableau
analogue à celui dont nous venons de présenter une
analyse. Il avait présenté la classification d'Oppel
et des auteurs qui l'ont suivi en réunissant sous le
nom de Reptiles écailleux, les Sauriens et les Saurophidiens ; ceux-ci forment le cinquième ordre de la
classe. Il divisait alors cet ordre en cinq familles. Les
Amphisbénides, les Boïdes, les Colubrides, les Hydri-
des et les Vipérides. Mais dans cet énoncé, il n'y avait
aucune autre indication que celles des noms de familles, de sous-familles, de genres et de sous-genres,
avec l'origine et le nombre des espèces que l'auteur a
cru devoir y rapporter. Cependant les caractères de
l'ordre, des familles et des sous-familles y sont brièvement relatés en une seule page dont voici la traduction. « Ordre 5e, les *Saurophidiens*. Mandibule d'une
» seule pièce, les branches étant soudées en avant, les
» os temporaux non séparés de ceux du tympan ; yeux
» cachés; quelques rudiments des pattes sous la peau :

» un poumon, le second n'étant qu'un simple rudiment.
» Famille 14e, *Amphisbénides*. Langue lancéolée, dé-
» primée, bifide, à peine protractile, non engaînée; corps
» annelé, écailles toutes semblables, tympan caché. »
    « Ordre 6e, *Ophidiens* ou Serpents. Mandibule de
» deux pièces, les extrémités des branches étant join-
» tes seulement par un ligament; un os du tympan
» (carré) mobile; ni pattes, ni omoplate, ni sternum,
» ni bassin, ni troisième paupière, ni tympan; un seul
» poumon, le second n'étant qu'un simple rudiment;
» langue très-grêle, fendue à la pointe, vibratile, en-
» gaînée à sa base, corps arrondi, très-long. Famille
» 15e, *Boïdés*. Pas de dents vénéneuses, appendice sor-
» tant de chaque côté de l'anus. § *Typhlopodinés*.
» Yeux cachés. §§. *Erycinés*. Corps cylindrique, tête
» non distincte du tronc; bouche petite. §§§. *Boïnés*.
» Yeux visibles; tête très-distincte du tronc. Famille
» 16e, *Colubrinés*. Point de dents vénéneuses ni d'er-
» gots à l'anus. § *Colubrins*. Des plaques sous le ventre.
» *Acrochordins*, de petites plaques écailleuses en des-
» sus et en dessous; queue arrondie. Famille 17e. *Hy-*
» *drinés*. Des dents vénéneuses creuses, accompagnées
» de dents pleines et solides à la mâchoire; queue un
» peu comprimée; les narines supérieures. Marins.
« 18e Famille, les *Vipéridés*. Dents venimeuses, iso-
» lées sur la mâchoire supérieure. Ovovivipares. § *Vi-*
» *perins*. Point de trous sur les côtés des narines. §§.
» *Crotalins*. Deux enfoncements près des narines. »

Il est de notre devoir de faire connaître un travail
manuscrit que M. Léopold FitzingER a eu l'obligeance
de nous communiquer par une lettre extrèmement

bienveillante, en date du 28 juillet 1840, et dont nous allons donner l'analyse. Comme nous espérions pouvoir publier plus tôt le présent volume, nous n'avons pas réclamé de l'auteur les renseignements plus détaillés qu'il voulait bien nous offrir, en nous envoyant un abrégé systématique rédigé en latin sous le titre de *Conspectus Systematis Ophidiorum* (1).

L'auteur divise l'ordre des Ophidiens en quatre grands embranchements ou séries sous les noms particuliers, 1° de SAUROPHIDIENS; 2° d'HÉMIOPHIDIENS; 3° de TÉLÉOPHIDIENS, et 4°, de CHALINOPHIDIENS. D'après la présence ou l'absence des dents, ou crochets vénéneux ; puis également suivant l'existence ou le défaut des ergots ou rudiments des pattes, près de l'orifice du cloaque, et enfin, d'après l'irrégularité ou l'imperfection de l'écaillure ou des plaques de la tête.

Chacune de ces quatre séries se trouve ensuite subdivisée en cinq familles sous des noms particuliers empruntés à l'un des genres principaux, mais dont les caractères ne se trouvent pas indiqués dans le tableau. Le nombre des genres que comprend chaque famille, varie. Très-souvent, ces genres se trouvent partagés en sous-genres, et quand le nom de ce sous-genre est indiqué pour la première fois, l'auteur fait connaître l'une des espèces principales dont il donne le nom, d'après l'un des auteurs systématiques.

Comme nous aurions été obligé de traduire la plu-

---

(1) Voici les propres expressions de M. Fitzinger : « *Idcircò obligatum me sentio, exiguam meam cognitionem vobis offerre, et quùm fateri debeam, tunc temporis forsitan unicum esse, qui in ophidiorum dispositione naturali clarè videt, systema meum, de quo brevis epitome hisce litteris occlusa est, uti properanter me recordari possum, vobis, acceptâ responsione, accuratiùs elaboratum mittere, in aliud tempus reservo.* »

part de ces dénominations qui n'auraient varié que par la terminaison, nous avons cru devoir conserver le texte même de l'auteur en latin, en copiant son travail.

CONSPECTUS SYSTEMATIS OPHIDIORUM.

Tela
- nulla : membrorum rudimenta
  - distincta : pholidosis capitis imperfecta. . . . . 1. SAUROPHIDIA.
  - nulla : pholidosis capitis.
    - imperfecta. 2. HEMIOPHIDIA.
    - regularis. . 3. TELEOPHIDIA.
- distincta : membrorum rudimenta nulla. . . 4. CHALINOPHIDIA.

PRIMA SERIES. **SAUROPHIDIA.**

1ª Familia. TYPHLOPHIS.　　TYPHLOPS. . . .
- a. Typhlina.
- b. Typhlops.
- c. Rhinotyphlops.

2ª Familia. CYLINDROPHIS.　CYLINDROPHIS. .
- a. Ilysia.
- b. Cylindrophis.

3ª Familia. GONGYLOPHIS.　GONGYLOPHIS. .
- a. Eryx.
- b. Gongylophis.
- c. Uroleptes.

4ª Familia. CENTROPHIS. . .
- 1. BOA. . .
  - a. Eunectes.
  - b Boa.
  - c. Epicrates.
  - d. Botriochilus.
- 2. XIPHOSOMA.
  - a. Enygrus.
  - b. Xiphosoma.

5ª Familia. PYTHOPHIS.　　PYTHON. . . .
- a. Constrictor.
- b. Asterophis.
- c. Python.

SECUNDA SERIES. **HEMIOPHIDIA.**

1ª Familia.	RHINOPHIS.	RHINOPHIS. . . .	{ *a.* Rhinophis. { *b.* Uropeltis.
2ª Familia.	SCATOPHIS.	SCATOPHIS. . . .	Xenopeltis.
3ª Familia.	BRACHYOPHIS.	BRACHYOPHIS. . .	{ *a.* Calamaria. { *b.* Brachyorrhos.

4ª Familia. PELOPHIS. PELOPHIS. . . . .
- 1. Aspidura.
- 2. Pelophis.
- 3. Hypsirhina.
  Helicops.
  Hydrops.
  Pseudoeryx.
  Hypsirhina.
- 4. Stranops.
- 5. Homalopsis.
- 6. Erpeton.

5ª Familia. NECTOPHIS. ACROCHORDUS. . { *a.* Acrochordus.
{ *b.* Chersydrus.

TERTIA SERIES. **TELEOPHIDIA.**

Genera.

1. ELAPOIDIS. . . { *a.* Geophis.
{ *b.* Elapoidis.

2. CLELIA. . . . .
- 1 Scoleophis.
- 2 Clelia.
- 3 Tropidopeltis.
- 4 Potamophis.

3. ELAPOMORPHUS.
4. BRACHYSOMA
5. OLIGODON.
6. OMALOSOMA.
7. LAMPROPHIS.
8. PSEUDOPHIS. . . { *a.* Pseudophis.
{ *b.* Eupeltis.

1ª Familia. LAMPROPHIS.

9. GONGYLOSOMA.
10. PANTHEROPHIS.

11. LIOPHIS. . . . .
- *a.* Erythrolampus.
- *b.* Liophis.
- *c.* Zacholus.
- *d.* Pariopeltis.

12. HYDRODYNASTES.
13. OPHFOMORPHUS.
14. RHINASPIS.
15. CERCOPSIS.
16. SCYTALE.

17. LYCODON. . . .
- *a.* Deiropoda.
- *b.* Sphenocephalus
- *c.* Oxyrrhopus.
- *d.* Ophites.
- *e.* Lycodon.

18. ASPIDOPHRYS.

Tertia Series. TELEOPHIDIORUM continuatio.

2ª Familia. ASSOPHIS.

Tropidonotus. . . .
- *a.* Dasypeltis.
- *b.* Tropidonotus.

Zamenis. . . . . . .
- *a.* Elaphe.
- *b.* Leiosteira.
- *c.* Zamenis.
- *d.* Calopeltis.
- *e.* Hierophis.
- *f.* Hemorrhois.
- *g.* Periops.
- *h.* Calognathus.
- *i.* Chilolepis.

Psammophylax.

Psammophis. . . .
- *a.* Cælopeltis.
- *b.* Psammophis.

3ª Familia. DENDROPHIS (*nondum in genera divisi*).

Lygophis.	Sybinophis.	Liopeltis.	Chlorosoma.
Philodryas.	Periscopus.	Cælophis.	Thamnophis.
Opheodris.	Goniosoma.	Spilotes.	Coluber.
Ptyas.	Macrops.	Dendrophilus.	Chrysopelea.
Coronophis.	Dendrophis.	Philodendros.	Cercophis.
Dryodynastes.	Leptophis.	Oxibelis.	Dryophis.
Xiphorhina.	Herpetotragus.	Tragops.	Herpetodryas.
Endryas.	Erymnus.	Dryomedusa.	Bucephalus.

4ª Familia. CEPHALOPHOLIS. (*In genera non divisi.*).

Ophthalmophis.	Lycodonomorphus.	Crotaphopeltis.	Dryophilas.
Thamnodynastes.	Telescopus.	Emblycephalus.	Pareos.
Aspidocercus.	Pholidodumus.	Trachelogerron.	Dipsas.
Cephalopholis.	Dipsamorphus.	Eudipsas.	Goniodipsas.
Gonyogaster.	Siphlopis.	Rhinodipsas.	Sybinon.
Leptodeira.	Rhinobotrion.	Ailurophis.	

5ª Familia. DERMATOPHIS.

Rhinostoma.	Heterodon.	Aspidopsis.	Tachymenis.
Xenodon.	Ophis.	Simus.	Rhinosiphon.

Quarta Series. CHALINOPHIDIA.

1ª Familia. HYDROPHIS.
- Pelamys.
- Hydrophis.
- Hydrus. . . . . .
  - *a.* Hydrus.
  - *b.* Enhydris.
- Platurus.

Familia. GEOPHIS. . .
- Elaps. . . . . .
  - Elaps.
  - Pseudelaps.
- Aspidoclonion.

QUARTA SERIES. **CHALINOPHIDIORUM** continuatio.

3ᵃ Familia. ASPIDOPHIS.	ASPIDOELAPS. ALECTO. ASPIS.	{ Aspis. { Otracma.	
	SEPEDON. . . .	{ Causus. { Sepedon.	

4ᵃ Familia. CHERSOPHIS.	ACANTOPHIS. PELIAS. VIPERA. RHINECHIS. GONGECHIS. ECHIDNE. ECHIS.

5ᵃ Familia. BOTHROPHIS.	LACHESIS. ATROPOS. TROPIDOLESMUS.	
	BOTHROPS.	{ Cophias. { Bothrops.
	MEGERA.	
	TRIGONOCEPHALUS.	{ Tysiphone. { Trigonocephalus.
	CENCHRIS. CAUDISONA. UROPSOPHUS.	
	CROTALUS.	{ Urocrotalon. { Crotalus.

CLASSIFICATION ADOPTÉE.

Il nous reste maintenant à faire connaître le plan ou plutôt les bases de la méthode, ou du système ophiologique que nous nous proposons de suivre dans ce présent ouvrage. Cette classification est assez différente dans son ensemble comme dans ses détails, de toutes celles dont nous venons de donner l'analyse; on y trouvera distribuées, suivant leurs plus grands rapports naturels, en sections, en familles, en tribus et en genres, les quatre cents à quatre cent vingt es-

REPTILES, TOME VI. 5

pèces d'Ophidiens, que nous avons pu étudier comparativement par nous-mêmes, tant dans leurs parties extérieures que dans leurs principaux organes internes, sur près de trois mille individus appartenant presque tous à notre musée national.

Nos divisions primaires de l'ordre des Ophidiens, celles que nous appelons des sections, sont établies, d'une part, sur ce que, tantôt l'une ou l'autre des mâchoires est seule garnie de dents; que tantôt elles le sont toutes deux à la fois; et d'une autre part, dans ce dernier cas, d'après les modifications qu'on peut observer quant à la structure des premières et des dernières dents sus-maxillaires. En effet, ces dents sont parfaitement pleines, quand leur unique fonction est de saisir et de retenir la proie; tandis qu'elles sont creusées, soit en canal, soit en gouttière, lorsqu'elles doivent aussi servir de conduits à une humeur le plus souvent vénéneuse, que sécrètent des glandes d'une nature particulière, situées sur les côtés de la tête, en arrière des yeux.

Pour établir les familles, nous avons généralement eu recours aux variations que présente la partie osseuse de la tête dans la configuration, la position et les proportions relatives des diverses pièces qui la composent, ainsi qu'aux nombreuses différences que les dents nous ont offertes relativement à leur forme, à leur grosseur et à leur longueur.

L'établissement de nos tribus est principalement fondé sur les dissemblances qui existent entre les genres d'une même famille, sous le rapport de la conformation du museau, du tronc ou de la queue; dissemblances qui sont purement biologiques ou dépendantes du genre de vie respectif de ces Reptiles. C'est ainsi par exemple, que dans la famille des Boæiens, on distingue par un boutoir cunéiforme et une queue courte et non enroulante, la tribu essentiellement fouisseuse des Érycides d'avec celle des Boæides, composée au contraire d'espèces qui se tiennent habituellement sur les arbres, et dont le bout du museau est obtus ou tronqué, et la queue fortement préhensile. De même, dans la famille des Anisodoniens, les espèces terrestres, à tronc et à queue médiocrement allongés de la tribu des Psammophides, sont séparées des Tragopsides, autre tribu à laquelle appartiennent des Serpents d'une longueur et d'une gracilité extrêmes, sortes de lianes animées, qui n'ont d'autres demeures que les branches des végétaux, le long desquelles elles s'enroulent et se glissent, en passant ainsi de l'une à l'autre avec la plus grande facilité.

Pour ce qui est des genres, dont le nombre est proportionnellement aussi considérable que celui des espèces, quoique nous nous soyons appliqués à ne les point multiplier sans en avoir bien reconnu la nécessité, les caractères d'après lesquels ils sont institués, nous ont été fournis par quelques parties de la bouche et par presque toutes les régions extérieures du corps. Nous les avons en effet tirés de la condition dentée ou non dentée de l'os intermaxillaire, des palatins et des ptérigoïdes; de la position latérale ou supérieure des yeux et des narines; du nombre des plaques qui entourent celles-ci; de la figure circulaire ou elliptique du trou pupillaire; de l'existence ou du manque de fossettes, soit au devant des orbites, soit autour des lèvres; de la présence d'un appendice cutané simple ou double à l'extrémité du museau, comme dans les Tragops, les Langahas et les Erpétons; de la compo-

sition variable du bouclier céphalique (1); de l'apparence lisse, carénée ou concave des écailles du tronc,
du plus ou moins de largeur des lamelles ventrales, de
la division ou non division en deux pièces des scutelles sous-caudales, enfin de la forme de la squamme
ou des squammes qui garnissent la pointe de la queue,
ou son extrémité libre.

Tels sont, après de nombreuses investigations, les
principes qui nous ont paru les plus propres à fonder
une classification à l'aide de laquelle on puisse présenter, d'une manière aussi complète que possible,
l'histoire générale et particulière des Serpents ;
l'extrême ressemblance dans les formes et le défaut
absolu des membres ayant rendu jusqu'ici fort difficile
l'étude de cet ordre de Reptiles.

Caractères particuliers des sections.

Les sections principales que l'étude des Ophidiens
nous a forcé d'établir, sont au nombre de cinq.

La première, que nous appelons section des Scolécophides, est celle des Serpents qui, par leur forme allongée arrondie et à peu près de même grosseur dans toute
son étendue, ressemblent extérieurement à des vers de
terre. Elle comprend les espèces analogues aux Typhlops; c'est-à-dire celles chez lesquelles il n'y a jamais
de dents qu'à l'une ou à l'autre mâchoire; chez lesquelles
la mâchoire supérieure, est le seul os de la face qui
reste mobile, car l'intermaxillaire, les nasaux et les
vomers sont solidement articulés entre eux, ainsi qu'aux
frontaux antérieurs. Ici l'os sus-maxillaire est court,

---

(1) Voyez pour les noms donnés aux plaques de la tête, la page 26
du V⁰ volume; voyez aussi à la page 112 de celui-ci.

aussi court que celui qui lui correspond, chez les Serpents venimeux dits Thanatophides; ajoutons en outre qu'aucune des dents dites sus-maxillaires, lorsquelles existent toutefois, n'est percée d'un canal, ni creusée d'une gouttière.

La seconde section, appelée des AZÉMIOPHIDES, renferme les Serpents analogues aux Rouleaux, aux Boas, aux Couleuvres proprement dites etc., dont tous les os de la face jouissent d'une plus ou moins grande mobilité, en même temps que leurs os maxillaires supérieurs sont généralement très-longs, et toujours garnis, ainsi que les inférieurs, d'un certain nombre de dents, parmi lesquelles on n'en remarque aucune qui présente, soit un canal intérieur, soit une rainure longitudinale à sa face antérieure.

La troisième section réunit, sous le nom d'APHOBÉROPHIDES, les espèces qui se distinguent de celles de la division précédente, en ce que leurs dernières dents sus-maxillaires sont creusées en avant, et dans toute leur longueur, d'une cavité ou d'une sorte de gouttière, plus ou moins profonde, plus ou moins évasée, destinée à l'écoulement d'une humeur sécrétée par d'autres glandes que les salivaires, mais qui pourtant ne contient aucun principe malfaisant, comme celui auquel servent de conduits les crochets tubuleux situés à l'extrémité antérieure de la mâchoire supérieure des Ophidiens, appartenant aux deux sections suivantes. Les véritables Psammophis, les Cœlopeltis, les Oxyrrhopes etc., font partie de cette troisième section.

Les espèces telles que les Élaps, les Najas, les Bongares, les Hydrophis, etc., constituent la quatrième section, dite des APISTOPHIDES. Elles ont bien les deux mâchoires dentées et les os du museau susceptibles de

légers mouvements, de même que chez les **Azémio-**
phides et les **Aphobérophides**; mais leurs premières
dents de la mâchoire d'en haut, laquelle est tantôt très-
courte, tantôt plus ou moins allongée, sont des crochets
à venin, creusés en avant, pour l'écoulement de cette
humeur venimeuse, au moyen d'un canal formé par
une gouttière dont les bords, quoique fort rapprochés
l'un de l'autre, ne sont cependant pas complétement
soudés ensemble; de sorte que ces crochets, d'ailleurs
médiocrement longs, offrent toujours une fissure longitudinale sur la courbure de leur face antérieure.

Enfin, à la cinquième et dernière section, appartiennent les plus redoutables de tous les Serpents venimeux ou les Thanatophides, lesquels différent des
précédents par des sus-maxillaires, qui, outre qu'ils
sont toujours excessivement courts, ne portent aucune
autre dent, qu'un groupe de très-longs crochets sans
fissure ni cannelure externes ou dont le conduit vénénifère est un tuyau tout à fait intérieur, qui les parcourt d'un bout à l'autre : les Vipères, les Crotales
et les Trigonocéphales sont les types de cette dernière
section.

Le tableau synoptique qui suit indique les cinq
sections dont nous venons de parler. On trouvera
l'énoncé des caractères des familles et des genres à la
fin de chacun des articles qui leur seront consacrés;
ce qui nous permettra de faire connaître les pages
correspondantes à nos descriptions. Le tableau complet des Ophidiens ne pourra être donné, pour la
même raison, que lorsque nous aurons terminé l'impression du septième volume.

TROISIÈME ORDRE DE LA CLASSE DES REPTILES. LES OPHIDIENS.

CARACTÈRES. { Corps allongé, arrondi, étroit, sans pattes ni nageoires paires ; bouche garnie de dents pointues. Mâchoire inférieure à branches dilatables, plus longues que le crâne. Tête à un seul condyle arrondi; point de cou distinct, ni conque, ni conduit auditif externe ; pas de paupières mobiles. Peau coriace extensible, recouverte d'un épiderme caduc d'une seule pièce.

Dents

seulement à l'une ou à l'autre des mâchoires. . . . . I. SCOLÉCOPHIDES. VERMIFORMES.

pleines; les postérieures { rondes, pleines. . . . . II. AZÉMIOPHIDES CICURIFORMES.

creusées en avant d'une gouttière. III. APHOBÉROPHIDES. FIDENDIFORMES.

aux deux mâchoires, les sus-maxillaires antérieures parcourues en long par un canal vénénifère { formant en avant un sillon. . . . IV. APISTOPHIDES. FALLACIFORMES.

sans trace de sutures en devant. . V. THANATOPHIDES. VIPÉRIFORMES.

I. ΣΚΩΛΗΞ, εχός,   ver, lombric ; *vermis, lumbricus, vermem figurans*; et de Οφὶς, Serpent.
II. ΑΖΗΜΙΟΣ,   innocent, *innoxius*, qui nefait pas de mal ; *cicur*, doux, paisible, qui ne peut faire du mal.
III. ΑΦΟΒΕΡΟΣ,   qu'on ne doit pas craindre, dont on ne doit pas se méfier ; *non timendus, fidendus.*
IV. ΑΠΙΣΤΟΣ,   perfide, suspect; *perfidus, fidei suspectus , cui fides non adhibitur.*
V. ΘΑΝΑΤΟΣ,   fatal , mortel ; *lethalis, exitialis , lethifer, internecans, interficiens.*

CHAPITRE II.

De l'organisation, des fonctions et des moeurs chez les
reptiles ophidiens.

L'étude que nous allons faire de l'organisation des
Serpents, en suivant la série des fonctions animales,
nous donnera occasion de présenter des considérations
générales sur la conformation, les mœurs et les habitudes de ces Reptiles. C'est l'ordre d'après lequel nous
avons procédé jusqu'ici : cette marche nous paraît avoir
l'avantage de faciliter les comparaisons dans le même
système d'arrangement, et de nous faire passer nécessairement en revue toutes les circonstances importantes
et les particularités qui peuvent intéresser les naturalistes et les physiologistes qui se livreront à l'étude
de ces animaux, pour en bien connaître l'histoire.

§ I. Des organes du mouvement et de leurs actions
diverses.

La manière dont les Serpents se meuvent, est évidemment la conséquence du défaut de pattes ; de
même que leur vie dans l'air atmosphérique, est indiquée par la présence de leur poumon. Les Serpents
sont en outre dans la nécessité de pourvoir à leur sub-
sistance, uniquement au moyen d'une nourriture animale, qu'ils doivent saisir vivante et avaler tout entière et en une seule fois, parce que la nature ne leur
a pas accordé, comme à d'autres reptiles, les instruments tranchants propres à diviser leurs aliments.
Ces circonstances réunies ont imprimé non-seulement

au dehors du corps des Ophidiens, quant à leur configuration apparente, mais encore à l'intérieur dans toute leur structure, des caractères que nous y retrouvons inscrits et que nous allons d'abord considérer ici sous le simple rapport des mouvements que ces animaux peuvent exécuter.

Le corps d'un Serpent consiste en un tronc considérablement allongé, sans distinction notable de régions pour les diverses parties de son étendue. A l'intérieur ce corps a pour tige solide, ou pour support principal, une très-nombreuse série de petits os mobiles, quoique fort solidement fixés et attachés les uns aux autres. Ce sont des vertèbres, à peu près semblables entre elles, qui servent, à l'insertion d'un plus grand nombre de faisceaux de fibres motrices destinées à produire et à répéter, chacun en particulier, à l'infini et de la manière la plus régulière, tous les mouvements qui leur sont isolément imprimés. En outre, cette longue échine ou cette charpente mobile, est creusée, perforée dans toute son étendue, pour former un canal continu qui loge et protége la moelle nerveuse, prolongement du cerveau. Par des trous symétriquement ménagés entre chacune de ces nombreuses vertèbres, sortent, à de mêmes intervalles, les paires de nerfs destinés à se distribuer et à se terminer dans toutes les parties du corps.

Cette structure générale des organes propres aux mouvements semble avoir entraîné les modifications les plus grandes, sous le rapport des formes et de la situation relative, dans tous les instruments appelés à exercer les fonctions de la vie générale ou végétative, comme celles de la nutrition et de la propagation. Cependant les moyens qui servent à mettre ces animaux en rapport entre eux et avec le monde extérieur, à l'aide de leurs sens, sont à peu près les mêmes que chez les autres Reptiles.

Le Serpent étant dépourvu, au moins en apparence, des instruments propres à diviser la proie qu'il doit engloutir sans la mâcher, il a fallu que la victime fût poursuivie, arrêtée, saisie et avalée tout entière, comme en une seule bouchée. Ces circonstances ont fait attribuer à ces Reptiles, des facultés toutes spéciales. Tantôt une extrême et subite agilité, une flexibilité, une souplesse, une rapidité excessives dans les mouvements sont accordées au Serpent pour qu'il puisse se mettre à la piste de l'animal que son avidité convoite, afin de l'atteindre dans sa fuite; tantôt et plus souvent, déployant une force de constriction prodigieuse et la puissance musculaire la plus active, le Serpent s'attaque à des animaux dont le volume excède celui de son propre corps. Il s'élance sur eux, les enveloppe, les étreint, les étouffe en les comprimant et en brisant leurs os entre les replis tortueux de ses nombreuses circonvolutions, quoiqu'ils aient souvent un diamètre qui dépasse celui de sa gueule, qu'il élargit à volonté, et dans laquelle il parvient cependant à les faire pénétrer, après avoir écrasé leurs chairs dans la peau qui les recouvrait.

D'autres espèces, moins agiles ou moins robustes, exercent une fascination, une puissance qu'on a regardée comme magnétique ou surnaturelle, en inspirant à la proie qu'ils épient, une sorte de stupeur, de terreur instinctives qui annulent et paralysent les mouvements et les efforts de l'animal, qui voudrait en vain se soustraire et échapper au sort funeste, à la fatale destinée qui l'attend. Tel nous voyons le chien d'arrêt agir à distance, et par son seul regard, sur le gibier qu'il a découvert : celui-ci n'ose se déplacer pour s'enfuir, de crainte de déceler sa présence par le mouvement ; il paraît alors arrêté par un pouvoir magique qui suspend toutes ses facultés ; il lui semble impossible de se soustraire à un danger aussi imminent ; il cède à ce tourment qui le désespère, et cependant si les forces lui manquent, il succombe : il est dévoré.

Il est quelques autres genres d'Ophidiens qui, après avoir supporté de très-longues abstinences, et lorsqu'ils éprouvent le besoin impérieux de se nourrir, sont tout à coup excités par une ardeur impétueuse de courage et d'énergie insolites. Ils deviennent furieux à la vue de l'animal dont ils sentent la nécessité de s'emparer. A l'improviste, et avec la rapidité d'une flèche, ils lancent sur cette proie une gueule béante, au devant de laquelle sont redressées les pointes aiguës de quelques dents allongées et courbées en crochets, dans l'épaisseur desquelles est pratiqué un canal et une rainure par lesquelles suinte et pénètre une humeur venimeuse qui s'introduit dans les chairs. C'est un poison actif, sécrété d'avance et mis en réserve dans une vésicule dont la nature les a munis dans sa prévoyance infinie. En pénétrant au-dessous de la peau, ces dards empoisonnés y déposent une petite quantité de cette humeur délétère qui, bientôt absorbée, ne tarde pas à produire divers effets funestes, soit en paralysant subitement les mouvements de l'animal blessé par cette simple piqûre, soit en produisant chez lui un sommeil léthargique, et peut-être heureusement, en le soustrayant aussi à la douleur par la privation de la sensibilité ; mais dans tous les cas en le mettant dans l'impuissance d'échapper à la mort, et d'éviter une destruction de-

venue nécessaire à la conservation du Serpent, qui
n'avait que cette seule ressource pour s'en rendre maî-
tre, afin de se nourrir de sa chair.

Afin de faire connaître les formes, l'organisation,
l'usage et le but pour lequel ont été disposés les instruments de la vie qui, chez les Serpents comme dans
tous les autres animaux, sont appelés à remplir leurs
fonctions diverses, nous allons étudier successivement
dans l'ordre naturel et physiologique, la structure et
l'action de leurs différents systèmes d'organes. D'abord,
ceux qui sont destinés à les mettre activement en rapport entre eux et avec les autres corps de la nature, en
permettant les divers mouvements qu'exige leur translation dans des circonstances nécessairement très-variées ; en leur donnant la faculté d'exécuter leurs vo-
lontés qui sont la conséquence des sensations diverses
qu'ils peuvent éprouver en dedans comme au dehors
de leur propre individu, puis tous les moyens de se
nourrir ; enfin, ceux à l'aide desquels ils peuvent se
reproduire et propager ainsi l'existence de leur race.

1° *Des os et du squelette des Serpents.*

La forme générale et les dimensions en tous sens
du corps des Serpents, sont déterminées par le nombre
considérable des pièces osseuses qui constituent l'ensemble de leur squelette, c'est-à-dire par les vertèbres
et par les côtes. Cette échine est cependant la plus
simple et la plus uniforme, parce qu'elle ne supporte
ni sternum, ni bassin, ni membres articulés. Sous le
rapport des parties osseuses, destinées aux mouvements, on peut dire que les Ophidiens sont, parmi
tous les animaux vertébrés, ceux dont la charpente la
plus longue, relativement à son diamètre, est com-

posée de pièces les plus mobiles, et qui sont aussi les plus nombreuses et les plus semblables entre elles.

L'échine des Serpents représente à l'intérieur du corps un axe solide qui sert de base et de support aux mouvements généraux, en même temps que ses pièces, quoique très-mobiles les unes sur les autres et très-résistantes par leur texture, transmettent à leur ensemble les impulsions qu'elles reçoivent dans les différentes régions de la longueur du tronc.

Cet isolement, cette indépendance de la colonne vertébrale offre, sous ce rapport, un mécanisme bien différent de celui qu'on retrouve chez les autres animaux qui ont un squelette intérieur. En effet, dans la plupart des poissons, les vertèbres reçoivent et supportent les nageoires impaires qui représentent des rames dans l'action de nager; ensuite dans tous les mammifères, les oiseaux et la plupart des autres reptiles, l'échine sert constamment d'appui aux os des membres et aux autres organes solides destinés à produire les mouvements du corps, quand ces parties accessoires se rencontrent dans leur squelette.

Le caractère commun à toutes les vertèbres d'un Serpent, celui qu'on peut considérer comme essentiel, est inscrit sur la région moyenne de ces petits os; c'est la portion la plus solide, le centre sur lequel ils se meuvent. Il résulte du mode particulier de leur jonction réciproque, jusqu'ici uniquement observée dans ces animaux, que toute vertèbre d'Ophidien est creusée, dans la partie antérieure de son corps, en une fossette concave, régulière, hémisphérique, coupée un peu obliquement sur sa circonférence, et que cette même partie centrale de la vertèbre porte en arrière une sorte de tête convexe, régulièrement arrondie, correspondante par sa courbure à la concavité qui doit la recevoir et l'enchâsser. Cette tête, cette saillie de l'os, est elle-même supportée par une sorte de col ou de petit étranglement. Les deux facettes articulaires qui se correspondent ainsi par des courbures inverses, sont enduites d'un véritable cartilage d'incrustation et munies d'une membrane synoviale que recouvre une capsule fibreuse, de manière à permettre des mouvements d'énarthrose semblables à ceux que les mécaniciens désignent sous le nom d'articulation en genou. C'est une boule emboîtée, qui peut tourner sur elle-même dans tous les sens.

Nous avions besoin de rappeler cette disposition, parce que les différences que présentent les nombreuses saillies dont sont hérissés ces vertèbres du côté du dos, du ventre et même latéralement, bornent, arrêtent ou facilitent par leur étendue, leur inclinaison, leurs courbures, la variété des mouvements de l'ensemble du corps. Elles indiquent, dans les différentes races des Serpents, la mobilité particulière de chaque pièce de l'ensemble de leur charpente ; et cet examen fait comprendre d'avance, il explique les modifications principales qui ont été exigées pour chaque mode spécial de progression. Il fait concevoir en effet le mécanisme du mouvement des Ophidiens sur la terre, à sa surface et souvent au milieu des sables ; leur manière de grimper, de s'entortiller sur les branches et sur le tronc des arbres pour y rester accrochés pendant des journées entières, et enfin les moyens qu'ils emploient pour se mouvoir soit à la superficie, soit dans les profondeurs des eaux, où quelques-uns séjournent habituellement.

Ce qui frappe à la première vue dans cette suite

des os de l'échine chez les Serpents, c'est leur ressemblance et leur uniformité dans es deux régions du tronc et de la queue, de telle sorte qu'il serait impossible au zootomiste le plus exercé d'assigner à chacune des pièces un rang exact dans la série, à l'exception peut-être des dernières vertèbres, qui vont le plus souvent en diminuant graduellement de grosseur. Ce sont les maillons articulés d'une chaîne, tellement semblables entre eux qu'ils paraîtraient être sortis successivement d'une même matrice dans laquelle ils auraient reçu leurs formes solides et leurs empreintes, pour entrer dans une concaténation aussi parfaite et aussi régulière; analogues à ces chaînes brillantes qu'exécutent nos orfévres habiles dans la confection des colliers, dont les mailles innombrables et exiguës sont tellement agencées entre elles, qu'elles se prêtent à toutes les directions que la main peut leur imprimer.

Généralement ces vertèbres sont courtes, larges, d'un tissu compact et par conséquent très-solides et très-résistantes; aussi est-il plus facile, dans les chocs violents que l'on imprime à l'échine d'un Serpent, d'en disjoindre les pièces que de les fracturer. Leur nombre varie beaucoup, suivant les genres et les espèces. On a observé qu'il n'est pas constamment le même dans les régions : il s'élève quelquefois jusqu'à quatre cents dans quelques Boas et Pythons. Il est rarement au-dessous d'une centaine ; de sorte que les serpents sont réellement les plus vertébrés parmi les animaux, comme les grenouilles et les autres Batraciens anoures le sont le moins, n'en ayant que huit ou neuf au plus. On a remarqué en outre que ces os de l'échine sont comparativement un peu plus longs et plus étroits dans les espèces qui grimpent et qui vivent habituellement sur les arbres.

C'est au nombre prodigieux des os qui composent la colonne vertébrale, et à leur grande mobilité,
que le corps des Serpents doit sa flexibilité extrême et
la faculté qu'il a de pouvoir s'adapter à toutes les
surfaces, quelles que soient leurs courbures, pour y
trouver des points d'appui. Leurs mouvements ont
lieu principalement sur les côtés, de droite à gauche
et réciproquement; quelquefois, plus rarement, de
haut en bas et de devant en arrière. Quoique chacune des pièces de l'échine tourne très-peu sur son
axe, la plus petite déviation qui peut s'y opérer devient
le centre d'un rayon flexible représenté par la partie
prolongée de la colonne du côté de la tête ou vers
celui de la queue. Comme la progression s'exerce le
plus souvent par des mouvements latéraux, c'est dans
ce sens que les articulations vertébrales semblent se
prêter le mieux à leur glissement réciproque.

Quelques-unes des vertèbres offrent assez constamment des particularités, qui peuvent aider à les faire
distinguer entre elles, comme appartenant à telle
région du corps, et les font ainsi reconnaître même
lorsqu'elles sont isolées. Telles sont les deux premières
du côté de la tête; puis celles qui supportent les côtes,
et enfin celles de la queue, ou quelques-unes de celles-
là, en particulier dans les Crotales, et le plus souvent
celle de l'extrémité du tronc au-dessus de l'orifice du
cloaque.

L'atlas est généralement une des plus petites vertèbres. Comme elle n'a pas d'apophyses épineuses, ni de
corps, elle représente un simple anneau osseux, à travers lequel passe en arrière la moelle nerveuse, et en
avant ou en bas elle admet l'éminence antérieure du
corps de l'axis qui, au lieu d'être en forme de dent,

présente sur sa partie tronquée une concavité articulaire destinée à recevoir le condyle de l'occipital, de
sorte que sur cette surface, les mouvements de la tête
et de l'échine sont réciproques.

Toutes les vertèbres abdominales ou costales, qui
viennent immédiatement après, correspondent à la
grande cavité cylindrique qui renferme les viscères.
Leur caractère distinctif se trouve dans les empreintes
des surfaces articulaires destinées à recevoir les côtes ;
de même que l'absence de ces empreintes, ou celle
des facettes cartilagineuses sur les apophyses transverses, ainsi que leur plus grand développement, joint
à la direction de ces éminences, font reconnaître les
vertèbres caudales. La forme de ces dernières varie au
reste suivant la configuration et les usages de la queue,
qui tantôt est conique et arrondie, comme dans le
plus grand nombre des couleuvres ; tantôt comprimée,
comme dans les espèces éminemment aquatiques,
telles que les Pélamides et les Hydrophides ; et quelquefois simplement déprimée sans apophyses épineuses
bien saillantes, ainsi qu'on l'observe dans les Serpents
à crochets venimeux, et surtout dans les espèces du
genre des Crotales.

Nous ne parlerons ici de la tête des Serpents que
sous le rapport de ses mouvements généraux, et de
son articulation avec l'échine ; lorsque nous ferons
connaître le système nerveux, nous considérerons le
crâne comme une boîte qui loge et protège les organes
des sens et le cerveau. L'appareil des os de la face et
des mâchoires, qui est destiné principalement à la
préhension des aliments et à la déglutition, sera étudié avec les organes de la digestion.

C'est par l'os occipital et par son condyle unique,

REPTILES, TOME VI.   6

situé au-dessous du grand trou vertébral, que la tête se joint à l'échine, par l'intermède de l'atlas, sur l'éminence creusée dans l'axis. Cette portion arrondie et saillante de l'occiput semble en effet formée par la réunion de trois petites facettes dont les limites se trouvent indiquées par deux lignes saillantes qui indiqueraient la soudure ou les points de jonction des apophyses articulaires avec le corps ou le prolongement de l'éminence basilaire du crâne. Il en est au reste de cette articulation, comme de celle qui lui correspond dans les autres Reptiles, à l'exception des Batraciens, car elle est évidente dans les Chéloniens et dans les grands Sauriens.

Les côtes des Serpents sont des leviers prolongés, des appendices latéraux des vertèbres, qui étant destinés, il est vrai, à l'acte mécanique de la respiration, servent encore beaucoup plus à la progression, en même temps qu'elles entourent et protégent la cavité qui contient leurs viscères, sans la circonscrire entièrement. Comme elles ne sont pas jointes entre elles par un sternum, elles peuvent s'écarter en travers, et devant en arrière réciproquement dans les diverses régions du tronc. Il résulte de là que la forme, la grosseur et l'ampleur du ventre sont variables dans les mêmes individus; elles dépendent de la dilatation du canal digestif, qui peut admettre ainsi les animaux les plus volumineux, en permettant à la matière qui les compose d'y séjourner pendant tout le temps nécessaire pour l'opération digestive, laquelle cependant exige chez les Ophidiens un espace de temps considérable, puisqu'elle demande souvent plusieurs semaines.

Des deux extrémités des côtes, l'une, la vertébrale, est comme fourchue, c'est celle qui s'articule avec l'échine par deux points différents, mais fort rapprochés. La plus interne présente ordinairement une facette articulaire qui s'unit avec le corps d'une seule vertèbre, mais très en arrière, quelquefois avec deux de ces os ; l'autre fourche s'appuie par un point assez rapproché, sur l'apophyse transverse de la même vertèbre. L'extrémité libre et opposée de la côte reçoit un prolongement cartilagineux qui la continue, et qui se trouve enveloppée de fibres charnues ou aponévrotiques adhérentes à la peau, et par suite aux grandes plaques écailleuses du ventre, auxquelles elle sert de point d'appui comme une sorte de patte, ainsi que nous l'exposerons par la suite quand nous traiterons du ramper.

La forme des côtes et surtout leur mobilité, leur courbure, ainsi que leur longueur, varient suivant celles du tronc. Dans les espèces qui ont le corps fortement comprimé, comme dans certains Boas et quelques autres Serpents d'arbres, dont le tronc est plus haut que large, les côtes sont généralement moins courbées, souvent comme brisées près de leur articulation vertébrale ; elles sont aussi plus larges ou légèrement aplaties de dehors en dedans. Dans les espèces qui ont le corps tout à fait arrondi ou comme cylindrique, la courbure des côtes est plus régulière, et elles offrent sur leur longueur, à peu près autant de largeur que d'épaisseur.

Souvent les deux ou trois premières vertèbres ne portent pas de côtes, ou alors elles sont très-courtes ; mais dans quelques genres comme dans les Serpents à coiffe ou Najas, les côtes dites collaires, sont plus longues, plus droites, et plus mobiles pour supporter les téguments de cette région du cou, qui peuvent se distendre pour recevoir et cacher la tête.

Le nombre des côtes est considérable : il est de près ou même de plus de 300 dans quelques Pythons et Trigonocéphales ; il y en a moitié de ce nombre dans la Vipère et dans la Pélamyde, espèces qui ont la queue beaucoup plus longue que le ventre. Aucun animal vertébré n'a réellement plus de côtes que les Ophidiens, car dans les Murènes et les Ophisures, qui sont ceux des Poissons chez lesquels on compte le plus de côtes ou de cerceaux, plutôt abdominaux que thoraciques, le nombre de ces os s'étend rarement au delà de quatre-vingts.

Il n'y a jamais de membres véritables dans les Serpents ; quelques espèces cependant, les Boas et les Pythons, portent sur les commissures de la fente du cloaque une paire d'ergots cornés supportés par un appareil dans lequel M. Mayer de Bonn a cru, en y voyant des pièces osseuses articulées, reconnaître les rudiments ou les traces de véritables pattes postérieures. Nous les ferons connaître avec plus de détails, quand nous traiterons de ces deux genres d'Ophidiens; car ces ergots paraissent servir de crocs ou de points d'appui à l'animal, lorsqu'il se porte en avant.

Les ligaments qui réunissent les vertèbres entre elles et avec les côtes sont analogues à ceux qui existent dans les autres animaux. Il n'y a de différences réelles ici que celles que nous avons déjà indiquées pour les capsules articulaires des corps des vertèbres qui sont, comme nous l'avons dit, munies d'une membrane synoviale et incrustées de cartilages. Il en résulte un glissement par énarthrose entre les deux surfaces disposées comme les articulations mobiles d'une concavité hémisphérique, c'est-à-dire, en recevant une partie convexe correspondante, ainsi que les mécaniciens la construisent dans les supports des instruments d'optique, qu'ils nomment articulations en genou, ce qui favorise le jeu des longues et grandes lunettes sur leur support.

Il y a aussi à l'extrémité vertébrale des côtes de petits ligaments élastiques qui se prêtent à un léger allongement quand les muscles agissent sur ces os pour les rapprocher les uns des autres, du côté du ventre, mais qui, aussitôt que cette action cesse, reportent les côtes dans leur direction première, pour dilater le ventre et éloigner les cerceaux de la ligne moyenne. Cette circonstance, ainsi que nous le verrons en traitant de la respiration, produit une sorte de développement passif de la cavité abdominale, à peu près de la même manière que le court ligament comme corné, placé en arrière de la charnière des coquilles bivalves, telles que les Huîtres et les Moules, tend à écarter ces valves, lorsque les muscles internes cessent d'agir, soit activement pendant la vie du Mollusque, soit passivement après sa mort, auquel cas les coquilles restent constamment entre-baillées.

2° Des muscles ou des organes actifs du mouvement dans les Serpents.

Tous les muscles chez les Ophidiens sont spécialement destinés à agir sur leur colonne vertébrale ; mais comme cette tige centrale est la base unique sur laquelle repose toute la mécanique de leurs mouvements généraux, c'est sur les os de l'échine et sur la nombreuse série des vertèbres qui la constituent que sont dirigées toutes les puissances actives de la locomotion.

La myologie du rachis dans les Serpents paraît très-compliquée quand ces animaux sont dépouillés de leurs téguments. En effet, la masse musculaire formée par les fibres charnues et tendineuses, jointe à celle des os, représente en volume et en poids, quand l'animal est réduit à ses simples organes, à peu près les neuf dixièmes de la totalité de son corps. Mais ces muscles se répètent, se reproduisent dans chacun de leurs faisceaux d'une manière si constamment uniforme, que leur étude partielle, en considérant séparément ceux qui se rendent à une même vertèbre, suffirait pour donner une idée de la disposition générale de l'ensemble de l'échine.

Au reste, ces muscles peuvent être distingués par régions : 1° ceux qui sont situés au-dessus du canal de la moelle épinière ou du côté de l'apophyse épineuse supérieure, c'est-à-dire, dans les deux gouttières latérales entre les côtes ; 2° ceux qui sont placés sur l'échine du côté du ventre ou des corps des vertèbres ; 3° ceux qui agissent sur les côtes, lesquelles sont véritablement des apophyses transverses prolongées, très-développées : car, malgré qu'elles soient articulées, elles le sont d'une manière si solide, que les mouvements qui sont imprimés ou produits sur l'une d'elles se transmettent et se reproduisent sur la vertèbre à laquelle elle correspond, et par suite à la région de l'échine.

1° Les muscles dorsaux forment trois rangées ou faisceaux de fibres étendues dans toute la longueur des gouttières vertébrales. La ligne la plus interne, à droite et à gauche, représente l'*épineux* du dos, mais il est très-compliqué, parce qu'il est composé de languettes longues et étroites qui se terminent par des tendons grêles, tellement rapprochés et liés entre eux par des expansions aponévrotiques, qu'ils semblent ne former qu'une masse qu'on ne peut séparer qu'en suivant la direction et la terminaison de leurs fibres dans le sens de leur longueur. On voit alors qu'elles viennent se fixer sur chacune des apophyses épineuses. Il y a en outre des fibres plus courtes qui paraissent descendre en sens inverse de quelques-unes des épines vertébrales supérieures, mais à des intervalles qui varient de trois à sept et même plus.

La rangée moyenne des fibres musculaires paraît correspondre au faisceau qu'on nomme le *grand dorsal*. Elle est composée de fibres dont la direction, un peu oblique, s'étend des apophyses transverses d'une vertèbre inférieure à la septième ou huitième vertèbre, vers son épine à la base; mais là, le tendon se lie à d'autres qui sont fournis par la masse musculaire interne; une autre complication semble aussi exister en dessous par le croisement de diverses fibres qui se dirigent en sens inverse, parce qu'elles proviennent ou aboutissent vers les mêmes points. On a comparé cette série de fibres à celle du muscle *grand transversaire* des autres animaux vertébrés, chez lesquels ils sont bien plus faciles à suivre.

La troisième rangée est la plus extérieure. Les fibres charnues qui composent sa masse aboutissent à de petits tendons fixés sur les côtes, très-près de leur insertion sur les vertèbres; mais il y a encore ici des fibres croisées, de sorte que, lorsqu'on a isolé les faisceaux, en les soulevant, on voit des espaces libres qui sont semblables, par leurs aires, à des trapèzes fort allongés.

Comme tous ces muscles sont situés parallèlement dans un petit espace, et que leur action s'exerce dans des coulisses étroites, ils ne peuvent produire que des mouvements peu prononcés dans le sens latéral; mais ils consolident l'articulation réciproque des vertèbres, en les rapprochant les unes des autres, ou en les ramenant dans une même direction longitudinale, lorsqu'elles ont été entraînées d'un côté ou de l'autre, comme cela arrive dans l'action de ramper, qui est la progression la plus ordinaire chez les Serpents.

2° Les muscles de la région sous-vertébrale sont beaucoup moins développés encore. Comme il y a souvent une crête moyenne sur le corps de chaque vertèbre, et même une sorte de petite apophyse épineuse, on peut distinguer des fibres charnues qui, provenant de l'apophyse transverse de l'une des vertèbres inférieures, telles que la troisième ou la quatrième, par exemple, forment un petit faisceau qui remonte vers la crête moyenne; mais comme ces fibres se répètent, il en résulte un ensemble qu'on peut regarder comme une série de *transversaires épineux inférieurs*, lesquels ont encore la même fonction que ceux des supérieurs, mais en sens inverse. On les retrouve également sous la queue; ils sont là plus courts, un peu plus gros, et dans les premières vertèbres du côté de la tête, ils représentent le long du cou, surtout chez les espèces qui ont la queue préhensile ou susceptible de recourber en dessous.

3° Les véritables organes actifs ou les muscles qui produisent les mouvements les plus étendus sont ceux qui se fixent aux côtes sur les parties latérales en arrière et sur la région du ventre, de même que sur les parties correspondantes aux apophyses transverses des vertèbres de la queue; ceux-ci sont assez souvent plus développés et comme doubles.

Il y a des *inter-costaux* internes et externes qui représentent les muscles inter-transversaires des oiseaux et des mammifères, si faciles à voir dans la région du cou. Mais ici ils sont étalés dans les espaces que laissent entre elles la côte qui précède et celle qui la suit. Il y a en outre des faisceaux qui proviennent d'une apophyse transverse par un petit tendon qui s'étale pour donner insertion à un plan mince de fibres charnues qui vont se fixer à la côte suivante, en la bordant dans toute sa longueur. D'autres s'étendent, comme une couche charnue et imbriquée, jusqu'à la quatrième ou cinquième côte en dessous ou en arrière.

En dedans, à la face concave de la côte, on voit d'autres fibres charnues qui se dirigent obliquement de l'une des vertèbres où elles prennent naissance, à la racine de l'apophyse tranverse, vers la quatrième ou cinquième côte suivantes, en formant une lame peu épaisse de fibres très-rapprochées, consolidées par une aponévrose membraneuse qui les recouvre. Ces fibres charnues vont se fixer le long du bord antérieur de la côte, ou du côté de la tête.

Entre ces muscles, il y en a d'autres qui viennent s'attacher au derme, surtout dans la région inférieure, vers l'extrémité libre de la côte. Ces fibres charnues se fixent à la peau par des lames tendineuses qui se perdent à la base des grandes plaques ventrales qu'elles servent à relever légèrement, comme les planchettes d'une persienne, afin qu'elles servent de points d'appui au Serpent comme autant de petits sabots ou des pattes qui simuleraient celles des insectes dits Millepieds, comme les Iules.

En général, les grandes plaques ventrales, placées en recouvrement les unes sur les autres et qui peuvent

se relever en arrière en s'écartant les unes des autres,
sont en nombres correspondants à ceux des vertèbres
ou des côtes, de sorte que ces plaques indiquent à
peu près en dehors la quotité des os de l'échine et celle
des côtes que les os reçoivent, car la symétrie est absolue.

Dans la région médiane et entre les côtes, sous le
ventre, on voit une sorte de paroi musculaire ; ce sont
des plans de fibres analogues au muscle peaucier ; peut-
être correspondent-ils aux muscles du bas-ventre, les
obliques et les transverses ; mais comme ici il n'y a ni
sternum ni bassin, il n'existe pas de muscles droits ni
de pyramidaux.

Les muscles de la queue représentent à peu près
ceux du tronc pour les régions supérieures et inférieures, seulement les latéraux, ceux qui correspondent
aux côtes, ont des analogues moins développés dans
les faisceaux charnus qui ont pour attaches et termi-
naisons les apophyses transverses, lesquelles sont assez souvent longues, tandis que dans d'autres espèces,
ces éminences sont à peine indiquées par des tubercules.

Tels sont les instruments qui servent aux mouvements généraux des Serpents, et, comme nous le verrons par la suite, à l'acte mécanique de la respiration.
Mais les espèces qui jouissent de quelques facultés
particulières, ont obtenu de la nature des moyens spéciaux pour les exercer. ainsi que nous l'indiquerons en
faisant l'histoire des mœurs et des habitudes de certains genres, comme en traitant de la coiffe et de la
rétractilité de la tête des Najas, des grelots et de la
mobilité stridulente de la queue des Crotales, du ba-
lancement du corps et de la flexibilité extrême de l'ex-

trémité postérieure des Boas, qui leur permet de glisser, de s'enrouler et de se suspendre sur les branches. De même qu'à l'aide des ergots qui sont situés à la paroi inférieure et à l'origine de leur queue très-courte, ils ont la faculté de s'arc-bouter sur les corps qui peuvent leur fournir une résistance suffisante : ce sont ces muscles vigoureux et les vertèbres solides des Pythons auxquels il faut attribuer surtout, la force prodigieuse de constriction qui leur permet de briser les os des mammifères lorsqu'ils les étouffent.

3° *Des mouvements généraux chez les Serpents.*

On a peine à concevoir comment les Ophidiens, privés de membres, peuvent imprimer à leur corps la diversité des mouvements généraux qu'on leur voit produire. Tantôt c'est la faiblesse d'un corps souple, délié et très-flexible suivant toute sa longeur, qui permet ou facilite l'agilité et la prestesse dans la faculté locomotrice; tantôt, au contraire, c'est la force et la rigidité du tronc qui, jointes à son volume considérable et à l'action énergique et successive des muscles, déterminent la puissance prodigieuse dont sont doués les très-gros Serpents lorsqu'ils enveloppent, étouffent et écrasent dans leurs replis tortueux, le corps des animaux destinés à devenir leurs victimes.

Les Serpents, lorsqu'ils rampent, se déplacent par des mouvements alternatifs d'ondulations flexueuses ou de sinuosités. Alors ils se ploient, se déploient, se replient sur eux-mêmes en formant autant de courbures en S par un grand nombre de contours et de révolutions variées; mais ils peuvent aussi se dresser, s'élever presque verticalement, au moins en partie, en roidissant quelques régions de leur échine qu'ils soutiennent et font mouvoir sur une autre portion de leur propre corps. Quelques-uns restent immobiles et en embuscade sur les arbres, ayant leurs longs replis entrelacés sur les branches auxquelles ils s'accrochent et se suspendent, en balançant leur masse pour la projeter subitement à de grandes distances, comme par un mouvement de fronde. D'autres fouissent la terre ou s'insinuent dans des galeries souterraines, afin d'y trouver un refuge ou pour y chercher une proie dans les habitants qui les ont creusées. Il en est même qui nagent et se soutiennent à la superficie des eaux ou en plongeant dans leur profondeur ; car c'est là seulement qu'ils épient et poursuivent les victimes qu'ils doivent saisir vivantes et avaler d'une seule bouchée ou tout d'une fois, sans les diviser.

Le *ramper* (1) est le mode de progression le plus général chez les Serpents ; cet acte est produit par une suite de contractions successives, communiquées à leur longue échine par les muscles nombreux qui s'insèrent aux vertèbres et aux côtes. Pour bien comprendre comment cette action ou la *reptation* s'opère, il faut supposer que l'animal étant stationnaire, ou ayant fait une pause momentanée, est arrêté par une surface plus ou moins résistante sur laquelle il rencontre un point d'appui. Le plus ordinairement c'est sur le ventre ou sur la partie inférieure du corps, qu'il se trouve appliqué (2). Il soulève d'abord la tranche postérieure et mobile d'une ou plusieurs lames cornées solides, dont

---

(1) Le Créateur dit au Serpent dans la Genèse, chap. 3, verset 14 :
Quia fecisti hoc, maledictus es inter omnia animalia et super ventrem tuum gradieris.

(2)........ *Coluber nodoso gramine tectus,*
Ventre cubat flexo semper collectus in orbem. Columelle.

l'abdomen et la queue sont garnis, de manière à faire avancer les plaques situées en avant, sur lesquelles alors il semble glisser, puis successivement sur toutes celles qui précèdent ; car ces plaques agissent à l'aide des côtes qui s'y insèrent, de telle sorte qu'elles se meuvent comme autant de pattes qui correspondraient à celles que nous voyons sous le corps des Iules et des autres insectes myriapodes. Ces mouvements ont lieu en même temps et de la même manière : ils se suivent régulièrement, se répétant dans un ordre admirable et successif sous toute la longueur de la région inférieure du corps ; on conçoit ainsi le déplacement direct imprimé à la masse qui se trouve nécessairement poussée d'arrière en avant, de telle sorte que la tête est portée plus loin et que la queue suit à peu près la même direction. Cependant cette progression s'opère, dans la plupart des cas, en même temps sur les parties latérales du corps, par une suite d'ondulations ou de sinuosités qui fournissent au Serpent des points d'appui sur les objets et les matières qui lui offrent quelque résistance à droite ou à gauche. On le voit alors courber régulièrement son échine suivant sa longueur pour y produire des lignes sinueuses et arquées qui s'effacent successivement, puis se forment de nouveau et se reproduisent autant de fois que l'obstacle rencontré peut continuer d'offrir de la résistance à la puissance qui le presse. C'est la manière de se mouvoir que nous voyons souvent chez les Anguilles et chez quelques Sauriens à corps très-allongé et sans pattes, comme les Orvets ; aussi désigne-t-on ce mode de translation, quand il a lieu chez ces animaux, en disant qu'ils serpentent : tel est en effet le mécanisme du rampement ou de la reptation.

Lorsque le Serpent éprouve le besoin de s'élever, ou de hausser quelque partie de son corps, s'il rencontre alors un objet solide, il y applique son tronc, se dresse et se roidit en transportant ses efforts sur ce point fixe, en faisant arc-bouter la série des plaques du ventre les plus antérieures et par suite celles qui lui succèdent en arrière. Quand, au contraire, le sol est uni, les mêmes mouvements se produisent sur les parties du tronc qui ne quittent pas la terre sur laquelle il semble glisser. Toute la région antérieure du corps trouve là une sorte de pilier solide qui le supporte comme une base de colonne se développant et s'exhaussant sur elle-même. Alors on voit le Serpent élever verticalement la tête soutenue sur une sorte de cou de cygne, pour la faire tourner et la mouvoir mollement en tous sens, ainsi qu'on l'observe dans les Najas ou Serpents à coiffe, lorsqu'ils prennent en cadence des attitudes bizarres, en paraissant obéir à la mesure des sons variés par les instruments ou par les chants des bateleurs indiens qui les soumettent publiquement à ces sortes de danses, auxquelles ils ont été exercés d'avance par diverses manœuvres.

Le *saut* actif est produit, comme on le sait, par un élancement total de la masse de l'être vivant qui abandonne tout à coup complétement et volontairement les surfaces sur lesquelles il était en repos, pour franchir librement dans l'espace une distance plus ou moins considérable. Les Serpents, quoique privés de membres articulés, jouissent cependant de cette faculté, mais par des procédés assez particuliers qu'on peut facilement concevoir. Ainsi, tantôt le reptile, ayant le corps roulé en cercle sur lui-même, le maintient tendu comme un ressort élastique qui resterait contourné en spirale

par la force contractile des muscles de la région latérale interne, concave ou concentrique de l'échine;
mais tout à coup il se débande par le raccourcissement
instantané du bord convexe ou externe de la circonférence qui, venant à s'allonger ou à s'étendre subitement, se déploie avec une force et une rapidité extrêmes. Tantôt, pour opérer la course ou un transport
plus rapide, tantôt pour fuir et avancer avec plus de
célérité, le Serpent exécute ainsi une suite de bonds
successifs ou de soubresauts partiels qui se produisent
dans le sens de la longueur au moyen d'ondulations sur
les flancs, en avant ou de haut en bas et réciproquement, avec de légères sinuosités qui se corrigent alternativement.

L'action de *nager*, soit qu'elle ait lieu à la surface des eaux ou dans leur profondeur, est encore due
à des ondulations diverses. C'est un mode de progression semblable à celui qui s'exécute sur la terre ou sur
un sable mobile. Dans ces circonstances, le Serpent,
pouvant à sa volonté devenir plus lourd ou plus léger que l'eau qu'il déplace, par la quantité variable ou
le volume des gaz que renferme son très-long poumon,
peut s'appuyer sur le liquide en lui communiquant
une force d'impulsion. Il profite de la réaction obtenue
par l'effet du choc qu'il imprime au fluide ambiant.
C'est principalement en se servant de la queue et de
la partie postérieure du tronc que le Serpent s'appuie
quand il est dans l'eau. Souvent, dans ce but, cette
queue est élargie et fortement comprimée de droite à
gauche, en forme de nageoire verticale, ainsi qu'on
le voit dans les Hydrophides, les Enhydres et les Platures. D'autres espèces, telles que certaines Couleuvres,
peuvent à volonté devenir **hydrostatiquement** plus

lourdes que le liquide au fond duquel elles se blotis-
sent et se tiennent immobiles, en embuscade dans le
courant des eaux des torrents et des petites rivières,
afin d'y saisir les poissons et les autres animaux aquatiques dont elles se nourrissent et qu'elles viennent
ensuite avaler en se plaçant à sec sur le rivage. Il est
présumable que dans cette circonstance, et pour tenir
son corps ainsi submergé, le Serpent a diminué son
volume en expulsant de son poumon l'air qu'il contenait en trop et en y laissant seulement la quantité qui
pouvait subvenir aux besoins de sa respiration.

§ II. — DES ORGANES DE LA SENSIBILITÉ.

La faculté de sentir, celle de percevoir l'action ou
l'impression produites par les corps extérieurs, est
fort peu développée dans les Serpents, comme dans
tous les autres Reptiles. Cet attribut remarquable de
la vie animale peut même être suspendu chez eux pendant un temps souvent fort long, au moins en apparence, ainsi que cela arrive l'hiver dans nos climats,
car alors nous trouvons ces animaux dans un état de
léthargie et d'engourdissement absolu, dont on les tire
par l'effet de la chaleur. Cependant les Ophidiens sont
doués d'une irritabilité musculaire véritablement éton-
nante par son énergie et sa persistance.

Leur cœur se contracte et palpite longtemps encore
après qu'il a été isolé ou séparé du corps. Leurs mâchoires s'abaissent, s'avancent, s'écartent, se rapprochent, lors même que la tête ne tient plus au tronc.
Privés de la faculté ou des moyens de respirer, après
avoir été enveloppés de plâtre, plongés dans le mercure
ou placés sous la cloche vide de la machine pneumatique pendant des journées entières, on en a vu, dans

quelques expériences, reprendre peu à peu l'exercice de leurs fonctions et chercher à se soustraire par la fuite à de nouveaux dangers. Dépouillé de sa peau et de ses viscères principaux, un Serpent écorché depuis plusieurs jours et dont le tronc, suspendu à une branche d'arbre, avait été coupé par tronçons, manifestait encore, dans chacune de ces parties isolées, des mouvements évidents, quand on excitait la contractilité de ses muscles. Ces observations ont porté à croire que c'est moins au cerveau qu'aux nerfs provenant de la moëlle épinière, qu'on doit attribuer la persistance de la sensibilité apparente, ou plutôt de l'irritabilité musculaire chez les Ophidiens ; car il est probable que la première faculté, celle de la conscience de leur existence, ne s'exerce plus quand la tête est séparée du corps.

Nous avons eu déjà occasion d'énoncer, en parlant de l'excessive longueur de l'échine des Serpents, et en particulier du diamètre de son canal vertébral, combien devaient être développés leur moëlle épinière et les nerfs qui en proviennent, surtout si on les compare au peu de volume de leur cerveau, dont on peut juger par l'étroitesse de la portion de la boîte osseuse qui renferme cet organe. C'est en effet l'une des particularités des Serpents d'avoir le crâne si petit, qu'il n'occupe guère que le quart du reste de la tête, pour le volume et la largeur, parce que les os qui composent la face et les mâchoires sont, pour la plus grande partie, destinés à l'acte de la préhension des aliments et à la protection ou au réceptacle des principaux organes des sens.

Ce crâne, dont les os sont très-solides et résistants, quoique ses parois soient minces et parce qu'elles

n'ont pas de diploé, ni de cellules aériennes destinées
aux organes de l'odorat et de l'ouïe, occupe la région
médiane de la tête ; cependant il ne s'étend pas tout-
à-fait autant qu'elle en arrière, car les mâchoires et
les os mastoïdiens destinés à les supporter, dépassent
toujours ce crâne du côté de l'échine. La cavité crânienne est lisse, n'ayant à l'intérieur ni crêtes, ni saillies propres à limiter ou à faire distinguer certaines
régions de l'encéphale. Les pièces osseuses qui la forment sont souvent soudées intimément par l'effet de
l'âge, confondues et réduites à de très-petites dimensions ; cependant il est possible de reconnaître leur analogie avec les os qui leur correspondent chez les autres
animaux vertébrés. Ainsi, le sphénoïde est encore une
sorte de coin enclavé à la base du crâne, mais il est
allongé, sans apophyses latérales. Dans les Vipères,
les Trigonocéphales, on voit sous ce sphénoïde une
crête ou longue épine longeant l'occipital comme une
sorte de vomer qui s'épaissit et s'isole en arrière pour
former une pointe sous-occipitale. Dans les Éryx et les
Boas, on trouve en outre une crête médiane saillante
sur le sommet de la tête, tandis que dans les Serpents
à crochets venimeux, la ligne du vertex est plane et
même concave. On observe des passages intermédiaires
dans les autres groupes.

Les os frontaux postérieurs ou crâniens se réunissent entre eux en dessus et en dessous avec le basilaire
ou sphénoïde, de manière à former un pont voûté, un
canal quelquefois très-élargi, qui loge et protége les
lobes antérieurs du cerveau. Il y a des pariétaux dans
la ligne moyenne transversale. Leur suture supérieure
est souvent saillante et forme la crête médiane dont
nous avons parlé. Les os occipitaux occupent la

partie postérieure du crâne. Ils sont ordinairement composés de quatre pièces. C'est sur les postérieures et en dessous, sur la ligne moyenne, que se voit le condyle unique, garni de facettes articulaires confondues et recouvertes de cartilages et d'une membrane synoviale destinée à l'articulation de la tête avec les deux premières vertèbres. Entre les pariétaux et les occipitaux, les portions pierreuses du temporal se trouvent emboîtées en dessous et latéralement, formant deux éminences osseuses ou des caisses, dans l'intérieur desquelles l'organe de l'ouïe se trouve logé. Enfin, l'occipital supporte en arrière et en dessus les deux os temporaux ou mastoïdiens aplatis, plus ou moins allongés, par l'intermédiaire des intra - articulaires lesquels étant très-longs et non plus carrés, comme dans les Oiseaux, ont cependant les mêmes usages, et servent à l'articulation postérieure des branches maxillaires inférieures, et à tout l'appareil des os dentaires supérieurs, ainsi que nous le ferons mieux connaître quand nous traiterons des organes de la nutrition (1).

L'encéphale des Serpents, moulé très-exactement dans la cavité du crâne, est très-peu considérable, en proportion des autres parties du corps ; on a même calculé qu'il ne représentait guère que la septcentième partie du poids total. Il n'offre à sa superficie ni saillies ni circonvolutions. On a distingué les deux méninges collées ou appliquées immédiatement sur sa surface. On a vu la manière dont la circulation s'opère, les artères y parvenant par la base, et les veines s'ouvrant dans la région supérieure.

---

(1) Cuvier a donné la figure du crâne du grand Python de Java dans le tome III du Règne animal. Pl. IX. Nous en présenterons nous-même une autre.

Deux masses principales et symétriques constituent ce cerveau : l'antérieure , prolongée sous les frontaux , fournit de gros nerfs olfactifs qui se terminent en massue. Les deux lobes qui suivent constituent les couches optiques ; elles ont une cavité intérieure, sorte de ventricule , et il en provient les nerfs des yeux et des mâchoires. Le cervelet qui forme le lobe postérieur est plus large que long : il recouvre l'origine de la moëlle allongée , laquelle est logée dans une sorte de gouttière à la base postérieure du crâne , vers le trou occipital. C'est entre le cervelet et la moëlle que se détachent les nerfs acoustiques et les pneumo-gastriques.

On voit que le cerveau des Serpents a beaucoup de rapports avec celui des autres Reptiles. M. Otto a observé le nerf grand sympathique ou trisplanchnique dans le Serpent Python. Ce nerf est à son origine lié au pneumo-gastrique avec lequel il semble se confondre dans quelques Serpents ; les cordons prévertébraux éprouvent des renflements ganglionaires , mais ils sont en petit nombre ; cependant on les a vus recevoir des filets des nerfs rachidiens comme dans les autres animaux vertébrés.

Il est certain que les Serpents ont les cinq organes des sens ; mais comme on le conçoit , leur vie de rapports étant très-bornée , les instruments qui sont destinés à les en faire jouir sont eux-mêmes fort peu développés ; c'est ce qui va être établi par l'examen que nous allons faire des sensations que doivent produire chez eux l'odorat , la vue , l'ouïe , le goût et même le toucher actif.

Odorat. Les Serpents ont les organes de l'*odoration* fort imparfaits. Vivant et respirant dans l'air, ils n'exercent cependant des mouvements inspiratoires que très-rarement, parce qu'ils font pénétrer dans leur poumon, en une seule fois, un grand volume d'air qui passe alors rapidement dans leurs narines, lesquelles sont peu développées. Quoique leur trajet soit fort court, puisqu'elles semblent traverser verticalement leur museau pour s'ouvrir au devant du palais, ces fosses nasales sont cependant enduites d'une membrane muqueuse, vasculaire, colorée, dans l'épaisseur de laquelle on voit aboutir les nerfs olfactifs. Mais il n'y a pas de sinus ou de cavités destinées à retenir les odeurs. Au reste, quand on réfléchit sur le but dans lequel il semble que cette sensation a été octroyée aux animaux, on en conçoit peu le besoin chez les Serpents qui portent la tête basse, le plus souvent à la surface de la terre, où les émanations volatiles tendent peu à descendre. D'ailleurs, ces animaux ne sont pas dirigés par ce sens vers la proie; tout au plus pourraient-ils être appelés à reconnaître la présence des individus de leur race à l'époque où le besoin de la reproduction se fait sentir, puisque alors les mâles, comme les femelles, répandent dans l'atmosphère une odeur forte et toute particulière. On trouve quelques modifications dans les orifices externes des narines chez les espèces qui vivent dans l'eau, par exemple; car alors, on peut voir au devant de ces trous, qui sont plus rapprochés entre eux et plus élevés sur le sommet de la tête, des membranes mobiles qui font à volonté l'office des soupapes, quand l'animal est obligé de plonger. Nous avons observé même dans les Serpents que nous avons pu examiner, quand ils avaient la tête tout à fait plongée sous l'eau bien transparente, comme chez les Couleuvres à collier et chez les Py-

thons, les bords externes de l'orifice des narines
comme huilés, de sorte qu'une petite bulle d'air y
restait souvent adhérente, et leur membrane muqueuse interne flexible se contractait dans son pourtour comme une sorte de sphincter dont l'occlusion
cessait dès que le front ou le museau était hors du
liquide. D'autres Serpents, qui vivent habituellement sous la terre ou qui fouissent dans le sable,
comme quelques Eryx, ont ces orifices étroits, en
fente allongée. Quelques-uns, comme les Trigonocéphales et les Crotales, ont, près de trous réels et per-
viables, des enfoncements qui simulent des narines
doubles; mais ce sont des impasses dont on ignore
encore le véritable usage. Le prolongement du
museau dans quelques espèces, comme dans les
Langahas, la Vipère ammodyte et dans la Couleuvre nasique, ainsi que les tentacules de l'Erpéton, n'ont aucun rapport avec l'organe de l'o-
dorat.

Vue. Tous les Serpents ont deux yeux constamment
situés dans les parties latérales de la tête, au-dessus
de la bouche, mais plus ou moins distants l'un de
l'autre et de la partie antérieure du museau. Ce qui
les fait surtout remarquer, c'est leur immobilité apparente; parce que, n'ayant pas de paupières, ils
restent constamment ouverts : cependant ces organes
ne sont pas fixes dans leur orbite, et quand on les
examine avec soin, à travers la transparence de la
cornée sèche qui le revêt, on voit sensiblement leur
pupille ou l'ouverture de leur iris suivre la direction
du globe entier, qui se déplace dans tous les sens, en
se portant en avant ou en arrière, de haut en bas et
réciproquement. C'est qu'en effet, d'après les obser-

vations anatomiques de M. J. Cloquet (1), l'œil des
Ophidiens est recouvert par une paupière unique fort
grande qui paraît comme enchâssée dans un cadre saillant que forme autour de l'orbite, un nombre variable d'écailles. Cette portion cornée est un peu convexe, et représente un disque transparent analogue
à un verre de montre posé dans la rainure de la boîte
qui l'assujettit. C'est une continuité de l'épiderme qui
se détache avec lui dans la mue et qui se renverse
alors et se retourne comme lui, pour présenter au dehors une courbure concave et inverse de celle qu'elle
avait dans l'autre sens. Par la dissection, on reconnaît
que cette paupière est réellement formée de trois couches ou feuillets superposés. La première lame, ou la
plus externe, est la seule qui se détache dans le changement de peau ; la seconde couche est, à ce qu'il paraît, formée par des fibres déliées de tissu cellulaire,
qui représente peut-être le derme réduit à une très-
grande ténuité. Dans les Pythons et quelques autres
Serpents, on voit quelquefois une ligne colorée de la
peau traverser l'œil et se prolonger du côté du front.
Cette portion du derme peut s'infiltrer et laisser même
exsuder une humeur opaline à l'époque du changement de peau, ce qui fait paraître alors, quelques
jours avant la mue, l'œil comme cataracté. Enfin, le
troisième feuillet est véritablement la membrane conjonctive qui se porte en avant pour doubler la concavité des paupières ; de sorte qu'avec la portion réflé-
chie de cette même membrane sur la convexité du
globe oculaire, il résulte une sorte de sac dans le-

---

(1) Mémoire sur l'existence et la disposition des voies lacrymales dans
les Serpents. Paris 1821, in-4o. Extrait des mémoires du Muséum,
tome VII.

quel se trouve contenue momentanément l'humeur des larmes qui ne peut s'échapper que très-lentement. C'est même à cause de la présence de ce liquide, entre les deux surfaces ainsi lubrifiées, qu'on peut concevoir la mobilité de l'œil sous sa paupière unique (1). Ce sac lacrymal antéoculaire est percé en dedans du côté des narines, ou plutôt, il se prolonge par un petit canal qui aboutit dans le conduit des narines pour les tenir humides, et pour transmettre ainsi l'humeur des larmes dans la cavité buccale. Il existe en effet une glande lacrymale au-dessus du globe de l'œil, immédiatement au-dessous du sourcil ou du bord saillant de l'orbite. La structure de l'œil n'offre d'ailleurs aucune autre particularité. La pupille est arrondie dans les individus qui sont exposés le plus ordinairement à la lumière du jour; elle est linéaire et anguleuse chez les espèces nocturnes.

Ouïe. Les Serpents n'ont pas l'organe de l'*audition* apparent au dehors, ni conduit auditif externe, ni caisse, ni membrane du tympan, ni même d'écaille particulière correspondante à l'osselet, qui, par son usage, représente celui de l'étrier ou la série des osselets de l'ouïe réunis en une seule pièce, qui est un stylet grêle, allongé. Cependant l'organe interne existe : on y retrouve un nerf auditif interne, un sac

----

(1) Les oiseleurs produisent artificiellement un effet à peu près semblable à l'aide d'une brûlure faite aux bords des paupières de certains oiseaux chanteurs; la membrane conjonctive enflammée réunit les paupières. Ces petits êtres accoutumés à vivre et à prendre leur nourriture dans l'obscurité, confondent le jour avec la nuit, ils oublient même l'ordre des saisons et pourvu qu'on les tienne chaudement, ils reprennent leurs chants et leurs ramages printaniers pendant l'hiver et dans le silence de la nuit. Les Chardonnerets, les Pinsons, les Alouettes, les Litornes deviennent ainsi le sujet de ces cruelles expériences.

vestibulaire, trois canaux demi-circulaires, un indice du canal hélicoïde ; mais ces parties sont bien moins développées que chez les Sauriens. L'osselet unique ou le stylet osseux qui remplace ceux de l'ouïe, est mince, étendu depuis l'os mastoïdien qui supporte l'intra-articulaire analogue du carré chez les Oiseaux, vers la peau de la commissure de la bouche, où il est placé sous les écailles, recouvert par conséquent et adhérent à la peau et aux muscles. Par son autre extrémité, un peu élargie, il est posé sur une très-petite ouverture latérale du crâne, qui, selon M. Windischmann (1), correspond à la fenêtre ronde. Ils ont un conduit guttural ou trompe d'Eustache pour faire pénétrer l'air à l'intérieur. Il est naturel de conclure de l'absence d'un appareil propre à recueillir les sons et du peu de développement des parties essentielles, que les Serpents peuvent entendre, mais qu'ils n'ont pas l'ouïe très-fine, ce qui leur était en effet à peu près inutile. Car ils n'ont pas de voix proprement dite, et les Crotales sont les seuls, à notre connaissance, qui produisent du bruit par le trémoussement rapide qu'ils impriment aux étuis de corne qui garnissent l'extrémité de leur queue.

Goût. Ce sens est peut-être encore moins développé que celui de l'odorat. C'est qu'en effet, par la disposition des parties de la bouche, en raison de la nature des aliments et à cause du très-court séjour que les parties liquides font dans cette sorte de vestibule, les saveurs doivent être à peu près nulles... La langue des Serpents, quoique toute charnue, très-mobile et con-

---

(1) *De penitiori auris structurá in amphibiis.* Leipsick 1831. 4o, page 44, pl. II, fig. 12.

stamment humide, est plutôt un instrument propre
au tact, à l'action de laper et à d'autres fonctions,
qu'à percevoir la nature des liquides. Ces animaux ne
mâchent jamais leurs aliments, qui ne font que traverser la bouche, en conservant leurs formes solides ;
car il n'y a, comme on le sait, de saveurs que dans les
matières en solution. Cependant la langue des Serpents est très-remarquable ; quoique lisse et plate en
dessus, elle offre quelquefois de petites franges ou des
papilles sur les côtés. Malgré son étroitesse et sa longueur, elle est singulièrement protractile et rétractile.
Reçue dans une gaîne ou fourreau, au devant de l'ouverture de la glotte, elle en sort continuellement, et
quand elle est ainsi protractée ou portée hors de la
bouche, ses pointes s'écartent et se mettent rapidement en vibration ; ce qui fait croire au vulgaire que
cette langue est une sorte de dard que quelques igno-
rants même font en sorte de couper, pensant ainsi
avoir privé le Serpent de l'instrument qui portait le
venin. Car, bien loin d'avoir la forme d'un fer de flèche,
ayant une pointe unique en avant et deux en arrière,
comme la représentent les peintres peu observateurs,
elle est divisée à son extrémité antérieure en deux
pointes ou filets grêles et flexibles tout à fait charnus.
Cette langue a les plus grands rapports dans sa structure avec celle des Varans, parmi les Sauriens. Elle
est habituellemeut portée et lancée par l'animal hors
de la bouche, et elle y peut rentrer sans que les mâchoires aient besoin de s'écarter, parce qu'en général,
il existe une échancrure à l'écaille située sous le milieu du museau à la mandibule.

Tact. Il est évident que le *toucher* actif est très-peu
développé chez les Serpents : comme ils n'ont pas de

membres articulés , et qu'ils ne peuvent pas saisir les
objets pour en bien apprécier l'étendue , la solidité , et
surtout la température, on conçoit que cette dernière
sensation est rarement éprouvée par ces Reptiles , qui
ont généralement le corps protégé par un épiderme sec
et corné , et en outre , parce que leur chaleur est à peu
près la même que celle des substances sur lesquelles
ils reposent ou s'appuient. Cependant cette peau est
sensible et son organisation intime , ainsi que celle des
plaques qui la recouvrent et qui affectent des formes
toutes particulières dans les diverses régions qu'elles
recouvrent , rend leur examen fort important pour le
zoologiste qui a dû les étudier avec soin, car il en a
souvent emprunté des caractères naturels.

La peau des Serpents est composée de trois couches
principales , la plus profonde est le derme ; c'est la plus
solide et la plus épaisse ; elle est en grande partie
fibreuse et aponévrotique. Son tissu est fort extensible
et élastique , surtout dans la région du tronc pour se
prêter aux dilatations qu'exige le développement du
ventre dans l'acte de l'inspiration et surtout dans celui
de la déglutition , ces animaux pouvant introduire
dans leur tube intestinal une proie qui par ses dimensions excède beaucoup et jusqu'à quatre ou cinq fois
celle qu'avait leur ventre dans l'état de vacuité. Par sa
face interne ce derme est toujours intimément adhérent
aux muscles, qui pour la plupart semblent même y
fixer leurs attaches ou leurs insertions. En dehors cette
membrane fibreuse est granulée ; elle se divise par
compartiments de formes diverses , mais correspondantes à celles des écailles qui se sont moulées sur elles.
Celles-ci en effet sont tantôt lisses ou carénées et
superposées à la manière des tuiles ; tantôt semblables

à des tubercules, à des verrues, à des plaques. Elles
ont leurs bords arrondis ou anguleux, et c'est sur elles
que se sont étendues et conformées toutes les parties
extérieures.

La couche moyenne, beaucoup plus mince, un peu
tenace et comme muqueuse, est celle dans laquelle
réside la matière colorante qui se voit à travers les
écailles.

La nature semble avoir fait varier les teintes et les
couleurs générales des Serpents suivant les mœurs et
les habitudes de ces Reptiles. En général elles sont gri-
ses ou ternes chez les espèces qui restent habituellement sur les sables, ou qui s'enfouissent dans des ter-
reins mobiles, comme chez celles qui se mettent en
embuscade sur les troncs ou les grosses branches des
arbres ; tandis que ces couleurs sont d'un beau vert,
analogue à la teinte des feuilles et des jeunes pousses
des herbes, chez les Serpents qui grimpent dans les
buissons ou qui se balancent à l'extrémité des rameaux.
Il serait difficile d'exprimer toutes les modifications que
fournit l'étude générale des couleurs de leur peau.
Qu'on suppose tous les effets de la décomposition de
la lumière en commençant par le blanc et le noir le
plus pur, puis par le bleu, le jaune et le rouge en les
associant, les mélangeant, les dégradant pour trouver
toutes les nuances comme celles du vert, du violet avec
des teintes ternes ou brillantes plus ou moins foncées,
des reflets irisés ou métalliques modifiés par des taches,
des raies, des lignes droites, obliques, ondulées, transverses. Voilà ce que nous offre la peau des Serpents.

Enfin la lame tout à fait extérieure, la surpeau ou
l'épiderme, forme une sorte de membrane mince et continue, qui est appliquée comme un vernis flexible sur

les couches précédentes dont elle suit immédiatement les contours. Cet épiderme épaissi, corné, quoique simulant des écailles, est une membrane continue ; elle se détache en totalité et se renouvelle lorsqu'elle a été trop désséchée. C'est une mue, ou un dépouillement analogue à celui qu'on observe chez les Chenilles. Cette opération se reproduit plusieurs fois dans une même année à la suite d'un état de souffrance pendant lequel l'animal ne mange pas (1).

Nous avons recueilli, sur les circonstances qui précèdent, qui accompagnent et suivent le changement de peau, des observations curieuses faites d'abord sur des Couleuvres lisses que nous élevions en domesticité, puis sur les Serpents Pythons, tant sur les adultes, que sur ceux que nous avons vu naître et que nous avons observés depuis une année dans les divers degrés de leur accroissement.

Ces observations sur la mue et le changement qui s'opère dans la teinte de la peau ont été faites sur huit individus et pendant une année entière. Les n^{os} indiquent l'ordre dans lequel ces Serpents étaient sortis de leur coque. On les a ainsi désignés pour tenir note de leur poids à des époques fixes, de la quantité de nourriture qu'on leur a donnée et de leur accroissement en longueur ; toutes ces circonstances seront relatées par la suite.

_____

(1) Cette mue était connue des anciens. On trouve dans Virgile, Æneid., lib. 11, vers 471.

Qualis ubi in lucem coluber etc.

Nunc positis novus exuviis, nitidusque juventa ,

Lubrica convolvit sublato pectore terga, etc.

Et Linné en racontant ce fait, qu'il pensait n'avoir lieu qu'une seule fois dans l'année, y avait fait allusion dans ce jeu de mots déjà cité par nous, tome I, page 710 : *primo vere exeunte exuunt exuvias.*

Quant aux modifications opérées par le moment de la mue sur la couleur générale, voici ce qu'on a noté sur l'un des individus ; mais tous ont présenté à peu près les mêmes effets ; ainsi le 6 janvier, par exemple, la teinte a commencé à brunir ; du 7 au 10 elle est devenue plus foncée ; le 11 elle était d'un gris bleuâtre ou comme plombée, et la peau paraissait être ramollie, les yeux se voilaient ; du 12 au 14, cette couleur terne des yeux s'était épaissie et l'animal semblait être aveugle. Du 15 au 17 le Serpent était engourdi et privé de mouvement. Du 18 au 19 il sort de sa léthargie, ses yeux s'éclaircissent, la peau reprend sa couleur. Le 20, l'épiderme se détache et l'animal reprend son activité et se jette avec voracité sur la nourriture qu'on lui présente. Chez les autres individus, à un, deux ou trois jours de variations près, tous les phénomènes énumérés se sont manifestés.

Comme on a tenu une note exacte pour chaque individu, numéroté dans l'ordre de son éclosion, des mues successives, on en fait un relevé que nous allons extraire du tableau qui nous a été présenté ; ainsi :

Le n° I a changé huit fois d'épiderme dans une année, du 19 juillet 1841 au 25 juin 1842 ; le 26 août ; le 9 octobre ; le 2 novembre ; le 8 janvier ; le 9 mars et le 23 avril. Et enfin depuis la première date jusqu'au 9 janvier 1843, ce Serpent a changé 13 fois de peau.

Le n° II, dix fois du 13 juillet 1841 au 30 juin, et quatorze fois au 6 décembre 1842.

Le n° III, dix fois du 18 juillet 1841 au 10 du même mois 1842, et quatorze fois jusqu'au 22 décembre de la même année.

Le n° IV est mort le 30 mars, il n'avait changé que

quatre fois de peau, à de grands intervalles ; savoir : le 15 juillet, le 16 septembre, le 6 décembre et le 26 février.

Le n° V a changé 11 fois d'épiderme du 16 juillet 1841 au 18 du même mois 1842, et 15 fois au 13 décembre 1842.

Le n° VI n'a eu que 11 mues du 17 juillet 1841 au 3 janvier 1843.

Le n° VII en a eu 13 dans le même intervalle de temps.

Enfin le n° VIII a éprouvé aussi treize changements de surpeau, à compter du 17 juillet 1841, au 22 janvier 1843.

Le Serpent, lorsqu'il vient de quitter cette sorte de fourreau qu'il abandonne comme une gaîne retournée sur elle-même et d'une seule pièce, semble avoir récupéré ses forces ; il a des couleurs beaucoup plus vives, il recherche avec avidité sa nourriture. La dépouille incolore qu'il abandonne alors offre, en dehors et en relief, tout ce qui était enfoncé dans les lignes de compartiments de sa peau et on y voit en creux la superficie des plaques, des écailles, des yeux et de toutes les parties saillantes.

Les compartiments très-variables que présente la surface de la peau dans les différentes régions du corps chez les Serpents ont été examinés avec soin par les naturalistes. Comme ce sont les parties les plus apparentes dans ces animaux privés de membres et les seuls organes extérieurs qui présentent des modifications importantes, puisque leurs formes semblent être liées à la nature des mouvements et à la manière de vivre des Ophidiens, on a fait une étude toute particulière de leur téguments, et pour indiquer leurs formes et leur nature, on les a désignés par des termes et des épithètes à l'aide desquels on a pu faire entrer la considération de ces parties dans les caractères de certains genres et de quelques espèces.

En général on désigne ces compartiments par des noms convenus, suivant les régions qu'ils occupent, leurs formes, leurs figures plus ou moins régulières et symétriques. On les appelle plaques, lames, écussons, écailles. Nous ne ferons qu'indiquer quelques-unes de ces dénominations que nous avons déjà fait connaître (1). Ainsi à la tête on distingue les plaques syncipitales, verticales, occipitales, rostrales, frénales, frontales, nasales, intranasales, post-nasales, temporales, oculaires, surciliaires ou sus-orbitaires, intra et post-orbitaires, labiales, mentales, sous-maxillaires, cervicales, gulaires, etc. D'après la forme, il en est de rondes, ovales, allongées, étroites, carrées, triangulaires, pentagones, trapézoïdes, hexagones, panduriformes, etc. D'après leur surface, il en est de lisses, granulées, verruqueuses, tuberculées, carénées, striées, cannelées, sillonnées. D'après leur distribution ou leur arrangement par séries longitudinales, on les distingue en transversales, obliques, en rang simple, impair, double, etc.

Les plaques ou grandes écailles qui se remarquent à la région inférieure sont souvent fort distinctes par leur configuration et leurs dimensions qui varient même assez pour que leur examen ait quelquefois servi à l'établissement des genres dont elles deviennent ainsi un des caractères distinctifs. Ainsi,

_____

(1) Voyez dans le présent ouvrage, tome II, page 625 et suivantes et tome V, page 126 et suivantes, ainsi que les planches 48 et 59 et leur explication.

l'Acrochorde est remarquable, parce qu'il manque
tout à fait de ces grandes plaques abdominales qui
sont aussi très-étroites ou fort peu étendues en largeur dans le genre Erpéton. Par suite, on a attribué
trop de valeur et d'importance à leur nombre. On les a
désignées d'après leur situation en collaires, ventrales
ou abdominales, en anales et en præ ou post-anales,
en sous-caudales et en terminales. La disposition des
plaques de ces deux dernières régions, suivant qu'elles
sont simples ou doubles en tout ou en partie, a
fait établir des genres, et malheureusement, depuis
Linné, cette seule considération a suffi à quelques
auteurs pour diagnose tellement importante, qu'à
l'exemple de ce grand naturaliste, les auteurs, dans
la description de chaque espèce de Serpent, ont consacré une ligne d'abréviation pour faire connaître
cette particularité. Employant les termes de *scuta*
pour les plaques ventrales, et *scutella* pour celles de
la queue, par exemple, il exprime ainsi *Coluber naja*: ♂
193—60=253. Ce qui indique que cette espèce, qui
est le Serpent à coiffe, est venimeuse, qu'elle a 193
plaques ventrales; 60 sous la queue, et en tout, 253,
sans autre phrase distinctive. Cependant ce nombre
varie excessivement; car, dans la Couleuvre que
Linné avait nommée Carénée, et à laquelle il avait assigné 273 plaques avec ces variantes 157—115, 167—
125, 193—90, M. Schlegel, qui a rangé cette espèce
dans le genre Herpétodryas de Boïé, déclare que ce
nombre de plaques lui a présenté, dans la région
ventrale, des variations de 142 à 199, et pour celles
du dessous de la queue, depuis 28 jusqu'à 204; de
même, dans notre Couleuvre à collier, les plaques de
l'abdomen lui ont offert les nombres de 140 à 190, et

celles du dessous de la queue, de 44 à 80. Il existe beaucoup d'autres observations qui établissent que les doubles plaques de la queue présentent également de nombreuses variétés chez des individus qui appartiennent très-certainement à la même espèce. C'est ce qu'on voit surtout dans les Pythons, dont les plaques sous-caudales sont, chez la plupart, doubles ou disposées par paires, entre lesquelles il n'est pas rare d'en observer qui sont simples ou uniques. Il en est de même parmi les espèces du genre Élaps.

Tels sont les organes dont l'étude doit naturellement se rallier aux facultés sensoriales. Nous avons en effet réuni sous ce titre de Sensibilité toutes les facultés qui sont sous la dépendance principale du système nerveux ; mais après avoir passé en revue les instruments qui, chez les Serpents, sont destinés soit à transmettre les ordres de la volonté individuelle, soit à faire éprouver les sensations ou les qualités des corps, ne devons-nous pas aussi traiter de ce prétendu pouvoir magique que quelques auteurs (1) attribuent aux Serpents, en les supposant doués d'une puissance enchanteresse à l'aide de laquelle ils auraient la faculté d'exercer à distance une sorte d'action magnétique qu'on a nommée *fascination*, et celle que certains hommes peuvent dit-on exercer, ou qu'ils assurent pouvoir produire sur les Serpents venimeux ?

On voit constamment la plupart des animaux de toutes les classes, parmi les vertébrés, être saisis tout à coup de crainte, de tremblements, de spasmes, de convulsions, de syncopes ou de faiblesses à la seule vue

---

(1) Voyez dans ce volume, à la table des auteurs, les titres des mémoires écrits sur ce sujet par M. Barton Sloane.

d'un Serpent et surtout par celle d'une espèce venimeuse (1). La plupart, s'ils ne peuvent s'enfuir rapidement, éprouvent subitement une terreur panique
qui paralyse leurs organes et qui semble suspendre
et annuler même chez eux toutes les facultés de la vie
de relation. Tantôt ils restent immobiles et tellement
troublés, impassibles et impotents qu'ils se laissent
saisir, envelopper et briser sans opposer la moindre
résistance. On a vu des Écureuils et des oiseaux très-
vifs et généralement fort alertes dans leurs mouvements, après s'être vivement agités et avoir jeté quelques cris de désespoir, perdre leur équilibre, se laisser
choir de branches en branches et venir tomber au pied
des arbres, près du Serpent qui les attendait immobile. Celui-ci les tient aussitôt, pour ainsi dire, en arrêt ;
il les saisit comme s'ils s'étaient présentés d'eux-mêmes
au devant de la bouche béante qui, en se fermant, les ac-
croche entre ses dents aiguës pour commencer de suite
à les avaler. Les Rats, les Musaraignes, les Grenouilles,
arrêtés brusquement sur leur passage par la rencontre
fortuite du Reptile, sont à l'instant même agités de
mouvements involontaires ; ils sautillent, ils se trou-
blent, ils n'ont plus l'escient de rétrograder, de s'es-
quiver par la fuite ; ils restent stupéfiés, comme anéantis
dans toutes leurs facultés intellectuelles et physiques,
et presque au même instant ils sont engloutis dans
une gueule qui s'élargit énormément et s'entre-bâille
comme l'orifice d'une trémie garnie de dents acérées,

---

(1) Il nous est arrivé un jour, dans une expérience que nous faisions
en public pour démontrer l'action subite et mortelle que produit la
morsure de la Vipère sur de petits oiseaux, de voir un chardonneret,
que nous tenions entre les mains, avec la plus grande précaution, y
mourir instantanément à la vue de l'animal.

à pointes recourbées, qui les happent, les accrochent, les retiennent par cent hameçons qui pénètrent dans leurs chairs; la compression force le corps de la victime à s'allonger, à se calibrer, pour arriver peu à peu et disparaître dans l'œsophage du Serpent qui peut se dilater considérablement.

De même que l'on a supposé chez ces Reptiles la faculté d'exercer une sorte de puissance de volonté pour soumettre à leur pouvoir les animaux dont ils veulent faire leur proie, on a cru que certains hommes possèdent le secret d'enchanter les Serpents et de les faire obéir aux ordres qu'ils leur transmettent. Ce préjugé subsiste et se propage encore dans nos campagnes, et trouve surtout force croyants en Égypte et en Amérique, car le peuple en est persuadé. Les plus anciens auteurs, ainsi que nous avons déjà eu occasion de le dire (1), ont consigné ces observations dans leurs ouvrages, et quelques voyageurs les ont racontées avec bonne foi, comme en ayant été témoins. Au moyen de certains chants, de gestes, de postures, de simagrées ou de sons tirés de quelques instruments bizarres, ils les attirent vers eux et se font suivre, dit-on, des espèces les plus venimeuses, ou qu'ils annoncent comme telles. Ce sont les Psylles, les Marses d'Ælien, de Pline; mais en réalité des bateleurs, des jongleurs, des banquistes qui trompent le vulgaire toujours avide du merveilleux. Nous parlerons de ces prétendus sorciers quand nous aurons à traiter de la Vipère céraste, de l'Éryx javelot et aussi des diverses espèces du genre Naja ou Serpents à coiffe

---

(1) Voyez dans ce volume ce que nous avons dit des Psylles en parlant du venin des Serpents.

que des charlatans font danser ou exécuter à volonté,
et en cadence, diverses positions, puis simuler la roi-
deur d'un bâton inflexible ou la mollesse d'un cadavre
qui prendrait toutes les courbures qui lui sont imprimées.

§ III. DES ORGANES DE LA NUTRITION.

Les Serpents mangent rarement, et se nourrissent
essentiellement de chair; mais, comme tous les autres
animaux, ils ne peuvent s'accroître et produire les
divers phénomènes de la vie, qu'autant qu'ils font pénétrer dans leurs tissus intérieurs une certaine quantité de matières; celles-ci déjà animalisées, il est vrai,
ne tardent cependant pas à être décomposées, quand
elles ont été, pendant quelque temps, soumises à
l'action désorganisatrice de l'économie vivante. Ces
substances, ainsi incorporées et dissoutes, s'identifient
par leurs molécules constituantes, qui s'assimilent en
grande partie au nouvel individu; elles alimentent
tous les organes qui doivent se développer, en augmentant leur volume, et en leur fournissant les matériaux
qui servent à l'exercice des diverses fonctions qu'ils
ont à remplir. Puis, ce qui n'a pas été absorbé est rejeté comme un magma inutile et nuisible.

On comprend sous la dénomination générale de
nutrition toute la série des opérations qui tendent à
élaborer, à préparer les substances ingérées, afin
qu'elles puissent être identifiées lorsqu'elles ont été de
nouveau introduites dans un corps vivant et soumises
aux divers appareils dont les actions semblent se succéder dans l'ordre suivant, que nous adoptons, afin de
les examiner avec plus de méthode. Ce sont autant
d'actions particulières qui tendent au même but; mais

qui s'exercent dans des organes différents, savoir :
1° la digestion ; 2° la circulation ; 3° la respiration, la
voix et la chaleur animale ; 4° toutes les sécrétions et
les excrétions.

1° De la digestion et des organes qui servent à cette fonction.

La digestion, comme l'indique l'étymologie de ce
mot, est l'action de porter çà et là la nourriture, de
la transporter avec soi. C'est par conséquent un acte
de la vie qui n'est propre qu'aux animaux, puisque,
seuls parmi les êtres organisés, ils sont doués de la faculté de se mouvoir volontairement. Cette manière de
se nourrir exige la pénétration à l'intérieur des substances alimentaires qui sont toujours contenues dans
des corps organisés, et dont elles doivent être extraites
ou retirées par une succion interne, ou par intus-
susception, à l'inverse de l'absorption que les végétaux
exercent en dehors, au moyen des pores qui se trouvent
sur leurs racines et à la surface de leurs tiges et de
leurs feuilles. La digestion est l'acte préparatoire de la
nutrition. Ainsi que nous l'avons déjà dit précédemment, cette opération se compose de plusieurs autres
qui la constituent, comme l'action de saisir les aliments, de les avaler, de les retenir dans l'intérieur
d'un canal où ils doivent séjourner pour y subir une
sorte de décomposition et diverses modifications parmi
lesquelles nous citerons le ramollissement, la dissolution ou leur fluidification, après avoir été imprégnés de
certaines humeurs ; la compression, l'absorption sous
forme de chyle, et enfin la défécation, afin que l'animal puisse se débarrasser des résidus qui n'ont pas été
introduits dans son économie.

Les Serpents sont carnassiers, ils recherchent une proie fraîche qu'ils avalent tout d'une pièce, car ils n'ont aucun moyen de la diviser. Ce sont le plus souvent des Mammifères, des Oiseaux, d'autres Reptiles et des Poissons qu'ils saisissent vivants ou qu'ils tuent immédiatement en les blessant ou en les étouffant dans leurs replis, quelquefois en introduisant dans leur chair un venin délétère. Les Pythons et les Boas, qui atteignent de très-grandes dimensions et qui attaquent des animaux souvent plus volumineux que leur propre corps, sont obligés, pour les empêcher de fuir, de les enlacer dans les contours de leurs circonvolutions. Alors ils contractent leurs muscles avec une si grande force, qu'ils parviennent à briser les côtes et les autres os de leurs victimes, dont la peau devient une sorte de sac qui peut être avalé tout d'une pièce après avoir été englué de leur salive et disposé convenablement. Quelques Serpents de petite taille se contentent de Mollusques, d'Insectes, de Crustacés et d'Annélides. Ils ne boivent que rarement, soit en lapant, c'est-à-dire en attirant l'eau avec leur longue langue, soit en laissant entrer l'eau par son propre poids en fermant leur glotte et en laissant béants les orifices des narines, car ils n'ont point de voile mobile au palais. Leur digestion est très-lente; mais comme ils extraient de leur proie toutes les matières alibiles, ils mangent à de longs intervalles, et souvent un seul repas suffit à leur alimentation pendant quelques mois; aussi s'est-on assuré qu'ils peuvent supporter un jeûne absolu au delà d'une année (1).

---

(1) Nous avons sous les yeux, dans la ménagerie des Reptiles de notre Musée, un Crotale qui n'avait pris aucune nourriture depuis 21 mois,

En traitant des organes par lesquels sont produits les mouvements généraux dans les Ophidiens, nous n'avons parlé des os et des muscles de leur tête que pour faire connaître ceux de ces organes à l'aide desquels s'opère l'articulation du crâne avec l'échine. Nous avions volontairement renvoyé à l'article dont nous nous occupons maintenant, l'étude de la structure des pièces solides qui forment les mâchoires et tout l'appareil osseux de la bouche. Ces os correspondent à peu près à ceux que nous avons décrits dans les Sauriens par leur nombre et leur arrangement, mais le mécanisme de leurs articulations et leurs proportions relatives sont fort différents. Ces modifications dépendent essentiellement de la nature des mouvements dont sont douées toutes les parties de la face, qui se trouvent comme suspendues sous le crâne ; car elles peuvent s'écarter les unes des autres en dehors et se porter toutes ensemble en avant ou en arrière, pour dilater la bouche en la raccourcissant, et l'étendre en travers afin de faciliter les actes à l'aide desquels l'animal saisit sa proie, la blesse et la retient, en même temps qu'il peut la pousser en arrière, ou la faire pénétrer plus profondément dans son gosier. Il n'y a véritablement d'articulations mobiles des os en avant, entre le frontal et les pièces solides qui constituent la face dans les autres animaux, que celles qui s'opèrent par l'intermédiaire des os nasaux avec l'intermaxillaire, et en dessous, avec les palatins et les ptérygoïdiens. Le premier cas s'observe surtout dans les Psammophis et les Dryinus, ainsi que dans les espèces des genres Tortrix et Xénopeltis.

---

lorsqu'il s'est enfin décidé à manger coup sur coup trois petits lapereaux de cinq jours.

La structure de la bouche et la disposition des os de la face offrent des différences très-notables parmi les Serpents. La plupart même des genres présentent des modifications dans la proportion et les dimensions des pièces solides ; mais la plus grande dissemblance est celle qui existe entre les espèces réputées non venimeuses, comme les Couleuvres, et celles qui comme les Vipères, les Crotales, ont des dents creuses sous forme de crochets mobiles dont le mécanisme s'opère à l'aide de bascules, ce qui a nécessité des formes et des proportions toutes particulières dans les os. Pour faire mieux concevoir ces différences, nous commencerons par indiquer cette structure dans les Serpents qu'on sait n'être pas venimeux ; puis dans ceux qui ont des crochets isolés en avant ; enfin chez ceux qui ont en arrière des dents canaliculées.

Il faut savoir d'abord que la bouche des Serpents occupe et constitue presque toute leur tête et s'étend même souvent au delà du crâne de plus d'un tiers de sa longueur ; que les os qui dans les autres animaux forment leur face, ainsi nommée, parce qu'elle est portée en avant, est ici excessivement courte, composée seulement des deux os du nez et d'un intermaxillaire ou incisif unique ; que les autres os buccaux sont faibles, allongés et se trouvent étendus sous le crâne où ils représentent un plan mobile qui lui est presque parallèle. C'est sous le crâne qu'on voit les plus grandes pièces osseuses : savoir, en dehors les *sus-maxillaires* ou branches mandibulaires externes, en dedans et en avant les branches *palatines*, supportées ou prolongées en arrière par les branches ou lames *ptérygoïdes*, qu'on a nommées quelquefois os palatins postérieurs. Ces trois paires d'os symétriques sont le plus souvent armées de petites dents coniques, crochues, dont la pointe est dirigée en arrière, et ils simulent et font l'office de crochets qui garnissent et hérissent les cuirs dans les plaques des cardes. Au-dessus de ces os sus-maxillaires, palatins et ptérygoïdiens qui portent les dents, on trouve constamment une pièce intermédiaire dont la longueur, la largeur et l'épaisseur varient, mais qui est remarquable par sa direction obliquement *transverse* et sa double articulation entre les palatins et les os sus-maxillaires : c'est l'os *palato-maxillaire*. Quelques auteurs l'ont nommé simplement os transverse; il ne porte pas de dents, et il lie les mouvements de ces pièces entre elles et devient un arc-boutant sur la partie antérieure du crâne où elles sont comme suspendues. En arrière, toutes les pièces viennent aboutir et s'articuler, vers un seul point, à la branche inférieure de l'os *carré* ou intra-articulaire, que l'on a désigué faussement sous le nom d'os de la caisse ou tympanique, quoiqu'il soit l'analogue pour sa situation et ses usages au condyle maxillaire et à la branche montante chez les Mammifères, ou à l'os carré des Oiseaux. Enfin, pour énumérer tous les os de la bouche des Serpents, il faut y joindre ceux de la mâchoire inférieure dont les branches presque droites, toujours distinctes et séparées, sont réunies en devant, vers le point où elles se rencontrent, par un ligament élastique qui remplace la symphyse et les tient rapprochées quand la bouche est fermée, mais qui leur permet de s'éloigner l'une de l'autre lorsque la mâchoire s'abaisse et se dilate. En arrière, ces branches maxillaires inférieures présentent une cavité condylienne articulaire qui reçoit l'extrémité externe et inférieure de l'os allongé qui fait l'office d'os carré (1).

Dans les Serpents non venimeux, tels que les Couleuvres, les Boas, les Pythons, les os *maxillaires supérieurs* sont deux branches étroites, allongées, qui bordent la bouche extérieurement du côté du palais ou de la base du crâne. Ils s'étendent depuis l'os incisif jusqu'au transverse, dit aussi ptérygoïdien oblique ou palato-maxillaire (car ces trois noms lui ont été donnés), pour s'appuyer, par la portion interne de son extrémité postérieure, sur l'arcade ptérygoïde interne, ou la continuité du palatin. C'est par cet os transverse ou oblique, qui ne porte jamais de dents, que le mouvement est le plus ordinairement communiqué à l'os sus-maxillaire, car il se meut ou s'articule sur les os frontaux antérieurs et postérieurs. On sait que ces derniers représentent les os molaires ou jugaux des Mammifères et que les antérieurs correspondent au point par lequel s'articulent au-dessus du nez les apophyses montantes de l'os sus-maxillaire. Ces branches maxillaires supérieures portent la série longitudinale des dents coniques recourbées, qui varient pour le nombre et la grosseur relative suivant le genre.

Les deux branches *palatines* sont à peu près parallèles; elles occupent, quand la bouche est close, la partie moyenne du palais; elles sont garnies de dents nombreuses, acérées, distantes entre elles et un peu

---

(1) C'est donc à tort que Linné a répété constamment dans ses ouvrages, en parlant des mâchoires des Serpents : *Maxillæ dilatabiles nec articulatæ.* Ce sont, au contraire, parmi tous les animaux vertébrés, ceux dont les os des mâchoires sont le plus mobiles entre eux ou le mieux articulés : mais il faut supposer que ce grand naturaliste a voulu exprimer ainsi le défaut d'articulation fixe, de synarthrose ou de symphyse.

plus petites que les mandibulaires. Ces os sont articulés et mobiles en avant des orbites sous le crâne ; en
arrière, où leur mouvement s'exécute principalement,
ils se trouvent confondus et unis par une suture très-
solide, avec les branches *ptérygoïdes* dont ils sont
comme le prolongement continu ; mais dans ce point de
suture, ces lames reçoivent en dehors les os *transversaux* ou *palato-maxillaires* qui les joignent aux sus-
maxillaires dont la longueur et la direction varient,
mais qui communiquent les mouvements d'écartement
ou de diduction qui leur sont transmis par l'os carré,
en arrière de l'occiput.

On conçoit comment tout cet appareil est lié et en
connivence dans tous les mouvements imprimés à l'os
carré ou intra-articulaire, qui se porte tantôt en avant,
tantôt en arrière de cette sorte de chariot ou de train
mobile qui entraîne aussi la mâchoire inférieure ; de
même que dans les mouvements de diduction en
dehors, à l'aide de ces transverses, les branches palatines, ptérygoïdes et sus-maxillaires s'écartent en
arrière.

Cet os intra-articulaire ou intra-maxillaire, qu'on
a quelquefois nommé à tort os tympanique, et confondu même avec l'os mastoïdien ou temporal, joue
ici un très-grand rôle. Il est placé de chaque côté entre
les deux prolongements postérieurs des temporaux,
et il est reçu par son autre extrémité dans la cavité
condylienne postérieure de l'os sous-maxillaire. Cet
os n'est jamais carré ; sa longueur est d'autant plus
considérable que les mâchoires doivent avoir une étendue de mouvement plus forte de derrière en devant,
comme chez les espèces de Serpents à grands crochets
venimeux et dans celles qui peuvent écarter beaucoup

leurs mâchoires pour avaler une proie de forte dimension.

Ce même os intra-articulaire reçoit aussi en dedans, comme nous l'avons dit, l'extrémité postérieure de l'os ou de la lame ptérygoïdienne et palatine qui porte les dents dans la région la plus voisine de la gorge.

Ces différentes pièces osseuses se retrouvent chez tous les Serpents; mais dans celles qui ont de grands crochets antérieurs, les formes, les proportions des os sont tout autres, et le mécanisme ainsi que le but de leurs mouvements sont un peu différents. D'abord l'os sus-maxillaire se trouve représenté par une pièce épaisse, courte, solide, excavée en dessus pour loger la glande vénéneuse et sur laquelle se soude la base de l'un des crochets ou les dents recourbées, pointues, perforées et canalisées à la pointe, destinées à blesser la proie en s'enfonçant dans la peau et dans les chairs comme une épine, en même temps qu'elle transmet et y laisse couler ou injecter une liqueur envenimée dans la petite plaie ou piqûre qu'elle produit.

Cet os sus-maxillaire est consolidé et fortement articulé au-dessous de l'os frontal antérieur, qui est lui-même beaucoup plus court et plus épais relativement que dans les autres espèces de Serpents. La fossette qui le reçoit lui permet de s'y mouvoir comme une bascule, et cette action lui est transmise par l'extrémité antérieure et élargie de l'os transverse ou ptérygo-maxillaire très-développé, qui est ici dans une direction longitudinale, de forme plate, et dont la force, comme repoussoir, est très-considérable. Pour obtenir cet effet, la nature semble avoir raccourci et fortifié les os pariétaux qui se rapprochent en arrière où ils trouvent un arc-boutant sur l'occipital en dedans, tandis qu'ils se dirigent en dehors et en bas pour recevoir l'os intra-maxillaire qui a pris une longueur extraordinaire et telle qu'il semble prolonger de moitié l'étendue de la tête ; car c'est à son extrémité opposée qu'il reçoit la mâchoire inférieure et le prolongement ptérygoïdien qui est dans cette région une simple lame osseuse non dentée.

Chez d'autres Serpents venimeux comme les Bongares, les Hydrophides, les Najas, qui ont les crochets plus courts, les os intra-maxillaires et tout cet appareil est moins développé, quoiqu'il soit le même à peu près.

Dans les espèces dont les dents sont sillonnées, mais non complétement canaliculées, on ne voit ces cannelures pratiquées au devant et sur la longueur des crochets que sur deux ou trois de ces dents, lesquelles occupent la région la plus postérieure de la branche sus-maxillaire où elles semblent groupées et souvent plus longues que celles qui les précèdent.

Cette branche osseuse est cependant plus courte et plus épaisse, en général, que dans les espèces non venimeuses, chez lesquelles tout l'appareil des os de la mâchoire supérieure se ressemble tellement, qu'on ne peut établir la différence qu'autant qu'on reconnaît le sillon à découvert ainsi que la glande particulière qui leur fournit l'humeur vénéneuse (1).

Les os *incisifs* ou *inter-maxillaires* sont très-peu développés dans les Serpents, excepté chez quelques espèces qui fouissent la terre, comme les Éryx ; ils sont

---

(1) Voyez sur ce sujet les deux mémoires de M. Duvernoy cités dans la table des auteurs, ainsi que celui de M. Schlegel.

tout à fait distincts et séparés des sus-maxillaires ; souvent ils sont soudés et ne forment qu'une pièce qui ne porte pas de dents (les Pythons en ont cependant deux ou quatre qui sont longues, très-pointues et peu courbées) ; ces os occupent la partie antérieure du museau, appuyés et légèrement mobiles sur ceux du nez et sur le rudiment du vomer. Chez la plupart, le bord rostral offre en dessous une échancrure dont la courbure forme la voûte du petit pont sous lequel passe la langue, lors même que les mâchoires sont rapprochées ou quand la bouche est fermée. Quelques espèces seulement parmi les Pythons et les Rouleaux ont, comme nous l'avons indiqué, des dents implantées sur ces os : leur nombre varie de deux à six, et le plus souvent ces dents sont courtes et un peu portées en dehors.

La *mâchoire inférieure* est constamment composée de deux branches allongées, peu élevées, séparées ou non jointes en devant par une suture. Leur rapprochement et leur disjonction s'opèrent au moyen d'un ligament extensible, élastique, qui leur permet de s'écarter considérablement pour dilater la bouche. Ces branches sous-maxillaires offrent deux régions principales, l'une sur laquelle les dents sont fixées et dont l'étendue varie : elle est toujours très-courte et à peine du tiers de la longueur totale dans les Serpents à crochets venimeux. Généralement, la partie antérieure reçoit la postérieure dans une sorte de mortaise ou d'entaillure angulaire ; l'autre branche, qui est en arrière, offre en dessus, vers son extrémité, une petite cavité condylienne pour recevoir l'os intra-articulaire analogue à l'os carré des oiseaux, mais dont la forme est allongée. La mâchoire se meut sur le condyle ; mais en outre elle en reçoit des mouvements de déplacement en devant, en dehors, et réciproquement ; car elle le suit dans toutes ces directions. La partie qui est hérissée de dents varie, comme nous l'avons dit, pour l'étendue et la quantité de ces petits crochets osseux recourbés en arrière qui garnissent son bord supérieur. Leur nombre est généralement plus considérable dans les Serpents non venimeux, et bien moindre dans les espèces qui ont des crochets antérieurs ou des sus-maxillaire très-courts.

Telles sont, en général, les parties osseuses de la bouche ; mais elles offrent de très-grandes différences pour les formes, les dimensions et le mouvement dans les diverses familles. Il suffit de dire ici que leur mobilité est excessive ; d'ailleurs le mécanisme et les usages ne peuvent être bien conçus qu'après avoir fait connaître les dents qui les garnissent, et les muscles qui leur communiquent ou leur impriment le mouvement.

Les *dents* des Ophidiens, qui ne leur servent pas pour mâcher, mais seulement pour retenir leur proie, sont toujours coniques, pointues, et courbées, de manière que leur extrémité, libre, acérée et très-piquante, est constamment dirigée vers la gorge ou en arrière. Jamais ces dents ne sont enchâssées à leur base dans l'épaisseur des os ; elles sont soudées à leur surface et percent les gencives. En haut elles sont supportées par les os sus-maxillaires, les palatins, les ptérygoïdiens, jamais, selon nous, quoiqu'on l'ait avancé, par les palato-maxillaires, quelquefois, mais rarement, par les incisifs ; le plus souvent elles sont placées sur une ou plusieurs lignes longitudinales. En bas elles occupent le bord de la branche de la mâchoire inférieure.

Il existe toujours des intervalles entre ces dents crochues ; leurs dimensions varient. En général, elles sont courtes, et leur disposition est telle que leur grosseur et leur longueur vont en augmentant ou en diminuant de derrière en devant. Cependant, il y a des différences à cet égard suivant les genres, car dans quelques-uns les dents moyennes d'une rangée longitudinale sont plus grosses ; chez d'autres elles sont plus développées dans la région antérieure ou dans la postérieure ; leur inclinaison varie également. Il est très-probable que ces dents crochues se brisent souvent et qu'elles restent enfoncées dans les chairs de la proie avalée ; nous avons observé quelquefois dans les matières excrémentitielles des Boas, qu'on conserve vivants à la ménagerie du Muséum, des portions de ces dents dont la partie émaillée était devenue transparente et comme nacrée, parce qu'elles avaient été en partie dissoutes dans l'acte de la digestion. Ces dents sont bientôt remplacées ou suppléées par d'autres dont on trouve un grand nombre de germes qui se dirigent latéralement de dedans en dehors ; ces dernières sont plus développées.

On distingue ces dents en sus-maxillaires, palatines ou ptérygoïdiennes internes, en inter-mandibulaires et en sous-maxillaires, d'après leur insertion.

Les Serpents à dents creuses ou à crochets venimeux n'ont ordinairement qu'un seul de ces crochets qui reste fixé solidement, de chaque côté, sur l'os sus-maxillaire ; et cette dent creuse, perforée dans toute sa longueur, est entraînée par l'os dans tous ses mouvements. Il y a là, il est vrai, beaucoup d'autres germes de dents, mais ils sont libres et déposés dans une bourse. Ces crochets sont de longueur diverse et

dans un état de développement plus ou moins marqué ;
ils sont destinés à se succéder pour le remplacement
du crochet déjà fixé et soudé sur l'os mandibulaire,
dans le cas où cette arme viendrait à être brisée. Ces
crochets canaliculés, depuis leur base, offrent en avant,
vers la pointe, une cannelure fine qu'on prendrait pour
une fente linéaire, mais qui est la véritable continuité du canal par lequel le venin se trouve transmis
toutes les fois que l'animal enfonce ces dents dans les
chairs vives de la proie dont il veut faire sa nourriture.
Nous reviendrons plus loin sur l'usage de ces crochets
à venin.

Les dents palatines et ptérygoïdiennes sont un peu
plus grêles ; elles manquent rarement. Jusqu'ici, on
ne connaît même que le genre nommé, par cela même,
Oligodon, qui soit dans ce cas. Il est bien rare que
l'os palato-maxillaire ou transverse soit garni de dents ;
cependant M. Duvernoy dit avoir trouvé ces lames osseuses hérissées de quelques petites pointes dans une
espèce de Serpent d'arbre (Annales des sciences natur.,
tome 26, page 43).

Parmi les autres dents, qui ne sont pas des crochets
creux, mis en mouvement de bascule par l'os sus-maxillaire, il en est qui sont propres, dit-on (1), à rendre certains Serpents très-venimeux. Ces dents sont aussi im-

---

(1) M. Schlegel en parlant de ces dents cannelées dans son ouvrage
sur la Physionomie des Serpents, page 27, dit qu'on les a regardées
à tort comme destinées à introduire du venin, mais qu'elles sont
des canaux creusés pour verser une salive provenant de glandes plus
volumineuses situées dans le voisinage de leurs racines.

Dans un mémoire particulier, ce savant observateur avait établi que
les germes de toutes les dents étaient d'abord formés d'une lame re-
pliée sur elle-même et soudée le long d'une ligne dont on retrouve
l'indice comme les traces de la soudure ou de la fente dans un très-
grand nombre d'espèces de Serpents qui ont ainsi des dents cannelées.

plantées sur les os sus-maxillaires ou branches externes
des mâchoires supérieures , soit en avant , soit en arrière ; elles offrent sur la convexité de leur courbure ,
ou en avant , un sillon longitudinal , une sorte de cannelure peu profonde ; le plus ordinairement, ces
dents cannelées sont un peu isolées ou séparées les unes
des autres par un plus grand intervalle ; souvent aussi
elles sont plus longues et plus fortes. C'est le cas qu'on
peut observer dans les Dipsas , les Bongares , les Hydrophis , etc.

Les *muscles* destinés aux mouvements des mâchoires
doivent être étudiés d'une manière toute particulière ,
en ce que , par l'action qu'ils produisent , plusieurs
diffèrent de ceux qui se trouvent dans les Reptiles à
mandibule fixe. Nous avons déjà dit que tout l'appareil des os de la face était comme suspendu et mobile sous le crâne. Leur point d'appui principal se
trouve en arrière du crâne sur deux apophyses , ou
pièces osseuses distinctes , solides et très-prolongées ,
qu'on a nommées os temporaux ou mastoïdiens.
C'est sur l'un de ces os , en effet , que se meut en arrière et en haut l'os intra-articulaire, dit à tort tympanique , tandis qu'en bas, ou du côté de la mâchoire
inférieure , il reçoit d'une part celui qui représente la moitié ascendante ou la branche montante du
sous-maxillaire, et de l'autre, le prolongement ptérygoïdien par lequel le mouvement est communiqué
aux palatins et aux sus-maxillaires correspondantes.
D'après ces dispositions bien reconnues , il est facile
de concevoir comment les faisceaux musculaires fixés
sur ces os qui sont des leviers coudés et articulés, leur
impriment les différents mouvements qu'ils exécutent :
1° l'élévation de la mâchoire inférieure , qui produit

son rapprochement de la supérieure pour fermer la bouche et la retenir ainsi ; 2° l'abaissement de la partie inférieure pour faire ouvrir la gueule, et 3° comment tout cet appareil peut être porté en avant. C'est dans cet ordre d'énumération que nous allons rappeler cette organisation, qu'il est important de faire connaître.

Les muscles releveurs de la mâchoire inférieure, et qui ferment la gueule, sont représentés par trois faisceaux principaux qui correspondent aux temporaux et au masseter. L'un postérieur provient de la paroi de l'occiput en arrière, et même de l'apophyse ou de l'os mastoïde, et se dirige un peu en avant et en bas, où son tendon se fixe sur la mâchoire inférieure, près de sa cavité condylienne. La portion moyenne se confond en partie avec l'antérieure qui la recouvre. Ses fibres sont plus droites ; mais le tendon qu'elles forment se joint à celui qui est placé en avant, et qui dépend d'une sorte de masseter dont le faisceau paraît provenir de la région du crâne, qui est placée sous l'orbite. Dans les Serpents à crochets venimeux, le plus ordinairement, les fibres charnues naissent aussi de l'enveloppe aponévrotique qui recouvre la glande destinée à sécréter l'humeur délétère. Au reste, cette structure varie tellement dans les genres et même dans les espèces, qu'il est impossible d'assigner une disposition commune et générale.

Le principal muscle destiné à faire mouvoir directement la mâchoire inférieure en bas est attaché le long de l'os carré dont les fibres suivent la direction et sont d'autant plus longues, que cette pièce inter-maxillaire est elle-même plus développée ; il se termine en bas, derrière l'articulation. C'est l'analogue du *digastrique*

pour l'usage, mais bien différent pour la forme et
le point d'insertion. Outre ce muscle abaisseur, le
peaucier ou une couche sous-cutanée, qui semble provenir du périoste des premières côtes et des apophyses
épineuses des vertèbres collaires, aide certainement
aussi, dans quelques circonstances, l'abaissement de
cette branche sous-maxillaire et la tient dans cette position.

Les os maxillaires inférieurs peuvent aussi être rapprochés entre eux par l'intermède des os intra-articulaires d'une part, au moyen de fibres charnues qui,
naissant de la partie inférieure de l'occiput en dehors,
viennent se porter sur cet os dit tympanique, ou directement du point fixe et moyen vers la capsule articulaire condylienne. D'autre part, il existe une sorte
de membrane musculaire dont les fibres transversales,
croisées vers la ligne médiane sous la peau de l'intervalle des deux pièces osseuses, viennent se fixer sur elle
en dehors. C'est l'analogue du muscle *mylo-hyoïdien*
qui rapproche les branches, après qu'elles ont été écartées par la dilatation de la bouche (1).

Enfin, il est des muscles destinés à faire mouvoir
les os garnis de dents pour les porter en avant et pour
les éloigner de la ligne moyenne en arrière, et en les
faisant s'écarter réciproquement. Il y a d'abord l'analogue du *ptérygoïdien externe*, qui est étendu depuis
la face externe de la lame ptérygoïdienne, en arrière,
jusqu'à l'os sus-maxillaire. Il est surtout très-développé

---

(1) Consultez pour tous ces détails le mémoire de M. Dugès sur la
déglutition des Reptiles, déjà cité, ainsi que les trois mémoires de
M. Duvernoy insérés aussi dans les Annales du Muséum, dont on trouve
le résumé dans la première partie du IVᵉ volume, page 148, des leçons
d'anatomie comparée de Cuvier.

et fort puissant dans les Serpents à crochets venimeux ;
car c'est par lui qu'est produit le mouvement de l'os
sus-maxillaire qui, comme une bascule, fait relever le
crochet canaliculé qui pique la proie et transmet le poison. Un autre faisceau plus petit se trouve à la face
interne de l'apophyse ptérigoïde. Il vient se fixer au devant de l'os sus-maxillaire pour le ramener dans la po ·
sition première, afin que les crochets soient couchés
sur le palais.

Il existe bien d'autres petits muscles destinés à faire
mouvoir les os du museau ; mais ils sont peu importants et ils présentent beaucoup de variétés suivant les
espèces. Ce qu'il y a de bien remarquable dans les
mouvements que les mâchoires supérieure et inférieure exercent l'une sur l'autre, en se rapprochant
et en s'éloignant de bas en haut et réciproquement,
ainsi qu'en se portant successivement l'une en avant,
l'autre en arrière, c'est qu'elles peuvent s'écarter, et
que leurs branches sont disjointes ; car, en mordant
les corps comme le feraient les dents d'une paire de
cardes, elles s'y accrochent et produisent souvent la
torsion de la gueule ou une dilatation telle, que le plus
grand diamètre de la tête se trouve tout à fait en travers et en arrière.

Après avoir rappelé ainsi la structure des parties solides de la bouche des Serpents, la disposition et les
usages des muscles principaux destinés à les mouvoir,
il est nécessaire de faire connaître aussi l'intérieur de
cette cavité, qui, outre son usage comme instrument de
préhension et comme vestibule du tube digestif, renferme beaucoup d'organes et de parties importantes.
Ainsi, quoique les dents soient en général apparentes
et mises à nu, surtout lorsque la bouche est ouverte

et dilatée, les os qui les supportent sont revêtus de chairs et de membranes qui doivent avoir beaucoup d'ampleur, afin de se prêter, au besoin, à l'allongement, à la dilatation et aux mouvements inverses de toutes ces pièces mobiles. Il y a en outre dans la bouche les orifices des narines, celui de la glotte, le canal ou le fourreau de la langue dont la protraction, la rétraction, les vibrations, sont liées à une disposition particulière des pièces solides et musculaires. Il y a des glandes salivaires, lacrymales, venimeuses, dont la structure et les canaux excréteurs se lient à l'acte de la déglutition, et enfin, la grande ouverture du pharynx qui semble être la continuité de la gueule. Telles sont les particularités que nous allons étudier.

Au premier abord, la cavité de la bouche d'un Serpent, vue à l'intérieur, ressemble beaucoup à celle de la plupart des Sauriens, sauf les grands plis longitudinaux que l'on observe sur la longueur du palais dont la voûte est généralement large et plate. Ces plis saillants semblent quelquefois être dentelés sur leur tranche et comme découpés, parce que la membrane s'est, pour ainsi dire, moulée dans les intervalles que laissent les dents entre elles.

On voit généralement en avant, sur la ligne médiane, comme dans un sillon, l'ouverture commune aux narines postérieures qui sont souvent cachées par un repli libre et flottant de la membrane palatine, laquelle simule une sorte de voile palatin. Sur cette même ligne médiane, la peau ou la membrane muqueuse semble comme enfoncée; elle est en effet attachée là solidement à la base du crâne et des os de la face, et on y voit un pli longitudinal dont la profondeur varie. D'autres sillons latéraux s'observent d'a-

bord en dedans des branches palato-ptérygoïdiennes
qui peuvent s'écarter de la ligne moyenne ; puis un
autre situé entre les os transverses ou palato-mandi-
bulaires. Ces derniers sont doubles dans les espèces
sans crochets venimeux ; mais chez celles qui en ont,
comme les os sus-maxillaires sont très-courts, on
voit en dehors et en avant un grand repli membraneux
large à sa base, où il adhère au palais, et plus étroit
en arrière, où il est libre. C'est le sac ou l'enveloppe
qui contient les germes des crochets appelés à succéder
à celui qui est fixé sur l'os, lequel est garni lui-même
d'un fourreau particulier qui le renferme comme dans
un capuchon ouvert à la pointe. Le plancher, ou la
portion sous-maxillaire de la bouche, présente en avant
une sorte de tubercule enfoncé dans son centre ; c'est
l'orifice qui livre passage à la langue dont le fourreau,
arrêté et replié sur les bords, produit cette saillie.
Derrière est un autre tubercule avec une fente longitudinale : c'est la glotte ou la terminaison de la trachée artère qui se trouve placée ainsi au-dessus de la
gaîne qui renferme la langue. Cette glotte est ainsi
portée très en avant, et lorsque les mâchoires sont rapprochées, son orifice se trouve correspondre au sillon
palatin sous le voile mobile des arrière-narines. Nous
reviendrons sur cet orifice de la glotte.

La *langue*, dont nous avons déjà eu occasion d'indiquer les formes et les usages, lorsque nous avons
parlé de l'organe du goût, est peu apparente, ainsi
que nous venons de le dire, quand la bouche est ouverte, parce qu'elle rentre dans un fourreau comme
celle des Varans. Elle est allongée, droite, plate ou cylindrique, très-charnue ; elle est fendue profondément
à son extrémité libre en deux pointes flexibles, molles,

mobiles , dont la surface est revêtue d'une peau molle ,
un peu humide. Cette langue est généralement plate ,
lisse en dessus , arrondie en dessous et plus humide ;
ses bords paraissent quelquefois comme légèrement
frangés ou garnis de papilles rapprochées et formant
une ligne saillante. L'animal ne s'en sert guère que
comme d'un instrument propre à palper la superficie
des corps , soit pour la tremper dans l'eau ou dans les
humeurs liquides qu'il entraîne dans la bouche en lapant rapidement (1).

Pour faire bien comprendre le mécanisme des
mouvements de la langue, il est nécessaire de rappeler
la disposition de l'hyoïde qui lui sert de base et de le-
vier. Le corps de cet os, qui est très-grêle, comme cartilagineux , se prolonge en arrière par deux stylets
minces et cartilagineux qui s'étendent le long de la
trachée. Ces stylets reçoivent des muscles qui peuvent
les faire avancer, d'autres sont destinés à les faire rétrograder, et par conséquent, à produire les mouvements de va et vient. Une gaîne membraneuse et à fibres contractiles musculaires, qui reçoit elle-même
des muscles protracteurs et rétracteurs de la langue,
lui permet les mouvements de vibrations et d'agi-
tations rapides pour la repousser, l'agiter et la brandir,

---

(1) Il est des cas cependant dans lesquels quelques Serpents avalent
de l'eau sans se servir de la langue pour laper. Alors ils tiennent la tête
enfoncée sous l'eau au-dessous du niveau , ils écartent un peu les mâchoires et font baisser le fond de la gorge dans laquelle l'eau descend
par son propre poids. On voit alors de petits mouvements de déglutition qui s'opèrent comme ceux qu'exercent certains hommes des pays
méridionaux dans leur manière d'avaler les liquides, dite *à la régalade*.
Il paraîtrait que cette eau sert à laver les intestins; car elle est rendue
liquide avec les fèces, elle ne paraît pas expulsée par les voies urinaires.
Le liquide que les reins sécrètent est toujours une bouillie.

avec une prestesse extrême, quand elle est lancée hors de la bouche; ce qui la fait regarder comme un dard. Nous avons craint d'entrer dans des détails minutieux à cet égard; parce que, dans ces derniers temps, on a très-bien décrit ce mécanisme dans les ouvrages que nous avons cités (1).

Quoique les Serpents ne divisent, ne broient, ni ne mâchent la matière de leur nourriture, puisqu'ils avalent les animaux d'une seule pièce, comme cette proie est souvent couverte de poils roides, de plumes, d'épines ou d'écailles sèches, ils l'enduisent d'une couche d'une humeur salivaire et muqueuse, pour en lubrifier la surface et la rendre plus glissante. C'est une sorte de bave visqueuse qui s'écoule en abondance de leur bouche, afin de faciliter l'introduction et le glissement de la victime dans le gosier ou l'œsophage, qui est obligé de se dilater considérablement. Cette salive est sécrétée en partie par les cryptes de la membrane muqueuse; elle revêt toutes les parties de la gueule; mais il y a en outre des glandes destinées à la sécrétion : celles-ci sont situées entre les branches de l'une et de l'autre mâchoire, et l'humeur qu'elles fournissent suinte par de petits trous qui se trouvent au dehors, à la base des dents, ou dans des sillons dont les dernières dents sont creusées.

Des glandes qui sécrètent la salive.

Ces glandes varient beaucoup pour leur volume et leur siége. M. Duvernoy les a décrites et figurées dans

---

(1) Voyez le mémoire de *Dugès*, Annales citées, t. XII, p. 337, Pl. 46, fig. 11, 14, 16, et le mémoire de M. *Duvernoy*. Société d'histoire naturelle de Strasbourg. 1830.

Anatomie comparée, t. IV, p. 535.

plusieurs espèces ; généralement elles sont granulées, conglobées, blanchâtres et fournissent plusieurs conduits excréteurs. Elles sont moins développées dans les Serpents d'eau. On les distingue en supérieures ou sus-maxillaires et en inférieures : elles bordent les mâchoires. Souvent elles forment plusieurs lobes qu'on a décrits comme autant de glandes particulières. Il y a en particulier des glandes lacrymales et des nasales dont nous avons déjà parlé, mais dont les humeurs après avoir servi à lubrifier les surfaces, parviennent dans la bouche et font aussi l'office de sucs salivaires.

Dans le mémoire cité du docteur Ant. Alessandrini, l'appareil salivaire des Serpents peut se diviser d'après les glandes : 1° en sous-lingual ; 2° en sous-maxillaire ou labial inférieur ; 3° le parotidien ou labial supérieur ; 4° le sous-orbitaire qui varie le plus par la forme et qui produit le plus ordinairement le venin.

Dans les Serpents non venimeux ou sans crochets, les glandes mandibulaires ou sous-maxillaires sont situées au dehors de la branche dont elles portent le nom. Elles sont bombées, quoique étendues en longueur sur la gencive ou sur la ligne saillante qui porte la série des dents externes; la région postérieure, qui est un peu plus large que l'antérieure, se trouve en partie cachée sous le muscle temporal antérieur. Dans les espèces à crochets, cette glande semble manquer, ou elle est réduite à un simple rudiment ; mais elle est remplacée par la glande à venin dont nous parlerons plus bas.

Les glandes inférieures, dites sous-maxillaires, à cause de la région qu'elles occupent sur la mâchoire d'en bas, semblent aussi composées d'une suite de granu-

lations disposées en longueur avec de petits étrangle-
ments dont chacun paraît fournir un conduit membraneux qui aboutit auprès d'une des dents dont la mâchoire est garnie.

Les glandes qui sécrètent une humeur venimeuse
sont généralement plus molles, comme spongieuses,
ou celluleuses, de couleur jaunâtre, quoique recouvertes d'un sac aponévrotique : elles occupent la place de
l'os maxillaire qui est très-réduit, comme nous l'avons
indiqué, et on les trouve situées presque immédiatement sous la peau au-dessous et un peu derrière l'orbite, sur le grand tiers antérieur de la lèvre supérieure.
Lorsqu'on les examine à l'intérieur on trouve sous une
sorte de membrane fibreuse, tantôt un assemblage de
tubes, tantôt des cellules ou vésicules qui toutes aboutissent à un conduit membraneux, lequel vient aboutir
à la base du canal dont est creusé le crochet acéré,
soudé à l'os sus-maxillaire avec lequel il se meut dans le
mouvement qui est imprimé à cet os par le muscle palato-maxillaire ; le conduit et la glande elle-même se
trouvent pressés, comprimés par la fibre charnue ; ce
qui a lieu toutes les fois que la mâchoire s'abaisse ou
que la gueule s'ouvre complétement en faisant redresser les crochets qui sont poussés par un mouvement
de bascule.

Quand on réfléchit aux circonstances qui semblent
avoir porté le Créateur à procurer ainsi à certains Serpents une arme aussi simple par sa nature, que terri-
ble par ses effets ; lorsqu'on reconnaît les précautions
qu'il a prises en n'accordant cette humeur délétère qu'à
des êtres faibles, très-sobres et privés en grande partie
des facultés qui donnent aux autres animaux carnassiers les moyens de poursuivre, de saisir, de diviser

leur proie, on est admirablement frappé de la prévoyance infinie qui a dirigé toutes ses œuvres. En effet
voici un être qui ne peut se nourrir que d'animaux
vivants, cependant il est privé des moyens de transport, puisqu'il n'a pas les membres qui l'auraient aidé
à atteindre, à saisir sa proie ; aussi est-il obligé de l'attendre, de l'épier, en se mettant en embuscade sur son
passage. Tout à coup il sort de son engourdissement
apparent. Il a vu et mesuré d'avance l'espace qui le
sépare de sa proie ; il se dresse, son cou est déjà dirigé
en arrière. Sa gueule est béante, sa mâchoire inférieure s'abat complétement et ce mouvement fait relever
la supérieure qui porte en avant les deux pointes acérées, coniques et courbées d'où le poison distille. Avec
la promptitude d'une flèche vigoureusement décochée,
la tête et ses crochets sont lancés en avant sur l'animal ; ils le pénètrent et se dégagent presque aussitôt.
Rarement ce choc est répété. Dès cet instant la victime
lui est dévolue ; elle peut fuir à peine et se traîner à
quelque distance ; il la suit, elle est sa proie ; car il
lui a inoculé la cause de la mort, l'inertie, l'apathie,
la paralysie dont il attend les effets.

Les crochets se sont enfoncés dans l'épaisseur des
chairs en traversant la peau par un très-petit trou dont
le pourtour s'est dilaté sans déchirure, aussi est-il souvent fort difficile de l'apercevoir lorsque la dent n'y
est plus (1). A travers ces aiguilles et dans leur épaisseur coule rapidement un jet d'humeur vénéneuse,
d'un poison mortel qui injecté avec force dans la plaie
n'en peut plus sortir ; il est de suite absorbé et ne tarde

---

(1)   *Nec tamen ulla vides impressi vulnera morsûs.*
                                    NICANDER.

pas à circuler dans toute l'économie qui est bientôt infectée. Ce venin porte la mort dans tous les organes ; il détruit la vie avec une rapidité telle que l'animal perd toute sensibilité ; ses facultés sont anéanties, il ne peut diriger ses mouvements, il est pris de convulsions épileptiques, probablement il ne souffre plus et son corps se trouve réduit à l'état de cadavre et de simple matière animale. Cependant cette chair empoisonnée ou imprégnée d'un venin délétère, peut être avalée et digérée impunément, car ce poison ne doit agir qu'autant qu'il est introduit directement dans l'économie vivante et qu'il n'a pas été soumis à l'action des forces digestives qui probablement peuvent le décomposer.

Puisque l'humeur vénéneuse s'écoule comme par instillation de la rainure creusée au devant de la pointe du crochet, dont elle termine le canal pratiqué dans sa longueur, on reconnaît dans cet appareil un instrument disposé pour devenir le véritable modèle d'une aiguille propre à l'inoculation d'un virus. Le venin est fluide, le plus souvent transparent, analogue à la salive, quelquefois visqueux comme du mucus ou de l'eau gommée, d'une teinte jaune légère ou verdâtre. Il se dessèche facilement et devient luisant comme un vernis ; il adhère ainsi aux corps sur lesquels il s'applique, et c'est comme cela qu'il a pu conserver, dit-on, pendant plusieurs années ses pernicieuses propriétés. Quoique plus pesant que l'eau, quand il est pur, il se rapproche de la nature des gommes ; car comme elles, il s'y dissout et alors il en trouble un peu la transparence qu'il rend laiteuse ; il n'a ni odeur, ni saveur ; les expériences chimiques ont démontré qu'il n'est ni acide, ni alcalin ; qu'il ne brûle pas avec flamme quand on l'expose à l'action d'un corps en ignition ; qu'il ne s'en dégage aucun gaz, quand on l'unit aux acides ; mais les recherches que la chimie a entreprises sur la nature de ce poison n'ont pas encore fait connaître les véritables causes de son action qui est en général regardée comme septique, c'est-à-dire qui fait pourrir ou qui détermine la corruption des chairs et la décomposition des tissus organiques comme s'ils étaient subitement privés de la vie. Cependant l'action de ce venin diffère, à ce qu'il paraît, beaucoup suivant les espèces de Serpents qui le sécrètent et par plusieurs des circonstances que présentent eux-mêmes les animaux avant leur mort et l'action qu'il produit sur les parties dans lesquelles il a été introduit. Le climat, la température, la saison paraissent aussi exercer quelque influence, ainsi que le laps de temps qui s'est écoulé depuis que les vésicules à venin ont été vidées par une précédente ou dernière morsure. La grosseur de l'animal mordu, et l'impression de frayeur plus ou moins manifeste causée par la blessure en rendent aussi, dit-on, les effets plus on moins pernicieux.

On s'est assuré que c'est seulement après avoir pénétré dans les chairs et par une sorte d'inoculation et par l'absorption faite au moyen des vaisseaux sanguins et lymphatiques, que la matière agit. Ce fait était bien connu des anciens, car on trouve dans Celse (1) et dans

_____

(1) *Cornelii* CELSI *de re medicâ,* lib. v, cap. 2e, sect. 12. *Nam venenum serpentis..... non gustu, sed in vulnere nocet Quis quis vulnus exsuxerit et ipse tutus erit et tutum hominem præstabit... ante debebit attendere ne quod in gengivis palatove ulcus habeat. Si neque qui exsugat, neque cucurbita est,* etc. C'est ce que dit aussi Galien, *de temperamentis* (Περὶ Κράσεων), lib. III, cap. 2.

Lucain (1) des passages qui confirment ce que les belles expériences de Rédi et de Charas ont confirmé.

Les effets du poison diffèrent selon la nature des symptomes morbides qui se manifestent et par l'espace de temps qui s'écoule avant que son action soit produite.

Dans quelques cas l'animal blessé tombe tout à coup dans une sorte d'insensibilité ou de sommeil léthargique; chez d'autres, il survient des hémorrhagies mortelles par le nez, la bouche et par toutes les ouvertures naturelles. On a observé que quelques espèces de Serpents produisent dans la région où leur poison a été inoculé des effets successifs d'engourdissement, de lividité, de gangrène; le mal s'étend de proche en proche et semble éteindre la vitalité en faisant cesser les mouvements du cœur et en amenant bientôt le froid de la mort et même la décomposition putride.

Lucain, dans son poëme sur la guerre de Pharsale, livre IX, vers 737, peint ainsi les horribles souffrances qu'il suppose avoir été produites chez un jeune homme piqué ou mordu par un dipsas, espèce de Serpent sur lequel il avait posé le pied en marchant.

« *Torta caput retrò dipsas calcata momordit.*
» *Vix dolor, aut sensus dentis fuit :........*
» *Ecce subit virus tacitum, carpitque medullas*
» *Ignis edax, calidáque incendit viscera tabe.*
» *.... et in sicco linguam torrere palato*
» *Cœpit. Defessos iret qui sudor in artus*
» *Non fuit,* etc., etc.

Ainsi Laurenti, en parlant de la morsure de la Vipère sur de petits mammifères ou des oiseaux, indique

---

(1) Lucain, Phars., 9, vers 614.
Morsu virus habent et fatum dente minantur.
Pocula morte carent.

la série des phénomènes suivants : douleur aiguë, respiration difficile, tendance à l'expectoration ou vomissement d'une mucosité sanguinolente, gonflement, chaleur rougeur, et quelquefois sphacèle du point où la blessure a eu lieu; mort entre cinq ou dix minutes.

Bosc, qui a observé la piqûre du Crotale, dit qu'au moment même elle ne paraît pas produire de douleur, mais qu'après un intervalle de trois secondes, il y a enflure et élancement au lieu piqué. La bouche se sèche, s'enflamme, il y a soif, la langue se gonfle et sort de la bouche. La mort arrive comme par strangulation et la blessure paraît se gangréner.

Sir Évérard Home et M. Pihorel ont eu aussi occasion de suivre les effets de la morsure d'un Serpent à sonnettes : ce dernier a communiqué à l'Académie des sciences une observation très-détaillée dont voici l'analyse : Un Anglais arrive à Rouen le 8 février 1827; il rapportait de Londres une ménagerie d'animaux vivants parmi lesquels se trouvaient trois Serpents à sonnettes; il faisait très-froid. Ces Reptiles étaient engourdis; il reconnut que l'un était mort; mais en voulant faire réchauffer les autres, il fut piqué à la main par l'un d'eux. Les accidents se développèrent avec une excessive rapidité. Une douleur vive et déchirante se fit sentir dans le lieu même de la blessure qui devint bientôt le siége d'un gonflement inflammatoire si intense, qu'on y reconnut la tendance à la gangrène, puisqu'il s'y éleva des phlyctènes et des taches livides. Le blessé éprouva des nausées, de la faiblesse, des vertiges, des syncopes répétées, la plus grande gêne de la respiration, des éblouissements, des troubles intellectuels, puis survinrent des vomissements

REPTILES, TOME VI.   10

jaunes, bilieux ; des convulsions, des crampes, des douleurs dans la région du nombril et la mort.

Cependant les effets de la morsure du Serpent à sonnettes ne sont pas toujours aussi délétères. Bosc a vu plus de trente fois cette piqûre, quoique ayant été suivie de très-graves accidents, ne point avoir déterminé la mort.

M. le comte de Castelnau a communiqué à l'Académie des sciences, dans la séance du 26 mars 1842, une note que les comptes rendus ont reproduite, dans laquelle après avoir donné quelques détails sur les mœurs des Serpents de l'Amérique du Nord, il indique une méthode de traitement pour la morsure du Crotale, dont il nous a paru utile d'extraire les passages suivants.

« Les Crotales sont très-nombreux et se multiplient à un point effrayant dans les lieux élevés, secs et rocailleux. A la montagne de Casthill et dans les environs du lac Georges, les habitants se réunissent pour y faire des battues. Dans une seule expédition et en un seul jour on détruisit trois ou quatre cents Serpents. »

L'auteur rapporte un procédé que l'on a appliqué avec succès pour obtenir la guérison des animaux mordus par un Crotale. Dès que l'animal est blessé, comme il éprouve des convulsions qui deviennent de plus en plus violentes et qui déterminent la mort très-promptement, afin d'obvier à cette funeste terminaison et pour la prévenir, on applique une forte ligature au-dessus de la plaie. Il survient néanmoins une convulsion mais moindre, en raison de ce qu'il n'a pu passer dans l'économie qu'une très-petite quantité de poison. Dès que ce premier accident est passé, on lâche un peu le lien pratiqué au-dessus de la piqûre. Par ce moyen une petite portion du venin est absorbée de nouveau, mais elle ne produit que de faibles convulsions. On agit ainsi jusqu'à ce qu'il n'y ait plus d'accidents. L'animal qui aurait infailliblement succombé si la totalité du venin avait été absorbée à la fois, se trouve sauvé. Il semble qu'en fractionnant ainsi la dose du poison, on en atténue les effets ou la puissance délétère. M. de Castelnau dit avoir été témoin d'expériences confirmatives de ce procédé sur des animaux et avoir vu un jeune homme guérir à l'aide de ce moyen. Il assure aussi que la chair du Serpent à sonnettes est recherchée dans ces contrées et qu'elle est servie sur la table des plus riches planteurs. Batram avait déjà raconté ce fait ; ayant tué un de ces Serpents, le commandeur fit préparer par les cuisiniers du gouverneur le corps de l'animal, qui fut servi au dîner (1).

On a fait beaucoup d'expériences sur l'action de ce venin, Russel à la côte de Coromandel, a constaté les effets de la morsure produite par des espèces très-différentes de Serpents venimeux. FONTANA en Italie, avec le venin de la Vipère, a reconnu qu'un milligramme de cette humeur introduit dans l'un des muscles chez un moineau suffisait pour le tuer ; mais qu'il en fallait six fois davantage pour faire périr un pigeon, et d'après son calcul, 15 centigrammes (3 grains) de cette humeur seraient nécessaires pour faire mourir un homme. Or, comme la vipère contient à peine dans les vésicules à venin 10 centigrammes de cette humeur, qui ne peut même en être exprimée que par plusieurs morsures successives, il faudrait cinq ou six morsures de Vipère pour occasionner la mort. Cepen-

_____

(1) Batram. Voyage, tome II, chap. X, page 10 de la traduction française.

dant, le docteur PAULET, médecin, qui exerçait à Fontainebleau, a publié en 1805 des observations par lesquelles il a été constaté qu'un enfant de sept ans et demi, piqué au-dessous de la malléole interne, mourut au bout de 17 heures, et qu'un autre enfant expira deux jours après avoir été mordu à la joue.

Quand le poison n'est pas mortel, il laisse souvent, chez les individus qui ont été piqués par une Vipère, des suites fâcheuses et prolongées : la jaunisse, la sécheresse du gosier et de la bouche, une grande soif, des coliques et des tranchées, de la difficulté dans la sécrétion ou dans l'émission des urines, des hoquets, des frissons, des faiblesses instantanées, des sueurs froides, etc.

On a indiqué et préconisé successivement et avec emphase beaucoup de remèdes qu'on a regardés comme des antidotes assurés contre les effets de la morsure des Serpents venimeux. Dans chaque pays, et surtout dans les diverses contrées des climats chauds, où ces Serpents sont en grand nombre, plus dangereux, et où ils inspirent plus de terreur, des Psylles (1), des jongleurs ou de prétendus sorciers, se proclamant comme doués de moyens surnaturels, supposent qu'ils ont le pouvoir d'enchanter, de maîtriser ces dangereux Reptiles qu'ils ont soumis à leur toute-puissance. En Afrique, en Asie, suivant le récit des voyageurs, des bateleurs réunissent les gens du peuple dans les places ; là, au milieu d'un grand cercle, à l'aide de

_____

(1) Les Psylles dont parlent Hérodote et Strabon étaient des peuples du nord de l'Afrique qui connaissaient des remèdes contre tous les poisons, et surtout qui se disaient invulnérables par la morsure des Serpents. Les Ophiogènes de l'Égypte, les Marses chez les Romains, étaient des charlatans de même sorte.

chants, de sons et de gestes bizarres, ils font sortir
de sacs ou de cages quelques Serpents qui s'élancent,
se dressent et se meuvent comme en cadence. Ces
Reptiles ont été exercés en effet à ces manœuvres; si
ce sont des espèces véritablement venimeuses, elles ont
été privées de leurs crochets mobiles, qui ont été arra-
chés à mesure que ces dents tendaient à se souder sur
les os sus-maxillaires; d'autres individus prennent
des Serpents innocents du genre des Éryx, qu'on a
voulu faire ressembler à des Cérastes, espèces de Vipères très-justement redoutées dans le pays. Sur la
tête de ces Éryx, à l'aide d'un procédé opératoire,
ces bateleurs ont eu l'adresse d'insérer sous la peau du
crâne, des ergots ou des ongles d'oiseaux qui s'y sont
greffés et qui continuent de s'y développer ; comme
chez nous, dans certaines fermes, en chaponant les
poulets on a quelquefois, et avec succès, greffé sur
l'origine de la crête la racine des éperons ou des ergots
détachés de leurs tarses.

En Europe, en Amérique et dans toutes les parties
du monde, on a vanté comme très-efficaces beaucoup
de médications ou de moyens divers, souvent difficiles à se procurer, et sur l'efficacité desquels il reste
beaucoup à désirer. Nous allons en faire connaître
quelques-uns, sans nous flatter de pouvoir en donner
une liste très-complète.

En Italie et en France, depuis les belles et nombreuses expériences de Rédi et de Fontana, on a surtout insisté sur la nécessité et les avantages de la
succion directe de la plaie opérée à l'instant même à
l'aide des lèvres ; ce moyen est sans contredit le plus
rationnel et le plus expéditif. On a proposé aussi d'y
suppléer au moyen d'une ventouse fort simple que

peut fournir une petite bouteille à parois très-minces et à long col que l'on applique, après l'avoir chauffée et tandis que l'air intérieur est encore dilaté, sur l'orifice de la piqûre, dont on doit légèrement élargir le trou ; on a proposé aussi de laver de suite l'endroit piqué et de malaxer la peau sous le jet d'un filet d'eau tiède, s'il s'en rencontre à la portée de la main ; ou, à son défaut, en se procurant subitement le liquide encore chaud que les reins ont sécrété dans la vessie.

On a vanté les frictions avec de l'huile et celles faites avec le chlore, avec l'ammoniaque, l'eau de Luce (huile de succin ammoniacale), et ces mêmes moyens ont été aussi administrés à l'intérieur, quelquefois avec une apparence de succès, ainsi que des sudorifiques alcooliques.

On a attribué les plus heureux effets à une ligature circulaire pratiquée sur le membre, au-dessus de la partie piquée ou déchirée par les dents du serpent, afin d'arrêter ou de borner l'enflure du membre sur lequel avait eu lieu la morsure, et pour s'opposer à l'absorption du virus.

Comme moyen local propre à neutraliser ou à détruire le venin inséré dans la plaie, ou avant qu'il soit absorbé, on a pratiqué quelquefois avec succès la cautérisation actuelle, à l'aide du feu ou d'un fer rouge, l'application du nitrate d'argent fondu, du nitrate de mercure liquide, des chlorures de zinc ou d'antimoine ; la pâte caustique de Vienne ou d'un morceau de potasse pure ; une seule goutte d'acide sulfurique ou azotique, etc.

Autrefois on avait vanté l'application d'une certaine pierre noirâtre ou verdâtre qui paraît n'être qu'un morceau de bol argileux très-doux, onctueux au toucher,

recevant un assez beau poli et happant à la langue.
On supposait à ce minéral la propriété d'absorber
la liqueur venimeuse, quelle que fût la nature du
poison. Pour attribuer à cette pierre une vertu plus
merveilleuse, on supposait qu'on ne la trouvait que
dans la tête du Naja des Indes ou Serpent à chapeau,
Cobra de capello, de sorte que les gens du pays, qui
la vendaient à très-haut prix aux voyageurs, la faisaient entourer d'un chaton de métal précieux pour
la suspendre au cou et s'en servir comme d'une amu-
lette. Les recueils anciens des sociétés savantes contiennent un grand nombre de récits de personnes
crédules ou d'annonces mensongères ; mais Rédi a démontré par beaucoup d'expériences faites publiquement et sous les yeux du grand-duc de Toscane, que
cette propriété attribuée à la prétendue pierre de Serpent était chimérique, ainsi que les procédés à l'aide
desquels on croyait faire rendre le poison et restituer
à cette substance ses propriétés, en la laissant séjourner pendant quelques heures dans du lait ; nous possédons nous-même une de ces pierres, elle a la forme
d'une amande allongée et aplatie à sa surface, amincie
sur les bords ; sa couleur est d'un vert noirâtre et elle
présente tous les caractères de celles qu'avait eues
Rédi à sa disposition ; mais ces dernières étaient de
grosseurs diverses et de forme lenticulaire (1).

On trouve dans les ouvrages d'histoire naturelle et
dans un grand nombre de dissertations de matière
médicale, une suite de recettes plus ou moins compli-
quées, la plupart fournies par les indigènes des climats

---

(1) Voyez sur ce sujet une dissertation très-savante de Mentzel insérée
dans les *Miscellanea medico physica*, déc. 2, an 9. Page 122, observ.
94, en 1691.

où les Serpents venimeux sont plus communs ; on les
a indiquées comme très-efficaces, et c'est à cause de
cela qu'elles nous ont été transmises par les voyageurs
et les naturalistes. Déjà, du temps de Pline et de Galien, plusieurs étaient vantées. Russel, dans un mémoire sur les Serpents venimeux qu'il a observés au
Bengale, rapporte des expériences dans lesquelles il
annonce avoir employé avec un succès presque constant, un remède qu'il nomme *tanjore*, et dont il
transcrit la formule pour laquelle il faut se procurer
en poids égal les matières suivantes : mercure, arsenic
blanc, poivre, racines de velli-navi et de néri-viham,
amande de nervalam. On agite le mercure avec le suc
de l'*Asclepias gigantea* de manière à faire disparaître
les globules, puis on y joint les autres ingrédients afin
d'en former une masse pilulaire que l'on divise en
dragmes et qu'on administre d'heure en heure, après
avoir appliqué sur la morsure un foie chaud de volaille
et employé plusieurs autres moyens accessoires.

On ignore les noms botaniques par lesquels l'auteur
désigne si vaguement les racines et l'amande qu'on croit
être celle d'une espèce de croton.

Linné, dans les trois dissertations soutenues sous
sa présidence, avec les titres de *Morsura serpentum*,
de *Radix Senega*, de *Lignum colubrinum*, a fait recueillir toutes les indications des plantes préconisées
contre la morsure des Serpents. La liste en est nombreuse ; en voici l'énumération, encore est-elle incomplète : *Ophiorhiza mungos*, *Strychnos colubrina*,
Spiræa trifoliata, *Asclepias gigantea*, *Periclyme-
num zeilanicum*, *Ophioxylon serpentinum*, *Polygala
seneka*, *Aristolochia indica et serpentaria*, *Veratrum
luteum*, *Prœnanthes alba*, *Actœa racemosa*, *Osmunda*

virgiana, *Aletris farinosa*, *Chiococca densifolia* (caïnça), *Kunthia montana*, *Uvularia grandiflora*, *Heliopsis* (herva das cobras) (1).

On a aujourd'hui de fortes raisons de croire que la plupart de ces plantes dont on a préconisé les vertus merveilleuses, d'après la croyance des indigènes qui eux-mêmes en attribuaient la découverte à des récits mensongers, n'agissent efficacement pour la plupart, quand il y a quelque résultat heureux, que parce qu'on les administre par décoctions chaudes et en grande quantité; elles ne seraient alors que de puissants sudorifiques.

Nous venons d'étudier l'organisation de la bouche en faisant connaître la charpente osseuse et le mécanisme par lequel les mouvements lui sont communiqués dans son ensemble ou dans chacune de ses parties. Nous savons comment les dents ou les crochets s'y trouvent distribués, quelles sont les glandes qui fournissent les humeurs dont les unes lubrifient les surfaces et d'autres sécrètent un poison mortel. Nous avons dit aussi comment se comporte la membrane muqueuse dans les divers replis qu'elle forme autour des orifices des narines, de la glotte et du fourreau de la langue dont la structure, les mouvements et les usages ont été également indiqués. Il ne nous reste plus maintenant qu'à exposer comment s'opère la déglutition dans les Serpents.

---

(1) La liste des plantes indiquées par les auteurs est très-étendue : Gesner dans son ouvrage en a présenté une par ordre alphabétique qui en contient plus de 100. Linné, en parlant de la morsure des Serpents dans les prolégomènes de la classe des Amphibies, s'exprime ainsi : *Imperans beneficus homini dedit Indis ichneumonem cum ophiorhizâ*; *Americanis suem cum senegâ*;. *Europæis ciconiam cum oleo et alcali*.

Les Serpents, comme on le sait, peuvent avaler des animaux souvent plus volumineux que leur propre corps ; ils doivent cependant pénétrer dans une gueule dont le calibre, en apparence, n'est pas en rapport avec le diamètre de la tête ; cette modification singulière, ainsi que nous l'avons déjà fait concevoir, est permise par la séparation naturelle de la disjonction qui existe entre les branches de leurs mâchoires, par la diduction que les muscles y produisent et par le rapprochement qu'ils peuvent en opérer, afin de rétablir la tête dans sa forme primitive, quand cet acte, qui ne se renouvelle qu'à des intervalles assez éloignés, n'exige plus cette sorte de dislocation.

M. Dugès (1) a décrit avec détails l'appareil et le mécanisme de la déglutition dans les Couleuvres et les Vipères ; nous avons aussi nous-mêmes été plusieurs fois témoins de cet acte dans plusieurs espèces de Couleuvres, de Vipères, de Crotales, et surtout chez les Boas et les Pythons que l'on nourrit depuis longtemps en domesticité sous nos yeux, et que nous pouvions examiner sans leur inspirer aucune crainte.

Quand on présente à un Python un lapin ou un rat vivant, dès que le Serpent l'aperçoit ou qu'il est averti de sa présence par quelque émanation, il tourne vivement la tête vers sa proie, il dresse rapidement le devant du tronc qu'il porte en arrière, il écarte ses mâchoires, et à l'instant il les lance comme un trait vers la tête de la victime qui se trouve ainsi blessée et retenue par un grand nombre de crochets. Dès ce moment le tronc du serpent s'enroule sur la poitrine de

---

(1) Annales des sciences naturelles 1827. Tome XII, page 386, fig. 17-18.

Duvernoy, 1832, ibid., tome XXX.

l'animal qui jette un cri de douleur plus ou moins prolongé, car il est écrasé et ne peut plus respirer. Quand, au bout de quelques minutes, la proie ne donne plus de signes de vie, le Serpent écarte ses mâchoires pour détacher ses crochets, et bientôt, saisissant sa victime par le bout du museau, il en introduit la tête entre ses mâchoires qui s'écartent peu à peu, s'élargissent, s'étalent de manière à admettre dans leur intervalle le diamètre du crâne, et successivement le cou, la poitrine, les pattes et le reste de l'animal qui se trouve ainsi suivre tout d'une pièce, en pénétrant peu à peu dans l'œsophage du Serpent. Le tronc de celui-ci, sur lequel on ne distingue plus la tête, devient tout à coup monstrueux dans sa région antérieure par la dilatation énorme que permettent la mobilité et l'indépendance des côtes qui ne sont pas fixées au sternum.

Il y a quelques différences dans la manière dont la proie est saisie ; mais c'est presque toujours par la tête que les oiseaux et les petits quadrupèdes sont introduits entre les mâchoires, de telle sorte que leur ventre reste dans la partie inférieure ; nous avons vu cependant des grenouilles saisies par derrière, et alors leur tête restait à l'entrée de la gueule du Serpent qui, dans cet état, paraissait avoir deux têtes l'une au-dessous de l'autre. Quand la proie a été mal prise, lorsqu'elle se trouve arrêtée par le travers, le Serpent cherche à décrocher ses dents pour la saisir autrement et la faire entrer entre ses mâchoires d'une façon plus avantageuse. Ce sont les crochets supérieurs qui pénètrent les premiers sur le cou de l'animal et à rebrousse-poil, de telle sorte que, dans le mouvement qui sera communiqué à la victime, les plumes, les écailles ou les poils puissent se coucher les uns sur les autres et glisser plus facilement à l'aide de la salive gluante qui s'y colle et les enduit.

Nous traiterons maintenant de la déglutition des liquides, ou de l'action de boire et de la faculté qu'on attribue aux Serpents de pouvoir opérer la succion du lait, pour l'extraire des mamelles, ou de l'action de téter.

Les Serpents boivent rarement, parce que la plupart vivent dans des lieux très-secs, dans des déserts arides ou dans des forêts où ils sont souvent et très-longtemps privés d'eau. La nature, au reste, y a pourvu, et semble leur avoir fourni assez de liquide, en leur imposant le besoin de se nourrir d'animaux vivants, dans le corps desquels le sang et les autres humeurs paraissent pouvoir leur suffire; car ils transpirent peu, et leurs reins ne sécrètent qu'une sorte de bouillie épaisse, dans laquelle on retrouve toutes les matières salines, ou salino - terreuses qui ont été extraites de leur sang.

Cependant il est des espèces qui, en très-grand nombre, vivent aux bords des eaux, qui nagent et qui aiment à plonger. Celles-là boivent véritablement, les unes en lapant l'eau par des mouvements rapides de protraction et de rétraction qu'elles communiquent à leur longue langue cylindrique, laquelle, en rentrant dans sa gaîne, dont le fond est clos, se trouve essuyée à sa surface, et abandonne, au dehors du fourreau, le liquide dont elle était couverte ou imprégnée; d'autres, ayant la tête en grande partie placée sous l'eau, écartent les mâchoires et abaissent le plancher de la région postérieure de la bouche; alors le liquide tombe dans une cavité vers l'entrée de l'œsophage, ou pharynx, qui se dilate légèrement, puis se contracte par portions successives pour avaler, par petites gorgées, une assez grande quantité d'eau. Mais ce liquide, à ce qu'il paraît, ne passe pas dans le sang, ou du moins il n'y pénètre qu'en très-petite quantité ; car, les Serpents qui ont bu de cette manière rendent, en grande partie, cette eau seule, ou au moins distincte des matières excrémentitielles, de sorte que ce liquide ainsi avalé paraît avoir eu pour usage principal de laver les intestins, et qu'il ne paraît pas avoir été absorbé, ni avoir passé dans la circulation pour tenir en dissolution les matières salines que les reins doivent sécréter, car ces organes ne séparent du sang qu'une bouillie blanche qui même se concrète dans les uretères et dans le cloaque en une masse médiocrement solide et d'un blanc opaque.

Quant à la faculté attribuée aux Serpents de pouvoir teter les mamelles des animaux, et en particulier celles des Ruminants, dont on les accuse généralement dans nos campagnes, en leur imputant, en outre, par préjugé populaire, une sorte d'action malfaisante telle, qu'à la suite de cette succion, à laquelle ces Mammifères se prêteraient, dit-on, avec complaisance, les vaches et les chèvres perdraient leur lait (1), pour être convaincu du peu de fondement de ce préjugé, et même de l'impossibilité de cette action, il suffit au naturaliste, pour peu qu'il ait étudié la physiologie, de réfléchir sur les circonstances de l'organisation qui permettent aux seuls Mammifères de faire le vide dans leur bouche ou d'opérer la succion en tetant. Cette

_____

(1) Voyez à la table ophiologique les auteurs dont les noms suivent : *Anselm, Bierling, Lentilius, Lamarre-Piquot.*

opération, en effet, exige beaucoup de conditions qui ne se trouvent pas ici, ou qui manquent totalement aux Serpents. D'abord, il faut que la cavité de la bouche puisse momentanément être close autour du mamelon, en avant et sur les côtés, par des lèvres mobiles ou charnues ; secondement, qu'elle ne communique pas directement avec les narines ni avec la glotte, ces trois orifices se correspondant dans l'arrière-bouche ; et troisièmement enfin, qu'il y ait un voile du palais pour la clore en arrière. Eh bien, toutes ces circonstances manquent à la fois dans les Serpents. Ils n'ont pas de lèvres charnues ; leurs narines s'ouvrent directement en avant du palais, qui n'est pas voûté, et leur gorge n'est pas séparée de la bouche par un voile charnu et mobile. D'ailleurs, l'orifice externe de la trachée est situé dans la bouche, et n'a point d'épiglotte, si ce n'est un simple tubercule en avant de la glotte. Les Serpents ne pourraient donc pas faire un vide complet dans la bouche, quand un pis ou un mamelon y aurait été introduit ; car leur langue est un simple cylindre étroit qui ne sert pas à abaisser le plancher de la bouche situé dans l'intervalle des deux branches de la mâchoire inférieure ; ils ne peuvent écarter les lèvres, puisqu'elles n'existent pas plus que les joues qui sont adhérentes aux gencives et aux os qui les supportent ; de sorte que ce ne serait pas à l'aide de ces organes qu'ils pourraient faire le vide pour obtenir la pression de l'atmosphère ou du fluide ambiant, et quand bien même la nature leur aurait attribué cette faculté, qu'on réfléchisse encore à la structure de tout l'appareil des organes de préhension dont la bouche des Serpents a dû être armée pour subvenir à leur genre de vie. Les Ophidiens ne mâchent pas ; leurs mâchoires, faibles en apparence, sont comme disloquées ; leurs branches multiples peuvent se disjoindre, se porter en avant, en arrière, s'élever, s'abaisser ; mais elles ne sont propres qu'à saisir et à retenir les animaux, dont quelques-unes des parties ont été introduites dans leurs intervalles. Les os maxillaires, les palatins antérieurs et postérieurs ou ptérigoïdiens, rarement les incisifs ou inter-maxillaires, et toujours les branches de la mâchoire inférieure sont garnis de rangées de dents nombreuses, allongées, toutes courbées, à pointes aiguës, acérées, dirigées constamment en arrière, de manière à produire l'effet utile et nécessaire de crochets ou d'hameçons destinés à retenir la proie vivante ; mais qui, dans la supposition de teter, adhéreraient au pis des Vaches, de telle sorte que le Serpent lui-même ne pourrait se détacher de la peau dans laquelle ses dents pénétreraient d'autant plus qu'il ferait plus d'efforts en sens inverse pour s'en détacher, ou que le Mammifère chercherait à dégager le mamelon piqué de toutes parts.

Quand une fois les dents supérieures sont engagées dans la peau, les inférieures semblent pénétrer par l'action simultanée qu'exercent, en sens inverse, la mâchoire du haut pour reculer, et celle du bas pour se rapprocher d'elle et se porter ensuite en avant. Cette action alternative, combinée avec l'élévation des pièces sus-maxillaires qui s'élèvent et se portent en avant, fait décrocher les dents des points ou des trous dans lesquels elles s'étaient enfoncées. Lorsque les crochets sous-maxillaires sont encore retenus, la mâchoire supérieure s'avance, et ainsi alternativement, leur mouvement, qui s'opère lentement, a quelque analogie avec celui des cardes, instruments dont les plaques opposées, mises en jeu par les artisans, servent à étendre les fils de laine. Le Serpent d'ailleurs trouve des moyens dans les longs replis de son corps, soit pour redresser le tronc de la victime, et le diriger dans l'axe du sien, soit pour la serrer fortement afin de l'empêcher de respirer, soit même pour briser ses os et surtout ceux de la poitrine lorsqu'ils occupent un trop grand espace par leur volume, ce qui gênerait l'acte de la déglutition.

M. Jourdan, directeur du Musée d'histoire naturelle, à Lyon, a lu à l'Académie des sciences, le 13 juin, 183..., un mémoire fort curieux sur la découverte qu'il a faite chez une espèce de Serpent (le *Coluber scaber*, Linn.) de dents dans l'intérieur de l'œsophage. Voici une analyse de ce travail tiré du journal *le Temps*; car ce mémoire ne paraît pas avoir été imprimé ailleurs.

On observe dans la première partie du canal digestif une sorte d'appareil dentaire composé de trente apophyses osseuses, à têtes recouvertes d'émail et dont quelques-unes auraient la forme de nos dents incisives, elles y font une saillie de deux lignes au moins. Ces trente apophyses dentaires appartiennent aux trente vertèbres qui suivent l'atlas et l'axis. Elles perforent les tuniques du canal alimentaire, et remplissent dans son intérieur l'office de dents.

Leurs formes les distinguent naturellement en deux séries. La première en comprend vingt-deux, de la troisième vertèbre à la vingt-quatrième inclusivement. Elles sont allongées d'avant en arrière et aplaties transversalement. Leur saillie sur le corps de la vertèbre n'est guère de plus d'une demi-ligne, et leur couronne est d'autant plus tranchante que, par leur position, elles sont plus rapprochées de la tête de la couleuvre. Leur direction n'est pas la même. Les antérieures se portent en bas et en arrière ; les moyennes directement en bas ; les postérieures en bas et en avant. Toutes ces dents ne s'étaient pas fait jour à travers les membranes pharyngiennes. Ces tuniques recouvrent encore les huit premières ; mais au point de contact elles sont plus ou moins translucides et amincies. Huit apophyses dentaires composent la seconde série. Toutes, une seule exceptée, pénétraient dans la cavité pharyngienne. Leur saillie était de deux lignes, les plus développées étaient les 3, 4, 5 et 6e ; la forme de ces dernières était celle des incisives de l'homme.

Ces apophyses semblaient formées de trois tissus : une couche d'émail qui recouvrait la couronne et se prolongeait sur le fût, une substance osseuse peut-être un peu plus éburnée que le tissu osseux ordinaire, et une substance aréolaire, celluleuse, occupant le centre de l'apophyse et communiquant avec le tissu spongieux du corps de la vertèbre. La couche d'émail est la dernière à paraître ; elle n'est déposée que lorsque l'apophyse doit bientôt se faire jour à travers les tuniques du tube digestif.

M. Jourdan a pu étudier les divers degrés de la densité de cet émail, suivant que l'apophyse était plus ou moins sur le point de paraître dans le tube pharyngien. Il considère comme une espèce de pharynx cette première portion de l'œsophage, qui contient les apophyses dentaires. C'est une cavité très-grande, qui s'étend de la bouche, à quelques lignes au-dessous du cœur, pour se terminer à l'œsophage en se rétrécissant beaucoup. La tunique

REPTILES, TOME VI.   11

contractile est composée de deux plans musculaires, l'un interne dont presque toutes les fibres sont longitudinales, l'autre externe où elles sont obliques en bas et en avant, et qui viennent se terminer sur la ligne médiane à une bande aponévrotique qui lui sert de raphé commun. Ce dernier plan charnu n'est que la partie antérieure du muscle transverse abdominal.

La tunique muqueuse présente, comme dans tous les autres Ophidiens, des replis longitudinaux ; mais elle est fort remarquable ici par les ouvertures que traversent les apophyses dentaires. Ces ouvertures sont de simples fentes parallèles à l'axe du corps, pour les apophyses de la première série ; pour les huit de la seconde, elles sont de véritables fourreaux qui prennent leurs formes et les embrassent exactement. Ces fourreaux n'adhèrent qu'à la base des apophyses et se terminent par deux lèvres d'un tissu analogue à celui des gencives. M. Jourdan pense que ces apophyses dentaires n'existent pas de prime-abord dans la cavité digestive, et qu'elles n'y pénètrent que successivement.

En résumé, ce qui constitue cette curieuse disposition anatomique, c'est 1° l'existence d'apophyses de la colonne vertébrale ayant la forme de dents, en remplissant les fontions et portant comme elles une couronne émaillée ; 2° la présence de ces apophyses dans l'intérieur du canal digestif. Ce qui les distingue des dents pharyngiennes des carpes et des poissons cartilagineux.

Ce *Coluber* ou *Tropidonotus scaber*, qu'on a nommé depuis *Rachiodon*, provient de l'Afrique méridionale. Tous les voyageurs racontent que ce Serpent se nourrit d'œufs d'oiseaux qu'il avale sans les briser

M. Jourdan explique ainsi comment l'œuf, avalé sans être ouvert, glisse dans l'œsophage, mais pendant son trajet dans le pharynx et sa continuité, il est soumis à une forte pression. C'est alors qu'il se trouve ouvert par les apophyses et que toutes les humeurs qu'il renferme sont reçues sans perte et admises dans l'estomac, comme une matière très-nutritive, dont une grande partie eût été perdue si l'œuf avait été brisé dès son introduction dans la bouche d'où les liquides se seraient écoulés en dehors.

Le *pharynx* ou l'arrière-gorge des Serpents est, comme nous venons de le dire, à peine distinct de la bouche, parce que les limites n'en sont indiquées ni par le voile du palais, ni par la glotte, puisque les orifices des narines et de la trachée se trouvent portés tout à fait en avant. L'œsophage fait donc la continuité de l'arrière-bouche : on conçoit que, dans l'état ordinaire de vacuité, les parois de ce conduit, qui est susceptible de recevoir une si grande ampliation, doivent être fortement plissées surtout dans le sens de la longueur. Chez les gros Serpents Pythons, que nous avons observés au moment où ils opéraient le mouvement de déglutition de la proie déjà engagée profondément dans leur œsophage, mais dont une grande partie était encore dehors et retenue entre les mâchoires, nous pouvions voir en avant, entre les branches écartées des deux maxillaires inférieurs, la glotte portée tout à fait en avant, s'ouvrant et se fermant à d'assez longs intervalles afin de laisser pénétrer l'air dans leur long poumon, soit pour l'entrée, soit pour la sortie. M. Roberton avait de son côté fait la même observation sur le Boa devin (1). L'étendue de l'œso-

_____

(1) Comptes rendus de l'Institut. Tome VII, 1838, page 625.

phage n'est pas au reste facile à déterminer, car elle
varie selon les espèces, et d'ailleurs il se confond tout
à fait avec l'*estomac*, sorte de prolongement en forme
de sac qui peut lui-même s'allonger, se déplisser
jusqu'à une partie rétrécie, un peu plus épaisse
et à fibres en apparence plus musculaires, qui en
forme la limite postérieure pour constituer une sorte
de pylore. L'épaisseur des parois de l'œsophage et
de l'estomac varie en raison, soit de l'état de vacuité,
cas où elle est considérable, soit de l'état de plénitude,
puisque les membranes se déploient et se dilatent pour
envelopper le corps de l'animal dévoré, dont les chairs
ne commencent à s'altérer qu'après un certain séjour
dans cette première portion, qui sert comme de vestibule au tube digestif. Il y a, au reste, trop de différence entre les espèces, pour qu'on puisse assigner
des formes générales à ces deux régions du canal intestinal; quelques-unes de ces modifications ont été étudiées avec soin et décrites par M. Duvernoy (1).

Les *intestins* des Ophidiens sont généralement fort
courts, ainsi qu'on le remarque dans tous les animaux
carnassiers; mais ici, comme en y comprenant la queue
la longueur du corps est considérable, on peut dire
que celle du canal digestif l'atteint rarement en entier.
Il n'existe pas de distinction bien évidente entre les
intestins grêles et les autres, parce qu'il n'y a pas d'appendice du cœcum; cependant le tube, considéré suivant sa longueur, semble dans certains points rentrer
en lui-même, pour y former deux ou trois parties
plus larges ou plus étroites, qui simulent des poches,
surtout dans la région du rectum; cette portion élargie

_____

(1) Anatomie composée de Cuvier, 2ᵉ édition, XIXᵉ leçon. Tome IV,
2ᵉ partie, pag. 3 et suivantes pages, 320—326.

forme le cloaque, où se rendent tout à la fois les canaux des organes génitaux mâles et femelles et les uretères ou conduits excréteurs de la matière ou bouillie urinaire.

Les parois du gros intestin sont toujours plus fortes et plus épaisses que celles du petit ; le canal, considéré dans sa longueur, offre de petites sinuosités ; mais il conserve à peu près le même diamètre dans toute son étendue. La membrane muqueuse forme dans l'intestin grêle de larges feuillets longitudinaux plissés comme des manchettes. Elle est hérissée de rugosités et constitue des plis épais et irréguliers dans le rectum, dont l'extrémité se dilate considérablement, comme nous venons de le dire, pour devenir une sorte d'égoût ou de réservoir où s'arrêtent quelque temps toutes les matières qui doivent sortir du corps.

Dans tous les Serpents sans exception, la fente du *cloaque* est en travers, au-dessous de l'origine de la queue, qui ne se trouve même indiquée que par la situation de cette terminaison du tube intestinal. Cette circonstance est à peu près la même que celle qui nous a été offerte par les Sauriens : on y distingue également deux lèvres, une antérieure et une postérieure, qui sont mises en mouvement à l'aide de muscles qui peuvent, les uns les rapprocher comme un sphincter, et les autres les faire bâiller en les écartant en sens inverse, et en dirigeant les commissures en dehors. Comme la forme et la nature des téguments et des écailles varient, on trouve des différences même entre les mâles et les femelles. C'est ce qu'on a soin de noter dans les descriptions.

La digestion, chez les Serpents, s'opère comme chez les autres animaux vertébrés, par la dissolution de la

matière alimentaire qui passe à l'état de chyme ou de
bouillie, pour fournir ensuite le chyle, lequel pénètre
dans le sang et y introduit de nouvelles matières nutritives propres aux diverses sécrétions, à la réparation
et au développement des organes, en leur procurant
les matériaux propres à entretenir la vie. Mais ces
opérations sont très-compliquées : ainsi, après avoir
reçu la salive, le suc gastrique, la bile, l'humeur
pancréatique, et, après avoir été influencées par le
sang contenu dans la rate, ces matières épuisées en
partie, laissent un résidu qui doit être expulsé du corps.
Ce sont ces diverses actions que nous allons faire
connaître.

Nous avons vu quelles étaient les sources de la *salive*, et comment une humeur muqueuse, produite
par les cryptes de la membrane qui revêt toutes les
parties internes de la bouche, se trouvait mêlée avec
l'humeur des larmes, le mucus nasal et peut-être avec
d'autres sucs qui refluent de l'œsophage au moment où
les Serpents couvrent de bave les téguments des animaux qu'ils se préparent à avaler.

Le *suc pancréatique*, analogue à la salive, provient
d'une glande conglomérée de forme oblongue dans les
Serpents non venimeux, et plus arrondie ou raccour-
cie dans les espèces à crochets creux. Cet organe est
d'un jaune rougeâtre ; il est lié à la rate et placé comme
elle au point où l'estomac présente une sorte de pylore
ou de rétrécissement. Le canal, ou plutôt les petits
conduits qui en proviennent se réunissent pour n'en
former qu'un seul qui suit le canal biliaire afin de verser l'humeur qu'il sécrète dans la première portion du
tube intestinal qui suit l'estomac.

Le *foie*, dans les Serpents, est le plus souvent formé

d'un seul lobe ; il longe l'œsophage et s'étend depuis
la hauteur du cœur jusqu'au pylore, où souvent il arrive jusqu'au pancréas. Il est convexe en dehors et c'est
du côté de sa concavité qui regarde l'œsophage, que se
détachent les vaisseaux hépatiques pour se réunir en
un canal unique, qui se replie et semble se diviser, afin
de fournir le canal cystique ou de le recevoir, et puis
de là faire en commun le cholédoque. Ce dernier perce
la masse du pancréas et se joint à son conduit. On
trouve constamment une vésicule de fiel ou biliaire,
tout à fait isolée, ou séparée du foie ; mais son canal,
plus ou moins allongé, se joint au cholédoque, de sorte
qu'il est présumable que, dans certains cas, la bile
sécrétée y remonte et s'y accumule, pour s'en écouler
par la même voie lorsque la digestion s'opère.

La *rate* des Serpents est petite, de forme arrondie
et bombée. Dans quelques espèces elle est plus allongée, plus grosse à l'une des extrémités, comme pyri-
forme ou pyramidale : elle est située vers la ligne médiane, au dehors du pancréas, à la surface duquel on
la voit logée comme dans une cavité où elle est retenue par beaucoup de vaisseaux artériels et veineux.
Son tissu est comme fibreux, filamenteux ; on y trouve
de petites cavités sinueuses qui paraissent provenir
de veines dilatées.

Le *péritoine* ou la membrane séreuse qui tapisse
toute la cavité splanchnique pour se réfléchir et envelopper en partie les viscères qu'elle contient, remplit
aussi les fonctions de la plèvre. On conçoit que cette
sorte de sac, qui se replie sur tous les organes, doit
devenir libre dans les interstices qui laissent distinguer
entre eux l'œsophage, le foie, les intestins, les reins, les
organes génitaux internes mâles et femelles, ainsi que

les poumons ; il forme là des franges et des duplica-
tures, sortes d'épiploons dans l'épaisseur desquels on
trouve des vaisseaux divers, artères, veines, lymphatiques, et de la graisse dont la quantité est variable. C'est
surtout dans le mésentère des espèces qui, dans nos
climats, s'engourdissent pendant l'hiver, que cette
graisse s'accumule en automne pour être absorbée
pendant le temps que le Serpent reste dans l'état de
léthargie.

Nous avons déjà dit que les Serpents peuvent supporter les abstinences ou les privations d'aliments pendant un temps considérable; cependant ces Reptiles,
quoique sobres et se contentant d'une nourriture prise
à de longs intervalles, en avalent en une seule fois,
lorsque les circonstances sont propices, une masse véritablement prodigieuse. La proie qu'ils saisissent sans
la diviser, et qu'ils engloutissent goulument, est quelquefois tellement volumineuse qu'elle égale presque
par son poids celui de leur propre corps. Il est vrai
qu'ils ont la faculté d'extraire de la matière animale,
ainsi avalée tout d'une pièce et sans être divisée, tout
ce qui pouvait être rendu fluide, afin que, sous cette
forme nouvelle, gazeuse ou liquide, les éléments qui
composent ces matières soient introduits dans leur
économie, dont ces substances absorbées deviendront
partie intégrante, et participeront à la vie de l'individu. Il résulte de cette circonstance qu'on peut dire
des Ophidiens qu'ils sont, parmi les animaux vertébrés, ceux qui tirent le plus grand parti de la nourriture qu'ils ingèrent, puisque en réalité ils en ont absorbé
tous les principes constituants qui pouvaient fournir
des éléments alibiles. Il est vrai que, comme ils sont
tout à fait carnassiers, ils trouvent dans leur proie déjà

animalisée, des matériaux ayant reçu d'avance plusieurs préparations successives ; ce sont des préliminaires qui les rendent dès lors plus aptes à l'assimilation.

Les Serpents font ainsi l'analyse la plus complète et la dissolution chimique absolue de toutes les matières animales : gélatine, fibrine, albumine solide ou non ; car tout ce qui était susceptible d'être liquéfié ou gazéifié se combine de nouveau par l'acte de la digestion. Cette fonction se complique en effet de dissolution, de compression, de soustraction aux causes physiques générales, afin de produire une nouvelle synthèse par des procédés admirables qui se succèdent pour coopérer à une même action, et pour atteindre le but réel de la nutrition, par l'intermède des forces absorbantes et assimilatrices.

Cependant il reste un résidu excrémentitiel des substances qui n'ont pu être assimilées ; mais elles sont peu copieuses et réduites à la plus simple expression. Ce sont les poils, les plumes, les enveloppes cornées des becs, des ongles, des ergots, la portion émaillée des dents et la base calcaire des os. Ces déjections, dont la forme, la couleur, les apparences varient, sont ordinairement rejetées en une masse sèche, allongée, dans laquelle on reconnaît rassemblées et pressées les unes contre les autres, toutes les parties solides non digérées, souvent agglutinées et retenues par une sorte de bouillie qu'on sait être la matière sécrétée par les reins et déposée dans le cloaque, ainsi que nous le dirons par la suite. On distingue souvent dans ces résidus les poils, les plumes, les ongles qui sont restés à peu près dans l'ordre suivant lequel ils étaient distribués et avaient leur place sur le corps de l'animal dont ils proviennent.

Nous avons eu souvent occasion d'observer nous-mêmes les excréments des Pythons nourris depuis plusieurs années dans la ménagerie du Muséum, ainsi que ceux d'une Couleuvre à collier, qui précédemment, et depuis plus de trois semaines au moins, avait avalé un mulot. Dans ce dernier cas, on reconnaissait sur la masse allongée, mais réduite à la dixième partie de la longueur de l'animal digéré, les longs poils des moustaches qui, par leur direction et leur situation, dénotaient la place qu'ils occupaient sur les bords du museau. On distinguait encore le duvet des cartilages de l'oreille, puis tous les poils, de couleur et de longueur diverses, qui couvraient le dos, les flancs, le ventre et la queue; les dents, les ongles dans leur place respective. Sur une autre masse de ces résidus provenant d'un Python, matière que nous avons fait conserver, on voit au milieu d'un paquet de plumes serrées, agglutinées par une sorte de mortier blanchâtre, lesquelles provenaient d'une poule dévorée depuis plus d'un mois, deux dents courbées que ce Reptile avait sans doute cassées vers leur base, en voulant les enfoncer dans ces plumes. Ces crochets sont là couchés; mais il n'en reste qu'une sorte d'étui ou le moule extérieur correspondant à la couche d'émail, qui seule a été conservée, la portion osseuse ayant été digérée; cependant cet émail est comme nacré et évidemment translucide : il a été altéré par l'acte de la digestion; mais le bec, les ongles et les plumes d'un oiseau se retrouvent dans ces déjections.

L'accroissement des Ophidiens est assez lent, parce que ces animaux vivent longtemps; il est vrai que l'engourdissement auquel ils sont sujets pendant une certaine époque de leur existence semble suspendre les phénomènes de la vie. On sait que certaines espèces peuvent, avec le temps, atteindre la longueur prodigieuse de 12 à 15 mètres : tel était le Boa dont parle Adanson, dans son Voyage au Sénégal, page 152 et suivantes, qui probablement appartenait au genre Python ; mais les récits des auteurs paraissent avoir considérablement exagéré quand ils racontent que des biches ou des cerfs entiers ont été avalés par des Serpents ; il est vrai qu'il y a dans le genre des cerfs de très-petites espèces.

Nous pouvons présenter des détails curieux sur la quantité de nourriture et les progrès du développement successif des sept Serpents Pythons qui sont nés dans la ménagerie des Reptiles du Muséum, et dont nous avons constamment observé la croissance pendant plus de vingt mois. Nous avons pu en même temps tenir une note exacte du poids et de la nature des aliments qu'on leur a vu avaler. Il est vrai que le gardien de cette ménagerie les a soignés de manière à faciliter, par des bains dans l'eau tiède, le travail de leur mue, et en épiant le moment où chacun d'eux pouvait prendre de la nourriture pour leur en offrir en abondance ; car, lorsqu'ils avaient commencé à saisir quelques animaux, ce gardien profitait de la circonstance pour faire suivre dans leur gosier des morceaux de chair de forme allongée qui se trouvaient ainsi digérés ; ce qui a pu déterminer un développement plus considérable que celui qu'ils auraient acquis dans l'état de nature par le besoin des mouvements nécessaires pour la recherche de leur proie, et peut-être par la difficulté de se la procurer.

Ces Serpents, comme nous l'avons déjà dit en parlant de leur mue, ont été indiqués par des numéros d'ordre qui correspondent à ceux de leur naissance, ou plutôt de leur sortie de la coque. Comme ils portaient chacun des marques ou des taches variées dans leur disposition et leur forme vers la région du dos, du côté de la tête, on les a fait figurer afin de les reconnaître, c'est ce qui a servi pour les distinguer entre eux et pour désigner les modifications et les particularités qui les concernaient.

Nous présentons, sous forme de tableau, une série d'observations relatives au poids qu'ils ont dénoté à la balance, depuis le mois de juillet jusqu'en décembre, avec l'indication de celui de la nourriture que chacun d'eux a reçue, à l'exception du n° 4, qui s'est peu développé et qui n'a pas vécu ; nous faisons connaître aussi leur poids depuis la fin de décembre 1841 jusqu'au 5 janvier 1843, ainsi que les changements qu'ils ont éprouvés sous ce rapport et pour leur longueur qui correspondait avec leur grosseur ou le diamètre de leur corps.

L'accroissement paraît assez rapide dans le premier âge, ou dans la première année qui suit l'éclosion des petits Serpents, si nous en jugeons au moins par les faits que nous avons pu observer par nous-mêmes, en suivant le développement des jeunes Pythons à deux raies, qui sont nés dans notre ménagerie. Ceux-ci avaient été nourris aussi abondamment que leur appétence semblait l'exiger, ce qui a peut-être été plus favorable à leur crue que dans le simple état de nature. En effet, en sortant de l'œuf le 4 du mois de juillet 1841, les individus avaient tous à peu près 52 centimètres de longueur, et à la fin de décembre plusieurs d'entre eux avaient acquis deux tiers de plus en longueur après avoir changé cinq fois de peau ; cinq d'entre eux avaient même 150 à 155 centimètres de long et

INDICATION PENDANT SIX MOIS SUCCESSIFS

du poids des jeunes Pythons par individu et de celui des aliments qu'ils ont avalés.

	1.		2.		3.		5.		6.		7.		8.	
	kil.	kil.	kil.	kil.	kil.	kil.	kil.	kil.	kil.	kil.	kil.	kil.	kil.	kil.
Juillet…	0,174	0,120	2,810	1,793	3,712	1,499	2,080	0,416	0,690	0,298	1,523	0,406	2,935	0,626
Août…	0,177	0,100	3,150	2,213	4,115	2,213	2,140	1,935	0,900	0,492	1,575	0,593	3,100	1,251
Septembre.	0,226	0,184	3,734	1,421	4,560	1,350	2,500	0,985	1,120	0,835	1,645	0,785	3,910	2,076
I. Octobre…	0,262	0,263	4,106	2,003	5,102	2,914	2,872	1,705	1,403	1,289	1,930	1,307	4,210	1,187
Novembre..	0,342	0,123	4,524	2,100	5,935	3,346	3,486	1,999	1,840	0,950	2,315	1,222	4,475	2,036
Décembre..	0,405	0,286	4,973	2,555	6,735	1,547	3,885	1,932	2,010	1,036	2,940	1,82	5,060	1,432
		1,076		12,145		13,170		8,972		4,900		5,495		8,608
II.	Du 28 déc. 1841 au 28 déc. 1842 : 1k,416 a mangé en 26 fois		Du 12 nov. 1841 au 27 déc. 1842 : 18k,518 a mangé en 61 fois		Du 12 nov. 1841 au 27 déc. 1842 : 22k,030 a mangé en 61 fois		Du 12 nov. 1841 au 25 déc. 1842 : 14k,189 a mangé en 58 fois		Du 12 nov. 1841 au 20 déc. 1842 : 6k,442 a mangé en 34 fois		Du 16 nov. 1841 au 28 déc. 1842 : 9k,499 a mangé en 47 fois		Du 10 nov. 1841 au 28 déc. 1842 : 15k,874 a mangé en 55 fois	
III.	Le 28 déc. 1841 pesait : 0,146 / Le 1er juillet 1842 : 0,174 / Le 5 janvier 1843 : 0,508		Le 12 nov. 1841 pesait : 0,488 / Le 1er juillet 1842 : 2,810 / Le 5 janvier 1843 : 6,150		Le 12 nov. 1841 pesait : 0,762 / Le 1er juillet 1842 : 3,717 / Le 5 janvier 1843 : 7,125		Le 12 nov. 1841 pesait : 0,431 / Le 5 juillet 1842 : 2,081 / Le 5 janvier 1843 : 4,030		Le 12 nov. 1841 pesait : 0,366 / Le 6 juillet 1842 : 1,523 / Le 5 janvier 1843 : 3,193		Le 10 nov. 1841 pesait : 0,646 / Le 5 juillet 1842 : 1,523 / Le 5 janvier 1843 : 3,193		Le 10 nov. 1841 pesait : 0,744 / Le 5 juillet 1842 : 2,975 / Le 5 janvier 1843 : 5,483	
IV.	Le 4 février 1842… 0m,72 / Le 7 juillet 1842.. 0m,76 / Le 5 mars 1843… 1m,17		Le 4 février 1842… 1m,28 / Le 7 juillet 1842.. 1m,87 / Le 5 mars 1843… 2m,25		Le 4 février 1842… 1m,52 / Le 7 juillet 1842.. 2m,10 / Le 5 mars 1843… 2m,34		Le 4 février 1842… 1m,24 / Le 7 juillet 1842.. 1m,68 / Le 5 mars 1843… 2m,02		Le 4 février 1842… 1m. / Le 7 juillet 1842.. 1m,29 / Le 5 mars 1843… 2m,02		Le 4 février 1842… 1m,27 / Le 7 juillet 1842.. 1m,55 / Le 5 mars 1843… 1m,80		Le 4 février 1842… 1m,42 / Le 9 juillet 1842.. 1m,91 / Le 5 mars 1843… 2m,07	

Le Ier tableau indique pour chaque numéro le poids de l'individu avant qu'il ait mangé; le second nombre indique la quantité de grammes avalés dans chaque mois.
Le IIe fait connaître le nombre de fois que chaque individu a mangé dans une année et la quantité de viande avalée.
Le IIIe donne le poids total de chaque individu pendant deux ans.
Le IVe indique la longueur de chaque individu pendant une année à trois époques correspondantes.

même 2 mètres. Enfin, en vingt mois, le 5 mars 1843, la plupart avaient plus de 2 mètres ou quatre fois leur taille primitive ; l'un d'eux même, ainsi qu'on a pu le voir par le tableau précédent, celui qui a été observé sous le n° 3, avait atteint la longueur de 2 mètres 34 centimètres.

2° Des organes de la circulation dans les Serpents.

Le chyle qui provient de l'absorption des humeurs nutritives par excellence, opérée le long du trajet parcouru par la matière alimentaire lorsqu'elle était soumise à l'action digestive, est analogue, par sa teinte blanchâtre et laiteuse, à celui qu'on observe dans les autres animaux qui se nourrissent de chair. Cette humeur chyleuse s'unit à la lymphe séreuse dans le but de reproduire et de restituer au sang les matériaux divers qui en ont été séparés par les différents organes sécréteurs et employés comme agents ou matières excitantes des fonctions dont chacun d'eux est chargé. C'est en passant par les veines et en se mêlant au sang noir, transporté par ces vaisseaux vers le cœur, auquel tous ces canaux lymphatiques et sanguins viennent aboutir, que ce chyle peut être regardé comme la source qui fournit toutes les humeurs ainsi que les moyens de réparation et d'exécution dans l'ensemble de l'économie.

Le cœur dans les Serpents est situé en avant du poumon au-dessus du foie et sous l'échine vers le tiers moyen de sa longueur ; mais cette distance varie. Il est renfermé dans un péricarde fibreux. On y distingue deux oreillettes ou sinus veineux séparés ; cependant cette séparation n'est qu'une simple cloison mince, dans laquelle il y a des fibres musculaires. On voit que la portion droite de cette oreillette en apparence unique au dehors est plus développée, c'est que cette partie de la poche est destinée à admettre beaucoup plus de sang, car c'est celui qui revient de toutes les parties du corps ; tandis que l'autre ne reçoit que le sang artérialisé qui revient du poumon. On reconnaît également que ces oreillettes ont des valvules à leurs orifices ventriculaires (1).

Le ventricule ou la portion charnue du cœur est de forme conique, divisée intérieurement en deux loges inégales qui communiquent entre elles. La chambre supérieure est la plus spacieuse et paraît plus épaisse dans ses parois ; c'est celle qui est destinée par ses contractions à pousser le sang dans le tronc artériel général ou l'aorte. La seconde chambre, plus petite de moitié et plus mince dans ses parois, correspond à l'oreillette pulmonaire qui lui transmet le sang revivifié par l'action de l'air ; mais ce sang se trouve là mêlé à travers les colonnes de la cloison à celui qui provenant des veines y était arrivé dans la plus grande loge du ventricule. Aux orifices qui livrent passage au sang pour l'entrée et la sortie, on voit des soupapes ou valvules semilunaires le plus ordinairement assez lâches, mais qui ne sont que doubles et non au nombre de trois comme dans les animaux d'un ordre supérieur (2).

---

(1) M. de Humboldt a inséré dans le premier volume de ses observations de zoologie et d'anatomie comparée ce fait curieux : Chez un Serpent à sonnettes tué la veille et disséqué le lendemain après avoir été tout un jour exposé à l'action d'un soleil ardent, puisque le thermomètre s'était soutenu à 34 degrés centigrades à l'ombre, le cœur palpitait encore vingt-six heures après la mort.

(2) Schlemm a donné une description du système sanguin dans les Serpents. Consultez pour le titre la bibliographie dans ce volume.

L'absence des membres dans les Serpents a déterminé une grande différence dans la manière dont se fait la distribution des canaux qui servent à la circulation artérielle, veineuse et lymphatique. D'un autre côté, l'existence ou le développement considérable d'un seul poumon a produit une évidente modification dans tout le système dont la symétrie est complétement dérangée. Il y a deux grosses artères qui sortent du ventricule presque par un seul tronc. A leur origine commune, que l'on voit au-dessus des deux valvules semi-lunaires, elles embrassent ou entourent la trachée-artère, comme un anneau, pour se joindre en un canal ou pour former une aorte qui fournit bientôt les deux carotides droite et gauche. Le tronc de cette grosse artère descend le long de l'échine jusqu'à l'extrémité de la queue. Elle fournit les intercostales, et se distribue, par diverses branches, à tous les viscères de l'abdomen, tels que l'estomac, le foie, le pancréas, les intestins, la rate, les reins, les organes générateurs mâles et femelles.

La distribution des principaux troncs veineux est d'ailleurs à peu près la même que dans les Sauriens. Cependant Jacobson a fait connaître des faits très-extraordinaires observés dans les veines caudales. Ces vaisseaux, après s'être unis à d'autres qui proviennent du mésentère, se rendent en partie dans les reins et de plus ils font l'office de veine-porte. M. Duvernoy et quelques autres anatomistes ont constaté ce fait par des injections. Ces veines rénales externes pénètrent dans l'intérieur de cette glande sécrétoire et semblent y remplir l'office des artères émulgentes. C'est ce qu'a cherché aussi à prouver M. Martino de

Naples par des observations faites sur le vivant (1).

Le système lymphatique n'offre pas moins d'anomalies dans ces Reptiles, quand on le compare, pour sa marche et sa distribution, avec celles qui ont lieu dans les autres classes des animaux vertébrés supérieurs. Ainsi, Panizza, qui a découvert dans les grenouilles de véritables réservoirs ou des citernes qui font l'office de cœurs contractiles destinés à accélérer le cours de la lymphe, les a aussi retrouvés dans les Serpents. Ils sont situés ici vers l'origine de la queue, ils reçoivent aussi du sang veineux et du chyle. Dans le Python, suivant M. Weber, ils occupent un espace circonscrit hors de la cavité abdominale, et très-probablement leur action est soumise à la pression qu'exercent sur eux les fibres musculaires auxquelles on les voit adhérer (2).

Les vaisseaux lymphatiques se terminent dans les veines : c'est là qu'on voit aboutir leurs principaux troncs, et c'est vers le point où ces canaux se rapprochent de l'oreillette et du cœur. Cependant ces vaisseaux lymphatiques éprouvent dans leur trajet des dilatations dans l'épaisseur des replis du péritoine qui retiennent le tube intestinal dans une sorte de mésentère. Il existe plusieurs autres de ces réservoirs ou citernes qui fournissent de grands canaux, lesquels, après s'être joints aux chylifères, vont se terminer dans le gros tronc qui représente la veine-cave.

_____

(1) Sur la direction de la circulation dans le système rénal de Jacobson chez les Reptiles et sur les rapports entre la sécrétion de l'urine et celle de la bile. Comptes rendus de l'Acad. des sciences de Paris. Tome XIII, n° 9, 1841, page 471.

(2) Voyez à la table bibliologique de ce volume le nom de cet auteur. Voyez aussi l'ouvrage de Panizza. Pl. V et VI, fig. 1, 2 et 3.

3° *Des organes de la respiration dans les Serpents.*

Ces organes sont extrêmement développés, afin d'admettre à la fois, dans la cavité pulmonaire, une grande masse d'air atmosphérique qui puisse y séjourner longtemps et y produire les effets de l'hématose. L'action mécanique qui fait introduire l'air dans le poumon du Serpent et celle qui l'en expulse, s'opèrent avec lenteur, à de longs intervalles. Elles sont véritablement soumises, l'une et l'autre, à la seule volonté ou à l'arbitraire de l'animal qui peut même faire servir ou employer ce gaz, comme celui que renferme la vessie natatoire des Poissons, à rendre son corps spécifiquement plus léger, lorsqu'il veut se mouvoir à la surface de l'eau, ainsi que cela se voit tous les jours dans nos climats, chez la Couleuvre à collier, et surtout chez les Serpents de mer.

Nous avons déjà eu occasion de dire que la glotte ou l'ouverture buccale de la trachée se trouvait située dans la bouche, placée un peu au-dessus et en arrière du fourreau dans lequel se retire la langue, et dont elle sort comme d'une gaîne, de sorte qu'il n'y a pas de véritable larynx dans les Serpents. Cependant quand on isole toute la trachée, on y distingue un renflement annulaire avec des cartilages latéraux mobiles, laissant entre eux, lorsqu'ils s'écartent, une fente longitudinale à bords mobiles, au-devant de laquelle on aperçoit, chez quelques espèces, une petite languette mobile qui s'ajuste sur l'ouverture linéaire : c'est la glotte. Elle forme ordinairement la ligne médiane d'une saillie qui peut s'élever vers le palais, derrière un repli flottant membraneux qui cache la terminaison interne des narines, et qui est un véritable voile, mais situé vers le tiers antérieur du plafond de la cavité buccale et non vers l'isthme du gosier. C'est avec cette disposition que l'air pénètre directement des narines dans la trachée-artère. Des muscles poussent cette glotte en haut et en avant, et quand une proie volumineuse bouche ou obstrue entièrement l'entrée du pharynx, en occupant toute la longueur de l'œsophage, quoique une partie de la masse reste en partie dehors, la glotte, située au-dessous de la victime, se porte en avant, et l'acte de la respiration ne se trouve point empêché. C'est ce que nous avons indiqué à l'article de la déglutition : car on voit distinctement alors la glotte se fermer et se dilater.

La *trachée-artère*, qui varie pour la longueur, est un canal membraneux soutenu par des anneaux cartilagineux, faibles, rapprochés et beaucoup plus mous dans la région supérieure correspondante à l'œsophage, sous lequel ce conduit aérifère se trouve situé. Le plus souvent la trachée se dilate en arrivant vers le poumon lorsqu'il est unique, de sorte qu'elle ne se divise pas ; car même, arrivée dans cet organe, elle ne se partage pas en bronches. Cependant, quand il y a deux poumons, comme dans beaucoup de Couleuvres, les Crotales, les Serpents à coiffe et quelques autres, la grosseur des deux bronches primitives varie comme celle du poumon qui, le plus ordinairement, est beaucoup plus développé du côté droit que du côté gauche. En général, le second poumon n'est que rudimentaire, quand le premier est excessivement allongé. Celui-ci occupe toute la partie supérieure de la cavité abdominale, depuis l'estomac ou la région du cœur, jusqu'à la terminaison du tube intestinal, vers l'origine de la queue. Ces poumons sont des sacs membraneux, à parois solides et fibreuses, dont l'intérieur est divisé en cellules ouvertes ou à mailles celluleuses, dont les compartiments sont saillants et formés par des replis de la membrane muqueuse, dans l'épaisseur de laquelle les vaisseaux artériels et veineux se divisent à l'infini pour y constituer un réseau vasculaire. On voit souvent une partie du poumon converti en une sorte de vessie qui n'a pas de cellules, et qui semble n'être alors qu'une sorte de citerne ou de réservoir, dans lequel l'animal conserve une provision d'air, soit afin de subvenir au travail de la respiration, soit pour s'en servir comme moyen hydrostatique à la manière des Poissons. C'est surtout chez les Hydrophis et les Pélamides que cette structure est remarquable. Ici, la trachée semble pénétrer dans le poumon qui l'enveloppe jusqu'à l'endroit où le sac membraneux se dilate, c'est-à-dire vers le tiers postérieur de son étendue totale. Au reste, il y a des différences trop grandes entre les espèces pour qu'on puisse assigner une disposition générale commune à leurs poumons.

Les vaisseaux pulmonaires dans les Serpents consistent d'abord en une artère qui provient de l'aorte, le plus ordinairement, du côté gauche; elle se porte vers la région inférieure de la membrane de ce viscère, dans laquelle elle fournit successivement des rameaux en travers. Cependant l'aorte produit encore, dans la région supérieure, d'autres petites branches qui pénètrent aussi dans cet organe, et qui peut-être servent en même temps à la nutrition de son tissu et à l'hématose; mais la veine pulmonaire ou artérieuse est un tronc unique qui, après avoir réuni tous les rameaux dans lesquels circule du sang plus rouge ou artérialisé, vient aboutir dans l'oreillette particulière, et de là, dans la loge ventriculaire, afin de se mêler, à travers les colonnes de la cloison, au sang veineux qui revient de tout le reste du corps, et qui est introduit par l'autre poche de l'oreillette.

L'appareil pneumatique, à l'aide duquel les Serpents appellent l'air dans lequel ils sont plongés en le forçant à pénétrer dans leur sac pulmonaire, est des plus simples. Il consiste, comme nous l'avons vu, dans un très-grand nombre de côtes ; ce sont des cerceaux osseux, des appendices mobiles et arqués, articulés sur le corps des vertèbres et sur leurs apophyses transverses de manière à pouvoir s'écarter réciproquement à droite et à gauche (1). Il n'y a pas de sternum ou d'os pectoral moyen, de sorte que la portion considérable du corps qui représente en même temps la poitrine et l'abdomen, vu l'absence du diaphragme, ne forme qu'une seule et même cavité dans laquelle tous les viscères sont contenus. La peau et les muscles qui complètent cette cavité sont doués d'une très-grande élasticité de tissu qui permet la dilatation et le resserrement. Le premier mouvement est surtout opéré par des ligaments élastiques situés entre les apophyses vertébrales et les côtes ; celles-ci tendent naturellement à s'écarter pour produire une dilatation, à l'aide de laquelle s'opère une expansion énorme dans toute la longueur du sac pulmonaire. C'est une véritable inspiration, dans laquelle l'air, pénétrant par les narines

(1) Voyez tome 1, pag. 178 du présent ouvrage, et dans ce volume pages 82 et suivantes.

Cuvier, dans l'Anatomie comparée, tome I, page 221, 2e édition, indique 640 côtes pour le Python améthiste ; 496 pour le Devin ; 438 pour le Trigonocéphale jaune ; 380 pour le Typhlops nasu, etc.

Linné avait dit : *Respiratio horum ab avium et mammalium multùm differt : spiritum enim inspirant, sine reciprocá, saltem non sensibili, exspiratione.*

et par la bouche directement dans la glotte, suit le
canal trachéen pour remplir le gazomètre ou soufflet
pneumatique, de manière à ce que l'air atmosphérique
étant mis en contact médiat avec les vaisseaux, le
sang que ceux-ci renferment éprouve tous les phénomènes de l'hématose pendant un temps plus ou moins
prolongé et tout à fait arbitraire ; car la circulation
continue et le trajet du sang a lieu dans son entrée et
dans son retour avec plus ou moins de rapidité, suivant
que les mouvements respiratoires sont plus lents ou
plus rapprochés dans des intervalles de temps donnés (1).

Nous avons dit plus haut que la séparation naturelle
des extrémités libres des côtes pouvait d'une part produire le grand avantage, dans les Serpents, de leur
fournir en même temps autant de leviers pour mouvoir
les plaques sous-ventrales, lesquelles servent de pattes
ou de moyens de translation ; d'autre part de permettre
l'énorme dilatation de toute la cavité de l'abdomen,
quand les Serpents sont obligés de faire pénétrer tout
d'une pièce, dans leur abdomen, des animaux qui souvent excèdent en grosseur le double du diamètre que
le ventre présente, dans l'état de vacuité ou d'une abstinence qui s'est prolongée pendant des mois et même
au delà d'une année, comme on en a des exemples.

De la voix. D'après l'organisation du larynx et de la
glotte que nous avons vus réduits à une grande simplicité, il est difficile de concevoir comment les Serpents auraient la faculté de siffler, comme on prétend
que peuvent le faire certaines espèces de Couleuvres,

---

(1) On a observé chez plusieurs Serpents des vers intestinaux dans la
cavité des poumons. M. de Humboldt en a trouvé plusieurs fixés dans
les voies aériennes d'un Crotale. Il l'a fait connaître comme formant un
genre particulier qu'il a nommé *Porocephalus Crotali.*

et comme les poëtes se plaisent à nous les représenter (1). On assure cependant que plusieurs Serpents de
différents genres produisent une sorte de sifflement
continu qui charme les oiseaux. Quant à nous qui
avons vu vivants beaucoup de Serpents, des Crotales,
des Vipères, des Najas, des Boas, un grand nombre
de Couleuvres d'espèces diverses, des Éryx. Jamais
nous n'avons pu entendre qu'un soufflement très-sourd
provenant de l'air qui sortait avec plus ou moins de
rapidité de l'intérieur de leur poumon que l'on voyait
s'affaisser, en trouvant une issue par la glotte, à travers
les trous des narines, ou directement par la bouche
dont la mâchoire supérieure est naturellement échancrée. Alors le bruit était seulement comparable à celui
qui résulterait du passage rapide et continu de l'air
dans un tube ou par un tuyau sec et étroit comme
serait celui d'une plume ; peut-être dans certaines circonstance les lèvres de la glotte peuvent elles vibrer
ou frôler rapidement, et produire ainsi un son aigu et
longtemps prolongé, ce qui tient à l'ampleur de leur
poumon qui se vide lentement, peut-être à l'oscilla-
tion communiquée à la languette qui se voit chez
quelques espèces au devant de la fente longitudinale de
la glotte.

De la chaleur animale. Comme tous les autres
Reptiles, les Ophidiens ne semblent pas doués de la

---

(1) OVIDE, dans ses Métamorphoses, liv. X.
    Arrectisque horret squammis et sibilat orc.
                Horrendaque sibila misit. III, 38.
Sibila dant, saniemque vomunt, linguasque coruscant. IV, 494.
VIRGILE. *Sibila lambebant linguis vibrantibus ora.*
                Æneid., lib. II, vers 211.
Racine : *Pour qui sont ces serpents qui sifflent sur vos têtes ?*
                Andromaque, acte V, scène V.

faculté de produire par eux-mêmes une chaleur constante. Nous avons exposé, dans le premier volume de cette Erpétologie, les dispositions anatomiques des organes de leur circulation et de leur mode de respiration qui s'opposent physiologiquement à la production de la plénitude de cet acte dont les phénomènes n'apparaissent, d'une manière évidente, que dans les deux classes des Mammifères et des Oiseaux. Chez ceux-ci en effet, la respiration est continue, régulière et subordonnée à l'accès du sang qui passe en totalité et nécessairement dans le poumon, avant de pénétrer dans le système général des artères. Au contraire, dans les Reptiles dont la respiration est arbitraire, suspendue, accélérée ou retardée à volonté, les poumons n'admettent qu'une quantité fractionnée de ce même sang qui peut alors se réunir, ou se joindre plus ou moins rapide ment à celui qui est chassé dans le reste du corps par l'acte circulatoire général, lequel est lui-même plus ou moins ralenti ou accéléré par les contractions successives du cœur.

En réfléchissant à l'une des causes de la caloricité animale, celle qui paraît dépendre de la modification du sang artériel en sang veineux par une action toute chimique, ce changement de nature opéré dans les vaisseaux capillaires laisserait le calorique libre ; mais comme chez les Reptiles le sang n'est qu'incomplétement artérialisé dans les poumons, le résultat calorifique doit être moins évident que dans les autres animaux à respiration aérienne complète.

Cependant les Serpents et les autres animaux de la même classe ne sont pas dépourvus d'une chaleur propre ; mais ils ne prennent celle du dehors qu'avec une lenteur extrême, ils l'admettent, la reçoivent, ils peuvent même la recueillir et la conserver pendant quelque temps. Alors l'excitation de la vie devient chez eux plus remarquable. Aussi la plupart des Ophidiens habitent-ils les climats chauds, et c'est en parlant d'eux que Linné a pu dire avec raison : *Frigida œstuantium animalia.* Il en est même plusieurs qui peuvent être soumis à une température fort élevée, laquelle surpasse de beaucoup celle des animaux dits à sang chaud. Plusieurs fois nous avons trouvé au premier printemps des Couleuvres qui paraissaient s'être endormies au bas de très-hautes murailles, lesquelles avaient été précédemment exposées au soleil du midi, mais qui étaient alors et depuis plus de deux heures à l'ombre. L'air était froid pour nous, de sorte qu'au moment où nous les saisissions, le contact de leur corps a produit sur nos mains la sensation d'une chaleur très-notable; et maintes fois en prenant des Lézards en été, sur des rochers exposés au plein du soleil, ils nous ont véritablement brûlé les doigts qui avaient au moins 32° R. de température.

Bertholdt (1), qui a fait des recherches sur la température propre des Insectes et des Reptiles, a bien reconnu que la chaleur des Serpents dépasse quelquefois de 1 à 9 degrés celle de l'air ambiant; mais cet habile observateur, pas plus que *Hunter* (2) et *J. Davy* (3), n'ont tenu aucun compte de la température à laquelle ces animaux avaient pu être exposés antérieurement et après des heures déterminées.

On ignore comment et à l'aide de quels organes les

---

(1) Neue Versuche ueber die temperatur der haltbluetiger thiere. Gottingue, 1835.

(2) Observations on certain parts of the animal economy. Pag. 90-104.

(3) Annales de chimie. Tome 33, pag. 196.

Serpents se soustraient momentatément à l'action d'une trop haute température, comme on sait que les Batraciens anoures y parviennent au moyen de leur transpiration cutanée. Un seul fait cité par *Schlegel* (1) et par *Burdach* (2), nous apprend que, dans les contrées les plus chaudes de l'Amérique du sud , les Boas s'enfoncent dans la vase à l'époque où la température est la plus élevée et la plus sèche, pour y subir le sommeil ou l'engourdissement annuel. C'est ce qu'avait reconnu M. de Humboldt chez le Crocodile (3). De sorte qu'à l'expression de sommeil d'hiver ou *d'hibernation* ne doit pas se joindre toujours l'idée du froid. Il y aurait donc dans ce cas pour les Serpents une sorte *d'estivation* ou d'engourdissement en été, comme on l'a observé pour certaines chenilles, qui cessent tout à coup en juin de prendre la nourriture et qui s'engourdissent pendans près de deux mois, pour attendre la seconde poussée des feuilles , qui sont beaucoup plus tendres après la séve d'août, et dans quelques insectes parfaits, tels que chez plusieurs espèces de papillons de jour (4).

4° Des organes destinés aux sécrétions dans les Serpents.

Nous avons déjà eu occasion de faire connaître les instruments de la vie qui , chez ces animaux , produisent, séparent, reçoivent ou conduisent les diverses humeurs qui sont extraites du sang, telles que la salive (page 139), les larmes (104), le venin (140), le

---

(1) Physionomie des Serpents. Tom. I, pag. 98.
(2) Physiologie, traduction de Jourdan. Tome V, pag. 269.
(3) Voyez dans le tome III du présent ouvrage à la page 35.
(4) Consultez, sur la chaleur des Serpents, les détails que nous avons donnés sur l'incubation à l'article des œufs.

suc pancréatique (166), la bile (167), la graisse (168), surtout en traitant de la fonction digestive. Nous parlerons par la suite des glandes anales et génitales ; mais nous avons cru devoir faire connaître ici en particulier les organes et les voies destinés à la sécrétion des urines.

Les *reins* des Serpents sont logés dans une duplicature du péritoine ; ils y sont comme flottants et non collés contre l'échine, ainsi que cela se voit dans la plupart des animaux vertébrés. Leur forme est allongée, mais non entièrement symétrique. Ils paraissent composés d'une série de ganglions globuleux ou de petits lobes distincts, placés à la suite les uns des autres, mais cependant liés entre eux par un tissu cellulaire assez serré, qui n'est pas pénétré par la graisse qui les recouvre très-souvent. On voit aboutir dans chacun de ces lobes des vaisseaux artériels. Ceux-ci s'y arrêtent, d'autres en sortent ; ces derniers sont veineux ou lymphatiques, car les humeurs qu'ils renferment y sont mises en mouvement en sens contraire. Il en provient également des canaux ou conduits urétriques qui, chez les mâles, se réunissent aux tuyaux séminifères provenant des testicules ; de sorte que la liqueur prolifique se mêle à la matière des urines et arrive avec elle dans le cloaque, partie dilatée du dernier des gros intestins. Ce canal unique, qui correspond de chaque côté à l'urétère, se prolonge en un tubercule érectile troué à son centre, pouvant s'allonger et transmettre ainsi dans le corps de la femelle la liqueur séminale.

Dans les Serpents comme dans les autres Reptiles, les reins offrent une grande anomalie dans le mode de leur circulation. D'abord on y voit aboutir ou en provenir un grand nombre de veines qui paraissent être continues avec celles qui y arrivent de la queue et des parties génitales; mais il y a en outre un plan de veines analogues qui remonte évidemment vers le cœur ou au moins du côté du foie. Il y a donc, suivant l'opinion de M. Jacobson, des veines afférentes provenant d'un tronc formé par les caudales, lequel se subdiviserait dans le rein, et un autre plan qui serait efférent, provenant de l'intérieur de la glande, se joignant au tronc veineux abdominal, s'anastomosant en partie à la veine-porte pour se distribuer dans le foie, tandis que la veine-cave se dirigerait vers le cœur. Il résulterait de cette organisation anomale, que les reins et le foie auraient un même mode de circulation pour la sécrétion de deux humeurs bien différentes, les urines et la bile. Mais comme ces veines n'ont pas, dans leur intérieur, de valvules qui pourraient indiquer le sens dans lequel elles charrient l'humeur qu'elles contiennent, il reste à cet égard quelque incertitude. M. Duvernoy (1), d'après quelques expériences, serait porté à croire que le sang des reins chez les Serpents se partagerait en deux directions contraires. En sortant de ces organes circulant d'arrière en avant par les rénales internes, il irait directement au cœur à travers les veines-caves postérieures; se mouvant au contraire d'avant en arrière par les rénales externes, il serait dirigé avec celui de la queue et des organes externes de la génération dans le système de la veine-porte hépatique.

Bowman (2) a étudié particulièrement l'organisation des reins dans le Boa constricteur. Cet organe est formé de lobules isolés réniformes et comprimés. La veine-porte et le conduit urinifère se voient dans une

----

(1) Leçons d'anatomie comparée, tome VI, page 252.
(2) Voyez le titre de son mémoire à la table des auteurs.

sorte de scissure avec l'artère et la veine émulgentes. La
circulation s'y opère comme dans le foie. Il y a là une
sorte de veine-porte rénale qui pénètre par les ramifi-
cations dans les corpuscules de Malpighi; elle y apporte
les éléments de l'urine, tandis que la veine émulgente
correspond à la veine hépatique.

L'urine des Serpents qui est le plus ordinairement
rendue en masse et à des intervalles souvent éloignés
de plus d'un mois, sort sous la forme d'une bouillie
épaisse, d'un blanc jaunâtre, le plus souvent en une
plaque isolée ou gâteau aplati qui a pris cette forme
en s'accumulant dans le cloaque, puis en traversant
son orifice transversal. D'autres fois, elle se trouve
mêlée ou enduite de quelques résidus solides des aliments, quand ils sont réduits aux bases terreuses ou
à la substance cornée des plumes, des écailles et des
ongles. Par l'analyse que les chimistes ont faite de cette
matière qu'ils ont pu se procurer en assez grande
quantité, ils ont reconnu qu'elle se composait principalement d'acide urique et de sels, tels que l'urate
d'ammoniaque, de carbonate calcaire et même d'une
très-petite proportion d'urée (1).

Nous avons eu occasion d'observer que les Pythons
élevés et nourris dans une sorte de domesticité rendent parfois séparément et sans aucun mélange de
matière stercorale solide, une assez grande quantité
d'eau ou d'urine liquide qui s'était apparemment ras-
semblée dans leur cloaque, car ils n'ont pas de vessie

---

(1) Voyez à la table des auteurs l'article Busch. Ce chimiste a trouvé
dans le résidu blanc du Boa constricteur ou Devin, de l'urate acide de
potasse et d'ammoniaque. La même matière chez les Couleuvres et chez
le Caméléon porte une odeur fortement ammoniacale. John Davy,
Pront se sont aussi livrés à ces recherches. Voyez Meckel, Archiv. Deut-
sche, tome VI, page 346.

urinaire. Il est vrai que ces individus, auxquels le gardien de la ménagerie fait prendre des bains tous les trois ou quatre jours dans l'eau tiède, semblent y humer ce liquide. On les y voit en effet faire le mouvement de déglutition. Leurs mâchoires légèrement écartées restent alors immobiles, le liquide semble descendre dans leur gosier, et les muscles du pharynx et de la partie postérieure aux mâchoires paraissent successivement mis en mouvement. Le liquide qu'on regarde comme de l'urine provient-il des reins ou de l'eau ainsi humée qui servirait à laver le tube intestinal? C'est cette dernière opinion que nous avons adoptée dans le commencement de l'article où nous parlons de la déglutition.

§ IV. DES ORGANES GÉNÉRATEURS ET DE LA FONCTION REPRODUCTRICE DANS LES SERPENTS.

Tout ce que nous avons dit, d'une manière générale, de cette fonction chez les Reptiles (1), peut complétement s'appliquer aux Ophidiens. Leurs sexes sont distincts, et les mâles, généralement plus petits, plus sveltes, plus actifs, sont mieux colorés que les femelles. On conçoit que ces animaux n'ont aucun besoin d'être réunis par couple, ou en monogamie prolongée, au delà de l'époque à laquelle doit avoir lieu la réunion des sexes. En effet, ils n'avaient pas de nids à construire, d'incubation corporelle chaleureuse et nécessaire à opérer, d'aliments à fournir ou à préparer d'avance, d'éducation première à donner. L'instinct seul et la nécessité impérieuse que la nature a imposée à tous les animaux de chercher à conserver, à propager leur race, porte le mâle à faire tous ses efforts

---

(1) Voyez tome I du présent ouvrage, pages 211 et suivantes.

pour se rapprocher de sa femelle, et celle-ci à aller à sa rencontre ; mais quand la fécondation est opérée, les deux individus se séparent, s'éloignent et semblent se fuir pour tout le reste de la saison ; car il n'y a ordinairement qu'une seule ponte chaque année.

Le mâle ne s'occupe donc en aucune manière de sa progéniture, et les œufs vivifiés restent longtemps dans le ventre de la mère ; lorsqu'ils n'y éclosent pas, ils sont pondus en une seule fois ; mais le germe dans la coque y subit un travail de développement jusqu'à ce que l'œuf donne issue au petit Serpent qu'il contenait. Seulement la mère a soin de déposer dans un lieu convenable ses œufs, quelquefois réunis par une membrane glaireuse qui prend plus de consistance en se desséchant ; ils forment alors une sorte de chaîne ou de chapelet ; la mère les met bas et les cache sous des débris de végétaux humides ou dans le sable, de manière à leur faire éprouver et conserver l'action indirecte de la chaleur du sol et celle de l'atmosphère. Dans quelques cas mêmes les femelles réunissent leurs œufs en tas en se roulant autour, en les rapprochant ainsi les uns des autres (1). Plusieurs ont été trouvées en observation et restant en sentinelles vigilantes dans les environs du lieu auquel elles avaient confié ce dépôt précieux. Elles épient le moment où les œufs écloront, afin d'être à portée de protéger la faiblesse de ces petits êtres qui jouissent de toutes leurs facultés en sortant de la coque, et pour soigner leurs premiers mou-

---

(1) BURDACH. Traité de physiologie, traduction de JOURDAN, 1838. Tome II, page 377. Voyez plus loin l'explication que nous avons donnée de la prétendue incubation calorifique du Boa. Ici l'auteur dit: « Les Serpents amassent leurs œufs en se roulant autour d'eux et en les rapprochant ainsi les uns des autres. »

vements, en leur indiquant un refuge, ou en leur fournissant, dit-on, un abri dans leur propre corps, ainsi que Palissot de Beauvois (1) et Moreau de Saint-Méry le rapportent pour l'avoir observé chez une femelle de Crotale qui, dans le danger et avant de fuir, ouvrait la gueule et y recevait ses petits qui s'insinuaient dans son large œsophage, afin de n'en sortir que lorsqu'il n'y avait plus rien à craindre.

La fécondation des Serpents a lieu le plus souvent au printemps; mais les œufs vivifiés ne quittent les oviductes que trois ou quatre mois après, et même, dans quelques cas, les petits éclosent dans le ventre de la mère successivement, ou à plusieurs jours d'intervalle. On dit alors que ces Serpents sont vivipares. Telles sont nos Vipères, dont le nom a été emprunté de cette particularité qu'on avait d'abord observée chez elles, mais qui a été reconnue depuis reproduite dans plusieurs autres espèces de genres très-différents.

Nous avons eu occasion de dire que les mâles des Serpents étaient plus petits que leurs femelles. Leur poids et leur volume sont en effet moindres de moitié, surtout quand on les compare aux individus qui ont l'abdomen évidemment dilaté par la présence des œufs qui s'y développent; car alors l'aspect de l'animal est tout à fait différent. On reconnaît donc les mâles à leurs dimensions, à leurs couleurs plus vives, mieux tranchées, plus brillantes; et puis leur queue est compa-

(1) Ce fait, cité par Daudin et par Latreille qui ont inséré dans leurs ouvrages le mémoire de Palissot de Beauvois, qu'il dit avoir été confirmé par Moreau de Saint-Méry, n'a pas été adopté par M. Schlegel, de la Physionomie des Serpents, tome II, page 567. Cependant M. Lesieur a dit à M. de Freminville qu'il avait vu au port Jackson un Serpent venimeux femelle recevoir dans sa gueule ses petits au moment du danger.

rativement plus amincie à son extrémité libre , et elle
le paraît d'autant plus que , vers sa base , elle est généralement plus grosse , vers l'ouverture transversale du
cloaque , surtout à l'époque où doit s'opérer la jonction
des sexes. Cette dilatation est due à la présence de deux
poches ou cavités qui logent les instruments destinés
à maintenir en contact intime le mâle sur la partie correspondante de la femelle. Ces organes copulateurs ,
qu'on a regardés comme des pénis , sont deux appendices érectiles, mus par des muscles qui les font saillir
et pénétrer dans le cloaque de la femelle. Ils sont comme
charnus , portés sur une tige arrondie , terminée par
une sorte de chapiteau mousse , en forme de champi-
gnon , garnie de pointes cornées , rétractiles , disposées
en verticilles réguliers , comme des épines en crochet.
Ces appendices sont de véritables instruments propres
à retenir réciproquement et intimement rapprochées
les parties extérieures de la génération des deux sexes.
Ces organes se dressent et se portent en avant pour
pénétrer dans la fente du cloaque , et lorsqu'ils y sont
introduits, ils se gonflent, ils s'éloignent l'un de l'autre
en se déjetant de côté pour écarter les lèvres des deux
cloaques accolés. En pénétrant dans la partie femelle,
ils dilatent cette sorte de bouche et le contact devient
ainsi très-intime. Dans ce rapprochement , qui dure
des demi-journées (1) , les tubercules par lesquels se

---

(1) On a trouvé souvent des Vipères accouplées et tellement entre-
lacées que leur corps représentait à peu près la figure que nous voyons
reproduite dans le caducée de Mercure. Aristote avait dit, en parlant
de l'accouplement des Serpents : « Leur entrelacement est si intime qu'ils
paraissent ne former qu'un seul corps (a) ou un seul Serpent à deux

(a) Οὕτω σφόδρα οἱ ὄφεις περιελίττονται ἀλλήλοις, ὥστε δοκειν ἑνός
ὄφεως διχεφαλου εἶναι τὸ σῶμα ἄπαν.

terminent les urétères des mâles, s'allongent dans leur cloaque comme des tuyaux charnus : ils donnent passage à la liqueur prolifique qui s'est sécrétée en abondance dans les testicules (1). Lancée ou déchargée dans la cavité du cloaque de la femelle, la liqueur séminale est absorbée : elle parvient dans les oviductes, et de là peut-être dans les ovaires où s'opère la vivification des germes. Ceux-ci se détachent successivement de la grappe qui les réunissait, ils pénètrent dans les trompes avec une certaine quantité de glaire albumineuse et de vitellus. La coque qui les renferme prend plus de consistance : ils descendent dans ces mêmes oviductes, et là ils séjournent en continuant de se développer jusqu'à l'époque où les petits Serpents se trouvent assez bien organisés pour être livrés à la vie extérieure et subvenir par eux-mêmes à leur alimentation.

Chez les individus mâles, les testicules sont placés en avant des reins, dans la duplicature du péritoine. Ils sont comme flottants dans l'abdomen, de chaque côté de la colonne vertébrale. L'épididyme, divisé en plusieurs canaux, forme ainsi autant de petits tuyaux qui se rendent dans l'urétère, et par conséquent l'humeur qu'ils renferment se verse avec l'urine, ou au moins par le même orifice qui se voit sur la papille,

---

têtes. « Pline a répété : *Coeunt complexu adeò circumvoluta sibi ipsa, ut una existimari biceps possit.* Mais il a prétendu, et ce préjugé subsiste encore chez le vulgaire, que souvent la femelle, immédiatement après avoir été fécondée, dévorait le mâle, et que c'était par suite d'un excès de jouissance. *Vipera mas caput inserit in os, quod illa abrodit voluptatis dulcedine.* (Voyez à l'article Voigt, dans ce volume, la bibliologie et celui de Baricelli.

(1) On nous a plusieurs fois apporté des mâles de Couleuvres et surtout de Vipères, saisis et tués au moment de la copulation : leurs organes génitaux étaient restés gonflés et tellement saillants, qu'on nous les présentait comme des Serpents ayant deux pattes postérieures.

REPTILES, TOME VI. 13

dans l'intérieur du cloaque ; c'est ce tuyau qui s'allonge, car il n'y a pas de vésicules séminales ou de réservoir d'attente pour la semence.

Chez les femelles qui contiennent les rudiments des germes, les ovaires occupent à peu près les mêmes régions que les testicules ; les granules, diversement colorés, sont disposés par bandes, et ne sont pas agglomérés en masse arrondie. Dans l'état de non-imprégnation, on trouve les oviductes tellement réduits qu'ils ressemblent à de petits ligaments tortueux, plissés sur eux-mêmes, de sorte qu'on les prendrait pour des appendices du cloaque auquel ils sont adhérents ; mais lorsque la fécondation s'est opérée, ces mêmes canaux sont excessivement développés. Ils renferment les œufs rangés à la file les uns des autres, comme les nœuds ou les gros grains d'un chapelet ou d'un collier. Chacun de ces œufs forme une sorte de gâteau arrondi, un peu plat, ordinairement enveloppé d'une membrane solide, mais flexible, dans laquelle on distingue à la vue simple, et où l'on peut reconnaître par le toucher, quelques granulations calcaires. Le vitellus que ces œufs contiennent est le plus souvent d'un jaune foncé, safrané ou rougeâtre : il y a peu de matière albumineuse et celle-ci disparaît même tout à fait quand le petit Serpent s'y est développé en absorbant en même temps le vitellus par l'ombilic et lorsqu'il est devenu bien mouvant. Ces œufs sont pondus à peu près dans le même ordre qu'ils occupaient dans le conduit des oviductes. Les animaux qu'ils renferment éclosent, suivant les espèces et la température, à des époques variables, en déchirant la coque qui les enveloppait. Chez un assez grand nombre d'espèces, l'éclosion a lieu dans l'intérieur du corps de la mère. Nous avons peine à croire que des œufs à coquille calcaire, qu'on nous a fait voir comme pondus par une Couleuvre qui occupait la même cage, en provenaient réellement; cependant on n'avait pas d'intérêt à nous tromper. Comme c'était une Couleuvre à collier que nous observions, et que nous avons vu des œufs de la même espèce, nous avons été loin d'être convaincus de l'assertion positive qui nous était donnée. Nous avons trouvé nous-mêmes des œufs de Serpents aux environs de Paris : ceux-là étaient mous, retenus par une glaire desséchée et flexible, ils ressemblaient à ces concrétions albumineuses que pondent quelquefois les vieux coqs et les vieilles poules, de sorte que les gens de la campagne sont imbus du préjugé que ces prétendus œufs produisent des serpents (1).

M. Herholdt (2) a communiqué à l'Académie des sciences de Copenhague un mémoire sur la génération des Serpents, sur le développement de leurs œufs et sur leur éclosion; nous croyons devoir en donner ici une courte analyse, parce qu'elle nous procurera le moyen de présenter quelques observations curieuses relativement à des points de physiologie sur lesquels la science est encore incertaine.

Après avoir décrit la forme et l'apparence de ce œufs, provenant dans ce cas d'une Couleuvre à collier, l'auteur se livra à des observations journalières, quatre-vingt-seize heures à peu près, depuis qu'ils lui avaient été remis. Jamais il n'a reconnu de vide à l'intérieur, ou ce qu'on nomme la chambre à air dans les

---

(1) Déjà en 1673 Thomas BARTHOLIN combattait cette idée dans les actes de Copenhague. Les faits qu'il a recueillis et les observations qu'il a faites présentent beaucoup d'intérêt.

(2) Voyez, dans le Frorieps Notizen en 1836, ce mémoire sur la génération, le développement et la naissance des Serpents; on en trouve un extrait dans le Bulletin des sciences naturelles de Férussac, t. XXV, page 354, n° 208.

œufs des poules dont la coquille ne peut pas s'affaisser; aussi a-t-il constaté que ces œufs perdent chaque jour un peu de leur volume et de leur poids. S'il en exposait quelques-uns à l'action d'un air sec et trop chaud, ils se flétrissaient, se desséchaient et l'embryon mourait. Déposé dans l'eau, au contraire (février, *Notizen*, tome 30, page 176), l'œuf se gonfle, augmente de poids et la vie cesse dans l'embryon; l'application d'un vernis sur la coque produit le même effet. Ce qui prouve qu'il s'opère, à travers les membranes de la coque, une absorption et une exhalation comme dans les œufs des oiseaux. Pour que l'œuf produise un Serpent, il doit être placé dans une atmosphère humide et chaude, entre 25 et 9 degrés centigrades. L'auteur en a suivi le développement pendant un mois; ses observations sont consignées dans le tableau suivant, que nous allons copier.

DATE des observations.	TEMPÉRATURE		POIDS de l'œuf.	POIDS de l'embryon.	LONGUEUR de l'embryon.
	plus élevée.	plus basse.			
			grains.		lignes.
Juillet. { 25	+R. 18,6	+ 12,8	76	4	9
28	17,5	7,6	75	6	15
Août. { 1	12,8	11,5	74	11	22
5	18,6	10,9	73	13	31
9	20,6	12,5	71	17	42
13	17,7	10,1	69	21	54
17	13,6	9,0	66	26	66
21	16,8	8,2	63	31	78
26	13.5	6,4	60	36	90

Malheureusement l'auteur n'a pas indiqué la température des œufs.

L'auteur pense qu'il faut ajouter aux trente-deux jours, ceux qui s'étaient écoulés avant qu'il ait pu commencer ses observations, dont voici les principaux résultats. D'abord, le blastoderme (1) (c'est la membrane organisée qui recouvre le germe ou l'embryon) laisse apercevoir un réseau très-fin, ou un lacis de veinules formant, dans quelques points, des tubercules spongieux que l'auteur regarde comme analogues aux cotylédons. On distingue de l'albumine fluide entre le blastoderme et le sac qui contient le jaune à demi-liquide : ce sac est aussi une membrane vasculaire. Entre les deux pôles de l'œuf, on reconnaît l'embryon nageant dans un liquide que renferme l'amnios, et que M. Herholdt regarde comme l'une des nourritures du fœtus.

Les vaisseaux du blastoderme et de la membrane vitelline ne tardent pas à se porter vers la cavité de l'embryon, pour former un cordon vasculaire qui, traversant l'amnios, vient aboutir à l'ombilic ; mais lorsque le petit Serpent perce les membranes corticales, la portion du cordon formée par les vaisseaux du blastoderme se déchire, et il ne sort avec lui que les vaisseaux de la membrane vitelline qui forment un petit bouton charnu suspendu au cordon ombilical, lequel ne tarde pas à se flétrir et à s'en séparer complétement.

Il résulterait de cette organisation que le blastoderme servirait, pour ainsi dire, de placenta ou de moyen de communication, par ses vaisseaux, avec les agents extérieurs pour en recevoir les *influences cos-*

---

(1) Étymologiquement la peau du rejeton de Pander, proligère ou germinative de Burdach.

miques, et tenir lieu de la respiration ; tandis que la nourriture serait fournie par le jaune et par l'eau de l'amnios.

Ces faits , ainsi que ceux consignés par M. Ratke dans les ouvrages de Burdach (1) , et ceux observés par M. Dutrochet, sur la formation, le développement et l'incubation de l'œuf, éclairent un point important de la physiologie. On conçoit en effet l'action physique et chimique qui peut être produite, à travers la coque perméable de l'œuf, sur les vaisseaux du blastoderme quand, à l'aide d'une température un peu élevée, le germe d'un œuf vivifié vient à se développer. Alors les veines absorbent par endosmose ; le sang qu'elles renferment s'imprègne de certains principes de l'air. En même temps il s'opère une exhalation constatée par la diminution du poids de l'œuf et par la transformation des liquides en un corps vivant et solide , parfaitement organisé pour exister désormais par lui-même. Ces faits résultent des observations consignées dans le tableau que nous avons emprunté à M. Herholdt.

Les graines ou les semences de végétaux ont le plus grand rapport avec les germes des animaux ovipares. Elles renferment comme eux , sous des enveloppes pro-

_____

(1) Traité de physiologie , tome III , chap. VIII , page 181. Article rédigé par Ratke sur l'embryon de la Couleuvre. Cet article est très-important ; il présente en vingt pages les plus grands détails sur le développement de l'embryon des Couleuvres. Il doit être lu par tous les physiologistes, ainsi que les Recherches sur l'œuf des Serpents de M. Dutrochet : elles sont insérées dans le tome 2 de ses mémoires, 8° 1837, page 229, et publiées d'abord en 1816 , dans les mém. de la soc. médicale d'émulation de Paris, avec fig. 1 et 2 de la planche 24, tome VIII, pag. 29 et suiv.

tectrices et organisées (1), des embryons destinés à
être mis ultérieurement en rapport avec les nouvelles
circonstances de leur vie extérieure, et dès lors indé-
pendants des êtres qui les ont produits, et à l'existence
desquels ils participaient. Comme eux, ils en ont été
séparés avec une certaine provision d'aliments appro-
priés d'avance à la faiblesse ou au peu d'énergie de
leurs organes. Dès le moment où ils se sont séparés des
individus qui les nourrissaient, leur existence leur est
devenue propre et spéciale; elle a dépendu du jeu libre
et indépendant de leurs organes. Dès lors, ils ont pu
se développer par eux-mêmes, sous l'influence de la
matière de la chaleur, de l'humidité; ils ont été
soumis aux principes généraux qui régissent les mi-
lieux dans lesquels ils ont été déposés pour un temps
limité, afin de continuer leur vie individuelle et pour
persister, dans leur existence, au moins jusqu'à l'é-
poque où ils auront pu perpétuer leur race.

De même que les graines des végétaux ont besoin,
pour se développer, d'éprouver l'action de la chaleur,
et de se trouver en contact avec l'humidité du sol, avec
les éléments que l'air et l'eau leur transmettent. Quand
une fois cette excitation de la vie a été produite, elle
paraît se continuer par une action interne qui ne peut
s'arrêter qu'au détriment de l'existence.

C'est ainsi que les œufs fécondés d'une poule, soumis à l'action d'une douce température factice, ont
conservé ou développé le même degré de chaleur malgré qu'on eût interrompu, pendant plusieurs heures,

---

(1) Le *spermoderme,* ou la peau de la graine que quelques botanistes
ont appelé tantôt *péri-,* tantôt *épi-sperme,* est doublé par l'*endoplèvre*
ou par un tissu de vaisseaux appelé *sarcoderme* ou *mésosperme,* qui
transmet à l'embryon l'eau pompée pendant la germination.

même une demi-journée, cette température artificielle. Burdach (1) avait laissé vingt-quatre heures au
grand air, pendant toute une nuit de juillet, dans une
chambre exposée au nord, et dont les croisées étaient
restées ouvertes, des œufs qui précédemment avaient
été soumis pendant cinq jours à l'incubation artificielle, et jamais ces embryons n'ont péri. Cette expérience a été répétée, par hasard, au collége de France.
On avait laissé, pendant deux jours, exposés sur une
planche, à la température de la chambre, des œufs
couvés artificiellement pour étudier le développement
successif des germes ; au troisième jour, on trouva les
embryons vivants et développés tout autant, au même
degré et aussi bien que s'ils fussent restés soumis à
l'action constante de la chaleur.

Les anomalies qui se présentent dans certaines circonstances de la reproduction chez les Ophidiens
pourraient recevoir leur explication par les faits précédemment exposés. Tels sont la génération ovo-vivi-
pare, le développement de la chaleur dans les œufs fécondés, qui ne sont soumis, dans le plus grand nombre des cas, à aucune incubation corporelle, puisque
leurs parents ne pouvaient guère communiquer les effets d'un calorique propre excédant celui de la température environnante, et enfin, les monstruosités qui
sont assez communes chez les Serpents, par l'inclusion
fortuite de plusieurs germes dans un même œuf ou
sous une seule enveloppe.

Ainsi, l'on sait que plusieurs espèces de Serpents,
appartenant à des genres différents, notamment les
Vipères, conservent à l'intérieur du corps leurs œufs

_____

(1) Traité de physiologie traduit par Jourdan, tome II, page 483.

après qu'ils ont été fécondés ; que leurs germes s'y développent et viennent à éclore successivement dans l'intérieur des oviductes qui les contiennent. Ces canaux membraneux ont des parois très-minces ; ils se prolongent et s'étendent dans la direction des sacs à air ou des dilatations des poumons. On peut croire que ces œufs sont là médiatement en rapport avec l'air qui se renouvelle dans ces sacs par l'acte respiratoire de la mère , et que, par endosmose, il s'y opère à l'aide des vaisseaux du blastoderme , une absorption qui produirait ainsi un effet analogue à celui de l'hématose ordinaire , comme elle a lieu médiatement dans le sang veineux des poumons. Cet air, par l'oxygène qu'il contient, modifie le sang vénoso-artériel, le colore autrement, le révivifie , produit la chaleur et tous les phénomènes des sécrétions. De sorte qu'il y aurait là une sorte d'action du sang de la mère sur les vaisseaux du blastoderme , et que ce mode d'hématose serait analogue à l'acte circulatoire du placenta dans l'utérus des animaux mammifères.

Nous venons de rappeler que , sous l'influence de la vie indépendante , lorsqu'elle se développe dans les semences des végétaux , fécondées , mûries et placées dans des circonstances favorables à la germination , il se manifestait des phénomènes physiques et chimiques qui se ralliaient et venaient en aide à l'action vitale intérieure pour préluder aux premières fonctions des organes, en particulier à l'absorption. Examinons-les séparément : d'abord un certain degré de chaleur appréciable, paraissant être le résultat de l'effet électro-chimique qui accompagne les décompositions et les synthèses nouvelles qu'éprouvent les fluides ambiants et intérieurs ; puis une fois qu'elle est commencée,

cette opération vitale continue. Les liquides se solidi-
fient ; car, en passant dans les tissus de l'embryon, ils
abandonnent le calorique qui, en s'échappant, devient
sensible, par sa dispersion dans l'atmosphère environnante. Faible et à peine perceptible dans chacune des
graines isolées, soumise à la germination, cette chaleur
devient appréciable lorsqu'un plus grand nombre de
semences se développent toutes à la fois dans un espace
limité (1). De semblables phénomènes se produisent
dans les ruches et dans les fourmilières où la respiration
de chaque insecte, s'opérant en même temps chez un
grand nombre d'individus, détermine et fait persister
une élévation très-notable dans la température de leur
habitation commune, quoique chaque abeille ne manifeste pas de chaleur propre (2).

Les œufs de Serpents sont à peu près dans les
mêmes circonstances que les graines des plantes : leurs
enveloppes extérieures, quoique évidemment protectrices du germe qu'elles contiennent, sont cependant
perméables aux agents généraux de la nature. Ces
œufs, comme nous l'avons vu, absorbent les liquides
dans lesquels on les plonge. Tant que le germe sé-
journe dans la coque avant d'éclore, et pendant la durée
de cet espace de temps qu'on peut nommer l'*incuba-*

---

(1) GOEPPERT a reconnu que cette chaleur dépasse celle de l'atmosphère de 15° R. (Ueber woermeent wiekelung in der lebenden plauzer.
Vienne, 1832.

(2) SWAMMERDAMM, RÉAUMUR, HUBER, et plusieurs autres observateurs, ont consigné ce fait dans leurs écrits. Réaumur, en particulier,
a constaté (Hist. des Insectes, tome V, XIII\e mém., page 671) que les
abeilles d'une ruche avaient fait monter la liqueur de son thermomètre à 31°, chaleur qui est à peu près celle que prennent les œufs
sous la poule qui les couve. Il a aussi trouvé pendant l'hiver une température uniforme de 24° R. dans les ruches où les abeilles sont sans
mouvement.

tion (1), l'œuf diminue notablement de poids ; il s'y opère donc une exhalation et très-certainement aussi une absorption ; car l'individu vivant qu'il renferme ne tarde pas à périr si on l'expose aux effets d'une température trop basse ou trop élevée.

Ces données peuvent, selon nous, servir à expliquer autrement le résultat des observations que M. le professeur Valenciennes a faites pendant l'incubation d'une femelle de Python (2), et les conséquences qu'il en a tirées. Il a constaté que les œufs de ce Serpent acquéraient et conservaient une température supérieure à celle de l'atmosphère dans laquelle ils étaient plongés ; mais il a attribué à la mère, qui les recouvrait de son corps et qui les protégeait sous une sorte de dôme ou de voûte formée par ses circonvolutions en spirale, dont les tours étaient très-rapprochés et immobiles, la chaleur que toute cette masse paraissait avoir reçue de la mère, et qui y avait été développée ou plutôt communiquée selon nous.

Voici l'analyse de cette observation intéressante : on conserve et on nourrit avec soin, dans notre ménagerie du Muséum de Paris, plusieurs Serpents d'une grande dimension : ce sont des *Pythons à deux raies*. Le 1er janvier 1841, on trouva l'un des mâles accouplé avec une femelle. Il y eut encore plusieurs autres copulations jusqu'à la fin de février, et nous avons

---

(1) Ce nom d'*incubation*, ou l'action de couver, appliqué plus particulièrement aux oiseaux, suppose le développement et la communication de la chaleur aux œufs. Peut-on l'employer dans le même sens pour les femelles qui, placées sur leurs œufs ou les portant au dehors, ne leur communiquent pas de chaleur, tels que la Cochenille et les autres gallinsectes, le Perce-oreille, les Cloportes, les Écrevisses, les Monocles, les Alytes, les Pipas, les Syngnathes ?

(2) Voyez les comptes rendus de l'Académie des sciences de Paris pour 1841, tome XIII, page 126.

été nous-mêmes témoins de l'un de ces rapprochements, dont nous aurons occasion de parler par la suite. Depuis le 2 février, époque à laquelle cette femelle avait avalé trois ou quatre kilogrammes de chair crue de bœuf avec un lapin, elle ne prit aucune nourriture jusqu'au 6 du mois de mai, jour où elle commença à pondre. Dans cet intervalle, son volume s'était accru considérablement. Sa ponte dura trois heures et demie, et produisit quinze œufs. Ces œufs, d'abord allongés, se raccourcirent en grossissant. Ils étaient distincts, ou tout à fait séparés les uns des autres.

Cette mère était renfermée seule dans une caisse de bois placée sur des couvertures de laine chauffées en dessous, et soutenues par une planche de bois mince, percée d'un grand nombre de trous ; la chaleur était communiquée et conservée au moyen de boîtes de cuivre remplies d'eau chaude qu'ou renouvelait au besoin. La femelle rassembla ces œufs en tas, et se plaça au-dessus en s'enroulant sur elle-même, de manière à les couvrir complétement pour former une voûte peu élevée au sommet de laquelle se trouvait la tête.

Cette femelle resta ainsi sur ses œufs pendant l'espace de deux mois, du 5 mai au 3 juillet, époque à laquelle leur éclosion eut lieu.

C'est pendant que la mère était placée sur les œufs que M. Valenciennes se livra, à diverses reprises et à plusieurs jours d'intervalle, à des observations thermométriques, au moyen desquelles il s'est assuré que les œufs et la mère avaient une température à peu près constamment élevée de 10 à 12 degrés centigrades au-dessus de l'air contenu dans la caisse et même des couvertures de laine sur lesquelles toute cette masse reposait. Quelquefois cependant, quand le thermomètre placé au-dessous des couvertures avait marqué 35°5, les œufs et la mère indiquaient au même instrument 41°5.

Nous avons dit que nous ne partagions pas tout à fait l'opinion que M. Valenciennes a émise en attribuant complétement au Serpent la chaleur réellement en excès, et rendue évidente dans cette circonstance. Nous croyons que cette élévation de température pouvait dépendre, soit de la conservation du calorique transmis antérieurement, soit des germes et de l'action vitale qui s'opérait dans l'intérieur des œufs, et qui se distribuait d'une manière égale dans toute la masse, quoique les œufs fussent superposés et que chacun d'eux produisit bien peu de chaleur en excès. Voici d'ailleurs quelques motifs à joindre à ceux que nous avons précédemment fait connaître.

Il a été constaté par l'observation directe et par les investigations anatomiques que les Reptiles en général, et par conséquent les Ophidiens, d'après la structure et le jeu des organes de leur circulation et de leur respiration, ne peuvent pas développer de chaleur par eux-mêmes, au moins d'une manière notable. Cependant, comme nous l'avons dit précédemment, page 124, il nous est arrivé, au premier printemps et par un temps froid, de trouver des Couleuvres au bas de très-grandes murailles, alors à l'ombre, mais qui avait été exposées aux rayons du soleil. Au moment où nous saisissions ces Reptiles, leur contact nous faisait éprouver la sensation d'une chaleur supérieure à celle de nos mains, et souvent en prenant, pendant l'été, des lézards sur des terrains échauffés à l'ardeur du soleil, nous les avons trouvés brûlants. Il est donc probable que ces animaux admettent, recueillent et con-

servent, pendant un assez long espace de temps, la
température à laquelle ils peuvent avoir été soumis
antérieurement.

On sait en effet qu'aucun Reptile ne *couve*, ou plutôt
et mieux, n'échauffe ses œufs, et que tous sont à cet
égard dans les mêmes conditions que les Poissons,
dont le corps admet et perd le calorique suivant la
température du milieu qui l'enveloppe. Dans le cas
particulier que nous venons de faire connaître, les
germes contenus dans les œufs qui avaient été échauffés
artificiellement, s'y sont évidemment développés; leurs
organes sont entrés en fonction; il s'y est opéré une
solidification des liquides. Les phénomènes qui ont
lieu pendant la vie s'y sont manifestés, telles que
l'action de l'électricité, la pénétration du calorique,
l'absorption de l'oxygène, ainsi que l'exhalation de
plusieurs fluides. Très-probablement le corps de la
mère qui recouvrait ces œufs s'est mis en équilibre avec
leur température moyenne; elle a partagé leur chaleur
naturelle. Cette chaleur a dû être également distribuée
ou répartie entre eux, puisqu'ils étaient empilés ou
placés les uns sur les autres sous une sorte de voûte
fermée de toutes parts et surtout dans la partie supérieure qui ne permettait pas à la matière de la chaleur
de s'échapper.

Nous supposons donc que les œufs du Python dont
nous venons de parler, avaient reçu d'abord la chaleur
artificielle; secondement que chacun d'eux en a produit
un peu, et troisièmement que la mère et ses œufs ont
dû être mis, passivement et uniformément, en équilibre de température, et par conséquent que le Python
n'a pas plus développé de chaleur animale que ne peuvent le faire les autres Reptiles.

Une expérience positive a même été faite à ce sujet : on disposa une couverture de laine, contournée sur elle-même, de manière à former et à laisser un vide intérieur. Cet ensemble a été placé dans l'une des cages ou boîtes en bois chauffées par le bas, au moyen de caisses métalliques remplies d'eau chaude et dans le même appareil que celui qui avait servi aux observations de M. Valenciennes. Au bout de quelques heures, deux thermomètres furent placés dans la même caisse, l'un au dehors de l'espace où était disposée la couverture en dôme, l'autre dans le vide intérieur de cette sorte de four, et ce second thermomètre indiqua 10 degrés centigrades de température en plus que le premier qui était placé dans l'intérieur de cette caisse, dont l'air était refroidi.

Nous avons déjà dit plus haut que les circonstances nous avaient permis d'observer et de suivre l'accouplement, la ponte et l'éclosion des œufs d'un Boa ou Python à deux raies que l'on conserve vivant dans la ménagerie des Reptiles du Muséum. Le gardien de ces animaux, qui met beaucoup de zèle et de persévérance dans les soins intelligents, et l'on pourrait dire presque affectueux, qu'il porte à ces animaux, a noté avec exactitude les progrès des huit individus qui sont sortis vivants de leur coque, et qu'il a tous conservés jusqu'à ce jour.

Ces œufs avaient été pondus le 6 du mois de mai ; leur mère, après les avoir rassemblés en un tas pyramidal, dont trois étaient au-dessus les uns des autres sur le point culminant, les avait enveloppés et recouverts complètement des replis ou des circonvolutions de son corps ainsi roulé en spirale autour de cette pyramide dont sa tête occupait le centre.

Ces œufs et leur mère étaient entretenus à une température assez élevée variable de 25 à 30° centigrades, à laquelle ils restèrent exposés à peu près l'espace de soixante jours, pendant lesquels la mère ne prit aucune nourriture, quoiqu'on lui en eût offert. Sur quinze de ces œufs, qui étaient presque tous égaux en poids et en grosseur, huit seulement donnèrent issue, le 3 juillet, à de petits Serpents dont la longueur totale était pour chacun d'un demi-mètre environ (0,52), mais seize jours après, quelques-uns, sans avoir pris de nourriture, avaient atteint la taille de $0^m,80$. On examina le contenu des sept autres œufs, et l'on trouva dans leur coque des embryons bien formés, et dont le développement, plus ou moins avancé, dénotait qu'ils avaient dû périr à des époques diverses.

Le gardien de la ménagerie nous a remis la note du nombre et de la date précise des changements de peau ou d'épiderme qui ont eu lieu chez ces petits Boas. Les premières mues eurent lieu du 13 au 18 juillet, et depuis cette époque jusqu'au 18 décembre, la plupart ont subi cinq de ces dépouillements, sorte de travail d'organisation qui les rend moins actifs et ternit leur peau; mais après cette mue, l'animal reprenant toute sa vivacité et son appétence pour la nourriture, est alors très-remarquable pour ses couleurs.

On a tenu également un compte très-détaillé du poids qu'avait acquis chacun de ces petits Serpents que l'on a désignés et constamment suivis chacun sous un numéro d'ordre qui est à peu près celui de l'heure de sa naissance, ou du moment où il sortit de sa coque.

C'est ainsi qu'on les a pesés consécutivement, à la date de certains jours et avant de leur donner des aliments de diverses natures. C'était d'abord de petits moineaux, puis on y ajoutait quelques lambeaux de chair ou de muscles de bœuf, et enfin de petits lapins dont on notait exactement le poids.

A certains jours désignés, après les avoir pesés, et mis dans le bain, on a pu constater à leur sortie de cette immersion, qui durait souvent une demi-heure, combien d'eau ils avaient absorbé soit en buvant, soit en laissant humecter leurs téguments, circonstance qui a toujours paru nécessaire pour faciliter le dépouillement de leur épiderme. Cette surpeau, très-flexible et d'un seul morceau, a été également conservée et numérotée, de sorte que ces dépouilles sont des témoignages écrits de leur croissance comparée, car la différence des dimensions est énorme entre les individus, et tient évidemment à la quantité très-différente des aliments que chacun d'eux a ingérés. Le nombre de ces repas et le poids des aliments a été inscrit pour un même intervalle de temps.

Nous avons réduit en tableau et résumé ces diverses annotations (1).

Des monstruosités chez les Serpents. Plusieurs fois, dans le cours de cet ouvrage (2), nous avons eu occasion de dire que les œufs des Reptiles renfermaient quelquefois deux germes sous une même enveloppe et que ces embryons, lorsqu'ils venaient à se souder, présentaient des anomalies bizarres, telles que des membres surnuméraires et souvent même des parties du tronc comme doublées. L'ordre des Serpents est l'un de ceux dans lequel ces sortes de conjonctions adhésives con-

_____

(1) Consultez sur tous ces points le tableau que nous avons fait insérera la page 172 de ce sixième volume.

(2) Tome I, page 222, et tome V, page 34.

fondues se sont offertes le plus fréquemment, puisqu'on en trouve des exemples dans les ouvrages d'Aristote, d'Aldrovandi, de Rédi et dans la plupart des auteurs les plus modernes. Cependant, comme le fait remarquer M. Isid. Geoffroy (1), c'est principalement dans la région de la tête que les Serpents sont ordinairement doublés. Tantôt c'est un seul corps dont un col unique supporte deux têtes complètes ; tels sont les *atlodymes* dont l'auteur cite deux exemples (2) : l'un provenait d'un Trigonocéphale et l'autre d'une Vipère. Ces deux cas ont été déposés dans les collections du Muséum. Tantôt le Serpent présente véritablement deux cous et deux têtes distinctes dont l'échine se trouve ainsi double ou divisée dans une étendue variable en longueur ; tel est le cas du Serpent dicéphale observé vivant et disséqué par Rédi, et dont on trouve d'autres exemples et des descriptions dans un grand nombre d'auteurs. Le docteur Mitchill a même fait figurer (3) un individu qui avait deux corps, trois yeux et une seule mâchoire. Rédi a vu aussi un Serpent à deux queues.

Ce qui est remarquable, c'est que plusieurs de ces animaux ont vécu et se sont développés en manifestant et en présentant des phénomènes très-curieux, ainsi que nous allons le faire connaître, en analysant l'un de ces cas si bien raconté par Rédi (4). Ce petit Serpent fut trouvé sur les bords de l'Arno, à Pise ; c'était un

---

(1) Traité de tératologie , tome III , pages 185 et 193.

(2) Lacépède, Hist. nat. des Serpents, tome I , page 482. Dutrochet, Transactions médicales, tome 1, page 409.

(3) Silliman's Journal of sciences, vol. X , page 48. Lettre extraite du tome VII du Bulletin des sciences naturelles, n° 205.

(4) Osservaz. intorno agli animali viventi, édit. de Florence , 1684, page 1 et suiv.

mâle, il était long de deux palmes et de la grosseur du petit doigt. Il était d'une teinte de rouille, parsemé de taches noires sur le dos et sur le ventre. Ce n'était pas un Serpent à crochets venimeux ; les deux têtes, portées chacune sur un cou, offraient là une sorte de collier ou de tache circulaire blanche ; on remarquait à l'extrémité de la queue, qui était parsemée de petites taches blanches, une zone de la même teinte. Les deux têtes et les deux cous étaient de mêmes longueur et grosseur. Chacune avait sa langue fourchue et ses deux yeux enfin elles étaient en tout complètes et semblables. Ce Serpent, avec lequel l'auteur tenta quelque expériences en lui faisant mordre quelques oiseaux qui n'en furent pas incommodés, mourut quelque temps après, au bout de trois semaines. Rédi observa que la tête droite était morte sept heures avant celle du côté gauche. Les recherches anatomiques faites par cet habile observateur furent recueillies ; voici les principales annotations :

Il y avait deux trachées-artères et deux poumons ; celui de droite plus volumineux ; deux cœurs dont le droit était aussi plus gros ; deux œsophages et deux estomacs, mais ceux-ci se réunissaient en un seul intestin aboutissant à un cloaque unique. Il trouva deux foies, deux vésicules biliaires distinctes ; comme dans tous les autres Serpents, il n'y avait que deux testicules, mais deux pénis. Quoique les cerveaux et leurs nerfs fussent bien distincts ainsi que les deux moelles épinières à leur origine et à peu près semblables, celles-ci se réunissaient dans le dos unique en un seul tronc jusqu'au bout de la queue.

―――――――――

CHAPITRE III.

DES AUTEURS QUI ONT ÉCRIT SUR LES SERPENTS.
PARTIE HISTORIQUE ET LITTÉRAIRE.

Dans le chapitre par lequel commence ce volume, nous avons fait connaître ceux des auteurs qui se sont essentiellement occupés de la classification générale des Serpents, en présentant une analyse des arrangements principaux qui ont été successivement proposés pour leur distribution systématique ou naturelle ; cependant nous croyons devoir en rappeler ici les noms, qui sont ceux d'ARISTOTE, GESNER, RAI, LINNÉ, LAURENTI, SCOPOLI, LACÉPÈDE, DAUDIN, OPPEL, MERREM, DUMÉRIL, FITZINGER, CUVIER, BOÏÉ, RITGEN, WAGLER, SCHLEGEL, CH. BONAPARTE.

Pour les autres auteurs, nous avons dressé une liste par ordre alphabétique, qui donne les titres des ouvrages ou mémoires relatifs à l'histoire des Serpents, en ayant soin d'indiquer, avant le nom de chaque auteur, la date de ses publications ; mais afin que ce répertoire ou cette table puisse être consultée avantageusement pour l'étude, nous allons la faire précéder d'une courte énumération des articles qu'il sera utile de chercher dans l'ordre anatomique, physiologique, descriptif, ou sous tout autre rapport, ce qui mettra sur la voie pour les recherches qui pourront être faites ultérieurement en suivant ces diverses directions de la science.

Ainsi, pour les organes du mouvement en général, on

trouvera des détails dans les principaux ouvrages d'anatomie et de physiologie comparée, tels que ceux du CUVIER, de MECKEL, de CARUS, de TIEDEMANN, de MULLER. — Pour les squelettes du Boa, SÉBA, RETZIUS, MAYER. — De la Vipère, ABBATIUS, JACOBOEUS, VESLING. — Du Crotale et surtout pour les étuis cornés de la queue, TYSON. — Pour les muscles, HOME, HUBNER. — Pour les mouvements progressifs, WEISS, DUGÈS. — Du nager, MARTINS. — Danse des Serpents, KEMPFER, RUSSEL, GEOFFROY.

Pour les organes sensitifs, MULLER, SWAN, CARUS. — Téguments, toucher, HELLEMANN.—Sur la mue, BACKER, STOLTERFORTH. — Le nez, glandes nasales, MULLER. — Yeux, FRICKER, FRAY.—Voies lacrymales, J. CLOQUET.—Langue, DUGÈS, DUVERNOY.—L'oreille, BRESCHET, WINDISCHMANN.

Pour les organes et fonctions digestives. Les mâchoires, leurs mouvements et sur les dents en général, DUGÈS, DUVERNOY; sur les dents œsophagiennes, JOURDAN; sur les glandes salivaires, MECKEL, MULLER, TIEDEMANN, ALESSANDRINI, SCHLEGEL, RUDOLPHI; sur les crochets à venin, RÉDI, CHARAS, FONTANA, LEONICENUS, BOAG, KNOX, GRAY, HODIERNA, BLAINVILLE, RANBY, BARTRAM.

Du venin ou poison et des morsures venimeuses, ACRELL, ANGELINI, BARTON, BARTRAM, BECKER, BOAG, BRINTAL, BURTON, CARDOZE, CARMINATI, CHARAS, CRUGER, DE CERF, DESMOULINS, DE JUSSIEU, ETMULLER, FONTANA, FEUILLÉE, GRAY, HÉRING, HANNEMANN, HARDER, HEMPRICZ, HODIERNA, HOLL, KNOX, LEONICENUS, MANGILI, MONGIARDINI, MEAD, ORFILA, PÉRONI, PLATT, POTELLA, PAULET, RANBY, RÉDI, ROBINET, ROUSSEAU, RUSSEL, SMITH, SPRENGELL, WILLIAMS.

Sur les viscères du Python, HOPKINSON. — Des Serpents en général, DUVERNOY. — Sur la nature chimique des déjections, BUSCH. — Sur la sécrétion des urines, BOWMANN.— Sur la respiration, DILLON, HENSLOW, MECKEL. — Sur la circulation, SCHLEMM, MULLER, HEMPRICZ. — Sur l'hibernation, SEGER.

Des organes de la génération, FRANQUE, HERHOLDT, VOIGT,

Vesling.—Sur les œufs, Duvernoy, Herholdt, Dutrochet, Seger.

Monstruosités : Serpents doubles à deux têtes, Acosta, Aldrovandi, Lanzoni, Edwards, Geoffroy (Isid.), Mitchill, Redi. — Sur les Serpents en général, Owen. — Des Serpents vivants en société, Astruc, Barker.

Préjugés. Sur la fascination ou le charme exercé par les Serpents, Sloane, Barton, Martin. — Sur les Serpents qui tètent les vaches, Anselmi, Bierling, Lamare-Picquot. — Sur la Vipère qui mange la tête du mâle, Baricelli. — Sur les Serpents de mer monstrueux, Bigelow.

SERPENTS DÉCRITS TOPOGRAPHIQUEMENT, OU D'APRÈS LES CONTRÉES.

D'EUROPE. Suisse. Wider. — Hollande. Van-Lier. — Angleterre. Bell.—Italie. Bonaparte.—Rome. Metaxa. — Nice. Risso. — Sardaigne. Gené. —Allemagne. Lenz.— Hongrie. Frivaldski. — Bohème. Schmidt. — Lithuanie. Brucmann, Drumpelmann. —Russie. Andrzejowski, Dwigubski, Krynicki.

D'AFRIQUE. Égypte. Forskael, Geoffroy. — Madagascar. Bruguière. — Afrique méridionale. Smith.

D'ASIE. Java. Hornsted. — Philippines. Camellus. — Coromandel. Russel, Cantor. — Chine. Japon. Boié.

D'AMÉRIQUE. Guyanne. Sonnini. — Brésil. Spix, Raddi, Neuwied. — États-Unis. Harlan, Holbrook. — Massachussets. Storer. — Australasie. Gray.

Monographies. De la Vipère, Alos, Bourdelot, Lenz, Paulet, Charas, Rédi, Severino. —— Du Chersea, Angelini, Ström. — Du Crotale, Anon, Becker, Dudley, Kalm, Michaelles. — Du Trigonocéphale. Moreau de Jonnès. — Du Céraste, Ellis, Fitzinger, Geoffroy, Hasselquitz. — Des Serpents de mer, Bigalow, Blair, Cantor, Fitzinger, Mackensie, Mitchill. — Des Dryines, Bell. — De l'Acrochorde, Hornstedt. — Du Langaha, Bruguière.

LISTE PAR ORDRE ALPHABÉTIQUE DES PRINCIPAUX AUTEURS
ET DES OUVRAGES SPÉCIAUX SUR LES OPHIDIENS.

1603. ABBATIUS (BALDUS ANGELUS). *De admirabili Viperæ
naturâ, et Mirificis ejusdem facultatibus*, 4°. Norimbergæ, pag.
133 , fig. (*Voyez* VALENTINI , *Amphitheatrum zootomicum*,
§ CXVI. pag. 173.) C'est une description anatomique avec des
figures relatives à la fonction génératève.

1762. ACOSTA (JOSE DE), Historia natural y moral de las In-
dias. Trad. en français, in-8°, 1598, et en 1616. Vipères et Couleuvres. C'est une simple énumération avec le nom du pays et
les effets racontés des diverses sortes de piqûres des espèces venimeuses indiquées.

1762. ACRELL (JOH. GUSTAV.), *de morsurâ Serpentum.
Dissert.* CAR. LINN. *præside. Amœnitates academicæ*, vol. VI,
pag. 97. C'est une dissertation , fort savante pour l'époque, sur
les effets produits par la morsure des diverses espèces de Serpents venimeux.

1640. ALDROVANDI. *Serpentum et draconum historia, lib. 2,
Francfurti.* In-fol.

1832. ALESSANDRINI (ANTONIO), professeur à l'Université de
Bologne. Mémoire sur les glandes salivaires des Serpents. Journal polygraphe de Vérone , fascicul. 28, pag. 47. Ricerche sulle
glandole salivali dei Serpenti a denti solcati o veleniferi con-
frontate con quelle proprie delle specie non velenate di Schlegel.

1832. ANDRZEJOWSKI (ANTOINE). *Amphibia nostratia, seu
enumeratio Amphibiorum observatorum per Wolthyniam ,
Podoliam , guberniumque Chersonense usque ad Euxinum.*
Nouveaux mém. de la Soc. imp. des natur. de Moscou, tome II,
page 321.

1664. ALOS (JOH.), *Dissertatio de Viperis*, in-4°, Bouillon.
Sur les diverses préparations pharmaceutiques faites avec la
chair des Vipères.

ANGELINI (BERNARDINO), del Morasso a Vipera chersea rinve-
nuto nel territorio Veronense. Biblioth. ital. , tom. VII, n° 20 ,
pag. 451.

1777. ANON. Schreiben aus Carolina von der Klapper
Schlange. New Hamburg. Magaz., 106, Stück, pag. 380.

1803. ANSELMI (GABRIEL), Observations sur la Couleuvre à

collier qui tète les vaches. Mém. de la Société d'agriculture de Turin, in-8$_0$.

1747. ARDERON (WILLIAM), Letter concerning the perpendicular ascent. Philosoph. transact., vol. XLIV, n$_0$ 482.

1740. ASTRUC (JEAN), Serpents trouvés vivants dans des corps solides : arbres, pierres. Mém. pour servir à l'Hist. nat. du Languedoc, in-4°, part, 3, chap. 10, page 595. Voyez tome I du présent ouvrage, page 304.

1748. BAECK (ABRAHAM), Untersuchung von den Schlangen bissen nach ihrer grössern oder geringern gefährlichheit. Actes de l'Académie de Stockholm, tome X, page 232.

1747. BAKER (DAVID ERSKINE), Property of Water-efts in slipping off their skins as Serpents ; que les Serpents qui nagent déposent ou changent leur peau comme les Salamandres.

1617. BARICELLI (JUL. CÉSAR). *Falsum Viperam in coitu masculum occidere ipsamque à catulis in partu necari. Hortulus genialis. Bononiæ*, in-12.

1826. BARKER (SAMUEL F.), Serpents trouvés engourdis en société. Amer. Journ. of sciences and arts, fév. page 126. Bulletin des sc. nat., tome XI, page 122, n° 88.

1793. BARTON (BENJAMIN SMITH), professeur à Philadelphie. An account of the most effectual means of preventing the deleterious consequences of the bile of the Crotalus horridus or Rattle snake. Transact. of the Amer. Society, vol. III, pag. 100.

1796. Du même. A Memoir concerning the fascinating faculty which has been ascribed to the Rattle snake and other American Serpents. Transact. of the Amer. philos. Soc., tom. IV, pag. 74.

1739. BARTRAM (JOHN). Letter concerning a cluster of small teeth observed by him at the root of each fang in the head of a Rattle snake. Philos. Transact., vol. 41, pag. 358. Sur la poche qui contient les germes des crochets venimeux du Crotale.

1791. BARTRAM (WILLIAM), dans la relation de son voyage dans l'Amérique septentrionale, tome II, donne beaucoup de détails sur les Serpents qu'il a observés, surtout sur les Crotales.

1828. BECKER. Beytrag zur naturgeschichte der Gemeinen Klapper Schlange (*Crotalus horridus*), Isis, tom. 21, pag. 1132.

1826. BELL (THOMAS), on Leptophina a group of Serpents

comprising the genus *Dryinus* of Merrem. Zool. Journ., tome II, pag. 322.

1838. Du même. History of British Reptiles.

1825. BENDISCIOLI (GIUSEPPE), *Monografia dei Serpenti*, etc. Voyez tome V du présent ouvrage , page 548.

1778. BERTIN (JOSEPH EXUPÈRE). *Dissertatio erga specificum Viperæ morsus antidotum (alcal. volat.)*, Paris, in-4°.

1682. BIERLING (GASP. THEOPH.), Serpens vaccam emulgens. Miscell. Acad. nat. curios., dec. 1, an. 1, pag. 317.

1819. BIGELOW (JACOB) de Boston. Documents and remarks respecting the sea Serpent. Silliman. Amer. Journ. of scienc., tom. II, pag. 147. Sur les monstrueux Serpents de mer.

1823. BLAINVILLE (HENRY DUCROTAY DE), sur plusieurs Pythons vivants à Paris en janvier 1823. Bull. de la Soc. philomat., page 49.

1825. — Sur la Vipère galonnée, ibid., page 110.

1826. Sur le venin des Serpents à sonnettes, ibid., page 141.

1831. BLAIR (THOMAS), on Snakes troting on the water. Magaz. of natur. History by London, vol. IV, page 280.

1733. BLONDEL (FRÉDÉR.) , sur les Serpents qui , n'étant pas venimeux , le deviennent à la Martinique. Mém. de l'Acad. des sciences de Paris, tome I, page 362.

1823. BLOT (J. CH.), sur la morsure de la Vipère fer de lance. Thès. Paris , in-4°.

1796. BLUMENBACH (JEAN FRÉD.). Beitrage zur Naturgeschichte der Schlangen (Matériaux pour l'Hist. natur. des Serpents). Voigt's Magaz. 5 Band. 1 Stück.

1801. BOAG (W). On the poison of Serpents. Asiatick Researches. tome VI, page 103.

1783. BODDAERT (PETRUS), médecin à Flessingue. *Specimen novæ methodi distinguendi Serpentes.* Nova Acta Acad. nat. curios., tome VII, page 12.

1783. —*De generico Serpentium caractere.* Nova Acta Nat. curios., tome VII.

1825. BOIÉ (FRÉD.) Notice sur l'Erpétologie de l'île de Java, d'après les recherches de Kuhl et Van Hasselt. Bulletin universel des sciences naturelles de Férussac, d'après son manuscrit, tome IX , n° 203 , page 233.

1826. Du même. Genérali Uebersicht der Familien und

Gattungen der Ophidier. Isis, pag. 931. Bulletin des sciences naturelles de Férussac, octobre, page 99.

1827. — Du même. Bemerkungen über Merrem's Versuch der Amphibien. 1. Ophidien, *ibid.* 20, p. 508.

1826. BOIE (HENRY). Meskmale einiger Japonischers Lutche. Isis, pag 203.

1827. — Boie, son frère, a fait connaître, dans l'Isis, page 508, les principaux genres que celui-ci avait cru devoir établir parmi les Ophidiens.

1840. BONAPARTE (CHARLES). *Fauna italica*, in-fol. pl.

1823. BOUÉ (J. P.). Sur la morsure de la Vipère. Paris, thèse in-4. de 29 pages.

1671. BOURDELOT (PIERRE MICHON). Recherches et observations sur les Vipères. Paris, in-12. En anglais, Philos. transact. vol. VI, p. 3013.

1746. BREINTAL (J.). An account of what he felt after being bit by a Rattle snake. Philos.Transact. tome XLIV, part. 1, p. 147.

1833. BRESCHET (GILBERT). De l'ouïe dans les Serpents. (*Voyez* tome I, page 309.)

1826. BRODERYO (W. J.). Some account of the mode in which the Boa constrictor takes its food of the adaptation of its organisation to its habits. Zool. journal. tome XI, page 215.

1749. BRUCKMANN (FRANC. ERNEST). *Serpentes et Viperæ sylvæ Hercynicæ.* Epist. epistol. 16 cent. 2 pag. 137.

1842. BOWMAN (W). On the structure and use of the Malpighian bodies. Philos. Transact. part. 1, pag. 157. Traduit dans les Annales des sciences nat., tome XIX, page 108.

1784. BRUGUIÈRE (JEAN GUILL.). Description d'une espèce de Serpent de Madagascar. Journal de phys., tome XXIV, page 132 (Langaha).

1736. BURTON (WILLIAM).Letter concerning the Viper catchers and their remedy for the bite of a Viper. Philos. transact., n° 443, page 312.

1828. BUSCH. Analyse chimique des excréments du Boa constrictor. Brandes Archiv., tom. XXXII, cah. 2, page 228. Analysé. Bullet. des sciences, tome XXII, n° 70, page 124.

1706. CAMELLUS (GEORG. JOSEPH). *De Serpentibus et Viperis Philippensibus.* Philos. transact., vol. XXV, n° 307, p. 2272.

1838. CANTOR (doctor THEOD.). A notice on the Homadryas

a genus of Serpents with poisonons fangs and maxillary teeth. Proceedings of the zool soc., page 72. Journal of asiatick researches, tome XX, page 87, tab. 10, 11, 12.

1838. — Du même. Observations on marine Serpents. Proceeding ibid. page 80.

1839. — Du même. *Spicilegium Serpentum indicorum.* Proceedings of the zool. society, pages 31-49.

CARDOZE. Des effets d'une piqûre faite par la dent d'une Vipère morte. Annal. de la société de méd. pratique de Montpellier, série 2, tome I, page 179.

1778. CARMINATI (BASSANO). Saggio di osservazioni sul veleno della Vipera. Opuscoli scelti, tome I, page 38.

1669. CHARAS (MOYSE). Nouvelles expériences sur la Vipère. Paris, in-8, page 278, fig. 3. — Anatomie de la Vipère. Mém. de l'Acad. des sciences de Paris, tome III, page 209.

17 . CHEVALIER (TH.). Lettre sur l'efficacité de l'arsenic contre la morsure des Serpents. Sédillot, Recueil périod. de la soc. de méd. de Paris, tome LV, page 409.

1838. CLARKE. Some remarks on the habits of the common snake (*Coluber natrix*). Magazine of the natur. History by Charlesworth, tome II, page 479.

1683. CLEYRUS (ANDRÆAS). *De Serpente magno Indiæ orientalis urobubalum deglutiente.* Ephemer. curios. natur. Dec. 2, an. 2, pag. 18.

1821. CLOQUET (JULES). Mémoire sur l'existence et la disposition des voies lacrymales dans les Serpents. Mém. du Muséum, tome VII, page 62, pl.

1816 à 1829. CLOQUET (HIPPOLYTE) (*Voyez* tome I du présent ouvrage, page 311) a rédigé, sur les notes de l'un de nous, les articles Serpents, Ophidiens et les genres par ordre alphabétique dans le Dictionnaire des sciences naturelles.

1838. COX. Notice on a curious sort in the habits of the Viper. Magazine of natural History by Charlesworth, vol. II, page 237. Une Vipère avait avalé un gros Lézard, qui lui avait fait, à l'intérieur, avec la patte, une déchirure sur le flanc, par laquelle cette patte sortait au dehors.

1685. CRUGER (DANIEL). *De morsu Viperarum.* Miscell. natur. cur. dec. 2, an. IV, obs. 65, page 143.

1749. DARELIUS (JOH. ANDR). *Lignum colubrinum.* Thèse

soutenue à Upsal sous la présidence de Linné et insérée dans la collection dite *Amœnitates academicœ*, tome XI, page 83.

1784. DAUBENTON. Dictionnaire erpétologique de la grande encyclopédie méthodique.

1820. DAVY (JOHN). Analysis of snake stone. Asiatick researches or transact. society in Bengal, tome XIII, page 317.

1819. DAVY (EDMUND). On the solid excrement of the Boa constrictor. Philosop. magazine by Tilloch, vol. LIV, page 303.

1807. DECERF (JOS. PHILIB. EMMANUEL). Essai sur la morsure des Serpents venimeux de la France. Thèse in-4. de la Faculté de méd. de Paris, 19 février.

1823. DESMOULINS (ANTOINE). Sur la mort de Dracke mordu par un Crotale. Mém. sur le système nerveux et l'appareil lacrymal des Serpents.

1824.—Journal de physiologie de Magendie, tome IV, page 274, et tome VII, page 109.

1825. — Bulletin des sciences naturelles, page 99.

1831. DILLON. Notice on the breathing tube of the Boa. Magazine of natural history by Loudon, vol. IV, page 20. Sur le canal respiratoire des Serpents.

. DRUMPELMANN. Serpents de la Lithuanie.

1722. DUDLEY (PAUL). An account of the Rattle Snake. Philos. transact., vol. XXXII, n° 376, page 292.

1826. DUGÈS (ANTOINE), professeur à Montpellier. Organes du mouvement des Serpents. Annales des sciences naturelles, vol. XII.

1829. —Déglutition des Reptiles. Fourreau de la langue des Serpents, Ibid.

1833. — Recherches sur la Couleuvre de Montpellier. Annales des sciences natur., 2e série, tome III, page 137.

1816. DUTROCHET. Sur les enveloppes du fœtus; sur les œufs des Serpents. Mém. de la société médicale d'émulation de Paris, tome VIII, page 29. Id. 1837. Mém., tome XI, page 229.

1717. DUVERNEY (GUICHARD JOSEPH). Observations sur les œufs de la Couleuvre. Mém. de l'Acad. des sciences de Paris. Hist. page 28.

1830. DUVERNOY (G. L.). Caractères anatomiques pour distinguer les Serpents venimeux. Ann. des sc. nat., tome XXVI, page 113, pl. 5 à 10. Ibid. pl. 30, page 1. Bull. des sc. natur., tome XXIII, n° 69, p. 122.

1832. — Fragments d'anatomie sur l'organisation des Serpents. Annales des sciences natur., in-8. Paris, tome XXX, page 5.

1809. DWIGUBSKI. Notice sur quelques Reptiles de la Russie. Mém. de la soc. impér. de Moscou, tome II, page 47.

1751. EDWARDS (GEORGES). Histoire naturelle de divers oiseaux. Serpent à deux têtes. Tome IV, page 207.

1766. ELLIS (JOHN). A letter on the Coluber cerastes, or horned Viper of Egypt. Philos. transac., vol. LVI, page 287.

1666. ETTMULLER (MICHAEL). (Sultz-Bergen Præside) De morsu Viperæ. Lipsiæ, in-4. pl. 5.

1714. FEUILLÉE (LOUIS), minime. Sur la morsure des Serpents à sonnettes. Journal d'observations. Tome I, in-4. Paris, page 417.

1823. FITZINGER (L. J.), de Vienne en Autriche. Quelques remarques sur des Serpents cornus. (Archiv. für Geschichte. Vienna, 9, page 131.) Bulletin des sci. nat., tome II, n° 242, page 297.

1827. Du même. Ueber die Hydren oder Waserschlangen. Isis, page 731. *Voyez* en outre l'analyse que nous avons donnée dans ce présent volume, page 64, du tableau manuscrit que ce savant nous avait adressé en 1840.

1831. FLEISCHMANN. *Dalmatiæ nova Serpentium genera.* Erlangæ, Tarbophis et Rhabdolon.

1821. FLEMING (JOHN), pasteur en Ecosse, a décrit beaucoup de Serpents dans l'ouvrage intitulé : Philosophy of zoology, 2 vol. in-8. vol. II, de la page 279 à 295.

1767. FONTANA (FÉLIX), professeur à Pise. Richerche fisiche sopra il veneno della Vipera. Traité sur le venin de la Vipère, 2 vol. in-4., planches. Plusieurs autres éditions en 1787.

1775. FORSKAEL (JOHN GUSTAV.), Suédois (*Descriptiones animalium ex itinere Orientali*) a décrit beaucoup d'espèces de Serpents.

1817. FRANQUE (J. B.). *De Serpentium quorumdam genitalibus ovisque incubitis.* Tubingue, in-4. de 44 pag., 2 pl. col.

1782. FREISKORN (F. A PAULO). *Dissertatio de veneno Viperarum.* In-8. Vienne.

1842. FRÉMINVILLE (DE), officier de marine. Considérations générales sur les mœurs et les habitudes des Serpents. Broch. in-8. de 24 pages (Brest).

1665. FRENZELIO (SIMON FRÉD.). Resp. *Bernick. Dissertatio Serpentem sistens.* Wittembergæ, in-4. pl. 8 1/2.

1827. FRICKER (ANT.). *De oculo Reptilium*, déjà cité, tome II , page 664. Tubingæ, in-4.

1823. FRIVALDSKI (E.). *Monographia Serpentum Hungariæ.* Pesth , in-8. de 62 pages. Bulletin des sciences naturelles, tome III , n° 183 , page 229.

1815. FUNK (ADOLPH. FREDER.). *Dissertatio historico-medica de Nechuschtane et Æsculapii serpente,* in-8. Berlin.

1807. GAIGNEPAIN (HENRY). Sur les effets du venin de la Vipère. Paris , in-4. 24 pages.

1834. GENE (JOSEPH). Description d'un serpent mal connu. *Coluber Hippocrepis.* Mém. de l'Acad. de Turin, t. XXXVII, p. 299, figures.

1839. — *Synopsis reptilium Sardiniæ.* Ibid., tomes I et II. Quelques serpents décrits et figurés.

1587. GESNER (CONRAD). *De serpentium naturâ.* Tiguri , in-folio. Voyez dans ce présent volume page 15 et suivantes.

1827. GEOFFROY SAINT-HILAIRE (ISIDORE). Reptiles et poissons d'Égypte , 1re partie , in-8. — Eryx, Couleuvres , Scythale , Céraste , Haje ; figurés dans le grand ouvrage sur l'Égypte.

183h. GISTOL (JOAN). Bemeskungen uber cinige Lutche. Isis, page 1069. Trois serpents : la Lisse , la Couleuvre à collier et la Vipère.

1789. GRAY (EDWARD WHITTAKER). Sur les moyens de distinguer les serpents venimeux. Philos. trans., vol. LXXIX , p. 21. Journal de phys., t. XXXVII, page 321.

1827. GRAY (M. J. EDWARD). Reptilia of the intertropical and western coast of Australia, by cap. King. Tom. II. p.424. London. Plusieurs Serpents du genre Leptophis.

1831. — Sur la forme de la pupille dans les Serpents. Bulletin des sciences nat., tome XXVII , n. 38, p. 101.

1834. — Observations on the variety of the (*vipera berus* Daudin), Proceedings of the zoolog. Society, p. 101.

1837. GRAY (J.-B.). Revision of the genera and species of venomous prehensile-tailed and water Snakes. Proceedings of the zool. Society, p, 135.

1841 — Description of new species discovered from Western Australia (Elaps Goldii). Annal. nat. History by Gardine, vol. VII, p. 86.

1820. GREEN (Jacob). On the bones of the Rattle Snake. Sur le squelette du Crotale. Silliman's Journal of natural sciences, Philadelp., vol. III, p. 85.

1767. GRIMM (J.-F.-C.). *Historia symptomatum à morsu Aspidis productorum et medelæ. Nov. act. Acad. curios.* t. III, p. 64.

1727. HALL. An account of some experiments of the effects of the poison of the Rattle Snake. Philos. transact. 35, n. 399, p. 309.

1689. HANNEMANN (JOS. LUD.). *Dissertatio de Viperæ morsu.* Miscell. natur. cur. dec. 2, an. VIII, p. 203.

1685. HARDER (J.-J.) *De Viperarum morsu.* Ephemer. nat. curios., dec. 2, an. IV, p. 229.

1826 HARLAN (RICHARD). Description of the variety of the *Coluber fulvus.* Lin. Journal acad. sc. nat. Philadelphie, vol. V, p. 154.

1744. HASSELQUIST (FRIED). *Anguis Cerastes descriptus. Acta upsaliensia,* vol. IV, p. 281.

1825. HAWORTH (A.-H). Arrangement binaire de la classe des amphibies. Philosoph. magasin, mai, p. 372. Bullet. des scienc. naturelles, t. VIII, p. 117, n. 96.

HELLMANN. Uberden Tastsinn der Schlangen. Sur le sens du toucher dans les Serpents.

1822. HEMPRICZ. *De absorptione et secretione venenosâ.* Breslau.

1831. HENSLOW (J.-S.). On the Breathing tube of the Boa. (sur les organes respiratoires). Magaz. of nat. History by Loudon, vol. IV, p. 279.

1830. HERHOLDT. Sur la génération, le développement et la naissance des Serpents. Frociep's notizen, n. 650. Acad. des sc. de Copenhague. Dansk. litt. tidende, n. 5, p. 71. Voyez Bullet. des sciences nat., t. XXV, n. 208, p. 354.

HERING (CONSTANTIN), médecin à Paramaribo-Surinam. Sur la nature du venin du Crotale muet. Archiv. fur die Homepathische Baud. X, Heft. 2. Extrait par Duz, d'après Stapf, p. 460.

1651. HERNANDEZ (FRANCISCO). *Nova plantarum, animalium*

genera, etc. Tract. 3 *de Historia reptilium Novæ-Hispaniæ.*
Romæ, in-fol., fig.

1651. HODIERNA (JOH.-BAPT.). *De dente Viperæ virulento
epistola.* Vid. Marc-Aur. Severino, *Vipera Pythiæ*, p. 252.

1778. HOFFBERG (CARL. FRED.). Anmarkningar om Svenska
ormars bett. Vetensk. Acad. Handling, p. 89.

1836. HOLBROOK (D. JOHN EDWARDS). North American Her-
petology, in-4. Philadelphy.

1728. HOLL, captain. An account of some experiments on
the effects of the poison of the Rattle Snake. Philosoph. transact.,
t. XXXV, p. 309.

1796. HOME (sir EVERARD). Muscles des Ophidiens. Philosoph.
transact., vol. X.

1810. — Sur le venin des Serpents. *Ibid.*, part. 1, p. 75. Read
december, 21.

1814.—Lectures on compar. Anat. on the progressive motion.
Ibid., vol. CII, p. 163.

1834. HOPKINSON (J.-S.). On the visceral anatomy of the
Python (*Boa reticulata,* Daudin). Transact. of the Amer. philos.
society, vol. V, p. 121.

1787. HORNSTEDT (CLAS FRED.). Description d'un nouveau
Serpent de Java (Acrochorde). Vetensk. Acad. Handling , p. 306.
Journal de physique, t. XXXII, p. 284.

1790. HOST (NICOLAS). *Amphibiologia. Jacquini collec-
tanea,* vol. IV, p. 349; déjà cité tome I du présent ouvrage,
p. 322.

1815. HUEBNER (FRED. LUDOV.). *Dissertatio opuscul. Acad.*
Berlin, in-4. *De organis motoriis Boæ caninæ.*

1677. JACOBÆUS (OLIGERUS). *Anatomia serpentum et viperarum. Acta Hafniensia,* vol. V, p. 266.

1694. JAGERSCHMIDT (JOH.-VICT.). *De morsu serpentis in
pede curato. Miscell. nat. curiosor.* Acad., dec. II, an. 2,
p. 240.

1657. JONSTON (JOH.). *Historia naturalis , lib.* II : *de Serpentibus,* in-fol. Amsterdam.

JOURDAN, de Lyon. Sur les dents œsophagiennes du Tropidonote rude. (Nous donnons , à la page 160 de ce présent volume , en traitant de la déglutition , à l'article du pharynx , un
extrait de ce mémoire , qui a été lu à l'Institut.)

1747. JUSSIEU (BERNARD DE). Sur les effets de l'eau de Luce contre la morsure des Vipères. Mém. de l'Acad. des sciences de Paris. Hist., p. 54.

1753. KALM (PETR). *Historia caudisonæ*. Vetensk. Acad. Hardling. Analect. transalpin., t. II , p. 490.

1712. KÆMPFER (ENGELBERT). *Tripudia Serpentûm in Indiâ orientali.*

— *Amœnitates exoticæ*, p. 565.

1825. KAUP. Remarques sur le Manuel d'erpétologie de Merrem. Isis, p. 589 et 1089. Traduites dans le Bulletin des sciences nat., t. VII, p. 440, n. 345.

1826. KNOX. Sur la structure et le mode d'accroissement des dents venimeuses des Serpents. Transact. of the Werner Soc., vol. V, p. 2, p. 411 , fig. 1. Bullet. des sc. nat., t. XVIII, n. 311, p. 403.

1837. KRYNICKl (J.) (cité t. VIII , p. 252). *Observationes de Reptilibus indigenis* (Russie). Bullet. de la Soc. impér. des nat. de Moscou, n. 3.

1744. KUTZSCHIN (CLAUDE-JOSEPH). *De Viperarum usu medico*, in-4. Hal. Magd.

1803. LACÉPÈDE (BERNARD DE LA VILLE DE). Genre de Serpent non décrit (Erpéton tentaculé). Annales du Mus. d'hist. nat. de Paris, t. II, p. 280, pl. 50.

1835. LAMARE-PICQUOT. Réponse aux opinions et à la critique du rapport sur son Mémoire concernant les Ophidiens, in-8. 64 pages.

1743 LAMI. (GIOVANNI). Dissertazione sopra i serpenti sacri. Accad. etrusca di Cortona, p. 33. Journ. des Savants, t. CXXXIX, p. 18.

1690. LANZONI (JOSEPH). *De viperâ duplici capite præditâ.* Miscell. nat. curios., dec. 2, an IX, p. 318, vol. CLXXI.

1694. LENTILIUS (ROS.). *Observatio de Serpente vaccam emulgente.* Miscell. nat. curios., dec. 3, an I, append., p. 130.

1832. LENZ (Dr HARALD OTHMAR). Schlangentunde. En allemand, Traité de quelques Serpents propres à l'Allemagne et de quelques pays étrangers. Gotha , in-8, p. 559, avec 10 pl., fig. coloriées.

1518. LEONICENUS (NICOLAS). *De serpentibus opus.* Bononiæ, in-4, pl. 13.

1529. — Autre édition dans une dissertation latine *de Plinii erroribus*. Basileæ, in-4.

1690. LINDEL (joh.-h.). *De Viperâ*, in-4, pl. 1, 24 pages. *Traject. ad Rhenum*.

1752. LINNÉ (carolus a.). *De criteriis Serpentûm annotatis*. Analect. transalp., t. II, p. 471.

LINOCIER (geoffroy). Histoire des Serpents recueillie de Gesner et autres bons approuvés autheurs. (Voyez t. I du présent ouvrage, p. 326.

1551. LONICERUS (adam). *Naturalis historiæ opus novum*, p. 286.

1670. LUTZEN (ludov. henric.). *Ophiographia*. Das isteine Schlangenberchreibung. Augspurg, IV, 12, p. 128.

1790. MACRAE (john). Case of the bite of a poisonous Snake successfully treated. Asiatic researches, vol. II, p. 309.

1820. MACHENZIE. An account of venomous sea Snakes on the coast of Madras. Asiatic researches, t. XIII, p. 329.

1805. MANGILI (giuseppe). Discorso sopra i Serpenti. Efemer. chimico-mediche, t. I, semest. 2.

1817. — A prouvé que le venin de la Vipère peut être avalé impunément. Giornale di fisica chimica, t. IX, p. 468. Traduit dans les Annales de chimie, même année, février.

1817. Du même. Expériences sur le venin de la Vipère. Bullet. de la Société philomatique, p. 43.

1838 MARTIN (william). Description of several Snakes procured by the Euphrate's expedition. Proceedings of the zoologic. society of London, p. 81.

— On the swimming of Snakes. Sur le nager des Serpents. Magaz. of natur. hist. by Charlesworth, vol. I, p. 283.

1826. MAYER (de bonn) (fréd.-alb.-ant.). Rudiments des membres postérieurs dans les Serpents. Ueber die hintere extremitat der Ophidien. *Nova acta acad. nat. cur.*, vol. XII, part. 2, p. 819; et Recherches ultérieures en 1829, pl. 57, sur le même sujet. Zeitschrift für Physiol. von Tiedemann, t. III. p. 249. Voyez la traduction dans le tome VII des Sciences nat., p. 170, avec la copie des planches.

1750. MEAD (richard). *Observationes de veneno Viperæ*. Lugduni Batavorum, in-8.

1826. MECKEL (j.-fréd.), professeur à Halle. Sur les glandes de la tête des Serpents.—Archiv. fur anatom. und physiol., 1er cah., p. 1, fig. 6. Analyse dans le Bullet. des sc. nat., t. X, p. 404, n. 282.

1818. — Du système circulatoire sanguin dans les Serpents Crotale et Natrix. Annales de physiologie, t. II, 1,p. 101 et suiv. En allemand.

1818. — Archiv. ibid., t. IV, p. 66. Ueber das respirations system der Amphibien. Appareil de la respiration des Serpents.

1819.—Même ouvrage. Supplément à cette monographie, t. V, p. 213.

1806. — Ses traités d'anatomie comparée, dont la traduction définitive a été faite par Jourdan. Depuis 1828 jusqu'en 1838.

1691. MENTZEL (JOH.-CRIST.). *De lapidibus Serpentûm. Miscellanea medico-physica*, in-4, dec. 2, an IX, p. 122, observ. 74.

1823. METAXA (LUIGI). Monografia dei Serpenti di Roma e sui contorni. Roma, in-4. de 28 pages, pl. color. Bullet. des sc. natur. t. I, p. 184, n. 253.

1785. MICHAELIS (CHRIST. FRÉDÉRIC). Ueber die Klapperschlange. Gotting. Magaz., in-4°. Jahrg. Stück, pag. 90.

1825. MITCHILL (L. S.) de New York. Facts and considerations concerning a two-headed Snake. Sur un Serpent à deux têtes. Silliman's Journal of scienc., vol. X, pag. 48. Voyez Bulletin des sciences naturelles, tom. VIII, pag. 252, n° 205.

1829. — Du même. Même journal, vol. XV, pag. 351. The History of Sea snake.

MONGIARDINI. Sul veleno delle Vipere, sulla maniera con cui agisce nell' economia animale. Mem. dell' Accademia di Genova, vol. II, pag. 46-57. Bibl. médicale, tom. XVI, pag. 275.

1816. MOREAU DE JONÈS. Monographie du Trigonocéphale des Antilles ou grande Vipère fer de lance de la Martinique.

1818. — Du même. Monographie de la Couleuvre couresse, Journal de physique pour septembre.

1829. MULLER (J.) de Bonn. Sur la glande nasale des Serpents. Meckels archiv. für anatom. und Physiol., n° 1, pag. 70. Bulletin des sciences naturelles, tom. XIX, pag. 368, n° 212.

1830. — Du même. *De Glandularum secernentium structurâ*

penitiori , in-fol. — Sur la glande sécrétoire du venin , pl. VI , fig. 1 à 3.

1831-1832. — Du même. Crâne du Tortrix. Tiedemann. Zeitschrift, IV, 1, pl. 20.—Sur l'anatomie du genre Typhlops, en allemand. Même ouvrage, page 420.

1820. NEUWIED (le prince MAXIMILIEN DE). Uber die cobra coral oder *coraes* der Brasilianer Acad. curios. nat. Nova acta physico-medica , tom. X, pars 1 , pag. 105 , pl. 4 , fig. 16 et suiv.

1825. — Du même. Sur les Serpents du Brésil, en allemand , Weimar, in-fol.

OFFREDI (CAROL.). *De Serpente magno et monstroso. Eph. cur. nat.* Dec. II, ann. 1, obs. 125.

1818. ORFILA (M. P.). Traité des Poisons (des Serpents), tom. I, pag. 464.

1742. OWEN (CHARLES). Essay on natural History of Serpents , in two parts. Londini, in-4°, fig. pl. 7.

1802. PALISSOT BEAUVOIS. Observations sur les Serpents , mémoire adressé à l'Institut par l'auteur alors à Philadelphie , réimprimé dans le Vᵉ vol. du grand ouvrage de Daudin, in-8°.

1805. PAULET. Observations sur la Vipère de Fontainebleau. Fontainebleau , an. XIII, in-8°, 60 pages.

PERONI. Lettera sur un caso di morso d'una Vipera instantamente fatale, con reflessioni su tale avvenimento. Giornale della Soc. medico-chirurg. di Parma , vol. XIV, pag. 209.

1672. PLATT (THOMAS). Letter from Florence concerning some experiments there made upon Vipers. Philosoph. Transact., vol. VII, n° 87, pag. 5060.

1821. POLETTA (GIOV. BATIST.). Sul morso della Vipera. Mem. dell' imperial regio instituto di Lombardia , tom. II , part. 2 , pag. 1.

1820. RADDI (GIUSEPPE) Di alcune specie nuove di Rettili Brasiliane. Mem. di Mattem. e fisica della Societ. italiana , tom. XVIII, pag. 313, Modène.

1822. — Du même, ibid., tom. XIX, pag. 58, fév. et mars, déjà cité, tom. V de cet ouvrage, pag. 551.

1818. RACKET. Observations on a Viper found in Cranborne chace, Dorsetshire. Transact. Linn. Society, vol. XII , part. 2 , pag. 349.

1819. RAFINESQUE SCHMALTZ (c. s.). Natural History of the copper head Snake, Journal of scienc., by Silliman, vol. I, pag. 84.

1727. RANBY (JOHN). The anatomy of the poisonous apparatus of the Rattle snake. Anatomie de l'appareil venimeux du Serpent à sonnettes. Philos. Transact., vol. XXXI, n° 401, pag. 377.

1837. RANZANI (CAMILLO). Descrizione di un Serpente (Calamaria, Boie). Mem. di mattem. e fisica della Societ. italian, tom. XXI, pag. 100, pl. 3. *De Serpente monspessulano*, Acad. de Bologne, tom. II.

1646. RÉDI (FRANCISCO). *Observationes de Viperis*, Osservazioni intorno alle Vipere. Dans toutes les éditions de ses œuvres.

1684. — Degli animali viventi, etc. Serpents à deux têtes.

1830. RETZIUS de Stockholm. Anatomie du Python à deux raies. Mém. de l'Acad. de Stockholm en suédois.

1832. — Isis, pag. 512-523.

1826. RITGEN (F. A.). Classification des Serpents. *Nova acta physico-medica Acad. natur. curios.* tom. XIV, pag. 245 et part. 237.

ROBINET. Expériences sur les effets du poison des Serpents à sonnettes, Recueil de la Société typographique de Bouillon, tom. I, pag. 95.

ROSA. Sur la reproduction des crochets à venin, cité par Meckel dans la traduction de l'Anatomie comparée de Cuvier en allemand, tom. III, pag. 126.

1828. ROUSSEAU (EMMANUEL). Expérience sur le venin d'un Serpent à sonnettes. Journal hebdomadaire, 15 novembre.

1825. RUDOLPHI (Respond. SAIFFERT). *Dissertatio sistens spicilegium adenologiæ*, Berlin, in-4°. Il est question des glandes à venin.

1804. RUSSEL (PATRICK) et sir EVERARD HOME. Remarks on the voluntary expansion of the Skin of the Cobra de Capello. Philosoph. Transact., tom. XCIV, pag. 346, pl. 7 et 8.

1796. — Du même. An account of Indian Serpents, collected on the coast of Coromandel, etc. London, 2 vol. in-fol., 1re partie 46 planches.

1801. — 2e partie, 42 planches.

1784. SANDERS, Nachricht von einer unbekannten Schlangenart, Naturforscher, cah. 17, pag. 246, n° 19.

1619. — SCALIGER (JUL. CÆSAR). *Varia de Serpentibus, de subtilitate, exerc.* 33, 183-189-200.

1735. SCHEUCHZER (JOH. JACOB). *Physica sacra, fig. Serpentum,* 333 ; 628 à 648 ; 652 à 679. Amsterdam, in-4°.

1826. SCHLEGEL (H). Notice sur l'Erpétologie de Java par H. Boïé. Bulletin des sciences naturelles , tom. IX, pag. 233 , n° 203.

1828. — Du même. Unter suchung der speichel drusenbei den Schlangen. Examen des glandes des Serpents. Nouveaux actes des Cur. de la Nature , tom. XIV, pag. 143 , pl. 7 ; Bulletin des sciences natur. tom. 18, pag. 462 , n° 310.

1837. — Du même. Essai sur la physionomie des Serpents , 2 vol. in-8₀ , atlas in-fol., pl. lithog. Voyez dans ce présent volume, pag. 48 à 58 une analyse détaillée.

1826. SCHLEMM. Anatom. Beschreibung der Blutgefaesse der Schlangen.Description anatomique du système vasculaire sanguin dans les Serpents. Annales de Physiol. de Meckel, tom. II, part. 1, pag. 101. On en trouve l'analyse dans le Bulletin des sciences naturelles, tom. IX, n° 305, pag. 353.

1788. SCHMIDT (FRANC. WILLIBALD). Ueber die Bohmischen Schlangen arten. Abhandl. der Boh. Gesellsch, p. 81 à 106.

1783. SCHNEIDER (JOH. GOSL.). Allgemeine betrachtungen über die ein theilung und kennzeichen der Schlangen, Magaz. Leipzig , pag. 216.

1670. SEGER (GEORGIUS). *De Serpentum vernatione, ovorum exclusione et anatomiâ.* Ephemer. Acad. curios. nat., dec. 1, an. 1, pag. 15.

1643. SEVERINO (MARC AUREL.). *Vipera pithya seu de Viperæ naturâ, veneno.* Patavii, in-4°, *Tab. æneis,* pag. 522.

1804. SHEPPARD (REVETT). Description of the British new species of Viper. Transact. Linn. Society, vol. VIII, pag. 49.

1838. SIEBOLD (M. PH. FR.), Aperçu historique sur les Reptiles du Japon.Extrait de la Faune du Japon, in-fol., pag. 21.

1733. SLOANE (HANS). Conjectures on the charming or fascinating power attributed to the Rattle snake. Philos. Transact. , vol. XXXVIII, n° 433, pag. 321.

1818. SMITH (THOMAS). On the structure of the poisonous fangs of Serpents. Philosoph. Transact., tom. CVIII, pag. 471, pl. 22.

1826. SMITH (ANDRÉ). Sur les Serpents de l'Afrique méridionale. Edimburg, New philos. Journal, pag. 248, analysé dans le tom. XVl du Bulletin des sciences naturelles, n° 93, pag. 128.

1776. SONNINI (c. s.). Recueil d'observations sur les Serpents de la Guyane. Journal de physique.

1722. SPRENGELL (CONRAD J.). Some observations upon the Viper. Philos. Transact. , vol. XXXII , n° 376, pag. 296.

1699. STOLTERFOTH (JOAN. JACOB.). *Exuviæ Serpentum Indiæ orient. eximiæ magnitudinis.* Nov. Litter. mar Balth., pag. 215.

1839. STORER (D. HUMPHRY). Reports on the Fishes, Reptiles and Birds of Massachusetts. Boston. in-8°, Ophid., pag. 221.

1768. STORR (THEOPH. CONRAD. CHRIST). *De curis Viperinis.* Tubing., in-fol., 27 pages.

STRACHAN. Obs. made in the Island of Zeyland. Philos. Transact., no 278, pag. 1094.

1790. STROM (HANS). Om en lidet bekiendt norskslange (*Coluber chersea*). Naturhist. Selsk. skrivt. 1, bind. 2, heft. p. 25.

1665. TAYLOR (SYLAS). Of the way of killing Rattle-snakes used in Virginia ; sur les moyens de tuer les crotales employés en Virginie. Philos. Transact. V, pag. 43 à 73.

1813. TIEDEMANN (FRÉDÉRIC), de Heidelberg. Uber speichel drusen der Schlangen. Mém. de l'Acad. de Munich , pag. 25 , pl. 2, sur les glandes salivaires des Serpents.

1804. TOPLIS (JOHN). On the fascinating power of Snakes. Philos. Magaz. by Tillock , vol. XIX, pag. 379.

1836. TROOST (G.). On a new genus of Serpents and two new species of the genus Heterodon inhabiting Tennesse. Annales du Lycée de New-York, vol. III, pag. 174.

1683. TYSON (EDWARD). *Viperæ caudisonæ anatomy.* Philos. Transact., vol. XIII, n° 144, pag. 25. *Acta eruditorum,* Lipsiæ , 1684, pag. 169; *Valentini amphitheatrum zootomicum ,* § 107; pag. 175. C'est une description anatomique très-détaillée des étuis cornés qui terminent la queue.

1781. VAN LIER (J.). Traité des Serpents et des Vipères que l'on trouve dans les pays de Drenthe (en belge et en français), 1 vol. in-4°, Amsterdam , pag. 372, pl. col. 3.

1817. VEYRINES. Sur la morsure de la Vipère et son traitement, Strasbourg, in-4°, 27 pages.

1740. VESLINGIUS. *Observationes de Viperæ anatome et generatione.* Hagæ Comitûm , in-4°. *Observation. anatomicæ à Thom. Bartholino editæ,* tom. II, pag. 32.

1698. VOIGT (M. GODOFREDUS). *De Congressu et partu Viperarum,* Lipsiæ, in-12. *An Vipera per os genituram recipiat,* etc.

1774 VOSMAER (ARNOUX). Description de deux Serpents à queue aplatie , l'un du Mexique, l'autre de l'Inde (Pelamys. Hydrophis). Amsterdam, in-4.

1768. Du même. Description d'un Serpent à sonnettes de l'Amérique. Amsterdam, in-4°, pag. 20, pl. 1.

1829. WAGNER (FRÉD. AUGUST.). Observations sur les mœurs de la Vipère commune. Journal der praktischen Heilkunde, p. 111. Bulletin des sciences naturelles , tom. XXI, pag. 322, n° 204.

1825. WEBER (ED.), Sur les cœurs lymphatiques du Serpent Python, en allemand , Archives d'anatomie et de physiologie de Muller, tom. II.

1710. WEICHEL (GEO. WOLFF). *De Paulo à Viperâ demorso.* Iéna, in-4°, 8 pages.

1783. WEIGEL (CHRIST. CHRENFRIED). Beschreibung einer Schlange (Descript. d'un Serpent), Abhandl. der Hallischen naturf. Gesell., 1, band. pag. 55.

1750. WEISS (EMMANUEL). Mémoire sur le mouvement progressif de quelques Reptiles. Acta Helvet., vol. III, pag. 373, in-4°. Extrait dans le Journal de Physique, tom. I, introd., pag. 406.

1737. WILLIAMS (STEPHEN). Letter concerning the Vipers catcher, and the efficacy of oil of olives in curing the bite of Vipers. Philos. Transact., pag. 27.

1815. WOLFF. Abbildung und Beschreibung der Kreuzotter (Vipère).

1781, WURMB (FRÉDÉRIC van). Beschryving der groote adder vant eiland Java. Société de Batavia. Rotterdam, in-8°. Verhandel van het Bataviaasch. Genootsch. Deel, tom. III, pag. 369.

1826. WYDER (J. F.). Essai sur l'Histoire naturelle des Serpents de la Suisse. Paris.

CHAPITRE IV.

PREMIÈRE SECTION DES OPHIDIENS.

LES SCOLÉCOPHIDES OU SERPENTS VERMIFORMES NON VENIMEUX.

En désignant par le nom de Scolécophides (1) les Serpents de cette première division, nous avons voulu faire allusion à la ressemblance que ces Reptiles offrent, au premier aspect, avec les Lombrics, ou vers de terre, par la forme allongée, étroite et cylindrique de leur corps, dont les deux extrémités sont de même grosseur et se confondent avec le tronc.

D'ailleurs voici d'autres caractères plus importants. Ils n'ont jamais de dents qu'à l'une ou à l'autre mâchoire, et aucune de ces dents n'est sillonnée ni canaliculée. Leurs os inter-maxillaires, les nasaux, les vomers et les frontaux antérieurs sont solidement soudés entre eux. Les sus-maxillaires sont très-courts et les palatins étendus en travers, au lieu d'être longitudinaux. Enfin, ils n'ont jamais de ptérigoïdiens externes, destinés à transmettre le mouvement aux pièces antérieures de la mâchoire.

Ces petits Serpents offrent en outre extérieurement plusieurs particularités notables qui les font reconnaître à la première vue. 1° La disposition et la nature des écailles qui donnent à leur corps la consistance, la solidité et l'aspect lisse poli, quoiqu'il soit recouvert de pièces très-nombreuses et fortement imbriquées ou superposées. Cette écaillure du reste est la

(1) Nous renvoyons pour l'étymologie de ce nom, à la page 71 de ce volume.

reproduction exacte pour l'ordre des Ophidiens, de celle qui caractérise la grande famille des Scincoïdiens dans celui des Sauriens. 2° Vient ensuite la largeur, proportionnellement très-grande, de leur museau et sa proéminence au devant de la bouche qui se trouve ainsi située tout à fait en dessous. 3° Enfin, la présence des plaques ou lames cornées qui recouvrent tout à fait leurs yeux, généralement très-petits et dans lesquels la lumière ne pénètre qu'autant que le permet la faible transparence de leurs voiles squammeux. Il résulte de cette disposition que les Scolécophides ont la vue excessivement faible, et que quelques-uns même sont à peu près aveugles, s'ils ne le sont complétement.

Schneider en avait fort bien fait la remarque, et c'est ce qui lui a donné l'idée d'appeler du nom de Typhlops (Τυφλώψ, aveugle) ceux de nos Scolécophides qu'il a eu occasion de connaître par lui-même. Dans la suite, ce nom de Typhlops s'est étendu à tous ou à presque tous les Serpents vermiformes pour indiquer leur analogie avec ceux pour lesquels le célèbre naturaliste allemand l'avait imaginé; et aujourd'hui encore, il est celui qui sert à désigner l'unique groupe générique dans lequel, faute de les avoir convenablement étudiées, on avait comme entassé pêle-mêle des espèces présentant cependant entre elles des différences tellement notables, que nous avons été conduits à les partager en huit genres appartenant à deux familles parfaitement distinctes. L'une, qui est celle des TYPHLO-PIENS, se caractérise par la présence de dents maxillaires supérieures et par le manque de dents maxillaires inférieures; l'autre, nommée les CATODONIENS, se reconnaît à ce que leur mâchoire inférieure est au contraire dentée et que la supérieure ne l'est point.

Les Scolécophides atteignent fort rarement 30 à 40 centimètres de long et une grosseur égale au petit doigt ; la plupart ont des dimensions pareilles à celles de nos vers de terre, et quelques-uns sont beaucoup plus petits et plus grêles. Leur genre de vie n'est pas moins triste et misérable que celui de ces Annélides ; comme eux, ils se tiennent sous les pierres ou habitent l'intérieur du sol, dans de petits terriers, sortes de galeries étroites qu'ils s'y creusent, et cela toujours dans des localités humides. Ils font leur nourriture de lombrics, de myriapodes et de larves, plutôt que d'insectes parfaits, vu le peu de largeur et de dilatabilité de leur bouche, qui n'est susceptible d'admettre qu'une proie plus ou moins effilée. Ce sont les moins agiles et les plus inoffensifs des Ophidiens ; et, lors même qu'ils voudraient nuire, ils ne le pourraient pas ; car ils ne possèdent rien de ce qu'il faut pour y parvenir, étant privés de la force physique et de ces armes vénénifères qui rendent si redoutables d'autres serpents tout aussi faibles qu'eux. En effet, ils sont dépourvus de glandes vénéneuses, et la preuve, c'est que la seule rangée de dents dont leur bouche soit armée, tantôt en haut, tantôt en bas, n'en comprend aucune dont l'intérieur soit percé d'un canal ou dont la surface soit creusée d'une gouttière.

Les Scolécophides ont réellement la tête à proportion aussi longue que la plupart des autres Ophidiens. Pourtant, à la considérer extérieurement, on la croirait plus courte ; attendu que la partie qui correspond à la face semble être tout ce que constitue la tête. Le reste, c'est-à-dire la portion qui forme le crâne ou la boîte cérébrale, se confond avec le tronc, par la raison que rien n'indique son point de jonction, et qu'elle n'en diffère presque pas, sous le rapport de la grosseur, de la forme et même de l'écaillure. La seule partie qui soit bien distincte du tronc est rarement tout à fait cylindrique, le plus souvent elle est déprimée, et quelquefois même elle l'est assez fortement ; tantôt le museau est tellement obtus que la tête paraît comme tronquée en avant ; tantôt il est plus ou moins aplati et arrondi antérieurement, et d'autres fois il s'amincit de telle sorte que son bord antérieur est véritablement tranchant.

La bouche est constamment située en dessous et toujours excessivement petite, comparativement à celle des autres Serpents ; la fente, ou la ligne qui l'indique, est exactement demi-circulaire, lorsque la bouche est close. La lèvre supérieure recouvre de son bord celui de la lèvre inférieure, et l'on ne remarque pas que la première offre en avant et au milieu, comme c'est généralement le cas dans les Ophidiens, une petite échancrure sous laquelle l'animal puisse darder sa langue sans abaisser la mâchoire inférieure ; pourtant cette échancrure semble exister chez quelques espèces, mais elle est à peine sensible.

Ainsi que nous l'avons déjà indiqué, les Scolécophides n'ont pas de dents aux deux mâchoires à la fois ; c'est-à-dire que lorsque la supérieure en est armée, l'inférieure en est dépourvue, comme dans les Typhlopiens. Si, au contraire, l'inférieure en est munie, la supérieure en manque, comme c'est le cas des Catodoniens. Ces dents sont en petit nombre, de cinq à dix au plus de chaque côté ; mais elles sont très-fortes, coniques, courbées, pointues, et aucune d'elles n'est ni perforée ni canaliculée.

La langue ne présente rien dans sa forme et dans son

organisation qui la différencie de celle des Reptiles du
même ordre.

L'organe de l'odorat se manifeste à l'extérieur par
deux petits orifices ovales ou hémidiscoïdaux , situés
à droite et à gauche du museau , mais tantôt à la face
inférieure , tantôt sur les côtés de celui-ci. Ce sont
des narines simples s'ouvrant presque directement dans
la bouche après un trajet assez court et longitudinal.

Les yeux, outre qu'ils sont recouverts de lames cornées d'une transparence variable , suivant les espèces ,
ont si peu de développement, que leur globe oculaire
est souvent moins gros , mais jamais plus que ne le serait la tête d'une forte épingle. Ils sont situés, en général,
sur les côtés de la tête , vers le milieu de sa longueur,
et positivement à fleur du crâne ; ces organes nous ont
offert une pupille circulaire, chaque fois que leur petitesse ne nous a pas empêché de les distinguer au travers des plaques sous lesquelles ils se trouvent placés.

Il en est du tronc des Scolécophides comme de celui
des Cécilies : quelquefois il est assez court, et d'autres
fois très-allongé, relativement à sa grosseur; mais le plus
souvent, il tient le milieu entre ces deux termes. Quand
on l'observe avec attention , on s'aperçoit qu'il n'est
pas absolument arrondi , ni de même diamètre d'un
bout à l'autre ; mais que son extrémité postérieure est
un peu plus forte que le reste, et que sa face inférieure , à cette extrémité , est légèrement aplatie.

La queue diffère peu de la région terminale du tronc
pour la grosseur. Elle est cylindrique ou conique :
dans le premier cas, elle est hémisphérique à son extrémité; dans le second , elle est plus ou moins obtusément pointue , et offre une légère courbure de haut
en bas. Elle est généralement très-courte : chez les

individus où elle l'est le plus, son diamètre est égal à la largeur de la tête; chez ceux où il est moindre, son étendue en longueur est triple ou quadruple de cette même partie du corps.

L'orifice du cloaque est une fente transversale plus ou moins arquée en arrière.

L'enveloppe extérieure du corps des Scolécophides offre, comme nous l'avons dit précédemment, une très-grande ressemblance avec celle des Sauriens, de la famille des Lépidosaures ou Scincoïdiens. Leur peau n'est point extensible, ou si elle l'est, c'est à un degré excessivement faible; on n'observe pas qu'elle fasse, sous la gorge, un petit repli rentrant et longitudinal qu'on appelle sillon gulaire, lequel manque aussi chez les Tortriciens, les Uropeltiens, les Acrochordes, et dans une espèce d'Éryx, mais qui existe chez tous les autres Ophidiens.

Les téguments protecteurs du derme sont de petites pièces d'apparence cornée, minces, mais consistantes, parfaitement lisses, unies, développées en plaques sur la région antérieure de la tête, et conformées en écailles sur toutes les autres parties du corps. Ces écailles, toutes absolument semblables, en dessus et en dessous, sur le tronc comme sur la queue, sont à quatre, cinq ou six pans, plus ou moins dilatées en travers et très-fortement imbriquées; seulement, celle qui protége l'extrémité caudale s'y moule de manière à représenter un petit dé conique dont le sommet se développe le plus souvent en une épine courte et comprimée. Les plaques qui revêtent la tête sont imbriquées et ont une figure et des proportions relatives fort différentes de celles qui garnissent la même partie du corps chez la plupart des Serpents, parmi les Azémiophides, les

Aphobérophides et les Apistophides. Il résulte de là que le bouclier céphalique des Scolécophides a un tout autre aspect. Les plaques de la tête chez ces petits Serpents vermiformes sont faites et disposées comme nous allons l'indiquer. Il y a d'abord pour le dessous, le devant et le dessus de la tête, deux petites plaques nasales, situées latéralement sous le museau ; puis une rostrale très-développée garnissant le bout de celui-ci, le milieu de sa face inférieure, et se reployant en dessus pour s'étendre jusqu'au front ; on voit ensuite sur la ligne médiane, à la suite l'une de l'autre, une frontale antérieure et une frontale proprement dite, simples, élargies, mais néanmoins très-petites ; à leur droite et à leur gauche, ou entre elles et le haut de l'œil, se trouve une plaque sur-oculaire également assez petite ; derrière les plaques frontales proprement dites, les sur-oculaires et le sommet des oculaires, on distingue une ou deux paires de pariétales d'une très-faible dimension et toujours plus ou moins dilatées en travers ; enfin il y a une ou deux inter-pariétales situées incomplétement ou complétement entre ces dernières, auxquelles elles sont égales ou inférieures en étendue. Il existe pour chaque côté de la tête, une très-grande fronto-nasale bordant la rostrale, touchant par son sommet à la frontale antérieure et inférieurement à la nasale ; derrière cette grande fronto-nasale, une préoculaire, souvent non moins développée qu'elle ; puis, à la suite, une oculaire dont l'étendue et la transparence sont très-variables ; et entre cette dernière et les labiales, une plaque sous-oculaire (1). Mais

---

(1) L'analogie qui existe entre les plaques de la tête de nos petits Serpents vermiformes et celle des autres Ophidiens est bien évidente, si l'on prend surtout pour point de comparaison le bouclier céphalique des Uropeltiens et des Tortriciens, famille qui, sous plusieurs rapports,

il arrive que quelques - unes de ces plaques manquent ensemble ou séparément, comme, par exemple, les préoculaires, dans les genres Pilidion, Sténosome et Catolon, les sur-oculaires dans ce dernier, les pariétales, ainsi que l'inter-pariétale dans le premier, et les sous-oculaires dans toutes les espèces de Scolécophides, autres que le Typhlops noir. Il arrive aussi, mais c'est dans un genre seulement, celui des Céphalolépides, que la tête, au lieu d'être protégée par des plaques, est simplement garnie d'écailles à peu près semblables à celles du corps.

Mais quels que soient les téguments squammeux, dont est revêtue la tête des Scolécophides, plaques ou écailles, ils sont tous criblés d'une infinité de petits pores qui paraissent être les orifices externes d'une sorte d'appareil crypteux occupant toute la périphérie céphalique.

En effet, sous ces lames squammiformes est un derme fort épais, percé comme elles aussi d'innombrables pores qui communiquent extérieurement avec des espèces de petites cellules formées par de minces cloisons placées en travers de sillons assez larges et assez profonds qui s'étendent positivement sous ces lignes, où les plaques céphaliques s'unissent par la superposition du bord de l'une sur le bord de l'autre; car toutes, ainsi que nous l'avons déjà dit, sont imbriquées et même très-fortement.

Maintenant que nous avons passé en revue les particularités les plus notables que présentent les Scolécophides dans leur conformation extérieure, nous

fait le passage des Scolécophides aux autres espèces de la division des Serpents non venimeux ou Azémiophides. Voyez au reste la planche 59 du présent ouvrage.

allons étudier ce qui concerne leurs parties internes, et plus spécialement la tête osseuse, dont la structure singulière distingue ces petits Serpents d'une manière bien tranchée d'avec tous les autres Reptiles du même ordre des Ophidiens.

Cette partie antérieure de leur squelette s'éloigne effectivement de la forme ordinaire, dans son ensemble, comme dans ses détails, bien qu'au fond elle ne soit pas construite sur un plan différent de celui qu'on observe dans les autres Ophidiens. On y retrouve les mêmes os que chez tous, excepté les transverses ou ptérigoïdes externes, qui ne manquent à aucun des Azémiophides, des Aphobérophides, des Apistophides et des Thanatophides, excepté aussi les frontaux postérieurs, dont, au reste, les Uropeltiens, les Tortriciens et les Xénopeltiens sont également privés. Comme dans tous les Reptiles de l'ordre qui nous occupe, les branches de la mâchoire inférieure peuvent s'écarter l'une de l'autre. Comme chez tous les Serpents aussi, les maxillaires supérieurs, les palatins, les ptérigoïdes et les os carrés ou intra-articulaires ne s'unissent fixément ni entre eux, ni aux os de la face et du crâne; les sus-maxillaires jouissent même d'une plus grande mobilité que dans les espèces des deux premières familles de la section des Azémiophides.

C'est de la tête des Tortriciens et des Xénopeltiens que celle des Scoléphides se rapproche le plus par sa configuration générale. On peut se la représenter sous la forme d'un cylindre creux, aplati, échancré en demi-cercle de chaque côté, tronqué en arrière et fortement arrondi en avant, lequel se compose d'os solidement articulés entre eux, qui sont l'inter-maxillaire, les nasaux, les frontaux antérieurs, les frontaux, le pariétal, les occipitaux, les rochers, le sphénoïde et les vomers. Au-dessous de ce cylindre sont, comme suspendus, les sus-maxillaires, les palatins, les ptérigoïdes et les os carrés, toutes pièces plus ou moins mobiles, dont les dernières servent elles-mêmes de points de suspension à la mâchoire inférieure. La partie osseuse de la tête que nous venons de signaler comme ressemblant à un cylindre aplati, et qu'on pourrait tout aussi justement comparer à une petite boîte panduriforme, ou semblable à une caisse de violon, est environ deux fois aussi longue que large, et distinctement plus déprimée dans sa moitié antérieure que dans la portion postérieure. Les échancrures semi-circulaires qu'elle offre à droite et à gauche sont produites par les cavités orbitaires, qui occupent les côtés du second quart de l'étendue longitudinale de la tête. C'est là, c'est-à-dire à sa région frontale, que celle-ci est le plus étroite; la région où elle est le plus large, est l'anté-orbitaire chez les Typhlopiens, et la pariétale chez les Catodoniens. La région anté-orbitaire, qui est, à proprement parler, le museau, et dans la composition de laquelle entrent l'inter-maxillaire, les nasaux, les frontaux antérieurs, les vomers et l'extrémité antérieure des frontaux, ressemble à une petite vessie déprimée, de forme transverso-elliptique, offrant en avant, tantôt sur les côtés, tantôt en dessous, deux grands trous ovalaires, qui sont les orifices externes des narines.

L'inter-maxillaire a proportionnellement plus de développement que dans les autres Ophidiens; il est à peu près carré, généralement fort épais, à surface souvent inégale et toujours dépourvu de dents; il forme le bout du museau et se reploie brusquement sous lui. Là, de son bord postérieur, il envoie une apophyse entre les vomers; à sa droite et à sa gauche sont les ouvertures nasales externes qu'il circonscrit conjointement avec les nasaux et les frontaux antérieurs. Les nasaux, qui sont pentagones, inéquilatéraux et à peu près plans, font presque à eux seuls le dessus du museau, bordant les orifices externes des narines par un de leurs cinq côtés, s'articulant ensemble par un des plus grands, puis à l'inter-maxillaire, aux frontaux antérieurs et aux frontaux proprement dits, par les trois autres. Les frontaux antérieurs (1), qui sont d'ordinaire si peu développés chez les Serpents, le sont au contraire beaucoup dans nos Scolécophides. Chacun d'eux se montre en quelque sorte sous la forme d'un os trièdre, dont un des plans complète latéralement le desus du museau, dont un autre fait partie du dessous de celui-ci, et dont le troisième appartient à la cavité orbitaire. Nous ferons cependant remarquer que cette forme triédrique n'est réellement bien accusée que chez les Typhlopiens, et en particulier, chez ceux à museau fortement aminci en avant. Elle est à peine sensible chez les autres, dont chaque frontal n'en est pas moins pour cela disposé ou comme façonné de manière à présenter : 1° une partie supérieure, qui est quelquefois presque aussi grande, d'autres fois beaucoup plus petite que l'un des nasaux auquel elle s'articule par son bord latéral externe, le postérieur touchant au frontal proprement dit; 2° une partie inférieure, formant une portion de la circonférence de l'ouverture nasale externe, et se soudant intimément à l'inter-maxillaire et au

_____

(1) Ces os ont été pris à tort par M. Müller pour les maxillaires supérieurs.

vomer ; 3° une partie postérieure qui descend dans l'orbite pour en former la paroi antérieure, puis se dirige sous le crâne et un peu en dedans vers la pointe antérieure du sphénoïde. Tout à fait en dessous et au milieu, les frontaux antérieurs se trouvent séparés par les vomers, qui sont deux petits os assez minces, un peu allongés, rétrécis et même pointus en avant, soudés ensemble dans leur seconde moitié; mais recevant entre eux, dans la première, l'apophyse inféro-postérieure de l'inter-maxillaire (1). Ce sont les vomers et les parties inférieures des frontaux antérieurs qui forment les bords des ouvertures des arrière-narines, que rien de particulier ne distingue de celles des autres Ophidiens (2). Les frontaux proprement dits forment ensemble toute la surface interorbitaire du crâne et, chacun de leur côté, le fond de l'orbite, conjointement avec la partie postérieure du frontal antérieur. Leur portion sus-crânienne, plus ou moins oblongue, élargie en avant chez les Typhlops, très-rétrécie au contraire du même côté, dans le genre Sténostome, a toujours ses bords latéraux distinctement infléchis en dedans ; leur portion descendante, qui affecte généralement la figure d'un triangle scalène, se prolonge en pointe plus ou moins aiguë en dessous et en arrière, entre le sphénoïde et le bord inférieur de la face latérale du pariétal. Celui-ci est un os unique, un peu plus long que les frontaux, tantôt de même largeur d'un bout à l'autre, tantôt assez cintré de chaque côté; sa face supérieure est parfois presque plane, et

(1) Les vomers ne sont point représentés dans la figure de la tête osseuse du *Typhlops lumbricalis* publiée par M. Müller : ce qui y est indiqué comme tel, est la portion inférieure de l'inter-maxillaire.

(2) La figure de M. Müller les représente considérablement plus grandes qu'elles ne le sont dans la nature.

d'autres fois assez convexe ; le plus souvent, et particulièrement dans la famille des Typhlopiens , ses deux
angles antérieurs, auxquels se joignent les deux postérieurs des frontaux , se développent chacun en une
petite apophyse post-orbitaire ; les parties latéro-
descendantes de ce même os pariétal s'unissent,
l'une à droite, l'autre à gauche , par un bord très-
arqué au prolongement inféro-postérieur du frontal, au sphénoïde et au rocher. L'occipital offre cette
particularité notable qu'il se compose d'une partie de
plus que chez la plupart des Serpents ; attendu que l'occipital supérieur est divisé en deux longitudinalement :
il y a par conséquent deux occipitaux supérieurs formant la moitié de la circonférence du trou occipital,
dont le diamètre est à proportion plus grand que dans
les autres Ophidiens , deux occipitaux latéraux et un
occipital inférieur ou basilaire assez développé et en
triangle sub-équilatéral ; les trois derniers se réunissent postérieurement en un condyle simple. Le sphénoïde est une grande pièce en triangle scalène , à surface unie et légèrement convexe , qui atteint, de sa
pointe antérieure, le dessous des vomers , et qui s'articule en arrière au basilaire et aux rochers , sur les
côtés , aux parties descendantes du pariétal , des frontaux proprement dits et des frontaux antérieurs. Les
rochers sont squammiformes , ou semblables à des
plaques minces très-dilatées. Nous n'avons pu découvrir la plus légère trace des os mastoïdiens.

Tels sont chez les Scolécophides la configuration
respective et l'arrangement général de ceux des os de
la tête , qui, unis entre eux par articulations fixes,
constituent un tout solide , dont la boîte cérébrale fait
plus de la moitié du volume.

Les autres pièces du squelette de la tête ne sont retenues entre elles, à une partie de la face ou au crâne,
que par des ligaments extensibles.

Les premiers os qu'on remarque en partant du museau sont les maxillaires supérieurs, qui offrent une
certaine différence, suivant qu'on les observe dans la
famille des Catodoniens ou dans celle des Typhlopiens.
Chez ces derniers, ils ont quelque ressemblance avec
ceux des Serpents venimeux proprement dits : ce sont
effectivement de petits os tellement courts, que leur
axe vertical, qui égale à peine la largeur des frontaux,
excède d'un tiers ou d'un quart leur axe longitudinal
ou celui qui est parallèle à leur bord dentaire. Ils sont
comprimés de droite à gauche, rétrécis de bas en haut,
et assez profondément creusés en avant, dans leur
moitié supérieure ; en un mot, ils ont quelque chose
de la forme d'une petite omoplate de mammifère.
Chacun d'eux est armé de quatre ou cinq dents coniques, pointues, courbées en arrière, très-fortes et
très-coniques, surtout les premières, et aucune d'elles
n'est percée d'un canal, ni creusée d'un sillon. Ces os
sus-maxillaires, ainsi que cela a lieu dans tous les Serpents, sont suspendus à la partie des frontaux antérieurs qui limite la fosse orbitaire en avant ; ils s'a-
baissent perpendiculairement de ce dernier côté ou se
relèvent horizontalement en arrière, selon que la bouche s'ouvre ou se ferme ; car, dans l'état complet d'occlusion de celle-ci, ils sont étendus longitudinalement
sous les orbites.

Les os sus-maxillaires des Catodoniens rentrent dans
la forme ordinaire de ceux des Serpents non venimeux ;
c'est-à-dire, que ce sont deux petites branches longitudinales, mais excessivement courtes, plus courtes

même que chez les Tortriciens, et qui offrent cela de remarquable qu'elles sont complétement dépourvues de dents.

L'extrême petitesse de la tête du Catodonien que nous avons disséqué (*Stenostoma albifrons*), ne nous ayant pas permis de découvrir, sans les briser, les palatins et les ptérigoïdes, malgré tout le soin que nous y avons mis; la description que nous allons donner de ces os est faite seulement sur des sujets appartenant à la famille des Typhlopiens.

En dedans des maxillaires supérieurs, regardés à tort comme les palatins par M. Müller, se trouvent réellement ces derniers os, qui sont placés comme à l'ordinaire à l'extrémité antérieure de chaque ptérigoïde. Leur forme n'est pas celle d'une tige longitudinale, mais d'une petite traverse; attendu que chacun d'eux a son corps ou sa partie moyenne, qui est très-comprimée, de moitié au moins plus courte que ses apophyses latérales, lesquelles sont au contraire déprimées. Ces dernières vont s'attacher, l'externe à la face intérieure du maxillaire, l'interne à la pointe antérieure du sphénoïde. Les ptérigoïdes sont de simples filaments osseux qui s'étendent en arrière jusqu'à l'articulation de l'os carré avec la branche de la mâchoire inférieure; ils ont le bout antérieur très-aplati latéralement ou en forme de petite palette triangulaire, placée de champ et échancrée en avant pour recevoir l'extrémité postérieure du palatin.

Le palatin et le ptérigoïde n'ont point été distingués l'un de l'autre par M. J. Müller (1), qui a décrit le premier comme n'étant que la partie antérieure du

---

(1) Ueber die anatomie Gattung Typhlops (Zeitschrift für Physiologie von Tiedemann and Treviranus, 4 Band, 1831-1832, pag. 420).

second, développée en deux apophyses latérales. C'est sans doute cette erreur qui a conduit M. Müller a penser que les frontaux antérieurs n'existaient pas, et par suite à donner une fausse signification des os placés sous la tête, intermédiairement à ces derniers et aux ptérigoïdes; c'est-à-dire à regarder les maxillaires supérieurs comme étant les palatins, et les frontaux antérieurs comme étant les maxillaires supérieurs.

Il n'y a jamais de dents aux palatins ni aux ptérigoïdes. Aux côtés postérieurs du crâne, sous les rochers, s'étendent longitudinalement, l'une à droite, l'autre à gauche, deux petites bandelettes osseuses qui ne semblent retenues aux occipitaux latéraux que par leur extrémité postérieure; ce sont les os carrés ou intra-articulaires, dont les extrémités antérieures donnent attache aux deux branches sous-maxillaires.

Celles-ci, bien qu'elles soient unies ensemble en avant par un ligament élastique, ne peuvent s'écarter que très-faiblement l'une de l'autre; de ce côté, elles ne s'étendent pas au delà du niveau des arrière-narines. Chez les Typhlopiens, elles sont très-grêles et très-faibles, assez arquées en dehors et dépourvues de dents. Il existe bien vers le premier tiers de leur longueur une forte pointe, qu'on serait tenté de prendre, au premier aspect, pour un de ces organes; mais en l'examinant plus attentivement, on reconnaît en elle, comme l'a fort bien fait remarquer M. Müller, l'apophyse coronoïde, à proportion plus développée et située plus en avant que chez les autres Ophidiens. Cette saillie osseuse se trouve logée dans la fosse orbitaire quand la bouche est fermée. Dans les Catodoniens, les maxillaires inférieurs sont beaucoup plus forts, plus épais, particulièrement en avant, où l'os dentaire est même renflé à son bord supérieur, qui est oblique et armé de six à dix dents.

Les Scolécophides dont on a fait l'anatomie ont offert, non des rudiments de membres, mais des vestiges de bassin, qui sont deux petites tiges osseuses, très-grêles, composées chacune de deux parties : ces deux tiges, qui sont placées immédiatement sous la peau au devant de l'anus, se réunissent en angle à peu près aigu par leurs extrémités antérieures et elles enfoncent leurs extrémités postérieures dans l'épaisseur de la lèvre cloacale.

On a pu se convaincre par ce qui précède que les Scolécophides n'ont point un ensemble d'organisation qui permette de les admettre dans l'ordre des Sauriens, parmi lesquels cependant quelques erpétologistes les rangent encore aujourd'hui; mais que ce sont bien évidemment des Ophidiens, et des Ophidiens fort différents des autres sous plusieurs rapports et notamment par leur mode d'écaillure et la structure toute particulière de leur tête. Aussi, est-ce plus spécialement d'après ces considérations que nous nous fondons pour former de ces petits Reptiles vermiformes une section particulière dans l'ordre des Serpents, distinction qu'on n'avait point encore aussi nettement faite jusqu'ici, ainsi qu'on pourra le voir par le résumé de l'historique de leur classification, qui va suivre.

Les deux seuls Scolécophides que Linné ait connus sont placés dans son genre *Anguis*, créé, comme on le sait, pour les Serpents ayant le ventre et le dessous de la queue revêtus d'écailles semblables à celles des autres parties du corps. Ceux de nos Scolécophides dont il est parlé dans le *Synopsis Reptilium* de Laurenti, dans le *Systema naturæ*, édité par Gmelin, dans les ouvrages de Lacépède, de Latreille et de Daudin, ne sont pas différemment classés.

Ce fut Schneider le premier, qui, tout en admettant, dans son genre *Anguis*, les Scolécophides qu'il eut l'occasion d'observer, en fit néanmoins, sous le nom de *Typhlops*, une subdivision de ce groupe, établi, ainsi que le nom était propre à l'indiquer, sur ce que leurs yeux sont recouverts de plaques transparentes. Vint ensuite Oppel, qui, élevant cette subdivision des *Angues Typhlopes* de Schneider au rang de genre, la plaça comme telle avec les Rouleaux et les Amphisbènes, dans la famille des Anguiformes, la première des sept sections qu'il avait formées dans l'ordre des Ophidiens.

Dans la première et la seconde édition du Règne animal de Cuvier, l'ordre des Serpents se divise en Anguis, en vrais Serpents et en Serpents nus. On y trouve nos Scolécophides ou plutôt le genre *Typhlops* de Schneider et d'Oppel, réuni à celui des Amphisbènes. Ils forment la seconde des trois familles nommées plus haut, famille composant la première tribu ou celle des Doubles-Marcheurs. Merrem met aussi à côté l'un de l'autre le genre Typhlops et le genre Amphisbène; mais au lieu de les laisser à la tête de sa tribu des *Serpentia*, il les porte tout à la fin, dans une division qui ne comprend qu'eux seuls. Fitzinger séparant avec juste raison le genre Typhlops de tous ceux avec lesquels on l'avait jusque-là associé, le constitue type d'une famille particulière, nommée pour cela *Typhlopoidea*; mais dans laquelle il introduit à tort le genre Rhinophis, qui tient de beaucoup plus près aux Rouleaux, famille qu'il a également tort de placer entre celle des *Amphisbenoidea* et des *Gymnophthalmoidea*, dont les

espèces sont de véritables Sauriens. Boïé qui , comme
la plupart de ses prédécesseurs , rapporte faussement
à l'ordre des Ophidiens les Orvets , les Ophisaures et
les Acontias , forme de ces Lézards une famille où il
fait aussi entrer, avec les *Typhlops* , les *Tortrix* et
les *Xenopeltis* , sous le nom commun d'*Imbricatæ*.
Wagler, dont le principal et dernier ouvrage parut
en 1830 , y a divisé nos Scolécophides en deux
genres, les *Typhlops* et les *Typhline* , par lesquels
il terminait l'ordre des Ophidiens , qui , dans sa
manière de voir, n'était qu'une seule et même grande
famille à laquelle il avait donné le nom de Thécoglosses,
par allusion à la conformation de la langue de ces
Reptiles. Antérieurement, le même auteur, dans l'histoire naturelle des Serpents recueillis au Brésil par
Spix et Martius , avait établi pour les Cécilies, les
Amphisbènes et les Sténostomes (c'est ainsi qu'il appelait alors les *Typhlops*) une famille de Serpents qu'il
désignait par le nom d'Helminthophis.

M. Müller , dans son beau mémoire sur l'anatomie
comparée des Reptiles , a proposé une classification
de ces animaux, où les Ophidiens , suivant que leur
bouche est plus ou moins dilatable , sont partagés en
Microstomata et en *Macrostomata;* nos Scolécophides figurent dans la première, comme l'une des quatre
familles qu'elle renferme , les trois autres étant celles
des *Amphisbenoidea* , des *Uropeltacea* et des *Tortricina*. Enfin, M. Schlegel, qui est le dernier auteur
qui se soit occupé de l'histoire des Scolécophides, dont
il a récemment publié une monographie (1) , les réunit

_____

(1) Abbildungen neuer oder unvolständig bekannter amphibien. In-
fol., pl. color.

tous dans le seul genre *Typhlops*, sans émettre son opinion relativement à la place qu'il convient d'assigner à ces Reptiles dans la série ophiologique.

Quant à nous, l'étude que nous venons de faire de ces Serpents, dirigée avec tout le soin dont nous étions capables, nous a conduits à reconnaître parmi eux deux familles parfaitement distinctes, comprenant ensemble huit genres établis sur des caractères tirés des modifications diversement combinées que présentent les yeux, par rapport à leur développement, les orifices externes des narines dans leur position, le museau dans sa forme et le bouclier céphalique à l'égard du nombre, de la grandeur et de la configuration des pièces qui le composent. Nous n'avons pas à nous étendre davantage pour le moment sur ces particularités, dont les détails, relatifs à l'application que nous en ferons, trouveront plus naturellement leur place dans les articles où il sera respectivement traité des genres et des espèces.

Voici au reste un tableau synoptique, à l'aide duquel on peut, très-distinctement, prendre une idée des moyens que nous avons employés pour opérer la répartition des Scolécophides en deux familles et en huit genres.

TABLEAU SYNOPTIQUE DES FAMILLES ET DES GENRES DE LA DIVISION DES SCOLÉCOPHIDES.

CARACTÈRES : Serpents à corps arrondi, vermiforme, à écailles semblables, polies, imbriquées ; à bouche petite, n'ayant de dents qu'à l'une ou à l'autre mâchoire.

Familles.

Genres.

Mâchoire inférieure

non dentée. I. TYPHLOPIENS. Tête revêtue

- de plaques : narines
  - inférieures : bout du museau
    - arrondi :
      - pré-oculaires nulles, .. 1. PILIDION.
      - pré-oculaires distinctes. 2. OPHTHALMIDION.
    - tranchant. . . . . . 4. ONYCHOCÉPHALE.
  - latérales : bout du museau
    - tranchant . 3. CATHÉTORHINE.
    - arrondi. .. 5. TYPHLOPS.
- d'écailles semblabl s à celles du corps. . . . . 6. CÉPHALOLEPIS.

dentée. II. CATODONIENS. Yeux

- très-petits, à peine distincts. . . . . 1. CATODONTE.
- très-grands, bien distincts. . . . . 2. STÉNOSTOME.

DISTRIBUTION GÉOGRAPHIQUE DES SCOLÉCOPHIDES.

Nous avons vu et observé par nous-même vingt-quatre espèces de Scoléphides. Sur ce nombre, il y en a cinq dont la patrie nous est inconnue : c'est l'Ophthalmidion très-long, le Cathétorhine mélanocéphale, le Typhlops de Diard, le Typhlops filiforme et le Catodonte à sept raies. Les autres sont distribués à la surface du globe de la manière suivante : une en Europe et en Asie, une autre en Asie et en Océanie, six dans l'Océanie, trois en Afrique, huit en Amérique et dans les îles qui en dépendent. Celle qui est commune à l'Asie et à l'Europe, le Typhlops vermiculaire, habite les contrées occidentales de l'une, telle que la Géorgie, et les parties méridionales de l'autre, telle que la Morée, la Grèce et son archipel. Le Typhlops Brame est l'espèce qu'on rencontre à la fois en Asie et en Océanie ; elle semble être répandue partout dans l'Inde et exister particulièrement au Bengale, à la côte de Coromandel, à celle du Malabar, en même temps qu'elle vit à Java, aux grandes et aux petites Philippines. Des six Scolécophiles propres à l'Océanie, un se trouve à la Nouvelle-Guinée, c'est l'Onychocéphale multirayé ; un à Timor, le Typhlops à lignes nombreuses ; deux à Sumatra seulement, le Typhlops de Müller et celui appelé Blanc et Noir ; un autre à Sumatra et à Java, le Pilidion rayé ; enfin, le cinquième, le Typhlops noir, dans cette dernière île. Les trois espèces originaires d'Afrique sont l'Ophthalmidion d'Eschricht, qui est de la côte de Guinée, le Sténostome noirâtre, qui vit dans les environs du cap de Bonne-Espérance, de même que le troisième ou l'Onychocéphale de Delalande.

Sur les huit espèces américaines, quatre, le Typhlops lombric, le Typhlops platycéphale et le Sténostome à deux raies appartiennent exclusivement aux Antilles ; tandis que les quatre autres, l'Onychocéphale uni-rayé, le Typhlops réticulé, le Céphalolépis leucocéphale et le Sténostome à front blanc habitent le continent : le Brésil et les Guyanes sont les pays qui les nourrissent.

RÉPARTITION DES SCOLÉCOPHIDES D'APRÈS LEUR EXISTENCE GÉOGRAPHIQUE.

Familles.	Genres.	Europe.	Europe et Asie.	Asie et Océanie.	Océanie.	Afrique.	Amérique.	Origine inconnue.	Total des espèces.
	Pilidion. . . .	0	0	0	1	0	0	0	1
	Ophthalmidion.	0	0	0	0	1	0	1	2
TYPHLOPIENS.	Cathétorhine.	0	0	0	0	0	0	1	1
	Onychocéphale.	0	0	0	1	1	1	0	3
	Typhlops .	0	1	1	4	0	4	2	12
	Céphalolépis. .	0	0	0	0	0	1	0	1
CATODONIENS.	Catodonte. . .	0	0	0	0	0	0	1	1
	Sténostome. . .	0	0	0	0	1	2	0	3
Nombre des espèces dans chaque partie du monde.		0	1	1	6	3	8	5	24

FAMILLE DES TYPHLOPIENS.

Les Typhlopiens se caractérisent essentiellement par des os maxillaires supérieurs dentés et excessivement courts, ainsi que par une mâchoire inférieure à branches très-faibles et tout à fait dépourvues de dents. Celles de la mâchoire supérieure, dont la présence, en général, est assez difficile à constater, vu l'extrême petitesse de la bouche, sont relativement grandes, très-fortes, arquées, pointues et au nombre de quatre ou cinq de chaque côté. Dans les espèces de cette famille, contrairement à ce qu'on observe chez celles de la suivante, aucune des plaques latérales de la tête ne descend jusqu'au bord de la lèvre supérieure, dont le pourtour est constamment garni de quatre paires de squammes augmentant d'étendue depuis la première, qui est très-petite, jusqu'à la dernière, qui est à proportion fort grande. Les squammes labiales inférieures, qui sont peu développées, se reploient en dedans de la lèvre, dont la face externe se trouve ainsi offrir la même apparence que l'externe ; pareille disposition a lieu pour la lèvre supérieure, chez les Scolécophides de l'autre famille, celle des Catodoniens.

Les Typhlopiens constituent une série d'espèces, appartenant à six genres différents, chez lesquels les yeux et la plaque protectrice du museau, ensemble ou séparément, vont toujours, celle-ci en diminuant, ceux-là en augmentant de grandeur, à partir des premières, dont les organes de la vue sont imperceptibles et le devant de la tête entièrement caché sous un masque squammeux, jusqu'aux dernières, qui ont au contraire, soit les yeux parfaitement distincts, soit la plaque rostrale réduite à la plus faible dimension possible (1).

Ier GENRE. PILIDION. — *PILIDION* (2). Nobis.
(*Typhlina*. Wagler.)

CARACTÈRES. Tête revêtue de plaques, cylindrique, très-courte, comme tronquée, à dessus convexe et déclive en avant. Museau arrondi. Plaque rostrale reployée sous celui-ci et sur la tête, où elle se développe en une grande calotte disco-ovalaire ; une frontale antérieure, une frontale, une paire de sur-oculaires, pas de pariétales, pas d'interpariétale, une paire de nasales, une paire de fronto-nasales, pas de préoculaires, une paire d'oculaires. Narines hémidiscoïdes s'ouvrant sous le museau, l'une à droite, l'autre à gauche, entre la nasale et la fronto-nasale. Yeux excessivement petits et invisibles au travers des plaques qui les recouvrent.

Ce genre diffère de ceux de sa famille, qui, comme lui, possèdent de grandes plaques céphaliques, en ce que, parmi ces dernières, on ne remarque ni pariétales, ni inter-pariétales, ni préoculaires. Il se distingue en outre par l'extrême brièveté de sa tête, par l'énorme calotte ovale que forme sur celle-ci la partie supérieure de la plaque rostrale, par le bout de son museau, qui n'est ni très-large, ni aminci en biseau, par l'invisibilité complète de ses yeux, enfin par la position de ses narines, qui s'ouvrent sur les côtés du museau.

---

(1) Voyez le tableau synoptique des genres de la famille des Typhlopiens, page 253.

(2) Πιλίδιον, ου, calotte, dessus de la tête

Dans le genre Pilidion, la plaque rostrale, qui est la plus développée de toutes les céphaliques, occupe une partie de la largeur de la face inférieure du museau et tout le dessus de la tête jusqu'au front. Là, se voient une frontale antérieure simple, suivie d'une frontale proprement dite également simple, placées entre la sur-oculaire gauche et la sur-oculaire droite. Cette frontale proprement dite et ces deux sur-oculaires sont excessivement petites pour des plaques sus-craniennes ; tellement, que sans leur grande dilatation transversale et leur figure en général distinctement hexagone, on pourrait les confondre avec les écailles des rangées du corps qui commencent immédiatement derrière elles. De chaque côté de la tête sont une fronto-nasale qui borde la rostrale de bas en haut, une oculaire qui vient après la fronto-nasale, et une très-petite nasale située intermédiairement à celle-ci et à la rostrale, tout à fait à leur partie inférieure. Une rangée de petites squammes garnit le bord de chaque lèvre ; celles de l'inférieure sont reployées en dedans, mais celles de la supérieure ne le sont pas.

Il existe bien des yeux, mais ils sont si petits qu'il est impossible de les apercevoir au travers des plaques sous lesquelles ils se trouvent placés. Aussi est-ce à tort que M. Schlegel les a indiqués dans l'une des figures qu'il a données du *Pilidion lineatum*. Les narines aboutissent extérieurement sous le museau, de chaque côté, dans la suture de la nasale avec la fronto-nasale, où l'on voit un petit orifice demi-circulaire pratiqué en entier dans le bord de celle-ci, le bord de la nasale paraissant former un petit opercule destiné à le clore au besoin. L'écaillure du corps n'offre rien de caractéristique au point de vue d'une division générique.

Ce genre a pour type l'*Acontias lineatus* de Reinwardt; Wagler, par qui il a été établi, l'avait appelé *Typhlina*, nom que nous n'avons pas dû adopter à cause de sa trop grande ressemblance avec celui de *Typhline*, par lequel on désigne un genre de Sauriens apodes de la famille

des Scincoïdiens. En lui donnant un autre nom, celui de
Pilidion, nous l'avons aussi caractérisé autrement que ne
l'a fait Wagler, qui indiquait sa grande plaque sur-céphalique et l'imperceptibilité de ses yeux comme étant les
seules marques qui le distinguassent des *Typhlops*. Nous
n'admettons pas non plus, avec Wagler, que le *Typhlops
septemstriatus* de Schneider appartienne au genre Pilidion;
suivant nous, c'est la même espèce que celle dont nous for-
mons le genre *Catodon*, comme nous le dirons par la suite.

1. LE PILIDION RAYÉ. *Pilidion lineatum.* Nobis.

CARACTÈRES. Tête et dessous du corps d'un jaune verdâtre;
parties supérieures de la même couleur, marquées en long de
raies brunes, très-serrées. Queue conique, très-peu courbée,
à peine d'un quart plus longue que la tête n'est large, et armée
d'une petite épine.

SYNONYMIE. *Acontias lineatus.* Reinw. Mus. Lugd. Batav.

Typhlops lineatus. Boié. Isis (1827), pag. 563.

Typhlina (acontias lineatus. Reinw. Mus. Lugd.). Wagl.
Syst. amph., pag. 196.

Typhlops lineatus. Gray. Synops. Rept. in Griff. anim. Kingd.
vol. 9, pag. 77.

Typhlops lineatus. Schleg. Abbild. Amph., pag. 39, pl. 32,
fig. 32-34.

DESCRIPTION.

FORMES. Le Pilidion rayé est plus ou moins grêle, c'est-à-dire
que sa longueur, suivant les individus qu'on observe, est de 40
à 50 fois égale au diamètre du milieu de son corps, dont l'extrémité postérieure est toujours distinctement plus forte que l'extrémité antérieure. La tête est, en apparence, excessivement
courte, par la raison que sa région faciale est la seule que les
plaques qui la revêtent rendent bien distincte du tronc; ses parties postérieures offrent une similitude complète avec celui-ci,
par leur écaillure. Ajoutez à cela qu'elle est cylindrique de
même que le corps, qu'on n'y voit point d'yeux, et qu'à partir
du vertex, elle présente un plan convexe fortement incliné vers
le museau, ce qui lui donne l'air d'avoir été tronquée oblique-

ment en dessus et d'arrière en avant. Le museau, quoique légèrement aplati en dessous, est arrondi à son bord terminal. Le tronc,
en se rapprochant de la queue, acquiert peu à peu la grosseur de
celle-ci, qui est obtusément conique, très-faiblement courbée de
haut en bas, et tellement courte que son étendue longitudinale
excède à peine d'un quart la largeur de la tête.

Les branches maxillaires supérieures du Pilidion rayé portent
chacune quatre longues dents coniques, effilées et pointues.

La portion supérieure de la plaque rostrale ressemble à une
grande calotte disco-ovalaire ; l'inférieure est en carré un peu
moins long que large, offrant à son bord postérieur une petite
queue d'aronde qui s'enclave entre les squammes supéro-labiales
de la première paire.

La plaque frontale proprement dite, qui, d'ordinaire, présente la même dimension et la même figure que la frontale antérieure et les deux sur-oculaires, est quelquefois plus petite et
moins régulièrement hexagone que ces plaques : elle est alors un
peu difficile à distinguer des écailles qui viennent à sa suite, d'autant plus que celles-ci sont souvent assez dilatées en travers. Les
plaques nasales(1), qui se trouvent enclavées l'une à droite l'autre
à gauche entre le bas de la rostrale et celui de la fronto-nasale,
se terminent immédiatement au-dessus des narines. Les fronto-
nasales, que la petite plaque frontale antérieure sépare l'une de
l'autre sur la tête, sont aussi hautes, mais de moitié moins
larges ; leur bord antérieur, depuis leur sommet, qui est un
angle sub-aigu, côtoie la rostrale suivant un plan incliné jusqu'à
la narine, où, rencontrant la plaque nasale, il se coude en arrière,
contourne l'orifice de celle-là pour rejoindre celle-ci et arriver
avec elle sur la première labiale supérieure ; c'est là que vient
aussi se terminer le bord postérieur de ces mêmes plaques fronto-
nasales, après avoir suivi une ligne très-flexueuse. Les plaques
oculaires sont une fois moins développées que les fronto-nasales ;
elles ont à peu près la figure d'un demi-disque. Les labiales supérieures, au nombre de quatre de chaque côté, deviennent de plus

(1) M. Schlegel n'a pas représenté ces plaques dans ses figures du *Typhlops lineatus*, qui pèchent aussi en ce que les fronto-nasales et les
oculaires sont beaucoup trop étroites, et qu'on n'y voit que deux paires
de plaques labiales supérieures; tandis qu'il y en a réellement quatre
dans la nature.

en plus grandes depuis la première jusqu'à la dernière, dont le sommet ne dépasse pas celui de l'avant-dernière ; toutes ont leur bord recouvrant légèrement arqué.

Les écailles du corps sont d'une moyenne dimension, un peu plus larges que longues, parfaitement lisses et à quatre angles, un antérieur, deux latéraux et un postérieur, dont le sommet est fortement arrondi. Les pièces de l'écaillure de la queue sont plus petites et plus imbriquées que celles du tronc ; la lèvre anale n'en offre point qui diffèrent des autres ; mais l'extrémité caudale est protégée par un petit disque squammeux du centre duquel naît une assez forte épine.

Écailles du tronc : 23 rangées longitudinales, environ 430 rangées transversales. Écailles de la queue : 8 rangées transversales.

COLORATION. La tête et les régions inférieures des individus conservés dans l'alcool présentent une teinte d'un jaunâtre sale ou très-pâle, qui probablement est fort vif chez les sujets vivants ; la même couleur se montre sur les parties supérieures, mais seulement dans les petits intervalles que laissent entre elles une douzaine de séries de points, ou plutôt de petites taches brunes imprimées à la suite les unes des autres sur les deux côtés de chaque écaille.

DIMENSIONS. Les mesures suivantes sont celles que nous a données un des plus grands individus que nous ayons observés.

Longueur totale 28"8"'. *Tête*. Long. 8"'. *Tronc*. Long. 27"5"'. *Queue*. Long. 5"'.

PATRIE. Cette espèce paraît être assez commune à Java, d'où plusieurs voyageurs nous l'ont envoyée ; elle se trouve également à Sumatra, ainsi que le prouve un fort bel exemplaire rapporté de cette île par M. le capitaine Martin, qui en a fait don à notre musée.

Observations. Reinwardt, auquel ce Scolécophide doit son nom spécifique de *lineatus*, l'avait à tort rapporté au genre que Cuvier a appelé *Acontias*, lequel appartient à l'ordre des Sauriens. Toutefois, nous n'avons trouvé ce Scolécophide mentionné dans aucun livre sous la double dénomination d'*Acontias lineatus*, qu'il n'a sans doute portée que dans le musée de Leyde, où il fut observé par Wagler. Cet auteur, qui l'avait d'abord rangé avec les Typhlops, en fit plus tard le type du présent genre, dont nous avons changé le nom de *Typhlina* en celui de *Pilidion*.

IIe GENRE. OPHTHALMIDION. — *OPHTHAL-MIDION* (1). Nobis.

CARACTÈRES. Tête plus ou moins déprimée, revêtue de plaques. Bout du museau arrondi. Plaque rostrale reployée sous celui-ci et sur la tête, où elle se développe en une petite calotte ovale ; une frontale antérieure, une frontale proprement dite, une paire de sur-oculaires, une paire de pariétales, pas d'interpariétales ou une seulement, une paire de nasales, une paire de fronto-nasales, une paire d'oculaires, une paire de préoculaires. Narines hémiscoïdes s'ouvrant sous le museau, l'une à droite, l'autre à gauche, entre la nasale et la fronto-nasale. Yeux latéraux, plus ou moins distincts.

Les Ophthalmidions sont en quelque sorte des Pilidions qui ont des plaques préoculaires, une paire de pariétales, quelquefois une inter-pariétale et chez lesquels les yeux se laissent plus ou moins distinguer au travers des plaques qui les recouvrent. Ils diffèrent des Typhlops par un développement plus grand dans la portion sus-céphalique de leur rostrale, ainsi que par la position de leurs narines sous les côtés du museau ; et des Cathétorhines et des Onychocéphales, en ce que leur museau n'est point aminci au bout. Leur tête étant en partie enveloppée de grandes plaques, on ne peut les confondre avec les Céphalolépis, dont les squammes céphaliques sont à peu près pareilles aux écailles du corps.

Ce genre ne comprend encore que deux espèces.

_____

(1) Ὀφθαλμίδιον, ου, petit œil.

TABLEAU SYNOPTIQUE DES ESPÈCES DU GENRE
OPHTHALMIDION.

Corps allongé {

excessivement : yeux à peine distincts. . . 1. O. Très-long.

médiocrement : yeux parfaitement distincts. 2. O. d'Eschricht.

1. L'OPHTHALMIDION TRÈS-LONG. *Ophthalmidion longissimum.* Nobis.

CARACTÈRES. Queue d'une longueur double de la largeur de la tête, cylindrique, droite, arrondie au bout et armée d'une petite épine. Nasales en bandelettes sub-rectangulaires, placées en long de chaque côté de la partie inférieure de la rostrale. Oculaires en bandelettes verticales, sub-hexagones, moins développées que les préoculaires et ne laissant apercevoir que très-faiblement les yeux au travers. Tête jaunâtre, tout le corps d'une teinte grise.

DESCRIPTION.

FORMES. Ce qu'on remarque de suite, quand on examine cette espèce, c'est la petitesse de ses écailles et l'extrême gracilité de son corps, qui n'est pas moins de soixante-douze fois aussi long qu'il est large vers le milieu de son étendue, dont la queue ne fait qu'un peu plus de la soixante-douzième partie. Il est du reste parfaitement arrondi d'un bout à l'autre et, comme d'ordinaire, d'un plus faible diamètre à son bout antérieur ou cé phalique qu'à son extrémité caudale. La tête est cylindroïde, légèrement déprimée en dessus et en dessous et fortement arrondie en avant. La queue, que termine une épine courte, mais assez forte, a, par sa forme, quelque ressemblance avec celle d'une ruche ou de ces paniers garnis de terre qui servent d'habitations à nos Abeilles domestiques. Une portion de la plaque rostrale occupe, entre les nasales à la région inférieure du museau, un espace carré d'une dimension à peu près égale à la moitié de la surface de cette dernière ; une autre portion beaucoup plus grande, en forme de calotte elliptique, couvre presque tout le dessus de la tête jusqu'au front. Immédiatement après cette partie ellipsoïde de la rostrale vient une très-petite plaque frontale antérieure, hexagone, dilatée transversalement, touchant à la rostrale par son bord antérieur, à la frontale par son bord postérieur, et s'enfonçant entre le haut de la fronto-nasale et la sur-oculaire par le petit angle aigu que forment de chaque côté ses quatre autres bords. Les sur-oculaires ressemblent à la frontale antérieure par leur peu de développement et le nombre de leurs bords, dont deux à droite, deux à gauche font aussi un petit angle aigu qui s'avance entre le sommet de la préoculaire et celui de l'oculaire; mais leur bord antérieur est plus étroit que le postérieur, derrière lequel est une pariétale d'une petitesse extrême. La frontale proprement dite, de même figure, mais plus petite que la frontale antérieure, se trouve circonscrite par celle-ci, par les sur-oculaires, par les pariétales et deux petites écailles placées derrière elle. Il n'y a pas d'interpariétale. Les nasales sont deux petites plaques rectangulaires ayant une fois moins de largeur que la portion inférieure de la rostrale, qu'elles bordent, l'une à droite l'autre à gauche. Les préoculaires, dont la figure est celle d'un triangle scalène, sont en rapport avec la rostrale par leur grand côté, avec l'oculaire par le moyen, avec la nasale par le petit, avec la frontale antérieure par leur angle supérieur, qui est arrondi, et avec la seconde labiale d'en haut par leur angle inférieur, qui est tronqué au sommet. C'est positivement sous le sommet de leur angle antérieur que se trouve située l'ouverture de la narine. Les préoculaires, bien qu'ayant une hauteur double de leur largeur, sont plus courtes que les fronto-nasales; elles sont rétrécies en angle aigu à leur extrémité inférieure comme à leur extrémité supérieure; leur bord antérieur touche tout entier à la fronto-nasale, tandis que le postérieur est en rapport avec la sur-oculaire, l'oculaire et la troisième labiale supérieure. Les oculaires sont moins grandes que les préoculaires, mais leur figure est à peu près la même; leur angle d'en bas est pris entre les deux dernières labiales supérieures et celui d'en haut entre la suroculaire et la pariétale. La lèvre supérieure est garnie de quatre paires de squammes imbriquées, qui augmentent considérablement de grandeur en se rapprochant des angles de la bouche; celles de la première paire sont sub-rectangulaires, celles de la seconde et de la troisième triangulaires, fortement arrondies à leur bord libre et celles de la quatrième, hémidiscoïdes et presque aussi développées que les plaques oculaires. Examinées à la loupe, toutes les pièces du bouclier céphalique, ainsi que les squammes labiales supérieures, se montrent percées d'une infinité de petits pores. Immédiatement en arrière des plaques oculaires, des pariétales et de la frontale proprement dite, le dessus et les côtés de la tête offrent des écailles de même figure, mais un peu plus petites que celles du tronc, où leur dimension est pourtant comparativement moindre que chez tous les autres Scolécophides. Ces écailles du tronc de l'Ophthalmidion très-long présentent quatre côtés, un antérieur, deux latéraux et un postérieur, plus grand que les autres et fortement arrondi; en général, elles sont à peine plus larges que longues. Autour de la queue, il y en a de pareilles; seulement elles sont plus serrées ou mieux plus imbriquées. A l'extrémité de cette partie du corps est un disque squammeux fort épais dont le centre se développe en une épine légèrement comprimée.

Écailles du tronc fort petites, disposées sur 22 rangées longitudinales et 512 rangées transversales. Écailles de la queue : 14 rangées transversales.

Coloration. Tout le corps de ce petit Serpent est d'un gris cendré, à l'exception de la partie antérieure de la tête, qui offre une teinte jaunâtre.

Dimensions. *Longueur totale*. 35" 3"'. *Tête*. Long. 6"'. *Tronc*. Long. 34". *Queue*. Long. 7"'.

Patrie. Le seul individu de cette espèce que nous coonaissions, nous a été envoyé de l'Amérique septentrionale par M. le comte de Castelnau.

2. L'OPHTHALMIDION D'ESCHRICHT. *Ophthalmidion Eschrichtii*. Nobis.

Caractères. Queue d'une longueur moindre que la largeur de la tête, obtusément conique, un peu courbée. Nasales placées le long des côtés de la partie inférieure de la rostrale, petites, oblongues, affectant la figure d'un S. Oculaires ressemblant, pour la figure, à des opercules de carpe, aussi développées à elles seules que les fronto-nasales et les préoculaires ensemble. Museau et région anale jaunes ; dessous du corps olivâtre, dessus offrant des séries de points d'un jaune pâle alternant avec des raies brunes.

SYNONYMIE. *Typhlops Eschrichtii*. Schleg. Abbild. amphib. pag. 37, Pl. 32, fig. 13-16.

DESCRIPTION.

FORMES. La longueur totale de l'Ophthalmidion d'Eschricht, dont la queue ne fait guère que la soixantième partie, est d'une trentaine de fois plus considérable que la largeur du tronc prise vers le milieu de son étendue. Celui-ci est cylindrique d'un bout à l'autre. Ce serait aussi la forme qu'offrirait la tête sans la légère dépression que présentent ses faces supérieure et inférieure; en avant elle est fortement arrondie. La queue est une sorte de moignon excessivement court, conoïde, très-obtus, distinctement arqué en dessus, d'avant en arrière.

Les yeux étant beaucoup moins petits que dans l'espèce précédente, on les aperçoit très-bien au travers des plaques, d'ailleurs fort transparentes, qui les recouvrent; ils sont situés sur les parties latérales de la tête, tout à fait en haut, tout près du sommet des préoculaires.

La plaque rostrale est pareille à celle de l'*Ophthalmidion longissimum*; les fronto-nasales ressemblent aussi aux siennes, si ce n'est que l'angle qu'elles forment à leur sommet est plus aigu; mais toutes les autres pièces du bouclier céphalique sont plus ou moins différentes de celles de cette dernière espèce. Les nasales (1) sont de petites plaques oblongues, à bords latéraux légèrement courbés en S, placées à droite et à gauche entre la portion inférieure de la rostrale et le bas de la fronto-nasale; c'est dans cette dernière plaque que la narine se fait jour, positivement à l'extrémité antérieure du bord externe de la nasale, qui forme là une sorte de petit opercule. Les préoculaires, moins hautes et moins larges que les fronto-nasales, qu'elles suivent immédiatement, sont des bandelettes verticales se terminant en angle excessivement aigu en haut et en bas; par leur

---

(1) Les figures de M. Schlegel n'indiquent pas ces plaques; on n'y voit non plus que deux squammes labiales supérieures au lieu de quatre qui existent bien certainement de chaque côté chez le sujet qui en est le modèle. Nous devons ajouter que la frontale antérieure, la frontale proprement dite, les sur-oculaires, les pariétales et les inter-pariétales n'y sont pas représentées d'une manière exacte; la même chose a lieu pour les oculaires.

sommet, qui s'élève à peine au-dessus du niveau des yeux, elles touchent aux sur-oculaires, et leur pointe inférieure s'enfonce entre la seconde et la troisième labiale supérieure. Les oculaires offrent une surface à peu près égale à celle que couvrent les deux plaques qui la précèdent ; en devant, elles présentent un bord vertical légèrement cintré en dedans, lequel commence au niveau de l'œil et se termine sur le bord antérieur de la troisième labiale ; leur bord inférieur décrit une ligne courbe que continue leur bord postérieur jusqu'en haut, où elles donnent un angle aigu, qui se reploie sur la tête entre la sur-oculaire et la pariétale. La frontale antérieure, qui n'a pas un développement égal à celui des préoculaires, est un demi-disque dont le bord droit se trouve en rapport avec l'extrémité supérieure de la rostrale et des fronto-nasales, et la ligne courbe, avec les sur-oculaires et la frontale proprement dite. Celle-ci est dilatée en travers et quatre fois plus petite que la frontale antérieure ; elle a cinq pans, deux en arrière qui couvrent le bord des pariétales, trois en avant qui touchent à la frontale antérieure et aux sur-oculaires. L'interpariétale, qui fait suite à la frontale proprement dite, lui ressemble complétement. Les pariétales sont rhomboïdales et d'une dimension double de celle de cette dernière ; elles sont placées en travers, derrière le sommet des oculaires et l'extrémité postérieure des sur-oculaires, de manière que leur angle latéral interne se trouve reçu entre la frontale proprement dite et l'interpariétale. Les suroculaires sont allongées, étroites, subrhomboïdales, situées obliquement chacune de leur côté entre la frontale antérieure et le haut de l'oculaire, touchant à la fronto-nasale proprement dite et à la pariétale par leur extrémité postérieure. On compte quatre squammes à droite comme à gauche de la lèvre supérieure ; la première, la troisième et la quatrième, qui augmentent graduellement d'étendue, sont quadrangulaires oblongues ; la seconde, qui a la figure d'un trapèze, monte de son angle postéro-supérieur entre la fronto-nasale et la préoculaire. Le corps, à partir des plaques céphaliques que nous venons de décrire, jusqu'au bout de la queue, est revêtu d'écailles pentagones, élargies, parfaitement lisses, dont le bord postérieur ou recouvrant est plus grand que les autres et distinctement arrondi. Le petit dé squammeux qui emboîte l'extrémité caudale n'est que faiblement spiniforme.

Écailles du tronc : 31 rangées longitudinales, 416 rangées

transversales. Écailles de la queue : 11 rangées transversales.

COLORATION. Le museau, le dessous de la queue et celui du tronc, à son extrémité postérieure, sont colorés en jaune. Les autres parties inférieures du corps présentent une teinte olivâtre ; en dessus et sur les côtés, les écailles sont brunes, marquées chacune au milieu, près de leur bord postérieur, d'une petite tache d'un blanc-jaunâtre très-pâle.

DIMENSIONS. *Longueur totale*, 22"2'''. *Tête.* Long. 8'''. *Tronc.* Long. 21". Larg. 8'''. *Queue.* Long. 4'''.

PATRIE. Cette espèce est originaire de la côte de Guinée.

Observations. Nous n'avons encore eu l'occasion d'en observer qu'un individu appartenant au Musée d'Histoire naturelle de Leyde, qui le doit à la générosité de M. le professeur Eschricht de Copenhague.

IIIᵉ GENRE. CATHÉTORHINE. — *CATHE-TORHINUS* (1). Nobis.

CARACTÈRES. Tête revêtue de plaques, très-courte, comme tronquée perpendiculairement en avant ; bout du museau regardant en bas et offrant un petit bord tranchant. Plaques céphaliques excessivement imbriquées ; rostrale reployée sous le museau et s'étendant du côté opposé jusqu'au front, en une sorte de calotte ovalaire ; une frontale antérieure, une frontale proprement dite, une paire de sur-oculaires, une paire de pariétales, une inter-pariétale, une paire de nasales, une paire de fronto-nasales, une paire de préoculaires, une paire d'oculaires, une paire de post-oculaires. Narines latérales, hémidiscoïdes, s'ouvrant dans la suture de la nasale et de la fronto-nasale. Yeux latéraux,

_____

(1) κάθετος, ου, hauteur perpendiculaire, ligne qui tombe perpendiculairement sur une autre ; ῥίν, nez, museau.

distincts au travers de l'oculaire et de la préoculaire ;
car celle-ci recouvre celle-là un peu au delà de la partie
sous laquelle l'œil est placé.

Dans ce genre, le profil de la tête se courbe vers la
bouche d'une manière tellement brusque à partir du front,
que le museau a l'air d'avoir été tronqué perpendiculairement ; il en résulte que l'extrémité est dirigée, non pas
en avant comme à l'ordinaire, mais en bas et située à peu
près de niveau avec la fente buccale. Cette même extrémité
du museau offre dans la presque totalité de sa largeur une
petite saillie tranchante que nous retrouverons chez les
Onychocéphales, mais qui n'existe chez aucun des autres
genres de la famille des Typhlopiens. Ce dernier caractère,
joint à la forte courbure du devant de leur tête, est ce qui
distingue les Cathétorhines des Thyphlops et des Céphalolépides, ceux-ci ayant d'ailleurs des écailles au lieu de
plaques céphaliques ; c'est également cela, ainsi que la
position latérale de leurs narines, qui empêche qu'on ne
les confonde avec les Ophthalmidions. Si les Onychocéphales ont comme eux le museau tranchant au bout, ils ne
l'ont ni abaissé verticalement vers la bouche, ni perforé
latéralement par les narines. Quant aux Pilidions, ils en
diffèrent parce que leurs yeux sont parfaitement distincts,
parce que leurs ouvertures nasales occupent les côtés et non
le dessous du museau, parce qu'enfin, parmi les pièces de
leur bouclier céphalique, sont une interpariétale, des pariétales et des préoculaires. Les Cathétorhines sont ceux de
tous les Scolécophides qui ont les plaques de la tête le plus
imbriquées ; à tel point que souvent la partie recouvrante
des unes s'étend sur la moitié ou plus de la moitié de la
surface de celles qui les suivent. Elles sont en outre très-
transparentes.

1. LE CATHÉTORHIŃE MÉLANOCÉPHALE. *Cathetorhinus melanocephalus*. Nobis.

CARACTÈRES. Queue conique, courbée, d'une longueur triple de la largeur de la tête.

SYNONYMIE. *Typhlops melanocephalus*. Nob. Mus. Par.

DESCRIPTION.

FORMES. Ce Scolécophide est du nombre de ceux dont G. Cuvier a dit, avec juste raison, qu'ils ressemblent à des bouts de ficelle mince. La gracilité de celui qui fait le sujet de cet article est telle, que sa longueur totale, dans laquelle la queue entre environ pour la trentième partie, est près de quatre-vingts fois plus considérable que sa largeur, prise à l'extrémité postérieure du tronc. La tête, brusquement arrondie d'arrière en avant, à partir du front, est cylindrique et un peu aplatie à sa région inférieure. La plaque rostrale garnit seule le dessus de la face et le dessous, conjointement avec les nasales placées à sa droite et à sa gauche ; son bord tranchant est assez étroit et peu prononcé ; sa portion supérieure forme une grande calotte discoovalaire ; sa partie inférieure est plate, carrée, offrant à son bord postérieur une petite saillie en queue d'aronde enclavée entre les squammes labiales de la première paire. A la plaque rostrale et aux nasales s'unissent, sur les côtés, les deux fronto-nasales, qui complètent ainsi une espèce de grand masque squammeux, dans lequel tout le devant de la tête se trouve emboîté. Le reste des parties latérales de celle-ci est protégé d'abord par les préoculaires, les oculaires et les post-oculaires, lesquelles se suivent en diminuant graduellement d'étendue, puis par les secondes, troisièmes et quatrièmes labiales supérieures. Ces trois dernières paires de squammes supéro-labiales sont en effet tellement grandes, qu'elles couvrent tout le bas des joues ; la première au contraire est assez petite, mais toutes sont imbriquées et fortement arrondies à leur bord recouvrant. La frontale antérieure, la frontale proprement dite, les sur-oculaires, les pariétales et les interpariétales sont hexagones, un peu élargies et à peu près égales entre elles. Elles sont placées positivement en travers du crâne sur trois séries longitudinales, composées : les latérales, des sur-oculaires et des pariétales; la médiane, de la frontale antérieure, de la frontale proprement dite et de l'inter-pariétale. Les nasales sont grandes, en triangles isocèles, fortement arrondies à leur angle postéro-externe, et situées tout entières sous le museau, de chaque côté de la rostrale. Les fronto-nasales sont excessivement grandes, triangulaires équilatérales, arrondies à leur angle inféro-postérieur. Les préoculaires sont de deux tiers moins larges et d'un tiers plus courtes que les précédentes ; elles ressemblent à des bandelettes verticales, dont la base serait arrondie et le sommet en angle aigu. Les oculaires ont à peu près la même figure, mais elles sont beaucoup plus petites que les préoculaires. Les post-oculaires sont en demi-disques et d'une dimension moindre que ces dernières. A l'aide d'une loupe ordinaire, on distingue un grand nombre de petits pores à la surface des plaques céphaliques. Les yeux s'aperçoivent comme deux petits points au travers des plaques oculaires et des préoculaires, car celles-ci recouvrent la moitié antérieure de celles-là. Les écailles du corps sont très-grandes et parfaitement lisses ; elles offrent quatre pans, dont un, le postérieur, est excessivement développé et fort arqué. La queue est longue, à proportion de celle de la plupart des Typhlopiens; elle est conique, légèrement courbée vers l'anus et armée d'une petite épine à son extrémité terminale.

Écailles du tronc : 388 rangées transversales. Écailles de la queue : 22 rangées transversales.

COLORATION. Cette petite espèce a la tête noire et tout le reste de son corps d'un brun fauve, plus foncé sur ses régions supérieures que sur les inférieures.

DIMENSIONS. *Longueur totale,* 18" 9'". *Tête.* Long. 4'". *Tronc.* Long. 18". *Queue.* Long. 5'".

PATRIE. Nous ignorons la patrie de ce Scolécophide, dont nous ne possédons qu'un seul exemplaire provenant du voyage de Péron et Lesueur.

IVᵉ GENRE. ONYCHOCÉPHALE. — *ONYCHO-CEPHALUS* (1). Nobis.

CARACTÈRES. Tête garnie de plaques, déprimée, se terminant en avant par un bord aminci ou tranchant. Plaque rostrale reployée sous le museau et se dilatant sur la tête en disque de forme variable ; une frontale antérieure, une frontale proprement dite, une paire de sur-oculaires, une paire de pariétales, une inter-pariétale, une paire de nasales, une paire de fronto-nasales, une paire de préoculaires, une paire d'oculaires. Narines hémidiscoïdes s'ouvrant inférieurement entre la nasale et la fronto-nasale. Yeux latéraux, distincts.

Ce qui nous a donné l'idée d'appeler du nom d'Ony-chocéphale ce groupe générique de Typhlopiens, c'est que véritablement, si toutefois il est permis de comparer deux parties d'ailleurs si différentes, leur plaque rostrale pré-sente une certaine ressemblance avec les ongles de nos doigts, relativement à sa nature cornée, à sa figure sub-elliptique, à sa position presque horizontale sur l'extrémité antérieure de la tête, et au rebord ou à la saillie un peu déclive qu'elle fait au-devant du museau. A ce caractère, on reconnaît de suite les Onychocéphales entre tous les autres genres de cette famille, sans même en excepter celui des Cathéthorines, qui a bien, il est vrai, le museau aminci au bout ; mais chez lequel il se recourbe brusque-ment vers la bouche, au lieu de suivre une direction hori-zontale, chez lequel en outre les narines s'ouvrent latérale-ment et non inférieurement comme c'est le cas du genre

---

(1) Ο'νυξ, υχος, ongle; κεφαλὴ, ῆς, tête.

dont nous traitons ici. Cette position des narines au-dessous et non sur les côtés du museau est un second moyen de distinguer les Onychocéphales d'avec les Typhlops et les Céphalolépides; en outre, ils diffèrent de ces derniers par la composition de leur bouclier céphalique dont les pièces sont des écailles et non de grandes plaques. Enfin, comme il y a parmi celles-ci une interpariétale, des pariétales et des préoculaires, et que les yeux sont parfaitement distincts, ils se trouvent par cela même nettement séparés des Pilidions, qui manquent de ces plaques et dont les autres sont si petits qu'il est impossible de les apercevoir au travers des voiles squammeux placés au-devant de leurs orbites.

TABLEAU SYNOPTIQUE DES ESPÈCES DU GENRE ONYCHOCÉPHALE.

Espèces.

Queue { d'un tiers plus longue que la largeur de la tête : bord antérieur de la plaque rostrale plus { large que le postérieur. 1. O. DE DELALANDE.

étroit que le postérieur. 3. O. UNIRAYÉ.

d'une longueur double de la largeur de la tête. 2. O. MULTIRAYÉ.

1. L'ONYCHOCÉPHALE DE DELALANDE. *Onychocephalus Delalandii.* Nobis.

CARACTÈRES. Queue conique, courbée, d'un tiers environ plus longue que la largeur de la tête, armée d'une petite épine. Bord tranchant de la rostrale légèrement arqué et occupant toute la largeur du museau. Portion supérieure de la rostrale en forme de calotte triangulo-ovalaire. Dessus du corps d'un brun très-clair ou blanchâtre, ventre de cette dernière teinte.

SYNONYMIE. *Typhlops Delalandii.* Nob. Mus. Par.

Typhlops Lalandei. Schleg. Abbild. amph. pag.38. pl. XXXII. fig. 17-20.

REPTILES, TOME VI.   18

DESCRIPTION.

FORMES. L'Onychocéphale de Delalande a l'apparence d'un ver de terre ordinaire ; sa longueur totale est de trente-huit à quarante-cinq fois plus considérable que le diamètre de son tronc, mesuré tout à fait en arrière ; l'étendue longitudinale de la queue est à peu près égale à ce même diamètre. Aucun des individus que nous avons observés n'était plus gros qu'une plume d'oie. La tête est cylindrique, légèrement aplatie en dessus et en dessous et amincie en forme de coin à son extrémité antérieure ; au-devant de toute la largeur de celle-ci, la plaque rostrale fait une petite saillie horizontale, tranchante et légèrement arquée. La face est en partie protégée par cette même plaque rostrale, fortement ployée à cet effet en deux portions, une inférieure et une supérieure : celle-ci, qui s'étend jusqu'au milieu de la région inter-orbitaire, est très-développée, oblongue, un peu convexe, et offre trois bords, un en avant grand et faiblement cintré, deux sur les côtés cintrés aussi et encore plus grands, dont la réunion en arrière donne un angle obtus ; celle-là occupe le dessous du museau conjointement avec les nasales, placées à sa droite et à sa gauche ; elle est plate et à quatre pans, un postérieur assez petit, deux latéraux plus grands et obliques et un antérieur beaucoup plus étendu et curviligne. Les nasales(1) sont oblongues, étroites, recourbées de leur extrémité antérieure sur la narine, et de leur extrémité postérieure vers le bord labial de la rostrale. Les fronto-nasales, à partir du bord tranchant de cette dernière plaque, la côtoient en se courbant comme elle presque jusqu'au milieu de son bord postérieur, où un très-petit espace occupé par le devant de la frontale antérieure les sépare seul l'une de l'autre. Les préoculaires sont bordées antérieurement par les fronto-nasales, postérieurement par les oculaires ; inférieurement, elles s'appuient sur la première et la seconde supéro-labiale, et leur sommet, qui est très-aigu, touche à l'angle latéro-externe, également très-aigu, des sur-oculaires. Les oculaires ont une hauteur à peu près égale à celle des fronto-nasales : très-larges à leur base, elles y sont, de plus,

(1) M. Schlegel ne les représente pas dans ses figures du *Typhlops Delalandii.*

fortement arrondies en arrière , tandis qu'en haut elles forment un angle très-aigu qui s'enclave entre les suroculaires et les pariétales. La frontale antérieure, la frontale proprement dite et l'interpariétale sont trois plaques hexagones fort petites, presque égales entre elles, tantôt d'une largeur peu différente de leur longueur, tantôt assez dilatées transversalement ; elles sont placées à la suite l'une de l'autre sur la ligne médiane du crâne, la première entre les fronto-nasales et les sur-oculaires, la seconde entre les suroculaires et les pariétales, la troisième entre les pariétales et les écailles du corps qui viennent immédiatement après celles-ci (1).

Les suroculaires et les pariétales sont hexagones et excessivement élargies ; elles sont placées de telle sorte , que , de chaque côté, elles forment un chevron $> <$ dans lequel s'enfonce le sommet des oculaires. Il y a le long de la lèvre supérieure quatre paires de squammes quadrilatères allongées et très-étroites (2).

Les yeux sont situés sur les parties latérales de la tête , tout en haut, où on les aperçoit très-distinctement comme de petits points noirs au travers des plaques oculaires.

La queue , très-courte et conique, se courbe inférieurement d'une manière bien marquée et porte à son extrémité une épine assez forte.

Les écailles du corps sont petites et un peu plus larges que longues ; elles offrent quatre angles, un en avant, un en arrière et un de chaque côté.

Écailles du tronc : 29 rangées longitudinales, 380 rangées transversales. Écailles de la queue : 10 rangées transversales.

COLORATION. Parmi les sujets de cette espèce que renferme notre collection , il y en a de jaunâtres et de complétement blanchâtres. D'autres sont fauves , mais la plupart offrent en dessus une teinte brune généralement très-claire ; tandis qu'en dessous ils sont d'un blanc gris. Lorsqu'on examine de très-près ceux dont la couleur est brune , on voit que cette teinte est déposée par petites taches une à une sur chaque écaille.

DIMENSIONS. *Longueur totale.* 25". *Tête.* Long. 9'''; *Tronc.* Long. 23" 5'''; Larg. 6'''. *Queue.* Long. 6'''.

_____

(1) Ces plaques ne sont pas exactement faites dans les figures de M. Schlegel, on a particulièrement omis de donner aux suroculaires et aux pariétales la grande dilatation transversale qu'elles ont dans la nature.

(2) M. Schlegel n'en a représenté que deux, et encore sont-elles carrées.

PATRIE. Cet Onychocéphale habite la pointe australe de l'Afrique. Nous possédons un certain nombre d'exemplaires qui ont été rapportés du Cap par feu Delalande et MM. Verreaux, ses neveux.

2. L'ONYCHOCÉPHALE MULTIRAYÉ. *Onychocephalus multilineatus.* Nobis.

CARACTÈRES. Queue conique, très-fortement recourbée au bout, d'une longueur double de la largeur de la tête, armée d'une petite épine. Bord tranchant de la rostrale assez arqué et n'occupant pas toute la largeur du museau. Portion supérieure de la rostrale en forme de calotte disco-ovalaire. Tout le corps rayé longitudinalement de blanc sur un fond gris argenté.

SYNONYMIE. *Typhlops multilineatus.* Nob. Mus. Par.

Typhlops lineatus. Schleg. Abbild. Amph. pag. 40, pl. 32, fig. 39-42.

DESCRIPTION.

FORMES. Cette espèce se distingue de la précédente au premier aspect en ce que son corps est de deux tiers au moins plus long à proportion, en ce que sa queue est aussi plus longue et plus courbée, en ce que ses squammes labiales et ses plaques céphaliques sont plus épaisses et généralement plus développées, particulièrement les supérieures, à l'exception pourtant de la rostrale dont le bord tranchant est même moins étendu que celui de l'Onychocéphale de Delalande. Le corps entier de l'Onychocéphale multirayé est une soixantaine de fois plus étendu en long qu'en large ; la longueur de la queue est égale à une fois et demie le diamètre du tronc pris vers son milieu. La tête est assez aplatie ; la portion supérieure de la plaque rostrale, dont la forme est celle d'une calotte ovale, en recouvre la partie antérieure conjointement avec le haut des pariétales ; les nasales touchent à la première labiale par leur bord postérieur, elles ne s'étendent pas en avant au delà du niveau des orifices des narines. Les fronto-nasales sont séparées l'une de l'autre à leur sommet par toute la largeur du bord antérieur de la frontale antérieure, et elles se trouvent en rapport avec la seconde labiale par leur partie inférieure. Les préoculaires, dont la base s'appuie sur la troisième labiale, ont leur sommet très-aigu et engagé entre les fronto-nasales et les suroculaires. Les oculaires sont bordées inférieurement par la quatrième labiale, l'angle aigu qui les termine du côté opposé monte entre les suroculaires et les pariétales. La frontale antérieure, dont la figure est celle d'un triangle équilatéral, se lie par son bord antérieur avec la rostrale, par les deux extrémités de ce même bord avec les sommets des fronto-nasales, par ses bords latéraux avec les suroculaires, et par son angle postérieur avec la frontale proprement dite. Celle-ci, qui est hexagone et un peu élargie, touche à la précédente par son angle antérieur, à l'inter-pariétale par le postérieur, et enfonce ses deux angles latéraux entre les suroculaires et les pariétales. Les suroculaires, qui sont quadrilatères oblongues, s'unissent aux fronto-nasales et aux préoculaires par leur côté antérieur, à la frontale antérieure par leur côté interne, aux oculaires par leur côté interne, à la frontale proprement dite par leur côté postérieur, et aux pariétales par leur angle postéro-externe. Les pariétales, hexagones et trois fois plus étendues dans le sens transversal que dans le sens longitudinal du crâne, sont placées presque entièrement derrière les oculaires, et pourtant, de leur extrémité latéro-interne, elles touchent aux suroculaires, à la frontale proprement dite et à l'inter-pariétale. Cette dernière se trouve en rapport, par trois de ses six pans, avec la frontale proprement dite et les pariétales, et par les trois autres avec les premières de celles des écailles qui revêtent le reste de la surface de la tête. Les labiales supérieures, au nombre de quatre de chaque côté, sont quadrilatères oblongues, et de plus en plus grandes à partir de la première jusqu'à la dernière ; la troisième et la quatrième, qui sont arrondies à leur angle inféro-postérieur, s'élèvent de leur angle postéro-supérieur, l'une entre la préoculaire et l'oculaire, l'autre derrière celle-ci (1). Les écailles du corps sont très-élargies ; celles des parties antérieures sont distinctement hexagones, mais les autres n'offrent que quatre pans, dont un, le postérieur, est très-arqué.

Écailles du tronc : 20 rangées longitudinales, 532 rangées transversales. Écailles de la queue : 22 rangées transversales.

COLORATION. Ce Scolécophide est partout d'un joli gris argenté, présentant en dessus et latéralement une raie blanche entre

---

(1) Nous regrettons d'être obligés de dire que les figure de cette espèce publiées par M. Schlegel ne sont nullement exactes, en ce qui concerne les pièces du bouclier céphalique et les squammes labiales.

toutes les séries longitudinales que forment les écailles du tronc et de la queue.

DIMENSIONS. *Longueur totale.* 36" 8'". *Tête.* Long. 8'". *Tronc.* Long. 35" 1'"; Larg. 6'". *Queue.* Long. 9'".

PATRIE. L'Onychocéphale multirayé se trouve à la Nouvelle-Guinée.

3. L'ONYCHOCÉPHALE UNIRAYÉ. *Onychocephalus unilineatus.* Nobis.

CARACTÈRES. Queue conique, fortement recourbée au bout, d'un tiers plus longue que la largeur de la tête, armée d'une très-petite épine. Bord tranchant de la rostrale arqué et n'occupant pas toute la largeur du museau. Portion supérieure de la rostrale en forme de calotte ovale, très-convexe. Corps d'un brun olivâtre, une raie noire sur la ligne médiane du dos.

DESCRIPTION.

FORMES. Nous ne pouvons donner qu'une description fort incomplète de cet Onychocéphale, qui ne nous est connu que par un seul individu considérablement altéré dans plusieurs de ses parties, et entièrement dépouillé de son épiderme. Cependant quelque endommagé qu'il soit, on le reconnaît pour appartenir à une espèce différente des deux précédentes. Ce qu'il offre de plus caractéristique, c'est l'étroitesse du bout de son museau et la forte convexité de la calotte ovale que forme, sur le devant de la tête, la portion supérieure de la plaque rostrale. La portion inférieure de la même plaque est un quadrilatère rétréci en arrière, où elle offre une petite saillie en queue d'aronde enclavée entre les supéro-labiales de la première paire. Ses autres plaques surcéphaliques nous semblent être beaucoup plus petites que celles de l'Onychocéphale multirayé, ce qui le rapprocherait du Delalande; mais sa queue est beaucoup moins courte que la même partie du corps chez ce dernier. Le bord tranchant de la rostrale est arqué et ne s'étend pas à toute la largeur du museau. Les plaques nasales sont rectangulaires, placées obliquement de chaque côté de la partie inférieure de la rostrale; les fronto-nasales ressemblent à peu près à des triangles scalènes.

L'Onychocéphale unirayé a en longueur totale une cinquantaine de fois le diamètre de son tronc.

Écailles du tronc : 26 rangées longitudinales. Écailles de la queue : une douzaine de rangées transversales.

COLORATION. Il est tout entier d'un brun olivâtre, excepté sur le dos, tout le long duquel s'étend une raie noire.

DIMENSIONS. *Longueur totale.* 31". *Tête.* Long. 6'". *Tronc.* Long. 29" 5'". *Queue.* Long. 6'".

PATRIE. L'individu dont il est ici question a été envoyé de Cayenne à notre Musée par madame Richard, née Rivoire.

Ve GENRE. TYPHLOPS. — *TYPHLOPS* (1).
Schneider.

CARACTÈRES. Tête garnie de plaques, déprimée; bout du museau arrondi. Plaque rostrale reployée sous et sur celui-ci, s'étendant plus ou moins sur le devant de la tête, sans jamais s'y développer de manière à le recouvrir entièrement ou presque entièrement ; une frontale antérieur ; une frontale proprement dite, une paire de suroculaires, une ou deux paires de pariétales, une ou deux inter-pariétales ; une paire de nasales, une paire de fronto-nasales, une paire de préoculaires, une paire d'oculaires. Narines latérales, hémidiscoïdes; s'ouvrant dans la suture de la nasale avec la fronto-nasale. Yeux latéraux, à pupille ronde, plus ou moins distincts.

On doit considérer ce genre comme le type, non-seulement de la famille des Typhlopiens, mais de la division entière des Scolécophides ; attendu qu'il renferme les premières espèces qui ont été connues des naturalistes. La vestiture de leur tète se compose, non de squammes à peu près pareilles à celles du corps, mais de plaques presque toutes très-développées; c'est ce qui les distingue parfaitement des

---

(1) Τυφλωψ, ωπος, aveugle, privé de la vue; nom de l'Orvet chez les Grecs anciens.

Céphalolépides, de même que la position horizontale de leur museau, dont le bout d'ailleurs n'est pas aminci, le sépare nettement des Cathétorhines , chez lesquels cette partie antérieure de la tête s'abaisse brusquement du front vers la bouche suivant une ligne perpendiculaire. Ce genre principal diffère aussi d'une manière bien tranchée des autres groupes génériques de la même famille : ainsi et d'abord, des Onychocéphales , en ce que ses narines ne s'ouvrent pas inférieurement, mais latéralement et que le bord terminal de sa rostrale n'est pas tranchant ; puis , des Ophthalmidions , en ce que , en plus de la situation latérale de ses orifices nasaux , il a la portion supérieure de sa rostrale plus ou moins étroite et non dilatée en calotte ovalaire ; enfin , des Pilidions , en ce qu'il n'a pas non plus , comme ces derniers, le devant du crâne recouvert d'un grand disque squammeux, ni les yeux tellement petits qu'on ne puisse les apercevoir au travers de leurs voiles cornés , ni son bouclier céphalique incomplet ; car celui-ci ne manque ni de pariétale , ni d'interpariétale , ni de préoculaire.

TABLEAU SYNOPTIQUE DES ESPÈCES DU GENRE TYPHLOPS.

Espèces

Queue

cylindrique, non courbée. . . . .
- un angle rentrant : pariétales. . . . .
  - à peu près de même grandeur que les sur-oculaires : moitié postérieure du corps. . . . . .
    - beaucoup plus forte que l'antérieure. . . . . — 12. T. NOIR.
    - un peu plus forte que l'antérieure : obtus. . . . . — 2. T. LOMBRIC.
    - queue en cône. . . . . — 5. T. NOIR-BLANC.
    - sub-effilé. . . . . — 3. T. DE RICHARD.
  - plus grandes que les sur-oculaires. . . . . . . — 4. T. PLATYCÉPHALE.
- séparées l'une de l'autre par la fronto-nasale, dont le bord postérieur fait. .
  - s'élevant en angle aigu entre la préoculaire et l'oculaire : interpariétale. . . .
    - plus grande que la frontale antérieure. — 7. T. DE DIARD.
    - à peu près égale à la frontale antérieure. — 8. T. A RAIES NOMBREUSES.
  - aussi grandes ou plus grandes que les sur-oculaires : deuxième labiale supérieure. . . .

conique, courbée : plaques nasale et préoculaire. . .
- une courbure rentrante : pariétales. . .
  - ne s'élevant pas entre la préoculaire : sur-oculaires placées. . . .
    - obliquement : assez gros. . . — 1. T. RÉTICULÉ.
    - corps. . . . très-grêle. . . — 10. T. FILIFORME.
    - transversalement. . . . . — 9. T. VERMICULAIRE.
- plus petites que les sur-oculaires et ne s'étendant pas derrière les oculaires. . . . — 6. T. DE MÜLLER.
- s'unissant ensemble par le bas et empêchant par conséquent la fronto-nasale de descendre jusqu'aux labiales. . . . . . — 11. T. BRAME.

1. LE TYPHLOPS RÉTICULÉ. *Typhlops reticulatus.* Nobis.
(Vovez Pl. 60.)

CARACTÈRES. Extrémité antérieure du corps un peu moins forte
que la postérieure. Queue conique, obtuse, peu courbée, d'un
tiers ou de moins d'un tiers plus longue que la largeur de la tête,
armée d'une assez forte épine. Portion supérieure de la rostrale
en forme de bandelette subrectangulaire, subarrondie en arrière. Bord postérieur des fronto-nasales décrivant une courbe
rentrante. Yeux parfaitement distincts. Corps noir ou brun, ou
fauve, ou olivâtre en dessus ; blanchâtre ou jaunâtre en dessous
et au bout du museau.

SYNONYMIE. *Amphisbœna.* Scheuchz. Phys. sacr. tom. 4, pag.
153?, tab. 747, fig. 4.

Serpens Cœcilia, ex *Mauritania.* Séb. tom. 1, pag. 137,
tab. 86, fig. 2.

Serpens biceps, americana, rubra. Séb. tom. 2, pag. 8, tab.
6, fig. 4.

Amphisbœna Amboinensis squammis rubicundis obducta.
Séb. tom. 2, pag. 9, tab. 7, fig. 4.

Anguis squammis abdominalibus 177, *et caudalibus* 37.
Gronov. Serp. in mus. Ichthy. pag. 541, n° 7.

Anguis reticulata. Linn. Syst. nat. Édit. 10, tom. 2, pag.
228, n° 214.

Anguis reticulata. Linn. Syst. nat. édit. 12, tom. 2, pag. 391,
n° 214.

Anguis reticulata. Laur. Synops. Rept. pag. 69.

Le Rézeau. Daub. Dict. anim. quadr. ovip. et serp. pag. 668.

Anguis rostralis. Weig. Schrift. der Berlin. Naturf. Gesse.
tom. 3, pag. 190.

Anguis reticulatus. Gmel. Syst. nat. Linn. tom. 3, pag. 1120.

Le Rézeau. Lacép. Hist. quad. ovip. Serp. tom. 2, pag. 446.

Le Rézeau. Bonn. Ophiol. Encycl. méth. pag. 65, pl. 31, fig. 4.

Anguis reticulatus. Donnd. Zool. Beitr. tom. 3, pag. 213.

Anguis reticulatus. Schneid. Hist. amph. Fasc. II, pag. 325.

Typhlops crocotatus. Id. loc. cit. pag. 340.

Anguis reticulata. Shaw. Gen. Zool. vol. 3, part. II, pag. 587.

Anguis nasuta. Id. loc. cit. pag. 587.

Anguis reticulatus. Latr. Hist. Rept. tom. 4, pag. 223.

Anguis rostratus. Id. loc. cit. pag. 228.

Anguis reticulatus. Bechst. Lacepède's Naturgesch. vol. 5, pag. 146, pl. 14, fig. 1.

Anguis rostratus. Daud. Hist Rept. tom. 7, pag. 316.

Anguis reticulatus. Id. loc. cit. tom. 7, pag. 324.

Typhlops reticulatus. Cuv. Règn. anim. 1er édit. tom. 2, pag. 63.

Typhlops crocotatus. Id. loc. cit.

Typhlops nasutus. Id. loc. cit.

Anguis rostralis. Merr. Tent. syst. amph. pag. 159, n° 5.

Typhlops reticulatus. Cuv. Règn. anim. 2e édit. tom. 2, pag. 73.

Typhlops reticulatus. Griff. Anim. Kingd. Cuv. vol. 9, pag. 248.

Typhlops crocotatus. Id. loc. cit.

Typhlops reticulatus. Gray. Synops. Rept. in Griff. anim. Kingd. vol. 9, pag. 76.

Typhlops crocotatus. Id. loc. cit. pag. 77.

Typhlops lumbricalis. Schleg. Abbild. Amph. pag. 35, pl. 32, fig. 1-4.

Typhlops lumbricalis Dict. univers. d'hist. nat. D'Orbign. Rept. pl. VII, fig. 3.

DESCRIPTION.

FORMES. Le Typhlops réticulé est proportionnellement plus court et plus gros que la plupart de ses congénères ; sa longueur totale, dont la queue fait au moins la trentième et au plus la trente-quatrième partie, n'est que vingt-six à vingt-neuf fois égale au diamètre du tronc mesuré à son extrémité postérieure ; au reste, celle-ci n'est qu'un peu plus forte que l'extrémité antérieure. La tête, légèrement déprimée de haut en bas, présente à peine un peu moins d'épaisseur en avant qu'en arrière ; le museau est épais et très-arrondi au bout. Le tronc et la queue, qui est obtusément conique, ont l'un et l'autre leur face inférieure faiblement aplatie.

La plaque rostrale occupe le milieu des régions inférieure, antérieure et supérieure du museau : c'est une bandelette longitudinale, légèrement rétrécie au bout de ce dernier ; sa partie supérieure, subrectangulaire et souvent arrondie en arrière, est plus longue que sa portion inférieure, qui est à peu près carrée et retenue entre les labiales de la première paire par une petite saillie en queue d'aronde. Les nasales, qui sont situées au-devant de la bouche entre la rostrale et la fronto-nasale, se terminent postérieurement sur la première labiale, antérieurement un peu

au-dessus du niveau de l'orifice de la narine ; leur bord (
terne est ondulé. Les fronto-nasales, qui sont plus étroites
leur partie inférieure qu'à leur partie supérieure, affectent cl
cune la figure d'un triangle scalène, dont le grand côté, qui est
postérieur, serait une courbe rentrante ; elles se trouvent bord(
en avant, dans leur moitié supérieure par la rostrale, dans l(
moitié inférieure par la nasale, en arrière par les surocula
et les oculaires, en bas par la seconde labiale, tout en haut |
l'angle antéro-latéral de la frontale antérieure, qui les empê(
ainsi de se conjoindre derrière la rostrale. Les préoculaires, (
ont devant elles les fronto-nasales, derrière elles les oculair
au-dessus les suroculaires, au-dessous une portion de la
conde et de la troisième labiale, offriraient chacune la figt
d'un losange, si elles n'étaient pas arrondies à leur an
antérieur ; elles sont plus courtes et plus larges que les fron
nasales. Les oculaires sont subhexagones, un peu plus élarg
que les préoculaires et presque aussi hautes que les fronto-1
sales ; elles engagent leur sommet, qui est en angle aigu, en
les suroculaires et les pariétales, et se trouvent en rappo
par leur base avec une portion de la troisième labiale et
presque totalité de la quatrième, par leur bord antérieur av
les fronto-nasales, et par le postérieur avec une squamme po
oculaire. La frontale antérieure, qui affecte la figure d'i
demi-disque, malgré ses cinq pans, offre une dimension à p
près égale à celle de la rostrale ; elle est circonscrite par
sommet de cette dernière, par les fronto-nasales, les suroc
laires et la frontale proprement dite. Celle-ci se lie à la pré(
dente par son bord antérieur, à l'inter-pariétale par le postériel
et enfonce, entre les suroculaires et les pariétales, l'angle ai|
que forment à droite et à gauche ses quatre bords latéraux
cette même frontale proprement dite est plus ou moins distin
tement hexagone, plus ou moins élargie, tantôt aussi grand(
tantôt un peu plus petite que la frontale antérieure. L'inter-p
riétale présente, quant à sa figure et à son étendue, les mêm
variations que la frontale proprement dite ; elle a également (
chaque côté un angle aigu qu'elle engage entre les pariétales
une squamme post-pariétale assez grande ; en devant elle touc|
à la frontale proprement dite, en arrière à l'une des squamm(
de la région postérieure du crâne. La suroculaire et la pariéta
du côté droit, ainsi que la suroculaire et la pariétale du cô

che forment un chevron $>$ $<$ dans lequel s'emboîte le sommet
l'oculaire. Les suroculaires sont quadrilatères oblongues,
vent arrondies à leur angle postéro-externe et d'une gran-
r à peu près pareille à celle de la frontale proprement dite ;
s se trouvent en rapport par leur bord antérieur avec la ros-
e et la fronto-nasale, par le postérieur avec la frontale pro-
ment dite et la pariétale ; par les latéraux, en dedans avec
rontale antérieure, en dehors avec l'oculaire. Les pariétales,
agones, très-élargies et un peu plus grandes que les surocu-
es, ont les deux tiers de leur étendue transversale placés
rière l'oculaire ; leur angle latéral externe tient par sa
nte à la squamme post-oculaire ; elles s'engagent de leur
le latéral interne entre la frontale proprement dite et l'in-
-pariétale, et elles touchent par un très-petit bord à la surocu-
e ; derrière elles sont une ou deux squammes temporales. On
npte quatre labiales supérieures de chaque côté : la première
très-petite et en carré long ; la seconde est d'une moins
le dimension et subrhomboïdale, ainsi que les deux der-
res, dont l'étendue est triple ou quadruple ; la troisième élève
-dessus des autres un angle aigu que reçoivent entre leur
e la préoculaire et l'oculaire ; la quatrième monte par un
n incliné jusqu'à la squamme post-oculaire.
Les yeux se trouvent situés à la hauteur du sommet de la
que préoculaire ; la grande transparence de la plaque ocu-
re les rend très-distincts.
Les écailles qui revêtent le corps sont élargies et à quatre
ns, dont le postérieur est plus étendu que les autres et plus
moins cintré. La squamme en dé conique qui garnit l'extré-
ité caudale se prolonge en une petite épine aplatie latéra-
ment.
Écailles du tronc : 28 rangées longitudinales, environ 252 ran-
es transversales. Écailles de la queue : 19 rangées transversales.

COLORATION. Le nom que porte ce Typhlops lui vient du dessin
présentant une sorte de réseau que produisent à la surface de
s parties supérieures la teinte foncée qui occupe le centre de
haque écaille, et celle plus claire qui n'en couvre que les bords :
a première, qui est toujours la plus abondante, varie du brun
narron au brun presque noir ; la seconde se montre constam-
nent fauve ou blanchâtre, mais la bordure qu'elle forme est

parfois si étroite que le dessus du corps paraît unicolore. Ce petit
Serpent a généralement le bout du museau et toutes les régions
inférieures d'une teinte jaunâtre, laquelle est sans doute beaucoup plus vive chez les individus vivants que chez ceux conservés dans l'alcool d'après lesquels nous faisons cette description. Il en est quelques-uns qui offrent çà et là à la face ventrale, des taches ou de petite bandes transverses, plus ou moins
dilatées, d'une couleur foncée semblable à celle du dos. Assez
souvent le dessus de la queue ou quelques-unes de ses parties seulement sont peintes en jaunâtre, de même que sa face inférieure.

DIMENSIONS. *Longueur totale.* 29" 3'". *Tête.* Long. 1" 2'".
Tronc. Long. 27" 1'"; Larg. 1". *Queue.* Long. 1".

PATRIE. Le Typhlops réticulé est particuler à l'Amérique méridionale. C'est à tort qu'on a avancé qu'il habite aussi les
Antilles ; les Typhlops que produisent ces îles appartiennent à
des espèces tout à fait différentes. Les nombreux échantillons du
Typhlops réticulé que renferment nos collections proviennent
tous du Brésil et des Guyanes.

Observations. La première figure qui ait été publiée de cette
espèce se trouve dans la Physique sacrée de Scheuchzer. A ses
grandes proportions, à la teinte sombre de ses écailles au milieu
d'un encadrement blanchâtre, on la reconnaît pour avoir été faite
d'après un individu adulte appartenant à la variété du Typhlops
réticulé, dont chacune des pièces de l'écaillure, d'un brun
presque noir au centre, offre au contraire à son pourtour une
large bordure d'un fauve très-clair. C'est cette figure originale,
reproduite dans une foule d'ouvrages, qui a donné lieu à Linné
d'établir son *Anguis reticulatus*, dont la dénomination quali-
ficative aurait dû être conservée à l'espèce, comme étant celle
sous laquelle elle a été originairement inscrite sur les registres de
la science. Au lieu de cela, plusieurs erpétologistes modernes ont
appelé *Lumbricalis*, le *Typhlops reticulatus*, parce que, suivant
eux, l'*A Aguis reticulatus* de Linné ne serait pas spécifiquement
différent de l'*Anguis lumbricalis* du même auteur. L'*Anguis
lumbricalis* de Linné, qui a pour type l'*Amphisbœna argentea*
de Browne, est au contraire parfaitement distinct de l'*Anguis
reticulatus* (notre *Typhlops* du même nom), aussi bien par
plusieurs détails de son organisation que par sa patrie : l'un,
en effet, habite les Antilles et peut-être le Mexique ; l'autre est

particulier à l'Amérique continentale du sud. C'est à notre *Typhlops reticulatus* que se rapporte l'*Anguis reticulatus* de Schneider, ainsi que son *Typhlops crocotatus*, duquel ne diffère pas l'*Anguis rostratus* de Weigel ; c'est du moins ce qu'assure le célèbre auteur de l'*Historia amphibiorum*, qui a observé lui-même l'exemplaire d'après lequel Weigel avait fait ses descriptions. L'ouvrage de Séba renferme des figures de Typhlops tellement mal exécutées que nous avouons n'y reconnaître qu'avec doute le Typhlops réticulé ; l'une d'elles, celle de la Pl. 86, nº 2, du tom. 3, a été citée par Linné comme se rapportant à son *Anguis lumbricalis*, mais à tort assurément.

2. LE TYPHLOPS LOMBRIC. *Typhlops lumbricalis*. Nobis.

CARACTÈRES. Extrémité antérieure du corps beaucoup plus grêle que la postérieure. Queue conique, obtuse, un peu courbée, d'une longueur double de la largeur de la tête, armée d'une courte épine. Portion supérieure de la rostrale en forme de petite bandelette légèrement cintrée de chaque côté et en pointe obtuse en arrière. Bord postérieur des fronto-nasales formant un angle rentrant. Dessus du corps brun, marron ou roussâtre ; ventre d'un blanc grisâtre.

SYNONYMIE. *Amphisbæna mexicana*. Lync. Alior. Anim. nov. Hisp. Tom. II, pag. 790.

Amphisbæna seu Silver snake. Browne. Nat. hist. Jam. page 460, tab. 44, fig. I.

Anguis squammis abdominalibus, 230, *et squammis caudalibus*, 7. Gronov. Serp. in Mus. Ichthyol. page 52, nº 3.

Anguis lumbricalis. Linn. Syst. nat. Edit. 10. Tom. I, pag. 228, nº 238.

Anguis lumbricalis. Linn. Syst. nat. Edit. 12. Tom. 2, pag. 391, nº 237.

Anguis lumbricalis. Laur. Synops. rept. pag. 173.

Le Lombric. Daub., Dict.anim. quad. Ovip. et Serp., pag.648.

Anguis lumbricalis. Gmel. Syst. nat. Linn.Tom.III, pag.1121.

Le Lombric. Bonnat. Ophiol. Encyclop. Méth. pag. 65.

Anguis lumbricalis. Dond.Zool. Beytr.Tom.III, pag.214, nº 10.

Anguis Jamaicensis. Shaw. Gener. Zool. Vol. III, part. 2, pag. 588.

Anguis lumbricalis. Herm. Obs. zool. pag. 287.

Anguis lumbricalis. Merr. Tent. Syst. Amph. pag. 158, n° 2.

Typhlops Cubœ. Nob. Hist. Cub. Ramon de la Sagra. Erpét.
pag. 204, pl. 22 (1).

DESCRIPTION.

FORMES. La disproportion bien prononcée qui existe entre le
diamètre de la partie antérieure et celui de la partie postérieure
du corps du Typhlops lombric est ce qui permet de le distinguer,
à la première vue, de tous ses congénères. L'un est effectivement
beaucoup plus grêle que l'autre. Voisin du Typhlops réticulé, le
Typhlops lombric en diffère principalement en ce que son corps
est de quarante à quarante-deux fois aussi long que large, au
lieu de ne l'être que de vingt-six à trente fois ; en ce que le bord
postérieur de ses fronto-nasales, au lieu d'être légèrement arqué
en dedans ou un peu concave, fait un grand angle rentrant,
dans lequel s'emboîte le devant de la préoculaire; en ce que enfin
le nombre des rangées transversales d'écailles de son tronc s'é-
lève à deux cent soixante-dix, tandis qu'il n'est que de deux
cent cinquante environ chez le Typhlops réticulé.

Le museau est épais et arrondi au bout. La plaque rostrale
est en bandelette longitudinale, légèrement rétrécie au niveau des narines, plus courte dans sa portion inférieure que
dans sa portion supérieure; celle-ci a ses côtés légèrement cintrés
en dehors et son extrémité postérieure en pointe obtuse et arrondie; celle-là, qui est à peu près carrée, a ses angles postérieurs
arrondis et offre une petite saillie également carrée, enclavée
entre les labiales de la première paire. La frontale antérieure, environ une fois plus petite que la portion inférieure de la rostrale,
est tantôt aussi large, tantôt plus large que longue, hexagone,
pentagone ou quadrangulaire, suivant que le sommet de son
angle antérieur ou postérieur est tronqué ou non. La frontale
proprement dite et l'inter-pariétale ont la même grandeur
et offrent, quant à leur figure, les mêmes variations que
la frontale antérieure. Il y a une plaque post-inter-pariétale
semblable à la pariétale. Les plaques suroculaires sont un peu
moins petites ou très-rarement aussi petites que la frontale antérieure, pentagones ou hexagones, élargies, placées un peu

---

(1) Les plaques céphaliques n'y sont pas représentées avec exactitude.

obliquement par rapport à l'axe transversal du crâne. Les pariétales sont hexagones , élargies, un peu moins petites que les suroculaires et placées obliquement aussi , mais dans le sens opposé ou de manière qu'elles forment avec elles , à droite et à gauche , un $>$ dans lequel s'emboîte le sommet de l'oculaire. Il existe une paire de post-pariétales pareilles aux pariétales. Les nasales affectent chacune la figure d'un triangle isocèle. Les fronto-nasales ne sont pas conjointes en arrière de la rostrale; elles ont à peu près la forme d'un $<$ couché à branches assez larges , dont les extrémités s'arrondissent légèrement de dedans en dehors. Les préoculaires sont un peu moins hautes que les précédentes et en triangles subéquilatéraux, ayant deux de leurs côtés entièrement emboîtés dans le chevron que fait chaque fronto-nasale. Les oculaires sont subrhomboïdales, de même hauteur et de même largeur que les préoculaires. Il y a quatre squammes labiales supérieures de chaque côté : la première est très-petite, en carré long ; les trois autres sont successivement deux, trois et quatre fois plus grandes, pentagones oblongues, s'élevant par un plan oblique vers les fronto-nasales, les préoculaires et les oculaires. Les yeux sont parfaitement distincts, latéraux et à fleur de tête.

Écailles du tronc : 20 rangées longitudinales , environ 270 rangées transversales. Écailles de la queue : 6 ou 7 rangées transversales.

COLORATION. Un brun souvent noirâtre , tantôt cendré , tantôt roussâtre , colore toutes les écailles du dessus du corps, qui portent toujours en avant une petite bordure d'une teinte plus claire ; les régions inférieures sont généralement d'un blanc grisâtre , parfois jaunâtres, de même que le museau , dont les plaques offrent quelques raies longitudinales d'une couleur foncée pareille à celle du dos.

DIMENSIONS. Cette espèce ne semble pas devenir aussi grande que le Typhlops réticulé. Les mesures suivantes sont celles du plus long des exemplaires que renferme notre Musée.

Longueur totale, 25" 5'". *Tête.* Long. 7'". *Tronc.* Larg. près de la tête, 3'", au milieu du tronc, 6'", près de la queue, 5'" 1/2. Long. 24" 2'". *Queue.* Long. 6'".

PATRIE. Le Typhlops lombric est originaire des Antilles ; Browne l'a trouvé à la Jamaïque ; nous l'avons reçu de la Marti-

nique par les soins de M. Plée, et de la Guadeloupe, par ceux de
M. Guyon ; M. Ramon de la Sagra nous en a donné une fort belle
suite d'échantillons , recueillis par lui-même dans l'île de Cuba.
Il habiterait aussi le Mexique , si le petit Serpent figuré par Lynceus, sous le nom d'*Amphisbœna mexicana*, est réellement de la
même espèce que ceux qui ont servi à cette description.

Observations. Il existe effectivement dans l'Histoire des animaux de la Nouvelle-Espagne , rédigée par Lynceus , la description et la figure d'un Scolécophide qui nous paraît appartenir au Typhlops lombric. Nous sommes d'autant plus portés à
le croire , que nous connaissons d'autres Reptiles du Mexique
qu'on rencontre aussi dans quelques-unes des Antilles; mais il
est bien évident pour nous que l'*Amphisbœna argentea* décrite
et représentée par Browne dans son ouvrage sur la Jamaïque , et
de laquelle Linné a fait son *Anguis lumbricalis* , est de la même
espèce que celle que nous venons de décrire dans cet article.

Lacépède a fait une fausse application du nom d'*Anguis lumbricalis* en désignant ainsi un Scolécophide d'Europe, le Typhlops
vermiculaire, qu'il croyait spécifiquement semblable au petit
Serpent de la Jamaïque , dont on doit la connaissance à Browne
et avec lequel il a en outre confondu le *Typhlops Braminus* ,
qui est des Grandes-Indes. Schneider a fait quelque chose d'a-
nalogue , en citant, comme se rapportant à son *Typhlops lumbricalis* , duquel il dit seulement *colore albido totus splendet* ,
trois figures appartenant à trois espèces différentes ; c'est-à-dire
celle de l'*Amphisbœna argentea de Browne* , celle de l'Orvet
lombric de Lacépède , laquelle , comme nous venons de le dire
tout à l'heure , représente un Typhlops vermiculaire , et celle
de la Pl. LXXXVI, nº 2, du tome 3 du Muséum de Séba , qui paraît avoir eu pour modèle un Typhlops réticulé.

Shaw , dans sa Zoologie générale , a reproduit, sous le nom
d'*Anguis Jamaicensis*, la description de l'*Amphisbœna argentea*
de Browne , à laquelle il a joint, non la figure publiée par ce
dernier auteur, mais celle du nº 2 de la pl. 86 du tome III du
Thesaurus naturæ.

3. LE TYPHLOPS DE RICHARD. *Typhlops Richardii.* Nobis.

CARACTÈRES. Extrémité antérieure du corps un peu moins
forte que l'extrémité postérieure. Queue conique , subeffilée ,
courbée , d'une longueur double de la largeur de la tête, armée

d'une épine médiocrement longue. Portion supérieure de la rostrale en forme de bandelette fortement arrondie à son extrémité frontale. Bord postérieur des fronto-nasales formant un angle rentrant.

SYNONYMIE. *Typhlops cinereus.* Guér. Iconog. Règn. anim. Cuv. Rept. pl. 18, fig. 2.

DESCRIPTION.

FORMES. Le Typhlops de Richard n'a pas le tronc beaucoup plus fort en avant qu'en arrière comme le Typhlops lombric, dont il diffère aussi par plus de gracilité, sa longueur totale étant cinquante fois au moins égale à sa largeur moyenne. Sa queue, bien qu'également fort courte et conique, est légèrement effilée, tandis que celle de l'espèce précédente est très-obtuse. En outre, on ne compte au plus que 270 anneaux d'écailles autour du tronc du Typhlops lombric; il y en a au delà de 340 à celui du Typhlops de Richard.

Le museau est épais et arrondi au bout. La plaque rostrale ressemble à une bandelette légèrement rétrécie au niveau des narines, plus courte dans sa portion inférieure que dans sa portion supérieure; celle-ci est fortement arrondie à son extrémité postérieure; celle-là est à peu près carrée ou sub-rectangulaire, arrondie à ses angles postérieurs, offrant au milieu de son bord labial une petite saillie quadrangulaire, élargie, enclavée entre les premières squammes de la lèvre. La frontale antérieure a environ une fois moins d'étendue que la portion inférieure de la rostrale; elle est tantôt aussi large, tantôt plus large que longue, hexagone, pentagone ou quadrangulaire, suivant que le sommet de son angle postérieur est tronqué ou non. La frontale proprement dite et l'inter-pariétale ont la même grandeur et présentent les mêmes variations de figure que la frontale antérieure. Il existe généralement une post-interpariétale semblable à l'inter-pariétale. Les suroculaires ont chacune à peu près la même dimension que la frontale antérieure; elles sont pentagones ou hexagones, élargies, placées obliquement par rapport à l'axe transversal du crâne. Les pariétales sont hexagones, élargies, un peu moins petites que les suroculaires et placées obliquement aussi, mais dans le sens opposé, ou de manière qu'elles forment avec elles, à droite et à gauche, un chevron dans lequel s'emboîte le sommet de l'oculaire. Il y a une paire de post-pariétales, pareilles aux [pariétales. Les nasales affectent

chacune la figure d'un triangle scalène. Rarement les fronto-nasales se conjoignent en arrière de la rostrale ; elles ont chacune
la figure d'un < à branches assez larges, dont les extrémités
s'arrondissent fortement de dedans en dehors. Les préoculaires
sont un peu moins hautes que les précédentes, elles ressemblent à des triangles subéquilatéraux. Les oculaires sont sub-
rhomboïdales, de même hauteur, mais un peu moins larges que
les préoculaires. La première des quatre squammes qui existent
de chaque côté de la lèvre supérieure est très-petite, en carré
long ; les trois autres sont pentagones oblongues, successivement
deux, trois et quatre fois plus grandes, s'élevant par un plan
oblique vers les fronto-nasales, les préoculaires et les oculaires.
Les yeux sont parfaitement distincts, latéraux et à fleur de tête.

Écailles du tronc : 20 rangées longitudinales, 300 à 350
rangées transversales. Ecailles de la queue : une quinzaine de
rangées transversales.

Coloration. Ce Typhlops a toutes ses parties supérieures d'un
brun marron plus ou moins clair, passant quelquefois au fauve ;
ses parties inférieures sont d'un blanc lavé de jaunâtre, ainsi
que le bout de son museau et les bords de ses plaques surcéphaliques. En observant de très-près les écailles du dos, on s'aperçoit que leur pourtour porte un petit liséré de la même couleur
que celle du ventre. En général le brun du dessus et le blanchâtre du dessous du corps, au lieu de se fondre ensemble le
long des flancs, y présentent, chacun à leur bord, des hachures
irrégulières qui se pénètrent réciproquement.

Dimensions. *Longueur totale*, 25" 8'". *Tête*. Long. 7'" 1/2.
Tronc. Larg.; 5'". Long. 24" 4'". *Queue*. Long. 6'" 1/2.

Patrie. La collection renferme depuis longtemps deux individus de ce Typhlops, qui ont été rapportés de l'île Saint-Tho-
mas, l'une des petites Antilles, par feu Richard père. Le bocal
qui les contient porte encore la petite note suivante écrite de
la main de ce savant naturaliste : *In receptaculis aquæ plu-
vialis*. C'est sans doute dans la vase de ces réceptacles et non
dans l'eau qu'ils contenaient ou plutôt qu'ils avaient contenue,
que les petits Serpents dont il est question ont été trouvés ; car
tous les voyageurs qui ont recueilli eux-mêmes de ces Ophidiens
s'accordent à dire qu'ils vivent à la manière des vers de terre.
Nous en possédons quelques autres exemplaires qui proviennent
de Cuba et de la Guadeloupe.

Observations. C'est un de ces derniers , en particulier, qui a servi de modèle à la figure donnée par M. Guérin , dans son *Iconographie du Règne animal* , comme représentant le *Typhlops cinereus* de Schneider, ce qui est une erreur ; attendu que Schneider dit positivement de son *Typhlops cinereus* , qu'il a la plaque frontale circulaire (c'est ainsi qu'il désigne la portion supérieure de la rostrale), tandis qu'elle a la forme d'une petite bandelette chez les espèces du présent article.

4. LE TYPHLOPS PLATYCÉPHALE. *Typhlops platycephalus.* Nobis.

CARACTÈRES. Extrémité antérieure du corps un peu moins forte que la postérieure. Queue conique , subeffilée , courbée , d'une longueur double de la largeur de la tête , armée d'une épine assez longue. Museau aplati. Portion supérieure de la rostrale en forme de bandelette très-étroite, obtusément pointue en arrière. Bord postérieur des fronto-nasales formant un angle rentrant très-aigu.

DESCRIPTION.

FORMES. Ce Typhlops , ainsi que l'indique son nom de Platycéphale, a la tête beaucoup plus déprimée , surtout à sa partie antérieure, que celle d'aucun de ses congénères. Le museau, au lieu d'offrir un bord antérieur à peine moins large que le reste de la tête , se rétrécit assez d'arrière en avant pour que ses côtés forment un angle subaigu, arrondi au sommet. Le Typhlops platycéphale a , en longueur totale , dont la queue fait environ la trente-neuvième partie, à peu près quarante-cinq fois la largeur de son tronc , prise vers le milieu de l'étendue de celui-ci. La portion supérieure de la rostrale est plus étroite que dans toutes les espèces précédentes ; l'angle rentrant que fait le bord postérieur des fronto-nasales est plus aigu que dans les Typhlops lombric et de Richard ; les préoculaires sont à proportion plus larges , et les oculaires plus étroites que chez ces deux dernières espèces ; les squammes labiales supérieures sont aussi moins développées et aucune d'elles ne s'élève entre les plaques latérales de la tête , qu'elles bordent inférieurement. La queue est en cône subeffilé , de même que celle du Typhlops de Richard ; mais l'épine qui la termine est distinctement plus longue et plus comprimée.

La plaque rostrale est en bandelette longitudinale, moins longue dans sa portion inférieure que dans sa portion supérieure ; celle-ci est étroite et en pointe très-obtuse en arrière ; celle-là est plus large en avant qu'en arrière, infléchie de chaque côté, arrondie à ses angles postérieurs et enclavée par une petite saillie élargie entre les labiales de la première paire. La frontale antérieure, la frontale proprement dite, l'inter-pariétale et la post-inter-pariétale sont semblables entre elles, c'est-à-dire hexagones, dilatées en travers et deux fois environ plus petites que la portion inférieure de la rostrale. Les suroculaires sont un peu plus grandes que la frontale antérieure, hexagones, très-élargies, placées un peu obliquement par rapport à l'axe transversal du crâne. Les pariétales ont la même figure que les précédentes, mais elles sont placées positivement en travers et en grande partie derrière les oculaires. Il y a une paire de post-pariétales pareilles aux pariétales. Les nasales sont en triangles scalènes, arrondies à leurs deux angles postérieurs. Les fronto-nasales, qui ne sont pas conjointes en arrière de la rostrale, offrent chacune la figure d'un $<$ couché à branches assez larges, dont les extrémités s'arrondissent fortement de dedans en dehors. Les préoculaires sont un peu moins hautes que le précédentes, en triangles subéquilatéraux ayant deux de leurs trois côtés entièrement emboîtés dans le chevron que forme chaque fronto-nasale. Les oculaires sont un peu plus hautes et beaucoup moins larges que les préoculaires, leur sommet est en angle aigu et leur base assez élargie et fortement arrondie en arrière. Les quatre squammes labiales supérieures sont oblongues : la première est très-petite, quadrilatère, plus haute à son bord postérieur qu'à son bord antérieur ; la seconde est quadrangulaire, fortement arrondie à son bord inférieur, de même que la troisième et la quatrième, qui sont triangulaires et qui augmentent graduellement d'étendue. Les yeux sont parfaitement distincts, latéraux et à fleur de tête.

Écailles du tronc : 20 rangées longitudinales, 350 rangées transversales. Écailles de la queue : 12 rangées transversales.

COLORATION. Un brun roussâtre ou marron foncé colore le centre, et une teinte fauve, le pourtour de toutes les écailles du dessus du corps ; celles du dessous sont au contraire fauves au milieu et d'un brun jaunâtre sur leurs bords. Une bordure

jaunâtre entoure le brun-marron très-foncé qui règne à la sur*
face des plaques céphaliques.

DIMENSIONS. *Longueur totale*, 29" 5'". *Tête*. Long. 9'".
Tronc. Larg. 6'". Long. 27" 9'". *Queue.* Long. 7'".

PATRIE. C'est de la Martinique que nous a été envoyée cette
espèce, dont on doit la découverte à M. Plée.

5. LE TYPHLOPS NOIR ET BLANC. *Typhlops nigro-albus.* Nobis.

CARACTÈRES. Corps un peu moins gros en avant qu'en arrière.
Queue conique, obtuse, légèrement courbée, d'une longueur
égale ou un peu inférieure à la largeur de la tête, armée d'une
petite épine. Museau épais. Portion supérieure de la rostrale en
calotte ovale très-oblongue ; fronto-nasales ne se conjoignant pas
par leurs sommets et ayant leur bord postérieur en angle rentrant.

DESCRIPTION.

FORMES. Le Typhlops noir et blanc, outre que la portion supérieure de sa plaque rostrale est plus large que celle d'aucune
des quatre espèces décrites précédemment, n'a ni le corps proportionnellement aussi court que celui du Typhlops réticulé, ni
le tronc beaucoup plus étroit en avant qu'en arrière, comme le
Typhlops lombric, ni l'épine caudale si longue et la tête si
fortement aplatie que celles du Typhlops platycéphale, ni enfin
la queue en cône effilé, ainsi que cela s'observe chez le Typhlops de Richard;

L'espèce du présent article acquiert une taille au moins égale
à celle du Typhlops réticulé ; la largeur de la région moyenne de
son tronc est de quarante à quarante-quatre fois moindre que
sa longueur totale, dont la queue fait de la quarante-huitième à
la cinquantième partie. La tête n'est pas aussi déprimée, il est
vrai, que celle du Typhlops platycéphale, mais elle l'est un peu
plus que celle de ses autres congénères ; néanmoins le bout
du museau est tout à fait arrondi. La queue, dont la forme est
celle d'un cône excessivement court et obtus, est un peu plate
en dessous, ce qui est la même chose pour toute l'étendue du
tronc.

Les yeux sont situés à fleur de tête, un peu plus bas que le
niveau du sommet des plaques préoculaires, sous le bord anté-

rieur des oculaires au travers desquelles on les aperçoit très-distinctement. Les narines aboutissent au côté externe de l'extrémité antérieure des plaques nasales, positivement sous l'angle que font en avant les fronto-nasales qui, ainsi que nous l'avons déjà dit, forment une partie du bord des orifices externes de ces organes.

La plaque rostrale, dont les côtés sont légèrement infléchis dans la partie qui passe sur le bout du museau, a sa portion inférieure moins grande que la supérieure ; celle-ci est en forme de calotte très-oblongue ; celle-là est subrectangulaire offrant à son bord postérieur, dont les angles sont arrondis, une petite saillie en carré long, enclavée entre les supéro-labiales de la première paire. La frontale antérieure, qui est de moitié moins développée que la portion inférieure de la rostrale et fort peu élargie, est en rapport par le sommet d'un angle obtus, ou, quand celui-ci est tronqué, par un très-petit bord, en avant avec la rostrale, en arrière avec la frontale proprement dite ; puis elle touche par quatre autres bords assez grands et égaux aux deux fronto-nasales et aux deux suroculaires. La frontale proprement dite, qui est distinctement dilatée en travers et dont la figure est pareille à celle de la précédente, s'y joint, de même qu'à l'inter-pariétale, par un petit pan ou par le sommet d'un angle obtus ; tandis qu'elle se lie par un bord assez grand à chaque suroculaire et à chaque pariétale. L'inter-pariétale, qui ressemble aussi à la frontale antérieure, a devant elle la frontale proprement dite, de chaque côté la pariétale et une squamme post-pariétale, et en arrière trois écailles qui revêtent le dessus de la région postérieure de la tête. Les suroculaires, d'une dimension égale à celle de la frontale antérieure, sont oblongues et placées obliquement par rapport à la ligne longitudinale du crâne ; elles touchent aux fronto-nasales par un très-petit bord, aux pariétales par un bord également très-petit, elles s'engagent par deux pans formant un angle aigu entre la frontale antérieure et la frontale proprement dite, et par deux autres absolument semblables entre la suroculaire et la pariétale. Les pariétales, immédiatement après lesquelles viennent les écailles suscrâniennes, sont hexagones inéquilatérales, élargies et aussi grandes que les suroculaires ; elles descendent de la moitié de leur étendue transversale derrière les oculaires, où elles se joignent par leur extrémité à la squamme post-oculaire ; de leur autre moitié, elles s'unissent par un très-petit bord à la suroculaire et enfoncent un assez grand angle aigu entre la plaque inter-pariétale et une squamme placée à la suite de celle-ci. Les nasales appuient leur extrémité inféro-postérieure sur la première et la seconde supéro-labiale; elles ont leur côté interne faiblement courbé en S et l'externe curviligne, à partir du dessous de la narine seulement; leur angle postéro-externe est fortement arrondi, de même que celui de la rostrale, à la convexité duquel correspond une petite courbure du sommet de leur angle postéro-interne. Les fronto-nasales affectent chacune la figure d'un chevron, dont les branches, dirigées en arrière, reçoivent entre elles deux les préoculaires; elles ont devant elles et en haut la rostrale, devant elles aussi, mais inférieurement, les nasales; elles touchent par leur base à la seconde labiale et par leur sommet, qui est arrondi, à la frontale antérieure et à la suroculaire. Les préoculaires sont triangulaires subéquilatérales, moins hautes que les fronto-nasales; elles ont le sommet de leur angle inférieur engagé entre la seconde et la troisième supéro-labiale et celui du supérieur, entre la fronto-nasale et la suroculaire. Les oculaires, aussi larges, mais à peine un peu plus hautes que les préoculaires, sont des bandelettes verticales terminées en angle aigu en haut et en bas, qui s'enfoncent de ce côté-ci entre la troisième et la quatrième labiale, de celui-là, entre la suroculaire et la pariétale. Le bord inférieur des trois dernières labiales supérieures s'élève vers les plaques préoculaires et oculaires, en se courbant fortement d'avant en arrière.

Le corps est revêtu d'écailles élargies offrant quatre pans, un antérieur assez petit, deux latéraux qui le sont moins, et un postérieur beaucoup plus étendu et distinctement arqué. La squamme en dé conique qui emboîte la pointe de la queue est légèrement spiniforme.

Écailles du tronc : 26 ou 28 rangées longitudinales, environ 326 rangées transversales. Écailles de la queue : 8 à 12 rangées transversales.

COLORATION. Un noir foncé règne seul en apparence sur tout le dessus du corps; car il faut apporter une certaine attention pour reconnaître que chaque écaille offre un petit liséré blanc à son pourtour. Mais on distingue très-bien une petite bandelette jaunâtre à la partie marginale des plaques céphaliques,

bandelette qui est peinte sur le bord recouvert et non sur le
bord recouvrant de ces plaques, lesquelles, comme on le sait,
sont fortement imbriquées; de sorte que ce n'est qu'au travers de
ce dernier, qui est incolore et transparent, qu'on l'aperçoit. Le
bout du museau et le dessous du corps présentent une seule et
même teinte d'un blanc sale ou jaunâtre.

DIMENSIONS. Voici les principales dimensions des trois sujets
de cette espèce qui font partie de nos collections.

Longueur totale. 33" 9'". *Tête.* Long. 1" 1'". *Tronc.* Larg.
7'" 1/2, long. 32" 1'". *Queue.* Long. 7'". — *Longueur totale.*
29" 8'". *Tête.* Long. 1" 1'". *Tronc.* Larg. 7'", long. 28" 1'" 1/2.
Queue. Long. 5'" 1/2. — *Longueur totale.* 25" 5'". *Tête.* Long.
1". *Tronc.* Larg. 6'" 1/2, long. 23" 9'". *Queue.* Long. 6'".

PATRIE. Ces trois sujets nous ont été donnés par le capitaine
Martin, qui les avait rapportés de Sumatra.

6. LE TYPHLOPS DE MULLER. *Typhlops Mülleri.* Schlegel.

CARACTÈRES. Queue conique, obtuse, faiblement courbée,
d'une longueur égale à la largeur de la tête. Museau épais. Plaque
rostrale moins longue et moins large dans sa portion inférieure
que dans sa portion supérieure; celle-ci de figure disco-ovalaire;
celle-là carrée. Fronto-nasales en triangles scalènes, dont le plus
grand côté ou le postérieur est infléchi ou légèrement concave,
non conjointes à leur sommet, entre la rostrale et la frontale
antérieure. Bout du museau, celui de la queue et dessous du
corps jaunâtres, parties supérieures noires.

SYNONYMIE. *Typhlops Mülleri.* Schleg. Abbild. amph., pag. 39,
pl. 32, fig. 25-28.

DESCRIPTION.

FORMES. Le Typhlops de Müller et le Typhlops noir-blanc sont
tellement voisins l'un de l'autre que ce n'est qu'après un examen comparatif très-minutieux que nous sommes arrivés à reconnaître qu'ils appartiennent réellement à deux espèces distinctes.

Cependant il est assez facile de s'apercevoir, au premier
aspect, que les plaques sur-céphaliques du Typhlops de
Müller sont plus petites que celles du Typhlops noir-blanc. Si
l'on observe ces Scolécophides avec plus d'attention, on trouve
que la même différence existe entre les pièces de l'écaillure de

leur corps; et la preuve c'est que, bien que les proportions de celui-ci soient les mêmes dans les deux espèces, il n'est garni que de vingt-six rangées longitudinales et de trois cent vingt-six rangées transversales d'écailles chez le Typhlops noir-blanc; tandis qu'il offre vingt-huit des unes et plus de quatre cents des autres chez le Typhlops de Müller (1). En outre, le Thyphlops de Müller a la tête moins déprimée, la plaque rostrale disco-ovalaire dans sa portion supérieure et carrée dans sa portion inférieure, au lieu d'être rectangulaire dans l'une et en ovale très-oblong dans l'autre. Ses fronto-nasales laissent un certain intervalle entre elles à leur sommet, tandis que celles des Typhlops noir-blanc sont presque conjointes au même endroit; elles sont aussi plus étroites que celles de ce dernier, et leur bord postérieur, au lieu de faire un angle rentrant en avant, est simplement concave ou curviligne. Les plaques préoculaires et les oculaires du Typhlops de Müller sont proportionnellement moins larges que celles du Typhlops noir-blanc : les premières sont subrhomboïdales chez l'un, et en triangles subéquilatéraux chez l'autre; les secondes sont rétrécies dans leur moitié inférieure chez celui-là, elles ne le sont pas chez celui-ci. Enfin les plaques frontales antérieures, la frontale proprement dite, la suroculaire, l'interpariétale et les pariétales offrent une dimension moindre dans le Typhlops de Müller que dans le Typhlops noir-blanc; les dernières surtout, qui sont même plus petites que les suroculaires, tandis qu'elles leur sont égales chez le *Typhlops nigro-albus*, et, de plus, elles ne s'étendent pas le long du bord postérieur des oculaires, comme cela a lieu dans cette dernière espèce.

Écailles du tronc : 23 rangées longitudinales, environ 402 rangées transversales. Écailles de la queue : une dizaine de rangées transversales.

COLORATION. Le mode de coloration du Typhlops de Müller ressemble beaucoup à celui du Typhlops noir-blanc. Les écailles de toutes les parties supérieures du tronc sont d'un noir profond, excepté à leur bord antérieur qui porte un liséré blanc; le museau et toutes les régions inférieures sont uniformément

---

(1) M. Schlegel donne le nombre 22 pour les rangées longitudinales d'écailles et celui de 428 pour les rangées transversales; nous, nous avons trouvé qu'il y a 28 des unes et 402 des autres.

d'une teinte jaunâtre , laquelle se montre aussi , mais par places seulement , sur le dessus de la queue , dont le reste , moins la pointe , est coloré en noir comme le dos.

DIMENSIONS. *Longueur totale.* 34" 4"'. *Tête.* Long. 1" 2"'. *Tronc.* Larg. 9"' ; long. 32" 5"'. *Queue.* Long. 7"'.

Ces mesures sont celles du seul individu de Typhlops de Müller que nous connaissions , individu qui nous a été obligeamment envoyé en communication par M. le directeur du Musée de Leyde.

PATRIE. Cet établissement scientifique en doit la possession à M. Müller, par qui il a été recueilli à Padang, dans l'île de Sumatra.

7. LE TYPHLOPS DE DIARD. *Typhlops Diardii.* Nobis.

CARACTÈRES. Queue conique , obtuse , courbée , d'une longueur un peu plus grande que la largeur de la tête, armée d'une petite épine. Museau épais. Portion supérieure de la rostrale en ovale très-oblong. Bord postérieur des fronto-nasales décrivant une courbe rentrante.

SYNONYMIE. *Typhlops Diardii.* Nob. mus. Par.
Typhlops Diardii. Schleg. Abbild. Amph., pag. 39.

DESCRIPTION.

FORMES. Cette espèce , de même que la précédente , se rapproche beaucoup du Typhlops noir et blanc. Ce qui l'en distingue particulièrement , c'est l'aplatissement un peu moindre de sa tête, c'est un peu plus de longueur et d'obliquité dans ses plaques suroculaires , c'est la dimension plus grande de sa plaque interpariétale , par comparaison avec la frontale antérieure et la frontale proprement dite ; c'est la ligne infléchie en avant que présente , au lieu d'un angle rentrant, le bord postérieur de ses fronto-nasales ; c'est enfin son mode de coloration.

Voici d'ailleurs la description des pièces de son bouclier céphalique. La plaque rostrale a la forme d'une bandelette plus étroite à sa partie inférieure qu'à sa partie supérieure ; celle-ci est arrondie à son extrémité postérieure ; celle-là est rectangulaire. La frontale antérieure est deux fois plus petite que la portion inférieure de la rostrale ; sa figure est à peu près celle d'un demi-disque. La frontale proprement dite est élargie, subhexagone et environ de même grandeur que la précédente. L'interpariétale offre à elle seule une surface presque aussi étendue que la frontale proprement dite et la frontale antérieure ensemble. Elle est également subhexagone et très-dilatée en travers. Les suroculaires sont quadrilatères oblongues, plus grandes que la frontale antérieure, arrondies à leur angle postéro-externe et presque conjointes par leur angle postéro-interne. Les pariétales sont très-élargies, subhexagones et placées en travers presque tout entières derrière les oculaires. Les nasales sont quadrilatères oblongues et les fronto-nasales en triangles scalènes ; celles-ci, dont le bord postérieur est concave, ne se conjoignent pas par leurs sommets. Les préoculaires sont subrhomboïdales, plus courtes et plus larges que les fronto-nasales. Les oculaires sont distinctement rhomboïdales et presque aussi hautes que ces dernières. La première des quatre squammes qui garnissent la lèvre supérieure de chaque côté est très-petite ; les autres sont graduellement plus grandes et arrondies en arrière ; trois d'entre elles offrent un angle aigu par lequel la seconde s'élève entre la fronto-nasale et la préoculaire, la troisième entre celle-ci et l'oculaire, et la quatrième derrière cette dernière. Les yeux sont très-distincts.

Écailles du tronc : 36 rangées longitudinales, 324 rangées transversales. Écailles de la queue : 8 rangées transversales.

Coloration. Dans le Typhlops de Diard, le dessus du corps n'est pas noir, mais d'un brun roussâtre et les régions inférieures sont d'un blanc grisâtre ; tandis que c'est un blanc tirant un peu sur le jaunâtre qui les colore chez le Typhlops noir et blanc.

Dimensions. *Longueur totale.* 37" 8"'. *Tête.* Long. 1" 1"'. *Tronc.* Larg. 8"' ; long. 35" 3"'. *Queue.* Long. 6"'.

Patrie. Le Typhlops de Diard a été envoyé des Indes orientales par le naturaliste voyageur dont il porte le nom ; mais sans note indicative du pays où il a été trouvé. Nous n'en possédons qu'un seul exemplaire.

8. LE TYPHLOPS A LIGNES NOMBREUSES. *Typhlops polygrammicus.* Schlegel.

Caractères. Queue conique, fort obtuse, légèrement courbée, d'un quart environ plus longue que le diamètre transversal de la tête. Plaque rostrale moins large dans sa portion infé-

rieure que dans sa portion supérieure ; celle-ci disco-ovalaire ;
celle-là subrectangulaire, arrondie à ses angles postérieurs.
Frontale antérieure, subhémidiscoïde, de moitié plus petite
que la portion inférieure de la rostrale. Fronto-nasales en
triangles scalènes, non conjointes à leur sommet, qui est légèrement courbé vers la rostrale, et ayant leur bord postérieur infléchi ou un peu concave. Toutes les écailles brunes, entourées
chacune d'une bordure d'un blanc jaunâtre.

SYNONYMIE. *Typhlops polygrammicus.* Schleg. Abbild.
Amphib., pag. 40, pl. 32, fig. 35-38 (1).

DESCRIPTION.

FORMES. De toutes les espèces précédemment décrites, le Typhlops à lignes nombreuses est, avec le Typhlops de Müller, le
seul dont la portion supérieure de la plaque rostrale ait la forme
d'une petite calotte ovale presque circulaire ; toutefois il diffère
de ce dernier par un peu plus de développement dans ses autres
plaques surcéphaliques, et surtout par la dilatation transversale proportionnellement plus grande de ses suroculaires, qui
s'étendent derrière les oculaires, chose qui n'a pas lieu chez le
Typhlops de Müller. Le Typhlops à lignes nombreuses a le corps
beaucoup plus grêle que le Typhlops réticulé. Il se distingue
particulièrement du Typhlops de Diard en ce que la plaque interpariétale n'offre pas, comme celle de ce dernier, une plus
grande dimension que la frontale proprement dite. On le reconnaît, entre ses congénères appelés *Lumbricalis, Richardii,
Platycephalus* et *Nigro-albus*, à ce que le bord postérieur de
ses fronto-nasales est simplement concave, au lieu de faire un
angle rentrant plus ou moins aigu.

Le *Typhlops polygrammicus* a la tête faiblement déprimée ;
sa longueur totale, dans laquelle la queue entre pour la qua-
rante-cinquième partie environ, est une cinquantaine de fois
égale à la largeur du milieu de son tronc. Ses plaques oculaires

---

(1) Ces figures ne représentent pas avec exactitude les plaques céphaliques ; la rostrale entre autres est trop étroite, erreur qui provient
sans doute de ce que l'individu qui a servi de modèle avait perdu son
épiderme ; car dans ce cas les plaques sont moins larges, les espaces qui
existent entre elles n'étant plus cachés par la surpeau.

sont assez transparentes pour qu'on puisse très-bien distinguer les yeux au travers ; ceux-ci sont situés latéralement, tout à fait à fleur du crâne. La queue est un véritable moignon conique, très-obtus, dont la ligne du profil se courbe assez fortement d'avant en arrière. Les écailles sont très-élargies ; sur la première moitié du corps elles sont distinctement hexagones, mais sur la seconde moitié elles n'ont que quatre pans, dont le postérieur est cintré et plus étendu que les autres. L'épine caudale est médiocrement développée.

Écailles du tronc : 22 rangées longitudinales, 420 rangées transversales. Écailles de la queue : 44 rangées transversales.

COLORATION. Toutes les pièces de l'écaillure sont colorées en brun foncé, excepté à leur pourtour, qui est d'un blanc jaunâtre ; il résulte de là que le corps offre d'un bout à l'autre, sur un fond de cette dernière teinte, autant de séries de petits points noirâtres qu'il y a de rangées longitudinales d'écailles.

DIMENSIONS. *Longueur totale*. 27" 7'". *Tête*. Long. 8'". *Tronc*. Larg. 5'"; long. 26" 3'". *Queue*. Long. 6'".

PATRIE. Cette espèce a été découverte à Timor par M. Müller: c'est d'après l'individu, ou l'un des individus qu'il a fait parvenir au Musée de Leyde, d'où il nous a été envoyé en communication, que nous avons rédigé la présente description.

9. LE TYPHLOPS VERMICULAIRE. *Typhlops vermicularis*. Merrem.

CARACTÈRES. Corps un peu moins grêle en arrière qu'en avant. Queue conique, obtuse, faiblement courbée, d'un quart plus longue que le diamètre transversal de la tête. Devant et dessous du museau très-convexes. Portion supérieure de la plaque rostrale ovalaire ou disco-ovalaire ; fronto-nasales non conjointes par leurs sommets, affectant chacune la figure d'un chevron à branches élargies.

SYNONYMIE. *Le Lombric*. Lacép. Quad. Ovip. Serp. tom. 2, pag. 355, pl. 20, fig. 1. Exclus. synon. *Serpent* d'oreille (*Typhl. braminus*. Nob.). *Le Lombric* d'Aubent. *Anguis lumbricalis*. Linn. Laur. *Anguis*. Gronov. Mus. 2, pag. 52, n° 3. *Amphisbœna subargentea*. Browne (*Typhl. lumbricalis*. Nob.). *Serpens cœcilia*. Seb. (*Typh. reticulatus*).

Anguis lumbricalis. Daud. Hist. Rept. tom. 7, pag. 308.

Exclus. synon. *Anguis lumbricalis.* Linn. Gmel. Laur. Schneid.
Daub. *Amphisbœna subargentea.* Brown. *Anguis* , nᵒ 3.
Gronov. (*Typhlops lumbricalis.* Nob.). *Serpens cœcilia.* Seb.
tom. 1, tab. 86, fig. 2 (*Typhlops reticulatus*).

Typhlops lumbricalis. Cuv. Règn. anim. 1ʳᵉ édit., tom. 2 ,
pag. 63.

Anguis vermicularis. Merr. Tent. Syst. amph. pag. 158 ,
nᵒ 1.

Typhlops lumbricalis. Cuv. Règn. anim. 2ᵉ édit., tom. 2 ,
pag. 74.

Typhlops vermicularis. Ménest. Catal. Rais. pag. 661 ,
nᵒ 224.

Typhlops flavescens. Bib. et Bory-Saint-Vinc. Expédit. scient.
Mor. pag. 72, tab. 14, fig. 3.

Typhlops flavescens. Schleg. Abbild. Amph. pag. 37.

Typhlops vermicularis. Ch. Bonap. Amph. Europ. memor.
Acad. Torin. ser. 11, tom. 2, pag. 427.

DESCRIPTION.

FORMES. Cette espèce est une des plus grêles parmi les Typhlops ; sa longueur totale est de quarante-sept à cinquante-deux
fois égale à sa largeur , prise vers le milieu du tronc. Ce qu'elle
offre de plus caractéristique, c'est la forte convexité du devant
et du dessous de son museau et des côtés de sa tête , dont le dessus au contraire est tout à fait plat ; c'est aussi la grande dilatation transversale de sa plaque interpariétale qui se trouve être
de la même largeur que les pariétales , mais beaucoup plus
étroite que la frontale antérieure et que la frontale proprement
dite. Le corps n'a pas un diamètre tout à fait aussi faible à sa
partie postérieure qu'à sa partie antérieure.

La plaque rostrale, assez large et légèrement infléchie de chaque côté au niveau des narines, est plus courte dans sa portion
inférieure que dans sa portion supérieure ; celle-ci est tantôt distinctement ovale , tantôt presque circulaire ; celle-là est quadrangulaire équilatérale, cintrée à droite et à gauche et offrant en
arrière une petite saillie en queue d'aronde enclavée entre les
squammes supéro-labiales de la première paire. La frontale antérieure, de moitié moins grande que la partie inférieure de la
rostrale, est un peu élargie et à six pans, un antérieur et un pos-

térieur très-petits, deux de chaque côté assez grands, formant un angle aigu engagé entre la fronto-nasale et la sur-oculaire. La frontale proprement dite est aussi petite ou un peu plus petite et de même figure que la frontale antérieure ; elle s'avance par ses angles latéraux entre les sur-oculaires et les pariétales. L'interpariétale est hexagone, aussi courte, mais une fois plus large que la frontale antérieure. Les pariétales sont pentagones inéquilatérales, exactement de même grandeur que la précédente, entre laquelle et la frontale proprement dite, elles enclavent leur angle latéro-interne ; tandis que par leur angle latéro-externe elles vont toucher, en longeant le bord postérieur de l'oculaire, une squamme placée derrière le milieu de celle-ci. Il y a une paire de post-pariétales hexagones, un peu moins grandes que les pariétales, mais également très-étendues en travers. Les sur-oculaires sont hexagones inéquilatérales, un peu moins petites que la frontale antérieure, placées un peu obliquement par rapport à l'axe transversal de la tête et jointes chacune de leur côté à la pariétale, de manière qu'elles font avec celle-ci un chevron entre les branches duquel est reçu le sommet de l'oculaire. Les nasales sont quadrilatères, un peu plus longues que larges, elles ont leur bord latéro-externe légèrement courbé en S. Les fronto-nasales affectent chacune la figure d'un chevron à branches assez larges, dont les extrémités se courbent fortement en dehors ; elles ne se conjoignent pas derrière le sommet de la rostrale. Les préoculaires ressemblent à peu près à des triangles équilatéraux ; elles sont un peu moins hautes que les fronto-nasales dans l'angle rentrant desquelles se trouvent enclavés leurs deux bords antérieurs. Les oculaires sont des bandelettes verticales très-élargies offrant, en bas, un angle qui descend entre les deux dernières supéro-labiales, en haut un autre angle aigu qui pénètre entre la sur-oculaire et la pariétale. Il existe quatre squammes supéro-labiales de chaque côté : la première est très-petite et subrectangulaire ; les autres sont deux, quatre ou cinq fois plus grandes et placées obliquement de façon que la troisième s'élève par un angle aigu entre la préoculaire et l'oculaire, et la quatrième assez haut derrière celle-ci.

Les yeux sont bien distincts au travers des plaques qui les recouvrent.

Les écailles, qui ont moins d'étendue en longueur qu'en lar-

geur, sont hexagones sur la première moitié du corps; mais, sur
la seconde, elles n'offrent que quatre pans, dont le postérieur
est légèrement cintré.

Écailles du tronc : 21 rangées longitudinales, environ 380 rangées transversales. Écailles de la que̶ue : une douzaine de rangées transversales; squamme terminale, emboîtante, spiniforme.

COLORATION. Une teinte fauve, parfois lavée de brun très-clair,
règne sur les parties supérieures de ce petit Serpent, dont les
régions inférieures sont d'un blanc qui n'est pas parfaitement
pur.

DIMENSIONS. Le Typhlops vermiculaire est un scolécophide de
moyenne taille. Voici les dimensions du plus grand des cinq
échantillons que possède notre musée.

Longueur totale. 25". Téte. Long. 7"'. Tronc. Larg. 5"',
long. 23" 9"'. *Queue. Long. 4"'.*

PATRIE. Cette espèce, découverte il y a près de cinquante ans
dans l'île de Chypre, d'où elle fut envoyée à Lacépède, sous le
nom d'*Anilios,* a été retrouvée dans l'archipel grec et en Morée
par les membres de la commission scientifique de France qui
explorèrent ces contrées en 1827 et 1828. Quelques années plus
tard M. Ménestriés l'a observée à Tiflis, en Géorgie, ainsi qu'aux environs de Bakou, sur les bords de la mer Caspienne. Dernièrement
il en a été recueilli, au pied du Sinaï, des individus qui font
maintenant partie de la riche collection erpétologique du musée
de Leyde.

Observations. Lacépède paraît être le premier naturaliste qui
ait eu connaissance du Typhlops vermiculaire : c'est le Serpent
qu'il a décrit et figuré comme étant le même que l'*Anguis lumbricalis* de Linné, ce qui est évidemment une erreur; attendu
que l'*Anguis lumbricalis* de l'illustre auteur du *Systema naturæ* a pour type l'*Amphisbæna subargentea* de Browne, espèce
de Scolécophide des Antilles (notre *Typhlops lumbricalis*), fort
différente de celle du présent article. Lacépède a également eu
tort de croire que le petit Ophidien dont il parle d'après un individu envoyé des grandes Indes au Muséum, sous le nom de
Serpent d'oreille, pouvait être de l'espèce de son *Anguis lumbricalis* et de celui de Linné; ce petit Serpent indien, qu'on
trouvera décrit dans un des articles suivants, est le *Typhlos Braminus* de Cuvier. Nous devons relever une autre erreur com-

mise par nous-mêmes à l'égard du Typhlops vermiculaire en le signalant comme une espèce nouvelle que nous appelions *Flavescens*, dans le grand ouvrage sur la Morée ; tandis que déjà , ainsi qu'on l'a vu plus haut, il avait été mentionné dans l'histoire naturelle des Serpents de Lacépède, et, d'après cet auteur, dans plusieurs autres livres d'erpétologie, notamment dans le *Tentamen systematis amphibiorum* de Merrem. C'est là qu'il se trouve même distingué pour la première fois spécifiquement et génériquement de l'*Anguis lumbricalis* de Linné ; c'est-à-dire rangé parmi les Typhlops, sous la dénomination de *Vermicularis*, par laquelle on devra désormais le désigner.

10. LE TYPHLOPS FILIFORME. *Typhlops filiformis*. Nobis.

CARACTÈRES. Corps excessivement grêle. Queue conique, cour-bée , d'un quart environ plus longue que le diamètre de la tête. Portion supérieure de la rostrale oblongue, rétrécie et arrondie à son extrémité postérieure. Fronto-nasales étroites, non conjointes par leurs sommets, à bord postérieur fortement concave.

SYNONYMIE. *Typhlops filiformis*. Nob. Mus. Par.

DESCRIPTION.

FORMES. Aucune autre espèce de Typhlops n'est aussi petite, ni aussi grêle que celle-ci ; la largeur de son corps, au milieu , est à peu près égale à la soixantième partie de sa longueur totale. Le museau est épais. La plaque rostrale est une bandelette longitudinale moins élargie dans sa portion inférieure que dans sa portion supérieure ; celle-ci va en se rétrécissant un peu d'avant en arrière, où elle est arrondie ; celle-là est subrectangulaire ou carrée, arrondie à ses angles postérieurs et retenue par une petite saillie quadrangulaire entre les squammes supra-labiales de la première paire. La frontale antérieure, une fois au moins plus petite que la portion inférieure de la rostrale , est hexagone, très-élargie et enclavée, par l'angle fort aigu qu'elle offre de chaque côté, entre la fronto-nasale et la sur-oculaire. La frontale proprement dite, l'inter-pariétale et la post-interpariétale ont la même figure, mais sont un peu plus grandes que la frontale antérieure. Les sur-oculaires ont une dimension double de celle de cette dernière ; elles sont pentagones ou hexagones , élargies et placées obliquement par rapport à la ligne médio-longitudinale du crâne. Les pariétales, qui présentent un peu plus de développement que les sur-oculaires, sont hexagones et très-dilatées transversalement; elles se trouvent placées derrière celles-ci et les oculaires et engagées par leur angle latéro-interne, qui est aigu, entre l'interpariétale et la post-interpariétale. Les post-pariétales ne diffèrent des pariétales que par un peu moins d'étendue. Les nasales, qui affectent chacune la figure d'un triangle isocèle, sont tronquées à leur sommet et arrondies à leur angle postéro-externe. Les fronto-nasales ne se conjoignent pas en avant de la frontale antérieure; elles sont étroites, leur sommet est un angle aigu légèrement curviligne et leur bord postérieur décrit une courbe rentrante très-prononcée, à laquelle correspond le bord antérieur fortement arqué des préoculaires. Celles-ci sont subhémidiscoïdes et moins hautes que les précédentes. Les oculaires ont moins de largeur que de hauteur, elles s'élèvent à peu près au niveau des préoculaires et offrent six angles, dont l'inférieur et le supérieur sont subaigus. Les yeux sont peu distincts.

La première des quatre squammes supéro-labiales est fort petite, les autres, qui deviennent d'autant plus grandes qu'elles s'éloignent davantage de celle-ci, montent par un angle aigu, la seconde entre la fronto-nasale et la préoculaire, la troisième entre la préoculaire et l'oculaire, la quatrième entre celle-ci et une squamme placée derrière elle.

Cette espèce a le corps revêtu d'écailles à proportion plus grandes que celles de ses congénères, particulièrement tout à fait en avant. Là, leur grandeur et leur figure hexagone font qu'elles se confondent avec les plaques surcéphaliques; mais en s'éloignant de la tête elles deviennent peu à peu quadrangulaires et très-distinctement arquées à leur bord postérieur.

Ecailles du tronc : 20 rangées longitudinales, 380 rangées transversales. Écailles de la queue : 8 rangées transversales.

La squamme emboîtante qui protége l'extrémité de cette partie terminale du corps n'est pas spiniforme.

COLORATION. Un brun roussâtre règne sur toute la surface du corps de ce petit Serpent; seulement il est beaucoup plus foncé sur les régions supérieures que sur les inférieures.

DIMENSIONS. L'individu dont voici les principales dimensions est au plus de la grosseur d'une mèche de fouet.

Longueur totale. 13" 5'". *Tête.* Long. 4'". *Tronc.* Larg. 2'", long. 12" 8'" 1/2. *Queue.* Long. 2'" 1/2.

PATRIE. Nous ignorons de quel pays provient cette espèce.

11. LE TYPHLOPS BRAME. *Typhlops Braminus.* Cuvier.

CARACTÈRES. Corps très-distinctement plus grêle à sa partie antérieure qu'à sa partie postérieure. Queue conique, courbée, d'un quart plus longue que le diamètre transversal de la tête. Portion supérieure de la rostrale oblongue, se rétrécissant un peu d'avant en arrière, où elle est subarrondie. Fronto-nasales étroites, légèrement courbées en S à leur bord postérieur, non conjointes par leurs sommets.

SYNONYMIE. *Anguis Rondoo Talooloo Pam.* Russ. Ind. Serp. vol. 1, pag. 48, pl. 43.

L'Orvet lombric. Vulgt. *Serpent d'oreille* dans l'Inde. Lacép. Hist. Serp. tom. 2, pag. 458.

Punctulated Slow-worm. Shaw. Gener. Zool. vol. 3, part. 2, pag. 589.

Eryx Braminus. Daud. Hist. Rept. tom. 7, pag. 279.

Typhlops Rondoo Talooloo. Cuv. Règ. anim. 1re édit. tom. 2, pag. 63.

Tortrix Russelii. Merr. Tent. Syst. amph. pag. 84.

Typhlops Braminus. Cuv. Mus. Par.

Typhlops Braminus. Fitz. Neue Classif. Rept. pag. 53.

Typhlops Braminus. Cuv. Règn. anim. 2e édit., tom. 2, pag. 73.

Typhlops Braminus. Griff. Anim. Kingd. Cuv. vol. 9, pag. 248.

Typhlops Braminus. Gray. Synops. Rept. in Griff. Anim. Kingd. Cuv. vol. 9, pag. 76.

Typhlops Russelii. Schleg. Abbild. Amph. pag. 39.

DESCRIPTION.

FORMES. Cette espèce offre un caractère auquel il est facile de la reconnaître, car il lui est particulier parmi toutes ses congénères. Ce caractère est d'avoir les plaques nasales et les préoculaires unies entre elles à leur base au-dessous des fronto-nasales, qui se trouvent ainsi empêchées de descendre jusque sur les squammes supéro-labiales, contrairement à ce qu'on observe chez les autres Typhlops.

Le Typhlops Brame a en longueur totale de quarante-six à
cinquante-deux fois la largeur du milieu de son tronc ; sa queue
est moins obtusément conique que chez la plupart des espèces
du même genre ; sa tête est à peine aplatie en dessous et son
museau est arrondi.

La plaque rostrale a la forme d'une bandelette, elle est plus
étroite au bout du museau et dans sa portion inférieure que dans
sa portion supérieure : celle-ci est oblongue, rétrécie et subarrondie à son extrémité terminale ; celle là est à peu près carrée
et creusée d'un petit sillon le long de son bord postérieur, qui
se trouve engagé tout entier entre les squammes supéro-labiales
de la première paire. La frontale antérieure a presque une dimension égale à celle de la portion inférieure de la rostrale ,
elle est hexagone et dilatée en travers. La frontale proprement
dite, l'interpariétale et la post-interpariétale sont semblables à
la frontale antérieure. Les sur-oculaires offrent un peu plus de
développement que cette dernière ; elles sont très-élargies ,
hexagones et placées de façon que, chacune de leur côté, elles forment avec la pariétale un chevron entre les branches duquel est
reçu le sommet de l'oculaire. Les pariétales sont hexagones ou
heptagones, plus étendues transversalement que la frontale antérieure ; aussi descendent-elles derrière les oculaires, de près de
la moitié de leur largeur. Les post-pariétales ne diffèrent des pariétales que par une dimension un peu moindre. Les nasales
ont chacune la figure d'un triangle isocèle. Elles s'unissent par
leur angle postéro-externe, qui est arrondi, avec l'angle inféro
antérieur des préoculaires. Les fronto-nasales sont des plaques
en bandelettes étroites, légèrement courbées en S à leur bord
postérieur ; elles ne se conjoignent pas par leur sommet, qui est
en angle aigu, de même que leur base ; contre l'ordinaire, celle-
ci ne s'appuie pas sur les squammes supéro-labiales, en étant
empêchée par la jonction que font au-dessous d'elle la nasale et
la préoculaire. Les préoculaires, beaucoup plus courtes que les
fronto-nasales, affectent chacune la figure d'un triangle scalène ;
c'est-à-dire qu'elles ont trois pans inégaux , un grand en avant
très-faiblement arqué, un moins étendu presque vertical en arrière , un plus court et oblique en bas. Les oculaires , à peine
plus hautes que les préoculaires, sont hexagones inéquilatérales , de moitié plus étendues dans le sens vertical que dans le

sens longitudinal de la tête ; elles offrent inférieurement un petit angle aigu qui descend entre la troisième et la quatrième supéro-labiale, et à leur sommet un grand angle aigu qui monte entre la sur-oculaire et la pariétale. Les yeux sont assez distincts au travers de leurs voiles squammeux. Il existe quatre squammes de chaque côté de la lèvre supérieure : la première est très-petite, triangulaire oblongue, les autres sont graduellement deux, trois et cinq fois plus grandes ; la seconde est pentagone, un peu plus haute que longue ; la troisième, pentagone aussi, mais deux fois au moins plus haute que longue, est engagée par un angle aigu entre la préoculaire et l'oculaire ; la quatrième, plus étendue en hauteur qu'en largeur, offre quatre angles, un excessivement ouvert en avant, un fort aigu en haut et deux droits inférieurement, dont le postérieur ou celui qui recouvre la commissure des lèvres a son sommet très-arrondi.

Les écailles du corps sont épaisses, fortement appliquées les unes sur les autres et tellement luisantes qu'elles semblent avoir été polies ; partout, excepté près de la tête, où elles sont hexagones et très-élargies, elles n'offent que quatre côtés, un antérieur très-petit, deux latéraux qui le sont moins et un postérieur baaucoup plus étendu et curviligne.

Écailles du tronc : 19 rangées longitudinales, environ 380 rangées transversales. Écailles de la queue : 12 rangées transversales.

COLORATION. Au premier aspect, le Typhlops Brame paraît être uniformément grisâtre en dessous et d'un brun noirâtre en dessus. Mais si on l'examine avec plus d'attention, on reconnaît d'abord que la pointe de la queue et les régions environnant la bouche sont blanches ; puisque toutes les écailles inférieures et supérieures présentent deux couleurs bien distinctes, l'une d'un brun rouge répandu à leur pourtour, l'autre d'un gris ardoisé ou bleuâtre occupant leur centre sous la forme d'une tache élargie ; toutefois il existe cette différence que sur le dos, c'est la première de ces deux teintes qui domine ou qui est la plus abondante, tandis que sous le ventre c'est la seconde.

DIMENSIONS. Le Typhlops Brame est un des plus petits Scolécophides que nous connaissions. Voici les principales dimensions d'un sujet vraisemblablement adulte.

Longueur totale. 17" 8"'. *Tête.* Long. 6"'. *Tronc.* Larg. 3", long. 16" 7"'. *Queue.* Long. 5"'.

Patrie. Le Bengale , la côte de Coromandel et celle de Ma
labar sont les contrées de l'Inde d'où un certain nombre d'échantillons du Typhlops Brame ont été envoyés à notre musée par
MM. Duvaucel, Dussumier et Leschenault de La Tour ; Java nous
en a fourni quelques exemplaires dont nous sommes redevables
à ce dernier voyageur ; quelques autres nous sont venus de Ma-
nille par les soins de M. Adolphe Barrot, et de Guam par ceux
de MM. Quoy et Guaymard.

Observations. Russel a publié dans son ouvrage sur les Serpents de l'Inde une très-mauvaise figure de cette espèce , sous le
nom de *Rondoo Talooloo* , qu'elle porte suivant lui au Bengale.
C'est d'après cette figure que Daudin et Merrem ont fait, l'un
son *Eryx Braminus* , l'autre son *Tortrix Russellii*.

Nous trouvons dans les notes de Leschenault que les Javanais
appellent ce petit Serpent *Oular Kessi* et qu'on le nomme *Seri
Pambou* à la côte de Malabar. Ce voyageur ajoute qu'il fait sa
demeure dans les trous des vieux murs.

12. LE TYPHLOPS NOIR. *Typhlops ater.* Schlegel.

Caractères. Corps également grêle d'un bout à l'autre. Queue
cylindrique , droite , d'une longueur double de la largeur de la
tête. Portion supérieure de la plaque rostrale en ovale allongé.
Fronto-nasales fort grandes , en triangles scalènes , non conjointes par leurs sommets. Une paire de sous-oculaires.

Synonymie. *Typhlops ater.* Schleg. Abbild. amphib. pag. 39,
pl. 32 , fig. 29-31.

DESCRIPTION.

Formes. Voici un Typhlops qui , au lieu d'avoir la queue conique et plus ou moins courbée de haut en bas comme tous ses
congénères , l'a parfaitement cylindrique ou tout à fait droite ,
également arrondie et de même diamètre d'un bout à l'autre.
C'est particulièrement à cela qu'on le reconnaît, ainsi qu'à la
présence , de chaque côté de la tête , d'une plaque de plus que
chez les autres espèces ; cette plaque est une sous-oculaire , laquelle résulte de la division en deux parties de celle dite ocu-

---

(1) M. Schlegel (*Abbildungen Amphibien*) a donné à l'extrémité
de la queue de ce Typhlops une forme conique qu'elle n'offre certainement pas dans la nature.

laire qui d'ordinaire s'appuie sur les squammes supéro-labiales placées au-dessous de l'œil, et monte sans interruption dans la direction de celui-ci jusqu'à la région sus-orbitaire.

Le Typhlops noir, de même que le Brame, a le dessus de la tête excessivement peu aplati et le bout du museau fortement arrondi. La partie terminale de sa queue n'est point en cône, mais simplement convexe; aussi la squamme emboîtante qui la protége a-t-elle la forme d'un disque bombé, du centre duquel naît une très-petite épine. Le corps est une soixantaine de fois plus étendu en longueur qu'en largeur.

La plaque rostrale est plus courte et moins large dans sa région inférieure que dans sa portion supérieure; celle-ci a la figure d'un ovale très-allongé; celle-là est à peu près carrée, arrondie à ses angles postérieurs et creusée d'un petit sillon le long de son bord labial. La frontale antérieure, hexagone et très-dilatée en travers, est plus développée et surtout plus large que la partie inférieure de la rostrale. La frontale proprement dite et l'interpariétale ressemblent à la frontale antérieure; il en serait de même de la post-interpariétale, si elle n'était un peu plus petite. Les sur-oculaires, les pariétales et les post-pariétales sont pentagones ou sub-hexagones, très-élargies, à peu près de même dimension que les frontales et placées exactement comme elles en travers du crâne. Les nasales sont quadrilatères oblongues, un peu rétrécies en avant. Les fronto-nasales affectent chacune la figure d'un triangle scalène; elles sont très-développées et ne se touchent point en avant de la frontale antérieure par leurs sommets, qui sont des angles aigus légèrement curvilignes. Les préoculaires et les oculaires sont beaucoup moins grandes et surtout plus courtes que les fronto-nasales; leur figure est celle d'une lame allongée, à six pans, placée verticalement, terminée en haut et en bas par un angle aigu. Les sous-oculaires sont petites, pentagones, circonscrites chacune par la fronto-nasale, la préoculaire, l'oculaire, la seconde supéro-labiale et la troisième. La lèvre supérieure a chacun de ses côtés garni de quatre squammes, dont la première est excessivement petite, quadrilatère oblongue, plus étroite en avant qu'en arrière. Parmi les suivantes, qui sont successivement deux, trois, quatre et même cinq fois plus grandes, la seconde seule n'a que trois pans, la troisième et la quatrième en ont quatre, dont un est curviligne et plus étendu que les autres.

Les plaques oculaires sont assez transparentes pour qu'on puisse très-bien apercevoir les yeux au travers (1).

Il n'y a d'écailles hexagones que près de la tête ; partout sur le reste du corps, les pièces de l'écaillure ont quatre côtés, un antérieur, deux latéraux et un postérieur plus grand que les autres et distinctement arqué.

COLORATION. Ce petit Serpent a le dessous de la tête, les plaques oculaires et les bords de son orifice anal d'un blanc assez pur. Les autres parties de son corps, ou plutôt les petites pièces squammeuses qui les revêtent, ont leur centre noirâtre et leur pourtour d'un brun rouge ; celui ci étant plus abondant que celui-là sur les écailles des régions inférieures, et le contraire ayant lieu pour celles des régions supérieures, il en résulte qu'à la première vue le ventre paraît être uniformément rougeâtre et le dos entièrement d'un brun noir très-foncé.

DIMENSIONS. Le Typhlops noir est d'une très-petite taille, ainsi qu'on peut le voir par les mesures suivantes :

Longueur totale. 13" 6'". *Tête* Long. 4'". *Tronc.* Larg. 2'", Long. 12" 7'". *Queue.* Long. 5'".

PATRIE. Cette espèce a été découverte dans l'intérieur de l'île de Java par M. Müller, auquel le musée de Leyde est redevable du seul exemplaire qu'il possède. Néanmoins on a bien voulu nous envoyer ce précieux exemplaire en communication.

VIᵉ GENRE. CÉPHALOLÉPIDE. — *CEPHALO-LEPIS* (2). Nobis.

CARACTÈRES. Tête cylindrique, très-faiblement dé-primée, arrondie en avant, entièrement revêtue de squammes peu différentes des écailles du corps. Une petite plaque rostrale située à la partie inférieure du bout du museau. Narines hémidiscoïdes, termino-laté-

---

(1) Les figures des plaques céphaliques de cette espèce publiées par M. Schlegel ne sont pas parfaitement exactes. En général, elles ne les représentent point assez élargies.

(2) κεφαλὴ, ῆς, tête ; λεπίς, ιδος, écaille.

rales, s'ouvrant entre deux squammes. Yeux latéraux, distincts.

Ce genre est le seul de toute la famille des **Typhlopiens** dont le devant et les côtés de la tête soient protégés comme le dessus par des squammes à peu près de même figure et presque aussi petites que les écailles du corps, au lieu d'être revêtus de grandes lames d'apparence cornée, parmi lesquelles on retrouve les analogues des plaques qui composent le bouclier céphalique de la plupart des espèces appartenant aux deux grandes sections des Azémiophides et des Aphobérophides. Il n'y a qu'une des pièces squammeuses de la tête des *Céphalolépis* qui ait plus de développement que les autres, c'est celle qui occupe le bout du museau ; encore, loin de se reployer sur celui-ci, comme chez les genres précédents, ne couvre-t-elle que le bas de sa partie terminale. Néanmoins, nous la désignerons par le nom de plaque rostrale.

Les narines des Céphalolépides viennent aboutir chacune extérieurement sous la forme d'un petit trou demi-circulaire entre deux squammes situées à l'extrémité antérieure des parties latérales de la tête. Les yeux aussi sont placés latéralement, et leur petitesse est telle qu'on ne les distingue que difficilement au travers des téguments squammiformes et transparents qui les recouvrent.

L'unique espèce pour laquelle nous établissons ce genre est la suivante:

1. LE CÉPHALOLÉPIDE LEUCOCÉPHALE. *Cephalolepis leucocephalus*. Nobis.

CARACTÈRES. Tête blanche ; corps brun en dessus, jaunâtre en dessous.

SYNONYMIE. *Typhlops squammosus*. Schleg. Abbild. Amph., pag. 36, pl. 32, fig. 9-12.

DESCRIPTION.

Formes. Le Céphalolépide leucocéphale est une quarantaine
de fois aussi long qu'il est large vers la partie moyenne de son
tronc. Sa queue, conique et courbée, a une longueur égale au
diamètre transversal de sa tête. Celle-ci, à peine aplatie en
dessus, a son extrémité antérieure comme tronquée, fortement
arrondie et tout aussi large que son extrémité postérieure. La
bouche est située beaucoup moins en arrière du bout du museau
que dans aucune autre espèce de la même famille ; le dessous de
ce dernier est occupé en partie par la plaque rostrale, qui offre
la figure d'une bandelette transversale décrivant une courbe
parallèle à celle que fait le bord de la portion de la lèvre sur
laquelle elle se trouve appliquée. Les autres squammes céphaliques, à l'exception cependant de quelques-unes qui avoisinent
la rostrale et dont la figure n'est pas déterminable, sont pareilles aux écailles du corps, c'est-à-dire qu'elles présentent
quatre pans, un antérieur, deux latéraux et un postérieur plus
étendu que ceux-ci et très-arqué.

Écailles du tronc : 21 rangées longitudinales, environ 340
rangées transversales. Écailles de la queue : 14 rangées transversales.

Coloration. Cette espèce a la tête et le dessous du corps d'un
blanc jaunâtre ; ses parties supérieures, en apparence uniformément d'un brun olive, n'ont réellement que les deux tiers
postérieurs de la surface de chacune de leurs écailles de cette
dernière teinte, l'autre tiers étant coloré en gris bleuâtre.

Dimensions. *Longueur totale.* 14" 5"'. *Tête.* Long. 4"' 1/2.
Tronc. Larg. 3"', Long. 13" 7"' 1/2. *Queue.* Long. 3"'.

Patrie. Le Céphalolépide leucocéphale est originaire de la
Guyane française ; il ne nous est connu que par un seul individu appartenant au musée de Leyde.

FAMILLE DES CATODONIENS.

La mâchoire supérieure de ces Serpents vermiformes manque de dents, mais l'inférieure, qui a ses os dentaires extrêmement forts , en est armée de six à dix de chaque côté, lesquelles sont courtes, grosses, subcylindriques et mousses. C'est principalement en ceci que les espèces de la présente famille diffèrent de celles de la précédente , chez lesquelles , au contraire , les branches sus-maxillaires sont dentées, tandis que les sous-maxillaires , d'ailleurs très-faibles , ne le sont pas. Extérieurement , on reconnaît les Catodoniens à ce que leur lèvre supérieure , au lieu d'être garnie comme celle des Typhlopiens de squammes peu différentes des écailles du corps , en offre qui ressemblent davantage aux plaques de la partie antérieure et des régions latérales de la tête. Ajoutez à cela que les squammes supéro-labiales des Catodoniens sont comme les squammes inféro-labiales des Typhlopiens, fortement reployées en dedans de la lèvre , qui se trouve ainsi avoir sa face interne aussi solidement protégée que sa face externe ; puis leur nombre , à droite et à gauche , n'est pas invariablement de quatre formant une série non interrompue depuis la plaque rostrale jusqu'à la commissure des mâchoires ; car ordinairement il n'existe que deux de ces squammes supéro - labiales , qui sont séparées l'une de l'autre par la plaque oculaire , et dont la première a toujours la plaque nasale située entre elle et la plaque rostrale. Quant aux squammes de la lèvre inférieure , elles se reploient à peine intérieurement , comme c'est exactement le cas

de celles de la lèvre supérieure des Typhlopiens , et ,
sous le rapport de leur figure et de leur dimension , elles ne présentent rien qui les différencie
notablement des écailles gulaires. Les pièces qui
composent le bouclier céphalique ont généralement
moins d'inégalité entre elles, relativement à leur
étendue , que leurs analogues dans la famille des Typhlopiens ; ainsi , les plaques impaires ou médianes ,
telles que la frontale antérieure , la frontale proprement dite , l'inter-pariétale et la post-inter-pariétale,
offrent une surface presque égale ou peu inférieure à
celle des plaques paires ou latérales sur-céphaliques.
dites sur-oculaires , pariétales et post-pariétales , et
celles-ci ne sont pas considérablement plus grandes que
la rostrale , les fronto-nasales , les préoculaires et les
oculaires.

La famille des Catodoniens ne comprend encore
que deux genres, dont l'un , appelé *Catodon* , tient
encore des Typhlopiens par la petitesse de ses yeux et
l'extrême brièveté de sa queue, tandis que , par des
caractères positivement opposés à ceux-ci , l'autre ,
nommé *Stenostoma*, se rapproche au contraire de
certaines espèces appartenant aux premiers groupes
de la section des Azémiophides.

Ier Genre. CATODONTE. *CATODON* (1). Nobis.

Caractères. Tête fortement déprimée, tronquée et
arrondie en avant, revêtue de plaques. Rostrale reployée sous le museau et développée sur la tête en
une grande calotte quadrilatère; une frontale antérieure , une frontale , une interpariétale , une post-

(1) Κάτω, en bas; ὀδούς, οντος, dent,

interpariétale, une paire de pariétales et de post-pariétales, pas de sur-oculaires ni de préoculaires, mais une paire de fronto - nasales et d'oculaires. Narines latérales,˗ hémidiscoïdes, s'ouvrant entre la nasale et la fronto-nasale. Yeux latéraux, peu distincts.

Une tête excessivement aplatie, un museau large et coupé carrément, une plaque rostrale dont la portion supérieure recouvre le devant de la tête en manière de calotte qua-drangulaire, des yeux à peine distincts, des orifices nasaux hémidiscoïdes, tels sont les caractères qui, joints à l'ab-sence de plaques sur-oculaires, distinguent essentiellement le genre Catodonte de celui des Sténostomes.

Les narines des Catodontes aboutissent en dehors à droite et à gauche de l'extrémité du museau, tout près de la pla-que rostrale, dans la suture de la nasale avec la fronto-na-sale ; leur ouverture en demi-disque est pratiquée tout en-tière dans le bord de cette dernière plaque.

Les yeux semblent être deux points noirs situés au haut des côtés de la tête, sous la marge antérieure des plaques oculaires.

La partie supérieure de celles-ci, qui se replie sur le crâne, y occupe la place où existe la sur-oculaire, dans les espèces du genre suivant.

Le seul Catodonte que nous connaissions encore, a la queue très-courte, tandis que les quatre Sténostomes dont on trouvera plus loin la description ont cette partie termi-nale du corps au contraire assez développée.

1. **LE CATODONTE A SEPT RAIES.** *Catodon septem-striatus.*
Nobis.

CARACTÈRES. Queue conique, courbée, d'une longueur double de la largeur de la tête, sans épine terminale. Corps jaunâtre, marqué longitudinalement de raies brunes.

SYNONYMIE. *Typhlops septem-striatus.* Schneid. Hist. Amph. Fasc. II, pag. 341.

DESCRIPTION.

FORMES. Aucun autre Scolécophide n'a la tête aussi aplatie que le Catodonte à sept raies, aucun autre non plus ne l'a terminée antérieurement comme celui-ci par un bord à peine arqué, formant de chaque côté avec les parties latérales de la tête un angle droit, dont le sommet est légèrement arrondi.

Le corps de cette espèce est plus grêle à son extrémité antérieure qu'à son extrémité postérieure, il a en longueur totale près de cinquante fois la largeur de sa partie moyenne.

La plaque rostrale est moins développée dans sa portion inférieure que dans sa portion supérieure; celle-ci représente une énorme calotte quadrangulaire ayant son bord postérieur rectiligne et les latéraux légèrement courbés en S; elle couvre environ le tiers antérieur du dessus de la tête; sa portion inférieure, quadrilatère aussi, un peu convexe et rétrécie en arrière, occupe tout le dessous du museau, conjointement avec les nasales. Ces plaques, qui offrent chacune la figure d'un triangle scalène, se trouvent en rapport par leur plus grand côté avec la rostrale, par l'un des deux autres avec la première supéro-labiale et par le troisième avec la plus grande partie de la base des fronto-nasales. La frontale antérieure, la frontale proprement dite, l'interpariétale et la post-interpariétale, toutes quatre hexagones, très-élargies et placées à la suite l'une de l'autre en arrière de la rostrale, protégent, sur une largeur égale à celle de cette dernière plaque, la presque totalité des deux tiers postérieurs de la surface du crâne.

Les fronto-nasales ressembleraient à des triangles isocèles, si elles n'étaient tronquées à leur angle inféro-postérieur; elles revêtent les côtés du museau s'appuyant sur la nasale et la première supéro-labiale, touchant par devant à la rostrale, par derrière à l'oculaire, par en haut à l'angle latéro-externe de la frontale antérieure. Les oculaires sont de larges bandes verticales dont l'extrémité inférieure se reploie en dedans de la lèvre, et la supérieure, qui est en angle aigu, s'engage entre la frontale antérieure et la frontale proprement dite.

Les pariétales et les post-pariétales, hexagones et très-dilatées transversalement, sont, celles-ci plus petites, celles-là plus grandes que la frontale antérieure; elles descendent sur les tempes de manière à les couvrir complétement; le sommet des

unes s'enclave entre la frontale proprement dite et l'interpariétale, et celui des autres entre cette dernière et la post-interpariétale. Les deux seules squammes supéro labiales qui existent
de chaque côté, sont séparées l'une de l'autre par l'oculaire ;
la première, d'un quart plus petite que la nasale, se trouve
placée entre cette plaque et l'oculaire, et par conséquent sous
la fronto-nasale ; la seconde, dont le développement est à peu
près le même que celui d'une des fronto-nasales, occupe l'extrémité postérieure de la lèvre, ayant devant elle l'oculaire et
au-dessus la pariétale ; elle est quadrangulaire, une fois plus
haute que large et arrondie en arrière.

Les écailles de la gorge sont carrées, celles du dessus du cou
diffèrent peu des plaques sur-céphaliques, quant à la figure et
à la dimension ; mais les autres pièces de l'écaillure du corps sont
moins grandes et coupées à quatre pans, un antérieur petit,
deux latéraux encore plus petits, et un postérieur au contraire
très-étendu et assez distinctement curviligne. La squamme en
dé conique qui emboîte l'extrémité de la queue ne se prolonge
pas en épine.

Écailles du tronc : 14 rangées longitudinales, 220 rangées
transversales. Écailles de la queue : une dizaine de rangées
transversales.

COLORATION. Tout le corps de ce petit Serpent est d'un jaune
paille sale, un peu plus clair à sa région inférieure qu'à sa partie
supérieure et sur ses côtés. Chacun de ceux-ci offre deux raies
longitudinales d'un brun roussâtre, il en existe deux semblables
sur le dos et une à peine distincte au bas de chaque flanc.

DIMENSIONS. *Longueur totale.* 28"2'" *Tête.* Long. 8'". *Tronc.*
Larg. 6'". Long. 26" 5'". *Queue.* Long. 2'".

PATRIE. Cette espèce ne nous est connue que par un seul individu, dont nous ignorons la patrie.

Observations. Il nous semble bien que c'est celle qui a été
brièvement décrite sous le nom de *Typhlops septem-striatus*,
par Schneider, d'après un exemplaire du musée de Lampi.

IIᵉ GENRE. STÉNOSTOME. *STENOSTOMA.*
Nobis (1).

CARACTÈRES. Tête peu déprimée, fortement arrondie en avant, revêtue de plaques qui sont : une rostrale courbée sous le museau et très-peu développée
sur celui-ci, une frontale antérieure, une frontale,
une interpariétale, une post-interpariétale, une paire
de sus-oculaires, une paire de pariétales et de post-
pariétales, une paire de nasales, de fronto-nasales et
d'oculaires ; pas de préoculaires. Narines latérales,
ovales, s'ouvrant entre la plaque nasale et la fronto-
nasale. Yeux latéraux, bien distincts.

Les Sténostomes, au lieu d'avoir comme les Catodontes la
tête très-aplatie, la portion supérieure de la plaque rostrale
fort développée, les narines hémidiscoïdes et les yeux excessivement petits, ont la première presque cylindrique, la
seconde peu dilatée sur le chanfrein, les troisièmes ovalaires et les derniers le plus souvent assez grands et toujours
parfaitement distincts au travers des lames cornées qui les
recouvrent ; puis, parmi les pièces de leur bouclier céphalique, se trouvent des sus-oculaires, tandis que les Catodontes manquent de ces plaques, dont la place est occupée
par les prolongements latéraux de la frontale antérieure et
de la frontale proprement dite. Les narines, qui, ainsi que
nous le disions tout à l'heure, sont deux orifices ovales pratiqués dans la nasale et la fronto-nasale, se trouvent placées
sur les côtés du bout du museau, tantôt tout à fait en bas,
tantôt plus ou moins de niveau avec les yeux.

La queue des Sténostomes est à proportion beaucoup

---

(1) Στονός, étroite, rétrécie ; Σ όμα, bouche.

moins courte que celle de la plupart des espèces précédemment décrites.

La dénomination de *Stenostoma* doit son introduction dans le vocabulaire erpétologique à l'idée qu'eut Wagler de la substituer à celle de *Typhlops*, qui, selon lui, ne pouvait plus convenir à un groupe générique dans lequel venait se ranger un nouveau Serpent qui, loin d'être aveugle, offrait au contraire des yeux bien développés C'est ainsi que l'une des espèces du genre dont nous traitons fut appelée par Wagler *Stenostoma albifrons*, sans que pour cela il l'ait considéré comme étant d'un autre genre que celui des Typhlops de Schneider. Mais plus tard ce même erpétologiste ayant, avec juste raison, repris le nom de Typhlops et laissé celui de Sténostome, nous avons cru pouvoir nous servir de ce dernier pour désigner un genre renfermant justement l'espèce à l'occasion de laquelle cette dénomination de *Stenostoma* fut imaginée.

TABLEAU SYNOPTIQUE DES ESPÈCES DU GENRE STÉNOSTOME.

Espèces.

descendant jusque sur la lèvre : la nasale	courte	exessivement		1. S. DU CAIRE.
		médiocrement : queue	très-longue	2. S. NOIRATRE.
			de moyenne longueur.	4. S. DE GOUDOT.
	haute, s'élevant au niveau de l'œil			3. S. FRONT BLANC.
ayant deux squammes labiales au-dessous d'elle				5. S. DEUX RAIES.

1 LE STÉNOSTOME DU CAIRE. *Stenostoma Cairi*. Nobis.

CARACTÈRES. Queue deux fois plus longue que la tête. Deux squammes supéro-labiales de chaque côté, séparées l'une de l'autre par la plaque oculaire, qui descend jusqu'au bord de la lèvre. Narines situées beaucoup au-dessous du niveau des yeux. Ceux-ci trop petits pour qu'on puisse distinguer la pupille. Première squamme supéro-labiale excessivement petite , séparée de l'œil par un très-grand intervalle.

DESCRIPTION.

FORMES. Le corps du Sténostome du Caire est soixante-dix fois environ aussi long qu'il est large au milieu ; le diamètre de sa partie antérieure est un peu moindre que celui de sa région postérieure. La queue , qui a deux fois plus d'étendue que la tête ou qui entre presque pour le quinzième dans la longueur totale de l'animal, est droite, cylindrique, excepté à son extrémité terminale , qui est en cône très-obtus , un peu courbée de haut en bas et armée d'une petite épine.

Le museau, dont le bout est très-convexe , a moins d'épaisseur que de largeur. La portion supérieure de la plaque rostrale représente un triangle équilatéral fortement arrondi à son sommet postérieur ; la portion inférieure de la même plaque a la figure d'un carré long placé en travers, elle se recourbe en dedans de la lèvre en faisant toutefois une petite saillie correspondante au bord de celle-ci. La frontale antérieure est moins grande que la portion inférieure de la rostrale ; elle est plus large que longue et coupée à quatre pans , un très-petit, oblique de chaque côté, un grand, droit en avant, et un encore plus grand, curviligne en arrière. La frontale proprement dite et l'inter-pariétale diffèrent de la précédente , en ce qu'elles ont leur pan antérieur un peu plus large, et leurs pans latéraux un peu moins petits. Les sus-oculaires, qui offrent chacune une dimension presque égale à celle de la frontale proprement dite , sont deux petites bandelettes subrhomboïdales placées obliquement au-dessus des yeux , engagées par un angle aigu entre la fronto-nasale et l'oculaire , et par un autre angle aigu entre la frontale antérieure et la frontale proprement dite. Les pariétales, sub-rhomboïdales aussi , sont beaucoup plus étendues dans le sens transversal que dans le sens longitudinal de la tête ; elles s'avancent par un angle aigu entre la frontale proprement dite et l'inter-pariétale , et descendent le long de la moitié au moins du bord postérieur de l'oculaire pour s'appuyer par un petit bord oblique sur la seconde squamme supéro-labiale. Les post-pariétales ont la même figure et la même grandeur que ces dernières. Les nasales , très-petites et situées tout à fait sous le museau, affectent chacune la figure d'un triangle scalène , dont le grand côté touche à la rostrale, le moyen à la fronto-nasale et le petit à la première squamme supéro-labiale. Les fronto-nasales, qui sont presque aussi développées que les oculaires, ont également comme les nasales la figure d'un triangle scalène, dont le petit côté est en rapport avec ces dernières plaques, le moyen avec la rostrale, le grand avec l'oculaire, la sus-oculaire et la frontale antérieure. Les oculaires sont des lames quadrangulaires ayant une hauteur double de leur largeur ; leur bord supérieur, sur lequel s'appuie la sus-oculaire, est oblique et s'unit à angle aigu avec leur bord postérieur, qui est rectiligne, de même que l'antérieur et l'inférieur, qui se recourbe en dedans de la lèvre. Il n'y a que deux squammes supéro-labiales de chaque côté ; la première, subtrapézoïdale et excessivement petite, est placée sous la fronto-nasale entre la nasale et l'oculaire, qui la sépare de sa congénère. Cette seconde squamme supéro-labiale est de moitié moins développée que l'oculaire ; elle offre quatre pans : un très-petit, sur lequel s'appuie la pariétale, un très-grand, oblique qui touche à l'oculaire, et deux autres, un en bas, l'autre en arrière, formant un angle droit, arrondi à son sommet.

Les yeux, bien que très-apparents, sont d'un diamètre distinctement moindre que celui de ces mêmes organes dans les trois espèces suivantes. Les narines sont situées tout à fait au bas des côtés du bout du museau, c'est-à-dire presque sous celui-ci. Les écailles du corps sont un peu plus dilatées transversalement que longitudinalement ; elles représentent des losanges arrondis au sommet de leur angle postérieur.

Écailles du tronc : 14 rangées longitudinales, 325 rangées transversales. Écailles de la queue : 36 rangées transversales.

COLORATION. Ce Sténostome est blanchâtre, lavé en dessus d'une teinte brun roussâtre extrêmement claire.

DIMENSIONS. *Longueur totale*, 24" 1'". *Tête*. Long. 5'". *Tronc*. Long. 22". *Queue*. Long. 1" 6'"

PATRIE. Cette espèce est une découverte faite aux environs du Caire par M. Birr, de qui le Musée de Strasbourg en a reçu un exemplaire, qu'on a bien voulu nous envoyer en communication (1).

_____

(1) Les feuilles précédentes étaient déjà imprimées lorsque nous avons eu connaissance de cette nouvelle espèce : c'est pourquoi elle ne se

2. LE STÉNOSTOME NOIRATRE. *Stenostoma nigricans.*
Nobis.

CARACTÈRES. Queue trois fois plus longue que la tête. Deux squammes supéro-labiales de chaque côté, séparées l'une de l'autre par l'oculaire, qui descend jusqu'au bord de la lèvre. Narines situées un peu au-dessous du niveau des yeux; ceux-ci assez grands et à pupille très-distincte. Première squamme supéro-labiale très-courte, séparée de l'œil par un certain intervalle.

SYNONYMIE. *Typhlops nigricans.* Nob. Mus. Par.

Typhlops nigricans. Schleg. Abbild. Amph. pag. 38, pl. 32, fig. 21-24 (1).

DESCRIPTION.

FORMES. Le Sténostome noirâtre, bien que très-voisin du précédent, s'en distingue aisément aux caractères suivants : ainsi il est entièrement noir au lieu d'être blanchâtre; sa première squamme supéro-labiale est un peu moins petite, ses narines sont placées un peu moins bas sur les côtés du bout du museau; son corps est moins grêle, puisque sa longueur totale n'est pas soixante-dix fois, mais cinquante-cinq fois seulement égale à sa largeur; enfin sa queue est proportionnellement plus longue, attendu qu'elle fait la neuvième ou la dixième et non la quinzième partie de toute l'étendue de l'animal.

Le museau du Sténostome noirâtre est à peu près aussi épais que large. La plaque rostrale est moins courte dans sa portion supérieure que dans sa portion inférieure; celle-ci est en carré long placé transversalement; celle-là représente un triangle isocèle arrondi à son sommet postérieur. La frontale antérieure, la frontale proprement dite, l'inter-pariétale et la post-inter-pariétale sont subhémiscoïdes et égales entre elles. Les sus-oculaires affectent chacune la figure d'un triangle scalène à grand côté curviligne. Les pariétales sont pentagones inéquilatérales, très-élargies et une fois plus grandes que la frontale antérieure; les

---

trouve pas mentionnée dans l'article relatif à la distribution géographique des Scolécophides.

(1) Ces figures ne sont pas exactes; les sus-oculaires, les pariétales et les post-pariétales, en particulier, n'y ont pas la grande dilatation transversale qu'elles présentent dans la nature.

post-pariétales sont moins larges, mais elles offrent la même figure que les précédentes. Les nasales sont extrêmement petites et en triangles scalènes, de même que les fronto-nasales, qui sont au contraire très-développées et non conjointes par leurs sommets. Les oculaires ressemblent à des bandelettes verticales aussi larges, mais pas tout à fait aussi hautes que les fronto-nasales. Elles se terminent en haut par un petit angle aigu qui s'engage entre la sus-oculaire et la pariétale. Les deux seules squammes supéro-labiales qui existent de chaque côté sont entièrement séparées l'une de l'autre par la plaque oculaire ; la première est carrée ou subtrapézoïde ; la seconde pentagone, a peine plus haute que large, et environ de moitié moins développée que l'oculaire.

Écailles du tronc : 15 rangées longitudinales, 232 rangées transversales. Écailles de la queue : une trentaine de rangées transversales.

COLORATION. Ce Scolécophide, qui paraît être entièrement noirâtre ou plutôt d'un brun de suie très-foncé à l'œil nu, offre une petite bande blanchâtre sur la marge postérieure de chacune de ses écailles, lorsqu'on examine celles-ci à l'aide d'une forte loupe.

DIMENSIONS. Le Sténostome noirâtre est un des plus petits parmi les Serpents vermiformes.

Longueur totale, 12" 5'". *Tête.* Long. 4'" ; *Tronc.* Larg. 2'". Long. 10" 9'". *Queue.* Long. 1" 6'".

PATRIE. Il habite la pointe australe de l'Afrique. Nous en possédons des individus rapportés du cap de Bonne-Espérance par Delalande.

3. Le STÉNOSTOME FRONT BLANC. *Stenostoma albifrons*. Nobis.

CARACTÈRES. Queue près de deux fois plus longue que la tête. Deux squammes supéro-labiales de chaque côté, séparées l'une de l'autre par la plaque oculaire qui descend jusqu'au bord de la lèvre. Narines situées au niveau du bord inférieur des yeux ; ceux-ci grands et à pupille très-distincte. Première squamme supéro-labiale haute, atteignant l'œil.

SYNONYMIE. *Stenostoma albifrons.* Wagl. Serp. Brasil. Spix, pag. 69, pl. 25, fig. 3.

Typhlops undecim - striatus. Cuv. Règn. anim. 2e édit., tom. 2, pag. 74.

Typhlops undecim-striatus. Griff. Anim. Kingd. Cuv. vol. 9, pag. 248.

Typhlops undecim- striatus. Gray. Synops Rept. in Griff. Anim. Kingd. Cuv. vol. 9, pag. 77.

Typhlops albifrons. Id. loc. cit.

Typhlops undecim-striatus. Schl. Abbild. Amph. pag. 36.

Stenostoma albifrons. D'Orbigny. Voy. Amér. mérid. Zoolog. Rept. pl. 6, fig. 1-6.

DESCRIPTION.

FORMES. Cette espèce a en longueur totale, dans laquelle la queue entre pour la treizième ou la quatorzième partie, de soixante-six à soixante-dix fois le diamètre du milieu de son corps, qui est un peu plus étroit vers sa région céphalique que vers la caudale. La tête, à peine aplatie en dessus, a son extrémité antérieure fortement arrondie ; la queue se termine brusquement ou sans se rétrécir du tout, en formant un petit cône obtus qu'emboîte un dé squammeux à pointe spiniforme. La plaque rostrale représente un triangle isocèle ; son sommet, qui est arrondi, touche à la frontale antérieure et sa base se recourbe en dedans de la lèvre, en faisant toutefois une petite saillie le long du bord de celle-ci ; la portion inférieure de cette même plaque rostrale garnit à elle seule tout le dessous du museau, tandis que sa portion supérieure ne couvre qu'un petit espace triangulaire sur le dessus de ce dernier. La frontale antérieure, la frontale proprement dite, l'inter-pariétale et la post-inter-pariétale sont de même figure et à peu près de même dimension, c'est-à-dire qu'elles ont un développement moindre que la portion inférieure de la rostrale et qu'elles offrent trois côtés, un très-grand, curviligne, et deux plus petits formant un angle obtus, dont le sommet, quelquefois tronqué, est dirigé en avant ; ces quatre plaques, placées à la suite l'une de l'autre immédiatement derrière la rostrale, occupent toute la région médio-longitudinale de la surface céphalique ; à droite et à gauche elles se trouvent respectivement en rapport par un angle aigu, la frontale antérieure avec la fronto-nasale et la sus-oculaire, la frontale proprement dite avec la sus-oculaire et la pariétale, l'inter-pariétale avec la pariétale et la post-pariétale, la post-inter-pariétale avec la post-pariétale et la squamme qui suit im·

médiatement cette dernière. Les fronto-nasales affectent chacune la figure d'un triangle scalène ; leur petit côté s'appuie sur la nasale, le moyen côtoie la rostrale, et le grand touche à la première supéro-labiale, à l'oculaire, à la sus-oculaire et à la frontale antérieure. Les sus-oculaires sont pentagones inéquilatérales, très-dilatées en travers ; les pariétales, heptagones inéquilatérales, également très-allongées et d'un tiers plus développées que les précédentes. Les post-pariétales, si ce n'est qu'elles sont un peu moins grandes, ressemblent aux pariétales. Les nasales sont en triangles scalènes touchant par leur petit côté à la fronto-nasale, par le grand à la rostrale, et par le moyen à la première squamme supéro-labiale. L'oculaire, qui est hexagone inéquilatérale, plus haute que large et un peu rétrécie inférieurement, se trouve avoir au-dessus d'elle la sus-oculaire, devant elle la fronto-nasale et la première supéro-labiale, derrière elle la pariétale et la seconde supéro-labiale. La première supéro-labiale, est fort étroite et touche au devant de l'œil par son sommet, qui est en angle aigu ; la seconde, qui est sub-trapézoïde, a la même largeur, mais moitié moins de hauteur que l'oculaire. Les yeux sont situés à peu près vers le milieu de la longueur et de la hauteur des côtés de la tête, sous l'oculaire, tout près du petit bord par lequel elle s'unit à la fronto-nasale. Les narines sont latérales et, ce qui est caractéristique chez cette espèce, placées aussi haut que les yeux. Les pièces de l'écaillure du corps sont des losanges un peu élargis, dont l'angle antérieur est légèrement émoussé et le postérieur plus ou moins fortement arrondi.

Écailles du tronc : 14 rangées longitudinales, de 170 à 175 rangées transversales. Écailles de la queue : environ 14 rangées transversales.

COLORATION. Le museau et le bout de la queue sont d'un blanc pur. Chaque écaille du corps est d'un brun marron, noirâtre ou violacé, avec une bordure blanchâtre de chaque côté ; aussi ce petit Serpent paraît-il être longitudinalement marqué de lignes d'une teinte très-claire alternant avec des raies d'une couleur foncée.

DIMENSION. *Longueur totale.* 23". *Tête.* Long. 6'". *Queue.* Larg. 3'" ; long. 20" 8'". *Tronc.* Long. 1" 6'".

PATRIE. Cette espèce a été trouvée au Brésil par Spix et dans la province de Buénos-Ayres par M. D'Orbigny.

Observations. Nous lui avons restitué le nom d'*Albifrons* qu'elle avait reçu de Wagler, avant que G. Cuvier l'eût appelée *Undecim-striatus*.

4. LE STÉNOSTOME DE GOUDOT. *Stenostoma Goudotii*. Nobis.

CARACTÈRES. Queue de moitié plus longue que la tête. Deux squammes supéro-labiales de chaque côté, séparées l'une de l'autre par la plaque oculaire, qui descend jusqu'au bord de la lèvre. Narines situées un peu au-dessous du niveau du bord inférieur des yeux ; ceux-ci grands, à pupille très-distincte Première squamme supéro-labiale n'atteignant pas l'œil.

DESCRIPTION.

Cette espèce, intermédiaire au *Stenostoma nigricans* et à l'*Albifrons*, diffère de tous deux par son mode de coloration et par la longueur beaucoup moindre de sa queue. Il se distingue en outre, du premier, en ce que ses narines ne s'ouvrent pas tout à fait aussi bas sur les côtés du museau, que ses plaques nasales et ses premières supéro-labiales sont un peu moins courtes et que ses sus-oculaires offrent cinq pans inégaux, au lieu d'affecter la figure d'un triangle scalène ayant son grand côté curviligne ; et du second, en ce que ses plaques supéro-labiales de la première paire ne s'élèvent pas jusqu'au devant des yeux, et que c'est au-dessous du niveau du bord inférieur de ces organes que se trouvent situés les orifices externes de ses fosses olfactives.

Le Sténostome de Goudot a en longueur totale, dont la queue fait la vingt-cinquième partie, soixante fois la largeur du milieu de son corps.

Écailles du tronc : 15 rangées longitudinales. Écailles de la queue : 14 rangées transversales.

COLORATION. Les bords de la bouche sont lavés de blanc sale. Toutes les écailles présentent chacune une tache noirâtre environnée d'une large bordure grisâtre.

DIMENSIONS. *Longueur totale*. 15". *Tête*. Long. 4'''. *Tronc*. Long. 13" 9'''. *Queue*. Long. 7'''.

PATRIE. Ce Sténostome a été trouvé dans la vallée de la Magdeleine, à la Nouvelle-Grenade, par le naturaliste dont il porte le nom.

5. LE STÉNOSTOME DEUX RAIES. *Stenostoma bilineatum.*
Nobis.

CARACTÈRES. Queue une fois plus longue que la tête. Quatre squammes supéro-labiales de chaque côté formant une série continue. Narines situées au niveau du bord inférieur des yeux. Ceux-ci grands, à pupille très-distincte. Première et troisième squamme supéro-labiale plus courte que la seconde, qui atteint l'œil.

SYNONYMIE. *Typhlops bilineatus.* Nob. Mus. de Par.

Typhlops bilineatus. Schleg. Abbild. amph. pag. 36, pl. 32, fig. 5-8.

DESCRIPTION.

FORMES. Le corps de cette espèce, contrairement à ce qu'on observe chez tous les autres Scolécophides, est plus étroit à son extrémité postérieure qu'à son extrémité antérieure, ainsi que cela existe, à quelques exceptions près, dans tous les Serpents des sections suivantes. Sa longueur totale, dont la queue fait environ la dix-septième partie, n'est guère qu'une quarantaine de fois égale au diamètre de la région moyenne du tronc.

On reconnaît principalement ce Sténostome à l'aplatissement bien prononcé du dessus de sa tête, au peu de largeur de son museau, à la grandeur de ses yeux, à la figure disco-polygonale des lames cornées qui abritent ces organes, à la rangée continue que constituent de chaque côté de la lèvre supérieure, les quatre paires de plaques qui revêtent celle-ci; enfin, à la forme distinctement conique de sa queue, qui est néanmoins un peu courbée de haut en bas, et dont la pointe est armée d'une petite épine. La plaque rostrale est une très-petite bandelette longitudinale aussi courte dans sa portion supérieure que dans sa portion inférieure, qui sont, l'une sub-ovalaire, l'autre à peu près carrée. La frontale antérieure, la frontale proprement dite, l'inter-pariétale et la post-inter-pariétale ont chacune une dimension peu ou point différente de celle de la portion inférieure de la rostrale; chacune d'elles offre aussi cinq pans, trois antérieurs, petits, dont un transversal et deux obliques, puis deux latéraux, très-grands, se réunissant postérieurement en angle obtus fortement arrondi au sommet. Les sus-oculaires, d'une grandeur à peu près pareille à celle de la frontale antérieure, sont penta-

gones inéquilatérales, légèrement élargies et placées obliquement par rapport à l'axe transversal du crâne. Les pariétales,
qui sont heptagones inéquilatérales et une fois plus étendues en
travers que la frontale antérieure, descendent le long du bord
postérieur des oculaires jusqu'au milieu de la hauteur de celles-
ci. Les post-pariétales sont hexagones et au moins aussi développées que les pariétales. Les fronto-nasales affectent chacune la
figure d'un losange tronqué au sommet de son angle supérieur.
Les plaques oculaires, dont le diamètre n'est pas beaucoup plus
grand que celui du globe de l'œil, sont des disques coupés à six
pans donnant cinq angles très-obtus et un, assez aigu, qui s'engage entre la sus-oculaire et la pariétale. Les nasales ont chacune quatre pans inégaux; par le plus petit, elles bordent la
lèvre; par celui qui est le moins étendu après celui-ci, elles touchent à la première squamme supéro-labiale; par le plus grand,
elles côtoient la rostrale, et par la quatrième, qui est oblique,
tandis que les trois autres sont droits, elles se trouvent en rapport avec la fronto-nasale. La première des quatre squammes
supéro-labiales est sub-trapézoïde et presque de moitié plus
courte que la plaque nasale. La seconde, un peu plus haute que
la précédente, offre deux angles droits inférieurement, deux
obtus latéralement, et un aigu tout à fait en haut; la troisième
ressemble à la première; la quatrième et dernière, qui est beaucoup plus développée que les autres, a la figure d'un triangle isocèle tronqué à son sommet. Les narines s'ouvrent presque tout en
bas, sur les côtés du museau. Les yeux ne sont pas situés tout
à fait à fleur du crâne. Les écailles du corps sont assez grandes,
losangiques, dilatées transversalement, et arrondies au sommet
de leur angle postérieur.

Écailles du tronc : 14 rangées longitudinales, de 170 à 175 rangées transversales. Écailles de la queue : environ 14 rangées
transversales.

COLORATION. Le dessus et les côtés du corps offrent des séries
longitudinales de petites taches d'un brun roussâtre ou marron,
alternant avec des raies blanches, dont deux, l'une à droite,
l'autre à gauche du dos, sont généralement plus prononcées que
les autres. Les régions inférieures sont d'un blanc fauve.

DIMENSIONS. *Longueur totale.* 10" 7"'. *Tête.* Long. 5"'.
Tronc. Larg. 2"'. Long. 9" 6"'. *Queue.* Long. 6"'.

PATRIE. Ce Sténostome habite les Antilles : il a été envoyé de
la Martinique et de la Guadeloupe par M. Plée et M. Guyon.

APPENDICE AU GENRE ONYCHOCÉPHALE.

Nous croyons devoir donner ici en appendice les descriptions de deux nouvelles espèces de Scolécophides, venues à notre connaissance depuis près d'une année, que, par des circonstances indépendantes de notre volonté, nous avons été forcés d'interrompre l'impression du présent volume à cette vingt et unième feuille.

4. L'ONYCHOCÉPHALE A MUSEAU POINTU. *Onychocephalus acutus*. Nobis.

CARACTÈRES. Queue conique, courbée, d'une longueur à peu près égale à la largeur de la tête, armée d'une petite épine. Bord tranchant de la plaque rostrale brisé à angle subaigu. Portion supérieure de la même plaque formant une grande calotte heptagone.

DESCRIPTION.

Ce qui caractérise essentiellement cette espèce, c'est d'avoir le museau aiguisé en pointe et la portion supérieure de la plaque rostrale tellement développée, qu'elle recouvre tout le dessus du devant de la tête jusqu'un peu au delà des yeux. Cette partie sur-céphalique de la rostrale simule une grande calotte coupée à sept pans inégaux; c'est-à-dire un très-étendu, rectiligne, de chaque côté, deux plus courts en avant formant un angle subaigu, puis un autre assez long et deux petits en arrière, se trouvant en rapport, ceux-ci avec les sus-oculaires, ceux-là avec la frontale antérieure. La portion de cette même plaque rostrale qui protége le dessous du museau est pentagone, abstraction faite de la petite languette quadrangulaire qu'elle envoie du milieu de son bord postérieur entre les squammes supéro-labiales de la première paire. Les plaques sus-oculaires sont un peu moins petites que la frontale antérieure, la frontale proprement dite, les pariétales et l'interpariétale, qui diffèrent à peine, par leur figure et leur dimension, des écailles dont elles sont immédiatement suivies. Les nasales représentent à peu près des rectangles arrondis à leurs angles antéro-interne et postéro-externe. Les fronto-nasales affectent chacune la figure d'un triangle isocèle. Leur petit côté longe extérieurement la nasale, le grand côtoie le bord latéral de la calotte sur-céphalique, et le moyen recouvre la marge antérieure de la préoculaire, jusqu'en arrière de l'œil. L'*Onychocephalus acutus* est le seul du genre auquel il appartient, dont la plaque préoculaire, vu son peu de hauteur, ne sépare la fronto-nasale et l'oculaire l'une de l'autre que dans les deux tiers inférieurs de leur étendue verticale ; cette préoculaire est quadrilatère et très-étroite. L'oculaire est à proportion plus courte que chez les autres espèces.

L'Onychocéphale à museau pointu est, après le Multirayé, celui de ses congénères qui offre le plus de gracilité, son corps ayant en longueur totale une quarantaine de fois la largeur qu'il présente à l'arrière du tronc.

Écailles du tronc : 29 rangées longitudinales, environ 466 rangées transversales. Écailles de la queue : une dizaine de rangées transversales.

COLORATION. Cette espèce a les parties supérieures d'un gris fauve et les inférieures d'un blanc grisâtre.

DIMENSIONS. *Longueur totale*. 40". *Tête*. Long. 8'". *Tronc*. Long. 38" 7'". *Queue*. Long. 5".

PATRIE. L'origine géographique de ce Typhlopien nous est inconnue. Le seul individu que nous ayons encore eu l'occasion d'observer fait partie des collections zoologiques réunies au fort Pitt, à Chatham, par les soins de MM. les médecins de l'armée anglaise.

5. L'ONYCHOCÉPHALE TRAPU. *Onychocephalus congestus*.
Nobis.

CARACTÈTES. Queue conique, courbée, d'une longueur un peu moindre que la largeur de la tête, armée d'une petite épine. Bord antérieur du museau large, légèrement curviligne, aminci en tranchant excessivement mousse.

DESCRIPTION.

La saillie tranchante que forme au devant du museau des Onychocéphales le bord antérieur de la portion sur-céphalique de la plaque rostrale est considérablement moins prononcée dans l'espèce du présent article que chez les quatre précédemment décrites. Cette atténuation que présente l'Onychocéphale trapu dans l'un de ses principaux caractères génériques, et le peu de longueur qu'offre son corps, à proportion de celui de ses congénères, particularité à laquelle fait allusion sa dénomination spécifique, sont deux marques distinctives on ne peut plus propres à le faire reconnaître au premier aspect.

Il diffère en outre et particulièrement : 1° de l'*Onychocephalus Delalandii*, en ce que la calotte squammeuse qui recouvre une partie de sa tête n'est ni aussi rétrécie en arrière, ni aussi élargie en avant, et qu'il a une quarantaine de rangées transversales d'écailles de moins autour du tronc ; 2° de l'*Onychocephalus multilineatus*, en ce que le tranchant mousse de son museau est plus étendu et beaucoup moins arqué, et que les pièces de son écaillure ne constituent que trois cent quarante-deux et non cinq cent trente-deux lignes circulaires ; 3° de l'*Onychocephalus unilineatus*, en ce que la portion supérieure de sa plaque rostrale présente plus de largeur en avant et plus d'étroitesse en arrière, et que les écailles dont il est revêtu forment un nombre de verticilles distinctement moindre ; 4° enfin, de l'*Onychocephalus acutus*, en ce que la moitié antérieure du dessus de sa tête n'est pas tout entière protégée par la plaque rostrale, que cette dernière, au lieu de se prolonger en une sorte de petit bec, ne forme, au devant du museau, qu'une simple ligne saillante faiblement arquée, que ses plaques pleuro-céphaliques sont bien plus larges, et qu'on lui compte cent vingt-quatre rangs d'écailles de moins en travers du corps, à partir de la nuque jusqu'à l'origine de la queue.

L'Onychocéphale trapu a le port, l'*habitus* du Typhlops réticulé ; sa tête ressemblerait exactement à celle de ce dernier, si l'extrémité antérieure en était arrondie, au lieu d'être obtusément tranchante, le dessous du museau étant fortement aplati. Il a en longueur totale vingt-quatre fois la largeur qu'il offre vers le milieu du tronc ; sa queue est un peu plus courte que le diamètre transversal du crâne. La portion supérieure de la plaque rostrale n'occupe pas toute la largeur de la région de la tête sur laquelle elle s'étend ; elle a l'apparence d'une calotte subovalaire légèrement tronquée à son extrémité postérieure. La portion subrostrale de la même plaque, qui va en se rétrécissant d'avant en arrière, offre deux bords latéraux très-concaves et un postérieur rectiligne, du milieu duquel naît une languette quadrangulaire qui s'enclave entre les squammes supéro-labiales de la première paire. La plaque frontale antérieure est un peu moins petite que la frontale proprement dite, l'interpariétale et les pariétales, dont la figure et la dimension sont peu différentes de celles des écailles qui viennent immédiatement après elles ; cette frontale antérieure est très-élargie et offre six angles, deux latéraux excessivement aigus, deux antérieurs et deux postérieurs au contraire fort obtus. Les sus-oculaires sont rhomboïdales et à peu près de la même grandeur que la frontale antérieure. Les fronto-nasales sont très-hautes et de plus en plus étroites à partir de leur base, qui s'appuie sur les deux premières supéro-labiales, jusqu'à leur sommet, qui se coude légèrement pour s'avancer un peu derrière la rostrale ; le bord postérieur de ces fronto-nasales fait un grand angle rentrant au devant de la préoculaire. Cette dernière plaque est une bandelette verticale sub-losangique, touchant par le haut à la pointe latéro-externe de la sus-oculaire, par le bas à la seconde et à la troisième squamme supéro-labiale. La plaque oculaire est grande et affecte une figure hémidiscoïde, bien qu'elle offre à sa partie supérieure un petit angle aigu resserré entre la pariétale et la sus-oculaire. Les yeux sont très-apparents.

Écailles du tronc : 25 ou 26 rangées longitudinales, 342 rangées tranversales. Écailles de la queue : 10 rangées transversales.

COLORATION. Le dessus du corps présente, sur un fond brun-noir, une teinte jaunâtre jetée çà et là par petites taches plus ou moins écartées ou rapprochées les unes des autres ; cette même teinte jaunâtre colore en partie les côtés de la tête, ainsi que le devant du museau, et règne seule sur les régions inférieures de ce petit serpent.

DIMENSIONS. *Longueur totale.* 26" 6'". *Tête.* Long. 12'". *Tronc.* Long. 24" 8'". *Queue.* Long. 6'".

PATRIE. Nous ignorons de quel pays cette espèce est originaire. L'individu unique par lequel elle nous est connue appartient au musée du fort Pitt, à Chatham.

CHAPITRE V.

DEUXIÈME SECTION DES OPHIDIENS.

LES AZÉMIOPHIDES,

OU SERPENTS NON VENIMEUX CICURIFORMES (1).

Ayant fait connaître d'une manière comparative et détaillée, dans le premier chapitre du présent volume, les différences organiques qui nous ont conduits à partager les Ophidiens en cinq sections ou sous-ordres, il nous suffira de rappeler ici celles de ces différences qui caractérisent essentiellement les Azémiophides.

Ces caractères consistent : 1° en ce que chez ces Serpents il existe toujours un plus ou moins grand nombre de dents aux deux mâchoires, tandis qu'il n'y en a seulement qu'à l'une ou à l'autre, dans les Scolécophides ;

2° Que toutes ces dents manquent de l'espèce de rigole ou de gouttière que présentent les dernières dents de la mâchoire supérieure des Aphobérophides ;

3° Que toutes également sont dépourvues d'un canal longitudinal incomplétement clos en devant, ou pareil à celui dont sont creusées les premières dents sus-maxillaires des *Apistophides ;*

4° Enfin, qu'aucune de ces dents des Azémiophides n'est tubuliforme ou conformée de la même manière

---

(1) Voyez pour ces noms le tableau inséré page 71.

REPTILES, TOME VI.   22

que les longs et terribles crochets à venin, qui arment seuls la mâchoire supérieure des *Thanatophides*.

Ayant également présenté, dans un des précédents chapitres, avec des détails fort étendus, les faits relatifs à l'organisation et aux fonctions de la vie végétative et de la vie animale chez les divers types de la série ophiologique, nous nous trouvons ainsi dispensés de revenir sur cette étude, en ce qui concerne d'une manière générale les Serpents non venimeux cicuriformes. Toutefois nous avons encore à nous occuper de quelques-unes de leurs parties internes et externes ; mais uniquement sous le rapport des moyens qu'elles fournissent pour distribuer ces Ophidiens en familles, en tribus, et en genres vraiment naturels. Ces parties, que nous allons successivement passer en revue, suivant l'ordre correspondant aux divers degrés d'importance attribués aux caractères qu'on leur emprunte, sont d'abord le crâne et plus particulièrement l'appareil dentaire ; ensuite la tête, le tronc et la queue, relativement à leur conformation extérieure ; puis les narines, les yeux et l'enveloppe squammeuse de toutes les régions du corps.

DE LA TÊTE OSSEUSE ET DE L'APPAREIL DENTAIRE.

Lorsqu'on examine comparativement et avec une certaine attention les pièces osseuses de la tête chez les nombreuses espèces qui appartiennent au sous-ordre des Azémiophides, on s'aperçoit aisément que les variations très-multipliées qu'elles présentent sont de deux ordres distincts et d'inégale valeur ; les unes portant sur la totalité, les autres sur quelques points seulement de la configuration de l'ensemble. Les premières, provenant de la forme générale et des proportions relatives de la boîte cérébrale, des mâchoires, des mastoïdiens et des os carrés, donnent à la masse osseuse de la tête sa configuration propre ; tandis que les secondes sont de simples dissemblances partielles dans les pièces que nous venons de nommer, ou des différences offertes par l'intermaxillaire et les os du nez, toutes modifications, quelque grandes qu'elles soient, qui n'influent absolument en rien sur la forme générale de la tête. On observe en outre que celles des variations de la tête osseuse, que nous signalons comme supérieures aux autres ou de premier ordre, sont toujours corrélatives de celles de l'appareil dentaire, d'après lesquelles nous avons pu rigoureusement délimiter nos familles (1); au lieu que celles de second ordre correspondent aux modifications que présente la conformation extérieure du museau, du tronc et de la queue, naturellement appropriée au genre de vie respectif des espèces; ou pour parler plus exactement à leurs habitudes plus ou moins fouisseuses, terrestres, dendrophiles ou aquatiques,

_____

(1) La preuve évidente qu'il y a corrélation entre les principales différences offertes par le crâne et celles que présente l'appareil dentaire dans les Azémiophides, c'est qu'on la voit se reproduire non moins manifestement dans les trois sous-ordres suivants : ainsi, chez les Aphobérophides, où les variations de la tête osseuse sont aussi nombreuses que chez les Azémiophides, celles de l'appareil dentaire le sont tout autant ; dans les Apistophides, où les premières sont moindres, les secondes sont également moindres ; et les Thanatophides, qui ont tous la région céphalique à peu près semblable, ont tous aussi un système dentaire à peu près pareil. Nous pourrions ajouter qu'il en est de même chez les Sauriens, circonstance qui nous avait malheureusement échappé jusqu'ici, et qui est cause que quelques-unes des familles en lesquelles nous avons partagé cet ordre devront subir certains changements, afin que les espèces qu'elles renferment occupent toutes leurs véritables places analogues.

sur lesquelles, comme on le verra, se trouve basé le partage des familles en tribus.

La forme générale de la tête osseuse des Azémiophides varie suivant que la face est aussi longue ou plus longue que la boîte cérébrale, à partir de l'avant du pariétal; suivant que cette dernière représente à peu près, soit un cylindre, soit un prisme quadrangulaire, renflés ou non renflés latéralement; suivant que les frontaux proprement dits sont rétrécis ou élargis; suivant que les frontaux antérieurs sont hauts ou courts, larges ou étroits, plats ou convexes, tronqués ou prolongés en pointe en avant; suivant que la mâchoire supérieure s'étend ou ne s'étend pas jusqu'aux frontaux postérieurs, ou bien qu'elle les dépasse de beaucoup; suivant que les branches sous-maxillaires sont droites ou arquées; suivant enfin que les mastoïdiens ont plus ou moins de longueur et que cette longueur est à peu près égale ou très-inférieure à celle des os carrés.

Les os, tels que l'intermaxillaire et les nasaux, dont la dimension et la forme déterminent celle du museau, peuvent être très-différents, sous ces deux rapports, dans des espèces de la même famille et chez lesquelles conséquemment le crâne se ressemble par sa configuration générale. Les nasaux ont une figure extrêmement variable; ils sont d'une moyenne grandeur dans les Azémiophides terrestres et les Dendrophiles, ordinairement fort courts chez les aquatiques, très-allongés et en même temps très-robustes chez ceux qui, vivant dans des terriers, tels que les *Rhinechis*, ou sous le sable, comme les *Eryx*, ont à se servir de leur museau, dans ce cas conformé en boutoir, pour remuer la terre, s'y creuser une demeure, ou bien pour se frayer un chemin au milieu d'un sol aréneux. Chez ces Serpents fouisseurs, les os du nez s'appuyant en arrière contre les frontaux proprement dits et s'étendant en avant jusqu'à l'intermaxillaire, sont un arc-boutant qui donne à ce dernier la solidité voulue pour l'usage auquel il est destiné ; car c'est lui qui constitue la partie tranchante du boutoir dont nous parlions tout à l'heure. Il ne se montre pas alors, comme presque toujours, sous la forme d'une simple traverse du milieu de laquelle naît une apophyse montante plus ou moins grêle ; mais il a la grossière apparence soit d'un soc de charrue, soit du coupe-lame de la coque d'un vaisseau.

Appareil dentaire (1). La nature qui a maintenu dans des limites assez restreintes les modifications de l'appareil dentaire chez les Reptiles sauriens, les a comparativement très-étendues dans l'ordre des Ophidiens. On a déjà vu comment, en ayant égard à ce que les dents existent aux deux mâchoires, ou à l'une ou à l'autre seulement, à ce que certaines de celles dites sus-maxillaires sont ou non façonnées en conduits servant à l'écoulement d'un liquide délétère ou non délétère, à ce que ces conduits sont des tubes ou de simples gouttières, à ce que ces dernières occupent le

---

(1) Les particularités de l'appareil dentaire, sans la connaissance desquelles, nous le déclarons positivement, il est impossible d'assigner à chaque espèce sa place naturelle dans la série ophiologique, ne peuvent être bien appréciées que sur le crâne débarrassé de ses parties molles ; il est au reste assez facile, avec un peu d'habitude, de parvenir à le retirer de la peau, sans endommager celle-ci ou de façon à ce qu'elle conserve tous ses caractères extérieurs, ce qui est très-important lorsqu'on ne possède qu'un seul exemplaire de l'espèce qu'ou cherche à déterminer. Aucune de celles, en très-grand nombre, que renferme notre Musée n'a échappé, de notre part, à ce genre d'examen.

bout antérieur ou le postérieur des mandibules, nous avons pu répartir les Serpents en cinq sections parfaitement distinctes; on verra également par la suite comment les mêmes organes, d'après un autre ordre de considérations, ou envisagés quant à leurs différences de proportion, de forme et de position, nous permettront de fractionner ces sections en un certain nombre de familles, non moins bien tranchées.

Pour le moment nous n'avons à examiner ces modifications secondaires, mais très-variées, de l'appareil dentaire des Ophidiens que dans le sous-ordre des Azémiophides. Aucun autre ne renferme d'espèces, qui, tels que les Rouleaux, les Pythonides et les Xénopeltis, aient à la fois des dents intermaxillaires, sus-maxillaires, sous-maxillaires, palatines et ptérygoïdiennes. La première de ces cinq sortes de dents est presque la seule qu'on ne retrouve pas dans tous les Azémiophides, autres que ceux que nous venons de nommer; car il n'y a guère que les Uropeltiens et les Oligodontes auxquels les dents palatines et les ptérygoïdiennes manquent en même temps que les intermaxillaires. Ajoutons que c'est à la présente section qu'appartient le genre *Dasypeltis* de Wagler, nommé *Rachiodon* par M. Jourdan, en raison de cette singulière particularité que les apophyses inférieures des quatorze ou quinze premières vertèbres, lesquelles sont recouvertes d'émail, pénètrent dans l'œsophage, où elles constituent par le fait une série de véritables dents d'inégale longueur et dont plusieurs ont à peu près la forme des incisives de certains mammifères.

Comme il y a rarement similitude, chez les serpents qui nous occupent, entre les dents sus-maxillaires et les sous-maxillaires, et plus rarement encore entre

celles-ci ou celles-là et les dents de la double rangée
palatale; nous nous trouvons nécessairement obligés
d'étudier séparément ces trois principales parties de
leur appareil dentaire.

Dents sus-maxillaires. C'est d'elles, ou plus exactement de leur variabilité de grandeur, de forme et de
position, que nous empruntons nos caractères de familles les plus importants, vu leur concordance constante avec des modifications notables d'autres parties
de l'organisation, et spécialement de la tête osseuse.
Relativement à la grandeur, il y a une principale
distinction à établir parmi les dents sus-maxillaires,
à savoir qu'elles sont égales ou inégales entre elles.
Celles qui ont une grandeur uniforme peuvent être ou
courtes et plus ou moins fortes, ou longues et plus ou
moins grêles. Chez celles où il y a dissemblance de
grandeur, cette dissemblance est de différentes sortes;
attendu qu'elle provient de ce que ce sont tantôt
les premières, tantôt les mitoyennes, tantôt les dernières de la rangée qui offrent plus de développement
que les autres; ainsi il arrive que la seconde ou la
troisième est la plus longue, et que toutes celles qui
lui sont postérieures décroissent graduellement, parfois jusqu'à la dernière inclusivement, d'autres fois jusqu'aux deux dernières exclusivement, qui se trouvent
alors avoir plus de longueur que les pénultièmes.
Dans certaines familles, c'est la quatrième ou la cinquième dent qui offre le plus de développement, et
toutes celles qui viennent ensuite se montrent de plus
en plus petites, jusqu'à la fin de la série. Dans d'autres, c'est bien aussi la quatrième ou la cinquième
dent qui est la plus grande; mais c'est dans le sens
contraire ou à partir de la dernière, et en venant en

avant, que les suivantes se raccourcissent, comme par exemple chez les Lycodoniens. Il est des Azémiophides où ce sont les dents du milieu de la rangée qui sont les plus allongées, et celles des deux extrémités qui sont les plus courtes. Enfin, et le plus souvent, les dents sus-maxillaires de ces serpents vont en grandissant à la manière de tuyaux d'orgues, depuis la première jusqu'aux deux dernières ou bien jusqu'aux deux avant-dernières seulement, celles-là devenant brusquement soit un peu, soit beaucoup plus longues que celles-ci.

La forme des dents de la mâchoire supérieure n'est pas moins variable que leur grandeur : il y en a de cylindriques, de coniques, de trièdres, de comprimées, de tranchantes en arrière; elles peuvent être droites, légèrement ou fortement courbées, coudées, brisées à angle aigu ou plus ou moins ouvert; avoir leur pointe effilée, obtuse; enfin offrir en avant, près de leur sommet, une petite saillie qui fait paraître celui-ci comme fourchu, ainsi que cela s'observe chez les Énicognathes. *Leur position* est verticale, lorsque les os sur les bords desquels elles se trouvent fixées sont placés de champ, comme c'est le cas le plus ordinaire, tandis qu'elles s'inclinent plus ou moins vers la ligne médio-longitudinale du palais, suivant que les branches sus-maxillaires sont plus ou moins déclives, ainsi que cela existe dans la famille des Amblycéphaliens. Ces dents se touchent toutes entre elles par leur base, excepté chez les Lycodoniens, où tantôt la quatrième, tantôt la cinquième, est séparée de la suivante par un assez grand intervalle, excepté aussi chez tous ceux des Azémiophides, dont les deux dernières dents sus-maxillaires de chaque rangée sont notablement plus longues que les avant-dernières ; car toujours alors il y a également un certain espace entre celles-ci et celles-là, comme, par exemple, dans les Hétérodontes et les Xénodontes.

A l'égard du nombre, les dents sus-maxillaires présentent des différences qui méritent d'être signalées. La plupart des Serpents cicuriformes n'en possèdent qu'un seul rang de chaque côté ; mais certains d'entre eux, et particulièrement les Aquatiques, tels que les Tropidonotes, les Uranopsis, etc., en ont deux et même trois, non compris bien entendu celui que forment toujours au fond et le long de la paroi interne du sillon gengival, les jeunes dents (1) destinées à combler les vides que le temps ou des causes accidentelles occasionnent parmi les anciennes. Le nombre de dents que comprend le rang externe, auquel correspond celui du rang ou des rangs internes, varie extrêmement, c'est-à-dire de cinq à plus de quarante dans la série entière des Azémiophides ; mais il devient de moins en moins inconstant dans les familles, les tributs et les genres, et nous pouvons assurer, quoi qu'on en ait dit, qu'il offre une grande fixité dans chaque espèce.

Dents sous-maxillaires. Celles-ci, dans les rangées desquelles on en compte presque toujours quelques-unes de plus que dans celles des dents sus-maxillaires, présentent les mêmes dissemblances de grandeur et de forme que ces dernières, à cela près cependant que parmi les dents de la mâchoire d'en bas, les posté-

____

(1) Ces dents de remplacement sont si peu adhérentes aux os, qu'elles restent ordinairement attachées aux gencives, lorsqu'on enlève celle-ci pour mettre les mâchoires à découvert, et qu'on en trouve presque toujours dans les excréments, quelquefois réunis en paquets.

rieures ne sont jamais plus allongées que les antérieures ni que les médianes ; on remarque au contraire
que c'est l'une ou l'autre des cinq premières qui est la
plus développée, et que toutes les suivantes décroissent graduellement jusqu'à la dernière inclusivement.

Les dents palatines et les ptérygoïdiennes s'étendent,
celles-ci à la suite de celles-là, sur deux lignes parallèles et continues, qui commencent constamment au
bout antérieur des os palatins, mais qui se terminent,
selon les familles où on les observe, soit vers la moitié,
soit vers les trois quarts de la longueur, ou bien tout
à fait à l'extrémité postérieure des ptérygoïdes internes : ces deux sortes de dents se ressemblent par
leur forme, qui est généralement celle d'un cône plus
ou moins court ou effilé, ou comprimé, ou courbé
en arrière ; quant à leur grandeur, elles sont toutes
égales entre elles, ou bien, ce qui arrive communément, celles qui occupent la tête des deux séries sont
plus hautes qu'aucune des autres, qui vont en se raccourcissant par degrés d'avant en arrière.

Dents intermaxillaires. Dans les cas fort rares où il
existe des dents à l'intermaxillaire, la rangée qu'elles
constituent le long de cet os dilaté en travers, est toujours plus ou moins largement interrompue au milieu.
Rien de bien remarquable dans leur forme et leur
grandeur ne les distingue des premières dents de la
mâchoire supérieure.

Telles sont, après un long et minutieux examen, les
importantes différences que nous avons reconnues exister dans les dents des Azémiophides ; différences dont
les combinaisons, extrêmement variées, produisent
les divers systèmes dentaires particuliers qui caractérisent respectivement et de la manière la plus tran-

chée, les familles que nous avons établies dans le sous-ordre de ces Serpents non venimeux cicuriformes.

C'est ici le lieu de réparer l'omission que nous avons involontairement commise en ne donnant pas, dans notre historique des principales classifications des Ophidiens, l'analyse de celle que M. Muller, a publiée en 1832 (1).

Ce savant anatomiste proposait alors de partager les Serpents, parmi lesquels il rangeait les Chirotes et les Amphisbènes, que nous excluons au contraire de cet ordre, en deux sections et onze familles, d'après des caractères tirés aussi de l'appareil manducateur de ces Reptiles. Mais M. Müller ayant fait de ces caractères une application en quelque sorte inverse de celle que nous en avons faite nous-mêmes ; autrement dit ayant attribué une plus grande importance à ceux auxquels nous en accordons une moindre, et ayant considéré comme inférieurs ceux que nous regardons comme leur étant supérieurs, il en résulte que sa classification, bien que fondée sur les mêmes dissemblances organiques que la nôtre, présente les animaux qui en sont l'objet distribués d'une tout autre manière que dans celle-ci. C'est ce dont, au reste, on peut s'assurer, en prenant connaissance de cette classification ophiologique de M. Müller, exposée ci-après, suivant la méthode analytique.

----

(1) Ueber die naturlich Eintheilung der Schlangen nach anatomischen (Zeitschrift für physiologie von F. Tiedemann, G. R. und L. C. Treviranus , 4 band, seite 263).

TABLEAU REPRÉSENTANT LA CLASSIFICATION OPHIOLOGIQUE DE M. J. MULLER.

Sections.		Familles.	Genres.
MICROSTOMATA. Des dents maxillaires, des mandibulaires,	des intermaxillaires, et des palatines.	4. TORTRICINA.	Tortrix, Cylindrophis.
Bouche peu dilatable.	mais pas de palatines.	1. AMPHISBÆNOIDEA.	Chirotes, Amphisbæna.
	palatines seulement.	3. UROPELTIA.	Rhinophis, Uropeltis.
	mais pas d'intermaxillaires ni de palatines.	2. TYPHLOPINA.	Typhlops.
MACROSTOMATA. Des dents maxillaires, des mandibulaires,	des palatines, mais pas d'intermaxillaires; les maxillaires toutes perforées, venimeuses.	7. HOLOCHALINA.	Elaps, Scytale, Crotalus, Vipera, Trigonocephalus, Cophias, Pelias, Oplocephalus, Langaha.
Bouche très-dilatable.	les maxillaires postérieures simples, les antérieures sillonnées, venimeuses?	6. ANTIOCHALINA.	Trimeresurus, Bungarus, Naja, Platurus, Pelamis, Hydrophis, Chersydrus.
	les maxillaires non sillonnées; sillonnées, venimeuses.	5. AMPHIBOLA.	Driophis, Dipsas, Homalopsis.
	les antérieures, ou les médianes, ou les postérieures, plus longues que les autres.	4. HETERODONTA.	Tropidonotus, Coronella, Xenodon, Dendrophis, Psammophis, Lycodon.
	simples. et des intermaxillaires.	3. ISODONTA.	Boa, Pseudoboa, Eryx, Erpeton, Cerberus, Hurria, Dryinus, Coluber, Python.
	mais pas de palatines, ni d'intermaxillaires.	2. HOLODONTA.	
		1. OLIGODONTA.	Oligodon.

Conformation extérieure du corps. Le corps des Azémiophides, de même que celui des autres Serpents, est, quant à sa forme, réduit à la plus grande simplicité possible ; car, outre qu'ils sont tous dépourvus de véritables appendices locomoteurs, nul d'entre eux n'a ni crêtes squammeuses sur la ligne médiane du dos et de la queue, ni expansions aliformes le long des flancs, ni fanon sous la gorge, ni replis de la peau plus ou moins développés sur les côtés du cou, toutes modifications que l'on observe au contraire chez beaucoup de Reptiles sauriens.

Leur tête n'offre jamais de ces configurations bizarres qui rendent si remarquable celle des Basilics, des Caméléons et des Lophyres ; elle affecte généralement la forme d'un cône ou d'une pyramide quadrangulaire, tantôt distincte du tronc, tantôt confondue avec lui ; son extrémité antérieure peut être pointue, arrondie ou coupée carrément chez les espèces qui vivent à terre, sur les arbres ou dans l'eau, tandis qu'elle se montre ou déprimée et taillée en bizeau, ou haute et comprimée au sommet chez celles qui ont à se servir de leur museau pour se creuser une demeure souterraine.

Le tronc, dont l'étendue longitudinale varie considérablement, est toujours à peu près cylindrique chez les Azémiophides qui, semblables aux Rouleaux et aux Calamaires, passent la plus grande partie de leur vie retirés dans les cavités du sol, sous des pierres, de vieux troncs d'arbres ou des amas de feuilles ; chez les autres, la grosseur du tronc est moindre aux deux bouts qu'au milieu, et sa forme n'est ni absolument quadrangulaire, ni positivement arrondie ; ceux qui, tels que les Spilotes et les Dendrophis, se tiennent habituellement sur les branches des végétaux, ont le corps très-

long, tantôt fortement comprimé, tantôt d'une épaisseur qui excède à peine sa largeur et, dans ce dernier
cas, sa gracilité est extrême; il est ordinairement
court, trapu, plat et assez large en dessous dans les
espèces qui sont, ou uniquement terrestres, comme
les vraies couleuvres, ou à la fois terrestres et aquatiques, comme les Tropidonotes ; un Serpent très-sin-
gulier, le Xénoderme de Java, a le dos tectiforme, les
flancs un peu convexes et le ventre fort arrondi ; enfin,
chez certains Ophidiens cicuriformes et particulièrement chez les Acrochordes, qui ne quittent point
les eaux, le tronc, dont la face dorsale est assez
élargie, est au contraire dans sa région ventrale excessivement rétréci ou conformé en carène.

La longueur de la queue n'est pas toujours proportionnée à celle du tronc, telles espèces ayant cette
queue seulement d'un quart, telles autres cinquante
fois moins étendue que le reste du corps. On peut
dire d'une manière générale que, parmi les Azémiophides, ce sont les Fouisseurs qui ont le prolongement
caudal le plus court, et ceux qui habitent les arbres,
qui l'ont le plus développé. La queue des Serpents de
la présente section, considérée relativement à sa forme,
se présente, dans le plus grand nombre des cas, sous
celle d'un cône, soit obtus, soit plus ou moins effilé et
souvent un peu plat en dessous, quelquefois faiblement comprimé, d'autrefois, comme celles de l'*Eryx
jaculus* et du *Rhabdophis badia*, légèrement aplati
sur trois faces ; tantôt elle a l'apparence d'une sorte de
moignon subcylindrique obliquement tronqué, comme
celle des Uropeltis et des Colobures, ou bien terminé
en mamelon, comme celle du *Tortrix Scytale*. Quoique cette partie terminale du corps jouisse générale-

ment d'une grande souplesse, elle n'est susceptible de s'enrouler en spirale que dans un certain nombre d'espèces qui, pour la plupart, appartiennent à la famille des Pythoniens; chez toutes celles-ci, elle est conique, mais chez deux autres, l'Acrochorde de Java et le Fascié, elle est, en même temps que volubile, très-distinctement comprimée, particularité dont aucun autre Ophidien n'offre d'exemple.

Le sous-ordre des Azémiophides renferme des espèces qui ont encore des vestiges de membres postérieurs; car il est évident qu'on doit considérer comme tels les deux petites chaînes d'osselets qui, dans les Pythoniens et les Tortriciens, aboutissent extérieurement, l'une à droite, l'autre à gauche de la fente cloacale, sous la forme d'ergots coniques, revêtus d'une enveloppe cornée. Mais ces appendices calcariformes ne se montrent pas également développés dans les groupes des deux familles que nous venons de nommer. Très-distincts dans les *Boœides* et les *Pythonides*, ils ne le sont que médiocrement dans les *Érycides*, et ce n'est qu'en apportant la plus grande attention que, dans les *Tortricides*, on parvient à les découvrir au fond de la petite fossette où chacun d'eux est logé. Suivant M. Mayer, ils existeraient aussi chez un autre Azémiophide, mais à un état de dégradation beaucoup plus grand que chez les précédents, plus grand même que chez les Typhlops, où, bien que ne faisant pas saillie au dehors, ils sont encore représentés de chaque côté par deux faibles tiges osseuses placées bout à bout; tandis que chez l'espèce dont nous voulons parler, le *Spilotes Variabilis*, ils ne le seraient plus que par une paire de filaments cartilagineux perdus dans les chairs.

Le savant anatomiste qui vient d'être cité, celui à qui l'on doit en partie de connaître aujourd'hui la conformation et la disposition des membres vestigiaires des Ophidiens, en a tiré des considérations sur lesquelles il s'est fondé pour diviser ces Reptiles, comme nous allons le dire. On remarquera, qu'à l'exemple de plusieurs de ses prédécesseurs, il regardait encore les Orvets, les Amphisbènes, qui sont des Sauriens, et les Cécilies, qui sont des Batraciens, comme appartenant à l'ordre des Serpents.

Ainsi, il propose de réunir sous le nom de *Phénopodes* ou à pattes visibles, les genres, tels que les Pythons, les Boas et les Éryx qui ont des ergots apparents sur les bords du cloaque; il appelle *Cryptopodes* les espèces qui, comme les Typhlops et les Amphisbènes, ont des rudiments de bassin et des pattes cachées sous la peau; enfin, il range sous le nom de *Chondropodes* et d'*Apodes* tous les genres de Serpents dont les espèces qui, si elles ont des rudiments de pieds, les ont à peine cartilagineux, car le plus grand nombre n'en présente plus le moindre vestige. Voici, au reste, sous forme de tableau synoptique, le résumé de cette classification ophiologique proposée par M. Mayer.

			Familles.	Genres.
Des vestiges des membres postérieurs	osseux,	visibles extérieurement.	I. Phénopodes.	Boa, Python, Eryx, Tortrix.
		cachés sous la peau. . . .	II. Cryptopodes.	Anguis, Typhlops Amphisbæna.
	consistant en une paire de filaments cartilagineux perdu dans les chairs, ou bien nuls.		III. Chondropodes, ou Apodes.	Coluber, Crotalus Trigonocephalus, Cæcilia.

Des yeux et des narines. Nous avons peu de choses
à dire sur ces organes, n'ayant à considérer les uns
que relativement à leur position, à leur diamètre et à
la forme du trou pupillaire; et les autres, que sous
le rapport de la situation, de la grandeur, de la disposition et du mode d'entourage squammeux de leurs
ouvertures externes.

Les yeux sont le plus souvent placés sur les côtés de
la tête, tout à fait en haut, faisant face à l'horizon ;
mais quelquefois, et particulièrement chez les espèces
essentiellement aquatiques, ils occupent une position
encore plus élevée, étant situés sur les bords latéraux du dessus du crâne, ou de façon à recevoir
les rayons de la lumière presque perpendiculairement.
Ils varient beaucoup pour la grosseur : très-petits ou
d'un diamètre à peine égal à celui d'une tête d'épingle
ordinaire dans les *Rhinophis* et les *Tortrix*, ils sont
au contraire fort grands chez certaines espèces dendrophiles, dont le globe oculaire est effectivement au
moins aussi large que la région frontale. La plupart
des Azémiophides ont la pupille ronde ; car les Pythoniens et quelques autres appartenant à des familles
différentes, sont les seuls qui l'aient verticalement
allongée. Dans plusieurs genres, tels que les Rhinophis, les Uropeltis, etc., il existe au devant de
chaque orbite, comme chez les Scolécophides, une
plaque, qui est d'autant moins transparente que
l'œil qu'elle recouvre est moins développé.

Les narines, suivant qu'on les observe dans les espèces aquatiques, ou chez celles qui vivent partout
ailleurs que dans l'eau, ont leurs orifices externes situés à la face supérieure ou sur les parties latérales
du bout du museau : ces orifices peuvent être plus ou

REPTILES, TOME VI. 23

moins petits et avoir l'apparence, tantôt d'une simple fente linéaire, tantôt d'un trou arrondi, ovale ou triangulaire; ils peuvent être constamment béants ou bien susceptibles de s'ouvrir et de se fermer à la volonté de l'animal, lorsqu'il jouit de la faculté, soit de contracter et de dilater leurs bords, soit d'abaisser et de relever une sorte de petite valvule interne, particulièrement affectée à cet usage ; enfin ils peuvent avoir leur pourtour garni d'un cercle squammeux d'une seule pièce, ou bien entouré de deux à quatre plaques, dont une se trouve être quelquefois la première de la lèvre supérieure, comme dans l'*Aspidura scytale*.

Aucun Azémiophide ne présente en arrière des narines des cavités semblables à celles qu'on y remarque chez les Crotales et les Trigonocéphales.

Des téguments squammeux. La grande majorité des Azémiophides offre trois sortes de téguments squammeux, à savoir : des plaques sur la tête, des écailles sur le tronc et la queue, des scutelles à la face inférieure de celle-ci et de celui-là. Chez un petit nombre d'entre eux et particulièrement chez les Boas, les plaques crâniennes sont remplacées par de petites squammes. Quelques autres, comme les Acrochordes, ont des écailles sur toutes les parties du corps.

Les plaques, considerées suivant les principales régions de la tête qu'elles occupent, peuvent se partager en *sus-céphaliques*, *pleuro-céphaliques*, *maxillaires*, et *sous-maxillaires*. Les *sus-céphaliques* se distinguent, à partir du museau jusqu'à l'occiput, en inter-nasales, fronto-nasales, inter-fronto-nasales, pré-frontales, frontales, sus-oculaires, pariétales, inter-pariétales, et post-pariétales, qui, bien rarement, existent toutes chez la même espèce : en effet, on ne voit généralement réunies ensemble qu'une paire d'inter-nasales, une paire de fronto-nasales, une frontale, parfois formée de deux pièces, une paire de pariétales, et une sus-oculaire de chaque côté, quelquefois divisée en deux ou trois parties; certaines espèces n'ont même qu'une inter-nasale ou une fronto-nasale, au lieu de deux, et, dans certaines autres, les deux fronto-nasales se confondent avec les deux inter-nasales. Les *plaques pleuro-céphaliques* sont: de une à trois nasales, presque toujours une frénale; de une à trois pré-oculaires de une à quatre post-oculaires; et peu fréquemment de une à cinq sous-oculaires. Les *plaques maxillaires* comprennent la rostrale, qui emboîte le bout du museau, la mentonnière, qui protége le menton, et celles dites supéro-labiales et inféro-labiales, qui garnissent latéralement, les unes la lèvre d'en haut, les autres la lèvre d'en bas, dans toute leur longueur. Les *plaques sous-maxillaires* font suite à la mentonnière; elles sont communément allongées, assez étroites et au nombre de deux ou trois paires (1).

Les *écailles* des serpents cicuriformes sont presque toujours plus ou moins imbriquées. Elles varient dans les différents genres, relativement à leur figure et à leur grandeur; mais sous ces deux rapports, elles sont à peu près semblables entre elles dans chaque espèce, excepté chez le Xénoderme de Java, dont l'écaillure, comme celle de la plupart des Lézards Geckotiens, se compose de pièces extrêmement petites, entremêlées d'autres pièces beaucoup plus grandes et plus fortes. Elles peuvent être plates, ou un peu bombées, ou légè-

---

(1) Voyez pour la situation des plaques céphaliques les figures des planches 59 et suivantes.

ment déclives de chaque côté de leur ligne médio-
longitudinale, ou bien encore creusées en gouttière,
particularité, il est vrai, que le *cœlopeltis lacertina*
de Wagler a seul encore offerte jusqu'ici. Leur surface est tantôt parfaitement lisse, tantôt finement
striée, tantôt longitudinalement relevée d'une arête
plus ou moins apparente.

Les scutelles nommées abdominales et celles appelées sous-caudales sont constamment lisses, mais de
grandeur variable, leur diamètre transversal étant
tantôt inférieur, tantôt supérieur à celui de la surface
du corps qui porte sur le sol dans l'acte de la reptation. Les abdominales sont toujours d'une seule pièce,
tandis que les sous-caudales sont le plus souvent divisées longitudinalement en deux moitiés égales,
ordinairement d'un bout à l'autre de la queue,
quelquefois dans une certaine portion seulement de
l'étendue de cet organe. Le nombre des unes et des
autres est plus ou moins considérable, dans les espèces, suivant que celles-ci sont plus ou moins allongées ; d'où il résulte naturellement qu'il n'est jamais
semblable chez les deux sexes de chaque espèce, les
mâles étant toujours plus courts que les femelles. Il
varie même d'individu à individu se ressemblant sexuel-
lement et spécifiquement ; mais dans des proportions
beaucoup moindres qu'on ne l'a cru jusqu'ici; attendu
que les ophiologistes, nos devanciers, en constatant le
nombre des scutelles des espèces qu'ils ont décrites,
n'ont point eu égard au fait important que nous
venons de signaler, c'est-à-dire à la différence qui
existe entre les deux sexes, relativement à la grandeur du corps.

Plusieurs Azémiophides ont l'extrémité de la queue

emboîtée dans une squamme spiniforme; mais aucun ne l'a pourvue d'une suite d'écailles conformées comme celles qui composent l'appareil bruyant, que jusqu'à présent on n'a encore observé que chez les Crotales ou Serpents à sonnettes.

Ici se termine l'examen que nous nous étions proposé de faire de celles des parties des Azémiophides qui fournissent les caractères à l'aide desquels il est on ne peut plus facile d'assigner à chacun de ces Serpents la place qui lui appartient véritablement dans le présent sous-ordre, sous les rapports de la ressemblance et de l'analogie.

Le tableau mis en regard de cette page est l'exposé analytique des particularités différentielles, les plus notables que présentent relativement à leur appareil dentaire, les familles appartenant à cette seconde grande division des Ophidiens; familles dont nous allons successivement faire l'histoire suivant l'ordre des numéros placés à la gauche de la colonne qui renferme leurs noms. Cet ordre est tel, que commençant par les genres d'Azémiophides qui tiennent encore des Sauriens par quelques points de leur organisation, nous terminerons par ceux qui s'éloignent beaucoup de ces Reptiles, pour se rapprocher au contraire des Serpents venimeux proprement dits ou Thanatophides, dernier terme de la série ophiologique, vers lequel doivent nous conduire graduellement les Aphobérophides et les Apistophides.

Iʳᵉ FAMILLE. LES PYTHONIENS.

DES CARACTÈRES DE CETTE FAMILLE; DE LA CLASSIFICATION
DES ESPÈCES QUI LA COMPOSENT ET DE LEUR RÉPARTITION
A LA SURFACE DU GLOBE.

CARACTÈRES. Des vestiges de membres postérieurs
se montrant au dehors, chez les adultes, sous forme
d'ergots, de chaque côté de l'anus. Dents sous et
sus-maxillaires similaires ou étant les unes et les
autres, coniques, pointues, plus ou moins tranchantes
à leur bord postérieur, coudées à leur base, penchées en arrière et se raccourcissant à partir de la
seconde ou de la troisième, qui sont très-longues,
jusqu'à la dernière inclusivement. Branches de la
mâchoire supérieure subclaviformes, plus ou moins
comprimées en avant, s'étendant jusqu'au niveau
ou au delà des frontaux postérieurs. Os ptérygoïdes
comme courbés en ∽ et dentés dans leur première
moitié seulement. Boîte cérébrale subcylindrique,
renflée latéralement dans la première moitié de sa
longueur, qui égale ou qui excède celle de la face.

Cette famille comprend les Pythons, les Eryx, les
Boas et douze autres genres moins anciennement connus ou nouvellement établis. Au premier aspect et examinés seulement à l'extérieur, les Pythoniens n'ont
rien qui les caractérise d'une manière absolue, pas
même les vestiges de membres postérieurs dont ils
sont tous pourvus ; attendu que ces appendices, qui

existent d'ailleurs aussi dans les Tortriciens, ne se montrent au dehors que chez les sujets parvenus à l'état adulte. En effet, ils offrent bien, généralement, une écaillure sus-crânienne composée de pièces de petite et de moyenne dimension, dont l'arrangement n'a jamais la régularité qu'on observe dans les plaques qui recouvrent la tête de la majorité des Serpents ; un tronc plus gros au milieu qu'à ses extrémités et rétréci à sa face inférieure ; des scutelles abdominales fort peu dilatées transversalement ; enfin des écailles sur le reste du corps, plus petites et plus nombreuses que dans la plupart des Ophidiens. Mais il y en a qui ont, soit un bouclier céphalique formé de lames polygones non moins grandes et non moins symétriquement disposées que chez la plupart des Azémiophides, soit un tronc à peu près de même grosseur d'un bout à l'autre et subcylindrique, soit un ventre et les bandes squammeuses qui le protégent aussi larges que chez les vraies couleuvres, ou bien encore une écaillure infiniment moins divisée que celle d'autres Pythoniens. La tête et la queue elles-mêmes, considérées d'après leur forme générale, ne se ressemblent pas chez tous les Pythoniens : car le museau, ou la face dans sa portion antérieure, constitue ou ne constitue pas un boutoir cunéiforme, suivant que ces Serpents sont ou ne sont pas fouisseurs ; et leur queue est ou n'est pas susceptible de s'enrouler en spirale, selon que les espèces doivent ou ne doivent point fréquenter les arbres. Ces dernières différences, qui se reproduiront, ou dont nous retrouverons les analogues dans les familles suivantes, sont de celles que nous nommons biologiques et dont nous tirons les caractères de tribus, telles que celles dites des Pythonides, des Erycides et des Boæides établies parmi les Pythoniens ; elles résultent des modifications que présentent dans certaines de leurs parties, conformément à leur genre de vie respectif, les espèces composant ces grands groupes appelés familles, dont tous les membres ont un fonds d'organisation parfaitement semblable, lequel se trouve exactement traduit par une structure spéciale du crâne et de l'appareil manducateur.

C'est donc de l'examen des os de la tête des Pythoniens, que nous avons à nous occuper ici ; mais seulement dans ce que cette portion de leur squelette présente de caractéristique, chez les espèces de cette famille.

La tête osseuse des Pythoniens se compose de pièces plus épaisses, plus solides que celles de la plupart des serpents. Considérée dans son ensemble, cette tête offre un contour horizontal représentant à peu près la figure d'un triangle isocèle fortement tronqué ou arrondi à son sommet qui devrait être le plus aigu. Elle est toujours déprimée et presque plane en dessus dans toutes les espèces, autres que l'*Eryx jaculus* et le *Johnii*, attendu que ces derniers ont le front assez bombé. La totalité de sa longueur (1) est le double ou un peu plus de sa largeur, prise du niveau du bord postérieur des orbites ; la portion antéro-orbitaire, qui s'y trouve comprise pour le tiers environ, est aussi longue que la boîte cérébrale, excepté chez l'*Eunectes Murinus*, dont le museau, comme celui de tout serpent aquatique, est fort court proportionnellement au

---

(1) Nous entendons depuis le bout du museau jusqu'au niveau de l'extrémité postérieure des branches sous-maxillaires.

reste de la tête. La boîte cérébrale (1) a la forme d'un
cylindre étroit, renflé latéralement dans sa première
moitié, et surmonté d'une crête d'autant plus prononcée que les individus sont plus avancés en âge. Les
frontaux proprement dits, dont le diamètre longitudinal est plus grand que le transversal dans les Erycides,
mais généralement moindre dans les Boæides et les Pythonides, ont ce même diamètre longitudinal égal aux
deux tiers, de la longueur de l'étui encéphalique chez
les Eryx les plus fouisseurs, à la moitié ou seulement au tiers chez ceux qui le sont le moins, ainsi que
chez les espèces des deux tribus ayant pour types les
Pythons et les Boas. Ces frontaux proprement dits ont
chacun la figure d'un rhombe dans les Erycides, d'un
rectangle ou d'un trapèze assez régulier dans les
Boæides, très-irrégulier dans les Pythonides, où leur
bord latéro-externe est entaillé pour recevoir une portion de l'os sus-orbitaire que possèdent ces Ophidiens,
à l'exclusion de tous les autres reptiles du même ordre.
Les orbites sont toujours limitées en arrière par des
frontaux postérieurs extrêmement robustes, dont la
base s'appuie sur les sus-maxillaires. Elles le sont aussi
en devant par des frontaux antérieurs, petits, en
triangles isocèles ou subéquilatéraux et entièrement
séparés l'un de l'autre par les nasaux, chez les Erycides ; mais grands, subtrapézoïdes et presque contigus
sur la ligne médiane du front, entre les os de celui-ci
et ceux du nez, chez les Boæides et les Pythonides. Les
os du nez des Erycides sont excessivement développés
et en carré long ; les Boæides et les Pythonides ont les
leurs d'une dimension un peu moindre et en forme de

---

(1) Nous désignons ainsi toute la portion postérieure du crâne à
partir des frontaux proprement dits, ceux-ci non compris.

plaque elliptique ou subrhomboïdale, pointue en avant
et presque tout entière enclavée dans les frontaux antérieurs, particularité qu'on n'observe dans aucune
autre famille de la section des Azémiophides. L'os incisif ou intermaxillaire, qui offre quelques dents chez
les espèces de la sous-famille des Holodontes, mais
qui en manque complétement chez celle des Aprotérodontes, est une traverse sur laquelle, dans les Erycides, vient se fixer l'extrémité antérieure des naseaux ;
au lieu que dans les Boæides et les Pythonides elle
envoie à la rencontre des os du nez une apophyse plus
ou moins grêle, qui naît du milieu de son bord supérieur. Les os sus-maxillaires sont de longues et fortes
tiges, tantôt droites, tantôt légèrement courbées en ∽,
qui s'étendent en diminuant graduellement de grosseur, depuis le bout du museau jusque au-dessous, ou
même un peu au delà des frontaux postérieurs ; aplaties latéralement dans leur portion antéro-orbitaire,
elles sont au contraire assez déprimées dans le reste de
leur longueur. Les os palatins sont courts, droits et
garnis de dents d'un bout à l'autre ; tandis que les ptérygoïdes internes sont très-allongés, comme courbés
en ∽ et dentés dans leur première moitié seulement. Les
ptérygoïdes externes sont de moitié ou d'un tiers plus
courts que les palatins. Les deux os mobiles, articulés bout à bout, qui, de chaque côté, tiennent la mâchoire supérieure suspendue au crâne, nous voulons
dire le mastoïdien et l'intrà-articulaire, sont assez
fortement comprimés et à peu près aussi longs l'un
que l'autre, ce qui fait que, dans l'état d'occlusion de
la bouche, la position du premier étant horizontale et
celle du second perpendiculaire, ils se trouvent former ensemble un angle droit. Le mastoïdien est comme

collé par sa portion antérieure, généralement très-amincie, contre le côté de l'anneau occipital, qu'il dépasse en arrière, soit de la moitié, soit d'un peu moins, soit d'un peu plus de la moitié de sa longueur. L'intrà-articulaire est faiblement tordu sur lui-même, Les sous-maxillaires décrivent une légère courbure de bas en haut, particulièrement distincte à leur face inférieure. L'un des deux principaux os qui composent chaque branche, le dentaire, est un peu moins allongé que l'autre ou l'articulaire; la gouttière que présente celui-ci est large et profonde, et ses bords sont inégalement élevés; tantôt c'est l'interne, tantôt c'est l'externe qui l'est le plus.

La seule différence importante qu'on remarque entre les Pythoniens, relativement à la manière dont leur bouche est armée, est celle qui est signalée plus haut, à savoir que les uns possèdent et que les autres manquent de dents à l'os incisif; différence sur laquelle est principalement fondé le partage que nous avons fait de ces serpents en deux sous-familles, dites des Holodontes et des Aprotérodontes. A part cette différence, tous ont donc un système dentaire uniforme; c'est-à-dire deux séries, au palais, ainsi qu'à chaque mâchoire, de dents coniques, effilées et pointues à leur sommet, plus ou moins tranchantes à leur face postérieure, coudées à leur base, penchées en arrière, très-longues en avant, mais se raccourcissant jusqu'à la dernière inclusivement, depuis la première, aux rangées palatales, depuis la seconde ou la troisième, aux rangées maxillaires. Celles de ces dents qui constituent les séries palatines ne s'étendent jamais en arrière, au delà du milieu de la longueur des os ptérygoïdes, et les dernières de ces séries, de même que celles des quatre autres, sont rejetées un peu obliquement de côté, en dedans. Quant à leur nombre, il varie de dix à vingt-cinq dans chaque rangée sus-maxillaire, et à proportion dans les autres; mais l'un ne se rencontre que chez deux espèces d'Éryx, et l'autre chez quelques Boæides; le plus généralement il est de dix-huit.

Il nous reste maintenant à faire connaître la véritable structure de cette paire d'ergots, qu'on observe aux côtés de la fente anale de tous les Pythoniens adultes.

Nous en avons déjà parlé à la page 84 de ce sixième volume, en annonçant que M. Mayer les avait décrits dans les Mémoires des curieux de la nature (1).

L'auteur produit d'abord l'historique de l'indication de leur structure : c'est Russel qui le premier a reconnu la présence des ergots dans plusieurs espèces de Boas qu'il a décrites, en 1790, dans son ouvrage sur les serpents des Indes; mais il ne les avait pas examinés anatomiquement. Daudin et Oppel les ont aussi mentionnés en employant leur présence comme un caractère générique, que G. Cuvier a répété; mais c'est Schneider qui a le premier décrit leur conformation osseuse et leur organisation musculaire, que M. Mayer a beaucoup plus complétement étudiées dans le mémoire que nous analysons ici.

Dans le genre Boa l'ergot est un ongle de corne véritable, servant de gaîne à un petit os onguéal un peu courbé et articulé sur un autre os qui reste toujours caché sous la peau. Ce dernier est considéré comme un os du métatarse : il est recourbé et porte une

(1) Ce mémoire a été traduit en français dans le tome VII des Annales des Sciences naturelles, page 170, publié en 1826, et la planche y a été copiée in-4°, atlas n° 6.

apophyse qui donne attache à un muscle. Cet os intermédiaire est aussi mobile sur un troisième beaucoup plus grêle, mais aussi beaucoup plus long. Au point de jonction avec le métatarsien on voit une sorte d'épiphyse avec deux appendices que l'auteur regarde comme des espèces de tarse. Il y a autour de cet appareil très-mobile, cinq faisceaux de fibres charnues.

Ces muscles ont pour usage de déterminer des mouvements divers. Le plus long faisceau qui est destiné à étendre le pied, tire l'os du métatarse en avant et porte l'ongle en dehors; un second, plus court, paraît avoir la même fonction; le faisceau le plus gros, le plus épais, est le fléchisseur qui ramène l'ergot en dedans vers le cloaque; enfin il y a un adducteur et un abducteur qui meuvent la région du tarse, l'un en dedans, l'autre en dehors; telle est la structure dans les Boas. Dans les autres genres l'auteur n'a fait qu'indiquer la présence de ces ergots : 1° dans l'*Eryx jaculus* d'après Oppel ; 2° dans le genre Python, d'après Daudin et Cuvier ; mais il ne les a pas disséqués. Il en est de même pour l'*Eryx Johnii*, type du genre Clothonie de Daudin, et pour les Tortrix ou Rouleaux d'Oppel, dont nous parlerons par la suite.

L'époque de l'âge à laquelle apparaissent extérieurement ces appendices calcariformes des Pythoniens, semble varier suivant les espèces ; car nous les avons vus être déjà fort développés chez de très-jeunes Boæides, tandis que des individus beaucoup plus âgés, appartenant à des espèces qui dépendaient, les unes de la même tribu, les autres de celle des Pythonides, n'en offraient pas la plus légère trace.

DE LA CLASSIFICATION DES PYTHONIENS.

On a dû voir par ce qui précède que cette famille, on ne peut plus naturelle, est particulièrement établie, non-seulement sur la similitude qui règne entre les espèces qu'elle renferme, relativement à l'ensemble de la structure du crâne et au système dentaire ; mais encore à la présence d'une paire d'ergots aux côtés de l'anus, vestiges des pattes abdominales des Sauriens, dont bientôt les Tortriciens nous offriront les dernières traces. C'est faute d'avoir agi d'après ces principes que les ophiologistes classificateurs, nos devanciers (un seul excepté, parce qu'une erreur l'a heureusement servi, ainsi que nous l'expliquerons tout à l'heure), ont plus ou moins éloigné les Pythoniens les uns des autres, ou bien y ont associé des Ophidiens appartenant à des types tout différents du leur. Cependant Schneider, sans contredit le plus habile des erpétologistes de la fin du dix-huitième siècle et du commencement du dix-neuvième , doit être cité comme ayant le premier entrevu les liens de parenté existant entre les Azémiophides proctopodes, dont il est ici question, car il en a groupé, sous le nom commun de *Boa* , la plupart des espèces connues de son temps, d'après cette considération qu'elles se ressemblaient par de longues dents à l'avant des mâchoires, par des appendices calcariformes à la région anale, et ajoute-t-il (mais malheureusement à tort), par une queue enroulable. Joindre ce dernier caractère aux deux premiers, dont il n'offre pas le même degré d'importance, c'était exclure de ce groupe des Boas, des Serpents qui en sont véritablement très-voisins, quoique n'ayant pas

la queue préhensile(1), tels que nos Erycides: sans cela
le cadre eût été parfaitement tracé pour recevoir les
espèces de la famille dont nous traitons maintenant.
Toutefois, il faut le reconnaître, Schneider laissait peu
de chose à faire pour déterminer rigoureusement les
limites de cette famille, ce que pourtant personne n'a
encore opéré, si ce n'est en apparence M. Fitzinger. En
effet ce savant nous a bien présenté les genres *Eryx*,
Boa, *Python* et leurs analogues réunis seuls dans sa famille des *Pythonoïdes*; mais cette famille, qu'il a pu
nettement séparer de celle des *Colubroïdes*, parce qu'elle
possède, contrairement à celle-ci, des éperons anaux,
n'a motivé sa séparation d'avec celle des *Ilysioïdes* que
sur ce qu'elle s'en distinguerait par une langue plus étendue en longueur. Or, comme il n'y a pas la moindre
dissemblance à cet égard, nous l'assurons positivement,
entre les *Ilysioïdes* et les *Pythonoïdes* de M. Fitzinger, il est évident que ce n'est point à la manière dont
cette dernière famille a été définie, mais à une circonstance fortuite, ainsi que nous l'annoncions plus
haut, qu'elle doit de n'avoir pas été alliée à une autre,
dont elle diffère notablement. La classification de
M. Fitzinger, où nos *Pythoniens* se trouvent caractérisés de la façon qui vient d'être dite, date de 1826.

Depuis lors ce savant a élaboré un nouvel arrangement méthodique des ophidiens, dans lequel ceux de
ces reptiles qui nous occupent plus particulièrement
ici, au lieu de former comme auparavant une famille
unique, que pourtant les rapports intimes qu'ont ses
membres entre eux commandaient en quelque sorte

(1) Toutefois, trompé par l'apparence, Schneider a admis dans
son genre Boa deux véritables *Eryx*, le *Johnii* et le *Conicus*; tandis
qu'il a placé le *Jaculus* parmi les *Angues*.

de ne pas désassocier, en constituent trois, portant les
noms de *Gongylophis*, de *Centrophis* et de *Pythophis* et ayant respectivement pour types les genres
Eryx, *Boa* et *Python* : familles qui composent avec
deux autres, appelées *Typhlophis* et *Cylindrophis*, une
série dont la principale distinction consiste dans la
présence de pattes vestigiaires à l'arrière du tronc.
Sur quelles particularités d'organisation les serpents
qui possèdent encore des restes de membres abdominaux se trouvent-ils ainsi partagés en cinq familles;
c'est-à-dire en cinq groupes que leurs dénominations
similaires devraient faire supposer établis d'après des
modifications organiques d'une égale importance?
Nous l'ignorons, attendu que le nouveau système
ophiologique de M. Fitzinger ne nous est connu
que par l'envoi qu'il a bien voulu nous faire d'un
tableau manuscrit présentant seulement les noms des
familles et des genres rangés suivant l'ordre qu'il
adopte aujourd'hui (1).

Toutefois ce simple vocabulaire méthodique nous
a permis de reconnaître avec certitude que l'auteur ne
s'est pas astreint à suivre les règles prescrites dans
l'emploi de la méthode naturelle, en ce qui concerne
la subordination des caractères, lorsqu'il a réparti les
serpents précités en cinq familles; car il est absolument impossible que celles-ci, autant que nous puis-
sions en juger d'après les espèces qui s'y trouvent
inscrites, soient toutes distinguées l'une de l'autre
par des dissemblances d'une valeur équivalente: ainsi
rien autre qu'un museau plus ou moins cunéiforme,

---

(1) Voyez pages 62-65 du présent volume, où ce tableau se trouve
reproduit tout entier.

et une queue très-courte et peu ou point flexible, ne différencie les *Gongylophis* des *Centrophis*, chez lesquels la queue est plus ou moins longue, et le museau épais, arrondi ou coupé carrément; les *Pythophis* eux-mêmes ressemblent exactement aux *Centrophis*, excepté qu'ils ont de plus qu'eux des os sus-orbitaires et des dents intermaxillaires. Mais il n'en est pas de même des *Cylindrophis*, qui ont un système dentaire tout spécial, et les os de la mâchoire supérieure d'une conformation particulière, aussi bien dans leur ensemble que dans les détails de leurs dispositions, ce qui les sépare d'une manière bien tranchée des trois familles précédentes; ni des *Typhlophis*, qui diffèrent non-seulement des *Gongylophis*, des *Centrophis* et des *Cylindrophis*, mais de tous les autres Ophidiens, en ce qu'ils manquent d'os ptérygoïdiens externes, que les os de leur face, à l'exception des sus-maxillaires, sont fixément unis entre eux, que leurs palatins sont des tiges transversales et non longitudinales, et qu'ils n'offrent jamais de dents qu'à l'une ou à l'autre mâchoire.

Nos Pythoniens ont été moins bien classés par G. Cuvier, que par plusieurs de ses prédécesseurs, même dans la seconde édition du Règne animal, où l'on retrouve les principaux genres, à savoir : les Eryx, les Boas et les Pythons placés séparément, c'est-à-dire les derniers avec les Couleuvres, les seconds entre les Erpetons et les Scytales de Merrem, et les premiers avant ceux-ci, qui appartiennent à notre section des Aphobérophides.

Parmi les familles ophiologiques que M. Schlegel a admises, lesquelles ne sont que très-vaguement définies, puisqu'elles sont établies, non sur des carac-

tères susceptibles d'être formulés, mais sur une circonstance qui, de l'aveu de l'auteur lui-même, ne
peut se rendre par des paroles, « l'impression que
» produit sur nous la vue d'un être considéré dans la
» totalité de ses parties extérieures, autrement dit sa
» physionomie; » parmi ces familles, disons-nous, il
en est une cependant, celle des Boas, que M. Schlegel a particularisée d'une manière précise en la signalant comme composée des Serpents dont la queue jouit
de la faculté préhensile. La prééminence accordée à
ce caractère sur d'autres beaucoup plus importants et
particulièrement sur ceux que fournit le système dentaire, est cause que, d'une part, cette famille correspondant à celle de nos Pythoniens, ne comprend pas
toutes les espèces qui ont le plus d'affinités avec son
genre typique ou les Boas proprement dits; puisque
les Eryx, que leur queue non volubile distingue presque uniquement de ces derniers, s'en trouvent nécessairement exclus; et que, d'un autre part, elle en renferme au contraire d'autres, tels que les Acrochordes,
qui ont un fonds d'organisation complétement différent, ainsi que nous le démontrerons à l'article où il
sera spécialement question de ces Ophidiens. Les Eryx
ne sont pas toutefois les seuls vrais Pythoniens connus
de M. Schlegel, qui n'aient point eu accès dans sa
famille des Boas; il en a aussi éloigné, pour les ranger
avec les Rouleaux, notre *Platygaster multicarinatus*
et le *Nardoa Schlegelii* de M. Gray, dont le prolongement caudal offre pourtant une préhensilité au moins
égale à celle que présente le même organe chez les
Boas. On s'explique d'autant plus difficilement le motif qui a pu déterminer M. Schlegel à placer ainsi, loin
des Bœædes, le *Platygaster multicarinatus* et le

Nardoa Schlegelii, que, d'une part, il dit positivement en tête des généralités de sa famille des Boas,
qu'elle comprend tous les serpents à queue prenante;
et que, d'une autre part, ces deux espèces, qui d'ailleurs diffèrent beaucoup des Rouleaux, n'ont même
rien dans leur *physionomie* qui les fasse ressembler
à ceux-ci.

Il nous resterait, pour terminer cette revue critique
des divers classements qu'ont jusqu'à présent subis les
Pythoniens, à exprimer notre opinion sur un opuscule dernièrement publié par M. Gray, sous le titre
de *Synopsis of the species of prehensile tailed snakes,*
or family Boidæ (1). Mais nous pensons que les observations que nous avons à faire trouveront plus naturellement leurs places dans les articles où il sera respectivement traité des genres et des espèces mentionnés dans cette sorte de catalogue méthodique, que
nous présentons au reste presque complétement divisé en deux parties à la page 372 et suivantes : la première est l'exposé, sous forme de tableau synoptique,
des différences de premier ordre, au moyen desquelles
l'auteur est progressivement arrivé à distinguer les
genres les uns des autres. La seconde est la traduction
littérale des caractères essentiels de chaque groupe
générique, auxquels est joint le nom de l'espèce type.

---

(1) Zoological miscellany, by J. E. Gray, march 1842.

TABLEAU DE LA DISTRIBUTION GÉNÉRIQUE DES ESPÈCES DE SERPENTS A QUEUE PRÉHENSILE, OU DE LA FAMILLE DES *Boïdæ*, PAR M. GRAY.

CARACTÈRES. Scutelles ventrales étroites, simulant des bandes transversales, souvent à six côtés. Membres postérieurs développés sous la peau, composés de plusieurs os, et se terminant généralement en dehors, sous forme d'éperons cornés, à droite et à gauche de l'anus. Queue courte, préhensile. Pupille vertico oblongue.

Vestiges des membres postérieurs

I. Se terminant en un éperon corné, distinct, situé de chaque côté de l'anus; yeux nocturnes, à pupille vertico-oblongue.

   A. Tête allongée, distincte; museau tronqué; queue fortement préhensile.

      a. Scutelles sous-caudales entières. Écailles lisses. BOINA. (*Amérique.*)

         Genres.
- 1. BOA.
- 2. EUNECTES.
- 3. EPICRATES.
- 4. XIPHOSOMA.
- 5. CORALLUS.
- 6. HELEIONOMUS.

      b. Scutelles sous-caudales entières. Écailles carénées. (*Ancien-Monde.*)
- 7. CASAREA.
- 8. CANDOIA.

      c. Scutelles sous-caudales divisées. PYTHONINA. (*Ancien-Monde.*)

        † Tête couverte de plaques, simulant des écailles.
- 9. MORELIA.
- 10. HORTULIA.

        †† Tête couverte de plaques jusqu'en arrière des yeux.
- 11. PYTHON.
- 12. LIASIS.
- 13. NARDOA.

   B. Tête indistincte, courte, oblique, couverte d'écailles; museau en pente, avancé, tronqué; queue courte, légèrement préhensile. ERYXINA.
- 14. GONGYLOPHIS.
- 15. ERYX.
- 16. CLOTHONIA.
- 17. BOLYERIA.

II. Entièrement cachés sous la peau, ou ne montrant pas d'éperon.

   C. Tête petite, indistincte, revêtue de plaques; yeux petits, verticaux, à pupille ronde; narines latérales, petites; corps cylindrique; écailles lisses; scutelles ventrales pareilles aux écailles, mais plus larges; queue courte, à peine préhensile; des plaques sous-caudales.
- 18. ILYSIA.
- 19. CYLINDROPHIS.

   D. Tête allongée, déprimée, couverte de plaques; museau rétréci d'arrière en avant, obliquement tronqué; pupille?; corps fusiforme, comprimé, robuste; dos en carène; ventre arrondi; écailles carénées; queue très-courte, conique, préhensile; pas d'éperons anaux.
- 20. UNGALIA.

CARACTÈRES DES GENRES ADOPTÉS OU ÉTABLIS PAR M. GRAY
DANS SA FAMILLE DES BOIDÆ.

1. BOA. Corps fusiforme ; museau écailleux en avant ; plaques labiales, courtes, étroites, sans fossettes ; yeux entourés de petites écailles. *Boa constrictor, Boa orophrias.* Linné.

2. EUNECTES (*Wagler*). Corps fusiforme ; museau garni de plaques ; les labiales sans fossettes, celles de devant hautes, étroites ; les inféro-labiales postérieures formant une double rangée ; deux frénales ; une grande préoculaire ; de petites sous-oculaires et post-oculaires ; une sus-oculaire distincte. *Boa murina.* LINNÉ.

3. EPICRATES (*Wagler*). Corps fusiforme ; museau revêtu de plaques ; les labiales courtes, légèrement creuses de chaque côté ; une grande frénale au dessus des labiales ; une grande préoculaire et quatre petites post-oculaires ; une sus-oculaire distincte. *Boa cenchria,* Linné. *Boa regia.* SHAW.

4. XIPHOSOMA (*Wagler*). Corps court, épais, comprimé ; tête large, museau revêtu de six plaques ; toutes les labiales concaves supérieurement, avec un petit creux à leur bord postérieur. Queue plutôt courte que longue. *Boa canina.* LINNÉ.

5. CORALLUS. (*Daudin*). Corps allongé, comprimé, tête de moyenne grosseur ; museau revêtu de deux plaques ; deux rangs de supéro-labiales ; les inféro-labiales antérieures plates, les postérieures très-creuses ; queue longue, grêle ; deux ou trois frénales ; une grande plaque au devant de chaque œil, dont le reste du pourtour est garni de petites écailles.

* *Les plaques supéro-labiales antérieures presque plates ; trois frénales, dont une, la médiane, petite. Corallus Maculatus,* GRAY.

** *Les plaques supéro-labiales légèrement creuses; deux fré-nales. Boa hortulana* (Linné). *Corallus Cookii* (Gray.)

6. HELEIONOMUS (*Gray*). Corps fusiforme (comprimé); queue courte, tête de moyenne grosseur; museau revêtu de plaques; 3, 3 plaques frontales; joues écailleuses, avec quelques grandes plaques en avant; yeux entou-rés d'écailles, dont les deux ou trois antérieures sont plus grandes que les autres; plaques labiales plates? *H. variegatus* (Gray).

7. CASAREA (*Gray*). Corps allongé, comprimé, à écailles petites, fortement carénées; tête allongée, déprimée; museau subanguleux, obliquement tronqué et revêtu de deux paires de plaques; un rang de petites frénales; une grande préoculaire; quatre ou cinq post-oculaires; les labiales plates; queue grêle, légèrement préhensile. *Boa Dussumieri* (Schlegel).

8. CANDOIA (*Gray*). Écailles carénées; tête très-déprimée, couverte de petites écailles; de plus grandes près du museau, qui est en cône allongé et anguleux laté-ralement; onze plaques labiales, la rostrale pres-que carrée, la mentonnière grande, triangulaire. *Boa carinata.* Merrem.

9. MORELIA (*Gray*). Tête revêtue de petites plaques, trois paires de plaques frontales distinctes, une petite verti-cale, une seule rostrale ayant une fossette de chaque côté; les trois supéro-labiales antérieures et les inféro-labiales postérieures creuses; écailles lisses.

* *Plaque verticale indistincte. Python punctatus* (Merrem).

** *Plaque verticale distincte. Morelia variegata* (Gray).

10. HORTULIA (*Gray*). Tête revêtue de petites plaques; trois paires de frontales distinctes; pas de verticales dis-tinctes, ou bien deux très-petites, placées l'une devant l'autre; les supéro-labiales antérieures creuses en ar-rière, les inféro-labiales postérieures, peu ou point creusées de fossettes, « pupille circulaire. » Smith. *Python natalensis* (Smith).

11. Python (*Python et constrictor*, **Wagler**). Plaque rostrale offrant un enfoncement de chaque côté ; les inféro-labiales antérieures creuses à leur bord postérieur, les inféro-labiales postérieures plus ou moins creuses ; deux verticales ; écailles petites.

A. *Les plaques inféro-labiales offrant une rainure transversale et marquées chacune d'un petit creux.*

* *Deux plaques supéro-labiales creuses.*
Coluber molurus (**Linné**).—*Python Jamesonii* (**Gray**).

** *Quatre plaques supéro-labiales creuses.*
Boa reticulata (**Schneider**).

B. *Trois plaques inféro-labiales très-faiblement creusées de fossettes ; les quatre supéro-labiales antérieures ayant un petit creux en arrière. Python Bellii.* (**Gray**).

12. Liasis (*Gray*). Plaque rostrale, supéro-labiales et inférolabiales antérieures plates ; inféro-labiales postérieures creuses ; une seule verticale. *Liasis childreni* (**Gray**).— *Boa amethystina* (**Schneider**).—*Liasis olivacea* (**Gray**).

13. Nardoa. Tête revêtue de plaques régulières : une seule vertébrale (frontale, *nobis*) médiocre, à six côtés ; les occipitales allongées ; les dernières inféro-labiales creuses ; corps déprimé ; écailles carrées, lisses ; queue préhensile, grêle ; scutelles sous-caudales entières.

* *Plaque frontale très-grande, une petite en avant ; rostrale très-déprimée. Tortrix Boa* (**Schlegel**).

** *Plaques frontales médiocres, la mitoyenne la plus grande. Nardoa Gilbertii* (**Gray**).

14. Gongylophis (*Wagler*) Tête revêtue de petites écailles carénées ; plaque rostrale large ; une paire de frontales médiocres. Pupille ? corps fusiforme ; écailles du dos carénées ; mâchoires presque d'égale longueur. *Boa conica.* (**Scheider.**)

15. Eryx. Tête revêtue de petites écailles simulant des plaques en avant ; mâchoire supérieure plus longue que l'inférieure ; pupille vertico-oblongue ; écailles du dos lisses, celles des parties postérieures du corps et de la queue carénées.

Eryx jaculus (DAUDIN).—*Eryx scutatus* (GRAY).

16. CLOTHONIA (*Daudin*). Tête revêtue de petites écailles lisses; Mâchoire supérieure plus longue que l'inférieure ; pupille ronde ; corps cylindrique ; écailles lisses, celles des deux séries inférieures plus grandes que les autres; queue courte. *Boa Johnii*. (RUSSEL).

17. BOLIERIA (*Gray*). Tête petite, déprimée ; museau conique ; deux paires de plaques frontales, dont celles de la première paire ne sont qu'imparfaitement divisées ; occiput écailleux ; corps comprimé ; écailles carénées, petites, losangiques ; queue allongée, préhensile ; scutelles du ventre presque aussi larges que celui-ci ; éperons? *Tortrix pseudo-eryx* (SCHLEGEL).

18. ILYSIA (*Hemprich*). Queue conique et arrondie ; plaques nasales petites ; frontales grandes ; yeux situés au centre d'une grande plaque. *Anguis scytale* (LINNÉ).

19. CYLINDROPHIS (*Wagler*). Queue comprimée; plaques nasales grandes ; frontales médiocres ; yeux entourés par les labiales, les surciliaires, les temporales, et quelquefois par une petite post-oculaire.

Anguis rufa (SCHNEIDER).—*Anguis maculata* (LINNÉ).

20. UNGALIA (*Gray*). Deux plaques nasales allongées ; deux frontales antérieures ayant leurs angles rabattus sur les côtés du museau ; occipitales petites.

Boa melanura (SCHLEGEL).

TABLEAU DES SOUS-FAMILLES, TRIBUS ET GENRES DE LA FAMILLE DES PYTHONIENS.

SOUS-FAMILLES.	TRIBUS.		Genres.	Pag.

Des dents inter-maxillaires ou incisives

distinctes : des os sus-orbitaires.. **I. HOLODONTES.**.... Queue préhensile..... PYTHONIDES. Des fossettes

- aux deux lèvres
  - très-profondes : des plaques symétriques
    - depuis le bout du museau jusqu'au front et au delà.. — 2. PYTHON. — 39
    - sur le bout du museau seulement. — 1. MORELIA. — 383
  - plus ou moins profondes : des plaques symétriques jusqu'en arrière de l'entre-deux des yeux. — 3. LIASIS. — 431
- à la lèvre inférieure seulement : onze plaques symétriques recouvrant tout le dessus de la tête. — 4. NARDOA. — 444

nulles : pas d'os sus-orbitaires. **II. APROTÉRODONTES.** Queue

non préhensile. ÉRYCIDES.... — 1. ÉRYX. — 454

préhensile.... BOÆIDES. Écaillure

- carénée : dessus de la tête revêtu
  - d'un pavé d'écailles ou de petites squammes irrégulières. — 1. ÉRYONE. — 476
  - de grandes plaques symétriques
    - sur le museau seulement. — 2. LEPTOBOA. — 485
    - jusque près de l'occiput : narines s'ouvrant
      - entre deux plaques. — 3. TROPIDOPHIS. — 488
      - au milieu d'une plaque. — 4. PLATYGASTER. — 496
- lisse : fossettes labiales
  - nulles : dessus de la tête revêtu
    - d'écailles. — 5. BOA. — 500
    - de plaques
      - la plupart irrégulières : narines
        - verticales. — 7. EUNECTE. — 527
        - latérales. — 6. PELOPHILE. — 513
      - toutes régulières, symétriques. — 10. CHILABOTHRE. — 569
  - distinctes : des plaques symétriques
    - jusqu'en arrière du front. — 9. ÉPICRATE. — 552
    - sur le museau seulement. — 8. XIPHOSOME. — 536

(En regard de la page 377.)

Telle que nous l'admettons, la famille des Pythoniens nous paraît susceptible d'être partagée en deux
sous-familles, d'après cette considération que les uns
possèdent des os sus-orbitaires et des dents incisives,
tandis que les autres en sont complétement dépourvus ;
sous-familles auxquelles, en raison de celui de leurs
caractères qui est le plus apparent, nous appliquons la
dénomination d'HOLODONTES, c'est-à-dire qui a toutes les
dents, et celle d'APROTÉRODONTES, ou auxquels il manque
les dents de devant. La première ne forme, quant à présent, qu'une seule tribu appelée les *Pythonides*, du
nom du plus ancien des quatre genres qu'elle renferme. Mais la seconde, qui en comprend onze, dont
les espèces offrent chez l'un d'entre eux un museau
aminci en coin, ainsi qu'une queue non préhensile, et chez les autres un nez obtus avec un prolongement caudal volubile, peut parfaitement se subdi-
viser, d'après cette notable distinction, en deux tribus
qui empruntent leurs noms respectifs d'*Erycides* et
de *Boœides*, de ceux des groupes génériques qui en
sont les types.

Nous plaçons en regard de cette page un tableau
synoptique présentant, opposés les uns aux autres,
les caractères distinctifs les plus apparents des sous-
familles, tribus et genres de la famille des Pythoniens,
afin de rendre plus facile la recherche de la place que
chacun de ces Serpents doit occuper dans la méthode
naturelle.

DISTRIBUTION GÉOGRAPHIQUE DES PYTHONIENS.

La famille des Pythoniens a des représentants sur tous les continents et la plupart des principales îles du globe ; mais les Amériques, où il en existe douze, c'est-à-dire le tiers, plus un, de ceux que l'on connaît aujourd'hui, se trouvent ainsi en produire proportionnellement un plus grand nombre à elles seules que l'Europe, l'Afrique, l'Asie et l'Océanie réunies. Un fait qui mérite d'être remarqué, c'est qu'aucun de ces douze Pythoniens américains n'appartient à la sous-famille des Holodontes ; tous dépendent de celle des Aprotérodontes, qui toutefois renferme aussi des espèces européennes, asiatiques, africaines et océaniennes. Sur ces douze Aprotérodontes d'Amérique, deux seulement ont pour congénère une espèce qui n'est point indigène de cette partie du monde ; ce sont le *Xiphosoma caninum* et l'*hortulanum*, lesquels habitent, conjointement avec le *Boa constrictor*, l'*Eunectes murinus*, et l'*Epicrates cenchris*, le sud et l'est de l'Amérique méridionale, dans l'ouest de laquelle vit le *Boa eques*, tandis que le *Boa imperator* a pour patrie les contrées australes de l'Amérique du Nord. Les autres sont étrangers au continent : on les rencontre soit dans les petites Antilles, comme le *Boa diviniloqua*, soit dans les grandes Antilles, comme le *Tropidophis melanurus*, le *maculatus*, l'*Epicrates angulifer* et le *Chilobothrus inornatus*. Les Aprotérodontes non américains sont au nombre de dix : un seul, l'*Eryx jaculus*, habite le midi de l'Europe, mais il ne lui appartient pas en propre, attendu que le nord de l'Afrique et l'occident de l'Asie le possèdent aussi ; un second, l'*Eryx thebaicus*, n'a été

vu jusqu'à présent qu'en Egypte ; deux autres, l'*Eryx
Johnii* et le *conicus* semblent être particuliers aux
Indes orientales ; trois sont de l'Océanie, le *Platygaster multicarinatus*, dont l'habitation est limitée à
la Nouvelle-Hollande, l'*Enygrus carinatus* que nourrit la Nouvelle-Guinée aussi bien que les Moluques,
et l'*Enygrus Bibronii* dont on n'a encore constaté
l'existence qu'à Viti, l'une des îles de cet archipel.
Enfin les trois derniers sont des insulaires africains,
puisque l'un, ou le *Leptoboa Dussumieri*, se trouve sur
l'île plate près de Maurice, et les deux autres à Madagascar, ainsi qu'on a voulu l'indiquer en ajoutant à
leurs noms génériques de *Pelophilus* et de *Xiphosoma*
la dénomination spécifique de *Madagascariensis*.

Les Pythoniens holodontes sont, quant à présent,
beaucoup moins nombreux que les Aprotérodontes ;
nous n'avons pu en découvrir, dans les diverses collections que nous avons visitées, que onze espèces. L'une
d'elles, dite le *Liasis Childreni*, ne doit être signalée
qu'avec doute comme originaire de l'Australie : trois
vivent en Afrique, le *Python natalensis*, dans la
partie méridionale, le *Python Sebœ* et le *Python regius*, dans les contrées occidentales de cette immense
presqu'île. Les sept autres se trouvent réparties en Asie
et en Océanie de la manière que nous allons le dire :
le *Python molurus* et le *reticulatus* sont répandus sur
une grande étendue de l'Inde et dans les îles de la
Sonde ; la *Morelia argus* est confinée en Tasmanie et
dans la Nouvelle-Hollande, pays qui est aussi celui
du *Liasis olivaceus ;* le *Liasis Macklotii* est un habitant de Timor, et le *Liasis amethystinus* fait partie des
espèces de Serpents des Moluques et de la Nouvelle-
Irlande, seul groupe d'îles où l'on ait encore recueilli
le *Nardoa Schlegelii.*

RÉPARTITION DES PYTHONIENS D'APRÈS LEUR EXISTENCE GÉOGRAPHIQUE.

SOUS-FAMILLES.	TRIBUS.	Genres.	Europe, Afrique et Asie.	Afrique.	Asie.	Asie et îles asiatiques.	Océanie. Iles asiatiques.	Océanie. Australie.	Amérique.	Origine inconnue.	Total des espèces.
HOLODONTES.	PYTHONIDES.	Morélie.	0	0	0	0	0	1	0	0	1
		Python.	0	3	0	2	0	0	0	0	5
		Liasis.	0	0	0	0	2	1	0	1	4
		Nardoa.	0	0	0	0	0	1	0	0	1
	ERYCIDES.	Eryx.	1	1	2	0	0	0	0	0	4
APROTÉRODONTES.	BOÆIDES.	Enygre.	0	0	0	0	2	0	0	0	2
		Leptoboa.	0	1	0	0	0	0	0	0	1
		Tropidophis.	0	0	0	0	0	0	2	0	2
		Platygastre.	0	0	0	0	0	1	0	0	1
		Boa.	0	0	0	0	0	0	4	0	4
		Pélophile.	0	1	0	0	0	0	0	0	1
		Eunecte.	0	0	0	0	0	0	1	0	1
		Xiphosome.	0	1	0	0	0	0	2	0	3
		Epicrate.	0	0	0	0	0	0	2	0	2
		Chilobothre.	0	0	0	0	0	0	1	0	1
		Nombre des espèces dans chaque partie du monde.	1	7	2	2	4	4	12	1	33

PREMIÈRE SOUS-FAMILLE DES PYTHONIENS.

LES HOLODONTES (1).

Ce nom d'Holodontes exprime que les espèces auxquelles nous l'appliquons se font remarquer par un système dentaire le plus complet que puisse offrir aucun reptile de l'ordre des Ophidiens; attendu qu'elles ont à la fois les deux mâchoires, les palatins, les ptérygoïdes internes, l'incisif ou inter-maxillaire dentés. La présence de dents sur ce dernier os, jointe à l'existence d'une paire de sus-orbitaires et à une forme spéciale des mastoïdiens, est ce qui caractérise essentiellement la première sous-famille des Pythoniens. Les Holodontes n'ont jamais plus de quatre de ces dents incisives, qui occupent deux à droite et deux à gauche, les extrémités de la traverse osseuse sur laquelle elles sont implantées. Leurs os, dits sus-orbitaires par Cuvier, et que nous croyons être plutôt une dépendance des frontaux proprements dits, bordent ceux-ci en dehors, ayant devant eux les frontaux antérieurs, et derrière eux les frontaux postérieurs; ils sont oblongs, pentagones ou sub-trapézoïdes. Les os mastoïdiens des Holodontes, au lieu d'être des tiges médiocrement déprimées, comme ceux des Aprotérodontes, ressemblent davantage, tant ils sont aplatis, à des palettes ou lames larges et arrondies en avant, rétrécies et un peu moins minces en arrière ; ils sont aussi pro-

(1) De ὅλος, complète, entière, et de ὀδούς, dent.

portionnellement un peu plus courts que dans la famille suivante.

Tous les Pythoniens holodontes connus ont la
queue volubile ou enroulante ; on n'en a point encore
découvert jusqu'ici qui soient analogues aux Éryx, ou
qui représentent parmi eux les espèces d'Aprotérodontes à queue courte et non enroulable et à museau
conformé en une sorte de boutoir taillé en biseau,
c'est-à-dire en un instrument propre à fouir le sol. Il
n'y a qu'une seule tribu dans cette sous-famille des
Holondontes : c'est celle qui renferme les Pythons et
qu'à cause de cela nous avons appelée les Pythonides.

TRIBU UNIQUE DES HOLODONTES.

LES PYTHONIDES.

Cette tribu, la seule dont se compose encore la sous-
famille des Holodontes, comprend, de même que celle
des Boæides qui la représente dans la sous-famille des
Aprotérodontes, des espèces ayant toutes un museau
épais, tronqué en avant, et une queue plus ou moins
longue, jouissant à divers degrés de la faculté de s'enrouler en spirale. Il n'y en a aucune, ainsi qu'on l'observe au contraire dans la tribu des Boæides, qui ait
les écailles carénées et qui manque de fossettes autour
de la bouche ; elles offrent toutes de ces petits creux,
tantôt à une lèvre seulement, tantôt aux deux à la
fois. A la vérité, on ne connaît, quant à présent, que
dix espèces de Pythonides appartenant à cinq genres
différents, tandis que la tribu des Boæides en renferme

dix-huit, qui ont pu être réparties en dix groupes génériques tout à fait distincts.

Les Pythonides, comme les Boæides, sont plus ou
moins dendrophiles; certains d'entre eux le sont même
exclusivement, ce dont il est aisé de s'apercevoir à
l'extrême gracilité de leur corps et à la grande étroitesse de leur région abdominale. D'autres semblent
préférer le séjour des eaux, et il en est qui se tiennent
presque aussi souvent dans celles-ci ou à terre que
sur les branches des arbres.

On va trouver nos quatre genres de Pythonides
disposés dans l'ordre qui nous a paru être le plus
naturel, ou de telle sorte qu'à partir du premier
jusqu'au dernier, la squammure céphalique se montre
de moins en moins divisée et de plus en plus régulière
et symétrique. Nous avons indiqué leurs noms et leurs
caractères distinctifs dans le tableau synoptique placé
en regard de la page 377.

Ier GENRE. MORÉLIE. — *MORELIA* (1), Gray.
(*Python*, Wagler.)

CARACTÈRES. Narines latérales, ouvertes chacune
dans une seule plaque offrant un sillon au-dessus du
trou nasal. Yeux latéraux, à pupille vertico-elliptique.
Des plaques sus-céphaliques sur le bout du museau
seulement. Des fossettes aux deux lèvres. Écailles
lisses; scutelles sous-caudales partagées en deux.

Dans ce genre, il n'y a de véritables plaques symétriques

---

(1) Nous ignorons l'étymologie de ce nom que l'auteur n'a pas
indiquée ; mais en adoptant le genre nous n'avons pas dû lui impo-
ser une autre dénomination, comme nous le disons plus loin.

à la face supérieure de la tête que tout à fait en avant ou
sur le bout du museau. On pourrait à ce seul caractère le
distinguer des autres Pythonides ; car tous offrent de ces
lames squammeuses régulières, au moins jusque sur le front,
toujours sur les régions sus-oculaires, et le plus souvent
au delà de l'entre-deux des yeux. Mais on le reconnaît
aussi à ce que, chez lui, l'entourage de chaque narine est
formé d'une plaque et non de deux, comme chez les Pythons ; à ce que le petit sillon, dont cette plaque unique est
creusée, se trouve situé au-dessus et non en arrière du
trou nasal, comme dans les Liasis ; à ce que, encore, la
lèvre supérieure présente des fossettes, aussi bien que l'inférieure, tandis qu'il n'en existe qu'à celle-ci chez les Nardoas.

Les Morélies ont d'ailleurs une physionomie différente
de celles des autres Ophidiens de la même tribu ; elles doivent plus particulièrement cela à la forme de leur tête, dont
l'ensemble ne représente pas, ainsi que c'est le cas le plus
ordinaire, une pyramide quadrangulaire, plus ou moins
déprimée, mais un cône court, comme renflé à sa base et
fortement tronqué dans sa portion terminale. Cette partie
de leur corps a, en effet, sa face supérieure convexe, excepté entre les yeux, où elle est plane ; ses côtés, en arrière
de ces organes, sont très-arqués en travers, ce qui fait paraître le cou étroit ; le museau, qui est gros, subcylindrique
et dont le sommet est coupé perpendiculairement, à celui-ci
obtus, arrondi et presque aussi fort que sa base. En un
mot, la tête des Morélies rappelle par sa configuration générale et même par son mode de squammure celle des
Xiphosomes, espèces de Boæides auxquelles elles ressemblent aussi par leur tronc élancé et assez aplati latéralement.
Toutefois leur queue n'est que très-peu allongée et médiocrement préhensile. Elles ont les écailles lisses, les scutelles ventrales peu élargies et les sous-caudales divisées
longitudinalement en deux parties égales.

La fente de leur bouche suit une ligne droite. Leurs der-

nières dents sus-maxillaires, autre point de ressemblance
que les Morélies présentent avec les Xiphosomes, sont excessivement courtes en comparaison des premières et de celles
du milieu de leur rangée.

La Couleuvre argus de Linné, type du présent genre, dont
on doit l'établissement à Wagler, avait été antérieurement
rangée, sous les noms de *P. punctatus* et de *P. Peronii*, par
Merrem et Cuvier avec les Pythons de Daudin. Wagler, en
la séparant de ces derniers pour en former un genre particulier, a appelé celui-ci *Python*, au lieu de continuer à désigner ainsi le groupe générique dans lequel restaient les
espèces pour lesquelles il avait été créé; et c'est à ce groupe
qu'il a au contraire appliqué une nouvelle dénomination,
celle de *Constrictor*, ce qu'il eût été plus naturel de faire
pour l'autre. Au reste, cette dénomination de *constrictor* ne
convenait pas non plus au genre qui venait d'être établi aux
dépens de celui des Pythons; car Linné et Laurenti s'en
étaient déjà servis pour désigner, l'un une espèce de Boas,
l'autre un genre composé en grande partie de ces derniers
Ophidiens.

Il était donc nécessaire qu'un autre nom fût donné au
genre dont nous traitons en ce moment. M. Gray a pris ce
soin; mais, nous regrettons de le dire, il n'a pas été heureux dans le choix qu'il a fait; car la dénomination de
Morelia est une expression qui n'est et ne provient d'aucune
langue, qui ne signifie absolument rien, et que nous aurions rejetée si nous n'avions pas craint d'ajouter encore
un nouveau mot à la liste déjà trop nombreuse de ceux que
comprend le vocabulaire erpétologique.

1. LA MORÉLIE ARGUS. *Morelia argus.* Nobis.

CARACTÈRES. Deux fossettes à la plaque rostrale, et une à
chacune des supéro-labiales des deux premières paires.

SYNONYMIE. 1734. *Serpens arabica, a Brasiliensibus, ibiboboca
et boiguacu dicta.* Seb. Thes. nat. tom. 2, page 108, tab. 103,
fig. 1.

1755. *Vipera argus.* Klein. Tent. Erpet. pag. 21.

1758. *Coluber argus.* Linn. Syst. nat. Edit. 10, tom. 1, p. 380.

1766. *Coluber argus.* Linn. Syst. nat. Edit. 12, tom. 1 , pag. 389.

1771. *Coluber argus.* Daub. Anim. Quad. ovip. serp. , pag. 589.

1788. *Coluber argus.* Gmel. Syst. nat. Linn. tom. 3 , pag. 1119.

1789. *L'argus.* Lacép. Hist. quad. ovip. Serp. tom. 2, pag. 2 65 (d'après Séba).

1789. *L'argus.* Bonnat. Encyclop. Méth. Ophiol. pag. 25 , pl. 30 , fig. 63 (d'après Séba).

1790. *Snake...* White. Voy. to New South-Wales , pag. 259, n° 5 (l'adulte) et n° 1 (le jeune âge).

1798. *Coluber argus.* Donnd. Zoolog. Beitr. Linn. Natur. syst. tom. 3, pag. 200, n. 170.

1802. *Coluber argus.* Latr. Hist. Rept. tom. 4 , pag. 163, fig. à la pag. 143 (d'après Séba).

1802. *Snake...* Shaw , Gener. Zoolog. (une figure du jeune âge au bas du titre de la deuxième partie du troisième volume).

Coluber argus. Id. loc. cit. vol. 3, part. 2, pag. 439.

Australasian Snake. Id. loc. cit. pag. 505 (d'après White).

1802. *Die Argus Natter.* Bechst. de Lacépède's naturgesch. Amph. Vol. 4, pag. 26, pl. 3 , fig. 1 (d'après Séba).

1802. *Couleuvre Spilote.* Lacép. Ann. Mus. d'Hist. Nat. tom. 4, pag. 194, dernière ligne.

1803. *Coluber argus.* Daud. Hist. Rept. tom. 6 , pag. 312.

1820. *Python punctatus.* Merr. Tent. Syst. Amphib. pag. 90.

Natrix Argus. Id. loc. cit. pag. 126, n. 131 et pag. 90, n. 11.

Echidna Spilotes. Id. loc. cit. pag. 150, n. 5.

1826. *Python punctatus.* Fitzing. Neue Classif. Rept. pag. 54.

1827 *Python punctatus.* F. Boié. Isis, tom. 20, pag. 516.

1827. *Python Peronii.* Cuv. Mus. Par.

1828. *Python de Péron.* Less. Observ. génér. Rept. Voy. de la Coquille (Ann. Scienc. natur., tom. 13, pag. 391).

1830. *Python Peronii.* Wagl. Icon. et descript. amphib. tab. 1.

1830. *Python Peronii.* Wagl. Syst. amph. pag. 168.

1831. *Python Peronii.* in Griff. Anim. Kingd. Cuv. vol. 9, pl. 41.

1831. *Python Peronii.* Gray. Synops. Rept., pag. 97, in Griff. Anim. Kingd. Cuv. vol. 9.

1837. *Python Peronii.* Schleg. Ess. Physion. Serp. Part. génér. pag. 178, n° 4 et Part. descript. pag. 421, pl. 15, fig. 11-12.

18. *Python spilotes.* Gray. Voyage Capit. Gray.... vol. 2.

1842. *Morelia punctata.* Gray. Synops. Famil. Boidæ (Zoolog. Miscell. pag. 43).

Morelia variegata. Id. loc. cit.

DESCRIPTION.

FORMES. La tête de cette espèce présente à peu près la même forme que celle du *Xiphosoma hortulanum*; elle est en tout deux fois plus longue qu'elle n'est large en avant. C'est de chaque côté de son extrémité antérieure et tout à fait en haut qu'aboutissent les narines, dont les orifices sont grands, subcirculaires, dirigés vers l'horizon et un peu en arrière; la seule lame squammeuse dans laquelle chacune de ces ouvertures se trouve pratiquée est très-développée, pentagone ou subtrapézoïde, et faiblement marquée d'une rainure dans sa portion supérieure. Le dessus du bout du museau, seule partie de la face sus-céphalique qui soit revêtue de ce qu'on est convenu d'appeler des plaques, en offre six, placées deux par deux les unes à la suite des autres : celles de la première paire ne peuvent être méconnues pour des inter-nasales, à raison de leur position en arrière de la rostrale et entre les deux pièces squammeuses à travers lesquelles les narines se font jour; les autres, si ce n'était leur grand éloignement du front, pourraient être considérées comme des fronto-nasales et des frontales antérieures, vu la liaison qui existe entre elles et leur voisinage des plaques précédemment nommées. Les premières de ces six plaques ou les internasales sont triangulaires et d'une certaine dimension; les deux qui viennent ensuite sont peut-être moins grandes, quadrangulaires, tantôt aussi larges que longues, tantôt plus, tantôt moins dilatées en long qu'en travers; mais les deux dernières sont plus petites et de figure excessivement variable. Le reste de la surface de la tête est recouvert d'un pavé de squammes polygones, d'inégale grandeur, moins petites que les écailles du cou, et généralement un peu plus dilatées sur la région frontale qu'ailleurs. Une douzaine de très-petites plaques à plusieurs pans forment autour de l'orbite la plus grande partie d'un cercle, qui est complété inférieurement par la sixième, la septième et quelquefois la huitième plaque de la lèvre supérieure. Les régions frénales sont garnies chacune de quinze à vingt pièces squammeuses juxta-posées, formant quatre ou cinq rangs longitudinaux.

La plaque rostrale offre cinq pans, un inférieur, médiocrement échancré, deux latéraux, perpendiculaires, et deux autres au-dessus de ceux-ci, plus longs qu'eux, réunis en angle aigu, qui écarte les nasales pour faire pénétrer son sommet entre les inter-nasales; cette plaque rostrale, qui est concave dans sa moitié inférieure, a une fossette linéaire le long de chacun de ses deux bords qui tiennent aux plaques nasales. La lèvre supérieure a de chaque côté treize ou quatorze plaques carrées, à peu près de même grandeur, excepté les quatre ou cinq dernières, qui sont un peu plus petites que les autres. Les deux premières offrent seules une cavité subtriangulaire (1). On compte à gauche et à droite de la lèvre inférieure, dix-sept ou dix-huit plaques, dont les huit ou neuf premières sont grandes, quadrangulaires, plus hautes que larges, les quatre ou cinq dernières très-petites, subrectangulaires et les autres carrées et creusées chacune d'une fossette de même forme. La plaque mentonnière, qui est en triangle équilatéral, ne dépasse pas en arrière les deux inféro-labiales entre lesquelles elle est placée. Les écailles du corps ressemblent à des losanges : elles sont oblongues sur la première moitié du tronc, mais sur la seconde et sur toute l'étendue de la queue leur diamètre transversal n'est pas plus étendu que le longitudinal. Les plus grandes scutelles ventrales ont une largeur égale à la longueur du museau.

Écailles du tronc : de 41 à 51 rangées longitudinales, de 348 à 397 rangées transversales. Écailles de la queue : 27 ou 29 rangées longitudinales, de 82 à 97 rangées transversales. Scutelles : de 260 à 282 ventrales, de 74 à 92 sous-caudales.

Les dents, quelle que soit leur longueur, sont proportionnellement un peu plus fortes que chez les Pythons. Il y en a quatre

---

(1) Quelquefois les troisièmes offrent une trace de fossette.

à l'os intermaxillaire', dix-huit ou dix-neuf à chaque sus-maxillaire et sous-maxillaire, six à chaque palatin, et douze à chaque ptérygoïde interne.

COLORATION. Cette espèce, d'après les différences que présente son mode de coloration, peut être distinguée en trois principales variétés.

VARIÉTÉ A. Dans cette première variété, les parties supérieures sont d'un noir bleuâtre, très-irrégulièrement mouchetées d'un beau jaune ; c'est-à-dire que cette couleur est déposée par gouttelettes une à une sur le centre de la majeure partie des écailles, et qu'on la voit colorer entièrement des petits groupes de trois à six de celles-ci, dispersés çà et là sur le premier tiers environ de l'étendue du corps. Toutes les plaques labiales sont d'un blanc jaunâtre, à l'exception des supérieures, qui ont leur marge antérieure noire. Il existe une tache oblongue, noire aussi, sur le bord de la lèvre inférieure, près de l'angle de la bouche. Une ou deux lignes jaunes parcourent longitudinalement les côtés de la nuque ; et, presque toujours, l'occiput en offre deux autres formant comme un V ouvert à sa base. Une teinte jaunâtre est répandue sur la face inférieure de la tête, et sur le tiers antérieur du ventre, dont les deux autres tiers présentent, ainsi que le dessous de la queue, un mélange de taches jaunes et de taches noires.

VARIÉTÉ B. Celle-ci diffère de la précédente en ce que, outre que le jaune occupe le centre de la plupart de ses écailles, il se montre par grandes taches environnées d'un cercle noir, plus sombre que celui du fond : sortes d'ocelles qui tantôt s'éparpillent sur tout le dessus du corps, tantôt s'y disposent ou affectent de s'y disposer par rangées transversales.

VARIÉTÉ C. Dans cette troisième variété, le fond des régions supérieures est plutôt brun que noir ; et le jaune est remplacé par une teinte d'un gris jaunâtre ou olivâtre, s'étendant en un ruban étroit, le long de chaque côté du dos, et formant en travers de celui-ci, soit des barres, soit des taches de figures irrégulières et de diverses grandeurs, souvent unies entre elles par plusieurs points de leurs bords, soit de simples raies, dont les flexuosités déterminent parfois un dessin d'apparence réticulaire.

La surface crânienne est quelquefois coupée transversalement par trois raies jaunes ; une quatrième, située derrière l'œil, s'étend d'une extrémité à l'autre de la tempe. **Le dessous de la queue est ordinairement tout noir, et les taches de la** même couleur qui appartiennent à la seconde moitié du ventre se confondent très-souvent entre elles, de façon à constituer un large ruban sur le milieu de cette région inférieure du corps; au reste, la même chose a quelquefois lieu chez les deux variétés précédentes.

Dimensions. Une longueur de trois mètres environ est la plus grande que nous aient offerte les douze à quinze individus de cette espèce, que nous avons été dans le cas d'observer; individus chez lesquels la queue faisait de la sixième à la septième partie de toute l'étendue de l'animal.

Les mesures que voici, sont celles d'un des neuf exemplaires que nous possédons conservés dans l'alcool.

Longueur totale. 2' 5" 5'". *Tête.* Long. 6" 3'". *Tronc.* Long. 1' 6" 7'" *Queue.* Long. 30" 5'".

Patrie. La Morélie argus habite l'Australie : les deux premières variétés sont de la Nouvelle-Hollande; mais la troisième paraît être particulière à la Tasmanie. MM. Péron, Lesueur, Lesson, Garnot, Néboux, Quoy, Gaimard et J. Verreaux sont les naturalistes voyageurs à qui nous sommes redevables des exemplaires de cette espèce, que renferme la collection du Muséum.

Mœurs. Cet ophidien est aquatique, comme tous ou presque tous les autres Pythonides : c'est une observation qui a été faite par plusieurs voyageurs et notamment par M. Lesson, qui dit positivement l'avoir trouvé dans les mares d'eau douce, aux environs de la rivière Georges.

L'estomac d'un des individus que nous avons ouverts, contenait les débris d'un jeune Phalanger.

Observations. Il est assez singulier qu'aucun des auteurs postérieurs à Séba, qui ont décrit ou représenté d'après nature le serpent dont nous traitons, ne se soit aperçu que le Muséographe d'Amsterdam en avait déjà donné une figure, n° 1, pl. 103 du second volume de son ouvrage. Cette figure est celle que Linné a citée comme type de son *coluber argus*, espèce que Daubenton, Lacépède, Bonnaterre, Latreille, Shaw, Daudin et Merrem ont successivement mentionnée d'après l'auteur du *Systema Naturæ*, et que trois d'entre eux, ainsi qu'on va le voir, ont reproduite une ou deux fois dans leurs livres, sous des noms différents. Ainsi Shaw, n'ayant pas reconnu que deux des Serpents représentés dans la relation du voyage de White à la Nouvelle-Hollande, étaient spécifiquement les mêmes que le *coluber argus* de Linné, les décrivit à tort sous le nom de Couleuvre australasienne. Après lui, ce fut Lacépède qui, dans les mémoires du Muséum, signala comme encore inédit, sous le nom de Couleuvre spilote, d'après des individus provenant des collections de Péron et Lesueur, le même ophidien qu'il avait antérieurement appelé Couleuvre argus, dans son histoire naturelle des Serpents. Puis vint Merrem qui rangea le *Coluber argus* de Linné dans son genre *Natrix*, la Couleuvre australasienne de Shaw avec la dénomination de ponctuée, parmi ses Pythons, et qui fit de la Couleuvre spilote de Lacépède un Serpent venimeux, c'est-à-dire son *Echidna spilotes*. Aux quatre synonymes par lesquels l'espèce du présent article se trouvait déjà désignée vers 1827, Cuvier en ajouta un cinquième, celui de *Python Peronii*, qu'ont adopté M. Lesson, Wagler et M. Schlegel, mais qu'au contraire nous rejetons, pour nous conformer à la règle qui veut que la plus ancienne dénomination donnée à une espèce, soit celle qu'on lui conserve, à l'exclusion de toutes les autres.

Il faut aussi rapporter à la *Morelia argus*, la *Morelia variegata* de M. Gray, laquelle, ainsi que nous nous en sommes assurés sur un individu du *British museum*, étiqueté de la main de ce savant, est tout simplement la variété indiquée plus haut sous la lettre C.

Il existe une figure assez reconnaissable de la variété B sur la première planche des *Icones et descriptiones amphibiorum* de Wagler; Pidjeon et Griffith en ont donné une copie à la fin du neuvième volume de leur traduction anglaise de la deuxième édition du Règne animal de Cuvier. Le jeune âge de la même variété est représenté dans la Zoologie de Shaw.

La Morélie argus est l'Ophidien que les Anglais, habitant la Nouvelle-Hollande, appellent *Diamond-snake*, ou Serpent diamant.

II° GENRE. PYTHON. — *PYTHON* (1). Nobis.

(*Constrictor*, Wagler; *Python* et *Hortulia*, Gray.)

CARACTÈRES. Narines latérales ou verticales s'ouvrant entre deux plaques, dont l'une est beaucoup plus petite que l'autre (2). Yeux latéraux, à pupille vertico-elliptique. Des plaques sus-céphaliques depuis le bout du museau jusque sur le front seulement, ou, le plus souvent, jusqu'au delà des régions sus-oculaires, plaques au nombre desquelles sont toujours des préfrontales. Des fossettes aux deux lèvres. Écailles lisses, scutelles sous-caudales en rang double.

Daudin est celui par qui le nom de Python a été introduit dans le langage erpétologique. Il s'en est servi pour désigner un genre d'Ophidiens, composé de celles des espèces de Boas de Schneider qui se distinguaient des autres par de plus grandes plaques céphaliques et par des scutelles sous-caudales divisées en deux pièces, au lieu d'être entières; autrement dit, de serpents non venimeux qui joignaient les deux précédentes particularités à celles d'avoir les dents antérieures plus longues que les postérieures, les lames ventrales étroites et un ergot de chaque côté de l'anus (3).

(1) Nom d'un Serpent fabuleux, Πυθων, d'une grosseur prodigieuse, tué par les flèches d'Apollon. C'est en mémoire de ce fait que furent institués les jeux Pythiens.

(2) La plus petite offre quelquefois (dans le *Python molurus*, par exemple), un sillon longitudinal qui la fait paraître comme divisée en deux.

(3) Daudin comprenait dans son genre Python notre Liasis améthyste et notre Python réticulé, confondus sous le nom de *Python amethystinus*; notre Python molure, dont il faisait trois espèces, ou ses Python bora, Pyth. ordiné, Pyth. tigre, et un quatrième Ophidien, qui n'aurait pas dû y être admis; car ce prétendu *Python*, appelé *Houttouynii*, n'appartient nullement à la famille des Pythoniens.

Cuvier (1), Merrem (2) et Fitzinger (3) ont successivement adopté ce genre sans rien changer, pour ainsi dire, à
la caractéristique qu'en avait donnée Daudin.

Mais Wagler n'a pas cru devoir laisser ensemble les
Pythons de ses prédécesseurs. Se fondant sur ce que les
uns avaient les narines situées latéralement, les autres verticalement, en même temps que ceux-ci offraient des plaques
jusque sur le front, ceux-là sur le museau seulement, il les
a partagés en deux genres, qu'il n'a malheureusement pas
dénommés d'une manière convenable : ainsi, il a appelé
Constrictor celui de ces deux genres dans lequel demeuraient
justement les espèces types de l'ancien genre *Python*, au lieu
de lui conserver ce dernier nom, qu'il a au contraire appliqué
à l'autre groupe, formé d'une seule espèce (4), et l'une des
dernières que les auteurs antérieurs eussent admises parmi
leurs Pythons. Nous ferons remarquer, en outre, que ce
genre *Constrictor* (5) de Wagler, dont les espèces sont dites
avoir les narines verticales, en comprend deux chez les-

---

(1) Cuvier a cité comme appartenant à son genre Python : *Coluber javanicus* Shaw (*Pyth. reticulatus*, nob.), qu'il confond, de
même que Daudin, avec le *Boa amethystina*, Schneid.; *Colub. boœformis*, Shaw, *Boa castanea*, *Boa albicans*, *Boa ordinata*, *Boa orbiculata*, Schneid., qui ne sont tous cinq que notre *Python molurus*.
Puis il a en outre nommé, dans la collection du Muséum, *Python
Peronii*, une espèce qu'il ignorait être le *Coluber argus* de Linné,
aujourd'hui notre *Morelia argus*.

(2) Merrem avait composé son genre Python comme il suit : *Pyth.
Schneiderii* (*Pyth. reticulatus*, nob.), *ordinatus*, *tigris*, *bora* (*Pyth.
molurus*, nob.), *hieroglyphicus* (*Pyth. Sebœ*, nob.), *punctatus* (*Morelia
argus*, nob.), *Houttouynii* (qui n'est pas même un Pythonien), *molurus*, *elapiformis*, *rhynehops* (qui sont trois espèces d'Homalopsiens.)

(3) Fitzinger (Neue classif. Rept.) rapporte à son genre Python
les espèces : *tigris* (*Pyth. molurus*, nob.), *reticulatus*, *javanicus* (*Pyth.
reticulatus*. nob.), *punctatus* (*Morelia argus*).

(4) Le *Python Peronii* Cuv., ou *Pyth. punctatus* Merr.

(5) Les espèces du genre *Constrictor* de Wagler sont : *Python
Schneiderii*, Merr. (*Pyth. reticulatus*, nob.), *Pyth. pada*, Boié (*Pyth.
molurus*, nob.), *Python bivittatus*, Kuhl (*Pyth. Sebœ*, nob.), *Boa
amethystina*, Schneider (*Liasis amethystinus*, nob.).

quelles ces organes sont au contraire placés sur les côtés du museau. Néanmoins toutes, à l'exception pourtant du *Boa Amethistina* de Schneider, se conviennent génériquement; mais c'est par un autre caractère que n'a pas saisi Wagler, c'est-à-dire par celui que présente l'entourage squammeux de la narine, lequel se compose de deux pièces distinctes.

M. Schlegel, qui semble avoir eu plus particulièrement en vue de réduire au plus petit nombre possible les divisions génériques proposées par ses devanciers, quelle que soit l'importance des particularités sur lesquelles elles se trouvent établies, ne devait naturellement pas accepter le fractionnement que Wagler avait fait du genre Python de Daudin, augmenté de plusieurs espèces par Cuvier et Merrem. Dans son livre, le nom de Python reprit la signification qu'il avait dans les ouvrages de ces derniers erpétologistes. Toutefois, il a mieux défini que ceux-ci leur genre Python, en signalant qu'il différait surtout des groupes voisins par la présence de dents à l'intermaxillaire et l'existence d'un os, dit sus-orbitaire, enclavé entre le frontal proprement dit et les frontaux antérieur et postérieur.

M. Gray, dans son opuscule précédemment indiqué, sur la famille des *Boidæ*, place non-seulement à part le *Python punctatus* de Merrem, de même que Wagler; mais il range aussi séparément le *Python amethystinus* de Daudin, que l'auteur du *Naturlisch system der Amphibien* avait laissé dans son genre *Constrictor*, qui, ainsi modifié, est celui que M. Gray appelle *Python*, et cela avec juste raison; car il est véritablement le noyau ou le type de l'ancien genre de ce nom, duquel ont été détachées les espèces qui n'avaient point d'homogénéité avec lui. Le genre Python du naturaliste anglais correspondrait exactement au nôtre, s'il n'en avait point isolé le *Python natalensis* de Smith pour faire de cette espèce son genre *Hortulia*, qu'il dit ressembler au précédent par l'existence de fossettes à la plaque rostrale, ainsi qu'à la partie antérieure de la lèvre d'en haut et aux extrémités postérieures de celle d'en bas ; mais qu'il dit aussi en différer

en ce que la pupille est circulaire et non verticalement
allongée, et que la tête n'est revêtue de plaques que sur le
devant, au lieu d'en offrir jnsqu'au delà des régions sus-
orbitaires. A cela, nous avons à objecter, d'abord que le
trou pupillaire du *Python natalensis* n'a pas la forme arrondie que lui donne M. Gray, mais qu'il est bien évidemment
vertico-elliptique, comme chez tous les autres Pythoniens
sans exception ; ensuite que la seule absence de grandes
plaques en arrière du front ne peut pas être considérée
comme un caractère assez important pour nécessiter l'éloignement du *Python natalensis* d'un genre, aux espèces duquel il se trouve d'ailleurs très-étroitement lié. Ce sont ces
motifs qui font que nous réunissons le genre *Hortulia* de
M. Gray à son genre *Python*, dont il n'a point, au reste,
indiqué les véritables caractères ou ceux qui le distinguent
réellement des autres groupes de la même tribu.

D'après notre manière de voir, les espèces qui doivent
porter le nom générique de *Python* sont celles qui diffèrent
des Pythonides, en général, en ce que leurs ouvertures nasales se trouvent pratiquées chacune entre deux plaques, au
lieu de l'être dans une seule ; et, respectivement, des genres
Morelia, Liasis et *Nardoa*, parce qu'elles n'ont pas uniquement, comme chez le premier, l'extrémité terminale, mais
au moins la moitié antérieure de la tête recouverte de plaques, que ces plaques sont à proportion moins développées
et moins régulières que dans le second, et que leur lèvre
supérieure offre des fossettes, de même que l'inférieure,
tandis qu'il n'en existe qu'à celle-ci chez le troisième.

Les Pythons sont de ceux des Ophidiens de leur famille
qui acquièrent la plus grande taille. Plusieurs musées d'Europe en renferment des squelettes ou des dépouilles n'ayant
pas moins de huit à dix mètres de longueur ; et des voyageurs
assurent avoir vu de ces serpents vivants ou récemment
tués, qui étaient longs de près de quarante pieds et gros
comme des troncs d'arbres. Les formes des Pythons, sans
être absolument trapues, ramassées, ne sont cependant pas

aussi sveltes, aussi élancées que celles des Morélies et de la
plupart des Liasis. Leur tête représente une pyramide quadrangulaire, peu ou point déprimée et plus ou moins
tronquée et arrondie à son sommet. Leur tronc est beaucoup plus fort au milieu qu'en arrière et surtout qu'en
avant, où, près de l'occiput, sa longueur est toujours moindre que celle de celui-ci ; il est subarrondi, son diamètre
vertical ne l'emportant que de fort peu sur le transversal, et
le ventre n'étant pas beaucoup plus étroit que le dos, ainsi
que cela a lieu dans plusieurs genres de Pythoniens. La
queue n'est que médiocrement allongée, à proportion du
tronc, et faiblement préhensile ; mais elle est robuste et
obtusément pointue. Les deux sexes, dans toutes les espèces,
offrent des vestiges de membres postérieurs, sous forme
d'ergots coniques, de chaque côté de l'orifice anal ; mais les
femelles les ont toujours un peu moins développés que les
mâles.

La fente de la bouche des Pythons est longue et rectiligne. Ils n'ont jamais plus de quatre dents intermaxillaires.
Les autres, graduellement moins longues à partir de la première, ou de la seconde, ou de la troisième, jusqu'à la dernière de chacune des six rangées qu'elles constituent, sont
fortes, très-aiguës et en même nombre ou à peu près, chez
toutes les espèces ; c'est-à-dire que, de chaque côté, il y a
de dix-sept à dix-neuf (le nombre normal paraît être de
dix-huit) sus-maxillaires et autant de sous-maxillaires, six
ou sept palatines et sept ou huit ptérygoïdiennes, dont les
dernières, dans chaque série, sont couchées un peu obliquement en dedans. Les narines, qui aboutissent extérieurement sur les côtés de l'extrême bout du museau, ont leurs
orifices dirigés tantôt latéralement ou vers l'horizon, tantôt
verticalement ou vers le ciel. Ces orifices, ainsi que cela
s'observe chez toutes les espèces aquatiques, peuvent rester
ouverts ou se clore à la volonté de l'animal, étant munis
à leur bord interne d'une petite membrane valvulaire.
Les yeux, dont la pupille est vertico-elliptique, sont situés à

fleur du crâne, vers le premier tiers de la longueur des parties latérales de la tête. Les Pythons offrent tous des fossettes à la plaque rostrale, ainsi qu'aux plaques antérieures de la lèvre d'en haut et aux inférieures de celle d'en bas.

Parmi les pièces écailleuses d'inégale grandeur qui revêtent le dessus de leur tête, les petites ou les squammiformes sont ordinairement plus nombreuses que les grandes, autrement dites les plaques. De celles-ci, pourtant, il n'y a jamais moins qu'une paire d'internasales, une paire de fronto-nasales et une paire de préfrontales, puis, de chaque côté, une sus-oculaire entière ou divisée en deux ou trois parties ; le plus souvent on observe en outre une ou deux autres paires de préfrontales, une frontale, simple ou double, et soit deux, soit trois paires de pariétales, qui ne sont généralement ni aussi régulières dans leur figure, ni aussi développées que leurs analogues dans les genres *Liasis* et *Nardoa*. L'une des deux plaques nasales qui existent est beaucoup plus petite que l'autre et quelquefois creusée d'un sillon longitudinal. Les régions frénales sont garnies chacune de deux à douze plaques, et il y en a toujours au moins deux en avant, et en arrière de l'œil. Les écailles du corps sont toutes parfaitement lisses, et assez petites ; aussi le tronc n'en offre-t-il jamais moins de cinquante-neuf rangées longitudinales, dont le nombre s'élève même jusqu'à quatre-vingts. Les scutelles ventrales, sans être larges, ne sont pas non plus très-étroites.

Les Pythons diffèrent tellement peu entre eux, sous le rapport du système de coloration, qu'ils semblent tous porter à peu près la même livrée. Pour le corps, c'est toujours une sorte de grande chaîne brune ou noire à larges ou longues mailles subquadrangulaires, qui s'étend sur un fond clair, ordinairement jaunâtre, depuis la nuque jusqu'à l'extrémité de la queue ; la région sus-céphalique est en partie couverte par une énorme tache brunâtre ou noirâtre, en triangle isocèle, tantôt entier, tantôt fortement tronqué en avant ; sur chaque côté de la tête, est peinte une bande noire qui, souvent, s'étend depuis la narine, en passant par l'œil, jusqu'au-dessus de la commissure des lèvres.

Les Pythons n'habitent que les contrées marécageuses ou celles que traversent de grands cours d'eau, qu'ils fréquentent souvent et des bords desquels ils ne se tiennent jamais fort éloignés. Toutefois il paraît que leur nourriture consiste moins en animaux aquatiques qu'en espèces terrestres et particulièrement en mammifères de petite et de moyenne taille, que le seul besoin de boire ou de se baigner amène dans les lieux qui sont la résidence habituelle de ces grands Ophidiens.

On connaît aujourd'hui cinq espèces de Pythons, dont une n'est acquise à la science que depuis quelques années, tandis que la découverte des autres remonte au moins à l'époque de la publication de l'ouvrage de Séba, dans lequel toutes quatre sont représentées d'une façon très-reconnaissable. Trois sont africaines et deux originaires des Indes orientales; il existe, entre celles-ci et celles-là, cette différence notable, que leurs narines ont leurs ouvertures dirigées en haut, au lieu de l'être de côté ou vers l'horizon, suivant l'axe transversal du museau.

C'est indubitablement à l'une des espèces de ce genre, qu'il faut rapporter le serpent d'une taille énorme qui, au rapport de Pline, fut tué sur les bords du fleuve Bagrada par les soldats de l'armée de Régulus, pendant la guerre punique.

TABLEAU SYNOPTIQUE DES ESPÈCES DU GENRE PYTHON.

Espèces.

Narines

latérales : fossettes supéro-labiales, non compris les rostrales,

2 paires : plaques internasales plus

courtes que les fronto-nasales : 2 sus-oculaires de chaque côté. } 1. P. DE SÉBA.

longues que les fronto-nasales : 3 sus-oculaires de chaque côté. } 2. P. DE NATAL.

4 paires : une seule plaque sus-oculaire. . . . . . 3. P. ROYAL.

verticales : fossettes supéro-labiales, non comprises rostrales,

2 paires : plaque frontale double. 4. P. MOLURE.

3 paires : plaque frontale simple. 5. P. RÉTICULÉ.

A. ESPÈCES A NARINES LATÉRALES.

1. LE PYTHON DE SÉBA. *Python Sebæ.* Nobis (1).
(Voyez Pl. 61.)

CARACTÈRES. Plaques inter-nasales plus courtes que les fronto-
nasales ; deux petites pré-frontales (accidentellement une
seule) de chaque côté ; une frontale divisée en deux longitudinalement. Trois paires de pariétales, de moins en moins développées, à partir de la première jusqu'à la troisième ; deux sus-
oculaires de chaque côté. Deux fossettes à la plaque rostrale et
une à chacune des supéro-labiales des deux premières paires.

SYNONYMIE. 1705. *Serpent.* Bosman. Voy. Guin., 19ᵉ lettre,
page 395 et suiv.

1734. *Serpens cerastes siamensis.* Séb., tom. 2, pag. 20,
pl. 19 , fig. 1.

Vipera ex Cairo , id. loc. cit. pag. 28, pl. 27, fig. 1.

Serpens excellens ac speciosa, id. loc. cit., pag. 105, pl. 99,
fig. 2.

1756. *Coluber scutis abdominalibus CCLXXII et squamma-*
rum caudalium paribus LXX. Gronov. Histor. amph. in Mus.
Ichthyol., pag. 56, nᵒ 11.

1757. *Serpent géant.* Adans. Voy. Sénég. pag. 71 et 152.

1763. *Coluber scutis abdominalibus CCLXXII et squamma-*
rum caudalium paribus LXX. Gronov. zoophyl. Serpent.
pag. 19 , nᵒ 90.

1768. *Constrictor rex Serpentúm.* Laur. Synops. Rept.
pag. 107.

1788, *Coluber Sebæ.* Gmel. Syst. nat. Linn. tom. 3, part. 3,
pag. 1118, nᵒ 342.

1789. *Coluber speciosus.* Bonnat. Ophiol. Encyclop. méth.,
pag. 17, nᵒ 30 (d'après fig. 2, pl. 199, tom. 2, Séb.).

1790. *Grand Serpent.* Bruce, Voy. Abyss. tom. 6. pag.

1801. *Boa hieroglyphica.* Schneid. Hist. amphib. Fasc. 2 ,
pag. 266.

1802. *Boa constrictor, var. f.* Latr. Hist. Rept. tom. 3,
p. 135.

(1) Voyage de Guinée par Bosman, in-12 ; Utrecht, 1705. 2ᵉ édit.
in-8º , Londres ; 1721.

1802. *Coluber Sebæ*. Bechst. de Lacépède's naturgesch. amph. tome 4, pag. 203.

1803. *Boa constrictor*, 6e variété. Daud. Hist. rept. tom. 5, pag. 197.

Coluber Sebæ. id. loc. cit., tom. 6, pag. 238.

1820. *Python bivitattus*. Kuhl. Beitr. vergleich. Anatom., pag. 94.

1820. *Python hieroglyphicus*. Merr. Tent. Syst. amph. p. 90, no 7.

1821. *Boa hieroglyphica*. Schneid. Klassif. Riesenschlang. Denkschrift. academ. Wissenschaft. Münch., tom. 7, pag. 119.

1826. *Python bivittatus* (Kuhl). Boié, Gener. Ubersicht. Famil. Gattung. Ophid. Isis, tom. 19, pag. 982.

1827. *Python bivittatus*. F. Boié. Isis, tom. 20, pag. 516.

Python hieroglyphicus, id. loc. cit. pag. 516.

1830. *Constrictor (Python bivittatus*. Kuhl). Wagl. Syst. amph., pag. 168.

1831. *Python bivittatus* (Kuhl). Gray, Synops. Rept. pag. 97; in Cuvier's Anim. Kingd. Griff. vol. 9.

1831. *Python bivittatus* (de la côte de Guinée et de la Côte-d'or). Schleg. Ess. physion. Serp. Part. descript. pag. 408, alin. 2.

DESCRIPTION.

FORMES. La tête du Python de Séba a la forme d'une pyramide quadrangulaire, tronquée et légèrement arrondie au sommet; sa longueur est égale à trois fois la largeur du museau prise à l'aplomb des narines, largeur qui est un peu moindre que les deux tiers de celle de l'occiput; parfaitement plane en dessus, ses côtés sont perpendiculaires en arrière des yeux et déclives entre ces derniers et les narines. Celles-ci ont leur ouverture circulaire et tournée directement en dehors, suivant l'axe transversal du museau, à droite et à gauche du bout duquel elles se trouvent situées.

Les grandes plaques symétriques qui protègent la face supérieure de la tête sont : une paire d'internasales, une paire de fronto-nasales, deux paires de frontales antérieures, une paire de frontales proprement dites, deux paires de sus-oculaires et trois paires de pariétales.

Les inter-nasales, constamment moins développées que les

fronto-nasales, par lesquelles elles sont immédiatement suivies, représentent des quadrilatères oblongs, légèrement rétrécis à leur extrémité antérieure. Les fronto-nasales diffèrent des inter-nasales, en ce qu'elles sont un peu plus longues et à proportion plus larges, et qu'elles ont leur angle postéro-externe tronqué et l'antéro-externe arrondi. Les frontales antérieures, beaucoup moins grandes que les fronto-nasales et même que les inter-nasales, sont au nombre de quatre, disposées sur une ligne transversale; les deux médianes sont un peu moins petites que les latérales. Celles-ci, qui ont généralement plus de quatre pans inégaux, sont placées chacune de leur côté entre la fronto-nasale et la pré-oculaire; celles-là, qui touchent en avant aux fronto-nasales, en arrière aux frontales proprement dites et aux premières sus-oculaires, latéralement et en dehors aux pré-oculaires, offrent de cinq à huit angles, suivant qu'elles sont conjointes ou bien qu'elles se trouvent séparées l'une de l'autre par une ou deux très-petites plaques inégales et toujours non symétriques. Les frontales proprement dites ont chacune la figure d'un carré long; leur développement est à peu près le même ou un peu moindre que celui des fronto-nasales; elles s'unissent en avant avec les deux frontales antérieures du milieu, à droite et à gauche avec les sus-oculaires, et en arrière avec les pariétales de la première paire. Les deux sus-oculaires qui existent de chaque côté, placées l'une derrière l'autre, ont ensemble à peu près la même dimension que les fronto-nasales : la première, selon que ses quatre ou cinq pans sont plus ou moins inégaux, plus ou moins distincts, affecte soit la figure d'un triangle, soit celle d'un trapèze; la seconde, toujours un peu moins développée que la précédente, est irrégulièrement pentagonale. Six plaques pariétales, arrangées deux par deux sur une double ligne, couvrent, immédiatement à la suite des frontales et des sus-oculaires, un espace sub-triangulaire ayant une longueur égale à celle du museau (1). Le reste de la surface céphalique, latéralement et postérieurement aux pariétales, est revêtu d'un pavé de petites plaques polygones, qui en s'avançant vers la nuque passent insensiblement à la

____

(1) Fort souvent il arrive aux pariétales, par suite d'un développement anomal de ces plaques, d'offrir un si grand nombre de divisions irrégulières, qu'il devient impossible de reconnaître la configuration qu'elles présentent dans leur état normal.

forme des écailles de celle-ci. Toutefois, parmi ces petites plaques polygones, on en remarque deux qui sont un peu plus développées que les autres : ce sont celles qui sont placées l'une à droite l'autre à gauche des deux premières pariétales.

La plus petite des deux plaques nasales est en carré long ; elle se trouve située en arrière de l'orifice de la narine, lequel est pratiqué dans l'angle supéro-postérieur de la plus grande, dont la figure est à peu près celle d'un triangle curviligne. Il existe un certain nombre de plaques frénales polygones, inéquilatérales, dissemblables entre elles et disposées sur trois rangées longitudinales : la première rangée commence par une petite plaque faisant suite à la nasale postérieure, et elle se termine par deux autres également petites, qui sont précédées d'une quatrième un peu plus développée ; la seconde rangée a sa première plaque plus grande que les deux ou les trois, et parfois les quatre qui viennent après elle ; la seconde des quatre qui composent la troisième rangée est ordinairement plus grande que les autres. Le pourtour de l'orbite présente deux plaques post-oculaires, trois sous-oculaires, dont une oblongue, et deux pré-oculaires, une fort grande et une très-petite ; celle ci est placée au-dessous de celle-là, qui est carrée ou en losange et en rapport avec la sus-oculaire antérieure, avec deux des préfrontales et les deux dernières frénales de la première rangée.

Les tempes sont garnies d'un pavé de petites plaques pareilles à celles qui recouvrent la région postérieure du dessus de la tête.

La plaque rostrale, plus étroite à son sommet qu'à sa base, dont la largeur est égale à la hauteur totale, offre sept pans inégaux, un en bas, deux en haut et deux de chaque côté ; l'inférieur est très-échancré et le plus grand ; les deux supérieurs sont les plus petits et forment un angle obtus enclavé dans la paire de plaques inter-nasales ; les deux de droite égaux entre eux, comme les deux de gauche, s'articulent l'un avec la grande nasale, l'autre avec la première supéro-labiale. Dans cette plaque rostrale sont creusées deux fossettes longitudinales, une de chaque côté, le long du pan qui touche à la grande plaque nasale. Le pourtour de la lèvre supérieure est protégé par douze ou treize paires de plaques, toutes à peu près de même dimension, excepté les trois ou quatre dernières, qui vont en diminuant graduellement de hauteur. Ces plaques supéro-labiales, qu'elles soient quadrangulaires ou pentagones, affectent toutes une figure carrée. Celles des deux premières paires seulement présentent chacune une cavité subtriangulaire près de leur angle supéro-postérieur. La mentonnière est une plaque en triangle équilatéral. On compte à sa droite et à sa gauche, le long de la lèvre inférieure, une vingtaine de plaques quadrangulaires, dont les onze ou douze premières sont distinctement plus hautes et plus étroites que les autres. A partir de la onzième ou de la douzième jusqu'à la dix-septième, leur figure est carrée ou subtrapézoïde ; la dix-huitième est en carré long, et les deux dernières, qui sont plus petites que les précédentes, ressemblent à peu près à des trapèzes. La deuxième, la troisième et quelquefois la quatrième offrent un petit enfoncement près de leur bord supérieur. On en remarque un aussi, mais plus prononcé, vers le milieu de la quatorzième, de la quinzième, de la seizième et souvent de la dix-septième. Toutes les écailles de la gorge sont égales entre elles ; elles représentent des hexagones ayant deux pans latéraux plus longs que les deux qu'elles offrent à chacune de leurs extrémités. Le sillon gulaire a en longueur la moitié de celle des branches sous-maxillaires.

Partout sur le corps, les écailles sont excessivement petites et en losanges, excepté à la région ventrale, où celles des quatre ou cinq rangées qui avoisinent les scutelles, sont d'autant plus grandes et plus dilatées en travers, qu'elles sont plus rapprochées de ces dernières. En général, les scutelles sous-caudales sont toutes divisées en deux : ce n'est qu'accidentellement qu'il s'en montre quelques-unes d'entières, mêlées aux autres.

Les crochets anaux, très-apparents dans les deux sexes, sont néanmoins plus forts chez les mâles que chez les femelles.

Écailles du tronc : de 79 à 85 rangées longitudinales, de 536 à 577 rangées transversales. Écailles de la queue : 43 ou 45 rangées longitudinales, de 98 à 106 rangées transversales. Scutelles : de 278 à 286 ventrales, de 67 à 71 sous-caudales.

COLORATION. Le dessus de la tête est presque entièrement occupé par une énorme tache tantôt brune, tantôt noire, représentant un triangle isocèle du milieu de la base duquel naît une large raie de la même couleur, qui s'étend plus ou moins sur le cou ; latéralement à cette espèce de grande calotte triangulaire d'une teinte foncée, offrant parfois en arrière une linéole médio-longitudinale jaunâtre ou blanchâtre, sont deux bandes blanches lavées de jaune, qui partent d'entre les narines, se dirigent l'une à droite, l'autre à gauche, vers les régions sus-orbitaires, longent le haut des tempes et vont se perdre en arrière de celles-ci. Les lèvres offrent une couleur claire pareille à celle des deux bandes dont nous venons de parler, mais les régions frénales sont comme la surface crânienne colorées en brun ou en noir; l'on voit l'une ou l'autre de ces teintes déposée sous forme de tache anguleuse au-dessous de l'orbite et étendue le long de la tempe, depuis le derrière de l'œil jusqu'à l'angle de la bouche, en une bande qui a son extrémité postérieure arrondie et moins étroite que l'antérieure. En dessus, le corps de ce Python présente sur un fond jaune une sorte de dessin réticulaire ou de chaîne à grands anneaux irrégulièrement quadrangulaires, bruns ou noirs, assez généralement bordés ou liserés de gris-blanc. Cette espèce de chaîne résulte d'une suite de taches de diverses grandeurs, carrées, rectangulaires ou bien en losange, placées de distance en distance en travers du dos et reliées ensemble de chaque côté par une bande d'une largeur très-inégale et même un tant soit peu en zigzag en quelques endroits, particulièrement à l'arrière du tronc. Les deux bandes brunes ou noires qui parcourent ainsi à droite et à gauche toute l'étendue de la région dorsale se continuent sur la portion caudale, mais sans qu'il y ait entre elles aucune espèce de taches, de sorte que la couleur du fond apparaît comme un beau ruban jaune à la face supérieure de la queue. Une teinte grise glacée de fauve règne sur les côtés du corps, où se montrent à des intervalles inégaux des raies d'un brun noirâtre à bordures blanches, raies qui, au-delà du milieu de la longueur du tronc, sont perpendiculaires, plus ou moins courtes, plus ou moins flexueuses et parfois anastomosées entre elles; au lieu qu'en deçà du même point, ou en se rapprochant de la tête, elles se courbent sur elles-mêmes et quelques-unes assez fortement pour prendre l'apparence de croissants ou de taches sub-annulaires, noires, mélangées de gris et de blanc. Un certain nombre des écailles du dos, toutes celles des flancs et des parties latérales de la queue sont distinctement piquetées de noir; la même remarque s'applique aux pièces squammeuses du ventre, qui est d'un blanc grisâtre, très-irrégulièrement marqué de taches noires.

L'iris est brun-clair et le pourtour du trou pupillaire jaune.

DIMENSIONS. Si l'on en croit le récit des voyageurs, ce Python acquiert au-delà de sept mètres de longueur (1). Quant à nous, nous avons été dans le cas d'en examiner une vingtaine d'individus, dont le plus grand n'avait guère que la moitié de cette dimension.

Les mesures suivantes ont été prises sur un sujet appartenant à notre musée.

Longueur totale. 3' 24". *Tête.* Long. 8". *Tronc.* 2' 80". Queue. 36.

PATRIE. Cette espèce est propre à l'Afrique, et semble en habiter plus particulièrement les contrées situées entre l'équateur et le dix-septième ou le dix-huitième degré de latitude boréale. Les principaux musées de l'Europe l'ont souvent reçue du Sénégal, et le nôtre en possède une assez grande dépouille recueillie pendant l'expédition aux sources du Nil Blanc, exécutée en 1836, sous la direction de notre compatriote M. d'Arnaud, par les ordres de Sa Majesté le pacha d'Egypte; d'autres individus venus de la Côte-d'Or et de celle de Guinée, font partie de la riche collection erpétologique du muséum d'histoire naturelle de Leyde. Le *Python Sebæ* avait au reste déjà été observé pendant le cours du siècle dernier, dans les pays que nous nommions tout-à-l'heure, par plusieurs célèbres voyageurs et entre autres par Bosman en Guinée (2), par Adanson au Sénégal, et par Bruce en Abyssinie; car nous ne doutons pas que les grands serpents dont il est parlé dans la relation respective de leurs voyages n'appartiennent à l'espèce du présent article. Mais nous n'osons pas affirmer qu'il en soit de même à l'égard de ces Ophidiens de grande taille (3), dont Lopez (4) et Maxwell ont signalé

---

(1) Adanson dit avoir vu un individu de 22 pieds et quelques pouces de longueur sur 8 pouces de large.

(2) C'est indubitablement au Python de Séba que s'appliquent les détails, longuement racontés par Bosman, relatifs au culte que les nègres de la côte de Guinée rendent à une espèce de leurs Serpents indigènes; détails que nous ne croyons pas devoir reproduire ici et pour lesquels nous renvoyons le lecteur au Voyage en Guinée, 19e lettre, pag. 395 et suivantes. Au reste, ils ont été reproduits en partie par M. Schlegel, Physion. des Serpents, 2e partie, pag. 409.

(3) Edinb. Philosoph. Journ. by Brewster and Jameson, vol. 5 (1821), pag. 274.

(4) Hist. génér. des Voyages, tom. 17, pag. 249.

l'existence dans les royaumes de Congo et de Loango ; Ophidiens que nous croyons bien être des Pythons, mais sur lesquels les voyageurs que nous venons de nommer ont donné des notions trop incomplètes pour qu'il nous soit possible d'affirmer, n'ayant pas encore eu l'avantage d'en étudier un seul échantillon, qu'ils se rapportent au Python de Séba plutôt qu'à l'une ou l'autre des deux espèces suivantes, qui sont aussi africaines.

OBSERVATIONS. Il n'est nullement question du serpent qui nous occupe maintenant dans aucune des éditions du *Systema naturæ* antérieure à celle qui a été revue et augmentée par Gmelin, où il se trouve inscrit dans le genre *coluber* sous le nom de *Sebæ*, nom qui doit lui être conservé à cause de son antériorité sur ceux de *speciosus*, de *hieroglyphicus* et de *bivittatus* qu'on lui a successivement appliqués. Gmelin n'a pas eu l'occasion d'observer en nature son *Coluber Sebæ*. Il l'a tout simplement établi, comme l'a fait Bonnaterre pour son *coluber speciosus*, d'après la figure nº 2 de la 99e planche du second volume de la description du cabinet de Séba, sans s'apercevoir (Bonnaterre mérite aussi ce reproche) que dans le même volume était représentée deux autres fois, c'est-à-dire sous le nº 1 des pl. 19 et 27, l'espèce d'Ophidiens qu'il ajoutait au catalogue méthodique de Linné. Le recueil iconographique du pharmacien d'Amsterdam renferme effectivement trois portraits parfaitement ressemblants du *Python Sebæ*, lesquels, comme on le verra, n'ont pas toujours été bien interprétés par les auteurs postérieurs à ceux dont nous venons de parler. Ainsi par exemple Shaw, Latreille et Daudin ont cité comme variété du *Boa constrictor* la 2e figure de la pl. 99 du tome 2 du susdit ouvrage, figure dont le dernier de ces trois naturalistes se trouve avoir fait un double emploi, puisqu'il a admis dans son Histoire des Reptiles le *coluber Sebæ* de Gmelin, qui, comme on le sait, a pour type cette même fig. 2 de la pl. 99 du tome 2 du livre du muséographe hollandais.

Schneider, à qui l'on doit la première bonne description de l'espèce du présent article, dont il avait vu deux exemplaires, l'un dans la collection Lampi, l'autre dans le musée de l'Académie de Halle, a fait de cette espèce un *Boa*, qu'il a appelé *hieroglyphica*, en y rapportant avec juste raison la fig. 1 de la pl. 27 du tom. 2 de Séba ; mais en omettant à tort de signaler, comme la représentant aussi, la fig. 1 de la pl. 19, et la fig. 2 de la pl. 99 du même

volume. Une seule des trois figures de Séba précédemment indiquées, celle de la pl. 99, type du *Coluber Sebæ* de Gmelin,
n'a point été reconnue par Kuhl pour appartenir à notre Python,
qu'il a mentionné comme une espèce nouvelle, sous le nom de
Python bivittatus, sans paraître se douter qu'elle ne différait
absolument en rien du *Boa hieroglyphica* dont Schneider avait
déjà publié une excellente description, près de vingt ans auparavant.

Merrem a non-seulement rangé le *Boa hieroglyphica* de
Schneider parmi les Pythons, son genre naturel, mais il en a
aussi parfaitement bien établi la synonymie ; seulement, puisqu'il
avait admis que ce serpent était le même que le *Coluber Seb.æ*
de Gmelin, il aurait dû, au lieu de conserver la dénomination
spécifique de *Hieroglyphicus*, lui restituer celle de *Sebæ*, la
plus ancienne des quatre qui lui ont été données. Boié n'a fait
qu'imiter Merrem relativement à la place et au nom qu'il a assi-
gnés dans le système à l'espèce dont il est ici question ; mais
c'est lui qui a le premier constaté qu'elle habite le Sénégal, et
appelé l'attention des erpétologistes sur sa grande ressemblance
avec le *Python bivittatus* de Kuhl, auquel toutefois il ne l'a
point réunie.

M. Schlegel a commis une erreur à l'égard du *Python Sebæ* :
c'est de l'avoir confondu, malgré l'observation faite par les auteurs précédents, avec le Python qui sera décrit plus loin sous
le nom de Molure.

Nous nous étonnons que M. Schlegel ait pu considérer comme
spécifiquement semblables ces deux Pythons, qui diffèrent l'un
de l'autre autant que peuvent différer deux espèces d'un même
genre, les moins voisines. Ainsi et d'abord ils diffèrent par la
patrie, puisque l'un est d'Afrique et l'autre de l'Inde ; puis, et
de la manière la plus tranchée, par la situation des narines,
par la figure, la quantité et la disposition des plaques céphaliques, par le nombre des scutelles ventrales et des sous-caudales,
par le nombre également des rangées longitudinales et transversales d'écailles du tronc et de la queue, enfin par le mode
de coloration ; nous pourrions même dire par les habitudes,
car la position latérale des narines du *Python Sebæ*, indique
évidemment qu'il est moins aquatique que le *Python molurus*,
chez lequel elles sont situées sur le museau : il y a, sous ce
rapport, entre ces deux Pythons, la différence qui existe entre

un Tropidonote et un Homalopsis. Nous ajouterons que ces dissemblances ne sont point individuelles; attendu que nous les
avons constatées sur une vingtaine de sujets d'une espèce et sur
plus de quarante de l'autre, sujets dont un certain nombre
étaient vivants, et que nous avons pu d'autant mieux comparer
qu'ils se trouvaient réunis dans la ménagerie de notre établissement

2. LE PYTHON DE NATAL. *Python Natalensis*. Smith.

CARACTÈRES. Plaques inter-nasales plus longues que les fronto-
nasales; une seule paire de pré-frontales, moins développées
que ces dernières et suivies de très-petites plaques polygones,
irrégulières, au lieu de grandes plaques frontales et de pariétales symétriques; trois petites plaques sus-oculaires de chaque
côté. Deux fossettes à la plaque rostrale et une à chacune des
supéro-labiales des deux premières paires.

SYNONYMIE. 1833. *Python Natalensis*. Smith. South Afric.
Quaterl. journ. new series, pag. 64.

1840. *Python Natalensis*. Smith. Illustrat. zool. South Afric.
Rept. pl. IX.

1842. *Hortulia Natalensis*. Gray. Synops. famil. Boidæ (Zool.
Miscell. march 1842, pag. 44).

DESCRIPTION.

FORMES. Ce Python, quoique très-voisin du précédent, s'en
distingue néanmoins par plusieurs particularités faciles à
saisir.

Premièrement, il offre bien, comme le Python de Séba, une
paire de plaques inter-nasales et une paire de fronto-nasales;
mais il n'a qu'une seule paire de frontales antérieures à la
suite desquelles viennent, au lieu de grandes frontales et de
pariétales symétriques, de très-petites plaques polygones irrégulières, inégales entre elles, parmi lesquelles on en remarque,
sur le front, de cinq à neuf, qui affectent une disposition en
rosace.

Secondement, les plaques inter-nasales du Python de Natal,
contrairement à ce qui existe chez le Python de Séba, sont plus
longues que les fronto-nasales : les inter-nasales représentent
des quadrangles oblongs juxta-posés, entre lesquels en avant

s'enfonce un peu le sommet de la plaque rostrale ; les fronto-
nasales, à peu près aussi étendues en travers qu'en long, ont
chacune cinq pans inégaux, un par lequel elles se conjoignent ;
deux, ordinairement les plus petits, qui touchent aux plaques
frénales ; un autre, qui tient à l'une des inter-nasales, et un
cinquième, qui s'unit à l'une des deux frontales antérieures.

Troisièmement, les deux plaques frontales antérieures que
le Python de Natal a de moins que le Python de Séba, sont
remplacées chacune par une ou deux paires de très-petites
plaques polygones, inégales et non symétriques, assez difficiles
à distinguer des frénales.

Quatrièmement, chaque région sus-oculaire du Python de
Natal est recouverte par trois plaques ; tandis qu'il n'en existe
que deux à la même place, chez le Python de Séba. Il y a peut-
être bien aussi quelque différence entre les plaques frénales
du Python de Natal et celles du Python de Séba, mais elles sont
trop peu sensibles pour pouvoir être nettement définies.

Les pièces de l'écaillure nous ont donné les nombres suivants : 81 rangées longitudinales d'écailles du tronc, 269 scutelles ventrales, 77 scutelles sous-caudales.

Cinquièmement enfin, le mode de coloration de l'une de ces
deux espèces n'est pas pareille à celui de l'autre.

COLORATION. Dans le Python de Natal, la tache en triangle
isocèle de couleur foncée, qui couvre tout le dessus de la tête,
outre le prolongement qu'elle envoie du milieu de sa base
sur le cou, en donne deux autres qui partent de chacun de ses
angles postérieurs pour se terminer presque aussitôt après sur
les côtés de la nuque. Les régions frénales du Python de Natal,
au lieu d'être d'une teinte sombre uniforme, comme celle du
Python de Séba, sont d'une couleur claire, sur laquelle une
raie foncée est tracée depuis la narine jusqu'à l'œil ; mais, dans
l'une comme dans l'autre de ces deux espèces, il y a une tache
brunâtre au-dessous de cet organe et une bande claviforme,
brunâtre aussi, allant du bord postéro-orbitaire à la commissure
des lèvres. Les deux teintes, l'une sombre, l'autre claire, qui
règnent sur les parties supérieures du corps du *Python
Nataliensis* ne sont pas non plus distribuées de la même
manière que chez le *Python Sebæ ;* la première qui, dans
celui-ci, semble s'étendre en une sorte de grande chaîne sur
la seconde, paraît, chez celui-là, lui servir, au contraire, de

fond, ou elle se montre sous formes de barres transversales, de taches oblongues, anguleuses, ondulées, flexueuses, inégales entre elles et irrégulièrement disposées. Une autre dissemblance consiste en ce que, chez le Python de Natal, le dessus du prolongement caudal offre du brun entre deux bandes jaunâtres; tandis que chez le Python de Séba, la face supérieure de cette partie terminale du corps se fait remarquer par la présence d'un large et beau ruban jaune, d'autant plus apparent que les côtés de la queue sont plus noirs.

Voici, au reste, la traduction abrégée de la description que M. le docteur Smith a donnée du mode de coloration du *Python Natalensis*, d'après le vivant, dans sa ZOOLOGY OF SOUTH AFRICA.

« Les principales teintes répandues sur la surface du corps de cet Ophidien sont un brun olive foncé, un brun jaunâtre sombre et un blanc pourpré. Les deux premières couleurs règnent sur les parties supérieures et les latérales, la troisième se montre sur les régions inférieures des côtés de l'animal et sous le ventre. Le brun jaunâtre paraît dominer sur le premier tiers du corps; tandis que c'est le brun olive sur les deux autres tiers. Le dessus de la tête présente une tache d'un brun olive, en forme de flèche, qui s'étend depuis le museau jusqu'à l'occiput. En arrière de cette tache commence une bande de la même couleur, qui se continue tout le long du dos en s'élargissant graduellement jusqu'à la pointe de la queue. Cette bande a ses bords festonnés et irrégulièrement découpés. Le brun jaunâtre forme des barres en travers du premier tiers du dos et des taches ondulées, des bandelettes irrégulières sur les deux tiers postérieurs, excepté près de la queue, où, comme sur celle-ci, on le voit s'étaler sur le brun olive du fond en deux bandes latérales. Les côtés de la tête sont d'un brun jaunâtre et offrent chacun une tache et une raie d'un brun olive; la première occupe le dessous de l'œil, et la seconde s'étend, en passant sur celui-ci, depuis la narine jusqu'au dessus de l'angle de la bouche. Le bas des régions latérales du corps est marqué de taches irrégulières d'un brun olive. Un blanc jaunâtre est répandu sur les lèvres. Les yeux sont d'un rouge brunâtre (1) et les éperons d'un blanc livide. »

_____

(1) C'est à tort que le D. Smith donne une forme circulaire à la

Dimension. On ne peut pas douter que ce Python n'atteigne de grandes dimensions, puisque le docteur Smith en a lui-même mesuré une peau qui avait 25 pieds anglais de longueur, bien qu'il y manquât une portion de la queue. Des indigènes de l'Afrique australe ont assuré à ce naturaliste en avoir vu des individus dont la circonférence du tronc égalait celle du corps d'un homme de forte corpulence.

L'individu de cette espèce que renferme notre Musée nous a donné les mesures suivantes.

Longueur totale. 4' 10" 7'''. *Tête.* Long. 10" 7'''. *Tronc.* Long. 3' 59". *Queue.* Long. 41".

Patrie. Originaire d'Afrique, le Python de Natal y a été découvert dans le pays dont il porte le nom, par le docteur Smith; M. Smith dit que c'est aujourd'hui le point le plus rapproché de la colonie du Cap, où l'on rencontre ce Reptile, qui très-probablement habite aussi d'autres contrées de l'Afrique du sud.

Observations. Nous pouvons assurer que cette espèce est très-distincte de ses deux congénères africaines, le Python de Séba et le Python royal, ayant eu l'avantage d'en examiner plusieurs sujets d'âges différents chez le docteur Smith, à Chatham, et deux autres de moyenne taille rapportés d'Afrique par MM. Verreaux frères, qui ont cédé l'un à notre Musée et l'autre à celui de Leyde.

3. LE PYTHON ROYAL. *Python regius.* Nobis.

Caractères. Plaques inter nasales à peu près aussi longues que les fronto-nasales; quatre pré-frontales de chaque côté; une frontale divisée longitudinalement en deux et suivie de petites plaques non symétriques; une seule grande plaque sus-oculaire de chaque côté. Deux fossettes à la plaque rostrale et une à chacune des supéro-labiales des quatre premières paires.

Synonymie. 1734. *Serpens Pythicus, Africanus, prodigiosus, ab indigenis divino honore cultus.* Séb. tom. 1, pag. 97, tab. 62, fig. 1.

---

pupille de cette espèce; nous nous sommes assurés par nous-mêmes sur un sujet qu'il a bien voulu confier à notre examen, qu'elle est vertico-elliptique, comme dans tous les autres Pythons.

Serpens Brasiliensis Jacua acanja dicta. Séb. tom. 2, pag. 107, tab. 102.

1802. *Boa constrictor*, *var. d.* Latr. Hist. Rept. tom. 3, pag. 134

1802. *Boa regia.* Shaw. Gener. Zoolog. vol. 3, part. 2, pag. 347, pl. 96 (d'après Séba).

180ł. *Boa constrictor*, 4ᵉ var. Daud. Hist. Rept. tom. 5, p. 196.

1820. *Boa regia.* Merr. Tent. syst. amph. pag. 88, nº 14.

1826. *Boa regia.* Fitz. Neue classif. Rept. pag. 54.

1830. *Enygrus* (*Boa regia.* Shaw.) Wagl. Syst. amph. p. 167.

1831. *Cenchris regia.* Gray. Synops. Rept. pag. 97. in Griff. anim. Kingd. Cuv. vol. 9 : Exclus. synon. *Boa carinata.* Merr. (*Enygrus carinatus.*)

1842. *Python Bellii.* Gray. Synops. Famil. Boidæ (Zoolog. miscell. pag. 44).

DESCRIPTION.

Formes. Le Python royal est plus court, plus trapu que les Pythons de Séba et de Natal ; son corps est beaucoup moins fort dans le premier quart de sa longueur que dans les trois autres. Il ressemble aux deux espèces précédentes par la forme de sa tête, mais il en diffère par le nombre et la figure des plaques qui revêtent le dessus de cette partie du corps. Ces plaques sont deux internasales, deux fronto-nasales, huit frontales antérieures, deux frontales proprement dites, deux sus-oculaires et quatre pariétales, très-petites.

Les inter-nasales sont des quadrangles oblongs ; les fronto-nasales, presque aussi longues, mais plus larges que les précédentes, représentent des pentagones inéquilatéraux. Les huit frontales antérieures sont de petites plaques ayant chacune de quatre à six pans inégaux ; quatre de ces plaques, formant une rangée transversale, touchent toutes, en avant, aux fronto-nasales, et ont derrière elles les quatre autres, placées deux à droite, deux à gauche de la portion antérieure de la frontale proprement dite. Cette dernière plaque est grande, heptagone, divisée longitudinalement en deux portions égales : en devant, elle s'articule avec les deux plaques médianes de la première rangée des frontales antérieures, de chaque côté avec une des frontales antérieures de la seconde rangée, ainsi qu'avec la sus-oculaire, et en arrière avec les quatre pariétales, qui sont

disposées sur une ligne transverse. Le seule plaque qui protége
la région sus-oculaire est bien développée, oblongue, coupée
à sept pans inégaux, dont le latéral externe est le plus étendu
de tous ; antérieurement elle s'unit à la pré-oculaire et à deux
des frontales antérieures de la seconde rangée, latéralement
et en dedans à la frontale proprement dite, et postérieurement
à deux des pariétales. Il y a quelquefois une petite plaque
placée entre les deux frontales proprement dites, et les deux
pariétales de la paire médiane. Le reste de la surface de
la tête, à partir de la région occupée par les pariétales
jusqu'à la nuque, est revêtu de petites pièces polygones
irrégulières qui ont moins l'apparence de plaques que d'é-
cailles. Les deux plaques nasales sont comme chez les Pythons
de Séba et de Natal ; mais les frénales ne ressemblent pas à
celles de ces deux espèces. On en remarque d'abord deux
oblongues, de grandeur médiocre, situées l'une devant l'autre
et couvrant l'espace qui existe entre la petite nasale et la
grande pré-oculaire ou celle d'en haut ; puis, immédiatement
après la grande nasale, est aussi une plaque frénale très-développée, suivie d'une autre qui l'est moins, en arrière de laquelle s'en trouve une troisième plus petite, qui en précède
une quatrième encore plus petite ; enfin intermédiairement aux
plaques frénales oblongues qui constituent la rangée supérieure
et aux deux dernières et les plus petites de la rangée inférieure,
sont quatre ou cinq plaques de faible dimension, polygonales
et très-irrégulières dans leur figure et dans leur disposition à
l'égard les unes des autres. Une grande pré-oculaire, placée
au-dessus de deux autres beaucoup moins développées, trois
ou quatre petites post-oculaires et trois sous-oculaires, dont la
médiane manque quelquefois, sont les pièces squammeuses
qui, avec la sus-oculaire, protégent le pourtour du globe oculaire. Parfois les sous-oculaires s'écartent pour laisser monter
l'une des supéro-labiales jusqu'à l'œil. La plaque rostrale offre
une forme et deux fossettes pareilles à celles de la même plaque des deux Pythons précédemment décrits ; nous avons
compté, de chaque côté de la lèvre supérieure, onze plaques,
dont les quatre premières ont chacune une cavité très-prononcée. Les plaques qui garnissent la lèvre inférieure ne nous
semblent pas différer de celles du *Python Sebæ* et du *Python
Natalensis*. Les écailles du corps ont aussi la même figure que

celles de ces deux espèces ; mais leur dimension est à proportion plus grande, et leur nombre par conséquent moindre, ainsi que celui des scutelles du ventre et de la queue.

Écailles du tronc : 59 rangées longitudinales. Scutelles : 205 ventrales, 32 sous-caudales.

COLORATION. Les couleurs dont ce Serpent est orné, et plus particulièrement la manière dont elles sont distribuées, suffiraient seules pour le distinguer de tous ses congénères. Trois raies noires correspondant aux deux côtés et à la base du triangle isocèle que représente le dessus de la tête, servent de bordure à une grande tache de la même figure, qui s'y montre tantôt d'une teinte carnée, tantôt d'un brun marron, plus ou moins clair, plus ou moins foncé. Il part de chaque narine, pour se rendre à l'arrière de la région temporale, en passant par la moitié supérieure de l'œil, une bande blanchâtre, d'abord étroite, puis graduellement un peu plus large jusqu'à son extrémité terminale, qui s'arrondit en forme de palette ou de spatule. Cette bande blanchâtre s'appuie sur une autre, de couleur noire, qui naît du sommet du museau, parcourt la région frénale, franchit la moitié inférieure du cercle orbitaire, suit le bas de la tempe et, montant derrière la portion arrondie de la bande blanchâtre superposée, va se terminer à l'un des angles postérieurs de la grande tache sus-céphalique. Les lèvres, ainsi que les parties gulaires et sous-maxillaires, sont blanches. Au-dessous de l'orbite est une petite raie noirâtre, obliquement tracée.

Deux teintes dominent à la surface du corps : un noir généralement bien prononcé, et un blanc-rosé sale ou légèrement jaunâtre. Le second peut être en quelque sorte considéré comme le fond sur lequel le premier se trouve distribué. En effet, en dessus, s'étendent, l'un à droite, l'autre à gauche de la région dorsale et de la face supérieure de la queue, deux rubans noirs, inégalement étroits ou ondulés, retenus ensemble de distance en distance, par de très-larges barres de la même couleur, échancrées plus ou moins profondément devant et derrière. Suivant que ces barres noires sont plus ou moins espacées, la couleur blanchâtre du fond apparaît dans leurs intervalles sous la figure de taches elliptiques, plus ou moins allongées ; et lorsque, comme cela arrive quelquefois, il n'en existe ni sur la queue, ni sur le premier quart ou le premier tiers de l'étendue du dos, le fond blanchâtre de ces

parties prend l'apparence d'une large bande développée longitudinalement entre deux rubans noirs. Cette particularité nous
est offerte par un sujet du *Python regius* de notre collection; il
est évident que les individus qui ont servi de modèles aux
deux figures de Séba, la présentaient aussi; mais aucun des
sept ou huit exemplaires que nous avons vus dans les musées
d'Angleterre ne nous l'a montrée.

Deux sortes de taches noires, parfaitement distinctes, aussi
bien par la figure que par la dimension, sont dessinées les unes
à la suite des autres tout le long des régions latérales du corps,
dont le fond de couleur, pareil à celui du dos vers leur partie
supérieure, passe graduellement à une teinte gris-brun en se
rapprochant du ventre. Celles de ces taches qui sont les plus
grandes représentent grossièrement des espèces de massues
suspendues par leur manche aux rubans dorsaux, une à chacun
des points où ces derniers se trouvent retenus ensemble par les
barres transversales dont il a été parlé. Les plus petites, qui
alternent avec les précédentes, sans y toucher, non plus qu'aux
rubans noirs du côté du dos, sont simplement elliptiques avec
une bordure blanche tout autour. Un blanc grisâtre est la seule
teinte qu'on remarque sur le ventre et sous la queue.

DIMENSIONS. Il est très-probable que cette espèce, dont toutefois nous n'avons encore vu que des individus d'un mètre à un
mètre et demi de long, parvient à une aussi grande taille que
ses congénères. Celui sur lequel ont été prises les mesures
suivantes appartient à notre musée.

Longueur totale, 1', 11". *Tête*. Long. 4". *Tronc*. Long. 97".
Queue. Long. 10".

PATRIE. Cet individu est le seul des neuf que nous connaissons,
dont l'origine soit authentique; il a été envoyé du Sénégal à
notre établissement par M. Heudelot. Les huit autres sont ré-
partis comme il suit dans les collections anglaises que nous
avons récemment visitées : deux, à l'état vivant, dans le *Zoological garden de Regent's Park*; quatre dans le *British museum*, un dans le cabinet du Dr Bell et trois dans le muséum
des médecins militaires au *Fort Pitt*, à *Chatham*.

OBSERVATIONS. Il est peu de figures, parmi celles contenues
dans l'ouvrage de Séba, qui soient plus exactement faites que
les deux qui y représentent le Python, objet de cet article.
Aussi nous étonnons-nous que M. Gray, qui vient de décrire ce

serpent sur nature, sous le nom de *Python Bellii*, comme une espèce encore inédite, n'ait pas reconnu en lui le *Boa Regia* de Shaw, établi justement d'après les figures dont nous vantions tout à l'heure la ressemblance.

B. Espèces a narines verticales.

4. LE PYTHON MOLURE. *Python molurus*. Gray.

Caractères. La plus petite des deux plaques nasales offrant un sillon longitudinal ; plaque frontale divisée en deux longitudinalement et suivie de quelques autres plaques symétriques ; une seule sus-oculaire de chaque côté ; deux fossettes à la plaque rostrale, une à chaque supéro-labiale des deux premières paires, et trois de chaque côté à l'extrémité postérieure de la lèvre d'en bas.

Synonymie. 1734. *Serpens Indiæ orientalis Nintipolonga dicta*. Séb. Thes. nat., tom. 1, pag. 59, tab. 57, fig. 1.

1758. *Coluber molurus*. Linn. Syst. nat. Édit. 10, tom. 1. pag. 225, n° 307.

1766. *Coluber molurus*. Linn. Syst. nat. Édit. 12, tom. 1, pag. 225, n° 507.

1771. *Le Molure*. Daubent. Dict. anim. quad. ovip. serp., Tom. 2, pag. 653.

1788. *Coluber molurus*. Gmel. Syst. nat. Linn., tom. 1, part. 5, pag. 1115, n° 507.

1789. *Le Molure*. Lacép. Hist. quad. ovip. serp. Tom. 2, pag. 218, pl. 10, fig. 1.

1790. *Coluber molurus*. Bonnat. Encyclop. méth. ophiol. pag. 26, pl. 40, fig. 2 (Cop. Lacép.).

1796. *Coluber Pedda Poda*. Russ. ind. serp. part. 1, pag. 27-50, pl. 22, 25, 24.

Coluber Bora. Id., loc. cit., pag. 44, pl. 59.

1801. *Coluber molurus*. Bescht. de Lacép. naturgesch. amph. tom. 5, pag. 420, pl. 26, fig. 2.

1801. *Boa (coluber molurus*. Linn.). Schneid. Histor. amph. Fasc. 2, pag. 252, alin. 2.

1801. *Boa ordinata*. Schneid. Hist. amph. Fasc. 2, pag. 260.

Boa cinerea. Id., loc. cit. pag. 270.

Boa castanea. Id., loc. cit., pag. 272.

Boa albicans. Id., loc. cit., pag. 274.

Boa orbiculata. Id., loc. cit., pag. 276.

1802. *Coluber molurus.* Latr. Hist. rept., tom. **4**, pag. 107, fig. 1 (1).

1802. *Coluber boœformis.* Shaw, Gener. zoolog., vol. 5, part. 2, pag. 511-513.

Coluber molurus. Id., loc. cit. pag. 458, pl. 116 (d'après la fig. de Seb. citée plus haut).

1802. *Pedda Poda.* Beschst. de Laceped's naturgesch. amph. vol. 5, pag, 72, 74, 76, pl. 7, fig. 1-2, pl. 8, fig. 1.

Bora. Id., loc. cit. pag. 79, pl. 8, fig. 2.

1803. *Python bora.* Daud. Hist. Rept. tom. 5, pag. 236.

Python tigris. Id., loc. cit. tom. 5, pag. 241-251, pl. 64, fig. 1 : exclus. synon. fig. 1, pl. 16, tom. 2 de Seba (*Python Sebœ, nobis*).

Coluber molurus. Id., loc. cit., tom. 6, pag. 239-240.

Python ordinatus. Id., loc. cit., tom. 5, pag. 252.

1820. *Python bora.* Merr. Tent. syst. amph., pag. 89, n° 2.

Python tigris. Id., loc. cit., n° 5 ; exclus. synon. fig. 7, pl. 19, tom. 1 de Seba ; *Colub. nexa,* Laur. *Colub. nepa* Gmel. (qui ne sont certainement pas de la famille des Pythoniens) (2).

Python ordinatus. Id. loc. cit. pag. 90.

1821. *Boa cinerea* Schneid. klassif. Riesenschlang. Denkschrift, akad. Wissenschaft. Münch., tom. 7, pag. 121.

Boa castanea. Id., loc. cit., pag. 121.

Boa albicans. loc. cit. pag. 121.

Boa orbiculata. Id., loc. cit. pag. 122.

Boa ordinata. Id., loc. cit., pag. 122.

1825. *Python...* Blainv. Bullet. sociét. philom. (1825). pag. 49.

1826. *Python tigris.* Fitzing. Neue classif. Rept. pag. 54.

1827. *Python tigris.* F. Boié. Isis., tom. 20, p. 516.

---

(1) Il n'y a qu'une partie de l'article *Coluber molurus* de Latreille qui se rapporte à notre *Python molurus* , c'est celle qui commence à la huitième ligne de la page 107 et qui finit à la première ligne de la page 108. Tout ce qui suit est relatif au *Coluber guttatus* de Schlegel, ophidien de l'Amérique du Nord.

(2) Merrem a commis une erreur en rangeant dans son genre **Python**, sous le nom de *Python molurus*, une espèce d'*Homalopsis*, à laquelle il rapporte le serpent décrit par Schneider, Hist. Amph. Fasc. 2, pag. 279, et le *Coluber Schneiderianus* de Daudin.

1829. *Le Python de la Sonde.* Less., Voy. Ind. orient. Bel-
lang., zoolog. rept. pag. 316.

1830. *Constrictor.* (*Pedda Poda* Russ.). Wagl. Syst. amph.
pag. 168.

1831. *Python.* (*Pedda Poda.* Russ., *Python tigris.* Daud.).
Gray, Synops. Rept. pag. 97. in Cuvier's anim. Kingd. Griff. Édit.
vol. 9.

Python (*Boa orbiculata.* Schneid.). Id., loc cit. p. 97.

1837. *Python bivittatus* Schleg. Ess. Physion. serp. Part.
génér. pag. 177, n° 1, et Part. descript. pag. 403, pl. 15, fig.
1-4 : Exclus. synon. *Python bivittatus.* Kuhl (*Python Sebæ,*
nobis); fig. 1, pl. 104, tom. 2 de Seba (*Boa divinè loqua,* nobis);
fig. 1, pl. 27, tom. 2, fig. 2, pl. 99, tom. 2, de Seba ; *Coluber
Sebæ,* Gmelin et *Coluber speciosus.* BONNAT (*Python Sebæ,* nobis).

1840. *Python bivittatus.* Filipp. de Filipp. Catal. ragionat.
serp. Universit. Pav. Biblioth. ital. tom. 99, pag.

1842. *Python. molurus* Gray. Synops. Famil. Boidœ. (zoolog. miscell. pag. 44) : exclus. synon. *Python bivittatus,* Kuhl.
(*Python Sebæ ,* nobis).

DESCRIPTION.

FORMES. Cette espèce et la suivante ont un caractère commun
qui les sépare nettement de leurs trois congénères décrites précédemment : ce caractère, offert par les narines, consiste
en ce que celles-ci sont percées perpendiculairement au museau, au lieu de l'être à peu près transversalement, d'où il résulte que leur orifice externe se trouve dirigé en haut ou vers le
ciel et non de côté ou vers l'horizon, ainsi que cela s'observe
chez les Pythons de Séba, de Natal et Royal.

Le Python molure a la tête semblable à celle de ces derniers,
quant à la forme de son ensemble ; seulement elle est distinctement plus déprimée, surtout dans la partie antérieure du
museau, qui est aussi plus large et plus arrondi.

Les grandes plaques symétriques qui existent à la face sus-
céphalique sont : une paire d'inter-nasales, une paire de fronto-nasales, une paire de frontales antérieures, une paire de sus-
oculaires et une paire de frontales proprement dites, suivies
de plusieurs petites pariétales, la plupart irrégulières dans leur
figure et leur agencement. Les inter-nasales sont quadrangulaires ou pentagones oblongues ; les fronto-nasales, de près de

moitié plus développées que les précédentes, affectent chacune
la figure d'un triangle scalène, et ensemble celle tantôt d'un
losange, tantôt d'un disque coupé à plusieurs pans. Les frontales antérieures, dont la dimension est à peu près la même
que celle des inter-nasales, ressemblent soit à des losanges, soit
à des trapèzes ; souvent des pièces squammeuses extrêmement
petites les empêchent de s'unir entre elles, ainsi qu'aux frontales proprement dites, mais elles s'articulent toujours directement avec une ou deux des plaques frénales, avec les pré-oculaires et les fronto-nasales. Les frontales proprement dites, dont
la grandeur est peu différente de celle des fronto-nasales, sont
quadrangulaires ou pentagonales oblongues et quelquefois même
assez étroites. La seule plaque qui protége chaque région
sus-oculaire est une grande pièce à cinq ou six pans inégaux,
ordinairement plus étendue en long qu'en large et affectant
parfois la figure d'un rectangle. Les pariétales varient tellement, aussi bien par le nombre que par la configuration, qu'il
serait très-difficile de les décrire exactement; tout ce que
nous pouvons dire, c'est qu'elles ont une tendance à se disposer
en rosace, et que le plus souvent quatre d'entre elles, placées
par paires l'une derrière l'autre, se distinguent de leurs congénères par une dimension un peu moins petite. A droite, à gauche et en arrière de ces plaques pariétales, la surface cranienne
est, comme les tempes, revêtue d'écailles plus grandes, mais du
reste pareilles à celles de la région antérieure du dos.

La plaque rostrale a sa base si profondément échancrée, qu'elle
offre dans son ensemble l'apparence d'un chevron ou Λ renversé ; les deux tiers de sa hauteur sont resserrés entre les
plaques nasales antérieures, son tiers inférieur l'est entre
les supéro-labiales de la première paire et elle enfonce un
peu son sommet entre les inter-nasales. Cette plaque protectrice du bout du museau est fortement creusée d'un sillon de
chaque côté, tout le long du bord qui l'unit à la plus grande des
deux plaques nasales. Cette dernière, dont le développement
n'est pas beaucoup moindre que celui de la rostrale, est subtrapézoïde ; c'est dans son angle supéro-postérieur que vient se
faire jour la narine, dont l'orifice est triangulaire. La seconde
plaque nasale est située positivement derrière celui-ci; elle est
d'un sixième plus petite que la première, subquadrangulaire et
divisée longitudinalement en deux portions à peu près égales,

par une forte impression linéaire. Les régions frénales sont garnies chacune de sept à douze plaques inégalement développées, qui paraissent former deux ou trois séries longitudino-obliques ; celles de ces plaques frénales qui sont les moins petites sont les trois ou quatre qui viennent immédiatement après la grande nasale et celle qui touche à la préoculaire supérieure. Sous cette dernière plaque, qui est losangique et de moyenne dimension, on en trouve deux autres, qui sont beaucoup plus petites qu'elle. Les plaques post-oculaires, dont le nombre varie de trois à cinq, sont quadrangulaires oblongues ; le cercle squammeux de l'orbite se complète inférieurement tantôt par la présence d'une petite sous-oculaire, tantôt par l'élévation jusqu'au globe de l'œil de la sixième ou de la septième supérolabiale. On compte une douzaine de plaques le long de chaque côté de la lèvre supérieure, plaques qui sont quadrangulaires ou pentagones ; la première et la seconde offrent seules chacune une fossette, qui est triangulaire ; la sixième est ordinairement oblongue et la plus grande de toutes ; les plus petites sont les deux ou trois dernières. Autour de la mâchoire inférieure sont, une plaque mentonnière en triangle équilatéral et une vingtaine de plaques inféro-labiales subquadrangulaires. Les dix ou onze premières de celles-ci sont beaucoup plus hautes que larges, tandis que les suivantes ont une largeur à peu près égale à leur hauteur. Les quatre, cinq ou six de ces plaques inféro-labiales qui avoisinent le menton sont percées d'un petit pore près de leur bord supérieur, et les trois ou quatre qui précèdent immédiatement l'antépénultième sont creusées d'une façon telle, que toutes ensemble forment une espèce de gouttière longitudinale. Le dessous de la tête, à gauche et à droite du sillon gulaire, est garni d'écailles subovales, oblongues, très-étroites ; au lieu que celles qui se trouvent sur la gorge en arrière du même sillon sont en losanges et un peu plus grandes que les squammes temporales. Les écailles du corps représentent aussi des losanges : très-petites sur le dos, elles le sont moins sur les flancs et s'agrandissent graduellement à mesure qu'elles se rapprochent des scutelles ventrales ; celles qui composent les deux rangées les plus voisines de ces dernières sont même assez dilatées en travers et leur angle postérieur est arrondi.

Les rangées d'écailles et les scutelles, comptées sur une tren-

taine d'individus, nous ont offert les variations de nombre suivantes :

Écailles du tronc : de 61 à 71 rangées longitudinales, de
410 à 470 rangées transversales.

Écailles de la queue : de 35 à 45 rangées longitudinales, de
88 à 104 rangées transversales.

Scutelles : de 242 à 262 ventrales, de 60 à 72 sous-caudales.

COLORATION. Le dessus et les côtés de la tête du Python molure ont pour fond de couleur un blanc fauve ou une teinte café
au lait, très-agréablement glacé de rose presque partout ailleurs
que sur le front et le museau, où il l'est de jaune ou de vert.
L'occiput et la nuque portent une tache brune représentant un
fer de lance, parfaitement entier lorsqu'elle s'étend en avant
jusqu'aux frontales ou aux fronto-nasales, mais qui paraît
comme tronqué dans sa partie antérieure quand elle n'arrive
que jusqu'aux pariétales. Dans l'un et l'autre cas, cette
tache occipito-nuchale offre sur sa ligne médio-longitudinale
une raie simulant une large fente, à travers laquelle apparaît
la couleur blanc-jaunâtre du fond. Une bande noire, graduellement élargie d'avant en arrière, se rend directement de la narine à l'œil, et delà en suivant la tempe, à l'arrière du coin de
la bouche, où vient se confondre avec elle une raie de la même
couleur, tracée obliquement le long du bas du cou. Il existe une
tache noire subtriangulaire au-dessous de l'œil, une autre en
carré long occupe le quart ou le tiers postérieur de l'étendue de
la lèvre inférieure. Le bord supérieur de la plaque mentonnière
est marbré de noirâtre. La même teinte est déposée par petits
points sur le sommet des plaques inféro-labiales des six ou sept
premières paires.

Le fond des parties supérieures du corps est d'une teinte jaunâtre, celui des régions latérales d'un blanc grisâtre. Le dessus
du tronc et de la queue offrent, à partir du cou jusqu'à l'extrémité terminale de cette dernière, une suite de taches tantôt brunes glacées de jaune, tantôt d'un beau noir avec des reflets d'un
bleu d'acier poli; taches qui sont, les unes plus longues que larges,
les autres plus larges que longues, mais qui affectent toutes une
figure quadrangulaire, à bords quelquefois entiers, le plus souvent
diversement entaillés, crénelés, dentelés ou comme déchiquetés.
A droite et à gauche de chacune de ces taches, en est une autre
de la même couleur et ordinairement en carré long, qui tantôt

en reste bien distincte et séparée, tantôt s'y unit par un ou plusieurs points de son bord supérieur. Les flancs ont, comme le dos et la queue, leur série de taches brunes ou noires; mais elles s'y montrent chacune sous la forme d'un disque irrégulier, dont le centre et le pourtour sont blancs ou jaunâtres, et qui s'appuie sur une courte raie perpendiculaire brune ou noire, ayant aussi une bordure blanche ou jaunâtre.

Tout le dessous de la tête et le ventre sont blancs, le premier uniformément, le second avec une tache noire de chaque côté de toutes ses scutelles; la face inférieure de la queue est le plus souvent largement et irrégulièrement tachetée de noir.

DIMENSIONS. On assure que le Python molure parvient à une longueur de vingt-cinq pieds; le muséum d'histoire naturelle de Leyde en renferme un individu qui en a vingt; aucun des sujets que nous possédons n'est d'une aussi grande taille, ainsi qu'on le peut voir par les mesures suivantes prises sur le plus long d'entre eux.

Longueur totale. 5' 39''. *Tête.* Long. 11''. *Tronc.* Long. 2' 84''. *Queue.* Long. 44''.

En général, la queue entre pour le septième ou le huitième dans la longueur totale de l'animal.

PATRIE. Cette espèce habite les Grandes-Indes : le Malabar, le Coromandel et le Bengale sont les seuls pays d'où nous l'ayons encore reçue; mais M. Schlegel affirme qu'elle se trouve aussi à Java, à Sumatra et même en Chine.

MOEURS. Ce savant erpétologiste rapporte, d'abord d'après Boié, que le Python molure attaque les cochons et la petite espèce de cerf de l'Inde, appelée *muntjac*; puis, d'après M. Reinwardt, que ce serpent, dans l'île de Java, où il est appelé *oular sawa* ou *oular sara* par les Malais, fréquente de préférence les champs de riz, mais qu'il se tient généralement dans les lieux bas, ombragés, marécageux ou inondés (1).

_____

(1) Le lecteur trouvera consignées aux pages 2o3 à 2o8 du présent volume toutes les observations relatives aux mœurs du Python molure, qu'on a pu faire sur les individus appartenant à cette espèce, qui ont vécu ou vivent encore dans la ménagerie du Muséum. Nous avons eu ainsi occasion d'étudier leurs mœurs et leurs habitudes, puisque nous avons suivi leurs développements depuis leur sortie de l'œuf jusqu'à l'époque actuelle, qui est aujourd'hui de

OBSERVATIONS. L'ouvrage de Séba renferme une figure (n° 1, pl. 57, tome 2) qui malgré la médiocrité de son exécution peut être aisément reconnue pour appartenir à l'espèce du présent article. Toutefois elle ne l'a point été par Linné, car il ne la cite pas à propos de son *coluber molurus,* nom sous lequel ce célèbre naturaliste a bien évidemment eu l'intention de signaler notre Python, brièvement mais parfaitement caractérisé par les phrases suivantes, d'après un individu qu'il avait observé dans le musée de de Geer : *habitat in Indiis. Simillimus Boæ, sed scuta et squamæ capitis majores, ut in colubris. Scuta abdominalia,* 248; *squamæ subcaudales,* 59. Il est en effet indubitable que Iceci s'applique au Python molure ; attendu que d'une part, lui et e Python réticulé sont les deux seuls serpents indiens les plus semblables aux Boas, qui aient des plaques sur la tête et de doubles squammes sous la queue comme les Couleuvres; et que d'une autre part, il est celui des deux chez lequel les scutelles ventrales et les sous-caudales soient en aussi petit nombre que l'indique Linné, le Python réticulé n'ayant jamais moins que 310 des unes et 82 des autres.

Ce que Daubenton et Gmelin ont dit du *Coluber molurus* de Linné est la reproduction pure et simple des quelques phrases de ce grand naturaliste, citées plus haut. Lacépède, au contraire, en a donné une description, incomplète il est vrai, et une figure peu exacte; mais qui, néanmoins, sont faites l'une et l'autre d'après un sujet examiné par lui-même dans le Muséum d'histoire naturelle. Nous ferons remarquer que Lacépède a omis, de même que Linné, de rapporter à sa Couleuvre molure la figure qui la représente dans l'ouvrage de Séba. C'est à peine si nous devrions mentionner Bonnaterre, qui, à l'occasion de l'espèce dont il est question comme à celle d'une infinité d'autres, s'est contenté de copier Lacépède. Latreille n'a pas fait autre chose, si ce n'est qu'il a augmenté son article de la description d'une Couleuvre découverte par Bosc dans l'Amérique du Nord, bien que, contre l'opinion de ce der-

---

plus de quatre années. L'histoire de leur croissance, de la nourriture qu'ils ont prise, de la taille qu'ils ont acquise, forme le tableau que nous avons fait insérer à la page 72. On trouvera d'autres détails sur la chaleur qu'ils ont développée, sur leur changement de peau, sur la ponte, l'éclosion, aux pages 109, 182, 194.

nier, il la soupçonnât d'être spécifiquement différente du *Coluber molurus*.

Jusqu'ici ce nom de *molurus* a été le seul que notre serpent ait porté ; nous allons le voir maintenant désigné sous un grand nombre d'autres.

C'est d'abord Russel qui, en le faisant connaître mieux que personne avant lui, par quatre magnifiques dessins accompagnés d'observations intéressantes sur ses mœurs, l'appelle *Coluber Pedda Poda* et *Coluber Bora*.

C'est ensuite Schneider qui, considérant les quatre figures de Russel comme appartenant à autant d'espèces distinctes, nomme celles-ci *Boa cinerea*, *Boa castanea*, *Boa albicans* et *Boa orbiculata*, en même temps qu'il admet comme une quatrème espèce voisine des Boas, le *Coluber molurus* de Linné, et qu'il en établit une cinquième, avec la dénomination d'*ordinata*, sur la dépouille d'un vrai Python molure de 12 pieds de long, qui était conservé dans le cabinet de Bloch.

C'est après cela Shaw qui, à la vérité, au lieu de séparer en quatre espèces, à l'exemple de Schneider, les deux Couleuvres *Pedda Poda* et *Bora* de Russel, les réunit en une seule, à laquelle il assigne le nouvel appellatif de *Boæformis* ; mais il en tient encore éloigné le *Coluber molurus*, duquel il rapproche et avec raison, ce qu'aucun des auteurs précédents n'avait fait, le serpent figuré par Séba, n° 1, pl. 37, tome II, sans toutefois y joindre, comme cela aurait dû être, la Couleuvre molure de Lacépède.

Puis c'est Daudin qui laisse aussi à part le *Coluber molurus* de Linné, mais réuni à celui de Lacépède, et qui, séparant de nouveau le *Coluber Bora* de Russel du *Coluber Pedda Poda* du même auteur et, rangeant ces deux prétendues espèces dans son genre Python, conserve à l'une son nom indigène de *Bora*, tandis qu'il propose celui de *Tigris* pour l'autre, à laquelle il rapporte faussement une des figures du *Python Sebæ* de l'ouvrage du pharmacien d'Amsterdam.

Plus tard c'est M. Lesson qui, tout en reconnaissant que notre serpent a déjà été appelé *Python tigris* par Daudin, préfère le nommer Python de la Sonde, sans même énoncer le motif qui le détermine à agir ainsi.

Enfin c'est M. Schlegel qui, à la liste des onze noms déjà portés par notre Python, en ajoute un douzième, par suite de l'erreur qu'il commet, en considérant le *Python molurus* et le *Python Sebæ* comme ne formant qu'une seule et même espèce, à laquelle il donne la dénomination de *bivittatus*, choisie parmi les synonymes du second de ces deux Pythonides. Il résulte nécessairement de ceci, que l'article du *Python bivittatus* de M. Schlegel renferme un mélange confus de l'histoire et de la synonymie respectives de deux espèces parfaitement distinctes, ainsi que nous croyons l'avoir clairement démontré plus haut, lorsque nous avons traité du *Python Sebæ* en particulier (1).

Nous ne devons pas terminer cet article sans faire observer que l'Ophidien mentionné par Merrem, sous le nom de *Python molurus*, n'est point un Python, mais un Homalopsis que Daudin, qui en a emprunté la description à Schneider, a appelé *Coluber Schneiderianus*.

Boa ou *Rock Snake* est le nom vulgaire par lequel les Anglo-Indiens désignent le Python molure.

5. LE PYTHON RÉTICULÉ. *Python reticulatus*. Gray.

CARACTÈRES. La plus petite des deux plaques nasales sans sillon longitudinal ; plaque frontale entière (2) et non suivie d'autres grandes plaques symétriques ; une seule sus-oculaire de chaque côté. Deux fossettes à la plaque rostrale, une à chaque supéro-labiale des quatre premières paires et six ou sept, de chaque côté, le long de l'extrémité postérieure de la lèvre d'en bas.

SYNONYMIE. 1734. *Serpens phyticus orientalis*, Seb. tom. I, pag. 98, tab. 62, fig. 2.

Serpens japanicus incomparabilis, Seb. tom. 2, pag. 83, tab. 79, fig. 1.

Tetzauhcoatl, Seb. tom. 2, pag. 85, tab. 80, fig. 1.

1787. *Ular sawa*, Wurmb. Verh. V. H. Bat. Genootsch. vol. 3, pag. 391.

1789. *La jaune et bleue*, Lacép. Quad. Ovip. serp. tom. 2, pag. 251 (d'après Wurmb).

1789. *L'Oularsawa*, Bonnat. Encyclop. méth. Ophiol. pag. 26.

---

(1) Voyez page 40.

(2) Ce n'est qu'accidentellement que cette plaque est partagée en deux parties : dans son état normal, elle est toujours entière.

1801. *Boa reticulata*, Schneid. Hist. amph. fasc. II, pag. 264.

? *Boa rhombeata*. Id. loc. cit. pag. 266, et

Boa amethystina, depuis la troisième ligne de la page 254 jusqu'à la fin de l'article, pag. 259.

1802. *Boa constrictor*, Var. *e*, Latr. Hist. Rept. tom. 3, pag. 135.

1802. *Boa Phrygia*, Shaw. Gener. Zool. vol. 3, part. 2, pag. 348, pl. 97, et

Coluber javanicus. Id. loc. cit. pag. 441.

1803. *Boa reticulata*, Daud. Hist. Rept. tom. 5, p. 116.

Boa constrictor, cinquième variété, id. loc. cit. pag. 197.

Python amethystinus, Id. loc. cit. tom. 15, pag. 231, depuis le troisième alinéa jusqu'à la fin de la page 235.

1817. *Python des îles de la Sonde*, Cuv. Règn. anim. (1re édit.), tom. II, pag. 681. Exclus. synon. Seb. II, XIX, 1; XXVII, 1; XCIX, 2. (*Python Sebœ*).

1820. *Python Schneiderii*, Merr. Tent. Syst. amph. pag. 89, n° 1.

1821. *Boa reticulata*. Schneid. Klassif. Riesenschlang. (Denkschrift. Akadem. Wissenschaft. Münch. tom. 7, pag. 118 et

? *Boa rhombeata*, pag. 118.)

1822. *Coluber javenensis*, Flem. Philos. Zool. pag. 291.

1825. *Python javanicus*, Kuhl, Isis (1825), pag. 473.

1826. *Python javanicus*, Fitzing. neue classif. Rept. pag. 54.

1827. *Python Schneiderii*, F. Boié. Isis, tom. 20, pag. 515.

1829. *Python (coluber javanicus*, Shaw), ou *la grande couleuvre des îles de la Sonde*, Cuv. Règn. anim. (2me édit.), tom. 2, pag. 80 : Exclus. Synon. Seb. II, XIX, 1; XXVII, 1; XCIX, 2 (*Python Sebœ*).

1830. *Python Schneiderii*. Guér. Iconog. Règn. anim. Cuv. Rept. Pl. 21, fig. 1.

1830. *Constrictor Schneiderii*, Wagl. Syst. amph. pag. 168.

1831. *Python (Coluber javanicus*, Shaw), Griff. anim. Kingd. Cuv. vol. 9, pag. 257.

1831. *Constrictor Schneiderii*, Gray. Synops. Rept. pag. 97. in Griff. anim. Kingd. Cuv. vol. 9.

1831. *Python javanicus*, Eichw. Zoolog. spec. Ross. Polon. Pars poster. pag. 177.

1837. *Python Schneiderii*, Schleg. Ess. physion. serp. Part.

génér. pag. 178, n° 2 et Part. descript. pag. 415, Pl. 15, fig. 5 et 7.

1842. *Python reticulatus.* Gray. Synops. Famil. Boidæ (Zoolog. Miscell. pag. 44).

DESCRIPTION.

FORMES. Il existe de nombreux points de dissemblance entre cette espèce et celle qui la précède immédiatement, ainsi qu'on va le voir par la description comparative que voici.

La tête du Python réticulé est un peu moins effilée et un peu moins déprimée que celle du Python molure ; le dessus, dans la moitié postérieure, en est légèrement convexe et non tout à fait plat ; les régions frénales sont renflées et non faiblement concaves ; le bout du museau, qui est coupé un peu obliquement d'avant en arrière, a un peu plus de hauteur, par la raison que l'entre-deux des narines est tout à fait plan, au lieu de s'abaisser en avant par une légère courbure. Les ouvertures nasales sont dirigées vers le ciel, mais moins directement que chez le Python molure, attendu que leur bord est légèrement déclive en arrière. Comme dans cette dernière espèce, on remarque sur la moitié antérieure de la tête une paire de plaques inter-nasales, une paire de fronto-nasales, une paire de sus-oculaires et une frontale proprement dite, mais celle-ci est entière et non divisée longitudinalement en deux portions égales (1) ; chez le Python molure, il n'y a qu'une paire de frontales antérieures, ici on en compte au moins deux, souvent quatre et quelquefois cinq ; le Python réticulé ne présente pas de plaques pariétales derrière la frontale proprement dite, qui est simplement suivie de squammes polygones, irrégulières, ayant l'apparence d'écailles pareilles à celles du dessus de la partie postérieure du crâne. La région qui, dans le Python molure est occupée par sept à douze plaques frénales, ne l'est chez le réticulé que par deux ou trois, rarement quatre, disposées sur une seule rangée longitudinale. Il y a constamment deux préoculaires, trois ou quatre post-oculaires, et presque toujours la plaque inféro-labiale qui est située sous l'œil monte jusqu'à celui-ci ; dans le cas contraire, il existe une ou deux petites sous-oculaires.

La plaque rostrale est pentagone, un peu moins large que

_____

(1) Ce n'est qu'accidentellement que cette plaque frontale du Python réticulé offre une suture longitudinale.

haute, fortement échancrée en chevron à sa base et très-concave dans sa moitié inférieure ; les deux cavités latérales dont elle est creusée sont plus élargies et plus profondes que celles du Python molure. On fait la même remarque à l'égard des fossettes de la lèvre supérieure, qui sont d'ailleurs au nombre de quatre et non de deux seulement de chaque côté. Ce ne sont pas de simples pores, mais de véritables petits creux qui se montrent au bord supérieur de quelques-unes des plaques inféro-labiales voisines de la mentonnière. Il n'y a pas non plus seulement quatre ou cinq, mais bien cinq à sept plaques de la lèvre inférieure qui offrent des fossettes, lesquelles, ici, sont de grands trous quadrangulaires et non de simples impressions longitudinales comme chez le Python molure. Le Python réticulé a quatorze ou quinze paires de plaques supéro-labiales et vingt-quatre paires d'inféro-labiales ; tandis qu'on ne compte qu'une douzaine des unes et une vingtaine des autres chez l'espèce de l'article précédent.

Les écailles qui revêtent le corps du Python réticulé sont distinctement plus petites et, comme les scutelles du ventre et de la queue, plus nombreuses que les mêmes pièces squammeuses du Python molure : c'est, au reste, ce dont on peut se convaincre en comparant les nombres suivants avec ceux que nous avons donnés dans la description de cette dernière espèce.

Écailles du tronc : 69 à 77 rangées longitudinales, 574 à 626 rangées transversales. Écailles de la queue : 33 à 41 rangées longitudinales, 110 à 127 rangées transversales.

Scutelles : 310 à 325 ventrales, 82 à 96 sous-caudales.

Coloration. Ce qu'il y a de plus caractéristique dans le mode de coloration du Python réticulé, ce sont les trois lignes noires nettement tracées sur la couleur claire de sa tête : lignes, dont une coupe longitudinalement le dessus de celle-ci en deux moitiés égales, attendu qu'elle se rend directement de la pointe du museau à la nuque, où elle se termine en formant souvent un petit anneau ou un petit bouton ; chacune des deux autres s'étend du dessous de l'œil à la commissure des lèvres, pour de là aller se perdre sur les côtés du cou.

Il règne d'un bout à l'autre du dos une sorte de chaîne noire à mailles en losanges plus ou moins réguliers, à l'angle latéro-externe de chacun desquels est soudée, par un de ses angles aussi, une tache noire, irrégulièrement quadrangulaire, marquée de blanc au milieu et en long. Le fond de couleur des parties supérieures est d'un brun fauve ou jaunâtre ; celui des régions latérales est à peu près pareil, mais plus clair, quand il n'est pas grisâtre. Une teinte d'un blanc jaunâtre est répandue sur le dessous du tronc et de la queue, les côtés du ventre sont mouchetés de noir.

Il paraît que, lorsque ce Serpent est vivant, les lignes, les raies et les taches que nous venons de dire être jaunes, sont bleues et que la plus grande partie du fond sur lequel elles reposent est d'un beau jaune.

Dimensions. Le Python réticulé a le corps proportionnellement moins fort que celui du Python molure, ce qui lui donne un air plus svelte, plus élancé que ce dernier ; sa queue est de six à huit fois moins étendue que le tronc.

Le Muséum d'histoire naturelle en possède un fort bel exemplaire, qui a près de vingt-un pieds de longueur.

Au reste, en voici les dimensions exactes, en mesures métriques.

Longueur totale. 6' 46". *Tête.* Long. 16". *Tronc.* Long. 5' 46". *Queue.* Long. 84".

Patrie. Cette espèce habite le continent de l'Inde et les îles asiatiques ; mais il paraît, ce qui est le contraire pour le Python molure, qu'elle est plus répandue dans celles-ci que sur celui-là : elle a été envoyée du Bengale à notre établissement par M. Alfred Duvaucel, de Java par Leschenault, et de Sumatra par M. Laroche-Lucas ; MM. Quoy et Gaimard l'ont recueillie à Amboine, où, d'après MM. Reinwardt, Macklot et Müller, qui l'y ont aussi observée, elle porte le nom de *Oular petola*, serpent peint. Le musée de Leyde en renferme un individu qui a été trouvé sur l'île Banka par M. Leemans, lieutenant de vaisseau de la marine royale de Hollande.

Moeurs. Suivant Wurmb, le Python réticulé vit d'oiseaux et de petits mammifères rongeurs de la famille des muriens.

Observations. Le serpent dont nous faisons actuellement l'histoire est figuré d'une façon très-reconnaissable, sur trois différentes planches du riche recueil iconographique de Séba : aussi ces figures se trouvent-elles être toutes trois exactement interprétées par les divers auteurs qui les ont citées, à l'exception de Latreille et de Daudin, qui se sont imaginé voir dans l'une d'elles la représentation d'une variété du *Boa constrictor*. Il n'y a rien dans les ouvrages de Linné qui indique qu'il ait eu connaissance de notre Python. Wurmb est celui à qui l'on en doit la première bonne description faite d'après nature. La seconde, qui mérite d'être mentionnée comme telle, est celle du *Boa reticulata*, publiée par Schneider dans son *Historia amphibiorum*. C'est à la description de l'ophidien de Wurmb que Lacépède, Bonnaterre et Shaw ont emprunté, le premier celle de sa Couleuvre jaune et bleue, le second celle de sa Couleuvre *Ular Sawa*, et le troisième celle de son *Coluber Javanicus*, sans s'apercevoir qu'il introduisait sous un nouveau nom, dans son livre, une espèce à laquelle il y avait déjà consacré un article en tête duquel elle portait la dénomination de *Boa Phrygia*. Un fait assez singulier, c'est que Schneider n'ait pas reconnu cette même description de la Couleuvre *Ular-Sawa* de Wurmb pour être celle d'un individu de la même espèce que son *Boa reticulata* : il l'a au contraire rapportée à son *Boa amethystina*, qui est très-différent de ce dernier, puisqu'il appartient à un autre genre, celui des *Liasis*. Daudin, dont l'article du *Boa amethystina* est copié de celui de Schneider, a par conséquent commis la même erreur que lui à l'égard de la description du *Python reticulatus* faite par Wurmb. Merrem, en faisant passer le *Boa reticulata* de Schneider dans le genre Python, a cru devoir, sans aucun motif, lui appliquer un autre nom spécifique, celui de *Schneideri*, que Boié et M. Schlegel ont accepté ; mais que nous rejetons pour reprendre, comme nous le faisons constamment, la dénomination qui a été donnée la première à l'espèce.

IIIᵉ GENRE. LIASIS. — *LIASIS* (1), Gray.

Caractères. Narines latérales, ouvertes dans une seule plaque offrant un sillon en arrière du trou nasal. Yeux latéraux, à pupille vertico-elliptique. Des plaques sus-céphaliques depuis le bout du museau

---

(1) Nous ignorons l'étymologie de ce nom.

jusqu'au delà de l'espace inter-orbitaire, plaques au
nombre desquelles il y a toujours des pré-frontales.
Des fossettes plus ou moins distinctes aux deux lèvres.
Écailles lisses, scutelles sous-caudales partagées en
deux.

Les Liasis ayant la presque totalité de la face supérieure
de leur tête revêtue de grandes plaques ne peuvent être
confondus avec les Morélies, qui n'en ont que sur le
bout du museau, et chez lesquelles d'ailleurs la petite rainure que présente l'unique squamme à travers laquelle
s'ouvre la narine, est située au-dessus et non en arrière
de celle-ci, comme dans les Liasis. On distingue aisément
les Liasis des Pythons en ce que leurs orifices nasaux ne
sont circonscrits chacun que par une seule plaque, au lieu
de l'être par deux, et que les pièces de leur bouclier céphalique sont beaucoup moins nombreuses, et par cela même
plus développées et disposées avec plus de symétrie. Quant
aux Nardoas, ils en diffèrent parce qu'ils offrent deux caractères qui manquent absolument à ces derniers, c'est-à-dire
des fossettes plus ou moins prononcées à la lèvre supérieure
et une paire de pré-frontales parmi leurs plaques sus-
crâniennes, dont le nombre est de onze ou de treize, suivant
qu'il existe deux ou quatre pariétales.

Le système dentaire des Liasis est exactement pareil à celui des Pythons.

M. Gray, en isolant des Pythons les espèces qu'il a réunies
sous le nom générique de *Liasis* (1), n'a point assigné à ces
deux groupes de Pythonides, comme nous croyons au contraire l'avoir fait, leurs véritables caractères différentiels.
Ainsi, d'après cet habile erpétologiste, les Liasis se distin-
gueraient des Pythons par l'absence absolue de fossettes à la

_____

(1) Le genre ainsi nommé par M. Gray figurait déjà dans notre
manuscrit avant la publication de son mémoire sur les *Boidæ*; mais
son travail ayant paru avant le nôtre, nous avons dû accepter le
nom de *Liasis* de préférence à celui que nous avions proposé.

rostrale et aux plaques antérieures de la lèvre d'en haut, en même temps que par la non-division de leur frontale en deux pièces. Mais ni l'une ni l'autre de ces deux indications n'est rigoureusement vraie ; attendu que d'une part, les Liasis ont au moins une paire de fossettes à la lèvre supérieure et que deux d'entre eux, l'*amethystinus* et le *Mackloti*, en offrent aussi à la plaque rostrale, et que d'une autre part, il y a une espèce de Python, celle appelée réticulée, qui a sa plaque frontale entière, de même que les Liasis.

Nous ne possédons encore aucun renseignement sur les mœurs des Liasis; mais les formes sveltes, élancées, de la plupart d'entre eux doivent faire supposer qu'ils se tiennent habituellement sur les arbres ; de même que leurs narines assez largement ouvertes et bâillantes, indiquent d'une manière presque certaine qu'ils fréquentent moins souvent les eaux que les Pythons.

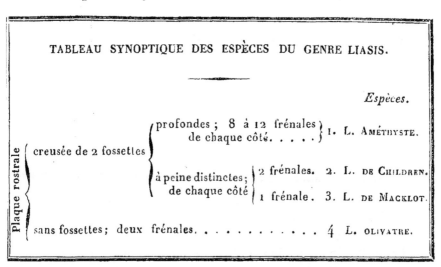

TABLEAU SYNOPTIQUE DES ESPÈCES DU GENRE LIASIS.

Espèces.

Plaque rostrale { creusée de 2 fossettes { profondes ; 8 à 12 frénales de chaque côté. . . . . } 1. L. AMÉTHYSTE.

à peine distinctes; de chaque côté { 2 frénales. 2. L. DE CHILDREN.

1 frénale. 3. L. DE MACKLOT.

sans fossettes; deux frénales. . . . . 4 L. OLIVATRE.

1. LE LIASIS AMÉTHYSTE. *Liasis Amethystinus*. Gray.

CARACTÈRES. De huit à douze plaques frénales de chaque côté, formant une double rangée longitudinale; deux ou trois préoculaires; trois ou quatre post-oculaires. Deux fossettes bien prononcées à la plaque rostrale, une à chacune des supéro-

REPTILES, TOME VI. 28

labiales des quatre premières paires et des inféro-labiales des six, sept ou huit paires qui précèdent les quatre ou cinq dernières.

SYNONYMIE. 1801. *Boa Amethystina*, Schneid. Histor. Amph. Fasc. 11, depuis la 1ʳᵉ ligne de la pag. 254 jusqu'à la 2ᵉ de la pag. 255 (le reste de l'article se rapporte au *Python reticulatus*).

1803. *Python Amethystinus*, Daud. Hist. Rept., tom. 5, pag. 230 : exclus. Synon. *Ular Sawa* de Wurmb, *Couleuvre jaune et bleue*, Lacép. et Latr. (*Python reticulatus*).

1820. *Python Amethystinus*, Merr. Tentam. Syst. Amph., pag. 89, n° 6.

1820 ?*Python Amethystinus*, Kuhl et Van-Hasselt. Beitr. Vergleich. anatom., pag. 95.

1821. *Boa Amethystina*, Schneid. Klassif. Riesenschl. (Denkschrift. Akad. Wissenschaft. Münch, tom. 7, pag. 117, Pl. VII.)

1827. *Python Amethystinus*, F. Boié, Isis, tom. 20, pag. 516.

1830. *Constrictor* (*Boa Amethystina*. Schneid.) Wagl. Syst. Amph., pag. 168.

1831. *Python Amethystina*. Gray. Synops. Rept. pag. 97. in Griff. anim. Kingd. Cuv., vol. 9.

1837. *Python Amethystinus*, Schleg., Ess. Physion. Serp. Part. génér., pag. 178, n° 3; et Part. descript., pag. 419, Pl. XV, fig. 8-10.

1842. *Liasis Amethystinus*. Gray. Synops. Famil. Boidæ. (Zoolog. Miscell., pag. 44.)

DESCRIPTION.

FORMES. Aucune autre espèce de Pythonides n'est plus svelte, plus élancée que le Liasis Améthyste. La tète en est grande, distinctement plus large que le cou, excessivement et également aplatie d'un bout à l'autre; son contour horizontal donne la figure d'un triangle isocèle, dont le sommet de l'angle antérieur est fort obtus et celui des deux postérieurs faiblement arrondi. Le tronc est très-comprimé; pourtant son étroitesse est moindre à la face dorsale, qui est convexe, qu'à la ventrale, qui est presque plate et latéralement anguleuse. La queue, grêle, pointue et fortement préhensile, n'entre que pour le sixième ou le septième, quelquefois même pour le huitième seulement, dans la longueur totale de cet Ophidien.

Extérieurement, les narines aboutissent de chaque côté au point le plus élevé de l'extrémité du museau; leurs orifices sont grands, bâillants, subtriangulaires, dirigés un peu en arrière et vers l'horizon. Les régions frénales et les temporales étant assez renflées, la tête paraît comme rétrécie ou étranglée à l'aplomb des yeux. Ces organes, situés sur les parties latérales de la tête et à fleur du crâne, sont d'un médiocre diamètre et un peu tournés en avant.

Le bouclier sus-céphalique se compose de deux plaques inter-nasales, de deux fronto-nasales, de deux frontales antérieures, entre lesquelles il en existe souvent une troisième beaucoup plus petite; de deux sus-oculaires, d'une frontale proprement dite et de quatre pariétales, que borde à droite et gauche, ainsi qu'en arrière, une rangée de cinq à sept squammes polygones, d'inégale grandeur. Les inter-nasales affectent chacune la figure d'un trapèze ou d'un triangle isocèle, suivant que la rostrale enfonce plus ou moins son sommet entre elles deux. Les fronto-nasales, dont la dimension est double de celle des plaques précédentes, sont des pentagones inéquilatéraux représentant ensemble un grand disque irrégulier, qui, postérieurement, se trouve enclavé dans les frontales antérieures; ces mêmes fronto-nasales sont flanquées d'une ou deux petites pièces squammeuses, placées entre la nasale et la préoculaire. Les frontales antérieures, qu'une autre plaque, très-petite et à peu près carrée, sépare ordinairement l'une de l'autre, ainsi que nous l'avons déjà dit, sont, pour la grandeur, intermédiaires aux fronto-nasales et aux sus-oculaires; elles offrent de cinq à sept bords inégaux et descendent un peu sur les régions frénales, en obliquant légèrement en dehors le long des préoculaires. La frontale proprement dite est une grande lame hexagone ou heptagone, oblongue ou sub-oblongue, quelquefois peu, d'autres fois très-rétrécie en arrière : dans ce dernier cas elle affecte la figure d'un triangle isocèle, dans le premier celle d'un carré long. Les sus-oculaires sont irrégulièrement pentagonales et plus étroites à leur extrémité antérieure qu'à la postérieure. Rien n'est plus variable que la figure des pariétales: tout ce que nous pouvons dire de ces plaques, c'est que celles de la première paire sont toujours très-dilatées en travers et un peu moins développées que celles de la seconde.

De toutes les pièces squammeuses qui revêtent les côtés de

la tête, les nasales sont celles qui offrent la plus grande dimension; elles sont légèrement bombées et coupées à six ou sept pans; chacune d'elles est creusée d'un sillon linéaire et transversal, en arrière de l'ouverture de la narine. Les régions frénales sont occupées par huit à douze petites plaques polygones, inégales entre elles, disposées sur deux séries longitudinales. Il y a tantôt deux, tantôt trois préoculaires, superposées, dont la plus élevée est toujours la plus dilatée ; celle-ci, qui représente un trapèze, s'articule par son bord supérieur avec la sus-oculaire et par l'antérieur avec la fronto-nasale. Les plaques post-oculaires, dont le nombre est ordinairement de quatre, rarement de trois, sont quadrangulaires oblongues et d'une égale petitesse. Comme il n'existe pas de plaques sous-oculaires, c'est la sixième et la septième, ou la septième et la huitième supéro-labiale qui montent jusqu'au globe de l'œil pour compléter inférieurement le cercle squammeux de l'orbite.

La plaque rostrale a cinq bords : un inférieur profondément échancré et quatre latéraux, dont deux assez courts et presque perpendiculaires l'unissent aux supéro-labiales de la première paire, et deux beaucoup plus longs formant un angle très-aigu, enclavé dans les deux nasales et les deux inter-nasales; cette plaque protectrice du bout du museau est très-concave dans sa moitié inférieure, et au contraire fortement cambrée en arrière dans sa portion supérieure, qui offre de chaque côté une rainure ou gouttière bien prononcée. La lèvre d'en haut est garnie à droite et à gauche de treize ou quatorze plaques subquadrangulaires, dont les quatre ou cinq dernières sont beaucoup plus petites que toutes les précédentes, et les quatre, cinq ou six premières proportionnellement plus étroites que les suivantes ; celles de ces plaques supéro-labiales qui constituent les quatre paires antérieures sont creusées chacune d'une fossette linéaire d'autant plus courte et moins profonde que la plaque à laquelle elle appartient est plus éloignée de la rostrale. La plaque du menton est médiocrement développée et en triangle isocèle. Les plaques de la lèvre inférieure, dont on compte une vingtaine de chaque côté, sont quadrilatérales ; les huit ou neuf premières sont très-hautes et très-étroites, et les onze ou douze autres à peu près carrées, présentant chacune, à l'exception des quatre ou cinq dernières, une grande cavité quadrangulaire.

Dans le Liasis améthyste, l'écaillure du corps se compose de pièces comparativement plus développées que chez la plupart des espèces de la tribu des Pythonides; ces pièces, qui sont très-oblongues ou lancéolées sur les parties antérieures du tronc, prennent peu à peu une figure losangique ou carrée, à mesure qu'elles gagnent les régions postérieures et particulièrement la queue. Les scutelles ventrales les plus dilatées ont une largeur égale à la longueur de l'espace compris entre la narine et l'œil.

Écailles du tronc : 47 rangées longitudinales, de 350 à 369 rangées transversales. Écailles de la queue : 27 rangées longitudinales, de 93 à 105 rangées transversales. Scutelles : de 303 à 316 ventrales, de 85 à 96 sous-caudales.

COLORATION. Les individus adultes du Liasis améthyste qui sont conservés dans l'alcool, ont les parties supérieures peintes d'un brun roussâtre foncé, sur lequel est dessinée une sorte de réseau à mailles irrégulières ou brisées, d'une teinte plus claire que celle du fond, ou bien d'un brun fauve ; leurs régions inférieures sont d'un blanc jaunâtre, mais la surface entière de leur corps, quelle que soit sa couleur, brille de reflets d'un bleu d'acier ou d'un vert doré, du plus vif éclat.

Nous avons un jeune sujet qui présente un mode de coloration tout différent, c'est-à-dire qu'il est d'un blanc grisâtre avec des anneaux noirs autour de la queue et de larges bandes de la même teinte en travers des deux derniers tiers du dessus du tronc ; il nous semble offrir une trace de raie blanche le long du sommet du dos.

DIMENSIONS. Les mesures suivantes ont été prises sur un individu de notre musée, ayant plus de trois mètres de long.

Longueur totale. 3' 55". *Tête.* Long. 9". *Tronc.* Long. 3' 7". *Queue.* Long. 39".

PATRIE. Amboine, Saparua et la Nouvelle-Irlande paraissent encore être les seules îles du grand archipel asiatique et de l'Australie où l'on ait trouvé l'espèce de Pythonides que nous venons de décrire. La collection du Muséum en renferme des exemplaires originaires de ces différents pays. Nous sommes redevables de ceux d'Amboine à MM. Quoy et Gaimard ; ceux de la Nouvelle-Irlande ont été rapportés par MM. Lesson, Garnot, Hombron et Jacquinot. L'unique échantillon que nous ayons de Saparua provient d'un échange fait entre notre musée et celui de Leyde.

2. LE LIASIS DE CHILDREN. *Liasis Childreni.* **Gray.**

CARACTÈRES. Deux plaques frénales de chaque côté, sous
lesquelles est une double série d'écailles granuliformes; une
seule pré-oculaire, quatre post-oculaires. Pas de fossettes à la
plaque rostrale, mais une, à peine distincte, à chacune des supéro-labiales de la première paire et une autre, bien prononcée,
à chacune des inféro-labiales des quatre paires qui précèdent
les trois dernières.

SYNONYMIE. 1842. *Liasis Childreni.* Gray. Synops. Fam.
Boidæ. (Zool. Miscell. March. 1842, p. 44.)

DESCRIPTION.

FORMES. Cette espèce a la tête encore plus aplatie que celle
de la précédente, son museau surtout est très-peu épais et coupé
presque carrément, au lieu d'être arrondi. Il en résulte naturellement que la plaque rostrale, loin d'avoir plus de hauteur
que de largeur, est beaucoup moins étendue verticalement que
transversalement; elle offre la figure d'un carré long et ne se
reploie nullement sur le dessus du bout du nez. Les inter-nasales sont quadrilatérales, oblongues et un peu plus étroites en
avant qu'en arrière. Les fronto-nasales forment ensemble un
grand disque irrégulier, qui est suivi de deux petites frontales
antérieures, quadrangulaires ou pentagones, séparées l'une de
l'autre par quelques squammes d'une très-faible dimension.
Vient ensuite la frontale proprement dite, qui est une lame
sub-hexagone, oblongue, assez développée, dont les deux petits
bords postérieurs, réunis à angle aigu, s'enclavent entre deux
pariétales subtrapézoïdes de médiocre grandeur. Postérieurement à celles-ci, il n'y a plus de grandes plaques sur la surface
crânienne, mais seulement des squammes polygones juxta-posées, subégales entre elles. La plaque dans laquelle s'ouvre la
narine, si ce n'est point une anomalie chez le seul individu que
nous ayons été dans le cas d'observer, différerait de celle
des autres Liasis, en ce qu'elle serait partagée de haut en
bas par une suture bien prononcée, au lieu de n'offrir qu'un
petit sillon en arrière du trou nasal (1) : sa portion anté-

_____

(1) S'il en était réellement ainsi chez tous les individus, il con-
viendrait de retirer l'espèce d'avec les Liasis, pour la réunir aux
Pythons.

rieure présente la figure d'un triangle ayant un de ses sommets dirigé en avant et les deux autres en arrière ; sa portion postérieure est irrégulièrement quadrangulaire. Une petite plaque frénale et une grande, celle-ci placée derrière celle-là, occupent l'espace compris entre la nasale postérieure et la préoculaire ; au-dessous de cette rangée de quatre plaques est une double série d'écailles granuliformes. La préoculaire, car il n'en existe qu'une seule de chaque côté, est subquadrilatère et moins développée que la seconde frénale ; mais il y a quatre post-oculaires, subquadrilatères aussi, et un peu oblongues. On compte quatorze plaques à droite comme à gauche de la lèvre supérieure : toutes sont sub-pentagones ou à peu près carrées et de même grandeur, à l'exception des deux dernières, qui ont une dimension moindre que les autres. La lèvre inférieure est également garnie, de chaque côté, de quatorze plaques, dont les six premières, quadrangulaires, plus hautes que larges, deviennent de moins en moins étroites à mesure qu'elles s'éloignent du menton ; la septième et les quatre suivantes sont presque carrées et à peu près de même dimension ; les trois ou quatre les plus rapprochées des angles de la bouche sont à quatre ou cinq pans et beaucoup plus petites que toutes les précédentes ; la première est un peu plus courte que la seconde. La plaque mentonnière représente un triangle isocèle.

La plaque rostrale manque de fossettes, mais on en aperçoit une excessivement petite à chacune des supéro-labiales de la première paire ; les quatre inféro-labiales qui se trouvent immédiatement avant les trois dernières sont creusées chacune d'une cavité assez profonde.

Écailles du tronc : 37 ou 39 rangées longitudinales. Scutelles : 285 ventrales, 48 ou 49 sous-caudales.

Coloration. Le dessus et les côtés du corps offrent une teinte d'un brun violacé, faiblement marquée çà et là de grandes taches brunâtres, les unes anguleuses, les autres arrondies. Le dessous de ce serpent est entièrement blanc, et sa lèvre supérieure est parcourue dans toute son étendue par une raie brune.

Dimensions. *Longueur totale.* 58" 6'". *Tête.* Long. 2" 1'". *Tronc.* Long. 51". *Queue.* Long. 5" 5'".

Patrie. On ne sait pas encore de quel pays provient cette

espèce; le seul exemplaire que nous en ayons vu **appartient au** musée britannique.

3. LE LIASIS DE MACKLOT. *Liasis Mackloti*. Nobis.

CARACTÈRES. Une seule plaque frénale de chaque côté, une seule préoculaire, deux post-oculaires. Deux fossettes peu distinctes à la plaque rostrale; une seule, également peu distincte, à chacune des supéro-labiales des deux premières paires et une autre bien prononcée à chacune des inféro-labiales des quatre ou cinq paires qui précèdent les trois ou quatre dernières.

SYNONYMIE. *Python amethystinus. Variet.* Schleg. Ess. physion. serp. Part. descrip. pag. 420.

DESCRIPTION.

FORMES. Les formes robustes et ramassées du Liasis de Macklot font que, par son port, il a plus de ressemblance avec les Pythons qu'avec les autres Liasis, attendu que ceux-ci ont le corps très-élancé.

Sa tête représente une pyramide à quatre faces à peu près égales, dont le sommet serait fortement tronqué et chacun des angles légèrement arrondi. Le tronc, dont la largeur est un peu moindre que la hauteur, a sa face supérieure très-arquée, les latérales faiblement cintrées et l'inférieure assez plate et à peine anguleuse de chaque côté. La queue, qui est conique, assez forte et bien préhensile, fait un peu plus du sixième de la longueur totale du corps.

Les narines s'ouvrent à droite et à gauche de la pointe du museau : leurs orifices sont de moyenne grandeur, subtriangulaires, bâillants et dirigés un tant soit peu vers le ciel. Les yeux paraissent plus petits que chez les autres espèces du même genre.

Deux inter-nasales, deux fronto-nasales, deux pré-frontales, une frontale, deux sus-oculaires et quatre pariétales sont les treize lames squammeuses qui composent le bouclier sus-céphalique : les inter-nasales sont petites et trapézoïdes, et les fronto-nasales, trois fois plus grandes, oblongues et coupées à cinq pans inégaux; les pré-frontales, dont le développement n'est pas aussi faible que celui des inter-nasales, sont pentagones, inéquilatérales et encadrées chacune de leur côté par la sus-ocu-

laire, la préoculaire, la frénale, la fronto-nasale et la frontale
proprement dite. Cette dernière serait carrée si son bord postérieur était rectiligne, au lieu de former un angle sub-aigu qui
s'enfonce entre les deux pariétales antérieures; les sus-oculaires
ont l'apparence d'hexagones oblongs, inéquilatéraux; les pariétales de la seconde paire offrent une dimension un peu
moindre que celles de la première, mais toutes quatre sont des
polygones très-irréguliers, formant ensemble une espèce de
grand carré, au centre duquel se montrent quelques petites
pièces squammeuses. Le court espace compris entre les pariétales et le bord de l'occiput est, comme les tempes, revêtu
d'écailles quadrangulaires ou pentagones, de plus en plus petites
à mesure qu'elles se rapprochent du cou.

La seule plaque dans laquelle se trouve percée la narine,
représente un quadrilatère légèrement rétréci en avant; la
frénale est quadrilatère oblongue; la préoculaire a cinq côtés à
peu près égaux; l'une des deux post-oculaires, la supérieure,
affecte la figure d'un trapèze, l'autre, celle d'un rectangle.

La plaque rostrale est appliquée perpendiculairement contre
le devant du museau, sur le bout duquel elle ne se reploie pas
du tout. Elle a l'apparence d'un demi-disque, bien qu'elle offre
réellement sept pans : un en bas, grand et fortement échancré
pour le passage de la langue; deux en haut, petits, par lesquels elle tient aux inter-nasales; deux de chaque côté, petits
aussi, qui la mettent en rapport avec les nasales et les supéro-
labiales de la paire antérieure; sa surface est légèrement bombée.
Les deux rangées de plaques dont la lèvre supérieure est garnie
en comprennent chacune onze, à peu près carrées et toutes de
même grandeur, à l'exception des deux dernières, qui sont plus
petites que les autres. Le pourtour de la mâchoire inférieure est
protégé, en avant par une squamme mentonnière en triangle
équilatéral, à droite et à gauche par dix-sept ou dix-huit plaques
inféro-labiales, dont les huit ou neuf premières sont beaucoup
plus hautes que larges, tandis que celles qui les suivent n'ont
pas leur diamètre vertical plus étendu que le transversal.

On voit deux traces de fossettes ou plutôt deux simples impressions linéaires à la plaque rostrale et une autre à chacune
des supéro-labiales de la première et de la seconde paire; mais,
à la lèvre inférieure, il existe une véritable cavité dans chacune
des quatre plaques qui précèdent les trois dernières, à l'une et

à l'autre rangées. Tout le dessous de la tête est revêtu d'écailles subrhomboïdales, très-oblongues; il y en a de losangiques sur la partie antérieure du tronc et de carrées sur la région postérieure de celui-ci, ainsi que sur la queue.

Écailles du tronc : 55 rangées longitudinales, 426 rangées transversales. Écailles de la queue : 33 rangées longitudinales, 102 rangées transversales. Scutelles : 292 ventrales, 86 sous-caudales.

Coloration. Un brun de suie un peu clair est répandu sur le dessus et les côtés du corps, où l'on remarque çà et là des écailles colorées en fauve, isolées ou bien réunies par petits groupes. La région ventrale et la face inférieure du prolongement caudal présentent un mélange des deux teintes précédentes; mais le dessous de la tête, celui du cou, et la poitrine sont d'un blanc jaunâtre.

Dimensions. *Longueur totale.* 1' 6". *Tête.* Long. 5". *Tronc.* Long. 1' 30". *Queue.* Long. 27".

Patrie. Le *Liasis Mackloti* est une découverte faite dans les îles de Timor et de Samao par MM. Macklot et Müller, voyageurs naturalistes du gouvernement hollandais. Cette espèce, que M. Schlegel a mentionnée comme une variété de son *Python amethystinus*, n'a point été rapportée de la Nouvelle-Irlande à notre musée par M. Lesson, ainsi que le dit par erreur le savant auteur de la Physionomie des serpents. Le seul exemplaire du *Liasis Mackloti* que nous possédions, nous a été envoyé du cabinet d'histoire naturelle de Leyde.

4. LE LIASIS OLIVATRE. *Liasis olivaceus.* Gray.

Caractères. Une seule plaque frénale de chaque côté, une seule pré-oculaire, trois post-oculaires. Pas de fossettes à la plaque rostrale, mais une, peu distincte, à chacune des supéro-labiales de la première paire, et une, bien prononcée, à chacune des inféro-labiales des cinq paires qui précèdent les trois dernières.

Synonymie. 1842. *Liasis olivacea.* Gray. Synops. Fam. Boidæ. (Zool. miscell. march. 1842, pag. 45.)

DESCRIPTION.

Formes. Le Liasis olivâtre ressemble moins aux *Liasis amethystinus* et *Childreni* qu'au *Mackloti*. Toutefois on peut, même à la première vue, le distinguer aisément de ce dernier : d'abord à ses formes plus grêles, ayant le tronc assez mince et la queue très-effilée ; puis à l'absence de toute trace de fossettes à la plaque rostrale et aux supéro-labiales de la seconde paire ; ensuite à ce qu'il a trois post-oculaires de chaque côté, au lieu de deux, et deux petites pariétales, au lieu de quatre grandes ; enfin, à la petitesse de ses écailles, ainsi qu'au nombre plus élevé de celles-ci et de ses scutelles du ventre et de la queue. Le Liasis olivâtre a effectivement une quinzaine de rangées longitudinales d'écailles, une cinquantaine de scutelles ventrales et une vingtaine de sous-caudales de plus que le Liasis de Macklot.

La plaque rostrale de l'espèce du présent article représenterait exactement un carré long, si la ligne de son bord supérieur n'était pas brisée à angle très-ouvert ; c'est aussi à des carrés longs que ressembleraient les inter-nasales, si elles n'é‑ taient pas un peu plus étroites en avant qu'en arrière. Les fronto-nasales ont à peu près la figure de trapèzes oblongs ; les frontales antérieures sont des quadrangles inéquilatéraux, dont le plus petit côté est celui par lequel elles touchent à la frénale. La frontale proprement dite est grande et coupée à six pans, deux latéraux assez étendus, deux antérieurs et deux postérieurs beaucoup plus courts, formant un angle sub-aigu à chacune de ses extrémités. Les sus-oculaires sont subpentagones oblongues, plus larges en arrière qu'en avant, et les pariétales à peu près triangulaires. L'unique plaque à travers laquelle la narine se fait jour est subtrapézoïde, et creusée longitudinalement d'un petit sillon en arrière de l'orifice nasal. La frénale, un peu plus dilatée dans le sens longitudinal que dans le sens transversal, offre quatre pans inégaux, dont le postérieur est fortement oblique. La pré-oculaire est subtrapézoïde, et les trois post-oculaires sont des petits pentagones à peu près égaux entre eux. Chaque tempe est revêtue d'écailles qui ne sont qu'un peu moins développées que les post-oculaires. Les plaques de la lèvre supérieure, au nombre de treize paires, sont carrées ou subpentagones, et toutes presque de même grandeur, à l'exception des deux dernières, dont la dimension est distinctement moindre que celle des autres. Indépendamment de la mentonnière, qui est en triangle équilatéral, la lèvre inférieure offre de chaque côté vingt plaques, dont les onze

premières, qui sont en carrés longs et placées transversalement, deviennent de plus en plus courtes à mesure qu'elles s'é-
loignent du menton ; celles qui sont comprises entre la onzième et
l'antépénultième sont carrées, et celle-ci est subrhomboïdale,
de même que les deux qui la suivent. Les pièces losangiques et
excessivement petites qui composent l'écaillure du corps sont
oblongues sur le dos, mais d'une largeur égale à leur longueur
sur les flancs.

Écailles du tronc : 69 ou 71 rangées longitudinales. Scutelles :
354 ventrales, 105 sous-caudales.

CORORATION. Un brun olivâtre est la seule teinte qui règne
sur la région supérieure et les parties latérales du corps, dont
le dessous est d'un blanc jaunâtre, sale.

DIMENSIONS. *Longueur totale.* 1' 14" 3"'. *Tête.* Long. 3" 7"'.
Tronc. Long. 96" 6"'. *Queue.* Long. 14".

PATRIE. Le Liasis olivâtre est originaire du nord de la Nouvelle-Hollande ; le seul individu qui nous soit connu appartient
au musée britannique.

IVᵉ GENRE. NARDOA. — *NARDOA* (1), Gray.
(*Bothrochilus* (2), FITZINGER, mém. manusc.).

CARACTÈRES. Narines latérales, ouvertes dans une
seule plaque. Yeux latéraux, à pupille vertico-elliptique. Des plaques sus-céphaliques depuis le bout du
museau jusqu'au delà de l'espace inter-orbitaire, plaques au nombre desquelles il n'y a pas de pré-frontales.
Des fossettes à la lèvre inférieure seulement. Écailles
lisses, scutelles sous-caudales partagées en deux.

L'absence absolue de cavités à la lèvre supérieure est ce

---

(1) Ce nom a été donné probablement sans lui attribuer aucun
sens.

(2) De Βοθρος, *fovea*, *fossulus*, une fossette ; et de Χειλος, *labium*,
lèvre inférieure : lèvre à fossettes.

qui distingue principalement ce genre des trois précédents, chez lesquels il en existe toujours au moins une, quelquefois, il est vrai, peu distincte, comme dans les Liasis, à chacune des deux plaques entre les quelles est située la rostrale. Indépendamment de cela, les Nardoas sont les Pythonides dont le bouclier sus-céphalique se rapproche le plus, par le petit nombre comme par le grand développement et la symétrie des pièces qui le composent, de celui de la plupart des ophidiens appartenant aux familles suivantes; il n'en diffère effectivement que parce qu'il comprend deux plaques de plus, lesquelles sont une paire de post-pariétales, ce qui élève de neuf à onze leur nombre total. Ces onze plaques des Nardoas, qui sont deux inter-nasales, deux fronto-nasales, une frontale proprement dite, deux sus-oculaires et quatre pariétales, protégent toute la surface de la tête; tandis que chez les Morélies, comme chez certains Pythons, il y a en arrière des inter-nasales et des quelques paires de plaques qui suivent celles-ci, plus de cinquante squammes suscéphaliques, et que, chez d'autres Pythons et les Liasis, on remarque, en sus des plaques analogues à celles qui recouvrent le crâne des Nardoas, de une à quatre paires de frontales antérieures et des petites lames squammiformes, postérieurement et latéralement aux pariétales. Il faut aussi noter que les Nardoas n'ont pas, comme les Pythons, deux, mais seulement une plaque nasale de chaque côté, laquelle ne paraît même pas offrir un sillon au-dessus ou en arrière du trou nasal, ainsi que cela s'observe dans les Morélies et les Liasis. Les écailles de leur corps sont parfaitement lisses et les scutelles du dessous de leur queue disposées sur un double rang, de même que chez tous les Pythonides découverts jusqu'ici.

Le genre dont nous venons d'exposer les caractères a pour type une espèce qui n'est connue des naturalistes que par l'exemplaire encore unique que renferme la collection du Muséum d'histoire naturelle. La place qu'elle occupe dans notre livre, nous la lui avions assignée depuis longtemps, c'est-à-dire bien avant que M. Gray ne lui en eût donné une

analogue dans le catalogue systématique des espèces de la
famille des *Boidæ*, qu'il a publié en 1842. Néanmoins,
l'antériorité de cette date sur celle à laquelle paraîtra
notre travail, nous fait un devoir de substituer au nom
dont nous avions fait choix pour le présent genre, celui
malheureusement peu significatif de *Nardoa*, qu'il a reçu
de l'auteur du mémoire cité ci-dessus.

La même espèce, type du genre qui nous occupe maintenant, a été regardée par M. Fitzinger comme devant former, parmi les Boas, une division subgénérique, qu'il a
appelée *Bothrochilus*. C'est effectivement ainsi qu'elle figure
dans la classification des Ophidiens, dont ce savant erpétologiste nous a fait l'honneur de nous communiquer l'extrait manuscrit que nous avons présenté à la page 62 du
présent volume.

M. Gray signale comme une seconde espèce du genre
Nardoa un Python du musée Britannique, que nous regrettons beaucoup de n'y avoir pas vu, lors de notre dernière visite à cet établissement.

Voici la description qu'en donne ce naturaliste.

« Nardoa Gilbertii. Plaques frontales médiocres : la médiane
plus développée. Plaque frénale carrée, une grande préoculaire,
trois petites post-oculaires, deux petites écailles inter-frénales.
Dos avec cinq séries longitudinales de taches d'une teinte olive
foncée, plus ou moins confluentes, formant des bandes transverses plus serrées les unes contre les autres sur la partie postérieure du corps, qui paraît être d'une couleur olive, marquée
de lignes irrégulières blanchâtres. Au-dessus de la lèvre, une
raie noire qui traverse l'œil et s'étend sur le côté du cou. Plaques
céphaliques brunes avec une tache noire. Le devant du corps
offrant entre les taches, de chaque côté, une étroite raie longitudinale (1).

» Elle habite le nord de l'Australie : port Essington. »

_____

(1) M. Gray ne dit pas de quelle couleur est cette raie.

1. LE NARDOA DE SCHLEGEL. *Nardoa Schlegelii.* Gray.

CARACTÈRES. Une fossette à chacune des plaques inféro-labiales des trois paires qui précèdent l'antépénultième. Corps annelé de noir et de blanc.

SYNONYMIE. 1837. *Tortrix Boa.* Schleg. Ess. Physion. Serp. Part. génér. pag. 129, et Part. descript. pag. 22.

1838. *Tortrix Boa.* Schleg. Abbild. amph. pl. 13.

1842. *Nardoa Schlegelii.* Gray. Synops. Fam. Boidæ (Zool. Miscell. march 1842, pag. 45.)

DESCRIPTION.

FORMES. Le seul sujet de cette espèce que nous ayons encore été dans le cas d'observer est évidemment très-jeune, à en juger par sa taille, qui est d'une extrême petitesse comparée à celle des autres Pythonides. Il n'a en effet que quarante-neuf centimètres de longueur totale, dans laquelle la queue se trouve comprise pour un peu moins de la neuvième partie. Ce serpent n'a nullement le port d'un Xénopeltis, ainsi que le prétend M. Schlegel : son ensemble est exactement le même que celui des autres espèces de la tribu à laquelle il appartient, seulement sa tête est plus déprimée que chez aucun des genres voisins. Cette partie du corps, dont la face supérieure offre une pente bien prononcée en avant, est en totalité de deux tiers plus longue qu'elle n'est large en arrière; son extrémité antérieure étant très-peu rétrécie et au contraire fort aplatie, il en résulte que le museau est large et mince; celui-ci est coupé perpendiculairement et carrément, mais ses deux coins sont néanmoins légèrement arrondis. La fente de la bouche est rectiligne. Les orifices des narines sont grands, circulaires, bâillants, tout à fait latéraux et pratiqués à peu près au milieu d'une plaque oblongue, subtrapé-zoïde. Entre cette unique plaque nasale et la préoculaire, est une très-petite frénale en carré long. La préoculaire, qui affecte la figure d'un trapèze, est haute et plus grande que la sus-oculaire, au pan antérieur de laquelle elle s'unit par son bord supérieur. Les deux post-oculaires ont ensemble une dimension pareille à celle que présente à elle seule la préoculaire; elles sont égales entre elles, mais la plus élevée est carrée et celle qui l'est le moins, trapézoïde. La plaque rostrale, qui est excessivement di-latée en travers, offre sept côtés, un très-long en bas, qui est légèrement échancré, et six autres à peu près égaux entre eux, qui la mettent en rapport avec les supéro-labiales de la première paire, les deux nasales et les inter-nasales. Ces dernières sont très-petites et régulièrement trapézoïdes. Les fronto-nasales sont pentagones, inéquilatérales, oblongues, et fort grandes, plus grandes que la frontale proprement dite, qui, après elles, est la plus développée de toutes les plaques céphaliques. Cette frontale serait carrée, si son bord postérieur ne formait pas un angle sub-aigu. Les sus-oculaires représentent chacune un carré long. Les pariétales sont toutes quatre pentagones, mais celles de la seconde paire sont un peu moins dilatées que celles de la première. On compte une dizaine de plaques de chaque côté de la lèvre supérieure : celles des deux extrémités de la rangée sont plus petites que les autres; la première est trapézoïde; la seconde paraît lui ressembler, bien qu'elle ait réellement cinq pans, ainsi que toutes les suivantes, qui, malgré cela, ont l'air d'être carrées. Il y a autour de la lèvre inférieure, non compris la mentonnière, qui est en triangle équilatéral, douze paires de plaques : celles de la première, qui ont cinq pans, et celles des cinq suivantes, qui en offrent quatre, sont beaucoup plus hautes que larges; tandis que toutes les autres sont carrées, et les trois d'entre elles qui précèdent l'antépénultième présentent chacune un petit enfoncement cupuliforme. On voit sous la mâchoire inférieure, à la suite des premières plaques inféro-labiales, qui se conjoignent en arrière de la mentonnière, une paire de post-mentonnières subquadrangulaires, au moins deux fois plus longues que larges. La gorge est entièrement garnie d'écailles égales entre elles, subrhomboïdales, oblongues, à angles arrondis. La squammure du corps se compose de petites pièces en losanges, aussi peu étendues en long qu'en travers et arrondies à leur angle postérieur. Les plus grandes scutelles ventrales ont une largeur égale à la longueur du museau.

Écailles du tronc : 35 rangées longitudinales, 357 rangées transversales. Écailles de la queue : 27 rangées longitudinales, 59 rangées transversales. Scutelles : 247 ventrales, 47 souscaudales.

COLORATION. La tête est toute noire, avec une petite tache blanche, oblongue, derrière chaque œil, et une autre, très-grande, blanche aussi et ovalaire, en travers de la nuque. Tout le corps, à partir du cou jusqu'à l'extrémité de la queue, est entouré d'une trentaine d'anneaux noirs, alternant avec autant de cercles blancs ; ceux-ci sont un peu moins larges que ceux-là, mais parmi les uns et les autres il y en a quelques-uns d'incomplets, ou qui restent ouverts, tantôt à la face dorsale, tantôt à la région ventrale.

DIMENSIONS. *Longueur totale.* 49". *Tête.* Long. 1" 8"'· *Tronc.* Long. 42". *Queue.* Long. 5".

PATRIE. Cette espèce, extrêmement rare, et que ne possède encore, ainsi que nous l'avons déjà dit, aucune autre collection que celle de notre Muséum national d'histoire naturelle, est une des précieuses découvertes faites à la Nouvelle-Irlande par MM. Lesson et Garnot.

OBSERVATIONS. Nous nous étonnons que M. Schlegel ait pu regarder l'Ophidien que nous venons de décrire comme génériquement semblable aux Rouleaux ; car il en diffère sous une infinité de rapports, et notamment par la structure du crâne et le système dentaire.

SECONDE SOUS-FAMILLE DES PYTHONIENS.

LES APROTÉRODONTES (1).

Les Pythoniens appartenant à cette sous-famille manquent, contrairement à ceux de la précédente, de dents incisives et d'os sus-orbitaires, en même temps que leurs mastoïdiens présentent cette différence qu'ils sont un peu plus longs, plus étroits ou presque cylindriques en arrière, et beaucoup moins aplatis et élargis dans la portion par laquelle ils tiennent au crâne.

Ainsi que nous l'avons dit précédemment (2), les Aprotérodontes se partagent en deux tribus, caractérisées, l'une, ou celle des Érycides, par un museau aminci en coin et une queue courte et à peine flexible ; l'autre, ou celle des Boæides, par une tête tronquée en avant et un prolongement caudal plus ou moins étendu, plus ou moins volubile.

Les types de ces deux tribus, c'est-à-dire le genre Eryx et celui des Boas, constituaient pour Oppel la famille des *Constrictores*, laquelle se trouve ainsi correspondre à notre sous-famille des Aprotérodontes.

---

(1) De α privatif, προτερος, *anterior*, de devant ; et de οδους, οντος, *dens*, dent. Privé de dents antérieures ou intermaxillaires, par opposition aux Holodontes, qui ont toutes les dents.

(2) Voyez le tableau synoptique inséré dans le chapitre de la classification des Pythoniens, page 377 de ce volume.

PREMIÈRE TRIBU DES APROTÉRODONTES.

LES ÉRYCIDES.

Destinés à n'habiter que la surface ou l'intérieur d'un sol aréneux, les Érycides n'avaient pas besoin, comme les Boæides, dont une partie de la vie se passe sur les arbres, d'une longue queue préhensile à la manière de celle de certains singes. La leur, au contraire, est excessivement courte et nullement enroulable; mais leur museau, au lieu d'être obtus, constitue une sorte de boutoir aminci en biseau, à l'aide duquel ces serpents se frayent aisément un chemin à travers les molécules mobiles d'un terrain sablonneux. Ces dissemblances dans la conformation de la queue et du museau sont réellement les seules importantes qui existent entre les Érycides et les Boæides, dont l'ensemble de l'organisation offre d'ailleurs une ressemblance parfaite et tellement frappante, qu'elle n'a, pour ainsi dire, échappé à personne; car, dans presque tous les catalogues méthodiques, les Éryx, unique genre de la tribu des Érycides, se trouvent inscrits à côté des espèces de notre tribu des Boæides. Les seuls erpétologistes qui n'aient point reconnu la convenance de ce rapprochement sont Wagler et M. Schlegel, qui ont effectivement placé les Éryx fort loin des Boas, c'est-à-dire, l'un près des Rouleaux, l'autre dans le genre même de ces derniers. L'opinion émise par M. Schlegel, que les Éryx se rapprochent autant des Rouleaux qu'ils s'éloignent des Boas, est tout à fait erronée; car la structure des premiers, loin de ressembler à celle des seconds, en diffère au contraire à beaucoup d'égards ; tandis qu'elle est absolument pareille à celle des troisièmes, excepté dans quelques-unes de ses parties, qui ont nécessairement dû subir des modifications en rapport avec le genre de vie spécial, dévolu aux ophidiens dont nous nous occupons particulièrement ici, ophidiens qui doivent être considérés comme de véritables Boas fouisseurs. La similitude qui existe entre les Boas et les Éryx est si évidente que M. Schlegel l'a lui-même constatée à son insu, en décrivant, comme une espèce de Boas, d'après une excellente figure de Russel, l'adulte de l'Eryx à queue conique, qui lie, aussi étroitement que possible, la tribu des Érycides à celle des Boæides. Il n'y a pas non plus, ainsi que le prétend M. Schlegel, communauté de mœurs entre les Éryx et les Rouleaux, ceux-ci étant des espèces que leur peu d'agilité et la faiblesse de leur vue condamnent à vivre dans des retraites obscures, telles que celles que leur offrent le dessous des pierres, celui des troncs d'arbres tombés de vétusté, des amas de feuilles, les anfractuosités du sol, faisant leur proie de petits animaux faciles à saisir, comme des Typhlops, des Cécilies, des Lombrics, des Gastéropodes terrestres sans coquilles, etc.; tandis que les Éryx, vifs, alertes, doués d'une excellente vue, se tiennent dans les lieux découverts et arénacés, fréquentés par des lézards, des scinques, de petits mammifères, qu'ils poursuivent sur et sous le sable, dans lequel, au moyen de leur museau cunéiforme, ils s'enfoncent avec une surprenante rapidité.

Les Erycides présentent quelques particularités ostéologiques qui méritent d'autant plus d'être signalées qu'elles sont caractéristiques de cette tribu.

Leur tête, quoique construite exactement sur le même modèle que celle des Boæides, en diffère néanmoins en quelques points de sa région faciale, par suite du plus grand développement et de la forme particulière qu'ont naturellement dû prendre l'os intermaxillaire et les nasaux pour faire du museau un instrument propre à fouir le sol. L'intermaxillaire est une grande et forte lame osseuse très-dilatée en travers, placée, non de champ comme chez la plupart des Boæides, mais tout à fait à plat et dont le bord antérieur décrit une courbe plus ou moins prononcée. Sur sa face supérieure vient s'appuyer et s'unir fixement l'extrémité antérieure des os nasaux, qui sont fort longs et à peine moins larges en avant qu'en arrière, où ils s'enclavent dans une grande échancrure en V du bord antérieur des frontaux proprement dits, bord qui, dans les Boæides, est rectiligne ou brisé à angle excessivement obtus. Il résulte de la grande largeur des os nasaux des Érycides, que leurs frontaux antérieurs, dont la figure est celle d'un triangle oblong, n'ont pu que médiocrement se développer ; aussi sont-ils à proportion beaucoup plus petits que ceux des espèces de la tribu suivante, et, loin de se conjoindre, ils se trouvent excessivement écartés l'un de l'autre, ou situés entièrement de côté.

Ainsi que nous l'avons déjà dit, le genre Éryx est encore le seul qui appartienne à la tribu des Érycides, laquelle n'a pas encore de représentant dans la sous-famille des Pythoniens Holodontes.

Ier GENRE. ÉRYX (1). — *ERYX*. Oppel.

(*Eryx* en partie, Daudin; *Clothonia* (2), *Daudin*, Gray; *Eryx* et *Gongylophis* (3), Wagler, Gray).

CARACTÈRES. Narines latérales, triangulo-linéaires, situées entre trois plaques, une inter-nasale et deux nasales. Yeux latéraux, à pupille vertico-elliptique. Tête recouverte d'écailles, excepté sur le bout du museau, où il existe une paire de plaques inter-nasales, seule ou accompagnée d'une paire de fronto-nasales. Pièces de l'écaillure du dos et de la queue plus ou moins distinctement tectiformes ou carénées. Scutelles sous-caudales entières.

Nous n'employons ici le mot *Eryx*, ni dans le sens beaucoup trop étendu que lui a assigné Daudin en l'introduisant dans le vocabulaire erpétologique, ni dans celui trop restreint que lui ont donné Wagler et M. Gray. Pour nous, il a une signification qui correspond à peu près à celle que lui ont attribuée Oppel, Cuvier, Merrem et Fitzinger.

Daudin avait réuni, sous le nom générique d'*Eryx*, plusieurs espèces on ne peut plus disparates, la plupart extraites du genre *Anguis* de Linné et de Schneider, d'après cette considération qu'elles différaient de leurs congénères par une rangée d'écailles au ventre plus grandes que les autres. Ces espèces, qui même n'offraient pas toutes le principal caractère assigné au nouveau groupe dont elles faisaient partie,

---

(1) Nom mythologique tiré de l'histoire fabuleuse d'un fils de Vénus tué par Hercule et enterré sur une montagne de Sicile, appelée Eryx.

(2) Nom de l'une des trois Parques, celle qui tenait la quenouille.

(3) De οφις, serpent; et γογγυλος, rond.

étaient un de nos Éryx (1), un Rouleau (2), un Typhlops (3), trois Scincoïdiens apodes (4), et un Ophidien voisin des Calamaires (5). Une autre espèce, le *Boa anguiformis* de Schneider, que sa grande ressemblance avec l'*Eryx jaculus* appelait naturellement auprès de celui-ci, avait été au contraire placée par Daudin, qui la croyait à tort pourvue de dents venimeuses, dans un genre particulier nommé *Clothonia*. Ce fut Merrem qui rectifia cette erreur en rangeant, comme cela devait être, la Clothonie anguiforme dans le genre *Eryx* de Daudin, débarrassé, par les soins d'Oppel, des espèces qui n'avaient point d'affinité avec l'*Eryx jaculus*, autrement dit, auxquelles ne pouvait s'appliquer la nouvelle caractéristique du genre *Eryx*, donnée par le savant erpétologiste bavarois ; caractéristique exprimant que les *Eryx* sont des serpents voisins des Boas ou qui n'en diffèrent extérieurement que par une queue plus courte et nullement préhensile.

Wagler a bien compris dans son genre *Eryx*, de même que Merrem, l'*Anguis jaculus* de Linné et le *Boa anguiformis* de Schneider ; mais, au lieu d'y introduire aussi le *Boa conica* de ce dernier auteur, il en a formé, sous le nom de *Gongylophis*, un nouveau groupe fondé sur de prétendus caractères, qui sont, ou sans importance, tel que celui d'offrir un plus grand nombre d'écailles carénées sur le corps, ou bien purement imaginaires, comme ceux de manquer de plaques sur le bout du museau et de n'avoir point la mâchoire supérieure prolongée au delà de l'inférieure.

---

(1) L'*Eryx jaculus*, dont Daudin a fait quatre espèces différentes : l'*Eryx jaculus*, le *Cerastes*, le *Colubrinus* et le *Turcicus*.

(2) Le *Tortrix rufus*.

(3) Le *Typhlops Braminus*.

(4) L'*Anguis fragilis* (sous le nom d'*Eryx clivicus*), l'*Ophiomorus miliaris* et l'*Acontias meleagris*.

(5) Cet Ophidien, appelé par Daudin *Eryx melanostictus*, n'était connu de ce naturaliste que, comme nous le connaissons nous-mêmes, par la figure qu'en a donnée Russel dans son bel ouvrage sur les Serpents de la côte de Coromandel.

Néanmoins ce genre *Gongylophis*, réellement inadmissible, a été adopté, sans examen sans doute, par M. Gray, qui, de plus, et sans avoir non plus probablement consulté la nature, a détaché du genre *Eryx* de Wagler le *Boa angui-formis* de Schneider pour rétablir le genre *Clothonia* de Daudin, en attribuant faussement à cette espèce une pupille circulaire et une écaillure dépourvue de carènes.

Il résulte nécessairement de ce qui vient d'être dit, que les genres *Gongylophis* et *Clothonia* doivent être supprimés, et les espèces qu'ils renferment réintégrées dans le genre *Eryx*, tel que nous l'avons caractérisé en tête du présent article.

Les Éryx sont des serpents de petite et de moyenne taille. Aucun d'eux n'acquiert un développement égal à celui de la plupart des espèces appartenant à la tribu des Boæides. Comme tous les ophidiens fouisseurs, ils ont la tête peu ou point distincte du tronc, celui-ci presque aussi gros à ses deux extrémités qu'au milieu, et une queue courte et robuste. Aux côtés de leur fente cloacale, sont deux petits enfoncements, logeant chacun un vestige de membre postérieur ayant la forme d'un stylet conique, emboîté dans un dé squammeux. La tête des Éryx, selon qu'on l'observe chez les premières ou les dernières espèces de ce genre, offre d'une manière plus ou moins prononcée, ou la forme de la moitié longitudinale d'un cône tronqué et aminci à son sommet, ou celle d'une pyramide à quatre faces, coupée presque carrément à sa partie terminale. L'extrémité de la mâchoire d'en haut dépasse d'autant moins le menton que celui-ci est plus épais et qu'elle est moins fortement taillée en biseau. La fente de la bouche, qui est rectiligne, s'étend au delà des yeux. Ceux-ci, dont le trou pupillaire est verticalement allongé, sont situés à fleur du crâne, sur les parties latérales de la tête. Les ouvertures externes des narines sont aussi placées latéralement et, chacune, entre une plaque inter-nasale et deux nasales; elles ont l'apparence de petites fentes perpendiculaires, plus élargies à leur sommet qu'à leur base.

Tantôt il existe un sillon gulaire bien distinct, tantôt on n'en aperçoit pas la moindre trace. La région sus-céphalique serait recouverte d'écailles d'un bout à l'autre, sans la présence, sur le bout du museau, d'une ou deux paires de plaques, c'est-à-dire de deux internasales, suivies ou non suivies de deux fronto-nasales. Les pièces de l'écaillure des Éryx sont petites, nombreuses et, ou simplement tectiformes, ou relevées d'une forte carène médio-longitudinale. Les scutelles ventrales sont fort étroites et les souscaudales entières.

Les quatre espèces que nous rapportons au genre Éryx ont été confondues en une seule, sous le nom de *Tortrix Eryx*, par M. Schlegel.

Rangées dans l'ordre où nous allons les décrire, elles constituent une petite série, où l'on voit graduellement s'atténuer les particularités caractéristiques de la tribu des Érycides; c'est-à-dire qu'à partir de la première espèce, qui diffère le plus des Boæides, jusqu'à la dernière, qui a beaucoup du port, de la physionomie des premiers genres de ceux-ci, le museau devient de moins en moins cunéiforme, en même temps que la queue s'amincit en arrière et acquiert insensiblement plus de souplesse et d'étendue. Des changements analogues s'opèrent dans la charpente céphalique : de très-bombé, le front devient peu à peu tout à fait plat, les mâchoires augmentent légèrement de longueur; l'inter-maxillaire perd par degrés quelques millimètres de sa grande dilatation transversale; les os nasaux se rétrécissent, particulièrement en avant; et les frontaux antérieurs prennent à proportion plus de développement.

TABLEAU SYNOPTIQUE DES ESPÈCES DU GENRE ERYX.

Espèces.

Sillon gulaire	distinct : dessus et côtés du corps	uniformément roussâtres . .	1. E. DE JOHN.
		variés de brun et de jaunâtre.	2. E. JAVELOT.
	nul : écailles tectiformes ,	très-faiblement.	3. E. DE LA THÉBAÏDE.
		très-fortement.	4. E. A QUEUE CONIQUE

1. L'ÉRYX DE JOHN. *Eryx Johnii.* Nobis.

CARACTÈRES. Un sillon gulaire. Bout du museau cunéiforme. Plaque rostrale moulée sur celui-ci, qui s'y emboîte complétement comme dans un étui; une paire d'inter-nasales et une paire de fronto-nasales, suivies d'écailles sus-céphaliques. Queue triangulaire, presque de même grosseur, à partir de sa naissance jusqu'à son extrémité terminale, qui est emboîtée dans une forte squamme triédrique.

SYNONYMIE. 1801. *Boa Johnii.* Russ. Ind. Serp. vol. 2, pag. 18, pl. 16 (adulte), et pag. 20, pl. 17, fig. 1 (jeune âge).

1801. *Boa anguiformis.* Schneid. Hist. Amph. fasc. 2, pag. 269.

1803. *Clothonia anguiformis.* Daud. Hist. Rept. tom. 7, pag. 285.

1820. *Eryx anguiformis.* Merr. Tentam. Syst. Amph. pag. 85, n° 2.

1821. *Boa anguiformis.* Schneid. Klassif. Riesenschlang. (Denkschrift. akadem. Wissenschaft. Munich, tom. 7, p. 119).

1825. *Clothonia anguiformis.* Gray. Gener. of Rept. (Ann. of philosoph. vol. 10, pag. 210.)

1827. *Eryx anguiformis.* F. Boié. Isis. tom. 20, pag. 513.

1830. *Eryx (Boa anguiformis.* Schneid. *Boa Johnii.* Russ. *Clothonia anguiformis.* Daud.) Wagl. Syst. amph. pag. 192.

1831. *Eryx anguiformis.* Gray. Synops. Rept. pag. 98, in Cuvier's Anim. kingd. Vol. 9.

1837. *Tortrix eryx, variet. Ind.* Schleg. Ess. Physion. Serp. Part. descript. pag. 17, ligne 8.

1842. *Clothonia Johnii.* Gray. Synops. Famil. Boidæ (Zool. Miscellan. pag. 45).

DESCRIPTION.

FORMES. La tête de l'*Eryx Johnii* paraît plus courte qu'elle ne l'est réellement, ayant sa moitié postérieure complétement confondue avec le corps, qui n'offre pas le plus léger rétrécissement collaire; on peut se faire une idée assez exacte de sa configuration, en se représentant un cône couché horizontalement, dont le dessous serait fortement aplati et le sommet tronqué et aminci en manière de coin.

Le tronc, qui n'a qu'une grosseur un peu moindre en avant et en arrière qu'au milieu, se montre sous la forme d'un cylindre tantôt presque régulier, tantôt légèrement rétréci à la face inférieure, tantôt déprimé, suivant que l'animal ne tient les extrémités de ses côtes de gauche que faiblement écartées de celles des mêmes os de droite, ou bien qu'il les fait se toucher, ou bien encore qu'il étend ces arcs osseux horizontalement, ainsi que nous l'avons souvent observé chez les sujets vivants que renferme la ménagerie du Muséum. Cette partie de leur corps, lorsqu'elle est à peu près cylindrique, a de vingt-deux à vingt-neuf fois moins de largeur que de longueur; quand elle est aplatie, son diamètre transversal est double du vertical, et la région ventrale se trouve alors être de deux tiers plus large que les scutelles qui en occupent la ligne médiane.

La queue, qui n'est pas beaucoup moins forte que la portion postérieure du tronc, fait de la neuvième à la treizième partie de la longueur totale du corps; elle est tout d'une venue, tout à fait plate inférieurement, tectiforme en dessus, et munie, à son extrémité terminale, d'une grande et forte squamme triédrique, qui l'emboîte à la façon d'un dé (1).

_____

(1) Les collections renferment peu de sujets de cette espèce dont la queue ne soit pas mutilée, car la plupart d'entre eux ont passé par les mains des bateleurs indiens qui, afin de faire croire que ces Serpents ont une seconde tête à l'arrière du corps, sont dans l'habitude, pour rendre celui-ci de même grosseur à l'extrémité

La fente de la bouche ne s'étend que fort peu au delà de l'aplomb des yeux. La mâchoire d'en bas offre une si faible épaisseur, que, lorsqu'elle est appliquée contre celle d'en haut, le dessous de la tête devient une surface parfaitement plane, qui se trouve être exactement de niveau avec le bord libre de la lèvre supérieure, et cela dans tout son pourtour ; tellement que le menton, au devant duquel s'avance assez le bout cunéiforme du museau, ne fait qu'un seul et même plan avec la face inférieure de celui-ci.

L'Éryx de John a, de chaque côté, neuf ou dix dents sus-maxillaires, douze ou treize sous-maxillaires, quatre ou cinq palatines, et cinq ou six ptérygoïdiennes.

Son œil est petit, et l'ouverture externe de ses narines fort étroite ; cette ouverture est située latéralement par le travers de la ligne qui va directement du milieu de l'orbite au bord tranchant du museau.

La plaque rostrale est une énorme pièce, excessivement large, subtriangulaire, dont une moitié, tout à fait plane, occupe le dessous, et l'autre, légèrement convexe, le dessus de l'extrémité du museau, où elle s'enclave par un angle très-ouvert, à côtés plus ou moins concaves, entre les deux internasales. Celles-ci, moins dilatées longitudinalement que transversalement, sont sub-trapézoïdes ; elles ont immédiatement derrière elles une paire de fronto-nasales, irrégulièrement pentagones, toujours moins développées que les précédentes, et souvent presque aussi petites que les squammes polygones, lisses, inégales entre elles, qui recouvrent le reste de la face sus-céphalique. Les deux plaques nasales sont placées l'une au-dessus de l'autre par le travers d'une ligne perpendiculaire à la lèvre, mais un peu penchée en arrière ; la supérieure est sub rectangulaire ; l'inférieure représente un triangle isocèle, dont un des grands côtés est convexe et l'autre concave. Les régions frénales sont garnies chacune de six à dix squammes pareilles à celles du dessus de la tête ; on en compte de huit à douze, quadrangulaires ou pentagones, peu inégales entre elles, disposées circulairement autour de l'œil. A droite et à

---

postérieure qu'à l'antérieure, d'enlever une certaine portion du prolongement caudal, et même d'y pratiquer ensuite une incision transversale, dont la cicatrice simule grossièrement une bouche.

gauche de la lèvre supérieure, est une rangée de dix à treize plaques, dont les cinq ou six premières sont assez développées, quadrilatères, distinctement plus hautes que larges; mais toutes les suivantes sont de moitié plus petites et, bien qu'en général pentagones, elles ont l'apparence de carrés ou de trapèzes. Tout à fait en avant, la lèvre inférieure offre une plaque mentonnière triangulaire, de chaque côté de laquelle sont des plaques inféro-labiales, dont on compte cinq ou six en carrés longs, placées à la suite l'une de l'autre, en travers de la mâchoire; puis onze ou douze autres, de moins en moins développées que les précédentes, formant une série, surmontée d'une seconde série, composée de treize ou quatorze pièces excessivement petites, et à peu près carrées. Le dessous de la tête et du cou est revêtu de petites écailles losangiques, égales, plates, lisses et légèrement imbriquées. Le sillon gulaire, quoique court, est parfaitement distinct. Les scutelles ventrales ont, vers le milieu de l'abdomen, une largeur égale à la longueur de la portion antéro-orbitaire de la tête; la série qu'elles constituent ne commence guère qu'au-dessous de la troisième ou quatrième vertèbre. Les écailles du tronc et de la queue, qui sont carrées, ont un de leurs angles dirigé en avant, un second en arrière, et les deux autres latéralement; celles d'entre elles qui appartiennent aux flancs sont plates et lisses, mais celles qui occupent la région dorsale et la caudale ont leur ligne médio-longitudinale renflée, ce qui donne à leur surface une apparence tectiforme.

Écailles du tronc : de 57 à 65 rangées longitudinales, de 325 à 386 rangées transversales. Écailles de la queue : de 35 à 41 rangées longitudinales, de 45 à 57 rangées transversales. Scutelles : de 194 à 209 ventrales, de 26 à 35 sous-caudales.

COLORATION. En dessus, ce serpent est entièrement d'un brun fauve ou roussâtre; en dessous, il offre des taches ou des marbrures, les unes d'un brun clair, les autres d'un beau rouge de brique sur les scutelles ventrales et les écailles qui avoisinent celles-ci; la face sous-caudale est blanche, plus ou moins et irrégulièrement tachetée de brun, mais jamais assez fortement pour que le fond ne reste parfaitement distinct. Les jeunes individus que nous possédons ne diffèrent des adultes, qu'en ce qu'ils ont la queue et la portion terminale du tronc marquées transversalement de plusieurs larges bandes brunâtres ou noirâtres; mais

Russel en a figuré un, d'après le vivant, qui avait toutes les parties supérieures colorées en rouge de corail, avec une suite de grandes taches noires commençant sur la nuque, et ne se terminant qu'à la pointe de la queue.

L'iris est d'un rouge très-vif.

Après la mort, la teinte rouge des régions inférieures disparaît complétement. Les sujets qui ont été mis dans l'alcool au moment où ils allaient changer d'épiderme, sont d'un gris violacé.

DIMENSIONS. L'Éryx de John acquiert une taille au moins égale à celle de nos plus grandes couleuvres d'Europe.

Longueur totale. 1' 28" 3'". *Tête.* Long. 2" 8'". *Tronc.* Long. 1' 15". *Queue.* Long. 10" 5'".

PATRIE. Le muséum d'histoire naturelle renferme un certain nombre de sujets de cette espèce qui ont été envoyés de la côte de Malabar par M. Fontanier, de celle de Coromandel par M. Leschenault, et du Bengale par M. Alfred Duvaucel.

MOEURS. Ceux que nous avons eu occasion de voir vivants étaient très-doux et extrêmement vifs. On en conserve un depuis près de trois ans dans la ménagerie; il se nourrit parfaitement bien de tous les petits animaux morts ou en vie, tels que souris, jeunes rats, jeunes lapins, poulets, moineaux, lézards, etc., qu'on lui présente. Il passe la plus grande partie du temps caché dans l'épaisse couche de sable fin, dont le fond de sa cage est garni: c'est sa demeure favorite, son élément; car, si après l'en avoir fait sortir, on le laisse à la surface, libre d'agir à sa fantaisie, aussitôt et avec une promptitude remarquable, il s'enfouit de nouveau dans ce sol aréneux, au milieu duquel il paraît se mouvoir dans tous les sens avec non moins de facilité qu'un animal plongeur au sein des eaux. Placé sur un terrain solide et uni, il y rampe avec célérité et presque toujours en s'aplatissant un peu : si l'on s'approche de lui, son premier soin est de fuir; mais lorsqu'il sent une main près de le saisir, il s'arrête brusquement. se lève ou bien enroule sur elles-mêmes et dans un sens opposé, les deux extrémités de son corps; de telle sorte que celui-ci représente assez exactement, soit la figure d'un S, soit celle d'un 8, dont le centre de l'un des anneaux est occupé par la tête et celui de l'autre par la queue. Ce serpent, lorsqu'on le tourmente, laisse échapper des pores qui existent sur la marge postérieure de son orifice cloacal une humeur de la consistance d'une pommade, exhalant une odeur excessivement désagréable.

OBSERVATIONS. Russel et Schneider sont jusqu'ici les seuls auteurs qui aient parlé de la présente espèce, d'après des individus observés par eux-mêmes. Le premier a joint aux descriptions qu'il a publiées de l'adulte et du jeune, sous le nom de *Boa Johnii*, deux excellentes figures que M. Schlegel cite, bien à tort, comme représentant de simples variétés de climat de l'*Eryx jaculus*. L'une de ces figures est celle d'un sujet, long de trois pieds anglais, que le missionnaire John avait adressé de Tranquebar à Russel, avec l'indication que le nom indigène de ce serpent était *Erutaley-Nagam*; l'autre est la copie d'un dessin fait sur nature au Bengale, où le jeune ophidien qu'elle représente s'appelle *Manedulli-Pamboo*. Schneider, dans l'ouvrage duquel notre *Eryx Johnii* est appelé *Boa anguiformis*, en avait vu trois individus, dont un appartenait au cabinet de Bloch, à qui il avait été envoyé des Indes orientales. C'est de ce *Boa anguiformis* de Schneider que Daudin, qui lui a faussement rapporté une espèce de vipère, a fait le type de son genre *Clothonia*; genre que personne ne paraît avoir adopté, à l'exception de M. Gray, qui vient d'en donner, dans son catalogue méthodique des *Boidæ*, une caractéristique fautive, en signalant la seule espèce qu'il y range, comme pourvue d'écailles lisses, c'est-à-dire sans carène, et ayant une pupille circulaire, tandis qu'elle a, au contraire, celle-ci verticalement allongée et celles-là surmontées d'une arête médio-longitudinale.

2. L'ÉRYX JAVELOT. *Eryx jaculus*. Daudin.

CARACTÈRES. Un sillon gulaire. Bout du museau cunéiforme. Plaque rostrale moulée sur celui-ci, qui s'y emboîte complètement comme dans un étui; une paire d'inter-nasales et une paire de fronto-nasales suivies d'écailles sus-céphaliques. Queue subconique, fort obtuse à son extrémité terminale, qui est emboîtée dans une grande squamme sub-hémisphérique.

SYNONYMIE. 1640. *Scytale*. Aldrovand. Serp. Drac. Hist. pag. 233, cum fig.

Amphisbæna Grevini. Id. loc. cit. pag. 239, cum fig. (1).

_____

(1) Edit. in-fol. Bononiæ, 1640.

1744-50. *Anguis cerastes.* Hasselq. act. Upsal. pág. 28.

1754. *Anguis jaculus.* Linn. Mus. Adolph. Freder. tom. 2, pag. 48.

1757. *Anguis jaculus.* Hasselq. It. Palest. pag. 319, n° 64.

Anguis colubrina. Id. loc. cit. pag. 320, n° 65.

Anguis cerastes. Id. loc. cit. pag. 320, n° 66.

1758. *Anguis colubrina.* Linn. Syst. nat. édit. 10, tom. 1, pag. 228, n° 198.

Anguis jaculus. Id. loc. cit. n° 209.

Anguis cerastes. Id. loc. cit. n° 215.

1766. *Anguis colubrina.* Linn. Syst. nat. édit. 12, tom. 1, pag. 390, n° 198.

Anguis jaculus. Id. loc. cit. pag. 391, n° 209.

Anguis cerastes. Id. loc. cit. n° 215.

1796. *Anguis jaculus.* Hasselq. Voy. Palest. trad. franç. pag. 49.

Anguis colubrina. Id. loc. cit. pag. 49.

Anguis cerastes. Id. loc. cit. pag. 49.

1771. *Le Colubrin.* Daubent. Quad. ovip. Serp. Encyclop. méth. pag. 602.

Le Trait. Id. loc. cit. pag. 695.

Le Cornu. Id. loc. cit. pag. 604.

1788. *Anguis colubrinus.* Gmel. Syst. nat. Linn. tom. 1, part. 3, pag. 1119, n° 198.

Anguis jaculus. Id. loc. cit. pag. 1120, n° 209.

Anguis cerastes. Id. loc. cit. pag. 1120, n° 215.

1789. *Le Cornu.* Lacép. Hist. nat. Quad. ovip. Serp. tom. 2, pag. 444.

Le Colubrin. Id. loc. cit. pag. 442.

Le Trait. Id. loc. cit. pag. 443.

1790. *Anguis jaculus.* Bonnat. Ophiol. Encyclop. méth. pag. 63.

Anguis cerastes. Id. loc. cit. pag. 65.

Anguis colubrina. Id. loc. cit. pag. 68.

1801. *Anguis cerastes.* Schneid. Histor. amph. fasc. II, pag. 317.

Anguis jaculus. Id. loc. cit. pag. 319.

Anguis colubrinus. Id. loc. cit. pag. 338.

1801. *Boa turcica.* Oliv. Voyag. Emp. Ottom. Egypt. tom. 1, pag. 329 , pl. 16, fig. 2.

1802. *Boa turcica.* Latr. Hist. Rept. tom. 3 , pag. 153.

Anguis colubrinus. Id. loc. cit. tom. 4, pag. 221.

Anguis jaculus. Id. loc. cit. tom. 4, pag. 221.

Anguis cerastes. Id. loc. cit. tom. 4, pag. 222.

1802. *Die Natterartige Blindschleiche.* Bechst. Lacepede's naturg. Amph. tom. 5, pag. 138.

Die Pfeilartige Blindschleiche. Id. loc. cit. pag. 139.

Die Gehornte Blindschleiche. Id. loc. cit. pag. 140.

1803. *Eryx cerastes.* Daud. Hist. Rept. tom. 7, pag. 254.

Eryx jaculus. Id. loc. cit. pag. 257.

Eryx colubrinus. Id. loc. cit. pag. 262.

Eryx turcicus. Id. loc. cit. pag. 267, pl. 85, fig. 2-3.

1811. *Eryx turcicus.* Oppel. Ordnung. Fam. Gatt. Rept. pag. 57.

1820. *Eryx turcica.* Merr. Tent. syst. amph. pag 85.

1821. *Pseudoboa turcica.* Schneid. Klassif. Riesenschlang. (Denkschrift. Akad. Wissenschaft. Munich, tom. 7, pag. 129).

1823. *Boa tatarica.* Lichtenst. Verzeichn. doublett. zoolog. mus. Berl. pag. 104, n° 68.

Boa tatarica. Lichtenst. Reis von Eversm. und Meyend. von Orenb. nach Buchk. Append. pag. 146.

1825. *Eryx turcicus*, Gray. Gener. of Rept. (Ann. of. Philosoph. vol. 10, pag. 210).

1826. *Boa tatarica.* Lichtenst. (Voyag. d'Orenb. à Buchar. par Meyend. et Doct. Eversm. Traduct. franç. par Améd. Jaub. Addit. pag. 467.)

1826. *Eryx turcicus.* F. Boié. Gener. Ubersicht. Fam. Gatt. Ophid. Isis, tom. 19 , pag. 982.

1826. *Eryx turcicus.* Fitz. Neue Classif. Rept. pag. 54.

1827. *Eryx turcica.* F. Boié. Isis, tom. 20 , pag. 513.

1827. *Eryx du Delta.* Isid. Geoff. St.-Hil. Descript. Egypt. Hist. nat., tom. 1, pag. 142, pl. 6, fig. 2. (Reptiles.)

1830. *Eryx jaculus.* Wagl. Syst. amph. pag. 192 : exclus. synon. fig. 1, pl. 6, Rept. Egypt. (*Eryx Thebaïcus*).

1831. *Eryx jaculus.* Gray. Synops. Rept. pag. 98, in Griff. anim. Kingd. Cuv., vol. 9.

1831. *Eryx turcicus.* Eichw. Zool. spec. Ross. Polon. Pars poster. pag. 176.

Eryx familiaris. Id., loc. cit.

1834. *Eryx turcicus.* Reuss. Zoolog. Miscell. (**Mus. Senck.** vol. 1, pag. 132.)

Eryx jaculus. Id. loc. cit. pag. 133.

Eryx jaculus. Bib. et Bory de Saint-Vinc. Expédit. **scientif.** Mor. Zoolog. Rept., pag. 73.

1837. *Tortrix eryx.* Schleg. Ess. Physion. Serp. Part. gé- nér. pag. 129; Part. descript. pag. 14, pl. 1, fig. 11-13 : exclus. synon. *Eryx de la Thébaïde,* Et. et Isid. Geoff. (*Eryx The- baicus, nob.*); *Eryx Bengalensis.* Mus. Par. (*Eryx conicus, nob.*); *Eryx Johnii.* Russ. et *Boa anguiformis,* Schneid. (*Eryx Johnii*, nob.).

1840. *Eryx jaculus.* Ch. Bonap. Amph. Europ. (Memor. real. acad. scienz. Torino, ser. 2, tom. 2, pag. 428) : exclus. synon. *Eryx de la Thébaïde.* Et. et Isid. Geoff. (*Eryx Thebaï- cus,* nob.); *Boa anguiformis.* Schneid. (*Eryx Johnii*).

1842. *Eryx jaculus.* Gray. Synops. Famil. Boidæ (zoolog. Miscell. pag. 45.)

DESCRIPTION.

Cette espèce est très-voisine, mais néanmoins parfaitement distincte de la précédente : elle en diffère particulièrement par la forme du museau, par les écailles, par le système de coloration, par la taille et par l'*habitat.*

FORMES. L'Eryx javelot a le bout du museau proportionnelle- ment moins large et moins aminci que l'Éryx de John. Sa queue, au lieu d'être aplatie sur trois faces ou triangulaire, repré- sente un cône allongé, fort obtus au sommet, en même temps que la squamme emboîtante qui la termine est elle–même co- nique et non triédrique ; ses écailles sont moins petites, moins nombreuses et bien moins distinctement tectiformes ou en dos d'âne que celles de l'autre espèce.

Voici au reste le nombre des pièces squammeuses du corps.

Écailles du tronc : de 37 à 51 rangées longitudinales ; de 258 à 298 rangées transversales. Écailles de la queue : de 25 à 51 rangées longitudinales, de 23 à 33 rangées transversales. Scu- telles : de 167 à 188 ventrales, de 18 à 29 sous-caudales.

COLORATION. L'Eryx javelot est loin d'offrir un mode de colo- ration aussi constant que l'Éryx de John. Nous n'avons pas en- core eu occasion d'observer des individus vivants ; ceux que

nous possédons, conservés dans l'alcool, ont leurs parties supérieures d'une teinte blanchâtre ou d'un jaune olive, marquées
de nombreuses taches d'un brun plus ou moins foncé, ordinairement anguleuses, rarement sub-ovales ou sub-arrondies, mais
toujours extrêmement variables par leur figure, leur grandeur
et la manière dont elles sont disposées. Parfois, ces taches étant
toutes assez petites et espacées, la couleur du fond est par conséquent celle qui domine à la face supérieure du corps ; d'autres
fois, étant au contraire plus ou moins dilatées et diversement
anastomosées ensemble, il en résulte que la teinte blanchâtre
ou jaunâtre n'apparaît que très-faiblement entre elles. Dans
certains sujets, ces taches s'élargissent de façon à simuler
des barres transversales, plus ou moins courtes, plus ou moins
longues, plus ou moins serrées ; chez d'autres, leur ensemble
représente une sorte de réseau à mailles très-inégales et très-
irrégulières ; enfin il en est où elles se montrent sous la figure
de lignes et de raies en zigzags. En dessous, ce serpent présente une couleur d'un blanc jaunâtre, tantôt uniforme,
tantôt clair-semé de taches ou de points noirs, particulièrement
sur les côtés du ventre et le long du bas des flancs. Tous les
Eryx javelots que nous avons été dans le cas d'examiner nous
ont offert une bande brune ou noirâtre s'étendant obliquement
du derrière de l'œil à l'angle de la bouche.

Dimensions. Cette espèce est d'une taille bien inférieure à
celle de la précédente.

Longueur totale. 55". *Tête.* Long. 1" 8"'. *Tronc.* Long. 45" 4"'.
Queue. Long. 4".

Patrie. L'Eryx javelot est répandu dans le midi de l'Europe,
dans l'occident de l'Asie et dans le nord de l'Afrique : on l'a
effectivement trouvé en Grèce, en Tatarie, en Perse, en
Arabie, en Syrie et en Égypte. Notre musée en renferme des
individus provenant de ces différents pays.

Moeurs. Cet Eryx paraît principalement se nourrir de petits
Sauriens, il est ovovivipare.

Observation. Dans les villes d'Égypte, on rencontre souvent
des charlatans exposant à la curiosité publique des Eryx javelots vivants auxquels, afin de les faire passer pour des Cérastes, ils ont eu le soin d'implanter, en manière de corne, au-
dessus de chaque œil, un ongle d'oiseau ou de petit mammifère, par le même procédé que celui qu'on emploie dans nos

fermes pour fixer deux ergots sur la crête de certains coqs quand on les chaponne.

C'est d'après des individus ayant la tête ainsi armée de deux fausses cornes, qu'Hasselquist a fait son *Anguis cerastes*. Nous avons dans les collections du muséum des individus dont la tête porte ainsi des ongles recourbés d'oiseau, avec leur cheville osseuse, dont l'adhérence à la peau est parfaite.

3. L'ÉRYX DE LA THÉBAÏDE. *Eryx Thebaicus*. Et. et Is. Geoffroy St.-Hilaire.

CARACTÈRES. Pas de sillon gulaire. Bout du museau sub-cunéiforme. Plaque rostrale moulée sur celui-ci, qui s'y emboîte comme dans un étui. Une paire d'inter-nasales suivies d'écailles sus-céphaliques. Queue conique, ayant sa pointe emboîtée dans une squamme de même forme.

SYNONYMIE. 1827. L'*Eryx de la Thébaïde*. Et. et Isid. Geoff. St.-Hil. Descrip. Egypt. Hist. nat. tom. 1, pag. 140 (Rept.), pl. 6, fig. 1.

1834. *Eryx Thebaicus*. Reuss. Zoolog. Miscell. (Mus. Senckenberg. vol. 1, pag. 134.)

DESCRIPTION.

FORMES. La tête de l'Eryx de la Thébaïde, sous le rapport de sa forme, tient le milieu entre celle de l'espèce suivante, qui l'a pyramido-quadrangulaire, et celle des deux précédentes, chez lesquelles elle représente la moitié longitudinale d'un cône tronqué et aminci au sommet. Son museau offre un peu plus d'épaisseur que celui des *Eryx Johnii* et *jaculus*, attendu que l'extrémité terminale n'en est pas aussi mince et que le bout antérieur de la mâchoire d'en bas, au lieu de n'être aucunement apparent, lorsque la bouche est close, fait au contraire une légère saillie, une sorte de petit menton, au-dessous du niveau de la face inférieure du boutoir, qui se prolonge en avant d'un grand tiers ou de moitié moins que chez les deux espèces précédemment décrites. L'*Eryx Thebaicus* a la queue conique, un peu déprimée à sa base, pointue à son extrémité terminale, qui s'emboîte dans une squamme ayant aussi une forme conique. On lui compte, de chaque côté de la bouche, onze ou douze dents sus-maxillaires, treize ou quatorze sous-maxillaires, six palatines et un égal nombre de ptérygoïdiennes. Les narines sont situées latéralement, mais un peu plus haut que chez l'Éryx de John et le Javelot; c'est-à-dire de niveau, non avec le bord tranchant de la rostrale, mais avec le sommet de l'angle que forme le bord supérieur de cette plaque, qui est à proportion moins large en avant que celle de ces deux dernières espèces. Il n'existe pas de plaques fronto-nasales derrière les inter-nasales, qui sont immédiatement suivies de squammes polygones, juxta-posées, inégales entre elles, et, de même que les frénales, de moitié plus petites et conséquemment moins nombreuses que chez l'*Eryx Johnii* et le *Jaculus*. Dans l'Éryx de la Thébaïde, les plaques de la lèvre inférieure diminuent graduellement de grandeur depuis la quatrième ou la cinquième jusqu'à la dernière; tandis que chez les espèces précédentes, toutes les plaques inféro-labiales qui suivent les quatre ou cinq premières sont une fois au moins plus petites que celles-ci. On n'aperçoit pas la plus légère trace de sillon gulaire chez l'*Eryx Thebaicus*, au lieu que l'Éryx de John et l'Éryx javelot en ont un bien marqué. Les écailles sont moins petites que dans ceux-ci; cela est surtout très-sensible à la partie postérieure du tronc et sur la queue, où la carène qui les surmonte est aussi beaucoup plus prononcée que partout ailleurs sur le corps, aussi prononcée, peut-être, que chez l'*Eryx conicus*.

Les scutelles et les rangées d'écailles de l'*Eryx Thebaicus* sont en moindre nombre que celles de ses congénères, le *Johnii* et le *Jaculus*.

Écailles du tronc : de 47 à 51 rangées longitudinales, de 288 à 300 rangées transversales. Écailles de la queue : 25 ou 27 rangées longitudinales, de 27 à 31 rangées transversales. Scutelles : 189 ou 190 ventrales, 22 sous-caudales.

COLORATION. Les deux seuls sujets de l'Éryx de la Thébaïde que nous ayons encore vus ont le dessous du corps et les bords de la bouche entièrement blancs, tous deux également ont leurs parties supérieures d'un brun marron : chez l'un, il existe çà et là, sur cette dernière teinte, des taches ou des raies blanches tracées en long, en large ou obliquement; chez l'autre, il y en a de pareilles, mais, comme elles sont plus nombreuses, elles s'anastomosent, de façon à figurer une sorte de dessin réticulaire à mailles inégales.

DIMENSIONS. Nos deux sujets de l'*Eryx Thebaicus* sont plus

grands qu'aucun des Éryx javelots que nous possédions : l'un a le tronc vingt-neuf fois et l'autre trente fois plus long que large ; la queue du premier entre pour le treizième, celle du second pour le quinzième dans la longueur totale.

Longueur totale. 69" 5"'. *Tête.* Long. 2" 6"'. *Tronc.* Long. 62" 4"'. *Queue.* Long. 4" 5"'.

PATRIE. Les deux serpents dont il vient d'être question ont été trouvés en Égypte, l'un par M. Étienne Geoffroy Saint-Hilaire, l'autre par M. Chérubini fils.

OBSERVATIONS. La figure qui représente l'Éryx de la Thébaïde dans l'ouvrage d'Egypte offre plusieurs inexactitudes : ainsi, les plaques des lèvres n'y sont pas indiquées telles qu'elles existent dans la nature ; l'orifice de la narine y est arrondi, tandis qu'il devrait être linéaire, et la pupille y est circulaire, au lieu d'être vertico-elliptique.

4. L'ERYX A QUEUE CONIQUE. *Eryx conicus.* Nobis.

CARACTÈRES. Pas de sillon gulaire. Bout du museau tronqué ou coupé carrément. Plaque rostrale cunéiforme, ne protégeant que le devant de celui-ci ; une paire d'inter-nasales suivies d'écailles sus-céphaliques. Queue conique, ayant sa pointe emboîtée dans une squamme de même forme.

SYNONYMIE. 1734. *Vipera orientalis.* Séb. Tom. 2, pag. 82, tab. 78, fig. 1.

? *Serpens indica, Boiquatraza.* Id. loc. cit. pag. 83, tab. 78, fig. 4.

1796. *Padain cootoo.* Russ. Ind. Serp. Vol. 1, pag. 5, pl. 4.

1801. *Boa conica.* Schneid. Hist. Nat. Amph. Fasc. II, pag. 268.

1803. *Boa ornata.* Daud. Hist. Rept. Tom. 5, pag. 210.

? *Vipera orientalis.* Id. loc. cit. Tom. 6, pag. 50.

1802. *Boa viperina.* Shaw. Gener. zoolog. Vol. 3, part. 2, pag. 355, pl. 100.

1803. *Boa ornata.* Daud. Hist. Rept. Tom. 5, pag. 210.

1820. *Boa conica.* Merr. Tentam. Syst. Amph. pag. 86, n° 4.

1821. *Boa conica.* Schneid. Denkschr. Munch. akad. Tom. 7, pag. 119, tab. 6, fig. 2.

1827. *Boa conica.* F. Boié. Isis. Tom. 20, pag. 514.

1830. *Eryx Bengalensis.* Guér. Iconog. Règn. anim. Cuv. Rept. Pl. 20, fig. 1.

Scytale coronata. Fig. 2.

1830. *Gongylophis (Boa conica,* Schneid.). Wagl. Syst. Amph. pag. 192.

1831. *Gongylophis (Boa conica,* Schneid.). Gray. Synops. Rept. pag. 97, in Cuvier's Anim. kingd. Griff. Vol. 9.

1837. *Tortrix eryx,* variet. *Bengal.* Schleg. Ess. Physion. serp. Part. descript. Pag. 17, ligne 1, et pag. 18, ligne 15.

Boa conica. Id. loc. cit. Part. descrip. pag. 399.

1842. *Gongylophis conicus.* Gray. Synops. Famil. Boidæ. (Zoolog. miscell. pag. 45.)

DESCRIPTION.

FORMES. Cette espèce, bien qu'appartenant évidemment au genre Eryx, a beaucoup de la physionomie des Boas. Sa tête ne se termine point en avant par un boutoir cunéiforme, comme celle de ses trois congénères. Cette partie de l'animal représente une pyramide quadrangulaire, coupée carrément au sommet; elle est déprimée, sa face supérieure est légèrement déclive en avant, et les latérales sont presque perpendiculaires ou excessivement peu penchées l'une vers l'autre; elle a une longueur triple de sa largeur antérieure, qui est près d'une fois moindre que la postérieure. L'extrémité terminale de la mâchoire inférieure ayant une certaine épaisseur, forme une sorte de petit menton, qui est déjà un peu apparent dans l'*Eryx Thebaïcus*, mais dont il n'y a pas la moindre trace chez le *Johnii* et le *Jaculus*. La bouche, dont la fente a proportionnellement plus de longueur que chez les trois espèces précédentes, est aussi armée d'un plus grand nombre de dents : on y compte de chaque côté seize à dix-huit sus-maxillaires, dix-huit à vingt sous-maxillaires, sept ou huit palatines, et douze ou treize ptérygoïdiennes. Les narines s'ouvrent sur les côtés du bout du museau, tout à fait en haut, c'est-à-dire positivement à l'aplomb, mais fort au-dessus des bords latéraux de la plaque rostrale; la région qui les environne est légèrement convexe. Les deux squammes, dites nasales, sont irrégulièrement pentagonales; l'antérieure, qui est plus petite que la postérieure, s'étend parfois sous celle-ci en formant un angle curviligne. La plaque rostrale aurait la figure d'un carré long, si son bord supérieur n'était pas

brisé en angle extrêmement ouvert; elle est appliquée perpendiculairement contre le devant du bout du museau, sur le dessus ni
sur les côtés duquel elle ne se reploie pas, ainsi que cela a lieu,
au contraire, dans les trois espèces précédentes; elle est fort
épaisse et distinctement taillée en biseau. La lèvre supérieure
est protégée à droite et à gauche par une douzaine de plaques
quadrangulaires ou pentagones, dont les six, les sept ou les
huit premières sont plus hautes que larges; tandis que toutes
les suivantes diminuent graduellement de grandeur à mesure
qu'elles se rapprochent de l'angle de la bouche. La plaque du
menton est triangulaire. Celles de la lèvre inférieure sont au
nombre de seize à dix-huit de chaque côté : les six ou sept premières, qui sont de moins en moins développées, ont la figure de
rectangles placés en travers de la mâchoire; mais toutes les autres
sont carrées et à peu près égales entre elles. Les plaques inter-
nasales, qui n'ont point de fronto-nasales derrière elles, comme
dans les deux premières espèces de ce genre, sont petites et
affectent chacune, malgré leurs cinq ou six pans, une figure trapézoïde; elles sont situées, non sur le bout, mais au devant
du museau, au-dessus de la rostrale, avec laquelle elles forment un seul et même plan incliné. La région sus-céphalique
est entièrement recouverte d'un pavé d'écailles; celles de la première moitié sont petites, à quatre, cinq ou six pans, et faiblement carénées; celles de la seconde moitié sont un peu plus
grandes, en losanges, aussi dilatées en long qu'en large, et
relevées d'une très-forte arête médio-longitudinale. L'écaillure
du dos et de la queue se compose de pièces carrées, dont un
des angles est dirigé en avant, un autre en arrière, et le troisième latéralement, de même que le quatrième; ces pièces
portent chacune une carène d'autant plus forte qu'elles sont
plus près de l'extrémité postérieure de l'animal. Les écailles
des flancs sont quadrangulaires, un peu élargies et parfaitement lisses ; la squamme qui emboîte la pointe de la queue est
conique. Cette espèce a moins de scutelles et de rangées d'é-
cailles qu'aucune de ses congénères.

Écailles du tronc : de 41 à 45 rangées longitudinales, de 234
à 265 rangées transversales. Écailles de la queue : de 21 à 25
rangées longitudinales, de 19 à 22 rangées transversales. Scutelles : de 168 à 176 ventrales, de 17 à 20 sous-caudales.

COLORATION. Il y a une certaine ressemblance entre le mode de

coloration de l'*Eryx conicus* et celui de nos vipères d'Europe :
le fond de ses parties supérieures est un brun tirant sur le
fauve, le roussâtre ou le marron. Chaque tempe offre une raie
noire, qui s'étend depuis l'œil jusqu'au-dessus de la commissure
des lèvres. Tout le long du dessus du tronc et de la queue, règne
une suite de grandes taches anguleuses, d'une teinte noirâtre
ou d'un brun foncé, bordées de blanc ; quelquefois elles sont
distinctes les unes des autres, mais le plus souvent elles
se trouvent soudées ensemble, de manière à constituer
une longue bande en zigzag. Les flancs ont aussi chacun une
série de taches noires ou brunes, anguleuses ; mais elles sont
toujours plus petites que celles du dos et assez espacées, à
l'exception des trois ou quatre premières, qui ordinairement se
confondent pour former une bande le long du cou. Quelquefois
il en existe une autre sur la région cervicale. Tout le dessous
du corps de ce serpent est blanc.

DIMENSIONS. Cette espèce parvient à une assez grande taille ;
plus robuste, plus ramassée dans ses formes qu'aucune de ses
congénères, elle a le tronc de dix-neuf à vingt-cinq fois seulement plus long que large, et sa queue n'entre parfois que pour
le dix-septième dans la longueur totale.

Les mesures suivantes ont été prises sur un des exemplaires
de la collection nationale.

Longueur totale. 71" 7'". *Tête.* Long. 3" 1'". *Tronc.* Long.
63" 9'". *Queue.* Long. 4" 7'".

PATRIE. L'Eryx à queue conique habite les mêmes pays
que l'Eryx de John : il nous a été envoyé de la côte de Malabar par M. Dussumier ; de Pondichéry, par MM. Leschenault et Adolphe Bellanger ; et du Bengale, par M. Alfred
Duvaucel.

OBSERVATIONS. M. Schlegel, dans son Essai sur la physionomie
des Serpents, a mentionné cette espèce une première fois, comme
une simple variété de l'*Eryx jaculus*, d'après les individus qu'il avait vus dans notre musée ; et une seconde fois,
sous le nom de *Boa conica*, d'après l'excellente figure qu'en
a publiée Russel dans son bel ouvrage sur les serpents de la
côte de Coromandel.

LES BOÆIDES.

Grâce à leur conformation, les Boæides jouissent tous de la faculté de grimper sur les arbres, de se glisser le long de leurs branches, et de se suspendre à celles-ci par l'extrémité terminale de leur corps, mais à des degrés différents; attendu que cette conformation, la même chez tous, il est vrai, dans son ensemble, a été modifiée dans plusieurs de ses détails, ou appropriée au genre de vie particulier à un certain nombre d'espèces. Ainsi, les Boæides exclusivement ou presque exclusivement dendrophiles, tels que les Énygres, les Tropidophides, etc., ont le tronc très-comprimé, le ventre plus étroit que le dos et la queue fortement volubile. Ceux qui se tiennent aussi souvent à terre que sur les arbres, comme les Épicrates et les Chilabothres, ont le corps à peine aplati latéralement, la région abdominale assez large, et le prolongement caudal médiocrement enroulable. D'autres, où cette faible préhensilité de la queue se joint à la forme presque arrondie du tronc, à la petitesse et à la position verticale des narines, sont indubitablement des espèces qui préfèrent le séjour des eaux à tout autre : l'*Eunectes murinus* en est un exemple.

Les écailles des Boæides sont tantôt lisses, tantôt surmontées de carènes, et les bords de la bouche du plus grand nombre manquent de ces fossettes qu'on observe, au contraire, le long des lèvres de tous les Pythonides. Leur tête, qui est généralement recouverte de squammes irrégulièrement disposées, a quelquefois cependant sa face supérieure revêtue, en tout ou en partie, de grandes plaques symétriques.

Le groupe des Boæides peut être considéré comme le genre *Boa* de Linné élevé au rang de tribu, mais débarrassé de l'espèce dite *Contortrix*, qui n'y était pas à sa place naturelle, et augmenté de toutes celles réellement analogues aux autres, qu'on a successivement découvertes depuis la publication de la douzième édition du *Systema naturæ*. Il comprend dix genres, dont cinq ont été établis par nous : à savoir, ceux de *Tropidophis*, de *Leptoboa*, de *Platygaster*, de *Pelophilus* et de *Chilabothrus ;* les cinq autres, dans trois desquels nous avons introduit de nouvelles espèces, sont les cinq divisions en lesquelles Cuvier avait réparti les Boas, et que Wagler, sans mentionner cette circonstance, a désignées par les noms de *Boa*, d'*Enygrus*, d'*Epicrates*, d'*Eunectes* et de *Xiphosoma*. Un autre fait que le même auteur a également omis de signaler, c'est que Laurenti, par qui les Boas de Linné ont commencé à être désassociés, avait formé avec deux d'entre eux son genre *Constrictor*, et avec un troisième son genre *Boa*, qui se trouvent justement correspondre, celui-ci au genre *Xiphosoma*, celui-là au genre *Boa* de Wagler.

La tribu des Boæides se lie étroitement à celle des Érycides par ceux de ses genres qui, indépendamment de leur écaillure carénée, ont encore l'intermaxillaire légèrement déprimé, et les frontaux antérieurs incomplétement unis sur la ligne médiane du crâne, entre les nasaux et les frontaux proprement dits : ces genres, les plus voisins des Eryx et que nous allons naturellement faire connaître les premiers, sont les Énygres, les Leptoboas, les Tropidophis et les Platigastres.

Iᵉʳ GENRE. ÉNYGRE. — *ENYGRUS* (1). Wagler.
(*Cenchris* (2) et *Candoia* (3), Gray.)

CARACTÈRES. Narines s'ouvrant latéralement au milieu d'une plaque. Yeux latéraux, à pupille vertico-
elliptique. Dessus de la tête entièrement revêtu d'é-
cailles polygones, sub-imbriquées, de plus en plus
petites d'avant en arrière. Pas de fossettes aux lèvres.
Écailles du corps carénées, scutelles sous-caudales
entières.

Les Énygres, ayant les écailles du corps carénées, ne peuvent être confondus avec les Boas, les Pélophiles, les
Eunectes, les Xiphosomes, les Épicrates et les Chilabothres,
dont toute l'écaillure est parfaitement lisse. Ils diffèrent
des Boæides qui, comme eux, ont les pièces squammeuses du dos et de la queue relevées longitudinalement
d'un ligne saillante, tels que les Leptoboas, les Tropidophides et les Platygastres, en ce que le dessus de leur tête
est entièrement revêtu d'écailles, au lieu de l'être, en tout ou
en partie, de grandes plaques symétriques; en outre de cela,
leurs scutelles ventrales sont beaucoup moins dilatées transversalement que celles des Platygastres, et leurs narines
s'ouvrent dans une seule plaque et non entre deux, comme
chez les Tropidophides.

Les Énygres ont à peu près le même port que les Boas. Leur
tête est aplatie sur quatre faces, dont les deux latérales sont de
moitié moins larges que la supérieure et l'inférieure; elle est
assez allongée, légèrement distincte du tronc et graduellement rétrécie d'arrière en avant, où elle se termine par un

---

(1) Ἔνυγρος, *in aquâ degens*, qui vit dans l'eau.
(2) C'est la dénomination spécifique d'un *Boa* de Linné, type du
genre *Épicrates* de Wagler.
(3) Nom qui n'est d'aucune langue.

museau obliquement tronqué ; leur corps est beaucoup plus gros au milieu qu'aux deux bouts, très-comprimé dans toute son étendue, fortement arqué en travers à sa région dorsale, et plus ou moins plat à sa face ventrale ; leur queue, qui est médiocrement longue, jouit au plus haut degré de la faculté préhensile.

Les serpents du groupe générique qui nous occupe n'ont pas de fortes dents, comme la plupart des Boæides : les leurs sont au contraire grêles, faibles, et elles offrent, de plus, cette particularité, qu'à partir du second quart ou du second tiers de chaque rangée, elles se raccourcissent brusquement, au lieu de diminuer graduellement de longueur depuis la deuxième ou la troisième jusqu'à la dernière, ainsi qu'on l'observe dans la grande majorité des espèces de la même tribu ; le nombre de ces organes est aussi un peu plus élevé chez les Énygres que dans les genres suivants, c'est-à-dire qu'il est toujours au-dessus de vingt pour chacune des séries palatales et des rangées maxillaires.

Les branches de la mâchoire supérieure des Énygres sont légèrement courbées en ∞, et leurs os nasaux ont une forme allongée comparable à celle d'un fer de lance. Les frontaux antérieurs s'articulent bien par un grand bord avec le devant des frontaux proprement dits, mais, chose remarquable, en tant qu'elle rappelle ce qui existe d'une manière plus prononcée dans les Érycides, ils sont encore séparés l'un de l'autre par l'extrémité postérieure des nasaux, de même, au reste, que dans les autres Boæides à écailles carénées ; tandis que chez tous les Boæides à écailles lisses, ces frontaux antérieurs se conjoignent sur la ligne médio-longitudinale du front.

L'orifice de la trachée est simple, c'est-à-dire qu'on n'y voit pas, comme à celle des vrais Boas, une petite languette contractile qui contribue probablement à la clore hermétiquement. Les narines sont petites, foraminiformes, baillantes, pratiquées chacune au centre d'une squamme plate, située tout à fait en haut sur le côté de

l'extrême bout du museau. Les yeux, dont le trou pupillaire a l'apparence d'une fente verticale, sont de moyenne
grandeur et placés à fleur du crâne vers le milieu de la longueur des parties latérales de la tête, mais néanmoins assez
distinctement un peu plus près de l'extrémité antérieure que
de la postérieure. La fente de la bouche est droite. Les crochets
anaux sont peu développés dans les mâles, à peine apparents à l'extérieur chez les femelles. La tête, en dessus et
latéralement, est couverte d'un très-grand nombre de
pièces squammeuses polygones, inégales entre elles, sub-
carénées, de moins en moins petites à mesure qu'elles avancent vers le museau, sur le bout duquel on en remarque
une rangée transversale de trois, un peu plus développées que
les autres, ou simulant des plaques inter-nasales. La plaque
rostrale est une grande lame plane, en carré long, sans
la moindre échancrure à son bord inférieur, et dont le
sommet des deux angles supérieurs est fortement arrondi ;
elle est appliquée tout entière contre le devant de l'extrémité du museau et d'une façon un peu inclinée, celui-
ci, ainsi que nous l'avons déjà dit, étant coupé perpendiculairement suivant une ligne oblique d'avant en arrière.
Les écailles qui revêtent le corps sont carrées, ayant deux
de leurs angles dirigés latéralement, le troisième en avant,
et le quatrième, dont le sommet est arrondi, en arrière. Les
scutelles ventrales sont médiocrement élargies et les sous-
caudales entières. La squamme emboîtante de la pointe de
la queue est excessivement petite.

Les Énygres sont des Serpents de la taille des Éryx, c'est-
à-dire beaucoup moins grands que la plupart des autres
Boæides.

Ce genre, que Wagler a établi pour une seule espèce,
le *Boa carinata* de Schneider, en renferme aujourd'hui une
seconde, récemment découverte dans une des îles asiatiques par les médecins de la dernière expédition au pôle
sud, commandée par Dumont d'Urville.

Le genre *Enygrus*, que M. Gray, bien qu'il le sût déjà nommé ainsi par Wagler, avait d'abord appelé *Cenchris*, dans son *Synopsis reptilium*, inséré à la fin du neuvième volume de l'édition anglaise du règne animal de Cuvier, vient de recevoir du même naturaliste la nouvelle dénomination de *Candoia*, dans le mémoire précédemment cité, sur la distribution méthodique des espèces de la famille des *Boidæ*.

TABLEAU SYNOPTIQUE DES ESPÈCES DU GENRE ÉNYGRE.

Espèces.

Bord supérieur des régions frénales ⎰ anguleux. . 1. É. CARÉNÉ.
⎱ arrondi. . . 2. É. DE BIBRON.

---

1. L'ÉNYGRE CARÉNÉ. *Enygrus carinatus*. Wagler.

CARACTÈRES. Écailles revêtant le front aussi petites que celles de la surface postérieure du crâne. Bord supérieur des régions frénales anguleux. De cent soixante-sept à cent quatre-vingt-trois scutelles ventrales. Pas de raie noire le long de chaque côté ni de la ligne médio-longitudinale du ventre, deux ou trois grandes taches blanches sous la queue.

SYNONYMIE. 1734. *Serpens Brasiliensis*. Séb. Thesaur. nat. tom. 2, pag. 29, tab. 28, fig. 3 et 4.

Serpens peruvianus. Id. loc. cit. tom. 2, pag. 30, tab. 28, fig. 5 et 6.

1801. *Boa carinata*. Schneid. Hist. amph. Fasc. 2, pag. 261.

1803. *Boa carinata*. Daud. Hist. Rept. tom. 5, pag. 222.

Vipera bitis. Id. loc. cit. tom. 6, pag. 157.

1807-1808. *Boa ocellata*. Oppel. Sur une étiquette écrite par lui, mais il ne le cite pas dans son mémoire, Ann. Mus. d'hist. nat. tom. xvi, pag. 383.

1810. *Zusammengedruckter Schlinger*. Merr. Annal. Wetteravisch. tom. 2, Part. 1, pag. 60, pl. 9.

1820. *Boa carinata*. Merr. Tent. syst. amph. pag. 86 , n° 3.

1820. *Boa carinata*. Kuhl und van Hasselt. Vergleich. anatom. pag. 80.

1821. *Boa carinata*. Schneid. Klassif. Riesenschlang. (Denkschrif. Akad. Wissenschaft. Münch. tom. 7, pag. 118).

1826. *Boa carinata*. Fitzing. Neue classif. Rept. pag. 54.

1827. *Boa carinata*. F. Boié. Isis, tom. 20, pag. 514.

1829. *Boa carinata*. G. Cuv. Règn. anim. 2ᵉ édit. tom. 2, pag. 79 , note 2.

1830. *Enygrus*. (Zusammengedruckter Schlinger , Merr. Ann. Wetter.) Wagl. Syst. amph. pag. 167 : exclus. synon. *Boa regia*. Schaw. (*Python Regius*, nobis.)

1831. *Boa carinata*.Griff. Anim. Kingd. Cuv. vol. 9, pag. 255 (en note).

1831. *Cenchris ocellata*. Gray. Synop. Rept. pag. 97, in Griff. Anim. Kingd. Cuv. vol. 9.

1837. *Boa carinata*. Schleg. Ess. Physion. Serp. Part. génér. pag. 176, n. 7, et Part. descript. pag. 397 , pl. 14, fig. 12 et 13.

1840. *Boa carinata*. Filippo de Filippi. Catal. ragion. Serp. Universit. Pav. (Biblioth. Ital. tom. 99 , pag.).

1842. *Candoia carinata*. Gray. Synop. Famil. Boidæ (Zoolog. miscell. pag. 43).

DESCRIPTION.

FORMES. La tête de l'Énygre caréné, qui est très-déprimée , serait parfaitement plane en dessus, si les régions sus-oculaires n'étaient pas distinctement bombées ; elle paraît faiblement étranglée au-devant des yeux, en raison du léger renflement que présentent les deux lèvres au niveau des plus longues dents des mâchoires ; le tiers antérieur de sa face supérieure s'unit à angle droit, de chaque côté, avec les régions frénales. Le diamètre de l'œil est un peu moindre que la largeur du bout du museau. Les ouvertures externes des narines sont circulaires.

Il y a, de chaque côté, à la mâchoire d'en haut, ainsi qu'à celle d'en bas, vingt-cinq ou vingt-six dents , dont les deux premières sont médiocrement développées , les trois ou quatre suivantes fort allongées et très-grêles, et toutes les autres considérablement moins longues que les précédentes et très-fines ; on en compte une dizaine de courtes et égales entre elles le long de l'un et de l'autre palatin, et vingt-quatre ou vingt-cinq de plus petites, à leur suite ou sur les ptérygoïdes internes.

La plaque rostrale est un peu moins large à son bord inférieur qu'à son bord supérieur, qui ne se reploie nullement sur le sommet du museau. La seule plaque nasale qui existe est sub-trapézoïde. Inférieurement, l'œil est bordé par deux des plaques supéro-labiales, et dans le reste de sa circonférence, par huit à douze squammes quadrangulaires ou pentagones, dont les deux situées antérieurement ne sont pas aussi petites que les autres. Entre la plus élevée de ces deux squammes préoculaires et la plaque nasale, s'étend une série de cinq ou six squammes frénales, polygones, inéquilatérales, au-dessous des deux dernières desquelles on en voit quatre de moitié plus petites, formant une rangée au devant de la préoculaire la moins élevée. Tout à fait à l'extrémité du dessus du museau, sont trois squammes inter-nasales disposées sur une ligne transverse, squammes dont la médiane affecte la figure d'un demi-disque, tandis que les latérales sont sub-trapézoïdes. En arrière de ces trois squammes inter-nasales, la face sus-céphalique est entièrement garnie d'écailles à plusieurs pans inégaux, qui deviennent de plus en plus petites à mesure qu'elles approchent de l'occiput, où leur dimension est distinctement moindre que celle des pièces de l'écaillure du cou. Toutefois, il y en a quelques-unes de plus dilatées que les autres sur les régions sus-oculaires. La lèvre supérieure est protégée à droite et à gauche par une douzaine de plaques quadrangulaires ou pentagones, parmi lesquelles il en est quatre, la seconde, la troisième et les deux du dessous de l'orbite, qui présentent plus de développement que leurs congénères. Le nombre des plaques de la lèvre inférieure est de douze à quatorze de chaque côté; toutes sont quadrilatères, mais les quatre ou cinq premières sont plus hautes que larges, au lieu que les suivantes sont plus ou moins oblongues. La plaque mentonnière est en triangle sub-équilatéral. Toutes ces diverses lames squammeuses qui garnissent les bords de la bouche ont leur surface semée de petites éminences granuliformes. Le sillon gulaire s'étend jusque vers le milieu de la région dont il porte le nom, région qui offre partout des écailles sub-rectangulaires, excepté pourtant vers le commencement de sa seconde moitié, où il en existe une quinzaine, qui sont, les unes rhomboïdales, les autres en losanges.

Écailles du tronc : 33 rangées longitudinales, de 275 à 294 rangées transversales. Écailles de la queue : 23 ou 25 raugées longitudinales, de 50 à 69 rangées transversales. Scutelles : de 167 à 183 ventrales, de 40 à 48 sous-caudales.

COLORATION. Cette espèce semble offrir deux systèmes de coloration différents.

VARIÉTÉ A. Chez cette variété, une bande brune, lisérée de noir et coupée longitudinalement au milieu par une ligne blanche, dans le premier tiers de sa longueur, parcourt toute l'étendue des parties supérieures, entre deux autres bandes d'une couleur fauve ou blanchâtre. Les côtés du corps présentent des taches oblongues et des raies également fauves ou blanchâtres, sur un fond d'un brun sombre. Le dessous du tronc est quelquefois entièrement d'un blanc sale, mais le plus souvent on y voit un mélange de cette dernière teinte et de noirâtre, où celui-ci domine généralement; ordinairement aussi, la face inférieure de la queue est presque toute noire, le blanc ne s'y montrant que pour figurer deux ou trois quadrilatères oblongs.

VARIÉTÉ B. Dans celle-ci, le dessus du corps est brun, offrant d'un bout à l'autre du sommet du dos et de la queue une série de taches noires, environnées de blanchâtre, taches qui sont de figures fort différentes et de grandeur très-inégale; souvent il y en a de beaucoup plus dilatées, le long des flancs. Quant à la coloration des régions inférieures, elle est pareille à celle de la première variété.

Dans l'une comme dans l'autre, le dessus de la tête est généralement veiné de blanc et de noir, et la tempe marquée d'une bande de cette dernière couleur, bande qui va de l'œil à l'angle de la bouche, en arrière duquel elle se termine en formant une tache oblongue. Les plaques nasales sont comme marbrées de brun et de blanchâtre. Un noir foncé colore le devant du museau, ainsi que le menton, qui est quadrimaculé de blanc.

DIMENSIONS. Les mesures suivantes ont été prises sur le plus grand des individus de notre collection, chez lesquels nous avons remarqué que la queue fait de la sixième à la huitième partie de la longueur totale du corps.

Longueur totale. 52" 5'". *Tête.* Long. 2" 2'". *Tronc.* Long. 42" 1'". *Queue.* Long. 8" 2'".

PATRIE. Notre musée possède des sujets de l'Énygre caréné recueillis à Java par M. Leschenault, à Saparua par M. Reinwardt, à Amboine par MM. Quoy et Gaimard, à la Nouvelle-Guinée par les voyageurs du musée de Leyde, et à Viti par MM. Hombron et Jacquinot.

2. L'ÉNYGRE DE BIBRON. *Enygrus Bibroni.*
Hombron et Jacquinot.

CARACTÈRES. Écailles revêtant le front, plus grandes que celles de la surface postérieure du crâne. Bord supérieur des régions frénales arrondi. De deux cent douze à deux cent vingt-cinq scutelles ventrales. Une raie noire le long de chaque côté du ventre, et parfois une troisième le long de sa ligne médio-longitudinale.

SYNONYMIE. 1842. *Enygrus Bibroni.* Homb. et Jacquin. Voyage au pôle Sud et dans l'Océanie. Commandant Dumont d'Urville (Astrol. Zél.). Zool. Rept., Pl. 1.

DESCRIPTION.

FORMES. La tête de cette espèce est à proportion plus courte que celle de l'Énygre caréné, c'est-à-dire qu'elle n'a, en longueur, qu'une fois et deux tiers, et non deux fois sa largeur postérieure. Le bout de son museau est un peu moins étroit et coupé un peu moins obliquement ; le dessus de celui-ci, non-seulement n'est pas tout à fait aussi plat au milieu, mais il s'abaisse de chaque côté vers les régions frénales par une forte courbure, au lieu de s'unir à angle droit avec elles, ainsi qu'on l'observe dans l'espèce précédente. Chez l'Énygre du présent article, les écailles revêtant le chanfrein sont tout aussi développées, et non beaucoup plus petites que les trois squammes, dites inter-nasales, qui constituent une rangée en travers de l'extrémité du museau. Deux des plaques de sa lèvre supérieure ne s'élèvent pas jusqu'à l'œil, de même que chez l'Énygre caréné ; attendu que dans celui que nous décrivons maintenant il y a un cercle complet de squammes oculaires.

Le nombre des dents qui, de chaque côté, arment la bouche de l'*Enygrus Bibroni*, est comme il suit : vingt-deux ou vingt-trois sus-maxillaires, dix-neuf ou vingt sous-maxillaires, six palatines et quatorze ptérygoïdiennes. Ici, la disproportion de longueur qui existe entre les quatre ou cinq premières dents des mâchoires, est beaucoup moindre que chez l'Énygre caréné.

Écailles du tronc : 31 ou 33 rangées longitudinales, de 236 à 267 rangées transversales. Écailles de la queue : de 19 à 23 rangées longitudinales, de 57 à 64 rangées transversales. Scutelles : de 212 à 225 ventrales, de 54 à 60 sous-caudales.

COLORATION. Le mode de coloration de cette espèce est assez variable : en dessus, elle a pour fond de couleur un brun tantôt fauve, tantôt grisâtre, tantôt noirâtre, sur lequel apparaissent plus ou moins distinctement de grandes taches noires, anguleuses, irrégulièrement et incomplétement entourées, ou bien presque entièrement couvertes, surtout sur les parties postérieures, d'un rouge de brique, pendant la vie, d'un blanc sale après la mort. Ces taches, quoique confondues ensemble, affectent néanmoins de former une série le long du dos et une ou deux autres le long des flancs. Une bande noirâtre est imprimée en travers de la région inter-orbitaire, il y a un chevron de la même couleur sur l'occiput. Le dessous du tronc et de la queue offre, sur un fond d'un blanc jaunâtre, de chaque côté et quelquefois aussi au milieu, une raie noire, composée d'une suite de petites taches ; cependant, chez certains individus, ces taches sont tellement dilatées et soudées ensemble d'une façon si irrégulière, qu'il en résulte une sorte de marbrure blanche et noire, sur les scutelles ventrales et les sous-caudales.

DIMENSIONS. *Longueur totale.* 98". *Tête.* Long. 3" 7"'. *Tronc.* Long. 80" 3"'. *Queue.* Long. 14".

Ces mesures nous sont données par le plus grand des neuf sujets de cette espèce que nous avons observés, sujets dans l'étendue longitudinale desquels la queue entre pour un peu moins ou un peu plus de la septième partie.

PATRIE. Cet Énygre n'a encore été trouvé que dans l'île Viti : c'est à MM. Hombron et Jacquinot qu'on en doit la découverte.

MOEURS. Il paraît qu'il se nourrit principalement de geckotiens, car les parties non encore digérées, contenues dans l'estomac des quatre ou cinq individus dont nous avons examiné les viscères, appartenaient toutes à des Sauriens de cette famille.

IIᵉ GENRE. LEPTOBOA. — *LEPTOBOA* (1). Nobis.

(*Caseara* (2), Gray.)

CARACTÈRES. Narines s'ouvrant latéralement au milieu d'une plaque? (3). Yeux latéraux, à pupille vertico-elliptique. Dessus de la tête revêtu de plaques en avant et d'écailles en arrière. Pas de fossettes aux lèvres. Écailles carénées, scutelles sous-caudales entières.

Aucun autre Boæide n'offre une gracilité plus grande que l'espèce pour laquelle nous avons établi ce genre, auquel il nous a paru convenable, à cause de cela, d'appliquer la dénomination de Leptoboa.

On distinguera aisément ce groupe générique de ceux de sa tribu qui, ainsi que lui, ont les écailles carénées, c'est-à-dire des Énygres, des Tropidophides et des Platygastres, à ce principal caractère que la face supérieure de la tête est recouverte de plaques et d'écailles ; au lieu de ne l'être que de celles-ci, comme chez les premiers, ou que de celles-là, de même que dans les seconds et les troisièmes. Les plaques sus-céphaliques des Leptoboas, qui sont des inter-nasales, des fronto-nasales, des pré-frontales et des sus-oculaires, n'occupent que le dessus des yeux et la partie située en avant du front ; l'espace inter-orbitaire et toute la seconde moitié de la région sus-crânienne sont revêtus de très-petites pièces squammiformes, inégales entre elles.

---

(1) De λέπτος, mince ; et de *Boa*, nom du genre de cette tribu le plus anciennement connu.

(2) Étymologie inconnue.

(3) Nous n'osons pas affirmer qu'il en soit ainsi, l'espèce unique pour laquelle nous créons ce genre, ne nous étant connue que par un seul individu, dont le bout du museau est un peu endommagé.

1. LE LEPTOBOA DE DUSSUMIER. *Leptoboa Dussumieri.* Nobis.

CARACTÈRES. Dessus du corps d'un gris roussâtre, queue tachetée de noir.

SYNONYMIE. *Boa Dussumieri.* Nob. Mus. Par.

1837. *Boa Dussumieri.* Schleg. Ess. Physion. Serp. Part. génér., pag. 176, n° 6, et Part. descript., pag. 396.

1842. *Casarea Dussumieri.* Gray. Synops. Famil. Boid. (Zoolog. Miscell., pag. 43.)

DESCRIPTION.

FORMES. Le Leptoboa de Dussumier a la queue très-déliée et tellement allongée à proportion de celle des autres Boæides, qu'elle fait à elle seule le quart de la longueur totale de ce serpent. Le tronc est excessivement comprimé et cinquante-cinq fois environ plus long qu'il n'est large, au milieu. Ses vestiges de membres abdominaux ne sont point apparents au dehors, du moins chez l'individu, évidemment fort jeune, objet de la présente description. La tête a en longueur le double de sa largeur postérieure, qui est d'un tiers plus étendue que l'antérieure ; très-déprimée en arrière, elle l'est davantage en avant, attendu que sa face supérieure offre un plan assez incliné vers le museau. Le dessus de celui-ci s'arrondit fortement à droite et à gauche pour s'unir avec les régions frénales. C'est aussi en s'arrondissant d'une façon très-prononcée, que la portion sus-céphalique postérieure se confond de chaque côté avec les tempes. L'œil est grand ou d'un diamètre égal à la moitié de l'espace inter-orbitaire.

La plaque rostrale, dont la figure est celle d'un carré long, a ses angles supérieurs arrondis; elle est légèrement concave dans le tiers inférieur de sa hauteur, mais son bord labial n'est nullement échancré. Les plaques inter-nasales et les fronto-nasales sont sub-trapézoïdes, mais celles-ci sont beaucoup plus grandes que celles-là et très-élargies, puisqu'elles descendent, chacune de leur côté, derrière la nasale jusqu'à la lèvre, tenant ainsi lieu de plaques frénales. Les pré-frontales, qui sont encore plus développées que les précédentes, offrent cinq pans inégaux, par l'un desquels elles touchent à la troisième plaque supéro-labiale: les sus-oculaires sont oblongues, irrégulièrement rhomboïdales; les écailles polygones qui recouvrent le

front sont au nombre de neuf ou dix et moins petites que celles
qui revêtent le reste du crâne. Les plaques nasales paraissent être losangiques. Il y a une très-grande pré-oculaire trapézoïde, au-dessous de laquelle en est une seconde, sub-rectangulaire ; on compte cinq post-oculaires, dont la plus inférieure
n'est pas aussi petite que ses congénères. Les tempes sont garnies d'écailles oblongues, sub-rhomboïdales, assez développées. Le long de chaque côté de la lèvre supérieure est une
douzaine de plaques dont la première, qui affecte la figure d'un
trapèze, est très-petite ; les cinq suivantes sont au contraire
très-grandes, mais les six dernières ne le sont que médiocrement. La mentonnière est une énorme plaque en triangle équilatéral. La lèvre inférieure a pour bordure, à droite comme à
gauche, d'abord quatre plaques quadrangulaires, une fois plus
dilatées transversalement que longitudinalement, puis une
cinquième encore assez grande et trapézoïde, ensuite six ou
sept autres, de moindre dimension, quadrilatérales oblongues.
Le sillon gulaire offre de chaque côté une très-longue et très-
étroite plaque sub-rhomboïdale, latéralement à laquelle il existe,
comme sur toute la gorge, de petites écailles sub ovalaires, fort
allongées, disposées par séries légèrement obliques. Les pièces
de l'écaillure du corps sont très-petites, épaisses, sub-oblongues, losangiques, arrondies au sommet de leur angle postérieur ; la carène qui en parcourt la ligne médio-longitudinale est
très-forte. La largeur des plus grandes scutelles de l'abdomen
est égale à peu près à la moitié de la longueur de la tête.

Écailles du tronc : 51 rangées longitudinales, 240 rangées
transversales. Écailles de la queue : 33 rangées longitudinales,
108 rangées transversales. Scutelles : 233 ventrales, 127 sous-
caudales.

Coloration. Cette espèce a ses parties supérieures d'un gris
roussâtre et les inférieures d'un blanc sale ; la dernière moitié
de sa queue présente un certain nombre de taches noires, parmi lesquelles il en est plusieurs qui se dilatent assez en travers
pour former des anneaux presque complets.

Dimensions. *Longueur totale.* 43" 3'". *Tête.* Long. 1" 4'".
Tronc. Long. 30" 9'". *Queue.* Long. 11".

Patrie. L'île Ronde, près de celle de Maurice, est le pays où
cet intéressant ophidien a été découvert par M. Dussumier, à la
générosité duquel le muséum d'histoire naturelle est redevable
du seul échantillon qu'il possède.

IIIe GENRE. TROPIDOPHIDE. — *TROPIDO-PHIS* (1). Nobis.

(*Ungalia* (2) , Gray.)

CARACTÈRES. Narines s'ouvrant latéralement entre deux plaques. Yeux latéraux , à pupille vertico-elliptique. Dessus de la tête revêtu de plaques symétriques. Pas de fossettes aux lèvres. Écailles tectiformes plutôt que carénées (3). Scutelles sous-caudales entières.

Il existe entre les Tropidophides et les genres de leur tribu dont ils se rapprochent le plus, tels que les Énygres, les Leptoboas et les Platygastres, cette première différence que leurs narines s'ouvrent chacune extérieurement, dans la suture de deux squammes bien distinctes , et non au centre d'une plaque entière, comme chez les trois genres précédents. Ils s'en distinguent, en outre , d'abord en ce que le dessus de leur tête n'est garni que de plaques, au lieu de ne l'être que d'écailles, comme dans les Énygres, ou bien d'offrir à la fois de ces deux sortes de téguments, comme les Leptoboas ; ensuite en ce que leurs scutelles ventrales et les sous-caudales sont loin d'avoir la largeur de celles des Platygastres, au bouclier céphalique desquels on compte d'ailleurs trois pièces de moins qu'à celui des espèces du présent groupe générique , pièces qui sont deux préfrontales et une interpariétale. Les autres plaques sus-crâniennes des Tropidophides sont une paire d'inter-nasales, une paire de fronto-nasales , une frontale proprement dite , une paire de sus-oculaires et une paire de pariétales. Il y a de chaque côté

---

(1) Τροπις, ιδος, carène ; οϕις, serpent.

(2) Étymologie inconnue , probablement nulle , car la plupart des noms donnés par cet auteur sont tout à fait arbitraires.

(3) L'élévation que présente leur ligne médio-longitudinale est très-prononcée chez les sujets adultes, mais à peine distincte chez les jeunes individus.

de la tête deux plaques nasales, une portion rabattue de l'une des deux plaques fronto-nasales, tenant lieu de frénale, une plaque pré-oculaire et trois plaques post-oculaires.

Les Tropidophides n'ont point la gracilité des Leptoboas, mais les formes robustes des Boas et des Énygres ; leur tronc, comme celui de ces derniers, est assez fortement comprimé et beaucoup moins gros à ses deux extrémités que vers le milieu de son étendue ; leur queue, quoique peu allongée, est très-préhensile. A droite et à gauche de la base de cette partie terminale de leur corps, est un vestige de membre postérieur, qui n'est bien apparent au dehors, sous forme d'ergot conique, que chez les sujets d'un certain âge, et dont le développement est toujours moindre dans les femelles que dans les mâles. La tête des Tropidophides offre à peu près la même configuration que celle des Énygres et des Leptoboas ; elle est pyramido-quadrangulaire, fort déprimée, assez étroite à son bout antérieur, qui est tronqué perpendiculairement, suivant une ligne faiblement inclinée en arrière, ou beaucoup moins penchée en avant que chez les deux genres que nous venons de nommer. Les orifices externes des narines sont positivement latéraux, petits, baillants, circulaires, et presque entièrement pratiqués dans la première plaque nasale. Les yeux, dont le diamètre est de moyenne grandeur, sont placés à fleur du crâne, un peu en avant de la seconde moitié des parties latérales de la tête. La fente de la bouche suit une ligne parfaitement droite. La glotte est simple ou sans le moindre repli de la muqueuse en forme de languette, au devant de son ouverture, comme chez les Boas.

Toute la portion pré-orbitaire de la tête osseuse des Tropidophides ou la partie correspondante au museau, est à proportion bien moins allongée que dans les Énygres. Les os nasaux donnent ensemble la figure d'un triangle isocèle, dont la base, de même que chez ce dernier genre, tient écartés l'un de l'autre les frontaux antérieurs, qui sont assez développés et trapézoïdes. Les ptérygoïdes, droits et étroits dans les deux premiers cinquièmes de leur longueur, sont au contraire fort larges, très-aplatis et très-arqués à leur bord interne dans l'avant-dernier cinquième, à partir duquel ils deviennent brusquement pointus, en se jetant un peu obliquement en dehors.

Les dents sont assez fortes et, quant à leur longueur relative, semblables à celles du commun des Boæides : on en compte de chaque côté, de dix-sept à vingt à la mâchoire supérieure, vingt-quatre ou vingt-cinq à l'inférieure, une huitaine aux palatins, et treize ou quatorze aux os ptérygoïdes internes.

L'écaillure du corps des Tropidophides se compose de pièces losangiques, arrondies au sommet de leur angle postérieur, et toutes à peu près de même grandeur ; c'est-à-dire que, chose assez rare, celles d'entre elles qui appartiennent aux deux ou trois séries les plus voisines des scutelles du ventre, sont à peine plus dilatées que les autres. Ces pièces, sur le dos, le haut des flancs et la queue, sont distinctement tectiformes, chacune d'elles s'abaissant et s'amincissant par degrés de chaque côté de sa ligne médio-longitudinale, qui est très-épaisse. Cette disposition n'est toutefois bien manifeste que chez les sujets qui ont déjà acquis un certain développement ; autrement, ou lorsqu'ils sont encore jeunes, il faut apporter une grande attention pour en constater l'existence.

C'est dans la partie erpétologique de l'histoire naturelle de l'île de Cuba, que nous avons établi le genre *Tropidophis*, pour une espèce de laquelle nous en rapprochons aujourd'hui une autre, dont nous avions fait à tort dans le même ouvrage, d'après de jeunes individus, un genre à part, sous le nom de *Leionotus*

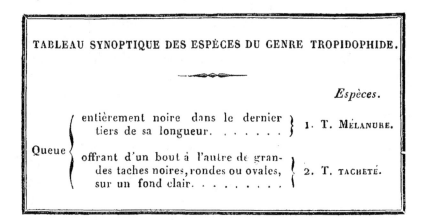

TABLEAU SYNOPTIQUE DES ESPÈCES DU GENRE TROPIDOPHIDE.

Espèces.

Queue
{ entièrement noire dans le dernier tiers de sa longueur. . . . . . } 1. T. MÉLANURE.

offrant d'un bout à l'autre de grandes taches noires, rondes ou ovales, sur un fond clair. . . . . } 2. T. TACHETÉ.

1. LE TROPIDOPHIDE MÉLANURE. *Tropidophis melanurus.* Nobis.

CARACTÈRES. Dessus et côtés du tronc d'un gris violacé ou olivâtre, ou bien d'un brun roussâtre, avec des taches anguleuses noires, maculées de blanc, petites ou moyennes, généralement peu apparentes et assez espacées. Queue toute noire dans son tiers postérieur.

SYNONYMIE. 1836. *Boa melanura.* Nob. Mus. Par.

1837. *Boa melanura.* Schleg. Ess. Physion. Serp. Part. génér. pag. 177, n° 9, et Part. descript. pag. 399.

1840. *Tropidophis melanurus.* Nob. Hist. natur. Cuba, par Ramon de la Sagra. Rept. pag. 208, pl. 23.

1840. *Boa pardalis.* Gundlach. Arch. Naturgesch. von Wiegm. (1840), pag. 559.

1842. *Ungalia melanura*, Gray. Synops. Fam. Boidæ (Zoolog. miscell. pag. 46.)

FORMES. Le Tropidophide mélanure a la face supérieure de sa tête parfaitement plane, les tempes légèrement bombées et les régions frénales un peu penchées en dedans; celles-ci s'unissent, non en s'arrondissant, mais angulairement, avec les côtés du dessus du museau. Le dos est un peu en toit; la queue, qui a la forme d'un cône faiblement comprimé, fait de la neuvième à la onzième partie de la longueur totale de l'animal.

La plaque rostale affecte tantôt la figure d'un demi-disque, tantôt celle d'un triangle sub-équilatéral, tronqué au sommet de son angle d'en haut; elle est distinctement concave dans sa

moitié inférieure, mais à peine échancrée à son bord labial.
Les inter-nasales sont triangulaires, sub-équilatérales, et de
plus de moitié moins grandes que les fronto-nasales ; la portion de celles-ci, qui est située sur le museau, entre les inter-
nasales et les pré-frontales, ressemble à un trapèze, et celle
qui est rabattue sur la région frénale, intermédiairement à
la seconde nasale et à la préoculaire, offre la figure d'un losange. La frontale proprement dite est très-oblongue, présentant en avant un pan brisé au milieu, de chaque côté un bord
légèrement arqué en dedans, et, en arrière, deux autres réunis
en angle aigu quelquefois tronqué au sommet. Les sus-oculaires sont deux lames allongées, étroites, se terminant en angle
obtus à l'un et à l'autre bout. Les pariétales ne diffèrent guère
des précédentes que parce qu'elles sont un peu moins longues
et un peu plus larges ; on rencontre des individus chez lesquels
une suture partage transversalement les plaques pariétales en
deux moitiés inégales. L'inter-pariétale est une petite pièce
oblongue, sub-rectangulaire, entière ou divisée en deux parties.

La première nasale est un peu plus grande que la seconde ;
celle-ci a la figure d'un rhombe et celle-là d'un trapèze. Nous
avons déjà dit, qu'entre la nasale postérieure et la pré-oculaire,
est une portion descendante de la fronto-nasale, qui tient lieu
de plaque frénale. La pré-oculaire est pentagone inéquilatérale
et plus large à son sommet qu'à sa base ; elle appuie celle-ci sur
la troisième et la quatrième labiale, et s'articule par celui-là avec
la frontale antérieure et la sus-oculaire. La première des trois
post-oculaires, en partant d'en haut, est carrée, la seconde pentagone, de même que la troisième, qui est plus petite que les deux
autres et un peu enfoncée entre la cinquième et la septième supéro-labiale, la sixième étant plus courte que ces deux-ci. Il y
a dix plaques de chaque côté de la lèvre supérieure : la première est petite et trapézoïde ; les trois suivantes sont grandes
et à peu près carrées ; la cinquième, moins développée que
les précédentes, est en trapèze, ainsi que la sixième, dont
la dimension est moindre que celle de toutes ses congénères ; les quatre dernières sont pentagones et diminuent successivement de grandeur. La plaque du menton a la figure
d'un trapèze isocèle. La lèvre inférieure est garnie, à droite
comme à gauche, de douze ou treize plaques quadrangulaires
ou sub-quadrangulaires, dont la seconde, la troisième, la qua-

trième et la cinquième sont deux fois aussi hautes que larges, tandis que les autres sont, ou seulement un peu moins dilatées transversalement que verticalement, telles que la première, la sixième et la septième, ou bien d'une largeur égale à leur hauteur, comme les cinq ou six dernières. Il existe sous le bout de la mâchoire inférieure, en arrière de la mentonnière, deux plaques ayant ensemble la figure d'un grand heptagone équilatéral.

Le sillon gulaire a une étendue égale à la moitié de celle du dessous de la tête; la gorge est revêtue d'écailles sub-rhomboïdales. Les scutelles du milieu du ventre offrent la même largeur que l'occiput.

Écailles du tronc : de 23 à 29 rangées longitudinales, 204 ou 205 rangées transversales. Scutelles : de 2ₒ3 à 216 ventrales, de 32 à 39 sous-caudales.

Coloration. Certains sujets de cette espèce ont le dessus et les côtés du corps d'un gris violacé, d'autres d'un gris jaunâtre ou olivâtre, et il en est chez lesquels ces parties sont d'un brun roussâtre ; mais tous paraissent offrir plus ou moins distinctement, sur le dos et les flancs, des taches de moyenne et de petite dimension, anguleuses, noires, incomplétement environnées et très-irrégulièrement maculées de blanc. Les plaques sus-oculaires, les pariétales et la frontale proprement dite ont leurs bords externes blanchâtres et le reste de leur surface piqueté ou comme saupoudré de la même teinte, sur un fond d'un brun roussâtre ou noirâtre ; les lèvres sont au contraire blanchâtres, très-finement ponctuées de brun sombre. Une large bande de cette dernière couleur s'étend obliquement le long de la tempe, depuis l'œil jusqu'à l'arrière de l'angle de la bouche. Le ventre est d'un blanc jaunâtre, avec des taches ou sans taches sub-arrondies, brunes ; un noir profond colore le dernier tiers de la queue. Les très-jeunes sujets que nous avons été à même d'observer ne nous ont pas offert un dessin différent de celui d'individus non adultes, mais beaucoup plus âgés.

Dimensions. Les mesures suivantes ont été prises sur le plus long des Tropidophides mélanures qui sont conservés dans notre musée ; mais il est probable qu'il en existe d'une beaucoup plus grande taille.

Longueur totale. 68" 5'". *Tête.* Long. 2" 2'". *Tronc.* Long. 60". *Queue.* Long. 6" 3'".

PATRIE. Découverte dans l'île de Cuba par M. A. Ricord, cette espèce y a été retrouvée plus tard par M. Ramon de la Sagra, à qui nous sommes redevables de la plupart des sujets que nous possédons.

MOEURS. L'un d'eux tient encore dans sa gueule un Batracien hylæforme du genre Trachycéphale, qu'il venait de saisir au moment où lui-même a été pris.

2. LE TROPIDOPHIDE TACHETÉ. *Tropidophis maculatus.* Nobis.

CARACTÈRES. Dessus et côtés du tronc d'un brun gris, fauve ou roussâtre, avec de nombreuses et très-grandes taches noires, rondes ou ovales ; queue tachetée de la même manière que le tronc.

SYNONYMIE. 1840. *Leionotus maculatus.* Nob. Hist. Cuba, par Ramon de la Sagra, Rept. pag. 212, pl. 24.

1840. *Boa pardalis.* Gundlach. Archiv. naturgesch. von Wiegmann (1840) pag. 359.

DESCRIPTION.

FORMES. A cette seule différence près, que sa plaque frontale est proportionnellement plus courte et que ses pariétales sont plus grandes, plus larges et assez régulièrement rhomboïdales, au lieu de représenter des lames étroites, obtusément angu-leuses aux deux bouts, le Tropidophide tacheté ressemble exactement au Tropidophide mélanure, quant à la forme de toutes ses parties, ainsi qu'à la figure et à la disposition de ses téguments squammeux. Il a aussi à peu près le même nombre d'écailles et de scutelles que l'espèce précédente.

Écailles du tronc : 23 ou 25 rangées longitudinales, de 147 à 203 rangées transversales. Écailles de la queue : 17 ou 19 ran-gées longitudinales, de 32 à 43 rangées transversales. Scutelles : de 147 à 200 ventrales, de 27 à 36 sous-caudales.

COLORATION. C'est surtout par son mode de coloration que le Tropidophide tacheté diffère du mélanure. Il offre à ses régions supérieures, ainsi qu'aux latérales, sur un fond d'un brun fauve ou grisâtre, de très-grandes taches rondes ou elliptiques, d'une teinte tantôt noire, tantôt brunâtre, taches qui sont fort rap-prochées les unes des autres et qui paraissent constituer quatre séries, une à droite et à gauche, et deux sur le dessus du

corps. Le dessous de celui-ci est d'un blanc jaunâtre, avec une
double rangée longitudinale de grands carrés noirs. On voit sur
la tête, tout à fait en arrière, deux raies noirâtres croisées
en X. Souvent la lèvre supérieure est blanche dans toute son
étendue, quelquefois elle ne l'est que dans sa seconde moitié.
Les tempes sont marquées chacune d'une bande noire, qui touche
à l'œil par une de ses extrémités, et par l'autre, à l'angle de la
bouche. Les très-jeunes sujets ont le bout de la queue blanc et
leurs taches du dos et des flancs d'un beau noir, environné de
jaune d'ocre pendant la vie, de blanchâtre après la mort.

DIMENSIONS. Nous n'avons encore eu l'occasion d'observer
que des sujets de petite taille; voici les dimensions de l'un
d'eux :

Longueur totale. 47" 2'''. *Tête.* Long. 19'''. *Tronc.* Long. 40".
Queue. 5" 3'''.

PATRIE. Le Tropidophide tacheté est, comme son congénère,
originaire de l'île de Cuba; les individus qu'en possède notre
musée ont été donnés par M. Ramon de la Sagra.

OBSERVATIONS. C'est peut-être à tort que nous considérons le
Tropidophis maculatus comme spécifiquement différent du
Tropidophis melanurus : il se pourrait effectivement qu'il n'en
fût qu'une variété, mais alors une variété constante ou se reproduisant avec un système de coloration toujours tel qu'il
vient d'être décrit; car, sous ce rapport, il n'existe aucune
différence notable entre les dix ou douze individus, tous d'âge
différent, que nous avons été dans le cas d'observer. D'un autre
côté, pas un seul de nos neuf sujets du *Tropidophis melanurus*,
depuis le plus jeune, long à peine de vingt centimètres, jusqu'au plus âgé, mesurant près de soixante-neuf centimètres,
ne nous a offert, relativement au mode de coloration, le moindre
indice de passage vers le *Tropidophis maculatus.*

IV° GENRE. PLATYGASTRE. — *PLATY-GASTER* (1). Nobis.

(*Uroleptis* (2), Fitzinger ; *Bolyeria* (3), Gray.)

CARACTÈRES. Narines s'ouvrant latéralement au milieu d'une plaque. Yeux latéraux, à pupille vertico-elliptique. Dessus de la tête revêtu de plaques symétriques. Pas de fossettes aux lèvres. Écailles carénées ; scutelles ventrales et sous-caudales très-larges, celles-ci entières.

En désignant ce genre par le nom de Platygastre, nous voulons faire allusion à la largeur excessivement grande que présentent ses scutelles ventrales comparativement à celle des mêmes lames squammeuses, chez les autres Boæides.

Mais ce qui le distingue plus particulièrement des différents groupes génériques de cette tribu, c'est d'abord d'avoir les pièces de son écaillure relevées de carènes, tandis que celles des Boas, des Pélophiles, des Eunectes, des Xiphosomes, des Épicrates et des Chilabothres sont plates et lisses ; puis de n'offrir de chaque côté du museau qu'une seule squamme nasale, au lieu de deux, comme les Tropidophides ; ensuite de présenter une vestiture céphalique uniquement composée de plaques symétriques, et non en partie de celles-ci et en partie d'écailles, ou bien seulement de ces dernières, de même que les Leptoboas et les Énygres.

Les Platygastres ont plutôt le port des Couleuvres que des Boæides. Leur tête est peu distincte du corps, petite, en forme de cône, très-faiblement aplati sur quatre faces,

---

(1) De πλατύς, aplati, large ; et de γαστήρ, ventre.

(2) De οὐρά, queue ; et λέπτις, mince. Ce nom était mal choisi, attendu que le genre auquel on l'a appliqué, a au contraire la queue très-forte, très-robuste.

(3) Ce nom de *Bolyeria* n'est d'aucune langue.

et coupé obliquement au sommet ; leur tronc est médiocrement fort, assez allongé, à peine comprimé, un peu plus
gros au milieu qu'aux deux bouts, et aussi large à sa région
ventrale qu'à la dorsale ; leur queue est longue, robuste,
conique et fortement enroulable. Les ouvertures des narines
sont sub-triangulaires, baillantes, et pratiquées dans une
plaque entière, l'une à droite, l'autre à gauche de la partie
terminale du museau. Les yeux, dont la pupille est verticalement allongée, sont de moyenne grandeur, et situés à fleur
du crâne, de chaque côté de la tête, un peu plus rapprochés
du bout du museau que de l'extrémité postérieure de
celle-ci.

La face sus-céphalique offre une paire de plaques inter-
nasales, une paire de fronto-nasales, une paire de frontales
proprement dites, une paire de sus-oculaires, et une paire
de pariétales ; il y a sur les régions latérales une seule plaque
nasale, une portion rabattue de la fronto-nasale, tenant lieu
de frénale, deux pré-oculaires et quatre post-oculaires. Les
écailles du corps sont très-petites, nombreuses, la plupart
hexagonales et tricarénées. Les scutelles du ventre et du
dessous de la queue sont très-élargies.

La seule espèce qui se rapporte encore à ce genre, est la
suivante

1. LE PLATYGASTRE MULTICARÉNÉ. *Platygaster multica-rinatus*. Nobis.

CARACTÈRES. Écailles du dos, hexagones, tricarénées.

SYNONYMIE. *Eryx multocarinatus*. Péron. Mus. Par.
1827. *Eryx multocarinata*. F. Boié, Isis, tom. 20, pag. 513.
1837. *Tortrix pseudo-eryx*. Schleg. Ess. Physion. Serp.
Part. génér. pag. 129, et Part. descrip. pag. 19.
1839. *Tortrix pseudo-eryx*. Schleg. Abbild. amphib. pag. 112,
pl. 34.
1842. *Bolyeria pseudo-eryx*. Gray. Synops. Famil. Boidæ.
(Zoolog. Miscell. pag. 46.)

REPTILES, TOME VI. 32

DESCRIPTION.

FORMES. La tête du Platygastre multicaréné a, en longueur, une fois et deux tiers sa largeur postérieure. Le tronc, dont le diamètre transversal est un peu moindre que le vertical, se montre régulièrement arrondi en dessus, légèrement convexe de chaque côté, et presque plat en dessous. La queue fait le cinquième et demi environ de la totalité de l'étendue longitudinale du corps : elle est par conséquent assez développée, c'est-à-dire plus que chez tous les Boæides, autres que le *Leptoboa Dussumieri* et le *Xiphosoma hortulanum* ; toutefois, elle est très-forte et très-peu aplatie latéralement.

La fente de la bouche est rectiligne et la glotte simple ; nous avons compté vingt-huit dents à chaque branche sus-maxillaire.

La plaque rostrale affecte la figure d'un demi-disque ; légèrement concave dans le tiers inférieur de sa hauteur, elle est au contraire très-distinctement convexe dans les deux autres tiers ; son bord labial offre une petite échancrure semi-lunaire. Les inter-nasales représentent chacune un trapèze rectangle (1); les fronto-nasales, qui sont les plus développées de toutes les pièces du bouclier céphalique, ont six pans inégaux, et elles se rabattent, l'une à droite, l'autre à gauche, entre la plaque nasale et la pré-oculaire supérieure, pour tenir lieu de frénale ; les deux frontales proprement dites donnent ensemble la figure d'un triangle isocèle (2); les sus-oculaires sont sub-trapézoïdes et arrondies au sommet de leur angle postéro-externe ; les pariétales, étant anormalement développées chez le seul individu que nous connaissions, il nous est impossible d'en indiquer la véritable configuration. La plaque nasale et les deux préoculaires ressemblent chacune à un trapèze ; l'une de ces deux préoculaires, l'inférieure, est d'un tiers moins grande que la supérieure et enclavée en partie entre la troisième et la quatrième supéro-labiale. Les post-oculaires sont quadrangulaires, inéqui-

---

(1) Chez l'individu qui sert à notre description, ces deux plaques inter-nasales, ce qui est évidemment une anomalie, se conjoignent sans trace de suture, dans le dernier tiers de leur longueur.

(2) Il se pourrait que la division de la frontale en deux parties ne fût qu'accidentelle.

latérales, sub-oblongues et toutes quatre d'une dimension à peu
près pareille. La lèvre supérieure offre de l'un et de l'autre côté
neuf ou dix plaques, coupées à cinq pans, à l'exception de la
première et de la seconde, qui ressemblent, celle-ci à un
carré, celle-là à un trapèze; la plus grande de ces neuf ou dix
plaques est la quatrième, après elle c'est la deuxième, puis
viennent la première, la troisième et les cinq ou six dernières,
qui sont graduellement de plus en plus petites. La squamme du
menton est en triangle équilatéral. Les plaques inféro-labiales
sont au nombre de dix paires : toutes ont quatre côtés, mais
celles des cinq premières paires sont beaucoup plus dilatées
verticalement que transversalement, tandis que les suivantes
sont aussi hautes ou moins hautes que larges. Il existe une
longue plaque rectangulaire à droite et à gauche de la première
moitié du sillon gulaire. La gorge est revêtue d'écailles oblongues, sub-elliptiques, parfaitement lisses. Les régions du corps
voisines de la tête ont pour écaillure des pièces ovalaires, distinctement uni-carénées ; le dos et la queue en offrent d'hexagones, juxtaposées et surmontées de trois fortes carènes arrondies, dont les deux latérales sont moins longues que la médiane ; les côtés du tronc, vers le milieu, en présentent de
circulaires, uni-carénées, non entuilées et, partout ailleurs,
d'elliptiques, sub-imbriquées et relevées d'une seule carène ;
celles des écailles des flancs qui, à droite et à gauche, constituent la série la plus proche des scutelles du ventre, sont plates,
lisses, assez élargies, de deux grandeurs, et disposées de manière
qu'une petite alterne constamment avec une grande. La largeur
des scutelles ventrales les plus développées est égale à la longueur de la fente buccale.

Écailles du tronc : 55 rangées longitudinales, 396 rangées
transversales. Écailles de la queue (qui est mutilée) : 43 rangées
longitudinales, 108 rangées transversales. Scutelles : 192 ventrales, 46 sous-caudales.

COLORATION. Le mode de coloration de cette espèce a quelque
rapport avec celui de l'Éryx javelot. En dessus, elle offre, sur
un fond gris fauve, des taches d'un brun roussâtre, entremêlées
d'autres taches d'un jaune d'ochre : ces taches qui, sur la première moitié du corps, sont éparses ou isolées, se rapprochent
au contraire les unes des autres sur la seconde moitié, où même
elles s'anastomosent de façon à produire une sorte de dessin

réticulaire à mailles inégales. Une raie noire descend obliquement du bord postérieur de l'orbite sur la lèvre supérieure, un
peu en avant du coin de la bouche, en arrière duquel est une
tache noirâtre. Les scutelles abdominales et les sous-caudales
sont comme marbrées de blanchâtre et de brun de suie, plus ou
moins foncé.

DIMENSIONS. *Longueur totale*. 71". *Tête*. Long. 2" 3"'. *Tronc.*
Long. 55" 7"'. *Queue*. Long. 13".

PATRIE. Le Platygastre multicaréné habite la Nouvelle-Hollande : le seul exemplaire que nous ayons encore été dans le
cas d'observer a été recueilli au Port-Jackson par Péron et
Lesueur.

OBSERVATIONS. Cette espèce avait été placée par M. Schlegel
dans le genre *Tortrix*.

Vᵉ GENRE. BOA. — *BOA* (1). Wagler.
(*Constrictor*. Laurenti).

CARACTÈRES. Narines s'ouvrant latéralement entre
deux plaques. Yeux latéraux, à pupille vertico-elliptique. Dessus de la tête entièrement revêtu d'écailles

---

(1) Nom latin d'un grand Serpent employé par Pline, lib. VIII,
cap. 14, avec ce préjugé : *Boæ aluntur bubuli lactis succo*, *unde
nomen traxere*(*). Cette dénomination adoptée par Johnston, Ruysch,
Alddrovande, a été également employée par Linné, Laurenti et la
plupart des naturalistes ; mais ici c'est d'après Wagler que les espèces
sont réunies génériquement. Toutes sont américaines et ne pouvaient pas être connues du temps de Pline.

(*) Nous avons déjà eu occasion de combattre ce préjugé propagé
parmi les habitants de la campagne depuis Aristote, ainsi que nous allons
le dire ; mais comme il règne encore et qu'il est consigné dans les ouvrages de tous les naturalistes, nous croyons utile d'y revenir ici.
Aristote, en parlant de l'oiseau que nous nommons Engoulevent,
l'appelle Αιγοθήλης, que l'on a traduit *caprimulgus* ou tette-chèvre. Il
vient, dit-il, tetter les chèvres pendant la nuit, et par suite leurs mam-
melles se sèchent. Or, il est impossible à un oiseau, comme à un Serpent,
et par les mêmes raisons anatomiques et physiologiques que nous avons
exposées plus haut, page 157, de faire le vide dans la bouche. Cependant Buffon, en parlant des chèvres dit : «qu'elles sont sujettes, comme
les vaches et les brebis, à être tettées par la Couleuvre et encore par un
oiseau connu sous le nom de Tette-Chèvre ou Crapaud-volant, etc. »

de plus en plus petites, d'avant en arrière. Point de
fossettes aux lèvres. Écailles du corps plates, lisses ;
scutelles sous-caudales non divisées en deux pièces.

Il est assez singulier que le nom de Boa, qui, d'après son
origine, n'a pu sans aucun doute être primitivement donné
qu'à des serpents de l'ancien monde, ait justement été choisi
par Linné, pour désigner un genre d'ophidiens entièrement
composé d'espèces américaines. Une chose également assez
curieuse, mais évidemment due au hasard, c'est que ce
groupe générique, qui, en raison de sa caractéristique : *scuta
abdominalia, scuta subcaudalia (absque crepitaculo)*, ap-
plicable aujourd'hui, non plus à six espèces (1) seulement,
mais à une centaine environ, aurait pu, comme les genres
Coluber et *Anguis* du même auteur, en comprendre de
très-disparates à beaucoup d'égards, s'est trouvé au contraire n'en réunir, à une exception près, que de fort semblables entre elles, quant aux principaux points de leur organisation, et plus particulièrement à leur système dentaire.
Tellement que le groupe Linnéen des Boas forme véritablement le noyau de notre tribu des Boæides, à laquelle
appartiennent dix-huit espèces, c'est-à-dire un nombre égal
au sixième de celui de tous les serpents inscrits dans le
Systema naturæ.

De tous les Ophiologistes postérieurs à Linné, Laurenti,

(1) En effet, l'une des dix espèces désignées comme des Boas dans
la douzième édition du *Systema naturæ* ne devait pas y figurer
sous ce nom générique, en ne considérant même que sa squammure sous-caudale, composée de pièces qui ne sont pas entières.
C'est celle appelée *Contortrix*, dont la place naturelle est dans la
famille des Hétérodoniens, section des Azémiophides. Et, parmi les
neuf autres, il y a trois doubles emplois, c'est-à-dire que le *Boa canina* et l'*Hypnale* sont une seule espèce sous deux noms différents,
de même que le *Cenchria* et le *Scytale* d'une part, l'*Hortulana* et
l'*Enhydris* d'une autre part. Restent alors le *Murina*, le *Constrictor*
qui sont parfaitement distincts l'un de l'autre, et l'*Ophrias*, qui
très-probablement aussi est une espèce particulière que nous sommes
tentés de rapporter à notre *Boa diviniloqua.*

Schneider, Fitzinger, Wagler et M. Gray sont les seuls qui
n'aient point accepté le genre Boa tel, ou à peu près tel que
l'avait établi le grand naturaliste suédois. Ainsi, Laurenti
lui assigna pour principal caractère des lèvres creusées de
fossettes, sans toutefois y ranger les trois espèces connues
de son temps qui offrent cette particularité, puisque le
Boa canina y figure seul, à la vérité sous trois noms différents ; mais un autre genre détaché de celui des Boas de
Linné fut érigé, avec la dénomination de *Constrictor*, par
le savant auteur du *Synopsis Reptilium*, pour les espèces
n'ayant que de très-petites squammes sus-céphaliques, c'est-
à-dire pour celles auxquelles M. Gray et nous-mêmes, à
l'exemple de Wagler, réservons le nom générique de Boa.
Cette dernière distinction, que M. Fitzinger admet aussi
maintenant, il ne l'avait point faite dans sa classification
erpétologique de 1826, où l'on trouve les espèces du genre
Linnéen dont il est ici question, partagées en Xiphosomes
et en Boas, d'après cette différence que les unes ont le corps
comprimé et que les autres ne l'ont point, différence qui
n'existe réellement pas, attendu que tous les Boæides ont le
tronc plus ou moins aplati de droite à gauche. Antérieurement, Schneider, au lieu de démembrer le genre Boa de
Linné, l'avait au contraire augmenté des serpents qui ressemblaient à ceux qu'il renfermait déjà, par les dents de
devant plus longues que les suivantes, et par la présence
d'une paire d'ergots aux côtés de l'anus : de cette façon, le
célèbre Erpétologiste saxon se trouvait n'avoir rassemblé
que des espèces analogues aux Pythons, aux Éryx et aux
Boas, autrement dit, les types des groupes qui constituent
aujourd'hui la famille si naturelle dite des Pythoniens. Nous
ajouterons, pour ne rien omettre de ce qui est relatif à l'historique du genre Boa, que les auteurs, tels que Lacépède et
plusieurs autres, qui lui ont donné toute l'extension dont
il était susceptible, d'après sa caractéristique linnéenne,
ont inévitablement allié aux vrais Boas, des serpents qui
s'en éloignent sous une infinité de rapports, et entre autres

l'espèce si atrocement venimeuse appelée *Lachesis rhom-*
beatus.

Pour nous, les véritables Boas sont ceux des Boæides,
qui se distinguent au premier aspect des Énygres, des Leptoboas, des Tropidophides et des Platygastres, par le
manque absolu de carènes sur les pièces de leur écaillure ;
des Épicrates et des Xiphosomes, par l'absence de fossettes
autour de la bouche ; des Eunectes et des Chilabothres,
par la vestiture squammeuse du dessus de leur tête, qui
n'est composée que d'écailles, au lieu de l'être de plaques,
en tout ou en partie. Ces serpents ont un corps robuste,
fusiforme ou plus gros au milieu qu'aux deux bouts, et un
peu comprimé. Leur tête, qui est distincte du cou, assez
déprimée et terminée par un museau coupé droit ou un
peu obliquement de haut en bas, représente une pyramide
quadrangulaire ayant un rectangle pour base et un sommet
fortement tronqué ; ses parties latérales, en avant comme en
arrière des yeux, s'arrondissent brusquement sur toute l'é-
tendue de la ligne où elles se rencontrent avec la face supérieure. Leur queue, plutôt courte que longue à proportion
du tronc, est conique et facilement enroulable ; leurs vestiges de membres abdominaux sont très-apparents dans les
deux sexes, mais néanmoins plus développés chez les mâles
que chez les femelles.

Le bout du museau et les lèvres sont les seules parties de
la tête où il existe de véritables plaques symétriques ; partout
ailleurs elle est revêtue d'écailles ou de petites squammes
polygones, inéquilatérales. Les pièces de l'écaillure du corps
sont carrées ou losangiques, tout à fait plates et lisses, et,
vu leur faible dimension, en très-grand nombre ; à tel point
que sur le tronc elles ne forment jamais moins d'une soixantaine de rangées longitudinales, et qu'on y en compte jusqu'à
plus de quatre-vingt-dix. Les scutelles ventrales sont excessivement étroites, de même que les sous-caudales, parmi
lesquelles ce n'est qu'accidentellement qu'il s'en trouve quelques-unes de divisées en deux pièces.

Les narines viennent aboutir extérieurement de chaque côté du sommet de l'extrémité rostrale, entre deux plaques placées l'une devant l'autre, et dont, en général, l'antérieure est élargie et la postérieure rétrécie à sa base. Les yeux, dont la pupille est verticalement allongée, sont directement tournés vers l'horizon, suivant l'axe transversal de la tête ; ils se trouvent situés sur les côtés de celle-ci, un peu en avant du milieu de sa longueur et tout en haut, comme chez la grande majorité des Boæides. Les Boas ont la fente de la bouche rectiligne ; leur glotte offre cela de particulier, qu'à son extrémité antérieure, est une petite languette érectile, qui a peut-être pour usage de rendre plus complète l'occlusion de cet orifice de la trachée artère, en se renversant sur lui.

Avec l'âge, les os de la tête de ces serpents acquièrent une grande solidité, et la crête qui surmonte le pariétal devient excessivement haute ; les frontaux proprement dits offrent une largeur double de leur longueur ; les frontaux antérieurs, qui sont très-développés et de figure trapézoïde, se conjoignent par un de leurs angles ; et, par un autre, qui est fort aigu, ils se prolongent considérablement en avant le long des os du nez ; ceux-ci représentent ensemble une grande plaque elliptique semi-circulairement échancrée de chaque côté de sa ligne médio-longitudinale, dans sa portion la plus rapprochée de l'inter-maxillaire ; les os de la mâchoire supérieure sont deux tiges droites, ayant chacune la forme d'une massue, comprimée dans la première moitié de sa longueur, déprimée dans la seconde.

Les dents sont fortes et graduellement de moins en moins longues, à partir des premières jusqu'à la dernière, dans chacune des six rangées qu'elles constituent : leur nombre, à droite comme à gauche, est de dix-huit ou dix-neuf sus-maxillaires, d'une vingtaine de sous-maxillaires, de cinq ou six palatines, et d'une douzaine de ptérygoïdiennes.

On a évidemment exagéré la taille des Boas, ou plutôt on leur a souvent attribué celle, quelquefois énorme, de l'Eunecte Murin et des Pythons, auxquels ils sont toujours très-inférieurs sous ce rapport, les plus grands n'ayant guère que douze pieds de long ; tandis que les espèces de ces deux derniers genres peuvent atteindre de vingt-cinq à trente pieds d'étendue longitudinale.

Les Boas préfèrent le séjour des forêts à tout autre : leur vie se passe en grande partie sur les arbres, loin des eaux, dans lesquelles ils ne se rendent jamais, contrairement à l'habitude qu'en ont beaucoup d'autres Boæides; ils font leur proie de mammifères, d'oiseaux et aussi, disent quelques voyageurs, de reptiles sauriens.

Nous avons constaté l'existence de quatre espèces de Boas, toutes quatre originaires du nouveau monde : l'une habite la côte orientale, l'autre la côte occidentale de l'Amérique du sud, la troisième, la partie méridionale de l'Amérique du nord, et la quatrième une ou deux des îles de l'archipel des Antilles. Il en est de ces quatre espèces de Boas, comme de plusieurs reptiles et de certains mammifères que nourrissent les mêmes contrées; elles se ressemblent beaucoup, mais elles sont néanmoins parfaitement distinctes.

Liste alphabétique des différentes espèces désignées sous le nom de BOAS par les auteurs, avec l'indication des genres auxquelles elles sont rapportées dans cet ouvrage.

BOA.

Aboma. . . .	DAUDIN.	Eunectes murinus, n. 1.
—	CUVIER.	Epicrates cenchris, n. 1.
Amethystina. .	SCHNEIDER.	Python reticulatus, n. 5, et Liasis, n. 1.
Anacondo. . .	CUVIER.	Eunectes murinus, n. 1.
Anguiformis. .	SCHNEIDER.	Eryx Johnii, n. 1.
Annulifer. . .	DAUDIN.	Epicrates cenchris, n. 1.
Aquatica. . . .	Prince DE NEUWIED.	Eunectes murinus, n. 1.
Araramboya. .	SPIX, WAGLER. . .	Xiphosoma caninum, n. 1.
Aurantiaca. . .	LAURENTI.	Xiphosoma caninum, n. 1.
Canina.	LINNÉ.	Xiphosoma caninum, n. 1.
Carinata. . . .	SCHNEIDER.	Enygrus carinatus, n. 1.

BOA.

Castanea. . . .	SCHNEIDER.	Python molurus, n. 4.
Cenchria. . . .	Prince DE NEUWIED.	Epicrates cenchris, n. 1.
Cenchris. . . .	LINNÉ.	Epicrates, n. 1.
Cinerea.	SCHNEIDER.	Python molurus, n. 4.
Conica.	SCHNEIDER.	Eryx conicus, n. 1.
Dorsuale. . . .	SPIX.	Xiphosoma hortulanum, n. 2.
Dussumieri. .	MUSÉE DE PARIS. .	Leptoboa, n. 1.
Elegans. . . .	DAUDIN.	Xiphosoma hortulanum, n. 2.
Enhydris. . . .	LINNÉ.	Xiphosoma hortulanum, n. 2.
Exigua. . . .	LAURENTI.	Xiphosoma caninum, n. 1.
Flavescens. . .	BECHSTEIN.	Xiphosoma caninum, n. 1.
Gigas.	LATREILLE.	Eunectes murinus, n. 1.
Glauca.	BODDAERT.	Eunectes murinus, n. 1.
Hieroglyphica.	SCHNEIDER.	Python Sebæ, n. 1.
Hortulana. . .	LINNÉ.	Xiphosoma, n. 2.
Hypnale. . . .	LINNÉ.	Xiphosoma caninum, n. 1.
Inornata. . . .	REINHART.	Chilabothrus, n. 1.
Johnii.	RUSSEL.	Eryx Johnii, n. 1.
Lateristriga. . .	BOIÉ.	Epicrates cenchris, n. 1
Melanura. . . .	SCHLEGEL.	Tropidophis melanurus, n. 1.
Merremii. . . .	SCHNEIDER.	Xiphosoma hortulanum, n. 2.
Murina.	LINNÉ.	Eunectes murinus, n. 1.
Ocellata. . . .	OPPEL.	Enygrus carinatus, n. 1.
Ophrias et *Oro-*		
phrias. . . .	LINNÉ, GMELIN. . .	Boa diviniloqua, n. 2.
Ordinata. . . .	SCHNEIDER.	Python molurus, n. 4.
Ornata.	DAUDIN.	Eryx conicus, n. 4.
Pardalis. . . .	GUNDLACH.	Tropidophis melanurus, n. 1.
Phrygia.	SHAW.	Python reticulatus, n. 5.
Regia.	SHAW.	Python regius, n. 3.
Reticulata. . .	SCHNEIDER.	Python reticulatus, n. 5.
Rhombeata. . .	SCHNEIDER.	Python reticulatus, n. 5.
Scytale.	LINNÉ.	Eunectes murinus, n. 1.
Tatarica. . . .	LICHTENSTEIN. . . .	Eryx jaculus, n. 2.
Thalassina. . .	LAURENTI.	Xiphosoma caninum, n. 1.
Turcica. . . .	LATREILLE.	Eryx jaculus, n. 2.
Viperina. . . .	SHAW.	Eryx conicus, n. 4.

TABLEAU SYNOPTIQUE DES ESPÈCES DU GENRE BOA.

Espèces.

séparé des plaques supéro-labiales par une ou deux séries d'écailles. . . . . } 1. B. Constricteur.

s'appuyant sur les plaques supéro-labiales; l'une des squammes frénales qui sont au devant de lui . .

un peu moins petite que les autres : museau coupé

un peu obliquement. 2. B. Diviniloque.

perpendiculairement. 3. B. Empereur.

beaucoup plus grande que les autres. 4. B. Chevalier.

1. LE BOA CONSTRICTEUR. *Boa constrictor.* Linné.

CARACTÈRES. Plaque rostrale ayant sa base faiblement échancrée et à peine plus étroite que son sommet; la mentonnière en triangle équilatéral rectiligne. Écailles revêtant le dessus du museau, entre les plaques nasales, au nombre d'une trentaine; une vingtaine de squammes composant autour de l'œil un cercle complet, séparé des plaques supéro-labiales par une ou deux séries d'écailles. Une des squammes frénales voisines de l'orbite, un peu moins petite que les autres, mais n'ayant pourtant jamais un diamètre égal à celui du globe oculaire.

SYNONYMIE. 1648. *Boiguacu.* Marcg. Hist. Quad. Serp. lib. vii, pag. 239.

1648. *Boiguacu.* Pis. Hist. Bras. pag. 41, cum fig., pag. 42.

1658. *Boiguacu.* Pison. Hist. nat. et medic. lib. v, pag. 277, cum fig. (très-mauvaise.)

1693. *Boiguacu.* Ray. Synops. animal. pag. 325.

1731. *Vipera americana.* Scheuchz. Phys. sacr. tom. 4, pag. 1532, tab. 746, fig. 1.

1734. *Serpens americana, maximo in honore, etc.* Seb. Thes. nat. tom. 1, pag. 58, tab. 36, fig. 5.

Serpens americana, arborea, singulari artificio picta, magni æstimata. Seb. tom. 1, pag. 85, tab. 53, fig. 1.

Serpens ammodytes Surinamensis. Seb. tom. 2, pag. 83, tab. 78, fig. 5.

Serpens Ceylonica spadicea. Seb. tom. 2, pag. 104, tab. 99, fig. 1.

Serpens blanda Ceylonica. Seb. tom. 2, pag. 107, tab. 101.

1749. *Cenchris scutis abdominalibus* 240, *scutis caudalibus* 64. Sund. Surinam. Grill. (Amœnitat. Academ. pag. 497, tab. 7, fig. 3.) : exclus. synonym. fig. 2, tab. 99, tom. 2, Seb. (1) (*Python Sebæ.* Nobis.)

1754. *Cenchris scut. abdominal.* 248, *scut. caudalibus* 60. Gronov. Serpent. in Mus. ichthyolog. pag. 69, n° 43.

1754. *Boa constrictor.* Linn. Mus. Adolph. Freder. tom. 1, pag. 38 : exclus. synon. fig. 1, tab. 98, tom. 2, Seb. (*Epicrates cenchris.*)

1758. *Boa constrictor.* Linn. Syst. nat. édit. 10, tom. 1, pag. 215, n° 300 : exclus. synon. fig. 1, tab. 62, tom. 1, Seb. (*Python regius*); fig. de la pl. 98, tom. 2, Seb. (*Epicrates cenchris*); et fig. 1, tab. 100, tom. 2, Seb. (*Boa diviniloqua.*)

1765. *Serpent* (*très-grand*). Ferm. Hist. natur. Holl. Equinox. pag. 35.

1766. *Boa constrictor.* Linn. Syst. nat. édit. 12, tom. 1, pag. 273, n° 300 : exclus. synon. fig. 1, tab. 98, tom. 2, Seb. (*Epicrates cenchris*); fig. 1, tab. 100, tom. 2, Seb. et fig. 1, tab. 104, tom. 2, Seb. (*Boa diviniloqua*); fig. 1, tab. 19, tom. 2, Seb. (*Python Sebæ*, Nobis); et fig. 1, tab. 62, tom. 1, Seb. (*Python regius.* Nobis.)

1767. *Serpent.* Knorr. Delic. natur. tom. 2, pag. 133, pl. 58.

1768. *Constrictor formosissimus.* Laur. Synops. Rept. p. 107, n° 235.

Constrictor rex serpentum. Id. loc. cit. n° 236.

Constrictor auspex. Id. loc. cit. pag. 108, n° 237.

1771. *Le Devin.* Daubent. Anim. quad. ovip. Serp. pag. 620 : exclus. synon. fig. 1, tab. 19, tom. 2, Seb. (*Python Sebæ.* Nob.); fig. 1, tab. 98, tom. 2, Seb. (*Epicrates cenchris*) ; fig. 1, tab. 100; fig. 1, tab. 104, tom. 2, Seb. (*Boa diviniloqua*); et fig. 1, tab. 62, tom. 1, Seb. (*Python regius.*)

1783. *Boa maculis variegatis rhombeis.* Bodd. Nov. act. Cæsar. Leopold. tom. 7, pag. 18, n° 5.

---

(1) Sund cite cette figure, qui n'est pas d'un *Boa constrictor*, tandis qu'il omet d'en mentionner une autre, se trouvant sur la même planche, qui représente réellement ce serpent.

1788. *Boa constrictor*. Gmel. Syst. nat. Linn. tom. 3, part. 3, pag. 1083, n° 300 : exclus. synon. fig. 1, tab. 104; fig. 1, tab. 100, tom. 2, Seb. (*Boa diviniloqua.*)

1789. *Le Devin*. Lacép. Hist. Quad. ovip. Serp. tom. 2, pl. 16, fig. 2 (1).

1789. *Le Devin*. Bonnat. Encyclop. méth. Ophiol. pag. 5, pl. 5, fig. 5 (d'après Séba).

1790. *Boa constrictor*. Shaw. Naturalist. miscell. vol. 2, pag. et pl. sans numéros.

1790. *Königlich Schlinger*. Merr. Beitr. Gesch. Amphib. zweit Heft, pag. 12, pl. 1.

1801. *Boa constrictrix*. Schneid. Hist. Amphib. Fasc. II, pag. 247.

1802. *Boa constrictor, var. A.* Latr. Hist. Rept. tom. 3, pag. 132.

1802. *Boa constrictor*. Shaw. Gener. zool. vol. 3, part. 2, pag. 337, pl. 92 (2) : exclus. synon. fig. 2, tab. 99, tom. 2, Seb. (*Python Sebæ.*)

1802. *Der Königliche Schlinger*. Bechst. de Lacepede's naturgesch. Amph. tom. 5, pag. 1 et 33, pl. 1, fig. 1.

1803. *Boa constrictor*. Daud. Hist. Rept. tom. 5 : de la page 178, ligne 8, à la page 180, ligne 6 ; et de la page 180, ligne 21, à la page 182, ligne 7.

Boa constrictor. 1re *variété*. Daud. loc. cit. tom. 5, pag. 194.

1810. *Boa constrictor*. Blumemb. Abbild. naturhistor. n° 37, fig. 2.

1817. *Le Devin*. G. Cuv. Règn. anim. 1re édit. tom. 2, p. 66 : exclus. synon. *Boa empereur*. Daud. (*Boa imperator*, Nobis.)

1820. *Boa constrictor*. Merr. Tent. syst. amph. pag. 86, n° 2.

1820. *Boa constrictor*. Kuhl und Van Hasselt. Vergleich. anat. pag. 80.

---

(1) Cette figure, que nous citons de l'ouvrage de Lacépède, est bien celle d'un *Boa constrictor*; mais le texte qui l'accompagne traite de la manière la plus confuse de toutes les espèces de Boas, Pythons et autres grands ophidiens, dont il est fait mention dans tous les auteurs antérieurs à celui de l'Histoire naturelle des quadrupèdes ovipares et des Serpents.

(2) La figure de la planche 93 du même volume, qui est copiée de Séba, n'est pas celle d'un *Boa constrictor*, quoiqu'elle porte ce nom : elle représente un *Python Sebæ*.

1821. *Boa constrictor*. Schneid. Klassif. Riesenschlang.
(Denkschrift. Akad. Wissenschaft. Münch, tom. 7, p. 114.)

1821. *Boa constrictor*. Lichtenst. Werk. Marcg. und Pison.
naturgesch. Mém. Acad. Berl. tom. 8, pag. 247.

1822. *Boa constrictor*. Flem. Philos. of Zoolog. pag. 291.

1822. *Boa constrictor*. Maximil. zu Wied. Voyag. Brés. tom. 2,
pag. 173; tom. 3, pag. 85 et 374 (1).

1825. *Boa constrictor*. Gray. Gener. of Rept. (Ann. of Philosoph. vol. 10, p. 209.)

1825. *Boa constrictor*. Maximil. zu Wied. Beitr. naturgesch.
Brasil. tom. 1, pag. 211.

1825. *Boa constrictor*. Broderip. Zoolog. Journ. vol. 2,
pag. 215.

1826. *Boa constrictor*. Fitzing. Neue Classif. Rept. pag. 54.

1826. *Boa constrictor*. Fr. Boié. Gener. Ubersicht Famil.
Gatt. ophid. (Isis, tom. 19, pag. 982.)

1827. *Boa constrictor*. F. Boié. Isis, tom. 20, pag. 514.

1829. *Boa constrictor*. Cuv. Règn. anim. 2ᵉ édit. tom. 2,
pag. 78: exclus. synon. *Boa empereur*. Daud. (*Boa imperator*.
Nobis.)

1830. *Boa constrictor*. Wagl. Syst. Amph. pag. 168.

1831. *Boa constrictor*. Griff. Anim. Kingd. Cuv. vol. 9,
pag. 253 : exclus. synon. *Boa empereur*. Daud. (*Boa impera-*
tor. Nobis.)

1831. *Boa constrictor*. Gray. Synops. Rept. pag. 96, in Griff.
Anim. Kingd. Cuv. vol. 9 : exclus. synon. *Boa imperator*.
Daud. (*Boa imperator*. Nobis.)

1831. *Boa constrictor*. Eichw. Zoolog. special. Ross. et Polon.
Pars poster. pag. 176.

1837. *Boa constrictor*. Schleg. Ess. Physion. Serp. part.
génér. pag. 175, et part. descript. pag. 373, pl. 14, fig. 6-7 :
exclus. synon. fig. 1, tab. 100, tom. 2, Seb. (*Boa diviniloqua*);
et *Boa ophrias*. Linn. (? *Boa divinoloqua*.)

1840. *Boa constrictor*. Filippo de Filippi, Catalog. ragion.
Serp. Mus. Pav. (Biblioth. ital. tom. 99, pag.   .)

1842. *Boa constrictor*. Gray. Synops. Rept. Famil. Boidæ.
(Zoolog. miscell. pag. 41.)

_____

(1) Traduction française par Eyriès, 3 vol. in-8°. Paris, 1822.

DESCRIPTION.

Formes. La tête du Boa constricteur est de moitié plus étroite en avant qu'en arrière, où sa largeur est environ d'un tiers moindre que sa longueur; elle a sa face supérieure un peu renflée au-dessus des yeux et légèrement creusée en gouttière sur la ligne médio-longitudinale, à partir de l'arrière du front jusqu'à l'occiput. Le tronc offre en étendue longitudinale une trentaine de fois la largeur qu'il présente au milieu, et la queue fait de la neuvième à la douzième partie de la longueur totale du corps.

La plaque rostrale a une figure à peu près pareille à celle du petit support en bois, appelé chevalet, qui tient élevées au-dessus de la table d'un violon les cordes de cet instrument, lorsqu'elles sont tendues; elle est en effet rétrécie à sa base et taillée à quatre pans, un inférieur légèrement échancré, un supérieur assez fortement arqué, et deux latéraux un peu concaves. La plaque nasale antérieure est presque semi-circulaire, et la postérieure sub-triangulaire. La lèvre d'en haut est garnie, de chaque côté, de vingt-deux à vingt-cinq petites plaques pentagones, dont les sept ou huit premières, qui ont leur bord postérieur plus épais que l'antérieur, sont plus hautes que larges, tandis que les cinq ou six dernières sont oblongues, et toutes les autres aussi dilatées transversalement que verticalement. La plaque du menton est en triangle sub-équilatéral et faiblement concave. Celles de la lèvre inférieure, dont le nombre est le même qu'à la supérieure, ont toutes plus d'épaisseur à leur marge postérieure qu'à l'antérieure; les six ou sept premières sont rectangulaires, et les suivantes carrées. L'écaillure du dessus et des côtés de la tête se compose de nombreuses pièces quadrangulaires ou pentagones, un peu moins petites sur l'extrémité et les parties latérales du museau que sur le front, le vertex et les tempes, où elles sont distinctement entuilées; celles qui occupent l'entre-deux des plaques nasales, immédiatement en arrière du sommet de la rostrale, sont au nombre d'une trentaine, et très-faiblement imbriquées ou presque juxtaposées, de même que celles de chacune des régions frénales où elles constituent six ou sept rangées longitudinales. Il y a autour de l'œil un cercle complet, formé d'environ vingt squammes ayant quatre, cinq ou six pans inégaux, dont une seule, celle qui occupe justement le milieu du bord antérieur de l'orbite, est distinctement moins petite que ses congénères; au devant d'elle, on voit tantôt une, tantôt deux des écailles frénales ayant aussi une dimension un peu plus grande que les autres. Inférieurement, le cercle squammeux de l'orbite ne touche pas aux plaques supéro-labiales, dont il est au contraire séparé par une ou deux séries d'écailles.

Écailles du tronc : de 81 à 93 rangées longitudinales, de 541 à 639 rangées transversales. Écailles de la queue : 43 ou 45 rangées longitudinales, de 94 à 107 rangées transversales. Scutelles : de 234 à 240 ventrales, de 49 à 56 sous-caudales (1).

COLORATION. Le Boa constricteur a pour fond de couleur, soit un fauve clair, soit un rose pourpre, ou bien un joli gris violacé, avec ou sans mouchetures noirâtres sur les deux premiers tiers de ses parties supérieures; du blanc, sur le dernier tiers ; un brun fauve ou grisâtre sur les flancs , et une teinte blanchâtre en-dessous. La face sus-céphalique est divisée en deux moitiés égales par une raie d'un brun foncé, graduellement élargie d'avant en arrière, qui commence entre les narines et se termine sur la nuque; en traversant la région occipitale, elle se fend longitudinalement, de façon à laisser voir la couleur du fond, comme à travers une boutonnière. A droite et à gauche du museau, est une tache noire d'une certaine dimension, affectant la figure d'un trapèze, dont le sommet de l'angle aigu touche le bord antérieur du cercle orbitaire; sous celui-ci, il en existe une petite et, de chaque côté de la mâchoire inférieure, deux grandes, placées, l'une, qui est sub-quadrangulaire, près du menton, l'autre, qui est sub-circulaire, à quelque distance du coin de la bouche. La plaque rostrale est noire, avec une bordure blanche. L'iris a sa moitié inférieure d'un brun sombre et la supérieure grise, veinulée de brunâtre. Une bande de cette dernière teinte s'étend obliquement sur la tempe, en s'élargissant un peu, depuis l'œil jusqu'au dessous de l'extrémité postérieure de la branche sous-maxillaire. Une autre bande brunâtre, courte et rectiligne, est imprimée le long du haut de chacune des parties latérales du cou. Le dos, à partir d'une certaine

---

(1) M. Schlegel dit qu'il a trouvé de 231 à 254 ventrales et de 56 à 60 et même jusqu'à 70 sous-caudales. Ce dernier nombre n'aurait-il pas été compté sur un *Boa diviniloqua* ?

distance en arrière de la nuque, offre, situées à un assez grand intervalle l'une de l'autre, une quinzaine de larges taches, tantôt noires, tantôt d'un brun marron, tantôt d'un bleu d'acier, ayant l'apparence de carrés dont le bord antérieur et le postérieur présentent, soit une seule grande, soit deux petites échancrures semi-circulaires; taches, à la droite et à la gauche de chacune desquelles est soudée une autre tache de la même couleur, mais plus petite, triangulaire, marquée d'un gros point au milieu, et bordée à ses trois côtés par une forte raie de la même teinte que celle du fond. Ces taches triangulaires, latérales aux grandes taches dorsales, échancrées devant et derrière, se lient entre elles au moyen d'autres taches exactement pareilles, placées une à une, entre deux de celles-là. L'ensemble de ces taches foncées du dos produit une sorte de chaîne à mailles oblongues, à travers l'aire elliptique desquelles apparaît la couleur claire du fond. Cette série d'une quinzaine de taches dorsales que nous venons de décrire est continuée postérieurement jusqu'au bout de la queue par huit à dix autres taches, qui n'ont ni la même figure ni la même couleur que les précédentes, et qui en diffèrent aussi par une dimension proportionnellement plus grande : elles sont sub-rectangulaires ou sub-losangiques ou sub-ovalaires, et d'un rouge de brique plus ou moins vif, que relève un encadrement d'un beau noir d'ébène (1). Il n'existe entre elles que de très-petits espaces, où se montre le blanc du fond sous forme de bandes transversales ayant leurs extrémités divisées chacune en deux branches qui descendent, celles de l'arrière du tronc jusqu'au ventre seulement, celles de la queue jusque sous celle-ci, pour se réunir à leurs congénères du côté opposé, de manière à enceindre séparément les quatre ou cinq cercles noirs que présente la région sous-caudale. Dans la bifurcation en laquelle se prolonge de l'un et de l'autre côté chacune des cinq ou six barres blanches que nous avons dit exister en travers de la région lombaire, est un grand disque rougeâtre, environné de noir et de blanc. Les flancs offrent chacun une suite de très-grandes taches brunes

(1) La présence de cette couleur rouge de brique sur l'extrémité postérieure du corps du Boa constricteur est caractéristique, car on la retrouve chez tous les individus de cette espèce, tandis qu'elle ne se montre chez aucune de ses congénères.

ou noires, pupillées de blanchâtre, ayant l'apparence de losanges, lorsqu'elles ne sont pas beaucoup plus dilatées verticalement que transversalement, ainsi que cela arrive quelquefois. Toute l'étendue de la face inférieure du tronc est marquée de mouchetures noires qui augmentent en diamètre et en nombre, à mesure qu'elles se rapprochent de la région anale.

DIMENSIONS. Les divers renseignements que nous avons recueillis relativement à la taille qu'acquiert le Boa constricteur nous portent à croire que ce serpent n'atteint pas beaucoup au delà de quatre mètres de longueur.

Voici les principales dimensions d'un des plus grands individus que nous ayons encore vus.

Longueur totale. 2' 21". *Tête*. Long. 9". *Tronc*. Long. 1' 88". *Queue*. Long. 24".

PATRIE. Le Boa constricteur n'habite pas toute l'étendue de l'Amérique intertropicale, ainsi que le dit M. Schlegel; sa patrie semble être, au contraire, limitée aux contrées septentrionales et orientales de l'Amérique du Sud, dans les régions occidentales de laquelle il est remplacé par le Boa chevalier, comme il l'est par le Boa empereur dans la partie australe de l'Amérique du Nord, et par le *Boa diviniloqua* dans les Antilles. La plupart des nombreux individus de cette espèce qui figurent dans les musées d'Europe proviennent des Guyanes, du Brésil, des provinces du Rio de la Plata et de celles de Buenos-Ayres.

MŒURS. Le prince de Neuwied nous apprend qu'au Brésil le Boa constricteur, dont le nom vulgaire est *Jiboya*, se tient de préférence dans les localités sèches des forêts, à une certaine distance dans l'intérieur. Les rats, les agoutis, les pacas, les capybaras ou cabiais, sont les mammifères dont il fait plus volontiers sa proie, qu'il guette ordinairement suspendu à une branche par l'extrémité postérieure de son corps. Le dessous de vieux troncs d'arbres, les cavités du sol, les anfractuosités de rochers, sont les lieux qui lui servent habituellement de retraite. Quelquefois on en trouve plusieurs individus réunis en compagnie dans la même demeure. En captivité, le Boa constricteur est très-doux; aucun autre serpent ne s'apprivoise plus vite que lui. La ménagerie du muséum en renferme trois, qu'on y nourrit depuis quelques années avec des lapins et des rats. Ordinairement ils sont peu actifs, et encore moins pendant le jour qu'après le coucher du soleil.

OBSERVATIONS. C'est à tort que la plupart des ophiologistes ont rapporté au *Boa constrictor* la figure I de la pl. 100 du tome 2 de l'ouvrage Seba : cette figure représente d'une façon reconnaissable, sinon très-exactement, l'espèce suivante, que Laurenti avait inscrite dans son genre *Constrictor*, sous la dénomination de *Diviniloquus*, que nous lui conservons.

2. LE BOA DIVINILOQUE. *Boa diviniloqua.* Nobis.

CARACTÈRES. Museau tronqué obliquement. Plaque rostrale ayant sa base faiblement échancrée et à peine plus étroite que son sommet; la mentonnière très-haute, en triangle isocèle ayant ses deux grands côtés concaves. Écailles revêtant le dessus du museau, entre les plaques nasales, au nombre de vingt-cinq ou vingt-six; seize squammes composant autour de l'œil un cercle complet qui, inférieurement, touche aux plaques inféro-labiales. Une des squammes frénales voisines de l'orbite, un peu moins petite que les autres, mais n'ayant pourtant jamais un diamètre égal à celui du globe oculaire.

SYNONYMIE. 1667. *Couleuvre de la Dominique, qui a dix ou douze pieds de long et qui n'est jamais plus grosse que le bras.* Dutert. Voyag. Antill. tom. 2, pag. 317.

1734. *Imperator de Quadalajara.* Seb. tom. 2, pag. 105, tab. 100, fig. 1.

Rex Serpentum orientalis, Lamanda dictus. Seb. tom. 2, pag. 110, tab. 104.

1758. ? *Boa orophias.* Linn. Syst. nat. édit. 10, tom. 1, pag. 215.

1763. *Serpent de Sainte-Lucie, appelé Crocs de chien, Tête de chien.* Thibaut de Chanvallon. Voyag. Martin. pag. 100, 168 et 180.

1766. ? *Boa ophrias.* Linn. Syst. nat. édit. 12, tom. 1, pag. 374.

1768. *Constrictor diviniloquus.* Laur. Synops. Rept. pag. 108, n° 238. (D'après la fig. 1, pl. 100, tom. 2 de Séba.)

1789. *Le Devin, variét. c.* Bonnat. Encyclop. méth. Ophiol. pag. 6. (D'après la fig. 1, pl. 100, tom. 2 de Séba.)

1802. *Boa constrictor, variét. B.* Latr. Hist. Rept. tom. 3, pag. 155. (D'après la fig. 1, pl. 100, tom. 2 de Séba.)

Boa constrictor, 2ᵉ *variét.* Daud. Hist. Rept. tom. 5, pag. 195. (D'après la fig. 1, pl. 100, tom. 2 de Séba.)

1820. *Boa constrictor*, *variét.* β? Merr. Tent. Syst. amphib. pag. 86.

DESCRIPTION.

FORMES. Cette espèce, quoique on ne peut plus voisine de la précédente, en est toutefois parfaitement distincte. Ses caractères différentiels résident dans les proportions relatives des principales parties du corps, dans la manière dont se termine le museau, dans la figure de la plaque mentonnière, dans la dimension ainsi que dans le nombre des écailles, et dans le système de coloration.

Un ensemble de formes notablement plus svelte, plus grêle, est ce qui frappe de prime-abord dans la physionomie du *Boa diviniloqua* comparée à celle du *Boa constrictor*. L'un a effectivement la tête plus effilée que l'autre, il a également le tronc moins fort et la queue plus allongée; attendu que celle-ci, au lieu de ne faire que de la neuvième à la douzième partie de la longueur totale, s'y trouve comprise environ pour la sixième, et que celui-là est plus de quarante fois, et non une trentaine de fois seulement aussi long que large. Le bout du museau du *Boa diviniloqua* est coupé un peu obliquement, au lieu de l'être perpendiculairement comme celui du *Boa constrictor*. La plaque du menton ne représente pas un triangle équilatéral rectiligne, mais un triangle isocèle dont les deux grands côtés sont arqués en dedans ou concaves. Le cercle squammeux qui entoure l'œil comprend quelques pièces de moins que chez le Boa constricteur, et aucune écaille ne le sépare des plaques supéro-labiales, sur lesquelles au contraire il s'appuie directement. Les écailles du *Boa diviniloqua* sont généralement un peu plus dilatées et par conséquent en moindre nombre que celle du *Boa constrictor* : ainsi on en compte de quatre-vingt-une à quatre-vingt-treize séries longitudinales autour du tronc, chez cette dernière espèce; tandis qu'il n'y en a que soixante-cinq environ chez la première, qui a au contraire une trentaine de scutelles ventrales de plus que la seconde. Voici, au reste, les nombres que nous ont donnés les diverses pièces de son écaillure.

Écailles du tronc : 65 rangées longitudinales, 560 rangées transversales. Écailles de la queue : 35 rangées longitudinales,

106 rangées transversales. Scutelles : 272 ventrales, 69 sous-caudales.

Coloration. La tête, dont le dessus et les côtés sont d'un gris légèrement rosé, offre, de même que celle du Boa constricteur, une bande noirâtre, claviforme, allant de l'œil à la commissure des lèvres, une grande tache brune sur chaque région frénale, et une raie de la même couleur partageant en deux longitudinalement sa face supérieure ; mais cette raie est accompagnée d'une autre, tracée en travers du front et, au lieu d'être graduellement élargie d'avant en arrière, elle est alternativement renflée et rétrécie sur plusieurs points de son étendue. De grandes taches foncées existent tout le long du dessus du corps du *Boa diviniloqua*, comme sur celui du *Boa constrictor* : elles ont à peu près la même figure que leurs analogues chez ce dernier ; mais, étant moins développées et moins espacées, leur nombre est nécessairement plus élevé, c'est-à-dire de trente-cinq à trente-huit, tandis qu'on n'en compte que de vingt-deux à vingt-cinq chez le Boa constricteur. Dans cette dernière espèce, celles des grandes taches qui occupent la partie supérieure, ainsi que les régions latérales de la queue et du quart postérieur du tronc, sont d'un rouge de brique uniforme avec un encadrement noir, qui paraît d'autant plus foncé que les intervalles qui existent entre elles sont d'un blanc pur. Chez le *Boa diviniloqua*, les mêmes taches sont d'un noir bleuâtre, les plus antérieures marquées de chaque côté d'une petite raie jaunâtre, toutes ornées d'une bordure de cette dernière teinte et séparées l'une de l'autre par du noir plus ou moins maculé de jaune ; les taches foncées appartenant aux trois premiers quarts de la longueur du dos sont d'un brun noirâtre, marbré de jaunâtre, et le fond sur lequel elles sont imprimées est au contraire d'une couleur jaunâtre, marbrée de noirâtre. Il y a bien aussi, comme chez le Boa constricteur, latéralement aux grandes taches noirâtres des régions -susdorsales antérieures, d'autres taches noirâtres beaucoup plus petites ; mais elles sont en carrés longs ou en trapèzes rectangles, au lieu d'être distinctement triangulaires. Les côtés du tronc offrent également des taches d'un noir assez foncé, ayant leur centre et leur pourtour jaunâtres : ces taches, qui sont, les unes de moyenne grandeur et subquadrangulaires, les autres petites et subcirculaires, constituent une série dans laquelle une des petites alterne constamment avec une de celles de moyenne dimension. Le ventre, le long duquel à droite et à gauche, est une suite de taches noires d'un certain diamètre, présente au milieu sur un fond blanchâtre, des piquetures noires dans sa partie antérieure, et de larges mouchetures de la même couleur dans sa partie postérieure. Le dessous de la queue est jaune, avec cinq ou six grands ovales d'un noir bleu.

Dimensions. *Longueur totale*. 1' 97". *Tête.* Long. 6". *Tronc.* Long. 1' 64". *Queue.* Long. 27".

Patrie. Le *Boa diviniloqua* est originaire des Antilles. Nous devons le seul individu qu'en renferme la collection du muséum à la générosité de M. Arthus-Fleury, qui l'avait apporté vivant de l'île de Sainte-Lucie : c'était un animal extrêmement doux, qui est malheureusement mort peu de mois après son arrivée à la Ménagerie.

Observations. Dutertre, dans la relation de son voyage aux Antilles, donne quelques détails sur un Serpent de la Dominique qui, dit-il, n'est jamais plus gros que le bras et qui a pourtant de dix à douze pieds de long. Il se jette ordinairement sur les poules, continue ce voyageur, s'entortille en un clin d'œil autour d'elles et, sans les mordre ni les piquer, les serre avec tant de force qu'il les fait mourir et les avale ensuite sans les mâcher. Ce serpent est, à n'en pas douter, notre *Boa diviniloqua*, dont Thibaut de Chanvallon, de son côté, rapporte avoir observé à la Martinique un individu long de six pieds, qu'on lui avait envoyé de l'île de Sainte-Lucie, où l'espèce est communément appelée *Crocs de chien*, *Tête de chien*. Séba a également eu connaissance du Boa qui nous occupe maintenant, ainsi que le prouvent de la manière la plus évidente les deux figures parfaitement reconnaissables, malgré la médiocrité de leur exécution, qu'il en a publiées dans le second volume de la description de son cabinet : l'une d'elles est celle de son *Serpens imperator*, qu'il a signalé à tort comme provenant du Mexique, et l'autre celle de son *Rex serpentum*, auquel aussi il a faussement attribué l'île de Java pour patrie. La première de ces deux figures a été rapportée au *Boa constrictor* par tous les ophiologistes postérieurs à Laurenti, qui l'avait au contraire judicieusement considérée comme représentant une espèce particulière, qu'il a rangée dans son genre *Constrictor*, sous le nom de *Diviniloquus*.

M. Schlegel pense que le *Boa ophrias* de Linné est une variété du *Boa constrictor*. Suivant nous, ces mots *facie constrictoris, sed fuscus*, et ce nombre de 281 scutelles ventrales et de 64 sous-caudales, par lesquels l'auteur du *Systema naturæ* caractérise son *Boa ophrias*, s'appliqueraient beaucoup mieux à l'espèce du présent article, qu'à aucune de ses trois congénères.

3. LE BOA EMPEREUR. *Boa imperator*. Daudin.

CARACTÈRES. Museau tronqué verticalement. Plaque rostrale ayant sa base faiblement échancrée et à peine plus étroite que son sommet ; la mentonnière médiocrement haute, en triangle isocèle ayant ses deux grands côtés concaves. Écailles revêtant le dessus du museau, entre les plaques nasales, au nombre d'une vingtaine ; seize ou dix-sept squammes composant autour de l'œil un cercle complet qui, inférieurement, touche aux plaques supéro-labiales. Une des squammes frénales voisines de l'orbite, un peu moins petite que les autres, mais n'ayant pourtant jamais un diamètre égal à celui du globe oculaire.

SYNONYMIE. *Boa imperator*. Daud. Hist. Rept., tom. 5, pag. 150.

DESCRIPTION.

FORMES. Le Boa empereur n'offre pas le port svelte, élancé du *Boa diviniloqua*, mais les formes robustes, trapues, du *Boa constrictor :* le tronc a en largeur la vingt-quatrième partie environ de son étendue longitudinale, et la queue entre pour sept fois et demie et jusqu'à près de dix fois dans la longueur totale du corps. Le museau est coupé perpendiculairement comme celui du *Boa constrictor*, au lieu de l'être un peu obliquement, de même que celui du *Boa diviniloqua*. La plaque mentonnière, bien que n'étant pas tout à fait aussi haute que celle du dernier, a néanmoins comme elle la figure d'un triangle isocèle à grands côtés concaves, tandis que celle du premier ressemble à un triangle équilatéral rectiligne. Les squammes céphaliques du Boa empereur sont moins petites et naturellement moins nombreuses que celles de ses deux congénères que nous venons de nommer ; on ne lui en compte effectivement que vingt sur le bout du museau, région où il y en a vingt-cinq ou vingt-six, chez le *Boa diviniloqua*, et une trentaine chez le Boa constric-

teur. Les écailles du corps, en particulier, sont notablement
plus grandes et en moindre nombre que dans cette dernière espèce, de laquelle le Boa empereur diffère encore en ce que le
cercle squammeux entourant chaque œil ne comprend que seize
ou dix-sept pièces, et n'est point empêché de toucher aux plaques supéro-labiales par une ou deux lignes d'écailles.

Écailles du tronc : 69 rangées longitudinales, de 390 à 441
rangées transversales. Écailles de la queue : 35 ou 37 rangées
longitudinales, de 64 à 75 rangées transversales. Scutelles : de
233 à 236 ventrales, de 52 à 57 sous-caudales.

Coloration. Il existe sur la tête du Boa empereur, entre les
yeux, de même que sur celle du *Boa diviniloqua*, une raie
transversale noire, en plus des bandes et des taches que présente la même partie du corps chez le Boa constricteur. Le dos,
dans les trois premiers quarts de son étendue, est coupé transversalement, de distance en distance, par une suite de dix-sept
grandes taches noires, très-élargies, dont les deux extrémités
forment chacune un angle sub-aigu, à la base duquel est imprimée une petite tache oblongue de la couleur du fond. Les
flancs, qui sont d'un brun fauve, comme le dos, mais plus fortement mouchetés de noirâtre, portent chacun une série de taches noires, losangiques, pupillées et encadrées de fauve, toutes
également grandes et en nombre égal à celui des taches dorsales dont nous parlions tout à l'heure. Une chaîne d'un fauve
clair, composée d'un seul rang de grandes mailles elliptiques,
règne longitudinalement sur la partie supérieure et les latérales
du quart postérieur du tronc et de toute l'étendue de la queue,
parties dont la couleur est un noir très-foncé, quelque peu
varié de fauve. La région abdominale et la sous-caudale sont
blanches, celle-ci toujours marquée de quatre grandes taches
noires isolées, celle-là, tantôt à peu près entièrement dépourvue, tantôt presque toute couverte de marbrures noires. Toutes
celles de ces écailles, dont la couleur est foncée, offrent des reflets métalliques.

Dimensions. *Longueur totale.* 1' 63". *Tête.* Long. 7". *Tronc.*
Long. 1' 34". *Queue.* Long. 22".

Patrie. Le Mexique est le pays qui produit le Boa empereur, dont nous possédons un individu de plus d'un mètre et
demi de longueur, et un autre de moitié moins grand.

Observation. Daudin paraît être le seul auteur qui ait fait

mention de cette espèce, dont il a publié une description fort incomplète, d'après une portion de peau conservée dans sa collection et deux grandes dépouilles que MM. Humboldt et Bonpland
avaient envoyées du Mexique au Muséum d'histoire naturelle de
Paris, où nous regrettons de ne les avoir point retrouvées.

4. LE BOA CHEVALIER. *Boa eques*. Eydoux et Souleyet.

CARACTÈRES. Plaque rostrale ayant sa base fortement échancrée et d'un tiers plus étroite que son sommet. La mentonnière
en triangle isocèle ayant ses deux grands côtés concaves.
Écailles revêtant le dessus du museau, entre les plaques nasales, au nombre d'une vingtaine au plus ; douze ou treize
squammes composant autour de l'œil un cercle complet qui, inférieurement, touche aux plaques supéro-labiales. Une des
squammes frénales voisines de l'orbite, distinctement plus
grande que les autres ou ayant un diamètre égal à celui du globe
oculaire.

SYNONYMIE. 1842. *Boa chevalier*. Eyd. et Souleyet. Voyag.
Bonite. Zoolog., pl. 4.

DESCRIPTION.

FORMES. Cette espèce a les formes ramassées des Boas constricteur et empereur. Son tronc n'est que vingt-sept fois aussi
long qu'il est large, et sa queue ne fait que la neuvième partie
de la totalité de la longueur du corps. La plaque mentonnière
du Boa chevalier représente, non un triangle équilatéral rectiligne, comme celle du Boa constricteur, mais un triangle isocèle
à grands côtés concaves, de même que celle de ses deux autres
congénères. Comme les leurs aussi, ses cercles sqammeux des
orbites s'appuient directement sur les plaques supéro-labiales,
au lieu d'en être séparés par une ou deux séries d'écailles,
ainsi que cela existe dans le Boa constricteur. Il a, pareille-
ment à cette espèce et à celle dite empereur, le museau coupé
carrément, tandis que le *Boa diviniloqua* a le sien taillé suivant une ligne légèrement oblique. Le nombre de rangées longitudinales des pièces de l'écaillure du corps, qui est à peu près
le même que dans ce dernier et le Boa empereur, est au contraire beaucoup moindre que chez le Boa constricteur. Le Boa
chevalier diffère d'ailleurs nettement de celui-ci et de ceux-là,
d'abord en ce que sa plaque rostrale est remarquablement plus

étroite et plus profondément échancrée à sa base que la leur ; ensuite, en ce que parmi celles de ses écailles frénales qui bordent le devant du cercle squammeux de l'orbite, il en est une, bien plus développée que les autres ou dont le diamètre est égal à celui du globe oculaire ; puis en ce que, généralement, les squammes de sa tête sont distinctement moins petites que leurs analogues chez ses trois congénères.

Écailles du tronc : 65 rangées longitudinales, 402 rangées transversales. Écailles de la queue : 35 rangées longitudinales, 69 rangées transversales. Scutelles : 240 ventrales, 55 sous-caudales.

COLORATION. Un gris ardoisé assez clair est la couleur dominante sur la face supérieure et les latérales de la tête et du cou du Boa chevalier, dont les régions frénales manquent de cette grande tache noirâtre, trapézoïde, qui existe sur celles des trois espèces précédentes. Sa plaque rostrale n'est pas non plus presque entièrement colorée en noir comme la leur. Il n'offre, autour de la bouche, que trois ou quatre très-petites taches de cette dernière couleur, une dans chacune des trois ou quatre premières sutures des plaques supéro-labiales, et quelques autres très-espacées le long de la lèvre inférieure, mais on lui voit une gouttelette noirâtre au devant de chaque œil. Sa nuque porte une longue bande médio-longitudinale d'un noir profond, qui s'avance jusque vers le milieu de la longueur du crâne, bande dont l'extrémité antérieure est marquée d'un point blanc. Une autre bande noire, inférieurement lisérée de blanchâtre, va en s'élargissant en forme de massue, du bord postérieur de l'orbite à l'arrière de la commissure des mâchoires.

La couleur du fond qui, en dessus et latéralement, dans le premier sixième environ de l'étendue du tronc, est pareille à celle de la tête, passe peu à peu, en gagnant les parties postérieures du corps, d'un gris ardoisé à un gris fauve, et de celui-ci à une teinte jaunâtre. Cette dernière apparaît, sur la queue et la région lombaire, sous la figure d'une dizaine de grands chaînons losangiques, soudés bout à bout, et dont les aires sont d'un noir très-foncé, avec quelques taches jaunâtres au milieu et une raie longitudinale également jaunâtre de chaque côté. En remontant du premier de ces chaînons vers la tête, on compte le long du dos une vingtaine de grandes taches noires, placées l'une

devant l'autre à une distance à peu près égale à leur longueur.
Les quatre de ces taches les plus voisines de la tête sont carrées et liées ensemble, à droite et à gauche, par une bande
noire qui prend naissance derrière les mâchoires. Toutes les
autres, dont le diamètre transversal est plus étendu que le longitudinal, se terminent de chaque côté en formant un angle sub-
aigu ; elles sont longitudinalement marquées d'une raie jaunâtre
à la base de celui-ci, et maculées de la même couleur au milieu. Dans les intervalles qui existent entre elles, la teinte du
fond est plus ou moins mouchetée de noirâtre. Les parties latérales du tronc présentent l'une et l'autre une suite de disques
noirs, ayant leur centre occupé par une tache jaunâtre, et sur
lesquels est, en outre, tracé plus ou moins nettement un grand
cercle de cette dernière teinte. Tout le dessous de l'animal est
d'un blanc sale, quelque peu maculé de noir sur les côtés du
ventre. Il existe à la face inférieure de la queue quatre ou cinq
grandes taches noires, sub-ovales.

DIMENSIONS. *Longueur totale.* 1' 46". *Tête.* Long. 5" 2"'.
Tronc. Long. 1' 25". *Queue.* Long. 16".

Ces dimensions sont celles du seul exemplaire de cette espèce
que renferme la collection du Muséum.

PATRIE. Nous en devons la possession à MM. Eydoux et Souleyet, qui l'ont recueilli à Païta, au Pérou.

VI° GENRE. PÉLOPHILE. — *PELOPHILUS* (1)
Nobis.

CARACTÈRES. Narines s'ouvrant latéralement entre
deux plaques. Yeux latéraux, à pupille vertico-elliptique. Dessus de la tête revêtu de plaques sur la
moitié antérieure, d'écailles sur la moitié postérieure.
Pas de fossettes aux lèvres ; pièce de l'écaillure du corps
plates, lisses ; scutelles sous-caudales non divisées en
deux parties.

Le genre Pélophile est intermédiaire aux Boas et aux

---

(1) De πηλυς, *palus*, marais ; et de φιλος, *amicus*, qui aime.

Eunectes : différent des premiers par sa vestiture céphalique, composée mi-partie de plaques, mi-partie d'écailles,
et non uniquement de ces dernières, il se distingue des seconds en ce que ses narines aboutissent extérieurement entre
deux squammes, de chaque côté du museau, au lieu de
s'ouvrir sur le dessus de celui-ci, entre trois de celles-là.
On remarque en outre, que la glotte est dépourvue de ce
petit appendice qui s'élève verticalement au devant d'elle
chez les Boas.

L'espèce suivante est encore la seule que comprenne le
genre Pélophile.

1. LE PÉLOPHILE DE MADAGASCAR. *Pelophilus Madagas-cariensis*. Nobis.

CARACTÈRES. De grandes taches noires tout autour de la mâchoire inférieure; une autre sur la lèvre supérieure au-dessous
de l'œil; une bande de la même couleur en arrière de celui-ci.

DESCRIPTION.

FORMES. Cette espèce est un beau et grand serpent à formes
robustes, qui a beaucoup de la physionomie des vrais Boas.
Cependant son tronc est plus comprimé que le leur, surtout au
milieu, où sa hauteur est presque le double de sa largeur, qui
est une trentaine de fois moindre que sa longueur. Elle a le dos
déclive de chaque côté de son sommet, qui est arrondi, le ventre un peu plat, sans être absolument anguleux latéralement,
la queue conique et fort courte ou ne faisant que la treizième
partie environ de la totalité de l'étendue de l'animal. La tête,
qui est pyramido-quadrangulaire et distinctement aplatie, a
son extrémité rostrale coupée de haut en bas suivant une ligne
légèrement inclinée; la face supérieure en est très-faiblement
convexe à l'endroit du chanfrein, concave entre les plaques sus-
oculaires et médiocrement bombée dans le reste de sa portion
postérieure, à droite et à gauche d'une sorte de gouttière qui la
parcourt longitudinalement au milieu. Les tempes sont assez renflées et les régions frénales penchées l'une vers l'autre, en même
temps qu'un peu cintrées dans leur sens vertical. La fente de la
bouche suit une ligne parfaitement droite. Les yeux sont de
moyenne grandeur, situés latéralement à fleur du crâne, avec

leur trou pupillaire tourné vers l'horizon dans l'axe transversal de la tête. L'ouverture des narines est grande, subtriangulaire et baillante. Les deux plaques qui la circonscrivent sont placées l'une au-dessus de l'autre; l'inférieure est demi-circulaire et plus grande que la supérieure, qui est pentagone ou hexagone oblongue. La plaque rostrale offre huit côtés, dont sept subégaux et un, l'inférieur, beaucoup moins petit que les autres et légèrement échancré. La surface comprise entre l'extrémité du museau et le front est garnie d'un pavé de trente à quarante squammes polygones, d'inégale dimension. Deux très-grandes plaques de figure variable, séparées par plusieurs autres d'un développement moindre, recouvrent, l'une à droite et l'autre à gauche, les régions sus-oculaires, en arrière desquelles le dessus du crâne se trouve revêtu d'écailles qui deviennent de moins en moins petites, à mesure qu'elles se rapprochent de l'occiput, où elles sont pareilles à celles du cou et des tempes. L'œil est entouré d'un cercle de six à neuf pièces squammeuses de grandeurs fort différentes, dont la plus dilatée occupe toujours le bord antérieur de l'orbite et, les moins grandes le bord supérieur. Les côtés du museau, intermédiairement aux plaques nasales et à la préoculaire, qui est en général excessivement développée, offrent chacun un rang longitudinal de trois à cinq pièces polygones, inéquilatérales, assez grandes, superposé à un autre, qui en comprend de cinq à huit de moyenne dimension. Il y a une grande ressemblance entre la squammure des bords de la bouche du Pélophile de Madagascar et celle de l'Eunecte murin. On compte une vingtaine de plaques, à l'une comme à l'autre lèvre : celles de la supérieure, ordinairement d'un diamètre beaucoup moindre aux deux extrémités qu'au milieu de leurs rangées, affectent la figure de trapèzes ou de carrés, quoique la plupart d'entre elles aient réellement cinq angles ; toutes celles de l'inférieure ont quatre pans, mais les dix dernières sont oblongues et bien plus petites que les dix premières, dont la hauteur est au contraire double, triple ou même quadruple de la largeur, selon qu'elles sont plus ou moins éloignées du menton. La plaque de celui-ci représente un triangle isocèle extrêmement effilé. Les écailles du dessous de la tête, assez régulièrement losangiques et plates en arrière du sillon gulaire, sont, à sa droite et à sa gauche, rhomboïdales, allongées, fort étroites et un peu bombées. Le tronc et la queue ont pour écaillure des pièces carrées, toutes aussi petites les unes que les autres, à l'exception de celles, d'une grandeur moyenne, que comprennent les deux rangées latérales aux scutelles ventrales. Celles-ci, plus développées que chez la plupart des autres Boæides, offrent vers le milieu du corps une largeur égale aux deux tiers de la longueur de la fente buccale.

Écailles du tronc : 69 ou 71 rangées longitudinales, de 482 à 486 rangées transversales. Écailles de la queue : de 39 à 43 rangées longitudinales, 63 rangées transversales. Scutelles : de 226 à 235 ventrales, de 36 à 41 sous-caudales.

COLORATION. Chez cette espèce, la couleur du fond est d'un brun, soit plus ou moins fauve, soit plus ou moins roussâtre, ou bien d'un blanc tirant sur le jaunâtre. Un noir profond s'étend en une belle bande oblique depuis l'œil jusqu'à l'angle de la bouche, et il forme un carré long sur la lèvre supérieure positivement au-dessous de l'orbite ; la même couleur est déposée par grandes taches subarrondies, tantôt bien séparées, tantôt très-rapprochées les unes des autres, sur les bords du sillon gulaire, à l'extrémité du museau et autour de la mâchoire inférieure. Les jeunes sujets offrent sur le sommet du dos une série de losanges bruns, à bords noirs, et, de chaque côté, une suite de taches oblongues, anguleuses ou sub-elliptiques, entièrement noires et environnées de fauve ou de blanchâtre ; au-dessous de ces taches, c'est-à-dire le long des flancs, est une rangée de grands disques noirâtres, irrégulièrement dentelés ou comme déchiquetés à leur pourtour, et à travers lesquels la teinte claire du fond apparaît sous la figure de plusieurs taches subcirculaires, dont une, toujours plus dilatée que les autres, occupe le centre. Avec l'âge, les losanges noirs de la région médio-dorsale s'effacent et celle-ci reste uniformément d'un brun fauve ou roussâtre ; les taches oblongues des parties latérales du dos s'allongent, se soudent ensemble, de manière à ne plus constituer qu'un seul et même ruban noir, inégalement élargi de distance en distance ; enfin, les disques noirâtres des côtés du tronc se divisent en taches et en raies, qui, s'anastomosant diversement entre elles, produisent une sorte de dessin réticulaire ou géographique. Quant aux parties inférieures du corps, elles sont à toutes les époques de la vie d'un blanc jaunâtre, plus ou moins maculé de brun sombre.

DIMENSIONS. *Longueur totale.* 2' 62". *Tête.* Long. 7" 5"'. *Tronc.* 2' 30". *Queue.* Long. 24" 5"'.

PATRIE. Ce Boæide habite l'île de Madagascar, d'où M. Bernier en a fait parvenir trois magnifiques exemplaires au Muséum d'histoire naturelle.

MOEURS. L'un d'eux avait dans l'estomac un canard dont toutes les parties étaient encore intactes, circonstance qui indique évidemment que le *Pelophilus Madagascariensis* est un serpent aquatique.

VIIe GENRE. EUNECTE. — *EUNECTES* (1), Wagler.

CARACTÈRE. Narines s'ouvrant sur le bout du museau, chacune entre trois plaques, une inter-nasale et deux nasales. Yeux sub-verticaux, à pupille perpendiculairement allongée. Dessus de la tête revêtu de plaques dans sa moitié antérieure, et d'écailles dans sa moitié postérieure. Pas de fossettes aux lèvres. Pièces de l'écaillure du corps plates, lisses ; scutelles sous-caudales non divisées en deux parties.

On peut aisément reconnaître les Eunectes, car, seuls entre tous les Boæides, ils ont les narines percées à la face supérieure du bout du museau et directement tournées vers le ciel. Cette position verticale des orifices externes de l'organe olfactif, jointe à leur extrême petitesse, au peu d'espace existant entre eux et à la faculté de se clore hermétiquement, décélerait, de la manière la plus évidente, les habitudes presque exclusivement aquatiques de ces Ophidiens, si nombre de voyageurs ne nous les avaient déjà dénoncées. Un de leurs autres caractères génériques est également tiré des ouvertures nasales, ou plutôt du mode d'entourage squammeux de celles-ci, lequel se compose de

---

(1) Bon nageur. Ευ, bien, fort ; νηκτης, nageur : qui nage bien.

trois pièces, au lieu de deux, que comprend celui de tous les serpents de la même tribu, qui ne sont ni des Épicrates, ni des Chilabothres. D'une autre part, les Eunectes diffèrent encore de ceux-ci, en ce qu'ils n'ont pas la presque totalité de leur région sus-céphalique recouverte de plaques, et de ceux-là, par le manque absolu de creux autour de la bouche. L'absence complète de carènes sur l'écaillure des Eunectes sert, en plus, à les distinguer des Énygres, des Leptoboas, des Tropidophides et des Platygastres, de même que la présence de lames symétriques sur la portion antérieure de leur tête, est une autre dissemblance qui existe entre eux et les Boas, où le dessus du crâne est garni d'écailles d'un bout à l'autre. En outre de cela, ces derniers présentent au devant de leur glotte une sorte de petite languette verticale, dont il n'y a pas la moindre trace chez les Eunectes.

Le présent genre est une des cinq divisions en lesquelles Cuvier avait réparti les espèces qu'il comprenait sous la dénomination générique de Boa : c'est de Wagler qu'il a reçu le nom par lequel il est ici désigné.

1. L'EUNECTE MURIN. *Eunectes murinus.* Wagler.

CARACTÈRES. Dessus et côtés du corps d'un brun plus ou moins foncé ; deux séries dorsales de grandes taches noires, arrondies ; une suite de cercles de la même couleur entourant chacun un disque jaunâtre, le long de l'un et de l'autre flanc.

SYNONYMIE. 1648. *Amore pinima.* Marcg. Hist. Bras. liv. 6, pag. 242.

1731. *Serpens crassus capite et colore vertice fusco, etc.* Scheuchz. Phys. sacr. tom. 4, pag. 1087, tab. DCVI,A.

1734. *Serpens Guineensis.* Séb. tom. 2, pag. 24, tab. 25, fig. 1.

Serpens testudinea Americana murium insidiator. Séb. tom. 2, pag. 30, tab. 29, fig. 1.

1754. *Cenchris scut. abdom. 254, scut. caudal. 49.* Gronov. Serpent. in mus. ichthyol. pag. 70, n° 44.

1758. *Boa scytale.* Linn. Syst. nat. Édit. 10, tom. 1, pag.

214, n° 525 : exclus. synon. fig. 1, tab. 737, tom. 4, Phys. sacr. Scheuchz. et n° 10, pag. 55, Serp. in Mus. ichthy. Gronov. (?*Erythrolamprus venustissimus.*)

Boa murina. Linn. loc. cit. tom. 1, pag. 215, n° 519.

1758. *Gros serpent appelé Buio.* Gumilla. Hist. nat. Orénoque. tom. 3, pag. 32 et 73 (1).

1766. *Boa scytale.* Linn. Syst. nat. Édit. 12, tom. 1, pag. 374, n° 323 : exclus. synon. fig. 1, tab. 737, tom. 4, Phys. sacr. Scheuchz. et n° 10, pag. 55, Serp. in Mus. ichthy. Gronov. (?*Erythrolamprus venustissimus.*)

Boa murina. Id., loc. cit., n° 319.

1771. *Boa murina.* Daubent. Anim. quad. ovip. serp. pag. 651.

Boa scytale. Id. loc. cit. pag. 651.

1783. *Boa glauca.* Bodd. Nov. act. Cæsar. Leopold. tom. 7, pag. 17, n° 2.

Boa albida. Id. loc. cit. n° 3.

1788. *Boa murina.* Gmel. Syst. nat. Linn., tom. 3, part. 3, pag. 1084, n° 319.

Boa scytale. Id. loc. cit. n° 323.

1789. *Le Rativore.* Lacép. Hist. nat. quad. ovip. serp. tom. 2, pag. 383.

1789. *Le Mangeur de rats.* Bonnat. Encyclop. méth. ophiol. pag. 6, pl. 6, fig. 6 (d'après Séba).

1798. *Boa murina.* Donnd. zoolog. Beitr. Linn. natur. syst. tom. 3, pag. 148, n° 8.

1799. *Serpent aboma.* Stedm. Voyag. Surin. tom. 1, pag. 225-232, pl. 14 (2).

1801. *Boa murina.* Schneid. Histor. amph. Fasc. 11, pag. 240.

Boa scytale. Id. loc. cit. pag. 248.

1802. *Boa gigas.* Latr. Hist. Rept. tom. 3, pag. 136.

Boa murina. Id. loc. cit. pag. 151 (d'après la fig. 1, pl. 29, tom. 2, Séba).

1802. *Boa murina.* Shaw. Gener. zool. Vol. 3, part. 2, pag. 531.

1802. *Boa murina.* Bechst. de Lacépède's natur. histor. amph. tom. 5, pag. 51, fig. 1.

---

(1) Traduct. franç. d'après la 2e édit. espag. par Eidous. 3 vol. in-12. Avignon, 1758.

(2) Traduct. franç. par Henry. 3 vol. in-8. Atlas. Paris, an VIII

1803. *Boa aboma*. Daud. Hist. Rept. tom. 5, pag. 152, pl. 62, fig. 2.

Boa murina. Id., loc. cit., pag. 155.

Boa anacondo. Id., loc. cit., pag. 161, pl. 63, fig. 2 (d'après un très-jeune sujet).

Boa scytale. Id., loc. cit., pag. 168.

1817. *L'Anacondo*. Cuv. Règn. anim. Edit. 1, tom. 2, pag. 67.

1820. *Boa murina*. Merr. Tent. syst. amph. pag. 86, n° 5.

1821. *Boa murina*. Schneid. Beytr. Klassif. Riesenschl. (Denkschrift. akadem. Wissenschaft. Münch., tom. 7, pag. 108.)

Boa scytale. Id., loc. cit. pag. 117.

1821. *Boa aquatica*. Maximil. zu Wied, Voyag. Brés. tom. 1, pag. 558, et tom. 2, pag. 171.

1822. *Boa aquatica*. Maximil. zu Wied Abbild. naturgesch. Brazil. pag. et pl. sans numéros (très-bonne figure).

1825. *Boa aquatica*. Id. Beitr. naturgesch. Brasil. tom. 1, pag. 226.

1826. *Boa scytale*. Fitzing. Neue classif. Rept. pag. 54.

1827. *Boa murina*. F. Boié. Isis, tom. 20, pag. 514.

1829. *L'Anacondo*. Cuv. Règn. anim. Edit. 2, tom. 2, pag. 78.

1830. *Eunectes murinus*. Wagl. Syst. amph. pag. 167.

1831. *The anacondo*. Griff. anim. Kingd. Cuv. Vol. 9, pag. 253.

1831. *Eunectes murina*. Gray, Synops. Rept. pag. 96, in Griff. Anim. Kingd. Cuv. vol. 9.

1837. *Boa murina*. Schleg. Ess. physion. Serp. Part. génér. pag. 175, et Part. descrip. pag. 380, pl. 14, fig. 1-2.

1840. *Boa murina*. Filippo de Filippi. Catal. ragion. Serp. mus. Pav. (Biblioth. Ital. tom. 99).

1842. *Eunectes murina*. Gray. Synops. Famil. Boidæ (Zool. miscell. pag. 41).

DESCRIPTION.

Formes. L'Eunecte murin a moins l'ensemble de formes, le port, en un mot la physionomie du commun des espèces de sa tribu que celle de certains autres serpents n'appartenant pas à la même famille, mais aquatiques comme lui, tels par exemple que les Hydrops et les Homalopsis, dont il est réellement le

représentant parmi les Boæides. C'est un fait semblable ou analogue à ceux que nous avons déjà signalés ou que nous allons
souvent rencontrer, lesquels résultent du parallélisme qui
existe entre toute division vraiment naturelle et toute autre de
même degré, quelle que soit la supériorité ou l'infériorité de
celui-ci.

L'espèce que nous nous proposons de faire connaître ici offre
une tête petite à proportion du reste du corps, à peine distincte du
cou, conique, très-aplatie à sa face inférieure, fort peu au contraire à ses faces latérales, et largement tronquée en même temps
qu'arrondie en avant. Son tronc est très-faiblement comprimé,
convexe en dessus et en dessous, et d'une longueur de trente-
six à trente-huit fois égale à sa plus grande largeur; il est plus
gros au milieu qu'à son extrémité antérieure et surtout qu'à sa
partie postérieure, toutefois cette disproportion est moins prononcée
cée que chez les Boas, les Xiphosomes et plusieurs autres Boæides.
La queue, assez effilée et médiocrement préhensile, fait de la
sixième à la septième partie de la totalité de l'étendue longitudinale de ce Serpent. Les vestiges de membres abdominaux,
qui se montrent extérieurement sous la forme d'ergots coniques, courts, recourbés et pointus, ne sont pas proportionnellement aussi forts que ceux des Boas; nous les avons même trouvés d'une très-petite dimension chez des femelles ayant plus
d'un mètre de long.

Les narines, que nous avons déjà dites être percées perpendiculairement, ont leurs ouvertures très-rapprochées l'une de
l'autre, fort petites et demi-circulaires. Les yeux, dont la grosseur n'est pas en rapport avec le volume de l'animal, sont situés
de façon qu'il peut voir à la fois ce qui se passe au-dessus et
devant lui sans bouger la tête, privilège accordé à tous les Serpents qui demeurent la plus grande partie du temps au milieu
des eaux. La bouche est fendue suivant une ligne parfaitement
droite : elle est armée de dents robustes, dont la longueur diminue graduellement dans chacune des quatre séries qu'elles
composent, depuis les premières jusqu'à la dernière inclusivement; leur nombre, pour chaque côté, est de seize à l'une comme
à l'autre mâchoire, de cinq aux os palatins et de dix aux ptérygoïdes internes.

Comparé à celui des autres Boæides, le squelette céphalique
de l'Eunecte murin présente les différences suivantes : ses os

sus-maxillaires sont droits, au lieu d'être un peu courbés
en ∽, de même que ceux des Enygres, des Xiphosomes, des
Épicrates et des Chilabothres; ayant les yeux situés plus
haut ou plus rapprochés l'un de l'autre et. le museau moins
allongé qu'aucun autre membre de sa tribu, il en résulte naturellement que, d'une part, ses frontaux sont moins dilatés en
travers ou non pas une fois, mais une demi-fois seulement plus
larges que longs, et que, d'une autre part, il a les os nasaux et
les frontaux antérieurs plus courts, et surtout l'angle en lequel
chacun de ceux-ci se prolonge en avant, beaucoup moins aigu.

La plaque rostrale offre quatre pans, deux latéraux un peu
concaves, un inférieur fort échancré pour le passage de la langue,
et un supérieur plus étendu qu'aucun des trois autres, lequel est
tantôt curviligne, tantôt brisé à angle extrêmement ouvert et
soudé tout entier aux nasales antérieures et aux inter-nasales.
Celles ci, plus petites que celles-là, qu'elles séparent l'une de
l'autre, ont derrière elles une paire de fronto-nasales oblongues, à proportions fort grandes et suivies de quatre frontales
antérieures, qui sont d'une dimension beaucoup moindre que
les précédentes et placées, deux bout à bout, entre leurs deux
congénères. Viennent ensuite deux frontales proprement dites
ayant à leur droite et à leur gauche une sus-oculaire plus large
et plus longue qu'elles; après cela, le reste du dessus de la
tête ne présente plus que des écailles d'une figure et d'une disposition d'autant plus régulières qu'elles sont plus rapprochées
du cou. De chaque côté du museau, entre la première plaque
nasale, qui en occupe l'extrémité antérieure, et la seconde,
dont le diamètre excède à peine celui de l'orifice qu'elle borde
postérieurement, il existe une frénale extrêmement développée, précédée d'une ou deux autres qui le sont au contraire
excessivement peu, frénale qui est séparée des supéro-labiales
par une série de plusieurs petites plaques se prolongeant sous le
cercle squammeux de l'orbite. Ce cercle se compose d'une grande
pré-oculaire, d'une ou deux sous-oculaires et de trois ou quatre
post-oculaires plus ou moins petites.

Telle est, dans son état normal, la composition du bouclier
céphalique, qui offre fort souvent un aspect tout différent par
suite, soit de l'avortement soit de l'excès de développement,
ou bien de la division en deux ou plusieurs parties inégales de
certaines des pièces qui le constituent.

La lèvre supérieure est garnie de quinze à dix-huit paires de plaques quadrangulaires ou pentagones, inégalement hautes; les moins courtes sont ordinairement celles de la seconde paire et des quatre ou cinq qui précèdent les trois dernières. La plaque qui protége le menton a la figure d'un triangle isocèle très-effilé. Celles, au nombre d'une vingtaine, qui, de chaque côté, revêtent les bords de la mâchoire inférieure, sont quadrilatères, très-allongées verticalement et fort étroites près de la mentonnière, mais de plus en plus courtes, à mesure qu'elles se rapprochent de la commissure des lèvres, où l'on en voit même quelques-unes d'oblongues. Le sillon gulaire est bien marqué, et la région du même nom offre des écailles lancéolées, plates, lisses et légèrement imbriquées.

Les pièces de l'écaillure du corps sont losangiques et toutes à peu près de même grandeur, excepté celles des trois ou quatre séries qui bordent à droite et à gauche les scutelles du ventre, lesquelles ont effectivement une dimension double ou triple des autres. Les lames protectrices de la région abdominale sont au contraire tellement étroites, que la largeur des plus grandes n'excède que de fort peu la longueur du museau.

Écailles du tronc : 59 ou 61 rangées longitudinales, de 368 à 381 rangées transversales. Écailles de la queue : 35 ou 37 rangées longitudinales, de 79 à 87 rangées transversales. Scutelles : de 242 à 253 ventrales, de 56 à 73 sous-caudales.

COLORATION. Le mode de coloration de l'Eunecte murin est beaucoup plus simple que celui de la plupart des espèces de Boæides que nous avons déjà décrites.

En dessus, le corps est d'un vert noirâtre chez les individus adultes, et d'un brun olivâtre plus ou moins clair chez les jeunes sujets. A tout âge, les tempes offrent chacune, entre deux raies d'un noir pur, une large bande jaune qui s'étend obliquement depuis l'œil jusqu'en arrière de l'angle de la bouche. A tout âge également, le dos et la queue présentent de grands disques ou de grands ovales d'un noir profond, disposés sur deux séries et de telle sorte, que ceux de l'une alternent avec ceux de l'autre; quelquefois cependant, il en est qui se trouvent occuper la même ligne transversale, tantôt séparés par un certain intervalle, tantôt au contraire soudés ensemble ou par paires. Il existe le long de chaque côté du corps une

ou deux rangées d'anneaux noirs se détachant parfaitement
bien d'un fond beaucoup plus clair que celui des parties supérieures; fond qui passe peu à peu à la couleur jaune d'ochre
des régions inférieures, où le noir apparaît aussi sous la forme
de taches quadrangulaires, isolées ou confondues entre elles.

DIMENSIONS. Il n'y a que les Pythons, parmi tous les Ophidiens aujourd'hui connus, qui atteignent d'aussi grandes dimensions que l'Eunecte murin, dont plusieurs voyageurs assurent avoir vu des individus de vingt-cinq à trente pieds de long.
Il en existe au reste de fort grands dans diverses collections
d'Europe et particulièrement un de dix-huit pieds de longueur,
dans le musée de Leyde et un autre de vingt, dans celui de Berlin; le nôtre n'en renferme aucun qui ait une taille aussi considérable ; voici les mesures du plus grand :

Longueur totale. 4′ 62″. *Tête.* Long. 15″. *Tronc.* Long. 3′ 80″.
Queue. Long. 67″

PATRIE. Jusqu'ici on ne peut signaler d'une manière certaine
que les Guyanes et le Brésil, comme étant les contrées de l'A-
mérique méridionale qui nourrissent cet énorme reptile, dont la
patrie a sans doute des limites beaucoup plus étendues.

C'est de Surinam, de Cayenne et de Rio-Janeiro que sont parvenus au Muséum d'histoire naturelle les exemplaires qui y
représentent cette espèce dans presque tous ses âges, exemplaires de plusieurs desquels nous sommes redevables à Le-
vaillant, à MM. Leschenault et Doumerc et à Mme Richard, née
Rivoire.

MŒURS. « Un serpent de vingt-trois pieds de longueur, appartenant à l'espèce de ceux nommés *Boiguacu, Ikourou* ou
Aboma, avait dans son estomac, au moment où j'en fis l'ouverture, un *grand Paresseux,* un *Légouane* (1) long de trois pieds
et trois quarts et un *Mangeur de fourmis* (2) de deux pieds huit
pouces, tous trois dans le même état que s'ils venaient d'être
tués à coups de fusil. »

Ce passage, extrait de l'*Histoire naturelle de Surinam* par
Fermin, était, que nous sachions, l'unique renseignement relatif aux mœurs de l'Eunecte murin que renfermassent les rela-

---

(1) Un Iguane.
(2) Probablement un Tamandua.

tions des voyageurs avant que le prince de Neuwied (1) n'eût publié les observations intéressantes que nous allons rapporter ici.

« Au Brésil, l'Eunecte murin est appelé *Cucuriubu* ou *Cucuriu ;* les Botocudes le nomment *Ketameniop*. Le prince en a vu des individus longs de vingt pieds et les habitants lui ont assuré qu'il parvient à une taille beaucoup plus considérable dans les lieux incultes et inhabités. Les eaux sont la demeure habituelle de ce serpent : il s'y repose couché sur un haut fond, la tête seule émergée ; plongeur habile, il peut s'y enfoncer pour ne reparaître à leur surface qu'assez longtemps après ; tantôt c'est avec rapidité qu'il les parcourt en tous sens en nageant à la manière des poissons anguilliformes, tantôt au contraire il abandonne son corps, roide et immobile, au courant plus ou moins rapide d'un fleuve ou d'une rivière. Parfois il se tient étendu près du rivage sur le sable ou sur les rochers, ou bien sur un tronc d'arbre renversé, attendant patiemment que quelque mammifère amené par le besoin de se désaltérer, passe assez près de lui pour pouvoir être saisi. Ceux de ces animaux dont il fait le plus ordinairement sa proie sont des Agoutis, des Pacas et des Cabybaras ou Cabiais ; on dit qu'il mange aussi des poissons. C'est en été, depuis novembre jusqu'en février, que s'accouple l'Eunecte murin, époque à laquelle on le rencontre plus souvent qu'à toute autre et où, assure-t-on, il fait entendre un mugissement sourd. Au Brésil, il ne s'engourdit pas en hiver. L'arc et le fusil sont les armes dont les indigènes se servent pour le tuer, à moins qu'ils ne le rencontrent à terre, où il ne se meut que fort lentement ; dans ce cas ils l'assomment à coups de bâtons. On fait avec sa peau des chaussures et des sacs de voyage ; sa graisse est aussi employée à différents usages, et les Botocudes en mangent la chair.

L'ovoviviparité de l'Eunecte murin est un fait qui a été signalé d'abord par Cuvier, puis par M. Schlegel, qui a trouvé chez une femelle, dont il faisait la dissection, une vingtaine d'œufs renfermant chacun un petit presque entièrement développé : ces fœtus avaient de un pied à dix-huit pouces de longueur.

---

(1) Beiträge zur naturgeschichte von Brazilien, tom. 1, p. 226

VIII° GENRE. XIPHOSOME. — *XIPHOSOMA*. Wagler (1).
(*Boa*, Laurenti; *Xiphosoma*, Gray; *Corallus*, Daudin et Gray.)

CARACTÈRES. Narines s'ouvrant latéralement entre deux plaques. Yeux latéraux, à pupille vertico-elliptique. Tête revêtue de plaques sur le bout du museau, et d'écailles sur le reste de sa face supérieure. Des fossettes aux lèvres. Écailles du corps plates, lisses; scutelles sous-caudales non divisées en deux parties.

L'absence absolue de carènes sur les pièces de l'écaillure des Xiphosomes est, entre autres particularités, celle qui permet le mieux de les distinguer, au premier aspect, des Énygres, des Leptoboas, des Tropidophides et des Platygastres, de même que la situation de leurs ouvertures nasales, non entre trois plaques, mais entre deux seulement, empêche de les confondre avec les Epicrates; d'une autre part, les cavités dont leurs lèvres sont creusées indiquent suffisamment qu'ils n'appartiennent à aucun des genres Boa, Pélophile, Eunecte et Chilabothre.

Les Xiphosomes, qui semblent être, dans la tribu des Boæides, les représentants des Morélies, genre de la tribu des Pythonides, ont comme elles une tête en forme de pyramide quadrangulaire, fortement obtuse au sommet et excessivement renflée ou arrondie à la base, sur trois de ses faces, la sus-céphalique et les temporales. Leur tronc, suivant qu'il est robuste, ramassé ou très-allongé, est suivi d'une queue, tantôt grosse, courte et médiocrement préhensile, tantôt bien effilée, plus ou moins longue et très-enroulable; mais dans l'un et l'autre cas, il est considérablement comprimé de droite à gauche, distinctement plus étroit et réellement

_____

(1) De ξιφιον, épée; et de σωμα, corps.

moins long à sa région ventrale qu'à la dorsale, à cause de la grande courbure que décrit celle-ci, dont le sommet est tectiforme. C'est en raison de cette conformation de leur corps que les Xiphosomes jouissent au plus haut degré de la faculté de s'enrouler en spirale, disposition qui paraît même être celle qu'ils prennent le plus habituellement, car on l'observe chez tous les individus qu'on possède conservés dans l'alcool. Les deux sexes offrent des vestiges de membres postérieurs, généralement peu développés dans les mâles, et encore moins dans les femelles. La bouche est fendue suivant une ligne droite. Il n'existe pas, comme chez les Boas, de petite languette verticale et contractile au-devant de l'orifice de la trachée artère. Les narines viennent aboutir extérieurement sur les côtés du museau, tout à fait à son extrémité; l'ouverture en est ovalaire ou subtriangulaire, et pratiquée dans deux plaques, qui sont ou superposées ou placées, l'une devant l'autre. Les yeux, dont la position est latérale, ont la pupille verticalement allongée.

Le Pholidosis sus-céphalique se compose d'écailles, partout ailleurs que sur le bout du museau, où il y a de deux à neuf plaques symétriques. Le pourtour de la bouche offre un nombre variable de petits enfoncements résultant de ce que les plaques labiales ont, tantôt leur surface concave dans toute sa largeur, tantôt leur bord antérieur et le postérieur très-minces, tandis que leur ligne médio-verticale est au contraire très-épaisse. Les pièces de l'écaillure du corps sont losangiques et parfaitement lisses; les scutelles sous-caudales sont normalement entières: ce n'est qu'accidentellement qu'on en trouve quelques-unes de divisées en deux, parmi les autres.

Dans les Xiphosomes, de même que chez les Boas et les autres genres de Boæides qui vont suivre, les frontaux antérieurs, dont la figure est celle d'un trapèze, se conjoignent en arrière des os nasaux; ceux-ci représentent ensemble une plaque ellipsoïde offrant antérieurement deux grandes échancrures semi-circulaires. Les branches de leur mâchoire supérieure sont légèrement courbées en ∞ et armées chacune, ainsi que les inférieures, de dix à vingt dents, parmi lesquelles les premières sont excessivement longues et grêles, à proportion des suivantes. On compte cinq ou six de ces organes à chaque palatin, et de neuf à douze à chaque ptérygoïde interne. Ces serpents, qui sont très-favorablement conformés soit pour nager, soit pour s'enrouler autour des branches, par suite du grand aplatissement latéral de leur corps, ne peuvent par la même raison exécuter qu'une reptation pénible sur le sol, si surtout celui-ci n'est pas accidenté. Aussi se tiennent-ils rarement à terre, mais presque toujours au milieu des eaux ou sur les arbres et les arbustes qui croissent sur leurs bords. Ils paraissent se nourrir principalement d'oiseaux et de petits mammifères.

Le genre Xiphosome a été établi, nous devrions plutôt dire reproduit, par Wagler, dans la partie ophiologique de l'ouvrage de Spix sur les animaux du Brésil ; car déjà, bien longtemps auparavant, ce dont Wagler ne semble pas s'être aperçu, Laurenti en avait posé les bases en restreignant le genre Boa de Linné à l'espèce dite *Canina*, qui lui parut être la seule qui se distinguât des autres par l'existence de fossettes aux lèvres, et par des plaques sur le bout du museau, au lieu d'écailles comme sur le reste de la tête. Il y a plus, cette caractéristique du genre Xiphosome donnée par Laurenti était incomplète, mais vraie ; tandis que celle que lui avait assignée Wagler était fausse, puisqu'il y disait que ces serpents manquent de crochets anaux, et qu'ils diffèrent des vrais Boas par un corps comprimé et des dents antérieures plus longues que les postérieures : particularités qui leur sont communes avec ces derniers. Plus tard même, dans son *Naturlisch system der Amphibien*, l'Erpétologiste bavarois n'a pas distingué génériquement les Xiphosomes, comme ils auraient dû l'être. On doit donc regarder Wagler, non comme le fondateur du genre Xiphosome, mais seulement comme l'inventeur de la dénomination, peu heureusement choisie, par laquelle nous avons néanmoins dû le désigner, le nom de Boa qu'il avait primitivement reçu de Laurenti ayant généralement été appliqué au groupe renfermant le *Boa constrictor*. C'est au genre Xiphosome qu'appartient l'espèce pour laquelle Daudin a établi le genre *Corallus*, d'après un individu dont la première et la seconde scutelle sous-collaire était divisée en deux, au lieu d'être entière : aussi ce genre a-t-il été rejeté et avec raison par tous les Erpétologistes, excepté par M. Gray, qui le fait figurer dans une nouvelle classification de la famille des Boæides, avec une caractéristique qui ne comprend que des particularités purement spécifiques. Peut-on en effet considérer autrement des différences qui ne portent que sur la grosseur, la longueur du corps et de la queue, sur le nombre des cavités labiales, et sur celui si variable, chez les individus d'une même espèce, des squammes protectrices du dessus et des côtés du museau, ainsi que du pourtour des orbites ?

Le présent groupe générique correspond à l'une des cinq sections que Cuvier avait établies parmi ses Boas, d'après la dissemblance que présente leur squammure sus-céphalique, et la présence ou l'absence de fossettes autour de leur bouche.

Aux deux espèces du genre Xiphosome, l'une et l'autre américaines, déjà mentionnées par les naturalistes, nous en adjoignons une troisième, nouvellement découverte dans l'île de Madagascar.

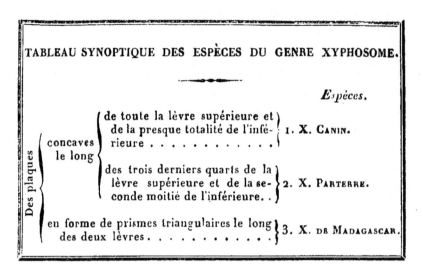

TABLEAU SYNOPTIQUE DES ESPÈCES DU GENRE XYPHOSOME.

Espèces.

Des plaques — concaves le long — de toute la lèvre supérieure et de la presque totalité de l'inférieure . . . . 1. X. CANIN.

des trois derniers quarts de la lèvre supérieure et de la seconde moitié de l'inférieure. . 2. X. PARTERRE.

en forme de prismes triangulaires le long des deux lèvres . . . . 3. X. DE MADAGASCAR.

1. LE XIPHOSOME CANIN. *Xiphosoma caninum.* Wagler.

CARACTÈRES. Plaque rostrale ennéagone, inéquilatérale ; deux plaques inter-nasales, en arrière desquelles sont deux rangées d'autres plaques symétriques, suivies d'écailles ; cercle squammeux de l'orbite complet.

SYNONYMIE. 1731. *Vipera Isebequensis sublutea.* Scheuchz. Physic. sacr. tom. 4, pag. 1179, tab. DCXXVIII (par err. typograph. DCXXIIX) (jeune âge).

1734. *Serpens sive vipera Siamensis.* Seb. tom. 2, pag. 33, tab. 34, fig. 1 et 2 (jeune âge).

Serpens Bojobi. Seb. tom. 2, pag. 86, tab. 81 et pag. 101, tab. 96, fig. 2 (adulte).

1754. *Boa caninus.* Linn. Mus. Adolph. Freder. pag. 39, tab. 3.

1755. *Vipera labiis squamatis.* Klein, Tentam. Herpet. pag. 19, n° 4.

Anodon capite lato. Id. loc. cit. pag. 43, n° 1.

1758. *Boa canina.* Linn. Syst. nat. edit. 10, tom. 1, pag. 215, n° 280.

Boa hypnale. Id. loc. cit. pag. 215, n° 299.

1765. *Bojobi.* Ferm. Hist. Holl. Equinox. pag. 35.

1766. *Boa canina.* Linn. Syst. nat. edit. 12, tom. 1, pag. 373, n° 280.

Boa hypnale. Id. loc. cit. pag. 373, n° 299.

1768. *Boa thalassina.* Laur. Synops. Rept. pag. 89, n° 193.
Boa aurantiaca. Id. loc. cit. n° 194.
Boa exigua. Id. loc. cit. n° 195.
1771. *Boa canina.* Daub. Anim. quad. ovip. Serp. pag. 593.
Boa hypnale. Id. loc. cit. pag. 639.
1783. *Boa viridis.* Bodd. Nov. act. Cæsar. Leopold. tom. 7, pag. 17, n° 5.
Boa flavescens. Id. loc. cit. n° 4.
1788. *Boa canina.* Gmel. Syst. nat. Linn. tom. 3, part. 3, pag. 1082, n° 280.
Boa hypnale. Id. loc. cit. pag. 1083, n° 299.
1789. *Le Bojobi.* Lacép. Hist. Quad. ovip. Serp. tom. 2, pag. 378, pl. 17, fig. 1.
L'Hypnale. Id. loc. cit. pag. 375, pl. 16, fig. 2.
1789. *Le Bojobi.* Bonnat. Encyclop. méth. Ophiol. pag. 4, pl. 2, fig. 2 (d'après Mus. Adolph. Freder.)
L'Hypnale. Id. loc. cit. pag. 5, pl. 4, fig. 4.
Le Jaunâtre. Id. loc. cit. pag. 8, n° 11.
1790. *Boa canina.* Shaw. Natur. miscell. vol. 1, pag. et pl. sans n°s.
1798. *Boa canina.* Donnd. Zool. Beitr. Syst. nat. Linn. tom. 3, pag. 144, n° 2.
Boa hypnale. Id. loc. cit. n° 3.
1801. *Boa canina.* Schneid. Hist. amphib. Fasc. 2, pag. 242.
Boa hypnale. Id. loc. cit. pag. 243.
1802. *Boa canina.* Latr. Hist. Rept. tom. 3, pag. 140.
Boa hypnale. Id. loc. cit. pag. 144.
1802. *Boa canina.* Shaw. Gener. Zool. vol. 3, part. 2, pag. 346, pl. 96.
Boa hypnale. Id. loc. cit. pag. 360.
L'Hypnale. Bechst. de Lacepede's naturgesch. Amph. tom. 5, pag. 3, pl. 1, fig. 2.
Le Bojobi. Id. loc. cit. pag. 42, pl. 2, fig. 1.
Boa flavescens. Id. loc. cit. pag. 64, pl. 4, fig. 2.
1803. *Boa hypnale.* Daud. Hist. Rept. tom. 5, pag. 207.
Boa canina. Id. loc. cit. pag. 214.
1815. *Boa canina.* Huebn. de Organ. motor. *Boæ caninæ.*
1820. *Boa hypnale.* Merr. Tent. system. amph. pag. 87, n° 7.
Boa canina. Id. loc. cit. n° 8.

1820. *Boa canina.* Kuhl und Van Hasselt. Beitr. Vergleich. anat. pag. 80.

1821. *Boa canina.* Schneid. Klassif. Riesenschl. (Denkschrift. Akadem. Wissenschaft. Münch, tom. 7, pag. 112.)

Boa hypnale. Id. loc. cit. pag. 113.

1824. *Xiphosoma araramboya.* Wagl. Serpent. Brasil. Spix. pag. 45, tab. 16.

1826 *Xiphosoma canina.* Fitzing. Neue classif. Rept. pag. 54.

1826. *Xiphosoma canina (Xiphosoma araramboya.* Wagler). Fitzing. Critisch. Bemerkung. Wagler's Schlangenverk (Isis, tom. 19, pag. 898).

1827. *Boa canina.* F. Boié. Isis, tom. 20, pag. 515.

1829. *Boa canina.* Cuv. Règn. anim. 2ᵉ édit. tom. 2, pag. 79, note 1.

1830. *Boa canina.* Guér. Iconog. Règn. anim. Cuv. Rept. pl. 19, fig. 2.

1830. *Xiphosoma canina.* Wagl. Syst. amph. pag. 167.

1831. *Boa canina.* Griff. anim. Kingd. Cuv. vol. 9, pag. 254 (en note).

1831. *Xiphosoma canina.* Gray. Synops. Rept. pag. 96, in Cuvier's anim. Kingd. Griff. vol. 9.

1837. *Boa canina.* Schleg. Ess. physion. Serp. Part. génér. pag. 75, n° 4, et Part. descript. pag. 388, pl. 14, fig. 8 et 9.

1840. *Boa canina.* Filippo de Filippi. Catal. ragion. Serp. Universit. Pav. (Biblioth. ital. tom. 99.)

1842. *Xiphosoma canina.* Gray. Synops. Famil. Boidæ. (Zoolog. miscell. pag. 42.)

DESCRIPTION.

FORMES. La tête du Xiphosome canin, très-fortement déprimée dans sa moitié antérieure, dont le dessus est parfaitement plan et chacun des côtés perpendiculaire, offre au contraire une très-grande épaisseur en arrière, où sa face supérieure et les latérales sont excessivement bombées. Le tronc, dont la hauteur au milieu est double de la largeur, a une étendue longitudinale vingt fois égale environ à cette même hauteur, qui est de deux tiers moindre près de la tête et de la queue. Celle-ci, qui est fort effilée et très-préhensile, fait de la sixième à la septième partie de la longueur totale du corps.

La plaque rostrale présente neuf pans inégaux, un en bas profondément échancré, deux en haut formant un angle obtus, et trois de chaque côté, dont le médian décrit une ligne arquée en dedans. La lèvre supérieure est garnie, à droite et à gauche, d'une douzaine de plaques, dont les trois premières sont rectangulaires et toutes les suivantes carrées et de même grandeur. La lèvre inférieure en offre un pareil nombre, mais avec cette différence que les six dernières seulement sont carrées et que les précédentes, qui ont plus de hauteur que de largeur, sont pentagones; la plaque du menton a la figure d'un triangle sub-équilatéral. Les fossettes qui existent autour de la bouche de cette espèce sont plus prononcées que chez aucune autre de la même tribu; la plaque rostrale en présente trois, une médiane et deux latérales; toutes les supéro-labiales et les huit ou neuf dernières inféro-labiales en ont chacune une, qui occupe chez celles-ci la moitié ou les deux tiers inférieurs, chez celles-là, au contraire, la moitié ou les deux tiers supérieurs de leur hauteur.

L'orifice vertico-ovalaire et bâillant de la narine est pratiqué dans deux plaques superposées, d'inégale dimension: l'inférieure est de beaucoup la plus petite et rhomboïdale, la supérieure est pentagone oblongue; parfois la suture qui les sépare est si peu marquée qu'elles semblent ne former qu'une seule et même pièce. Chaque région frénale est revêtue d'une suite de trois grandes plaques sub-quadrangulaires, sub-égales entre elles, au-dessous des deux dernières desquelles on en voit de deux à quatre plus petites, disposées aussi sur un seul rang. L'œil est entouré d'un cercle de douze ou treize squammes, dont les trois antérieures sont plus grandes que les autres. Sur le bout du museau, il y a neuf plaques polygones, d'inégale grandeur, formant trois rangées transversales, composées, la première de deux, la seconde de quatre, et la troisième de trois pièces. Le reste de la face sus-céphalique est garni d'un pavé d'écailles à plusieurs pans, toutes à peu près aussi petites les unes que les autres, à l'exception de celles qui occupent les régions sus-oculaires, où l'on en voit effectivement une série de cinq ou six offrant un développement un peu plus grand que celles qui les avoisinent. Le sillon gulaire est très-long. A sa droite et à sa gauche sont des écailles ovales lâchement imbriquées. Les pièces de l'écaillure du dos sont régulièrement losangiques, tandis que celles des flancs ont le sommet de leurs angles latéraux fortement arrondi. La largeur des plus grandes scutelles abdominales est égale à la distance qui sépare l'œil de la narine.

Écailles du tronc : 63 ou 65 rangées longitudinales, de 414 à 454 rangées transversales. Écailles de la queue : 53 rangées longitudinales, de 82 à 94 rangées transversales. Scutelles : de 196 à 200 ventrales, de 68 à 73 sous-caudales.

COLORATION. Tous nos sujets de grande et de moyenne taille du Xiphosome canin ont le ventre, le dessous de la tête et celui de la queue d'un blanc jaunâtre uniforme, et toutes les autres parties du corps d'une teinte bleue ou vert de mer. Tous également offrent en travers du dos, à d'assez grands intervalles, soit des raies soit des taches anguleuses blanches.

Les régions qui sont peintes en bleu ou en vert chez les individus d'un certain âge, le sont en jaune ou en orangé chez les jeunes sujets. Ceux-ci ont les taches ou les raies blanches de leur dos lisérées de brun, de bleu ou de vert. Ils ont souvent les côtés du corps semés de points de l'une ou de l'autre de ces trois dernières teintes, entremêlés ou non de cercles de la même couleur ayant leur centre blanc. Chez la plupart, le ble ou le vert se montre sous la forme d'une raie longitudinale en arrière de chaque œil, et de taches irrégulièrement distribuées sur la tête.

DIMENSIONS. Le plus grand Xiphosome canin que nous ayons vu avait un mètre et demi de long. Voici les mesures d'un individu de plus petite taille, appartenant au Muséum.

Longueur totale. 1' 13". *Tête.* Long. 5". *Tronc.* Long. 90"; haut. 5" 8'"; larg. 1" 7'". *Queue.* Long. 18".

PATRIE. Surinam, Cayenne et Rio-Janeiro sont les trois localités d'où proviennent les dix exemplaires de cette espèce que renferme notre musée.

MOEURS. Le Xiphosome canin est, à ce qu'il paraît, un très-habile nageur. Spix, étant sur le Rio-Negro, en a pris un qui traversait ce fleuve, et M. le lieutenant de vaisseau de Fréminville nous a assuré avoir vu un individu de la même espèce passer le long d'une barque à bord de laquelle il se trouvait, au milieu de la rade de Rio-Janeiro.

2. LE XIPHOSOME PARTERRE. *Xiphosoma hortulanum.* Wagler.

CARACTÈRES. Plaque rostrale affectant la figure d'un triangle isocèle; deux plaques inter-nasales en arrière desquelles est une rangée d'autres plaques plus petites, suivies d'écailles; cercle squammeux de l'orbite complet.

SYNONYMIE. 1734. *Vipera Africana convoluta.* Séb. tom. 1, pag. 89, tab. 54, fig. 2.

Anguis de Cencoatl. Séb. tom. 2, pag. 18, tab. 16, fig. 1.

Vipera ammodytes, Africana. Séb. tom. 2, pag. 50, tab. 50, fig. 1.

Vipera Paraguajana. Séb. tom. 2, pag. 77, tab. 74, fig. 1.
Coluber Tlehua. Séb. tom. 2, pag. 89, tab. 84, fig. 1.
1754. *Coluber hortulanus.* Linn. Mus. Adolph. Fredir. pag. 37.

1758. *Boa hortulana.* Linn. Syst. nat. edit. 10, tom. 1, pag. 215.

Boa enhydris. Id. loc. cit.
1766. *Boa hortulana.* Linn. Syst. nat. edit. 12, tom. 1, pag. 374, n° 418.

Boa enhydris. Id. loc. cit. n° 375.
1768. *Vipera bitis.* Laur. Synops. Rept. pag. 102, n° 223.
Vipera maderensis. Id. loc. cit. n° 224.
1771. *Boa hortulana.* Daubent. Anim. Quad. ovip. Serp. pag. 659.

1788. *Boa hortulana.* Gmel. Syst. nat. Linn. tom. 3, part. 3, pag. 1084, n° 418.

Coluber maderensis. Id. loc. cit. pag. 1092.
Coluber bitis. Id. loc. cit. pag. 1092.
1789. *La Broderie.* Lacép. Hist. nat. Quad. ovip. Serp. tom. 2, pag. 381.

1789. *Le Parterre.* Bonnat. Ophiol. Encyclop. méth., pag. 8, pl. 3, fig. 2.

1790. *Stumpfköpfig Schlinger.* Merr. Beitr. Gesch. amph. zweit. Heft, seit 14, taf. 2.

1798. *Boa hortulana.* Donnd. Zoolog. Beitr. Linn. natursyst. tom. 3, pag. 149, n° 10.

REPTILES, TOME VI. 35

1801. *Boa hortulana*. Schneid. Histor. amph. Fasc. II, pag. 245.

Boa Merremii. Id. loc. cit. pag. 259.

1802. *Boa hortulana*. Latr. Hist. Rept. tom. 3, pag. 148.

1802. *Boa hortulana*. Shaw. Gener. zoolog. vol. 3, part. 2, pag. 35, pl. 98.

1802. *Coluber maderensis*. Bechst. de Lacepede's naturgesch. Amph. tom. 4, pag. 160, pl. 23, fig. 1.

Coluber bitis. Id. loc. cit. pag. 161, pl. 23, fig. 2.

Boa obtusiceps. Id. loc. cit. tom. 5, pag. 46, pl. 2, fig. 2.

Boa hortulana. Id. loc. cit. tom. 5, pag. 53, pl. 3, fig. 2.

1803. *Boa hortulana*. Daud. Hist. Rept. tom. 7, pag. 119.

Boa elegans. Id. loc. cit. tom. 5, pag. 123, pl. 61, fig. 32 et 33 ; pl. 63, fig. 1.

Corallus obtusirostris. Id. loc. cit. tom. 5, pag. 259 et tom. 8, pag. 385.

1820. *Boa hortulana*. Merr. Tentam. Syst. Amph., pag. 85, n° 1.

Boa Merremii. Id. loc. cit. pag. 88, n° 9.

1820. *Boa hortulana*. Kuhl und Van-Hasselt. Beitr.Vergleich. anat. pag. 80.

1821. *Boa hortulana*. Schneid. Klassif. Riesenschlang. (Denkschrift. akadem. Wissenschaft. Münch, tom. 7, pag. 114).

Boa Merremii. Id. loc. cit. pag. 117.

Boa enhydris. Id. loc. cit. pag. 124.

Boa elegans, Surinamensis. Id. loc. cit. pag. 126.

1824. *Xiphosoma ornatum*. Wagl. Serpent. Brasil. Spix. pag. 40, tab. 14, fig. 2 (très-jeune).

Xiphosoma dorsuale. Id. loc. cit. pag. 43, tab. 15.

1826. *Xiphosoma hortulana*. Fitz. Neue classif. Rept. pag. 54.

Xiphosoma enhydris. Id. loc. cit.

1826. *Xiphosoma hortulana* (*Xiphos. ornatum* et *dorsuale* de Wagl.) Fitzing. Critisch. Bemerkung. Wagler's Schlangen Werk (Isis, tom. 18-19, pag. 898).

1827. *Boa hortulana*. F. Boié, Isis, tom. 20, pag. 514.

1829. *Boa hortulana*. Cuv. Règn. anim. 2ᵉ édit. tom. 2, pag. 79 (en note).

1830. *Xiphosoma hortulana.* Wagl. Syst. Amph. pag. 167.

Xiphosoma Merremii (*Corallus obtusirostris.* Daud.) Id. loc. cit. pag. 167.

1831. *Boa hortulana.* Griff. Anim. Kingd. Cuv. vol. 9, p. 254 (en note).

1831. *Xiphosoma hortulana.* Gray. Synops. Rept. pag. 96, in Griffith's Anim. Kingd. Cuv. vol. 9.

1834. *Boa modesta.* Reuss. Zoolog. miscell. Mus. Senckenb. vol. 1, page 129.

1837. *Boa hortulana.* Schleg. Ess. Physion. Serp. Part. génér. pag. 176, n° 5 ; Part. descript. pag. 392, pl. 14, fig. 10 et 11.

1840. *Boa hortulana.* Filippo de Filippi, Catalog. ragion. Serp. Univers. Pav. (Biblioth. Ital. tom. 99.)

1842. *Corallus Hortulanus.* Gray. Synops. Famil. Boidæ (Zoolog. miscell. pag. 42).

Corallus maculatus. Id. loc. cit.

Corallus Cookii. Id. loc. cit.

DESCRIPTION.

Formes. Cette espèce se distingue aisément de la précédente, au premier aspect, par l'allongement beaucoup plus grand de son corps et par son système de coloration, dans lequel ce n'est plus le bleu, le vert ou l'orangé, mais bien le gris, le brun ou le noirâtre, qui est la teinte dominante.

Elle a la tête plus arrondie en arrière, moins déprimée et moins large en avant que celle du Xiphosome canin. Son cou est excessivement grêle, ainsi que sa queue, qui fait environ la cinquième partie de la totalité de l'étendue du corps. Son tronc, dont la largeur au milieu est une fois moindre que la hauteur, offre une longueur de cinquante-sept à soixante-cinq fois égale à celle-ci. La plaque rostrale du Xiphosome parterre, au lieu d'être coupée à neuf pans, de même que celle du Xiphosome canin, ne l'est qu'à cinq, dont deux tellement petits, qu'elle affecte une figure triangulaire. Ses plaques inter-nasales, outre qu'elles sont plus développées que celles de l'espèce précédemment décrite, n'ont immédiatement derrière elles qu'un seul et non deux rangs transversaux d'autres plaques symétriques, à la suite desquelles viennent des écailles polygones, juxtaposées. Chez le Xiphosome du présent article, les plaques nasales ne sont pas placées l'une au-dessus de l'autre, mais l'une devant l'autre : la première est subtrapézoïde et d'une dimension double de celle de la seconde, qui est rhomboïdale. Il n'y a de fossettes sur les bords de la bouche du *Boa hortulana* que le long de la seconde moitié de la lèvre inférieure et des trois derniers quarts de la supérieure : bien distinctes sur l'une, elles ne le sont que fort peu sur l'autre, qui offre une sorte de grande gouttière à bords très-rapprochés, au fond de laquelle elles se trouvent cachées. Les yeux sont entourés chacun d'un cercle squammeux qui s'appuie sur les plaques supéro-labiales. Il existe trois ou quatre plaques frénales, à peu près carrées et de moyenne grandeur, au-dessous desquelles est une série de plusieurs squammes plus ou moins petites. Les écailles du corps sont très-certainement pareilles à celles du Xiphosome canin : c'est donc à tort que M. Schlegel les a signalées comme étant beaucoup plus allongées que dans cette dernière espèce. Les scutelles ventrales du *Xiphosoma hortulanum* sont proportionnellement plus dilatées en travers que chez le *Xiphosoma caninum*; les plus grandes ont une largeur égale à l'étendue comprise entre l'œil et la terminaison du museau.

Écailles du tronc : de 45 à 53 rangées longitudinales, de 458 à 561 rangées transversales. Écailles de la queue : de 23 à 29 rangées longitudinales, de 126 à 152 rangées transversales. Scutelles : de 271 à 289 ventrales, de 108 à 125 sous-caudales.

COLORATION. Certains sujets de cette espèce présentent de chaque côté du dos, sur un fond tantôt grisâtre tantôt d'un brun clair, une suite de très-grandes taches rondes ou ovales, de couleur noire ou marron, du bord inférieur desquelles naît une bande qui descend perpendiculairement jusqu'à l'abdomen, en se rétrécissant un peu; ces taches, dont la partie supérieure est bordée de blanc, se conjoignant presque, celles de droite avec celles de gauche sur le sommet du dos, il en résulte que celui-ci est parcouru dans toute sa longueur par une sorte de chaîne blanche à mailles losangiques; lorsque les prolongements qu'elles envoient sur les flancs ne laissent entre eux que de très-petits intervalles, ces derniers sont d'une teinte grise ou brune uniforme, mais dans le cas contraire ils sont maculés de noir. Il est des individus qui diffèrent des précédents en ce que leurs taches dorsales n'offrent inférieurement aucune espèce d'expansions et que les côtés de leur tronc sont ornés d'une série de grands losanges ou de grands disques noirs, pupillés de blanc. Dans ces deux variétés, le dessus de la tête est grisâtre ou noirâtre, parcouru dans tous les sens par de nombreuses lignes blanches ; une double bande noire, liserée de blanc, s'étend obliquement sur la tempe, en arrière de l'œil. Le dessous du corps est blanchâtre, avec ou sans marbrures noirâtres. Nous possédons une troisième variété qui a les régions supérieures et les latérales uniformément d'un gris violacé, et les parties inférieures d'un blanc jaunâtre.

DIMENSIONS. *Longueur totale.* 1' 73'' 5'''. *Tête.* Long. 4'' 5'''. *Tronc.* Long. 1' 34'' 5'''. *Queue.* Long. 35''.

PATRIE. Le *Xiphosoma hortulanum*, de même que le *caninum*, habite les contrées septentrionales et orientales de l'Amérique du Sud ; nous en possédons un certain nombre d'individus, tous originaires de la Guyane ou du Brésil. Une fausse indication, inscrite sur l'étiquette de l'un d'eux, est cause que M. Schlegel a désigné l'île de Saint-Vincent comme produisant aussi cette espèce, qui bien certainement n'existe ni là, ni dans les autres Antilles.

MOEURS. Il semblerait que le *Xiphosoma hortulanum* préfère les oiseaux à toute autre proie ; car c'est toujours des débris de petits animaux de cette classe que nous a offerts l'estomac des sujets que nous avons ouverts. Spix, qui a rapporté du Brésil plusieurs individus de cette espèce, dit qu'il les a trouvés dans la rivière *Solimoens* et dans les eaux qui avoisinent celle des Amazones.

OBSERVATIONS. Daudin a non-seulement inscrit la présente espèce parmi ses Boas, sous deux noms différents ; mais il en a fait aussi un genre particulier appelé *Corallus*, d'après un individu qui se trouvait avoir la première et la seconde de ses scutelles sous-collaires, partagées longitudinalement en deux pièces.

3. LE XIPHOSOME DE MADAGASCAR. *Xiphosoma Madagascariense*. Nobis.

CARACTÈRES. Plaque rostrale heptagone, inéquilatérale ; inter-nasales suivies de quelques autres plaques symétriques ; cercle squammeux de l'orbite incomplet, inférieurement.

DESCRIPTION.

FORMES. Cette espèce est proportionnellement beaucoup moins allongée que l'une ou l'autre de ses deux congénères. En effet, son tronc, dont la hauteur au milieu, n'est pas tout à fait le double de la largeur au même endroit, n'a que de trente-deux à quarante fois une longueur égale à cette dernière, et sa queue n'entre que pour la onzième partie environ dans la totalité de l'étendue longitudinale du corps. Elle a la tête plus courte, moins déprimée en avant, moins épaisse et moins bombée en arrière que les espèces précédentes; ses yeux sont plus petits et ses crochets anaux considérablement plus forts que les leurs. L'ouverture des narines est médiocre, subtriangulaire et bâillante; les deux plaques qui la circonscrivent, une petite et une grande, placées, celle-ci au-dessus de celle-là et un peu en avant, sont d'une figure extrêmement variable. Il y a sur le bout du museau, entre les plaques nasales, deux paires d'inter-nasales ordinairement trapézoïdes, en arrière desquelles la face sus-céphalique n'offre plus que des écailles, qui sont inégale-ment petites, sub-ovalaires, convexes et juxtaposées sur le chanfrein et le front, mais qui, peu à peu en gagnant l'occi-put, prennent la grandeur, la figure losangique, la forme aplatie et la disposition imbriquée des pièces de l'écaillure du cou. Le pourtour de l'orbite est garni de dix à douze squammes subquadrilatères et bombées, formant un cercle ouvert infé-rieurement, de façon à permettre à une ou deux des plaques supéro-labiales de s'élever jusqu'au globe de l'œil; celle de ces squammes orbitaires qui se trouve située justement au devant de cet organe présente un peu plus de développement que les autres. Le museau étant assez court et les plaques supéro-labiales des quatre ou cinq premières paires excessivement hautes, il en résulte que les régions frénales se trouvent ré-duites à ne pouvoir pas être occupées chacune par plus de six petites squammes, dont les deux les plus voisines de la narine sont carrées. La plaque rostrale semble être un peu plus large à son sommet qu'à sa base; elle est légèrement concave et coupée à sept pans : un inférieur, médiocrement échancré; deux latéraux, les plus grands de tous et arqués en dedans; quatre supérieurs, soudés, deux avec les nasales antérieures, deux avec les inter-nasales. La plaque mentonnière représente un triangle isocèle sub-équilatéral. Chaque lèvre est protégée de l'un et de l'autre côté par douze ou treize plaques excessivement épaisses, ayant exactement la forme de prismes triangulaires et étant d'autant plus hautes qu'elles sont plus rapprochées de l'extrémité antérieure des mâchoires. Le sillon gulaire est bien prononcé ; tout le dessous de la tête est garni d'écailles sub-ovales, plates, lisses et imbriquées. L'écaillure du tronc et de la queue se compose de pièces un peu plus dilatées que chez les deux autres espèces du genre Xiphosome ; mais elles sont, de même que les leurs, carrées ou losangiques sur les parties supérieures, et presque ovalaires sur les régions latérales. Mesurées vers le milieu de l'étendue de la bande qu'elles constituent, les scutelles abdominales offrent une largeur égale à la longueur du museau.

Écailles du tronc : de 43 à 49 rangées longitudinales, de 295 à 337 rangées transversales. Écailles de la queue : de 25 à 31 rangées longitudinales, de 45 à 55 rangées transversales. Scutelles : de 212 à 234 ventrales, de 35 à 48 sous-caudales.

Coloration. On observe les variations suivantes dans le système de coloration des divers sujets de cette espèce qui appartiennent à notre musée.

Un jeune individu, entièrement jaunâtre en dessous, présente en dessus et latéralement une teinte roussâtre, avec des taches anguleuses blanchâtres, jetées çà et là sur sa région dorsale. Trois autres offrent, sur un fond pareil à celui du précédent ou bien tirant un peu sur le fauve et piqueté ou linéolé de noir, de grandes taches sub-losangiques d'un brun plus ou moins noirâtre, ayant leur centre et leur bord supérieur blancs ; taches qui forment d'un bout à l'autre du corps deux séries le plus souvent en contiguïté sur le sommet du dos, et qui, de leur angle inférieur, envoient chacune une petite bande verticale, noire ou brune comme elles, se perdre sur les côtés du ventre, où règne seule une couleur jaunâtre. Un quatrième exemplaire que, vu sa grande taille, nous sommes fondés à considérer comme adulte, laisse à peine apercevoir, sur le fond brun fauve glacé de verdâtre de ses parties supérieures et latérales, la double rangée de taches foncées, qui est au contraire si apparente dans le jeune âge. Ces taches ne sont non plus que très-faiblement indiquées sur deux dépouilles parfaitement conservées, dont la teinte principale est un vert bouteille assez clair ;

mais elles se trouvent au contraire très-nettement dessinées sur une autre peau, à la surface de laquelle est répandue une belle couleur verte pareille à celle que présentent certains sujets du *Xiphosoma caninum*. Tous les Xiphosomes madécasses, jeunes et vieux, offrent une bande noire, qui s'étend obliquement sur la tempe, du bord postérieur de l'œil à l'arrière de la commissure des lèvres.

DIMENSIONS. *Longueur totale.* 1' 45". *Tête.* Long. 5". *Tronc.* Long. 1' 25" 5'''. *Queue.* Long. 14" 5'''.

PATRIE. Cette espèce, ainsi que l'indique son nom, habite l'île de Madagascar. Le Muséum en possède une belle suite d'individus de tous âges, que M. Sganzin avait commencé à former ; elle a été fort augmentée par les soins de M. Bernier, et dernièrement M. Louis Rousseau l'a complétée en comblant les quelques lacunes qui s'y trouvaient.

La découverte de ce Xiphosome et celle du *Pelophilus Madagascariensis*, dans la plus grande des îles orientales d'Afrique, est un fait intéressant, en ce sens qu'il infirme l'opinion admise jusqu'ici, qu'il n'existait d'espèces du genre Boa de Linnée qu'en Amérique.

IXᵉ GENRE. ÉPICRATE. — *EPICRATES* (1), Wagler.

CARACTÈRES. Narines s'ouvrant latéralement chacune entre trois plaques, une inter-nasale et deux nasales. Yeux latéraux, à pupille vertico-elliptique. Dessus de la tête revêtu de plaques dans sa moitié antérieure, et d'écailles dans sa moitié postérieure. Des fossettes aux lèvres. Pièces de l'écaillure du corps plates, lisses ; scutelles sous-caudales, non-divisées en deux parties.

Les Épicrates qui parmi les genres de leur tribu, ont seuls avec les Xiphosomes, les lèvres creusées de fossettes,

_____

(1) Επικρατης, *strenuus, prepotens* : fort, puissant.

diffèrent de ces derniers en ce que leurs narines sont circonscrites chacune, non par deux, mais par trois squammes, et
que leur face sus-céphalique n'est pas uniquement garnie
de plaques sur le museau, mais bien jusqu'en arrière du
front.

Ils ont un ensemble de formes ou, comme on le dit, un
port qui offre beaucoup plus de ressemblance avec celui
des vraies couleuvres que de la grande majorité des autres
espèces de Boæides. Leur tête, médiocrement déprimée et à
peine plus large que le cou à son point de jonction avec lui,
le devient de moins en moins en s'avançant vers le museau,
qui est coupé un peu obliquement de haut en bas et très-
rétréci à son sommet ; tout à fait plane sur le chanfrein et
le front, elle présente au contraire une certaine convexité
en arrière de celui-ci, où de chaque côté elle se confond
avec les tempes, qui sont elles-mêmes un peu renflées ; les
régions frénales présentent une légère déclivité. Le tronc est
assez étendu en longueur, mais il n'est pas beaucoup plus
gros au milieu qu'à ses deux extrémités ; il est peu comprimé
et presque aussi large à sa face ventrale, qui est aplatie,
qu'à sa région dorsale, dont la ligne transversale est arquée
en ogive. La queue, conique et courte à proportion du reste
du corps, ne jouit pas au plus haut degré de la faculté
préhensile. Il y a des crochets anaux dans les deux sexes,
mais ils sont toujours moins forts chez les femelles que chez
les mâles. Les bords de la bouche suivent une ligne parfaitement droite. On ne voit pas au devant de la glotte un
petit appendice vertical, pareil à celui que nous avons dit
exister dans le genre Boa. Le crâne et le système dentaire
des Épicrates, comparés à ceux des Xiphosomes, ne présentent aucune différence qui mérite d'être signalée. Les
narines se font jour extérieurement sur les côtés du sommet
de l'extrémité rostrale : leurs ouvertures sont de moyenne
grandeur, sub-triangulaires, bâillantes et environnées chacune de trois plaques placées, deux perpendiculairement
l'une à la suite de l'autre, la troisième au-dessus de celles-ci,

à plat sur le bout du museau. Les yeux occupent sur les parties latérales de la tête la même position que chez la plupart des Boæides. Il existe, soit tout le long soit à l'une ou à l'autre extrémité des lèvres ou bien même aux deux à la fois, des fossettes correspondant toujours aux sutures des plaques, et qui ne sont jamais aussi fortement prononcées que chez les Xiphosomes; jamais non plus, la plaque rostrale n'est concave comme dans ces derniers. La tête, dans sa moitié postérieure, en dessus et latéralement, est revêtue d'écailles sub-losangiques, imbriquées, d'une dimension d'autant moindre, qu'elles sont plus rapprochées du cou; dans sa moitié antérieure, elle est garnie de plaques, variables sur le front quant au nombre et à la figure, même chez les individus spécifiquement semblables, mais au contraire d'une régularité constante, sous ces deux rapports, autour des yeux, sur le chanfrein, le bout et les côtés du museau : on observe effectivement sur ces parties une sus-oculaire, deux préoculaires, ordinairement une sous-oculaire, quatre post-oculaires, trois ou quatre frontales antérieures, une paire de fronto-nasales, une paire d'inter-nasales, deux nasales et une grande frénale oblongue, avec quelques autres plus petites formant une rangée longitudinale au-dessous d'elle. Le sillon gulaire est très-distinctement marqué et assez étendu. L'écaillure du corps se compose de pièces en losanges, déjà fort petites sur le dos, mais encore davantage sur les flancs, où l'on remarque que le sommet de leur angle antérieur et souvent des latéraux est légèrement arrondi. Comme toujours, les écailles des deux séries qui bordent les scutelles ventrales, à droite et à gauche, sont beaucoup plus grandes que les autres.

Les Épicrates ne vont point à l'eau ; ce sont des serpents terrestres et dendrophiles qui font leur nourriture d'oiseaux et de petits mammifères.

TABLEAU SYNOPTIQUE DES ESPÈCES DU GENRE ÉPICRATE.

Espèces.

Dos offrant { une chaîne composée d'anneaux bruns ou noirâtres. . . . . . . } I. E. Cenchris.

de nombreuses et grandes taches anguleuses, brunes ou noirâtres. } 2. E. Angulifère.

1. L'ÉPICRATE CENCHRIS. *Epicrates cenchris.* Wagler.

Caractères. Plaques fronto-nasales suivies d'une rangée transversale de trois plaques frontales antérieures. Cercle squammeux de l'orbite incomplet inférieurement, ce qui permet à une ou deux des plaques supéro-labiales de s'élever jusqu'au globe de l'œil. Écailles de la série médiane du dos plus dilatées que celles qui leur sont latérales. Cinq raies foncées parcourant longitudinalement le dessus et les côtés de la tête.

Synonymie. 1734. *Serpens Ternatana eximiè maculata et oculata.* Séb. tom. 1, pag. 91, tab. 56, fig. 1 (jeune).

Vipera Brasiliensis. Séb. tom. 2, pag. 29, tab. 28, fig. 2.

Vipera pulcherrima. Séb. tom. 2, pag. 55, tab. 54, fig. 3 (jeune).

Aspis Ægyptiaca, permagna. Séb. tom. 2, pag. 94, tab. 88, fig. 1.

Tamacuilla huilia. Séb. tom. 2, pag. 104, tab. 98.

1754. *Boa cenchria.* Linn. Mus. Adolph. Freder. tom. 2, pag. 41.

1758. *Boa cenchria.* Linn. Syst. nat. edit. 10, tom. 1, pag. 215, n° 322.

1766. *Boa cenchria.* Linn. Syst. nat. edit. 12, tom. 1, pag. 274, n° 322.

1771. *Boa cenchria.* Daub. Anim. Quadrup. ovip. Serp. pag. 600.

1783. *Boa flavescens, etc.* Bodd. Nov. act. Cæsar. Leopold. tom. 7, pag. 18, n° 7.

1788. Boa cenchris. Gmel. Syst. nat. Linn. tom. **3, part. 3,** pag. 1083, n° 322.

Coluber dubius. Id. loc. cit. pag. 1086, n° 165.

1789. Le Cenchris. Bonnat. Ophiolog. Encyclop. méth. pag. 7.
Coluber bitin. Id. loc. cit. pag. 22, n° 43.

1798. Boa cenchris. Donnd. Zoolog. Beitr. Linn. natursyst. tom. 3, pag. 147, n° 5.

Coluber dubius. Id. loc. cit. pag. 152, n° 11.

1801. Boa cenchris. Schneid. Hist. Amph. Fasc. 2, pag. 250.

1802. Boa constrictor, Var. c. Latr. Hist. Rept. tom. 3, pag. 134.

Boa cenchris. Id. loc. cit. pag. 145.

? *Boa ternatea.* Id. loc. cit. pag. 152.

1802. Boa cenchris. Shaw. Gener. Zoolog. vol. 3, part. 2, pag. 344, pl. 94.

1802. Coluber dubius. Bechst. de Lacepede's naturgesch. Amph. tom. 4, pag. 146, pl. 19, fig. 1.

1803. Boa annulifer. Daud. Hist. Rept. tom. 5, pag. 202, pl. 63, fig. 3.

? *Boa ternatea.* Id. loc. cit. pag. 153 (le jeune de la variété à taches rondes).

Boa constrictor, 3e variété. Id. loc. cit. tom. 5, pag. 196.

1810. Augiger Schlinger. Merr. Annal. Wetterawisch. vol. 2, Part. 1, pag. 51, pl. 9 : exclus. synon. fig. 1, tab. 88, tom. 2, Séba (*Eryx conicus?*).

1817. L'Aboma. G. Cuv. Règn. anim. 1re édit. tom. 2, pag. 67 : exclus. synonym. *Boa aboma.* Daud. (*Eunectes murinus.*)

1820. Boa cenchria. Merr. Tent. syst. amph. pag. 87, n° 6 : exclus. synon. *Boa aboma.* Daud. (*Eunectes murinus.*)

1821. Boa cenchris. Schneid. Klassif. Riesenschlang. (Denkschrif. Akad. Wissenschaft. Münch. tom. 7, pag. 120).

Boa annulifer. Id. loc. cit. pag. 127.

1822. Boa cenchria. Maximil. zu Wied. Abbild. naturgesch. Brasil. pag. et pl. sans numéros (très-bonne figure).

1825. Boa cenchria. Maximil. zu Wied. Beitr. naturgesch. Brasil. tom. 1, pag. 219.

1826. Boa cenchris. Fitzing. Neue classif. Rept. pag. 54.

1827. Boa cenchria. F. Boié. Isis, tom. 20, pag. 515.

? *Boa lateristriga.* Id. loc. cit. pag. 15 (le jeune, d'après Schlegel).

1827. ? *Boa lateristriga.* F. Boié. Isis, pag. 515 et Erpetol. de Java, pl. 26.

1829. *L'Aboma.* G. Cuv. Règn. anim. 2ᵉ édit. tom. 2, pag. 78.

1830. *Enygrus (Boa ocellata.* Oppel. Mus. Par.) Wagl. Syst. amph. pag. 167.

Eunectes (Boa lateristriga. H. Boié, Isis, 1827). Wagl. Syst. amph. pag. 167.

Epicrates (Boa cenchria. Linn.). Wagl. Syst. amph. pag. 168.

1831. *The Aboma.* Griff. Anim. Kingd. Cuv. vol. 9, pag. 254.

1831. *Epicrates cenchria.* Gray. Synop. Rept. pag. 96, in Cuvier's Anim. Kingd. Griff. vol. 9.

1831. *Cenchris ocellata (Boa ocellata.* Oppel.). Gray. loc. cit. pag. 97.

1837. *Boa cenchria.* Schleg. Ess. Physion. Serp. Part. génér. pag. 175; Part. descript. pag. 385 : exclus. synon. *Boa regia.* Shaw; fig. 1, tab. 62, tom. 1 et fig. de la pl. 102, tom. 2 de Séba. (*Python regius.* Nobis.)

1840. *Boa cenchria.* Filippo de Filippi. Catal. ragion. Serp. Mus. Pav. (Biblioth. Ital. tom. 99, pag. : exclus. synonym. *Boa regia.* Shaw. (*Python regius*, Nobis.)

1842. *Epicrates cenchria.* Gray. Synops. Famil. Boidæ (Zoolog. miscell. pag. 42).

DESCRIPTION.

Formes. L'Épicrate cenchris a la tête d'une longueur double de sa largeur, prise à l'aplomb des yeux, et le tronc une quarantaine de fois aussi long qu'il est large au milieu; la queue fait de la septième à un peu plus de la huitième partie de la totalité de l'étendue longitudinale du corps.

Le nombre des dents, de chaque côté, est de vingt-quatre sus-maxillaires, d'autant de sous-maxillaires, de six palatines et de dix-huit ptérygoïdiennes.

La plaque rostrale offre cinq pans, un inférieur de moyenne grandeur et légèrement échancré, deux latéraux, fort courts, un peu penchés en dehors et soudés aux supéro-labiales de la première paire, deux supérieurs, très-grands formant un angle obtus enclavé entre les nasales antérieures et les inter-nasales. Ces dernières sont pentagones, inéquilatérales, un peu élargies et moins développées que les suivantes ou les fronto-nasales, qui représentent des trapèzes oblongs. Immédiatement

derrière ces fronto-nasales se trouvent trois frontales antérieures : une médiane hexagone, assez dilatée, et deux latérales, qui le sont beaucoup moins et dont la figure est ou trapézoïde ou carrée ou sub-rectangulaire ; puis viennent encore dix
plaques symétriquement arrangées ayant chacune de quatre à
six angles. Six d'entre elles et les plus grandes, bordent presque semi-circulairement, trois à droite trois à gauche, les
quatre autres, deux petites et deux moyennes, celles-ci placées
bout à bout entre celles-là. Ensuite il n'y a plus, parmi le reste
des plaques sus-céphaliques, que les deux sus-oculaires qui
conservent proportionnellement à peu près les mêmes dimensions et la même configuration chez tous les individus : ce sont
deux lames oblongues qui offrent à chaque extrémité de un à
trois très-petits pans, suivant le nombre de pièces squammeuses avec lesquelles elles se trouvent en rapport. La première plaque nasale est sub-rhomboïdale et la seconde subtriangulaire ; l'une ne monte pas aussi haut, mais descend un
peu plus bas que l'autre, sous laquelle le sommet de son
angle inféro-postérieur s'étend en se recourbant légèrement.
La frénale, qui s'appuie sur une série de plusieurs petites
squammes, est un quadrangle oblong, coupé obliquement aux
deux bouts dans un sens opposé ; la pré-oculaire supérieure
offre cinq ou six côtés, elle est de beaucoup plus développée
que l'inférieure, qui n'en a ordinairement que quatre. Parfois
il existe une petite sous-oculaire allongée, qui empêche alors
une ou deux des plaques supéro-labiales d'atteindre au globe
de l'œil ; celui-ci est bordé en arrière par quatre ou cinq
squammes pentagones ou hexagones. Le long de l'un et de l'autre
côté de la lèvre supérieure, on compte de douze à quatorze
plaques quadrangulaires, dont les neuf ou dix premières sont
plus hautes que larges, et les quatre ou cinq dernières au
contraire plus larges que hautes : la seconde et quelquefois
là troisième élèvent leur sommet un peu au-dessus de celui
des autres ; il en est de même de la huitième et de la neuvième, à moins qu'elles n'en soient empêchées par la présence
d'une squamme sous-oculaire, ce qui est excessivement rare.
Le nombre des plaques de la lèvre inférieure n'est pas différent de celui de la supérieure, mais les quatre ou cinq premières y ont une étendue verticale beaucoup plus considérable.
La mentonnière est une plaque à trois bords à peu près égaux ;

pourtant son angle postérieur est très-aigu. Les fossettes qu'on remarque autour de la bouche résultent de la dépression que présentent les plaques labiales, soit d'un seul côté soit des deux côtés de leur ligne médio-verticale, dépression qui n'est jamais bien prononcée sur celles qui se trouvent au-dessous des yeux.

De même que chez les Dipsas, les Bongares, etc., les écailles appartenant à la série du milieu du dos sont distinctement plus grandes que celles qui les avoisinent ; les scutelles ventrales les plus dilatées en travers ont une largeur égale à la moitié de la longueur de la tête.

Écailles du tronc : de 43 à 49 rangées longitudinales, de 304 à 411 rangées transversales. Écailles de la queue : de 25 à 27 rangées longitudinales, de 25 à 71 rangées transversales. Scutelles : de 229 à 267 ventrales, de 47 à 68 sous-caudales.

COLORATION. La teinte dominante sur toutes les parties supérieures et les latérales de ce serpent varie du brun au roussâtre, du fauve au jaunâtre. La tête offre cinq raies noires, une en dessus parcourant toute sa ligne médio-longitudinale, et deux de chaque côté, qui s'étendent, l'une le long du haut de la tempe, l'autre depuis la narine jusqu'à l'angle de la bouche en passant sous l'œil. Le dos présente une suite de grands anneaux bruns ou noirâtres, tantôt laissant un certain espace entre eux, tantôt formant une chaîne régulière ou irrégulière, suivant qu'ils s'unissent ensemble par un seul point de leur circonférence, ou bien qu'ils empiètent, pour ainsi dire, les uns sur les autres ; il leur arrive quelquefois d'être remplacés par des ocelles de la même couleur. En général, le tronc et la queue sont ornés latéralement de deux séries superposées de taches noires, sub-circulaires ou sub-ovalaires, disposées de façon que celles de l'une correspondent aux intervalles de celles de l'autre ; les taches de la série supérieure, outre qu'elles sont plus dilatées que celle de l'inférieure, ont la portion de leur circonférence qui regarde le dos, marquée d'un croissant blanc, lequel est lui-même bordé de brun en dehors.

Chez certains individus, les taches qui se trouvent au-dessous de la première série n'en constituent plus une seconde, comme précédemment, vu leur grand nombre, leur inégalité de grandeur, la dissemblance de leur figure et la manière irrégulière dont elles sont distribuées.

D'autres sujets ont les flancs entièrement marbrés ou vermi-
culés de brunâtre, et toujours alors il y a une raie blanchâtre
le long de chaque côté du dos et plusieurs autres pareilles sur
les parties latérales du cou et de la portion antérieure du
tronc.

Toutes les régions inférieures du corps sont uniformément
blanches ou jaunâtres.

Dimensions. L'Épicrate cenchris ne parvient pas à une grande
taille ; celui sur lequel ont été prises les mesures suivantes est
un des plus longs que nous ayons vus. Le prince de Neuwied
dit n'en avoir jamais rencontré de plus de dix pieds de longueur.

Longueur totale. 1' 97''. *Tête*. Long. 6''. *Tronc*. Long. 1' 71''.
Queue. Long. 20''.

Patrie. Cette espèce se trouve à la Guyane, au Brésil et en
Colombie ; elle habiterait aussi la Martinique, si ce n'est pas par
erreur que deux jeunes sujets envoyés au Muséum par M. Plée
ont été étiquetés comme provenant de cet île. Nous émettons
ce doute, parce que nous avons déjà eu plusieurs fois l'occasion
de reconnaître que des objets recueillis à la côte Ferme par
le même voyageur avaient été faussement désignés comme originaires de l'une ou de l'autre des Antilles, par la personne
qui, avant nous, était chargée de dresser les catalogues des
collections erpétologiques qui parviennent au Muséum.

Moeurs. Les observations relatives aux habitudes de cet
ophidien que le prince de Neuwied a publiées dans la relation de
son voyage au Brésil sont tout à fait conformes à celles dont
nous a fait part un de nos compatriotes, qui a visité les
mêmes contrées que cet illustre personnage. Jamais, disent-
ils, le *Jiboya*, nom que les indigènes donnent aussi au
Boa constricteur, ne fréquente les eaux ; il passe au contraire
la plus grande partie du temps à terre, se tient quelquefois
sur les arbres et a pour retraite un terrier peu profond. Sa principale nourriture consiste en petits mammifères, mais il mange
aussi des oiseaux.

2. L'ÉPICRATE ANGULIFÈRE. *Epicrates angulifer*. Nobis.

Caractères. Plaques fronto - nasales suivies d'une rangée
transversale de quatre plaques frontales antérieures. Cercle
squammeux de l'orbite complet. Écailles de la série médiane

du dos aussi petites que celles qui leur sont latérales. Point de raies foncées sur la tête.

SYNONYMIE. 1840. *Epicrates angulifer*. Nobis. Hist. Cub. Ramon de la Sagra, Rept. pag. 215, pl. 25.

1840. *Boa*..... Gundlach. Arch. naturgesch. von Wiegmann. 6e année, vol. 1, pag. 361.

DESCRIPTION.

FORMES. C'est principalement dans le nombre, la position relative et la figure de certaines plaques de la tête, dans la dimension des écailles du corps et le mode de coloration que résident les différences propres à faire distinguer cette espèce de la précédente.

Elle offre, en arrière de ses deux premières paires de plaques sus-céphaliques, les inter-nasales et les fronto-nasales, une rangée transversale, non de trois, mais de quatre frontales antérieures, entre lesquelles et les pièces squammeuses du front il existe une autre rangée transversale de six plaques, au lieu d'une sorte de grande rosace en comprenant dix. Chez l'Épicrate angulifère, les deux frontales antérieures du milieu ont chacune cinq ou six pans et sont plus développées que les deux latérales, dont la figure est celle d'un carré ou d'un rectangle; outre qu'il est revêtue d'écailles beaucoup plus petites et conséquemment plus nombreuses que celles de l'Épicrate cenchris, il n'en a pas, comme lui, le long de la ligne médiane du dos, une série de plus dilatées que les autres.

Écailles du tronc : 63 rangées longitudinales, 593 rangées transversales. Écailles de la queue : 51 ou 53 rangées longitudinales, 51 ou 53 rangées transversales. Scutelles : de 277 à 290 ventrales, de 50 à 55 sous-caudales.

COLORATION. La tête de l'Épicrate angulifère est légèrement nuancée de roussâtre sur un fauve clair et parfois même presque blanchâtre, on n'y voit jamais aucune des raies qui parcourent longitudinalement celle de l'Épicrate cenchris. En dessus et latéralement, le reste du corps a pour fond de couleur une teinte pareille à celle des régions céphaliques. La face supérieure du tronc et de la queue offrent, depuis la nuque jusqu'à l'extrémité caudale, une suite de grandes taches noires, pressées les unes contre les autres, plus ou moins régulièrement rhomboïdales ou losangiques, encadrées chacune dans une bordure jaunâtre,

REPTILES, TOME VI.   36

généralement beaucoup moins prononcée en arrière qu'en avant. Les flancs sont aussi ornés chacun d'une série de taches quadrangulaires, noires, mais plus petites, plus espacées que les dorsales et dont le centre est jaunâtre. Cette dernière teinte règne seule sur les deux premiers tiers de l'étendue des parties inférieures, mais elle est fortement maculée de noirâtre ou de brun foncé sur le dernier tiers.

DIMENSIONS. *Longueur totale.* 2' 17". *Tête.* Long. 5" 3"'. *Tronc.* Long. 1' 92". *Queue.* Long. 19" 5"'.

PATRIE. Cette seconde espèce du genre Épicrate habite l'île de Cuba.

OBSERVATIONS. Nous ne doutons pas que le serpent simplement désigné comme un Boa par M. Gundlach, dans les archives de Wiegmann, n'appartienne à l'espèce du présent article.

Xe GENRE. CHILABOTHRE. — *CHILABO-THRUS* (1), Nobis.

CARACTÈRES. Narines s'ouvrant chacune latéralement entre trois plaques, une inter-nasale et deux nasales. Yeux latéraux, à pupille vertico-elliptique. De grandes plaques symétriques recouvrant les deux premiers tiers du dessus de la tête. Point de fossettes aux lèvres. Écailles du corps plates, lisses ; scutelles sous-caudales non divisées en deux parties.

Les Chilabothres sont en quelque sorte des Epicrates sans fossettes labiales, et à plaques sus-céphaliques en moindre nombre, mais considérablement plus développées ou constituant un bouclier qui par sa composition et son étendue se rapproche beaucoup de celui de la majorité des Ophidiens. Les pièces qui en font partie sont une paire d'inter-nasales, une paire de fronto-nasales, une paire de préfrontales, une paire de sus-oculaires, une frontale et quatre parié-

---

(1) De χειλος, *labium*, lèvre, ά, *sans* ; et de βοθρος, *fossula, fovea*, fossette, enfoncement.

tales. Il y a en outre de chaque côté de la face, deux plaques nasales, une frénale, deux préoculaires, et trois ou quatre post-oculaires. Cette vestiture squammeuse de la tête des Chilabothres offre une certaine ressemblance avec celle des Liasis, avant-dernier genre de la tribu des Pythonides.

1. LE CHILABOTHRE INORNÉ. *Chilabothrus inornatus.* Nobis.

CARACTÈRES. Parties antérieures du corps tachetées de noir sur un fond brun, les postérieures tachetées de brun sur un fond noir.

SYNONYMIE. 1843. *Boa inornata.* Reinh. Beskriv. Slangeart. pag. 21, tab. 1, fig. 21-23 (1).

DESCRIPTION.

FORMES. La tête de ce Boæide est fortement déprimée et graduellement de moins en moins large d'arrière en avant, à part le léger étranglement qu'elle offre à l'aplomb des yeux; en dessus, elle est parfaitement plane, excepté dans son tiers postérieur où, de chaque côté, elle s'arrondit un peu pour opérer sa jonction avec les tempes, qui sont très-distinctement arquées dans le sens de leur longueur; le bout du museau est tronqué perpendiculairement suivant une ligne à peine oblique; les régions frénales sont légèrement déclives, et les bords de la bouche très-renflés au-dessous de celles-ci. Le tronc offre une étendue longitudinale onze ou douze fois triple de son diamètre transversal, qui n'excède pas même d'un quart le vertical. Le ventre est plat et le dos faiblement cintré en travers. La queue fait de la septième à la huitième partie de la longueur totale du corps; elle est robuste, conique et médiocrement préhensile. Les ergots anaux se montrent très-courbés, très-pointus et presque également forts dans les deux sexes.

La ligne que suit la fente de la bouche est légèrement flexueuse. Nous comptons, à gauche comme à droite de la mâ-

---

(1) Beskrivelse of nogle nye **Slangearter** ved Th. Reinhardt. In-4°. 3 pl. lith. Kjobenhavn. 1843.

choire supérieure et de la mâchoire inférieure, vingt-quatre
dents, dont les cinq premières sont inégalement beaucoup plus
allongées que les suivantes, puis six graduellement de moins en
moins longues aux os palatins, et dix-huit, toutes fort courtes,
aux ptérygoïdes internes. Les yeux sont petits et un peu ren-
trés, les ouvertures des narines médiocres, bâillantes et vertico-
ovalaires.

La plaque rostrale a cinq pans, un en bas de moyenne grandeur et assez échancré, un petit de chaque côté, et deux en
haut plus étendus formant un angle aigu. Les inter-nasales
ont chacune cinq bords inégaux, un très-petit par lequel elles
se conjoignent, deux qui le sont moins touchant aux nasales,
un grand en arrière et un autre en avant. Les fronto-nasales offrent une figure sub-rhomboïdale et un développement double de
celui des précédentes. Les pré-frontales sont la représentation
exacte de ce que seraient les inter-nasales, si, mises à leur place,
elles étaient un peu plus grandes et tournées sens dessus dessous.
La frontale proprement dite est une plaque très-dilatée, coupée
à six pans, dont les deux latéraux sont un peu plus longs que les
deux antérieurs et les deux postérieurs, qui ont une égale longueur.
Les sus-oculaires sont des lames oblongues à cinq ou six pans
inégaux. Deux des quatre pariétales, dont aucune n'a une dimension égale à celle de la frontale proprement dite, se trouvent
placées immédiatement derrière celle-ci et les sus-oculaires,
entre les deux autres; elles sont pentagones inéquilatérales et
un peu moins développées que leurs congénères qui paraissent
être subtrapézoïdes. Après les pariétales viennent d'autres plaques d'une moindre grandeur, très-irrégulières et suivies d'é-
cailles pareilles à celles du cou et des tempes. La première des
deux plaques nasales ressemble à un carré verticalement allongé; elle est un peu plus petite et située un peu plus bas que
la seconde, qui, malgré ses cinq côtés, affecte la figure d'un
rhombe. La frénale est grande, oblongue, circonscrite par cinq
lignes, une inférieure plus étendue que la supérieure, une postérieure fortement inclinée en arrière, et deux antérieures plus
courtes qu'aucune des autres et réunies à angle obtus. Il y
a une plaque pré-oculaire trapézoïde, un peu plus développée
que la frénale, et au-dessous d'elle une autre excessivement
petite, allongée, quadrangulaire ou pentagone ayant même
parfois l'apparence d'un segment de cercle, mais étant toujours

enfoncée dans une entaille de la cinquième et de la sixième supéro-labiale. On ne voit point de plaque sous-oculaire, mais il existe trois ou quatre petites post-oculaires. La lèvre supérieure offre à sa droite comme à sa gauche une série de onze ou douze plaques à quatre ou cinq pans, parmi lesquelles la seconde est notablement plus haute que la première, et seulement un peu plus que la troisième et la quatrième ; tandis que la cinquième est au contraire beaucoup plus courte que ces deux-ci et les sixième, septième, huitième et neuvième, dont les dernières diffèrent par moins de hauteur et plus de largeur. Les plaques de la lèvre inférieure, à laquelle on n'en compte guère qu'une ou deux paires de plus qu'à la supérieure, se montrent sous la forme de grandes lames fort étroites et extrêmement étendues dans le sens transversal de la mâchoire, de chaque côté du menton ; mais à mesure qu'elles s'éloignent de celui-ci, elles se raccourcissent graduellement et de manière que, arrivées près des angles de la bouche, ce ne sont plus que de très-petites pièces carrées ou rectangulaires. La plaque mentonnière représente un grand triangle sub-équilatéral. La gorge est tout entière revêtue d'écailles rhomboïdo-ovalaires. Il y en a de losangiques sur le dos et le long de la squammure du ventre, de sub-lancéolées et plus petites que les autres sur les flancs. Les scutelles abdominales sont tellement dilatées en travers que celles qui occupent le milieu de leur rangée ont une largeur égale à la moitié de la longueur de la tête.

Écailles du tronc : 41 rangées longitudinales, de 343 à 350 rangées transversales. Écailles de la queue : 21 rangées longitudinales, de 62 à 70 rangées transversales. Scutelles : de 282 à 286 ventrales, de 61 à 73 sous-caudales.

COLORATION. Toute la moitié postérieure du corps de ce serpent est noire, tachetée ou réticulée de brun roussâtre en dessus et latéralement. Cette dernière teinte est au contraire le fond sur lequel, dans la moitié antérieure, la première se trouve répandue par taches, de chaque côté du tronc, et elle forme une sorte de chaîne étroite et irrégulière le long du dos. Le noir non-seulement colore aussi les sutures de la plupart des plaques sus-céphaliques, mais il s'étend encore en deux raies longitudinales assez déliées, une sur le haut, l'autre sur le bas de chaque tempe. Les deux tiers antérieurs du dessous de l'animal sont entièrement d'un blanc jaunâtre.

DIMENSIONS. *Longueur totale.* 1' 90". *Tête.* Long. 6". *Tronc.*
Long. 1' 60". *Queue.* Long. 24".

Ces mesures ont été prises sur un individu appartenant à
notre collection, lequel est d'une taille inférieure à celle de
plusieurs autres sujets que nous avons eu l'occasion d'observer
dans divers musées d'Angleterre.

PATRIE. Cette espèce n'a encore été trouvée jusqu'ici qu'à la
Jamaïque et à Porto-Rico.

OBSERVATIONS. Nous croyons bien la reconnaître dans une
description publiée par M. Reinhardt, d'après trois Boæides
originaires de cette dernière île ; description à laquelle est
joint le dessin de la tête de l'un d'eux, où le bouclier sus-
céphalique est représenté tel qu'il existe chez nos sujets du
Chilabothrus inornatus, à cette seule différence près, que la
plaque pré-frontale de gauche est irrégulièrement divisée en deux
parties, et celle du côté droit en trois pièces. Si, comme nous le
pensons, le *Boa inornata* de M. Reinhardt est réellement de la
même espèce que notre *Chilabothrus inornatus*, ce naturaliste aurait commis une petite erreur en considérant l'inter-
nasale et la nasale antérieure comme ne formant qu'une pièce
unique, tandis que ces deux plaques sont au contraire bien
distinctes et séparées l'une de l'autre par une suture longitudinale au devant de la narine.

IIᵉ FAMILLE. LES TORTRICIENS (1).

CARACTÈRES DE CETTE FAMILLE; DE LA CLASSIFICATION DES ESPÈCES QUI LA COMPOSENT, ET DE LEUR RÉPARTITION GÉOGRAPHIQUE.

CARACTÈRES. Des vestiges de membres postérieurs se montrant au dehors, chez les individus adultes, sous forme de petits ergots, logés chacun dans une fossette, aux côtés de l'anus. Dents sus-maxillaires et sous-maxillaires similaires, ou étant les unes et les autres coniques, pointues, un peu comprimées, comme tranchantes à leur face postérieure, courbées en arrière et plus courtes aux deux extrémités qu'au milieu de chacune de leurs rangées. Branches de la mâchoire supérieure d'une longueur à peu près égale à la moitié de celle de la tête, étroites et peu épaisses à leur extrémité antérieure, assez grêles dans leur moitié postérieure, très-hautes et comprimées au-dessous des frontaux antérieurs, avec lesquels elles s'articulent d'une manière à peu près fixe. Os ptérygoïdes internes droits et dentés seulement dans leur moitié, ou un peu moins de

---

(1) Cette famille correspond à celle des CYLINDRIQUES de Latreille, Familles natur. pag. 100;

A celle des ILYSIOÏDEᴀ de Fitzinger, Neue classif. Rept. pag. 26;

A celle des TORTRICINA de Müller, Ueber die naturliche Eintheilung der Schlangen nach anatomische Principien (Zeitschrift für Physiologie von Tiedemann und Treviranus, vol. 4, pag. 268);

Et à celle des CYLINDROPHIS de Fitzinger, Conspectus systematis Ophidiorum (Mémoire manuscrit, dont un extrait a été publié page 62 du présent volume).

leur moitié antérieure, légèrement arqués ou un peu obliques en dehors dans leur moitié postérieure. Boîte cérébrale subcylindrique, un peu élargie à sa partie occipitale et renflée latéralement vers le milieu de sa longueur, qui excède plus ou moins celle de la région faciale.

Les Tortriciens, encore semblables aux Pythoniens par l'existence d'appendices calcariformes aux côtés de leur fente anale, en diffèrent notablement par leur système dentaire, ainsi que par la conformation et la disposition de plusieurs des pièces osseuses de leur tête, pièces qui sont au moins aussi fortes, aussi solides que leurs analogues chez les espèces de la famille précédente.

Les dissemblances qui existent entre les Tortriciens et les Pythoniens, relativement à l'appareil dentaire, consistent principalement en ce que chez les uns les dents des deux mâchoires s'allongent graduellement depuis la première jusqu'à celle du milieu, dans chaque rangée, après quoi elles se raccourcissent peu à peu jusqu'à la dernière inclusivement; tandis que chez les autres, ce n'est pas seulement à partir de la médiane qu'elles décroissent en longueur d'avant en arrière sans interruption, mais dès la seconde ou la troisième, qui se trouve ainsi être la plus développée de toutes celles de sa série. D'une autre part, les dents maxillaires des Tortriciens sont à proportion plus grosses et moins effilées dans leur partie terminale, et moins fortement coudées à leur base que celles des Pythoniens. Tous, de même que ces derniers, ont aussi des dents sur toute la longueur des os palatins et sur la moitié ou un peu moins de la

moitié antérieure de l'étendue des ptérygoïdes internes ; et l'un d'eux, le *Tortrix scytale*, en offre
également à chacune des extrémités de l'os incisif ou
inter-maxillaire.

Lorsque l'on compare la charpente céphalique des
Tortriciens avec celle des Pythoniens, considérée dans
leur ensemble, on remarque que son contour horizontal présente la figure d'un carré long très-fortement arrondi à deux de ses angles, ici les antérieurs,
et non pas à un triangle isocèle ayant le sommet de
son angle le plus aigu plus ou moins tronqué. Cette
partie de leur squelette a en totalité une longueur
égale à plus de deux fois la largeur qu'elle offre aux
points d'attache des os transverses avec les branches
de la mâchoire supérieure. Leur boîte cérébrale (1) a
bien à peu près la forme d'un cylindre renflé de chaque côté, vers le milieu de son étendue, comme chez
les Pythoniens; mais elle est toujours plus longue et
non pas plus courte ou seulement de la même longueur que la portion de la tête qui s'étend depuis
l'os inter-maxillaire jusqu'au bord antérieur du pariétal. En dessus, la ligne médio-longitudinale de cet
étui encéphalique est relevée d'une crête, d'autant
plus prononcée que le crâne qu'on observe provient
d'individus plus avancés en âge. Les frontaux proprement dits sont petits, tout à fait plats, horizontalement situés et d'une largeur moindre que leur longueur, qui, elle-même, n'égale pas le tiers de celle du
pariétal; ils offrent ensemble quatre côtés, qui re-
présenteraient exactement un losange si les deux pos-

---

(1) Par cela, nous entendons toujours la partie de la tête composée du pariétal, du sphénoïde, des occipitaux et des rochers.

térieurs n'étaient pas plus longs que les antérieurs, dont le sommet de l'angle obtus qu'ils forment est souvent tronqué. Les os du nez, qui s'étendent en suivant une pente douce depuis les frontaux proprement dits jusqu'à l'inter-maxillaire, sont assez allongés, plus larges en avant qu'en arrière dans le genre *Tortrix*, mais de même largeur d'un bout à l'autre ou bien un peu rétrécis à leur partie antérieure dans le genre *Cylindrophis*.

L'os inter-maxillaire, qui pourrait avoir une forme un peu différente chez d'autres espèces que celles que nous connaissons, est une petite traverse assez épaisse et un peu voûtée, qui envoie de son bord supérieur une sorte de petite lame excessivement mince entre les nasaux, et qui, tout à fait en dessous et en arrière, se dilate en une petite pièce, à peu près carrée, offrant une forte entaille à son bord postérieur; les frontaux antérieurs ont l'apparence de pièces aplaties, quadrilatères, quelquefois oblongues; des frontaux proprement dits, auxquels les retient leur bord postérieur, ils se dirigent en avant par un plan incliné et en obliquant un peu en dehors, vers la partie antérieure des os sus-maxillaires, avec lesquels ils s'articulent d'une façon telle que ceux-ci sont à peu près privés de cette grande liberté de mouvements dont ils jouissent chez les Pythoniens et dans presque toutes les autres familles du sous-ordre des Azémiophides.

En effet, chez les Tortriciens, les branches de la mâchoire supérieure, au lieu d'être comme à l'ordinaire simplement suspendues aux frontaux antérieurs par des ligaments élastiques qui leur permettent de se porter en avant, en arrière et de côté, en dehors, y sont retenues de manière à ne pouvoir exercer qu'un

très-faible mouvement bilatéral, attendu que les
frontaux antérieurs offrent une assez grande échancrure anguleuse, dans laquelle se trouve enclavé,
sans possibilité d'en sortir, le sommet d'une très-forte
éminence de même forme, dont la base occupe le
tiers environ du bord supérieur des sus-maxillaires, à
une très-petite distance de leur extrémité antérieure.
Ces os, dont la longueur est à peu près égale à la
moitié de celle de la tête, sont comprimés, assez
grêles et presque droits en arrière des frontaux antérieurs; mais, tout à fait en avant, ils sont déprimés
et courbés l'un vers l'autre.

Les palatins sont droits, courts et fort aplatis latéralement; les ptérygoïdes sont au contraire très-longs,
comprimés dans leur moitié antérieure, qui est rectiligne, plats, assez grêles et légèrement arqués ou dirigés un peu obliquement en dehors, dans le reste de
leur étendue. Les os transverses, qui ont à peine le
quart de la longueur des sus-maxillaires, chez les
Tortrix, sont près de moitié aussi longs qu'eux, chez
les *Cylindrophis*.

Aucune des cinq espèces de Tortriciens que nous
connaissons aujourd'hui ne présente la moindre trace
de frontaux postérieurs. Cependant il ne faut pas en
inférer que les serpents, qui, indépendamment de ces
os, offriraient les particularités signalées plus haut
comme distinguant essentiellement la présente famille,
ne devraient pas y être admis : nous verrons effectivement plus tard que certaines divisions analogues à
celle-ci, et parfaitement naturelles, renferment des
espèces qui manquent de frontaux postérieurs et d'autres qui en sont pourvues; le fait de l'adhérence intime
des mastoïdiens aux côtés du crâne chez les cinq Tor-

triciens dont jusqu'ici nous ayons encore connaissance, ne peut pas non plus être mis au nombre des notes caractéristiques de la famille qui nous occupe maintenant; car, parmi les suivantes, il est telles espèces qui ont des mastoïdiens fixes, et telles autres chez lesquelles ces os sont plus ou moins mobiles. Mais ce qui nous paraît devoir être regardé comme commun à tous les vrais Tortriciens, c'est la faible inégalité de longueur qui règne entre ces pièces mastoïdiennes et celles dites intra-articulaires ou carrées, pièces sur lesquelles nous reviendrons plus loin, à l'article des Tortricides.

Le peu d'allongement que présentent ces deux paires d'osselets, à l'une desquelles et aux rochers s'attache l'autre, qui tient seule suspendues les branches de la mâchoire inférieure, est cause que celles-ci ne s'étendent nullement au delà de l'arrière du crâne. Ces branches sus-maxillaires, dont les deux os principaux, le dentaire et l'articulaire, ont une étendue longitudinale à peu près égale, sont excessivement fortes, comprimées, un peu tordues sur elles-mêmes, rétrécies et courbées l'une vers l'autre à leur extrémité antérieure; elles sont remarquables aussi par le grand développement que présentent les apophyses coronoïdes.

Les membres postérieurs des Tortriciens, quoique réduits à des proportions encore plus petites que ceux des Pythoniens, leur ressemblent néanmoins par le nombre, la conformation et la disposition des pièces osseuses et des parties charnues qui les constituent (1); seulement les muscles en sont plus difficiles à distinguer les uns des autres. Le petit ergot

---

(1) Voyez les détails que nous avons donnés sur les pattes postérieures des Pythoniens, page 364 du présent volume.

conique et crochu qui forme la portion terminale, la seule extérieurement visible de ces pattes vestigiaires, se trouve logée dans une fossette latérale à l'anus, de laquelle l'animal le peut faire sortir et rentrer à volonté; la convexité de sa courbure, correspondant à sa face latéro-externe, il en résulte qu'il a sa pointe tournée en dedans ou vers l'une des extrémités de la fente cloacale.

Telles sont les particularités que nous ont offertes les Tortriciens azémiophides, étudiés uniquement dans les points de l'organisation qui fournissent l'ordre de caractères d'après lequel sont instituées nos familles ophiologiques. Nous examinerons ces serpents dans quelques autres de leurs parties internes et dans leur conformation extérieure, en traitant de la tribu des Tortricides, la seule à laquelle appartiennent les quelques espèces qu'on en ait découvertes jusqu'ici (1).

DE LA CLASSIFICATION DES TORTRICIENS.

Les Azémiophides que nous désignons ainsi faisaient primitivement partie du groupe des *Angues* de Linné, dans lequel ils furent laissés par tous les erpétologistes systématiques postérieurs à cet auteur jusqu'à Oppel exclusivement, le premier en effet qui reconnut la nécessité d'extraire ces serpents d'un groupe composé aussi arbitrairement que celui qui les renfermait (2), pour en former un genre à part, auquel le savant bavarois donna la dénomination de *Tortrix*.

_____

(1) Voyez plus loin, page 581.

(2) Nous avons déjà dit ailleurs que le genre *Anguis* de Linné comprenait, outre l'*Anguis fragilis*, la seule espèce qu'on y ait laissée,

Ce nouveau genre établi par Oppel constitua avec ceux des Amphisbènes et des Typhlops, dans la classification des reptiles de ce naturaliste, la famille des ophidiens anguiformes, où il fut distingué des deux autres par des scutelles ventrales plus grandes que les écailles du dos et des flancs.

Cuvier adopta le genre *Tortrix*, mais ne lui assigna pas tout à fait la même place qu'Oppel dans le système ; c'est-à-dire qu'au lieu de le laisser en compagnie des Amphisbènes et des Typhlops, composant seuls pour l'illustre naturaliste français une tribu dite des *doubles marcheurs*, la première de sa famille *des vrais serpents*, il le fit passer dans la seconde ou celle des *serpents proprement dits*, en lui donnant pour caractères distinctifs : des os mastoïdiens compris dans le crâne, des orbites incomplètes en arrière, une tête et un corps cylindriques, et, ce qui est évidemment erroné, une langue courte et épaisse. Cette caractéristique, qui se trouve aussi bien dans l'édition du Règne animal de 1817 que dans celle de 1829, a été reproduite mots pour mots en 1825 par Latreille dans ses *Familles naturelles*, mais avec cette différence que ce n'est plus au genre Rouleau qu'elle s'applique, mais à la famille des *Cylindriques* uniquement composée de ce groupe générique.

Merrem, dont le *Tentamen systematis amphibiorum* parut en 1820, y signala pour la première fois qu'il existe aux côtés de l'anus des *Tortrix* d'Oppel des appendices calcariformes, dont la structure ou plutôt celle de tout le petit appareil duquel ils dé-

---

deux Typhlops, deux Rouleaux, un Éryx, sous quatre noms différents, un serpent de mer et deux Sauriens, l'un apode et l'autre dipode, de la famille des Scincoïdiens.

pendent fut décrite avec détails quelques années plus tard par M. Mayer de Bonn; mais Merrem, nonobstant le caractère que son intéressante remarque lui fournit l'occasion d'ajouter à ceux qui avaient été antérieurement donnés du genre *Tortrix*, introduisit dans ce groupe plusieurs espèces et notamment deux *Typhlops*, ainsi que l'*Ophiomorus miliaris*, saurien apode de la famille des scincoïdiens, qui n'offrent certainement pas la plus légère trace d'ergots sur les parties latérales de la région anale.

Hemprich, Oken et Haworth, tous trois séparément, dans des ouvrages immédiatement postérieurs à celui de Merrem, que nous venons de citer, ont cru devoir, tout en acceptant le genre *Tortrix* tel qu'Oppel l'avait établi, substituer à son nom primitif, l'un la dénomination nouvelle d'*Ilysia*, l'autre celle d'*Anilius*, et le troisième celle de *Torquatrix*, par la raison, qui ne nous semble nullement fondée, que déjà Linné avait appelé *Tortrix* un groupe d'insectes Lépidoptères nocturnes, dont les larves ou chenilles ont l'habitude de rouler des feuilles autour d'elles.

En 1826, M. Fitzinger, dans sa *Neue classification der Reptilien*, imita ce qu'avait fait Latreille l'année précédente dans ses *Familles naturelles*, en considérant, de même que lui, le genre *Tortrix* comme type d'une famille particulière, qui fut alors appelée, non plus les *Cylindriques*, mais les *Ilysioïdeæ*, par suite de l'adhésion donnée par l'auteur au changement de nom qu'Hemprich avait bien inutilement fait subir au genre *Tortrix*. Cette famille des *Ilysioïdeæ* de M. Fitzinger figure aussi dans son *Conspectus systematis ophidiorum* de 1840 (1), mais autrement

---

(1) Voyez page 62 du présent volume.

nommée et classée, et les espèces qu'elle renferme
différemment groupées qu'auparavant : ainsi et d'a-
bord sa dénomination d'*Ilysioideæ* est remplacée
par celle de *Cylindrophis* ; puis au lieu d'être placée
entre les *Gymnophthalmoideæ* et les *Pythonoideæ*
dans une tribu dite des *Squammatæ* comprenant,
moins les Crocodiles, tous les Sauriens et tous les
Ophidiens, elle se trouve rangée intermédiairement
à la famille des Typhlops et à trois autres desquelles
dépendent les Éryx, les Boas et les Pythons, familles
qui, pour M. Fitzinger, constituent dans l'ordre des
Ophidiens une première série se distinguant des suivantes par la privation de crochets venimeux, par des
vestiges de membres abdominaux et par l'imperfection du bouclier céphalique ; ensuite le genre *Ilysia*,
qui était le seul groupe d'espèces que comprît la famille des *Cylindrophis* lorsqu'elle s'appelait *Ilysioï-
dea*, y est maintenant partagé en deux sous-genres,
Ilysia et *Cylindrophis* (1), fractionnement du genre
Tortrix d'Oppel, antérieurement opéré par Wagler,
mais d'une manière plus large que ne l'admet ici
M. Fitzinger.

En effet, les *Tortrix* d'Oppel formaient déjà en
1830, dans le *Naturlisch System der Amphibien* de
Wagler, deux groupes génériques, sous les noms d'*Ilysia* et de *Cylindrophis ;* mais uniquement fondés sur
les différences qu'ils présentent relativement à la composition de leur bouclier céphalique et à celle de l'entourage squammeux de leurs narines, l'auteur ne paraissant pas s'être aperçu qu'il existe entre eux cette

---

(1) M. Fitzinger commet ici une grave infraction aux règles de
la nomenclature, en employant le même nom pour désigner une
famille et un sous-genre de cette famille.

autre dissemblance plus importante qui consiste,
chez l'un dans la présence et chez l'autre dans
l'absence de dents à l'os incisif ou inter-maxillaire.
Quant à la place que Wagler a assignée à ces deux
genres dans la série ophiologique, elle n'est nullement
celle qui leur convenait; car ils s'y trouvent inscrits
fort loin des Boas, entre les Élaps et les Typhlops, et
séparés l'un de l'autre par les Uropeltis, les Catostomes, les Élapoidis et les Xénopeltis.

M. Müller considère également et avec raison les
Tortrix d'Oppel comme devant former deux genres
différents qu'il désigne, l'un par l'ancien nom de
Tortrix, l'autre, à l'exemple de Wagler, par celui
de *Cylindrophis*, genres dont, fort judicieusement
aussi, ce savant anatomiste fait une famille distincte appelée *Tortricina*, qui, dans sa classification
ophiologique publiée en 1832, compose, en compagnie
et à la suite des familles *Amphisbœnoidea*, *Typhlo-
pina* et *Uropeltacea*, la section de ses Ophidiens mi-
crostomes, distinguée de celle des macrostomes par des
os mastoïdiens très-courts et fixés au crâne, au lieu d'être
plus ou moins longs et mobiles. Mais classée de cette
manière, la famille *Tortricina* se trouve-t-elle être réellement associée à d'autres familles du même ordre que
le sien ou bien à celles des familles de cet ordre auxquelles elle ressemble le plus par les principaux points
de son organisation, ainsi que le veulent les règles de
la méthode naturelle? Oui, en ce qui concerne les Uro-
peltacés; mais évidemment non à l'égard des Amphis-
bénoïdes, qui appartiendraient plutôt à l'ordre des
Sauriens qu'à celui des Ophidiens, si, ce qui pourtant serait plus rationnel, on ne voulait pas les regarder comme un ordre intermédiaire à ceux-ci et à ceux-

là; non aussi à l'égard des Typhlopoïdes, car ils
diffèrent sous un si grand nombre de rapports, non
seulement des *Tortricina*, mais de tous les autres
serpents, que nous avons dû en faire un sous-ordre
particulier, celui des Scolécophides, dont il a déjà été
traité au commencement du présent volume.

Le genre qui, dans l'Essai sur la physionomie des
Serpents par M. Schlegel (1), porte le nom de *Tortrix* est un assemblage d'espèces on ne peut plus
disparates; car l'auteur y comprend non-seulement
les serpents ainsi nommés par Oppel, mais encore
quatre Ophidiens qui n'ont que des rapports plus ou
moins éloignés avec eux, à savoir l'*Eryx jaculus*, le
Platigaster multocarinatus, le *Nardoa Schlegelii*, qui
sont trois Pythoniens, et le *Xenopeltis alvearius*,
type d'une famille d'Azémiophides qui se distingue de
toutes les autres par plusieurs particularités des plus
remarquables. Ce groupe, dont deux espèces sont dendrophiles, compose à lui seul une famille, qui est celle
que l'auteur appelle les *Fouisseurs*.

En 1825, M. Gray, dans un premier *Synopsis* général des Reptiles (2), avait rangé le genre *Tortrix*
d'Oppel dans la famille des *Boidæ*, où, réuni au genre
Eryx, il formait une division appelée *Tortricina*,
une autre division appelée *Boina* comprenant les
Boas et les Pythons; mais il lui a assigné une place
bien différente dans un second *Synopsis* général publié
en 1831 (3) : là, en effet, le genre *Tortrix*, accru des
Uropeltis de Cuvier, loin de se trouver en compagnie

---

(1) La Haye, 1837.
(2) Ann. of Philosoph. vol. 10, pag. 109.
(3) A la suite des Reptiles de la traduction anglaise du Règne
animal de Cuvier par Pidgeon et Griffith.

des Éryx, des Boas et des Pythons, en est séparé par tous les Ophidiens, moins les Hydrophides, M. Gray lui ayant fait prendre rang parmi les Sauriens, entre les Orvets et les Acontias, ceux-ci suivis des Typhlops. Ce qu'un pareil mode de classification présente d'erroné est trop évident pour que nous ayons besoin de le faire ressortir : au reste, M. Gray l'a lui-même reconnu; car depuis, c'est-à-dire en 1842, il est revenu à son opinion première touchant la place que doivent occuper les Tortricides dans la série : il les admet de nouveau dans sa famille des *Boidæ*, autrement dit avec nos Pythoniens; manière de voir que nous ne partageons pas, par les raisons fondées sur les différences anatomiques qui existent entre les uns et les autres, raisons que nous avons exposées en tête de cet article et sur lesquelles nous ne reviendrons pas ici. Le nouveau mémoire de M. Gray, où il est traité de ces serpents, est celui dont nous avons donné la traduction à la page 372 et suivantes. L'auteur a laissé s'y glisser quelques erreurs qui, bien que de peu d'importance, doivent néanmoins être relevées; ainsi, d'après lui, tous ses *Boidæ* auraient la queue préhensile, fait qui n'est certainement pas exact à l'égard des genres *Ilysia* ou *Tortrix* et *Cylindrophis*, chez lesquels cet organe est à peine flexible, organe qu'il signale également à tort dans ce dernier groupe comme ayant une forme comprimée; M. Gray refuse au contraire des appendices calcariformes à ces deux genres *Tortrix* et *Cylindrophis*, qui en sont cependant pourvus de même que les vrais *Boidæ*, seulement ils les ont moins développés.

M. Gray, en adoptant les deux genres en lesquels Wagler a partagé les *Tortrix* d'Oppel, a aussi donné à l'un d'eux la dénomination d'*Ilysia*, proposée par Hemprich, de préférence à celle de *Tortrix*, que nous, nous croyons devoir conserver comme étant la plus ancienne.

TABLEAU DES GENRES DE LA FAMILLE DES TORTRICIENS.

TRIBU UNIQUE. LES TORTRICIDES.

CARACTÈRES. **Point d'os frontaux postérieurs. Tête confondue avec le tronc, cylindrique comme lui, mais déprimée; bout du museau plat et arrondi en travers. Queue extrêmement courte, robuste ou presque aussi forte que le tronc, non préhensile.**

Genres.

Os inter-maxillaire

denté : yeux recouverts par une plaque transparente. } 1. ROULEAU.

non denté : yeux sans plaque étendue sur chacun d'eux. } 2. CYLINDROPHIS.

DISTRIBUTION GÉOGRAPHIQUE.

L'un des deux genres que comprend la famille des Tortriciens appartient en propre à l'Amérique méridionale : c'est celui nommé *Tortrix*, dont l'unique espèce n'a même été trouvée jusqu'ici qu'à la Guyane et dans la province de Buénos-Ayres. L'autre ou le genre *Cylindrophis* est de l'Inde et du grand archipel d'Asie, où ses trois espèces sont réparties de la manière suivante : le Cylindrophis tacheté habite l'Indoustan et l'île de Ceylan, de même que le Cylindrophis roussâtre, qui vit aussi à Java, tandis que le Cylindrophis dos-noir n'a encore été observé qu'aux Célèbes.

LES TORTRICIDES

OU TORTRICIENS FOUISSEURS.

Les Tortricides n'habitent, même momentanément, ni sur les arbres ni dans l'eau ; ils passent toute leur vie à terre, dans les lieux où celle-ci est riche en plantes herbacées. Très-lents, ou du moins fort peu agiles, ils ne s'éloignent jamais beaucoup du dessous des vieux troncs d'arbres, du milieu des touffes d'herbes ou bien des petites cavités souterraines qui leur servent habituellement de retraites. Ne pouvant que faiblement dilater leur bouche, vu le peu de mobilité de leur mâchoire supérieure et l'extrême brièveté de leurs mastoïdiens, ainsi que de leurs os intra-articulaires, ils sont nécessairement tenus de ne faire leur proie que d'animaux d'une grosseur proportionnée à l'étroitesse de leur cavité buccale : aussi semblent-ils plus particulièrement se nourrir de Typhlops, de Cécilies et d'autres petits reptiles apodes plus ou moins effilés.

Cette manière de vivre, qui doit faire considérer les Tortricides plutôt comme des serpents fouisseurs que comme des serpents terrestres proprement dits, nous sera offerte plus tard, ainsi que la forme générale du corps à laquelle elle est naturellement subordonnée, par les Uropeltis, les Calamaires, les Élaps et nombre d'autres espèces appartenant à diverses tribus, qui représentent celle-ci dans leurs familles respectives.

Les Tortricides sont des ophidiens d'une taille plus ou moins au-dessous de la moyenne, à tronc cylindrique

et assez allongé, à tête confondue avec le reste du corps,
un peu moins forte que lui, mais de même forme,
si ce n'est qu'elle est aplatie, et à queue excessivement
courte, très-robuste et nullement préhensile. A cela,
ils joignent un museau fortement arrondi en travers
à son extrémité terminale, de petits yeux parfois recouverts d'une plaque transparente, de grandes
écailles, des scutelles ventrales à peine plus larges que
ces dernières, enfin un bouclier sus-céphalique composé des mêmes pièces que celui du commun des serpents, mais dont les postérieures, contre l'ordinaire,
sont moins développées que les antérieures : tels sont
les signes extérieurs auxquels on peut les reconnaître
au premier examen.

Leurs parties internes et le squelette en particulier
fournissent de leur côté les marques distinctives que
voici. La principale consiste dans l'absence complète
d'os frontaux postérieurs, d'où il résulte que les cercles orbitaires sont largement ouverts en arrière.
L'inter-maxillaire, au lieu d'être triédrique ou bien
taillé en manière de coin, comme chez d'autres serpents fouisseurs, a l'apparence d'une simple traverse
un peu voûtée en dessous, légèrement cintrée en devant, et surmontée d'une longue apophyse comprimée
en lame excessivement mince, qui s'enfonce entre les
nasaux. Les mastoïdiens ressemblent à deux petites
plaques osseuses, étroites, moins allongées dans le
genre *Tortrix* que dans celui des *Cylindrophis*, mais
solidement fixées, chez tous deux, le long des côtés
du crâne au-dessus des rochers. Les os carrés ou intra-articulaires sont extrêmement gros, à proportion
des mastoïdiens; toutefois leur hauteur n'excède guère
la longueur de ceux-ci ; très-aplatis de droite à gau-

che à leur partie supérieure, ils le sont tout autant à leur base, mais c'est d'avant en arrière. Les deux principales pièces de la mâchoire inférieure, le dentaire et l'articulaire, qui s'entre-pénètrent à peine chez les Rouleaux et très-profondément au contraire chez les Cylindrophides, présentent à leur point de jonction et tout à fait en dessus une forte éminence anguleuse, très-comprimée, qu'on doit regarder comme l'apophyse coronoïde, laquelle est formée par l'un et par l'autre de ces os dans le genre *Tortrix*, mais par le second seulement dans le genre *Cylindrophis*.

Les Tortricides ont les apophyses épineuses des vertèbres assez courtes; ils ne possèdent qu'un seul sac pulmonaire dont l'étendue est quelquefois égale aux deux tiers de celle du tronc; leurs glandes nasales sont petites, mais les salivaires sont très-développées.

I⁰ʳ GENRE. ROULEAU. — *Tortrix* (1). Oppel.

(*Ilysia* (2), Hemprich, Wagler, Gray; *Anilius* (3), Oken; *Torquatrix* (4), Haworth.)

CARACTÈRES. Des dents intermaxillaires. Narines sub-verticales, ouvertes chacune dans une plaque offrant une scissure au-dessus du trou nasal. Yeux sub-verti-caux, à pupille ronde. Pas d'inter-nasales, mais les sept autres plaques sus-céphaliques ordinaires, et en plus, une inter-pariétale; pas de frénales, de pré-ocu-laires, ni de post-oculaires, mais une oculaire au-devant de chaque orbite, amincie et très-transparente dans la portion sous laquelle se trouve le globe de l'œil; écaillure lisse, scutelles sous-caudales entières.

Les Rouleaux diffèrent essentiellement du genre suivant en ce que leur os inter-maxillaire est armé de dents, qui sont au nombre de deux, une petite et une de moyenne longueur, à chacune de ses extrémités. On compte aux autres parties de la bouche, de chaque côté, neuf ou dix dents sus-maxillaires, sept ou huit palatines, et une dou-zaine de ptérygoïdiennes. Les yeux de ces Tortricides offrent à peu près le même degré d'imperfection que ceux des es-pèces du sous-ordre des Scolécophides, attendu qu'ils ne

---

(1) Ce mot n'est pas latin; il a été formé du verbe *torqueo, curvo, inflexo.* Il semblerait être le féminin de *tortor.*

(2) Ιλυσσώ, *repo, instar vermium progredior.* Ιλύω, *abscondo,* je me cache.

(3) Ce mot paraît être une forme latine donnée à celui d'*Ani-lios,* par lequel, suivant Lacépède, on désigne dans l'île de Chypre un ophidien du genre *Typhlops,* décrit à la page 3o3 du présent volume.

(4) Ce mot vient probablement du substantif *torques, torquis,* un collier.

sont que très-médiocrement développés, et que la lumière, pour y pénétrer, doit traverser une plaque par laquelle chacun d'eux est recouvert en entier, comme cela existe chez les Typhlops, les Rhinophis, les Uropeltis, et plusieurs autres. De plus, ces organes, de même que les ouvertures nasales, sont dirigés un peu obliquement vers le ciel, au lieu de faire face à l'horizon, comme cela s'observe chez la plupart des Ophidiens. Les Rouleaux ont encore une autre marque distinctive, c'est la petite fente que présente, au-dessus de l'orifice externe de la narine, la plaque unique dans laquelle cet orifice est pratiqué.

Dans ce genre, les deux pièces osseuses des membres vestigiaires qui représentent le tarse ont un peu moins de développement que chez les Cylindrophis; leurs ergots sont aussi plus petits et par conséquent plus difficiles à distinguer dans les petites fossettes qui les recèlent.

La seule espèce qui appartienne au genre *Tortrix*, est la suivante.

1. LE ROULEAU SCYTALE. *Tortrix scytale* (1). Oppel.

CARACTÈRES. Fronto-nasales excessivement développées; frontale de moitié moins grande, sub-losangique; sus-oculaires et pariétales, sub-rhomboïdales; celles-ci un peu plus petites que celles-là, qui sont à peine plus dilatées que les écailles du tronc; inter-pariétale en losange, plus grande que les précédentes. Corps annelé de noir et de rouge pendant la vie; de noir et de blanc après la mort.

SYNONYMIE. 1726. *Vipera*. Sybill. de Mér. Métam. Ins. Surin. pag. 31, pl. 31, fig. 2.

1731. *Serpens*. Scheuchz. Phys. sac. tom. 4, pl. 628, fig. B et pl. 678, fig. 2.

1734. *Serpens americana amphisbæna*. Séb. tom. 1, pag. 135, pl. 84, fig. 1.

Serpens Americana, tenuis amphisbæna. Id. loc. cit. tom. 2, pag. 31, pl. 30, fig. 3.

---

(1) Le nom de Σκυταλη signifie un bâton, une verge d'une même grosseur.

Serpens coralloides, *Brasiliensis*, *rubra*, *amphisbæna*. Id. loc. cit. tom. **2**, pag. **76**, tab. **73**, fig. **2**.

Amphisbæna ceilonica femina. Id. loc. cit. tom. **2**, pag. **76**, pl. **73**, fig. **3**.

1754. *Anguis scytale*. Linn. Mus. Adolph. Frider. pag. **21**, tab. 6, fig. **2**.

1756. *Anguis*. Gronov. Amphib. in Mus. Ichth. pag. **53**, n° **4**.

1758. *Anguis scytale*. Linn. Syst. nat. édit. 10, tom. **1**, pag. 228.

1763. *Anguis*. Gronov. Zoophyl. pag. 18, n° 82.

1766. *Anguis scytale*. Linn. Syst. nat. édit. **12**, tom. **1**, pag. 392.

1768. *Anguis annulata*. Laur. Synops. Rept. pag. 69.

Anguis scytale. Id. loc. cit. pag. 70.

Anguis fasciata. Id. loc. cit. pag. 70.

Anguis corallina. Id. loc. cit. pag. 71.

Anguis cærulea. Id. loc. cit. pag. 71.

Anguis atra. Id. loc. cit. pag. 71.

1768. *Amphisbène fuligineuse*. Knorr. Delic. Phys. tom. **2**, pag. 156, pl. 60, n° 1.

1771. *Le Rouleau*. Daubent. Anim. Quad. ovip. et Serp. pag. 669.

1788. *Anguis scytale*. Gmel. Syst. nat. Linn. tom. **3**, pag. 1123.

1789. *Le Rouleau*. Lacép. Hist. Quad. ovip. et Serp. tom. **2**, pag. 440.

Le Rouge. Id. loc. cit. pag. 450.

1789. *Le Rouleau*. Bonnat. Ophiol. Encyclop. méth. pag. **66**.

L'Annelé. Id. loc. cit. pag. 68.

Le Rubané. Id. loc. cit. pag. 69.

1798. *Anguis scytale*. Donnd. Zool. Beytr. tom. **3**, pag. **214**.

1801. *Anguis corallinus*. Schneid. Hist. amph. Fasc. 2, pag. 331.

1802. *Anguis scytale*. Latr. Hist. Rept. tom. **4**, pag. 220.

Anguis ruber. Id. loc. cit. pag. 224.

1802. *Anguis ater*. Shaw. Gener. zoolog. vol. **3**, part. **2**, pag. 583, pl. 132.

1802. *Anguis scytale*. Bechst. Lacepede's naturgesch. Amph. tom. **3**, pag. 134, pl. 12, fig. **2**.

1803. *Anguis corallinus*. Daud. Hist. Rept. tom. **7**, pag. **298**.

Anguis scytale. Id. loc. cit. pag. 302, pl. 87, fig. 1.

Anguis fasciatus. Id. loc. cit. tom. 7, pag. 306.

1811. *Tortrix scytale.* Oppel. Ordn. Fam. Gatt. Rept. pag. 56.

Tortrix corallinus. Id. loc. cit. pag. 56.

1817. *Le Rouleau à rubans.* Cuv. Règn. anim. 1re édit. tom. 2, pag. 65.

1820. *Tortrix annulata.* Merr. Tentam. Syst. Amph. pag. 82, n° 4.

Tortrix scytale. Id. loc. cit. pag. 83, n° 7.

1821. *Anilius scytale.* Oken naturgesch. für Skul. pag. 873.

18... *Ilysia scytale.* Hemp. Handb. (1).

1823. *Ilysia scytale.* Lichtenst. Verzeich. Doublett. Zool. Mus. Berl. pag. 104.

1825. *Torquatrix scytale.* Haw. Lett. arrang. bin. Class. Rept. (Philos. Magaz. by Taylor, 1825, pag. 372.)

1825. *Tortrix scytale.* Boié. Generalubers. Fam. Gatt. Ophid. (Isis, 1825, pag. 981.)

1826. *Ilysia seytale.* Fitz. Neue Class. Rept. pag. 54.

1829. *Tortrix scytale.* Cuv. Règn. anim. Cuv. 2e édit. tom. 2, pag. 76.

1830. *Ilysia scytale.* Wagl. Syst. Amph. pag. 193.

1831. *Tortrix scytale.* Griff. Anim. kingd. Cuv. vol. 9, pag. 251.

1831. *Tortrix scytale.* Gray. Synops. Rept. pag. 75, in Griff. Anim. kingd. Cuv. vol. 9.

1833. *Ilysia scytale.* Wagl. Icon. amph. tab. 5, fig. 2.

1833. *Tortrix scytale.* Schinz. Naturgesch. Abbild. Rept. pag. 131, pl. 48, fig. 1.

1837. *Tortrix scytale.* Schleg. Ess. Phys. Serp. Part. I, pag. 128; Part. II, pag. 5, pl. 1, fig. 4 et 5.

1839. *Tortrix scytale.* Schleg. Abbildung. amph. pag. 110, pl. 33, fig. 1-4.

1840. *Tortrix scytale.* Filippo de Felippi. Catal. ragion. Serp. Mus. Pav. pag. 13.

1842. *Ilysia scytale.* Gray. Zoolog. miscell. pag. 46.

Vulgairement : *Serpent corail, Serpent à deux têtes.*

---

(1) Nous faisons cette citation d'après M. Schlegel, le *Handbuch* de M. Hemprich ne nous étant point connu.

DESCRIPTION.

Formes. Cette espèce a le tronc de quarante-deux à quarante-six fois aussi long qu'il est large au milieu ; la queue, qui diminue à peine de grosseur d'avant en arrière, fait de la vingt-troisième à la trente-troisième partie de la totalité de l'étendue du corps ; la tête, dont l'extrémité antérieure est un peu moins large que l'extrémité postérieure, offre une longueur d'un tiers environ plus grande que le diamètre transversal du tronc.

Le museau est tout à fait arrondi en avant, un peu convexe et proclive en dessus. La fente de la bouche est rectiligne. Les orifices externes des narines sont circulaires et situés dans l'angle inféro-postérieur de leur plaque respective. La nasale du côté droit et celle du côté gauche se conjoignent en arrière du sommet de la rostrale, qui représente un triangle équilatéral ; elles sont élargies et coupées à cinq pans inégaux, par le plus petit desquels elles touchent chacune de leur côté aux secondes supéro-labiales et par le plus grand aux fronto-nasales. Ces dernières, qui sont oblongues, hexagones, inéquilatérales et rétrécies en arrière, ont un développement tel, qu'à elles seules elles occupent près d'un tiers de la région sus-céphalique. La frontale proprement dite est de moitié moins grande que l'une des deux fronto-nasales, entre lesquelles s'enclave l'angle aigu qu'elle forme en avant ; les côtés de celui qu'elle présente en arrière, et qui est un peu plus allongé que l'autre, sont bordés par les sus-oculaires et les pariétales, dont la figure est sub-rhomboïdale et la dimension moindre que celle de la frontale. L'interpariétale, qui a la figure d'un losange, est au contraire aussi développée que la plaque du front. La plaque oculaire est tantôt rectangulaire, tantôt pentagone oblongue, mais toujours placée obliquement en travers de l'orbite. Immédiatement derrière elle se trouve une très-grande squamme temporale, coupée à cinq ou six pans inégaux. La lèvre supérieure offre six plaques de chaque côté : la première, la plus petite de toutes, représente un trapèze rectangle ; la seconde, un peu plus développée que la première, est carrée, et la troisième pentagone, s'élevant par un angle aigu jusqu'à l'oculaire en côtoyant la fronto-nasale ; la quatrième a cinq bords inégaux et moins de hauteur que la précédente ; la cinquième, sous une dimension moindre, répète la figure de la troisième ; la sixième et dernière est subtrapézoïde et à peine moins petite que les écailles qui la suivent. Il existe également douze plaques au pourtour de la lèvre inférieure, sans compter la mentonnière, dont la figure est celle d'un grand triangle isocèle : les premières de ces plaques inféro-labiales sont longues, étroites, coupées carrément à leur extrémité antérieure, pointues à leur extrémité postérieure, par laquelle elles se conjoignent en arrière de la plaque du menton ; les secondes et les troisièmes sont à peu près carrées ; les quatrièmes, cinquièmes et sixièmes rectangulaires et de plus en plus petites. A la suite des plaques inféro-labiales de la première paire, sont deux très-grandes squammes inter-sous-maxillaires en carrés longs, séparées l'une de l'autre par une écaille losangique, oblongue ou pareille à celles qui revêtent la gorge. Le sillon gulaire est excessivement court. Les écailles du corps, qui sont assez grandes, offrent quatre angles, deux latéraux obtus, un antérieur aigu et un postérieur également aigu, mais dont le sommet est fortement arrondi. Les scutelles abdominales sont hexagones et les plus dilatées d'entre elles d'une largeur à peu près égale à la longueur du museau. La squamme emboîtante de l'extrémité caudale est hémisphérique.

Écailles du tronc : 21 rangées longitudinales ; de 220 à 234 rangées transversales. Écailles de la queue : de 11 à 14 rangées transversales. Scutelles : de 220 à 234 ventrales, de 11 à 14 sous-caudales.

Coloration. Le corps de ce serpent est d'un bout à l'autre entouré d'anneaux d'un beau noir luisant, laissant entre eux des intervalles à peu près égaux à leur largeur, qui sont colorés en rouge vif pendant la vie, mais qui n'offrent qu'une teinte d'un blanc sale ou jaunâtre après la mort. Les anneaux noirs, dont le nombre s'élève parfois à plus de soixante-dix, peuvent être complets ou incomplets, fermés ou ouverts. Chez tous les individus sans exception, le museau et la partie terminale de la queue présentent la même couleur que les espaces annulaires, qui, fort souvent, sur la région dorsale, sont réticulés de noir ; chez tous aussi, une large bande noire, dont les extrémités se réunissent généralement sous la gorge, enveloppe la tête depuis l'occiput jusqu'aux yeux.

Dimensions. Le Rouleau scytale paraît être celui des Tortricides aujourd'hui connus qui atteint la plus grande taille : M. Schlegel en a observé un individu long de quatre-vingt-quatre centimètres ; et, parmi ceux que renferme notre musée, il en est plusieurs qui n'ont pas une étendue longitudinale beaucoup moindre. Voici au reste les principales dimensions du plus grand.

Longueur totale. 75". *Tête.* Long. 2"6'". *Tronc.* Long. 70" 2'". *Queue.* Long. 2" 7'".

Patrie et Moeurs. Cette espèce, qui est très-commune à la Guyane hollandaise et à la Guyane française, ne paraît pas encore avoir été observée au Brésil ; mais elle habite beaucoup plus au sud, ainsi que l'atteste un individu de notre musée, qui a été recueilli par M. d'Orbigny dans la province de Buénos-Ayres.

Les Rouleaux scytales semblent se nourrir principalement de Batraciens péromèles ; car nous en avons trouvé des débris dans leur estomac, et M. Schlegel rapporte qu'un de ces serpents a été tué à Paramaribo par M. Dieperinck, au moment où il avalait une Cécilie.

Les femelles font leurs petits vivants.

IIe GENRE. CYLINDROPHIS. — *CYLINDRO-PHIS* (1), Wagler.

(*Ilysia*, Hemprich ; *Anilius*, Oken ; *Torquatrix*, Haworth).

Caractères. Pas de dents inter-maxillaires. Narines sub-verticales, ouvertes chacune dans une plaque sans scissure. Yeux subverticaux, à pupille ronde. Pas d'inter-nasales, mais les sept autres plaques sus-céphaliques ordinaires et, en plus, une inter-pariétale ; pas de plaques frénales, de préoculaires, ni d'oculaires, mais une paire de post-oculaires. Écaillure lisse, scutelles sous-caudales entières.

Les différences sur lesquelles nous nous fondons pour séparer les Cylindrophis des Rouleaux, consistent en ce que leur os inter-maxillaire est dépourvu de dents, que leur plaque nasale n'offre point de fente au-dessus du trou dont elle

---

(1) Κύλινδρος, cylindre ; et ὄφις, serpent.

est percée, et que leur œil, de même que chez la plupart des Serpents, est tout à fait à découvert, n'ayant plus de plaque qui s'étende en plein sur lui, comme il en existe au contraire chez les Rouleaux, les Scolécophides et les Uropeltides.

Le crâne des Cylindrophis comparé à celui des Rouleaux n'en diffère que par la dimension un peu moindre des os mastoïdiens, qui toutefois ne jouissent pas encore de la plus légère mobilité. Leurs yeux, qui ne sont pas tout à fait aussi petits que dans le genre précédent, ont pour entourage squammeux, une plaque pré-frontale, une sus-oculaire, une post-oculaire, la troisième et la quatrième supéro-labiale. Le nombre des dents est de dix à douze de chaque côté, à la mâchoire d'en haut aussi bien qu'à celle d'en bas, de sept ou huit, de chaque côté également, aux palatins, et de six ou sept aux ptérygoïdes internes.

Les crochets anaux des Cylindrophis étant un peu moins petits que ceux des Rouleaux, ils sont plus aisés à apercevoir au fond des cavités qui les renferment, cavités dont l'intérieur est coloré en noir, ainsi que les ergots eux-mêmes.

Wagler, à qui l'on doit l'établissement du genre Cylindrophis, semble avoir complétement méconnu les rapports intimes qui lient ce groupe à celui des Rouleaux : en effet, au lieu de les placer l'un à côté de l'autre, il les a séparés par les Uropeltis, les Catostomes, les Elapoidis et les Xénopeltis, qui en sont on ne peut plus différents à plusieurs égards.

TABLEAU SYNOPTIQUE DES ESPÈCES DU GENRE CYLINDROPHIS.

Espéces.

			Espéces.
Queue	triangulaire, comme tronquée à son extrémité.		1. C. Dos-noir.
	conique, non tronquée : museau	large. . .	2. C. Roussâtre.
		étroit. . .	3. C. Tacheté.

1. LE CYLINDROPHIS DOS-NOIR. *Cylindrophis melanota.* Wagler.

CARACTÈRES. Queue plus longue que la tête, légèrement aplatie sur trois faces, tronquée en arrière. Dessus du corps noir;
museau, bout de la queue et ventre blancs, ce dernier offrant
des bandes transversales noires.

SYNONYMIE. *Tortrix melanota.* Boié. Manusc.

Tortrix melanota. Reinw. Mus. Lugd. Batav.

1830. *Cylindrophis melanota.* Wagl. Syst. Amph. pag. 195.

1837. *Tortrix rufa* (variété des Célèbes). Schleg. Ess. Phys.
serp. part. 2, pag. 11; et Abbildung. Amph. pag. 111, pl. 33
fig. 11-17.

DESCRIPTION.

Le Cylindrophis dos-noir est à proportion moins allongé que
le Rouleau scytale. Il a l'extrémité postérieure du corps distinctement plus forte que l'antérieure, le tronc d'un diamètre à
peine égal à la longueur de la tête, et la queue d'un quart au
moins plus longue que celle-ci, qui fait environ la trente et
unième partie de la totalité de l'étendue longitudinale du
corps. La tête, à l'aplomb des yeux, est à peu près d'un tiers
moins épaisse qu'elle n'est large en arrière; elle est fort peu
rétrécie dans sa portion terminale, dont le devant décrit un
demi-cercle régulier, parallèlement à l'axe transversal du
museau.

La plaque rostrale, qui a sa moitié supérieure couchée sur
le dessus de celui-ci, offre la figure d'un triangle isocèle. Les
nasales ont une hauteur double de leur plus grande largeur et
cinq côtés inégaux : un excessivement petit par lequel elles
se conjoignent, deux très-longs qui les mettent en rapport avec
la rostrale et les pré-frontales, et deux beaucoup moins grands
formant un angle sub-obtus enclavé entre la seconde et la troisième supéro-labiale. Les pré-frontales touchent à l'œil par le
sommet d'un de leurs angles ; elles sont d'un tiers plus développées que les nasales, un peu élargies et coupées à six pans,
dont les deux qui les unissent à la sus-oculaire et à la seconde
supéro-labiale sont distinctement plus courts que les autres.
La frontale est à peu près aussi grande que l'une ou l'autre des
pré-frontales, auxquelles elle s'articule par un bord quelque-

fois presque rectiligne, le plus souvent brisé à angle très-obtus; elle offre deux autres bords assez allongés formant un angle aigu, dont le sommet arrondi s'avance un peu entre les pariétales. Ces dernières plaques sont pentagones, inéquilatérales, et d'une dimension un peu moindre que celle des nasales. L'inter-pariétale est sub-losangique et plus petite que l'une ou l'autre des pariétales. Les sus-oculaires sont plus dilatées que celles-ci, rétrécies en avant, et à cinq côtés inégaux, dont celui qui borde le haut du globe de l'œil est échancré en demi-cercle. La post-oculaire est petite, plus haute que large, sub-rectangulaire; derrière elle est une grande plaque temporale, qui, malgré ses cinq pans, affecte la figure d'un triangle. Il y a cinq plaques de chaque côté de la lèvre supérieure : la première est très-petite, rectangulaire ou subtrapézoïde et placée sous la nasale; la seconde, une fois au moins aussi grande que la précédente, offre cinq bords, dont les deux supérieurs, réunis en angle aigu, s'enclavent entre la nasale et la pré-frontale; la troisième, un peu plus développée, mais à peu près de même figure que la seconde, s'élève jusqu'au devant de l'œil; la quatrième, qui a également cinq angles, forme la portion inférieure de l'encadrement squammeux de cet organe; la cinquième enfin est oblongue et taillée aussi à cinq pans, dont les deux d'en haut font un grand angle assez ouvert, enclavé entre les deux plaques temporales. La plaque du menton représente un triangle équilatéral. Il existe six paires de plaques inféro-labiales : celles de la première paire forment un chevron dans lequel s'emboîte la mentonnière; celles de la seconde sont trapézoïdes et plus courtes que les précédentes; celles de la troisième sont pentagones et plus grandes que les secondes; celles de la quatrième, de la cinquième et de la sixième sont sub-rectangulaires, et de plus en plus petites. Il y a deux grandes plaques post-mentonnières oblongues, rétrécies postérieurement et taillées à cinq pans, un de chaque côté, un en avant et un en arrière. Le sillon gulaire s'étend depuis la pointe de la plaque du menton jusqu'aux écailles de la gorge, qui sont losangiques.

Les pièces de l'écaillure du tronc sont distinctement imbriquées, parfaitement lisses et à quatre angles, deux latéraux, un antérieur et un postérieur, qui est fortement arrondi à son sommet; celles d'entre elles qui occupent la région dorsale et le haut des flancs sont à peu près aussi larges que longues, mais les autres se dilatent d'autant plus en travers qu'elles se rapprochent davantage de la ligne médio-longitudinale du ventre, où il existe une série de scutelles hexagones, à peine plus élargies que les écailles qui les bordent à droite et à gauche. Deux squammes seulement composent l'opercule anale, dont le bord libre est très-arqué.

La queue est aussi forte que le tronc et d'un quart plus longue que la tête, sa forme est telle que la coupe qu'on en ferait en travers donnerait la figure d'un triangle équilatéral arrondi à ses trois sommets; au premier aspect on la croirait mutilée, son extrémité terminale, que protége un dé squammeux trièdre, n'étant qu'un peu moins grosse que sa partie antérieure. Le plus souvent cette queue est revêtue en dessus et latéralement d'écailles pareilles à celles du dos; mais parfois on rencontre des individus chez lesquels les écailles des deux séries médianes et supérieures de la queue ne constituent qu'une seule rangée de squammes hexagones, très-élargies ou tout à fait semblables aux scutelles sous-caudales, qui sont toujours un peu plus développées que les ventrales.

Écailles du tronc : 19 rangées longitudinales. Scutelles : de 233 à 238 ventrales, 8 sous-caudales.

COLORATION. Les individus de cette espèce que nous possédons conservés dans l'alcool ont toutes les parties supérieures d'un noir profond, très-luisant; le bout du museau et celui de la queue, en dessous, présentent une teinte blanche, ainsi que les lèvres; la face inférieure du corps est également blanche, mais elle offre en travers des bandes noires tantôt entières, tantôt coupées par le milieu et dont les extrémités, dans ce dernier cas, s'entrecroisent. Au-dessous de l'œil est une tache noire qui descend du sourcil et qui quelquefois s'allonge, pour aller se réunir à une autre tache noire située en arrière du menton. Ordinairement la région anale et la plus grande portion du dessous de la queue sont noires.

La belle figure que M. Schlegel a donnée de ce Cylindrophis dans ses *Abbildungen*, et qui est sans doute la copie d'un dessin fait sur le vivant, le représente coloré d'un brun verdâtre irisé de violet à ses parties supérieures, et peint en jaune partout où il existe du blanc chez les sujets conservés dans l'esprit-de-vin.

DIMENSIONS. *Longueur totale.* 41". *Tête.* Long. 1" 2"'. *Tronc.* Long. 38" 1"'. *Queue.* Long. 1" 7"'.

PATRIE. Le Cylindrophis dos-noir a été rapporté des Célèbes au Muséum d'histoire naturelle par MM. Quoy et Gaimard.

OBSERVATIONS. Cette espèce, que Boié et Reinwardt ont avec juste raison considérée comme distincte du Cylindrophis rous-sâtre, n'en est regardée que comme une simple variété de pays par M. Schlegel.

2. LE CYLINDROPHIS ROUSSÂTRE. *Cylindrophis rufa.* Gray.

CARACTÈRES. Queue conique, plus courte que la tête. Dessus du corps noir, brun ou roussâtre, avec ou sans raies transver-sales blanches ; presque toujours un collier blanc ; régions inférieures marquées en travers de bandes blanches, alternant avec des bandes noires ou brunes ou roussâtres ; tête et pointe de la queue noires ; une tache blanche sur chaque plaque fronto-nasale.

SYNONYMIE. 1731. *Serpens.* Scheuchz. Phys. sacr. tom. 4, tab. 629, fig. F ; tab. 647, fig. 1 ; tab. 660, fig. 3 ; tab. 748, fig. 6.

1734. *AmphisbœnaAmboinensis.* Seb. tom. 2, pag. 8, tab. 7, fig. 3.

Serpens amphisbœna. Id. tom. 2, pag. 21, tab. 20, fig. 3.

Serpens corallina Amboinensis. Id. tom. 2, pag. 26, tab. 25, fig. 1.

1768. *Anguis rufa.* Laur. Synops. Rept. pag. 71.

1788. *Anguis rufus.* Gmel. Syst. nat. tom. 3, pag. 1123.

Anguis striatus. Id. loc. cit. tom. 3, pag. 1119.

1801. *Schilay Pamboo.* Russ. Ind. Serp. supplém. pag. 32, pl. 28-29, fig. 1.

Anguis scytale. Id. loc. cit. pag. 30, pl. 27.

1801. *Anguis rufus.* Schneid. Hist. amph. Fasc. II, pag. 333.

1802. *Anguis corallina.* Shaw. Gener. Zool. vol. 3, part. 2, pag. 582, pl. 131.

Anguis rufa. Id. loc. cit. pag. 586.

1803. *Eryx rufa.* Daud. Hist. Rept. tom. 7, pag. 263.

1820. *Tortrix rufa.* Merr. Tent. Syst. amph. pag. 84, n° 10.

Scytale Scheuchzeri. Id. loc. cit. pag. 91.

1823. *Ilysia rufa.* Lichtenst. Verzeichn. Doublett. Zool. Mus. Berl. pag. 104, n° 66.

1826. *Ilysia rufa.* Fitzing. Neue Classif. Rept. pag. 54.

1830. *Cylindrophis resplendens.* Wagl. Syst. amph. pag. 195.

1831. *Tortrix rufus.* Gray. Synops. Rept. pag. 74, in Griff. Anim. kingd. Cuv. vol. 9.

1833. *Cylindrophis resplendens.* Wagl. Icon. et descript. Amph. tab. 5. fig. 1.

1834-35. *Tortrix rufa.* Schinz. Naturgesch. abbild. Rept. pag. 131, tab. 48, fig. 2.

1837. *Tortrix rufa.* Schleg. Ess. physion. Serp. Part. 1, pag. 128 et Part. 2, pag. 9, pl. 1, fig. 1-3.

1840. *Tortrix rufa.* Filippo de Filippi, Catal. ragion. Serp. Mus. Pav. pag. 13.

1842. *Cylindrophis rufa.* Gray. Zool. miscell. (march, 1842) pag. 46.

DESCRIPTION.

FORMES. Les principaux traits distinctifs de cette espèce, comparée à la précédente, sont : un tronc moins allongé, une queue plus courte et conique, des scutelles ventrales et des sous-caudales moins dilatées en travers. La plus grande largeur du corps du Cylindrophis roussâtre est un peu moindre que le diamètre longitudinal de sa tête, qui entre pour la vingt-sixième ou la vingt-septième partie dans la totalité de la longueur de l'animal. La queue, qui est d'un quart plus courte que la tête, offre à peu près la forme d'un cône très-faiblement comprimé et légèrement courbé de haut en bas ; elle a son extrémité terminale emboîtée dans une squamme en dé conique.

Écailles du tronc : 19 rangées longitudinales, de 186 à 190 rangées transversales. Scutelles : de 184 à 186 ventrales, 5 ou 6 sous-caudales.

COLORATION. Les individus de cette espèce, au nombre d'une vingtaine, que nous avons été dans le cas d'observer, nous ont tous offert la tête et la queue colorées en noir et le dessous du corps marqué de grandes taches carrées ou de bandes transversales d'un blanc sale alternant avec d'autres, tantôt roussâtres, tantôt d'un brun clair, tantôt de couleur d'ébène. Presque tous avaient les plaques fronto-nasales et la région sous-caudale blanches. Un seul était entièrement noirâtre en dessus, excepté près de la tête où l'on voyait une espèce de demi-collier blanc. Les parties supérieures des autres se montraient ou noires, ou brunes, ou roussâtres, avec de larges raies blanches en travers, entières ou interrompues, mais toujours plus étroites que celles du ventre.

Il paraît que, dans l'état de vie, le blanc du corps est de la plus grande pureté, celui de la tête et de la queue, d'un très-beau rouge, et que les autres teintes brillent de reflets d'un bleu d'acier, ou bien d'un vert de bronze légèrement doré.

DIMENSIONS. *Longueur totale. 46" 8'". Tête.* Long. 1" 7'". *Tronc.* Long. *44'". Queue.* Long. 1" 1'".

PATRIE. Le Cylindrophis roussâtre est très-commun à Java, on le trouve également au Bengale.

OBSERVATIONS. Le tube digestif des individus que nous avons ouverts renfermait des débris de Typhlops; et, ce qui nous a surpris, l'estomac de l'un d'eux contenait un petit poisson anguilliforme déjà trop altéré pour pouvoir en déterminer l'espèce. Il est supposable que ce poisson n'est devenu la proie de notre Cylindrophis que parce qu'il se sera introduit dans le terrier de celui-ci, les Tortricides n'allant jamais à l'eau; on sait au contraire que les Anguilliformes viennent quelquefois à terre et demeurent même cachés plus ou moins de temps dans des trous du rivage.

3. LE CYLINDROPHIS TACHETÉ. *Cylindrophis maculata,* Wagler.

CARACTÈRES. Queue conique, plus courte que la tête. Corps réticulé de noir sur un fond brun ou roux en dessus, blanchâtre en dessous.

SYNONYMIE. 1731. *Serpens.* Scheuchz. Phys. sacr. tom. 4, tab. 606, fig. B.

1734. *Serpens amphisbœna orientalis.* Seb. Thes. nat. tom. 1, pag. 87, tab. 53, fig. 7.

Tucuman, sive Miguel de Tucuman, dicta serpens Paraguaya. Séb. tom. 2, pag. 105, tab. 100, fig. 2.

1754. *Anguis.* Gronov. Amph. anim. in Mus. ichth. pag. 53, n° 5.

1754. *Anguis maculata.* Linn. Mus. Adolph. Frid. pag. 21, tab. 21, fig. 3.

1758. *Anguis maculata.* Linn. Syst. nat. edit. 10, tom. 1, pag. 228.

1766. *Anguis maculata.* Linn. Syst. nat. edit. 12, tom. 1, pag. 391.

1768. *Anguis maculata.* Laur. Synops. Rept. pag. 72.

Anguis decussata. Id. loc. cit.

Anguis tessellata. Id. loc. cit.

1771. *Le Miguel.* Daub. Dict. Anim. quad. ovip. Serp. pag. 652.

1788. *Anguis maculata.* Gmel. Syst. nat. Linn. tom. 3, pag. 1120.

1789. *Le Miguel.* Lacép. Hist. Quad. ovip. et Serp. tom. 2, pag. 445.

1789-90. *Le Miguel.* Bonnat. Encyclop. méth. Ophiol. pag. 64.

1798. *Anguis maculata.* Donnd. Zool. Beytr. Linneisch. natursyst. tom. 3, pag. 213.

1801. *Anguis maculata.* Russ. Ind. Serp. supplém. pag. 33, pl. 28-29, fig. 2.

1801. *Anguis maculatus.* Schneid. Hist. Amphib. Fasc. II, pag. 328.

1802. *Anguis maculata.* Shaw. Gener. zool. vol. 3, part. 2, pag. 585.

1802. *Anguis maculata.* Latr. Hist. Rept. tom. 4, pag. 222.

1802. *Anguis maculata.* Bechst. Lacepede's naturgesch. Amph. tom. 4, pag. 142, tab. 13, fig. 1-3.

1803. *Anguis maculatus.* Daud. Hist. Rept. tom. 7, pag. 319.

1811. *Tortrix maculatus.* Oppel. Ordn. Fam. Gatt. Rept. pag. 56.

1820. *Tortrix maculatus.* Merr. Tent. syst. amph. pag. 83.

1823. *Ilysia maculata.* Lichtenst. verzeich. Doublett. Zool. Mus. Berl. pag. 104, n° 65.

1826. *Ilysia maculata.* Fitz. Neue Classif. Rept. pag. 54.

1830. *Tortrix maculata.* Guér. Icon. Règn. anim. Cuv. Rept. pl. 19, fig. 1.

1830. *Cylindrophis maculata.* Wagl. Syst. Amph. pag. 195.

1830. *Tortrix maculata.* Gray. Synops. Rept. pag. 75, in Griff. Anim. Kingd. Cuv. vol. 9.

1837. *Tortrix maculata.* Schleg. Ess. Physion. Serp. Part. 1, pag. 128, et Part. 2, pag. 12, pl. 1, fig. 6-7.

1840. *Tortrix maculata.* Filippo de Filippi, Catal. ragion. Serp. Mus. Pav. pag. 14.

1842. *Cylindrophis maculata.* Gray. Zoolog. miscell. pag. 46.

DESCRIPTION.

Formes. Le Cylindrophis tacheté diffère du Cylindrophis dos-noir, non-seulement par la forme et l'extrême brièveté de sa queue, mais encore, ainsi que du Cylindrophis roussâtre, par la figure de ses plaques céphaliques et par son mode de coloration.

Le diamètre du tronc de la présente espèce est d'un tiers moindre que la longueur de sa tête, et sa queue est près de moitié plus courte que cette dernière, qui fait de la vingt-cinquième à la vingt-sixième partie de la totalité de l'étendue longitudinale de ce petit serpent.

La tête, étant à proportion plus étroite et beaucoup plus amincie en avant que chez les deux espèces précédentes, se trouve avoir une longueur double de sa largeur postérieure, et le museau une épaisseur à peine égale au tiers de cette même largeur postérieure du crâne. La plaque rostrale représente un triangle équilatéral. Les nasales sont pentagones, plus hautes que larges et seulement un peu moins étroites à leur base qu'à leur sommet, tandis qu'elles sont presque pointues à leur extrémité supérieure, dans le Cylindrophis dos-noir et le Tacheté. Les fronto-nasales, qui sont les plus grandes de toutes les plaques céphaliques, affectent chacune une figure carrée, bien qu'elles soient réellement coupées à sept pans inégaux. La frontale est oblongue, hexagone et rétrécie en arrière. Les sus-oculaires sont pentagones, inéquilatérales et à peu près de même grandeur que la frontale proprement dite; au lieu que les pariétales, auxquelles on compte six côtés, ne sont pas tout à fait aussi développées. L'inter-pariétale est en losange tronqué à son angle postérieur. Les scutelles ventrales ne se distinguent des écailles qui les bordent que par leur figure hexagone, un peu plus de développement et leur dilatation transversale.

Écailles du tronc : 19 ou 21 rangées longitudinales. Scutelles : de 180 à 200 ventrales, 4 ou 5 sous-caudales peu élargies.

Coloration. Les parties supérieures du corps sont d'un brun marron ou d'un brun jaunâtre et les régions inférieures d'une teinte blanchâtre : les unes présentent une double chaîne noire composée d'anneaux sub-quadrilatères ou elliptiques; les autres offrent un grand nombre de bandes transversales noires, plus ou moins dilatées, que lie assez ordinairement entre elles une raie médio-longitudinale de la même couleur. La tête et la pointe de

la queue sont noires; les tempes portent chacune une bandelette blanchâtre, qui s'étend parfois en montant obliquement
jusque sur le synciput, pour s'y réunir à sa congénère. Le dessus du cou est marqué de deux grandes taches d'un blanc sale,
séparées longitudinalement l'une de l'autre par une raie noire.

DIMENSIONS. *Longueur totale.* 34" 7'". *Tête.* Long. 1" 4'".
Tronc. Long. 32" 6'". *Queue.* Long. 7'".

PATRIE. Le Cylindrophis tacheté habite l'île de Ceylan, d'où
le muséum en a reçu plusieurs individus par les soins de M. Leschenault de la Tour.

FIN DU SIXIÈME VOLUME.

TABLE ALPHABÉTIQUE

DES NOMS

DE SECTIONS, DE FAMILLES ET DE GENRES,

ADOPTÉS OU NON (1),

COMPRIS DANS CE VOLUME.

(1) Ces derniers noms sont indiqués en caractères italiques.

TABLE MÉTHODIQUE

DES MATIÈRES

CONTENUES DANS CE SIXIÈME VOLUME.

LIVRE CINQUIÈME.

DE L'ORDRE DES SERPENTS OU DES OPHIDIENS.

CHAPITRE PREMIER.

CARACTÈRES DES SERPENTS. HISTORIQUE DE LEUR DISTRIBUTION EN FAMILLES NATURELLES ET EN GENRES.

CHAPITRE II.

DE L'ORGANISATION, DES FONCTIONS ET DES MOEURS CHEZ LES REPTILES OPHIDIENS.

CHAPITRE V.

Pag.

DEUXIÈME SECTION.

FIN DE LA TABLE MÉTHODIQUE.

ERRATA ET EMENDANDA.

Page 67, ligne 1, Boæïens, *lisez* Pythoniens.

— 70, — 25 et 26, à la fin de chacun des articles, *lisez* en tête de chacun des articles.

— 71, — 10, sutures, *lisez* suture.

— 98, — 6, toujours ce crâne, *lisez* presque toujours ce crâne.

— 98, — 26, frontaux postérieurs, *supprimez* postérieurs.

— 110, — 20, on a fait, *lisez* en a fait.

— 129, — 3, sont courtes, *lisez* sont longues.

— 129, — 6, genres, *lisez* familles.

— 129, — 7, quelques-uns, *lisez* quelques-unes.

— 129, — 23 et 24, palatines ou ptérygoïdiennes, *lisez* palatines, en ptérygoïdiennes.

— 130, — 14, 15, 16, jusqu'ici, on ne connaît même que le genre nommé par cela même *oligodon*, qui soit dans ce cas. *lisez* Jusqu'ici on ne connaît même que les espèces de la famille des Uropeltiens et le genre *Oligodon* qui soient dans ce cas.

— 130, — 16, 17, 18, Il est bien rare que l'os palato-maxillaire ou transverse soit garni de dents, *lisez* l'os palato-maxillaire ou transverse n'est jamais garni de dents.

— 130, — 18, cependant M. Duvernoy dit, *lisez* C'est par erreur que M. Duvernoy a dit.

— 217, — dernière, Generali Uebersicht, *lisez* Generalubersicht.

— 218, — dernière, Homadryas, *lisez* Hamadryas.

— 221, — 25, Rhabdolon, *lisez* Rhabdodon.

— 228, — 5, page 420, *lisez* 240.

— 233, — 3, 4, serpents vermiformes non venimeux, *lisez* serpents non venimeux vermiformes.

— 240, — 3, sténosome, *lisez* sténostome.

— 241, — 11, excepté les transverses, *lisez* excepté les mastoïdiens et les transverses.

— 241, — 24, espèces des deux premières familles, *lisez* espèces de certaines familles.

— 247, — dernière, page 420, *lisez* 240.

— 251, — 25, dans la première, comme, *lisez* dans la première de ces deux sections, comme.

— 256, — 18, face externe, *lisez* face interne.

— 279, — 16, frontale antérieur, *lisez* antérieure.

— 291, — 9, plus fort en avant qu'en arrière, *lisez* plus fort en arrière qu'en avant.

— 299, — 29, 26 rangées, *lisez* 28 rangées.

— 311, — 28, puisque, *lisez* puis que.

— 361, — 2, cylindre étroit, *lisez* le plus souvent étroit.

— 363, — 17, 18, que les uns possèdent et que les autres manquent de dents, *lisez* des dents.

— 371, — 18, 19, complétement divisé en deux parties, *lisez* complétement, divisé en deux parties, à la page.

— 378, — 26, *Chilobotrus, lisez Chilabothrus.*

— 399, — dernière ligne, 3 paires, *lisez* 2 paires.

— 446, — 17, Python, *lisez* Pythonidæ.

— 451, — 16, échappé, *lisez* échappée.